大學用書

品質管理

鄭春生　著

三民書局　印行

國家圖書館出版品預行編目資料

品質管理／鄭春生著.－－增訂二版四刷.－－臺北
市；三民，2008
　　面；　　公分
　　含索引
　　ISBN 978－957－14－2254－1　　（精裝）

　1.品質管理

494.56　　　　　　　　　　　　　　84000669

© 品 質 管 理

著作人　鄭春生
發行人　劉振強
著作財
產權人　三民書局股份有限公司
　　　　臺北市復興北路386號
發行所　三民書局股份有限公司
　　　　地址／臺北市復興北路386號
　　　　電話／(02)25006600
　　　　郵撥／0009998－5
印刷所　三民書局股份有限公司
門市部　復北店／臺北市復興北路386號
　　　　重南店／臺北市重慶南路一段61號
初版一刷　1995年10月
增訂二版四刷　2008年2月
編　號　S 492421
定　價　新臺幣820元
行政院新聞局登記證局版臺業字第○二○○號

ISBN　978-957-14-2254-1　　（精裝）

http://www.sanmin.com.tw 三民網路書店

自　序

　　在競爭激烈之商業環境中，品質是一個企業維持競爭力的要素之一，而品質的提昇則有賴於品質之教育訓練。日本品質管理大師石川馨曾說：「品質始於教育，終於教育」。作者則認為一個適當之品質管理訓練教材是品質教育訓練成功與否的關鍵之一。本書是有關品質管理之觀念和方法的介紹，這些觀念和方法不僅可應用於製造業，也適用於非製造業上。這本書是作者在品質管理和品質改善之領域裡，多年來由教學、研究和工廠輔導經驗所累積之成果。作者撰寫本書之目的是要讓讀者充分了解品質管理和品質改善之觀念和技巧，並且使讀者具有應用這些觀念和技巧之基礎。此書之重要特色是它對於每一觀念和方法均提供適當之範例和習題，使讀者能夠充份了解這些觀念和方法之應用。除此之外，本書也提供引用文獻之來源，使讀者能夠進一步了解本書所介紹之各種方法和觀念。

　　本書偏重於工程導向，在統計技術之應用上，本書力求以簡潔之方式表達，因此，只要具有微積分、基本統計學之基礎的讀者將可很容易閱讀此書。在統計符號方面，本書是以大寫字母表示隨機變數，而其值是以小寫表示。這本書共分為 18 章。第 1 章是有關品質、品質管理之基本介紹，同時本章也介紹及比較數位品管大師之品質哲理。

　　第 2 章介紹與品質管理和品質改善有關之統計觀念和方法，內容涵蓋機率、機率分配、敘述性統計和推論性統計方法。第 3 章是有關品質改善工作上常用到的一些圖示方法，內容包含檢核表、散布圖、直方圖、柏拉圖、魚骨圖和流程圖等。

　　一般而言，統計品質管制包含統計製程管制和驗收抽樣兩大領域。本書第 4 章介紹統計製程管制之基本觀念及管制圖之統計原理、繪製過程和分析方法。第 5 章之內容為計數值管制圖,包含一般常用之 p、np、c、u 和缺失管制圖。本章也對各種計數值管制圖之操作特性做一深入之探討。第 6 章介紹計量值管制圖,除了常用 $\bar{x} - R$ 管制圖外,本章也介紹 $\bar{x} - S$、S^2、個別值及移動全距管制圖之應用。除此之外,本章也介紹管制圖之分析方法和探討相關性數據之管制方法。

第 7 章介紹一些特殊的製程管制圖,這些管制圖對於偵測製程之微量變異非常有效益。本章所介紹之管制圖有 CUSUM、EWMA、MA 和連串和管制圖。除了介紹這些管制圖法之基本應用外,本章也對這些方法之效益做一深入之比較。

第 8 章之內容為特殊之統計製程管制技術,包含適用於多樣少量製程之管制圖法;管制具有趨勢變化之迴歸管制圖;同時管制多種品質特性之多變量管制圖和管制多源流數據之群組管制圖。

製程能力分析可以顯示一個製程符合產品規格之能力。第 9 章深入探討製程能力分析之基本步驟和各種製程能力指標之計算。獲得正確之數據是統計製程管制之首要條件,因此,在本章中我們也探討檢驗量測能力分析方法。除了製程能力和檢驗能力分析之探討外,本章也介紹組件和零件允差之正確設定步驟。

第 10 章是以經濟之觀點來探討管制圖之設計,考慮之因素有抽樣頻率、樣本大小和管制界限之寬度。

本書第 11 章至第 13 章是有關驗收抽樣計畫之介紹。第 11 章介紹驗收抽樣計畫之基本觀念、設計原理,並介紹各種計數值抽樣計畫。第 12 章介紹計量值之抽樣計畫。第 13 章之內容是應用於特殊製程之抽樣計畫,例如連鎖抽樣、連續抽樣和跳批抽樣計畫。另外,本章也探討檢驗誤差之影響。

第 14 章是有關可靠度工程。本章主要是介紹可靠度之基本觀念和提昇產品可靠度之基本設計原理。第 15 章是介紹日本品管大師田口玄一之品質哲理和田口式品質工程之基本觀念和應用。第 16 章之內容為服務業之品質管理。本章討論服務業之特性和介紹數種服務業品質管理模式。第 17 章則是簡略探討品質管理方面之一些重要主題，例如品該機能展開、ISO 9000 系列國際品質管理標準、全面品質管理和各種品質獎項之介紹和比較。

　　第18章爲本書之最後一章，主要內容爲探討電腦在品質管理作業上之應用，並探討品質資訊系統之架構。

　　本書是設計給大專院校之工程、管理有關之學門做爲品質管理課程之教科書。此書之內容相當豐富，適合大專程度或研究所課程之用；此外，這本書也可做爲品管從業人員和學術人士之參考用書或作爲業界之訓練教材。第2章爲基本統計方法之回顧。授課教師可依學生之背景選擇適當之題材複習或講解。第7章、第8章和第10章較適合研究所之課程。第5章（5.4節）、第6章（6.4節，6.6節，6.8節）和第9章（9.5節，9.6節）之內容較適合以統計方法爲導向之品質管理課程。

　　本書的完成首先要感謝我的家人給予的支持和體諒。在撰寫期間，作者得到不少人之關心和協助。在此一併致謝。最後，作者要感謝本系品管實驗室研究生：王朝正、鐘政宏、江鴻儒、歐筱華、姚景凱、邱展鵬、蔡政良、鄭靜彥等人在校閱和製圖上之協助。

鄭春生　識於中壢元智工學院
中華民國八十四年九月

品質管理

目次

第三章　品質管理七大手法

第四章　統計製程管制及管制圖

第五章　計數值管制圖

第六章　計量值管制圖

*第七章　特殊統計製程管制圖

*第八章　特殊統計製程管制技術

第九章　製程能力分析

*第十章　管制圖之經濟設計

第十一章　驗收抽樣計畫

第十二章　計量值抽樣計畫

*第十三章　其他驗收抽樣計畫

第十四章　可靠度概論

第十五章　田口式品質工程概論

第十六章　服務業之品質管理

第十七章　品質管理之其他主題

第十八章　電腦化品質管理與品質資訊系統

第一章　品質管理概論

1.1　品質與品質管制

　　由於生產技術之進步，再加上消費者之需求日益提高，目前之企業多已體認到唯有低成本、高品質之產品才是市場競爭上之利器。在過去，品質僅侷限於有形產品之品質，但近年來由於品質管制，已自製造部門擴大到任何事務、銷售、服務部門，品質管制之手法和技術也被應用到銀行、保險、運輸、超級市場等服務業，因此，目前所稱之品質除產品品質外，尚包括人的品質、管理品質、工作品質及服務品質。雖然品質之涵義已隨時間在改變，但最終的目的還是要得到高品質之產品。在做法上，管理者已認清產品或服務水準之提昇有賴人的品質、工作品質和管理品質之改善。光靠產品之管制並無法保證可得到高品質之產品。

　　品質之定義最常見的有「適用」(fitness for use)，及「符合規格」(conformance to specification)兩種。「適用」是從使用者之觀點來定義品質，而符合規格則是從製造者之立場定義品質。對一個購買原料來加工之製造商而言，適用之原料代表此製造商能夠以最經濟之方式加工而不會產生太多之報廢或重工(rework)。對於購買汽車之消費者來說，適用性代表汽車沒有缺點或不合格點，且能夠經濟地完成運輸之能力。由於品質觀念之改變，品質之意義不再只限於買賣雙方。在一組織內，前工程可將後續工程視為其內部顧客(internal customer)。對屬於後續工程之顧客而言，品質代表前工程所交來之加工件符合原定之工程規格。

適用之另一種衡量方式是顧客滿意(customer satisfaction)。顧客是指受到產品或製程影響之任何人，可分成內部顧客和外部顧客(external customers)兩種：

· 外部顧客：指最終使用者、中間處理者和零售商。
· 內部顧客：公司內部由於業務之關係，前工程可將後工程視為其內部顧客。例如採購部門必須提供適當原料給製造部門以利生產，製造部門可視為採購部門之內部顧客。

顧客之滿意是由產品（指有形之物品、軟體和服務三種）特色(features)和無缺陷(deficiencies)兩個元素來達成。產品特色是指設計之品質(quality of design)，而無缺陷是指符合性之品質(quality of conformance)。表 1-1 列出產品特色和無缺陷二元素之主要項目。為了考慮顧客之購買能力，產品或服務之供應者提供不同品級(grade)或品質水準(level of quality)的產品和服務，這種品級或品質水準上的差異是刻意產生的。例如：一部汽車之基本目標是替消費者提供安全之運輸服務。然而汽車有不同之型式，諸如大小、任務、外觀及功能上之差異。這些設計上之差異包含使用之材料、製造上之公差、可靠度和汽車之配備等。提昇設計品質將會造成成本之增加，但由於產品特色吸引顧客，廠商可以提高售價，市場佔有率也可能提高，其最後結果為利潤之提昇。缺陷是指錯誤、缺點、失效和偏離規格。降低產品缺陷可以降低成本、生產時間，提高生產力，最後造成利潤之提昇。符合性的品質是量測產品與原設計公差或規格之符合程度。產品是否符合原定規格受到下列變數所影響：

· 製造程序之選擇
· 員工之管理和訓練
· 品質保證系統（包含製程管制、測試、檢驗等活動）
· 品質保證程序被遵守之程度
· 員工品質意識之強弱

表1-1　品質之元素

	製造工業	服務業
產品特色	績效 可靠度 耐用性 容易使用性 服務性 選擇性和擴充性 聲譽 美感	正確性 準確性 完整性 禮貌 預知顧客需求 專業知識 美感 聲譽
無缺陷	產品在運送、使用和服務過程中無缺點或錯誤 銷售和其他商業處理過程中無錯誤	服務過程中無錯誤 銷售和其他商業處理過程中無錯誤

（資料來源：Juran & Gryna 1993）

圖1-1說明產品特色和無缺陷之關係及其如何造成利潤之增加。

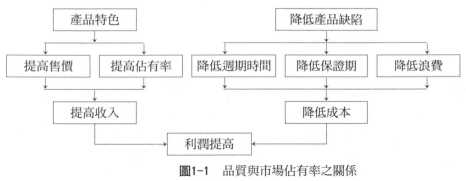

圖1-1　品質與市場佔有率之關係

（資料來源：Juran & Gryna 1993）

任何產品均具有一些元素來描述它的適用性，這些因素稱為品質特性（quality characteristics）。品質特性可區分為：

1.　物理上的因素：長度、重量、黏度。

2.　感官上的因素：品味、外觀、顏色。

3.　時間上的因素：可靠度、維修度、服務性。

4.　契約性的因素：保證條款。

5. 倫理性的因素：推銷員的禮節及誠實感等。

一般有形產品的品質可以由上述五項特性來描述，而服務的品質則較注重感官上和倫理上之因素。

管制是指分析、研判及各種為了滿足規格、標準所採取之行動。因此「品質管制」可定義為任何工程及管理上之行動用以量測產品之品質特性，並與規格或標準比較，若發現有任何差異則採取適當之行動使合乎標準及規格。

品質管制活動可以用 P-D-C-A 管理循環來說明。P-D-C-A 循環原為 Shewhart 博士所提出，稱為 Shewhart 循環，在 1950 年代，日本人將其改稱為戴明循環（Deming cycle）。如圖 1-2 所示，此循環是不斷重複計畫（plan）、實施（do）、查核（check）和處置（action）等四種活動。戴明循環之詳細內容說明如下。

1. 計畫（plan）

訂定各項標準或規格，包含下列兩項工作：

(1) 決定目標：根據市場需要、公司的技術與製造成本、原料的供應與經濟性等因素，訂定產品的品質水準。

(2) 決定達成目標的方法：當產品之品質目標決定後，進一步制定原材料之規格、設備、機器、工具之標準、操作標準及檢驗標準等。

2. 實施（do）

將步驟 1 之計畫付諸實施，包含下列兩項工作：

(1) 教育訓練：針對各種標準預先教導員工，使其熟悉各項標準，並確實按標準工作。

(2) 生產作業：依照標準作業實際操作，注意員工是否按照作業標準工作，隨時予以指正。如果原訂作業標準不夠齊全或不切實際時，應鼓勵員工提出建議，以便進行改善。

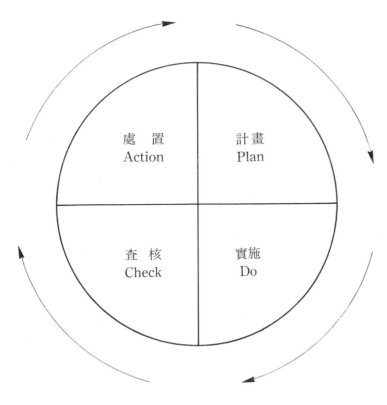

圖1-2　戴明循環

3. 查核(check)

將實際作業與原訂計畫比較，查明其差異性。決定是否應採取矯正行動。其步驟包含下列數項：

(1) 量測：量測產品之品質特性，並做成記錄。

(2) 分析：利用統計或其他方法整理、分析量測之數據，推論產品之品質狀況。

(3) 判定：根據分析之結果，判定是否存在差異。

4. 處置(action)

調查實際作業成果與目標之偏差，採取矯正行動。包含下列數項工作：

(1) 研擬改善對策：深入研究造成差異之原因，採取有效措施，防止差異原因再發生。

(2) 改善對策之複核：執行改善措施後，應對產品抽樣測定，以判定改善措施是否達到預期之效果。若改善措施無效，則應重新研擬改善對策。

(3) 標準化：若改善對策被證明有效，則應將修改之作業方法予以標準化，並根據新的作業方法訓練員工，使同樣之問題不再發生。

1.2 品質與品質管制之重要性

由於保護消費者主義之盛行，再加上目前之消費者具備各種知識和較高之教育水準，品質已成爲目前消費者在購買產品或服務時之主要考慮因素。在現代之企業環境下，品質是決定一個組織是否能成長以及獲得競爭能力之主要因素。一個以品質爲經營策略之公司，將可經由有效之品質管制和品質改善活動，獲得實質的投資回報。品質與公司所獲得之利潤，可以由市場擴張和成本降低兩個層面來說明。如果一個公司之產品品質確實優於其競爭同業，則將造成消費者對其產品之向心力，其結果是市場佔有率增加，生產達到經濟規模，最後造成公司利潤之提昇。在另一方面，有效之品質管制和品質改善計畫，可降低重工和報廢成本，其影響爲投料量降低、生產力提高和製造成本之降低，最後之結果爲利潤之提高。

專家認爲品質管制之有效運用將可獲得下列利益：

‧改進產品及服務品質
‧增加製程之產出
‧降低生產成本
‧改善、增加市場佔有率
‧降低產品價格
‧改善及保證產品即時送達顧客

・協助公司之管理

1.3　品質管制之歷史沿革

在古埃及時代，人類即已有品質和檢驗之觀念。在經過許多學者之不斷研究，品質管制之觀念和技術已日趨成熟。表1-2依年代說明品質管制之發展過程，表1-3列舉品質管制之先趨和其主要貢獻。品質管制之歷史沿革可依費根堡(Feigenbaum 1983)所提出之5個階段來說明。

1.　操作員的品質管制(operator quality control)

到十八世紀前，服務之供給和產品之生產通常來自於個人或一小組人員。在這種生產方式下，生產者也擔負起檢驗之責任，製品之品質標準全由其自行設立。

2.　領班的品質管制(foreman quality control)

在十九世紀末和二十世紀初，由於受到工業革命之影響，製造之複雜性日趨增加。由於生產技術之演進，生產方式需要一組人集合在一起執行相似或特定之工作，並由一個領班負責監督其工作及製品品質。此階段稱為領班的品質管制。

3.　檢驗員的品質管制(inspection quality control)

由於生產方式日趨複雜，工廠組織也隨之龐大。領班要負責管理日益增多之工人外，已無暇負責製品之品質。公司組織理解到必須由專人來負責製品之品質，以減輕領班和生產工人之工作負擔，使其能完全投入生產、製造之工作。此階段稱之為檢驗員的品質管制。

表1-2　品質管制之歷史

年代	主要發展
中世紀	操作員之品質管制 ・歐洲產業工會
1920年	領班的品質管制 ・統計製程管制圖 ・消費者風險、生產者風險 ・允收機率 ・OC 曲線 ・雙次抽樣計畫 ・LTPD 抽樣計畫表 ・AOQL 抽樣計畫表
1930年	・計量值抽樣計畫
1940年	統計品質管制 ・Dodge-Roming 抽樣計畫表 ・選別檢驗 ・逐次抽樣計畫 ・*Industrial Quality Control* 期刊發行 ・美國品質管制學會(ASQC)成立（1946年2月16日） ・多變量品質管制 ・平均樣本數(ASN)
1950年	・MIL-STD-105A ・累和(CUSUM)管制圖 ・允收管制圖 ・MIL-STD-414 ・指數加權移動平均值管制圖 ・連鎖抽樣計畫 ・跳批抽樣計畫 ・多層次連續抽樣計畫
1960年	全面品質管制(Total Quality Control) ・零缺點計畫 ・*Quality Progress* 雜誌發行 ・*Journal of Quality Technology* 期刊發行 ・品管圈
1970年	・ASQC 定義品質成本項目 ・特性要因圖 ・田口方法
1980年	・品質系統 ・生產品質管制 ・產品品質稽核 ・ISO 9000 品質保證及品質管理標準

表1-3　品質管制之先趨和其主要貢獻

姓名	主要貢獻
P. B. Crosby	・發展品質改善計畫之十四個步驟 ・品質之定義
W. E. Deming	・倡導統計方法在品質管制上之應用 ・在第二次世界大戰後，將統計及品質管制方法介紹給日本工業界 ・發展十四點管理原則 ・定義造成品質不良之特殊(special)和一般(common)原因
H. F. Dodge	・發展計數值抽樣檢驗計畫之基本觀念 ・定義消費者風險和生產者風險 ・發展 Dodge-Roming 抽樣檢驗表 ・發展第一個連續抽樣檢驗計畫 ・發展跳批抽樣檢驗計畫 ・發展連鎖抽樣檢驗計畫
A. V. Feigenbaum	・發展全面品質管制之觀念
H. Hotelling	・發展管制統計量，應用於多變量製程管制
K. Ishikawa	・發展特性要因圖 ・被稱爲品管圈之父
J. M. Juran	・品質之定義 ・倡導柏拉圖在品質改善上之應用 ・定義造成品質不良之零星出現(sporadic)原因和長期性(chronic)原因
E. Pearson	・發展英國品質管制標準 ・指出全距之特性和在品質管制上之應用
H. G. Roming	・與 Dodge 合作發展出計數值抽樣檢驗計畫
W. A. Shewhart	・發展第一個管制圖 ・發展可歸屬原因之觀念 ・發展型 I 誤差和型 II 誤差之基本觀念
G. Taguchi	・發展品質工程之觀念和技術 ・定義品質損失(Quality loss)
M. N. Torrey	・與 Dodge 合作發展連續抽樣檢驗計畫
A. Wald	・發展逐次抽樣檢驗計畫 ・發展抽樣檢驗計畫中，平均樣本數之一般公式

4. 統計品質管制(statistical quality control, 簡稱 SQC)

在 1920 年代初, 許多美國大型公司體會到例行之產品檢驗, 並無法滿足其需求。此時有許多學者投入研究, 利用統計方法應用在品質管制上, 例如: 蕭華特(Shewhart)在 1924 年提出管制圖之想法, 道奇(Dodge)在 1925 年提出抽樣計畫之觀念。這些以統計爲基礎之方法和技術在當時並未受到太多之重視。直到 1940 年後, 由於許多學者不斷研究與發展, 再加上美國國防部大力倡導, 這些以統計爲基礎之方法才受到各公司之重視。從 1940 年代開始到 1960 年代, 一般稱之爲統計品質管制時代。

5. 全面品質管制(total quality control, 簡稱 TQC)

從 1960 年以後, 即進入費根堡所稱的全面品質管制時代。在此之前, 品質管制活動只限於製造和檢驗部門, 由於來自消費者之需求日增, 再加上同業之競爭, 一個公司之品管工作必須擴展至包含市場調查、研究發展、設計管制、進料管制、製程管制、品質保證、銷售服務、顧客抱怨處理等, 使公司各部門人員共同參與品質管制之工作。

日本企業於 1960 年代引進費根堡的 TQC 理念, 經過改良後, 稱之爲全公司品質管制(company wide quality control, 簡稱 CWQC)。CWQC 的內涵包括:

1. 由講求產品品質提昇爲績效品質。
2. 強調管理的品質。
3. 注重顧客、員工、供應商、分銷商及社會的滿意度。

CWQC 的特點之一爲採用直向部門和橫向機能的矩陣組織。傳統之企業管理方式是以直線關係爲主體運行, 組織式的命令系統, 是經由上司與部屬的關係而結合。但在執行全公司性的活動時, 這種直線組織經常爲各部門間協調、溝通之障礙。機能式管理不僅要求直線組織的連結, 並講求横向功能的意志統一。

　　美國品管專家 Sullivan（1986)將品質之建立分成七大階段（如圖 1-3)，其中前三項屬於美式 TQC 之範圍，而日式 CWQC 則更講求人性化、社會責任、品質損失及重視顧客之心聲。

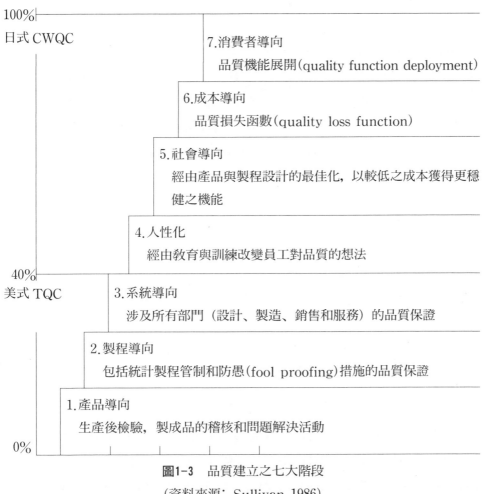

圖1-3　品質建立之七大階段

（資料來源: Sullivan 1986）

　　TQC 與 CWQC 之理念在經過不同學者之增添、改良後，形成 1980 年代所稱之全面品質管理(total quality management，簡稱 TQM)。全面品質管理指公司內所有員工，由管理者至作業員，共同參與持續性之製程

(過程)改善工作，以全體力量，改進各階層的製程績效。TQM的主要內涵有四大要素：品質及重視顧客之需求，強調團隊合作，持續不斷地改進與創新和管理領先。

1.4 品質管制技術之應用

品質管制技術之應用可以用一簡單之例子來說明。圖1-4描述一生產製程及相關之輸入和輸出變數。輸入變數 x_1，x_2，…，x_p 為可控制之變數，例如溫度、壓力、進刀量及其他製程變數。輸入變數 z_1，z_2，…，z_q 為不可控制變數，例如環境因素等。製造程序是將這些輸入變數轉換成一成品，此成品具有數項參數來描述其品質和適用性。

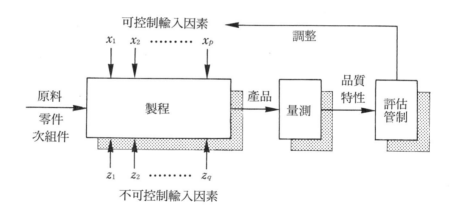

圖1-4 生產製程之輸入及輸出

一開始我們可以利用實驗設計(designed experiment)方法找出製程中影響品質特性之主要變數。實驗設計有系統性地變動可控制之輸入因子，並觀察這些因子對於產品之影響。實驗設計可用來決定控制因子的水準，以使製程之成效達到最佳化，並降低製程之變異性。因為實驗設計通常用於產品開發階段及產品製造初期，因此實驗設計通常被稱為離線(off-line)之品質管制工具。

　　當找出一組影響製程輸出之重要變數後，接下來可將有影響性之輸入變數及品質特性間之關係加以模式化。一些統計技術包含迴歸分析，時間序列分析等都有助於建立此關係模式。當重要之變數已找出，而且重要變數間之關係本質已模式化後，接下來可利用連線(on-line)之統計製程管制技術來監視製程。一些管制圖技術可用來監視製程之輸出並同時決定何時輸入變數須改變以使製程回到管制狀態。輸入變數與品質特性間之關係模式將有助於決定輸入變數調整之本質（增加或降低）及幅度。管制圖同時也可提供一些有助於降低變異之資訊，回饋給操作員及品管工程師。

　　圖 1-5 顯示一個製造組織中品質管制方法使用之演進。在一開始，管理階層完全不在意品質之問題，同時也不具備有效率、組織化之品質保證系統。管理階層依賴允收抽樣方法，並將其應用在進料檢驗和成品檢驗。在使用一段時間後，管理階層體認到品質不是檢驗出來的(the quality cannot be inspected or tested into the product)，事後之檢驗工作並

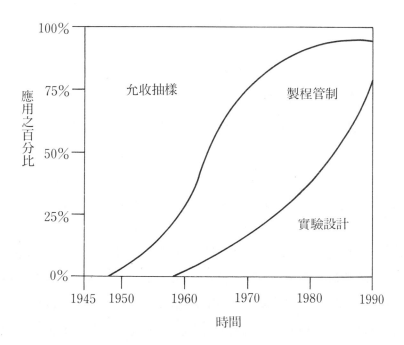

圖1-5　品質管制方法之使用

不能提昇公司之產品品質，唯有利用統計製程管制技術和實驗設計方法，才能改善產品之品質。

　　圖1-6顯示允收抽樣計畫，統計製程管制及實驗設計法如何隨著時間運作。在開始之階段，允收抽樣計畫被視爲主要之品管方法，但是有部分之產品不符合規格。統計製程管制之導入可將製程穩定並降低變異。但是符合規格並不是最終目的，進一步地減少變異將獲得低成本之品質並加強競爭之能力。實驗設計法配合統計製程管制將可使製程之變異降至最低，並達到無缺點製造之理想。

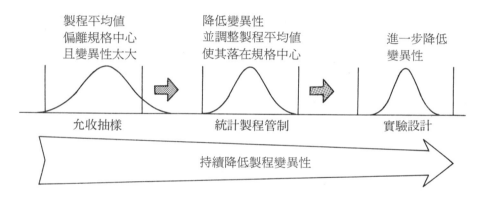

圖1-6　品質管制技術之應用及系統化地降低製程變異

　　日本品質管制專家田口玄一（Taguchi 1986）所提出之田口式實驗設計法，受到工業界之重視，此方法被應用在製程和產品之改善上。田口玄一所提出之一些重要觀念和技術，將在本書隨後介紹。

1.5　品質之管理（Management of Quality）

　　品質之管理是指一個組織爲了預防不合格品之發生，所從事之一切活動。品質管理相關之活動可分成三個不同之層面：⑴品質工程（quality engineering）；⑵品質之策略性管理（strategic management）；⑶品質之管理計畫（management programs for quality）。在以下數小節中，我們將討論上述三個層面所包含之內容。在品質工程中我們將探討品質工程之功能、技術和品質工程師之責任。產品評估、失效分析、品質之教育訓練、消費者主義、產品安全和產品責任等，則是包含在品質之策略性管理中。在品質之管理計畫中，將討論品管圈、零缺點計畫等員工激勵活動。

1.5.1　品質工程(Quality Engineering)

一、品質工程之功能

Crosby (1986)認為品質工程之功能包含下列數項：

1. 協助採購部門完成下列工作項目：
   - 選擇適當之供應商。
   - 訓練採購人員。
   - 決定對於採購物品是否須予以管制或檢驗。
   - 建立評估計畫。

2. 協助工程部門人員進行下列工作：
   - 規劃設計審核、產品合格性測試、產品壽命測試。
   - 提供產品製造資料和顧客使用產品之經驗資料。

3. 協助銷售部門進行下列工作項目：
   - 提供有關產品成效之資料。
   - 為客戶提供有關產品品質之討論會。
   - 處理顧客抱怨等有關問題。
   - 提供經驗資料，建立新的產品規格。

4. 協助公司審計人員處理下列工作項目：
   - 品質成本之計算。
   - 設計品質管制計畫以評估行政人員之效率和正確性。

5. 協助製造部門處理下列工作項目：
   - 決定產品和製程之評估活動。
   - 選擇測試設備。

　　　　　・設計抽樣技術。

　　　　　・對製造部門人員提供品質有關之訓練。

　　6.　協助行政管理部門處理下列工作項目：

　　　　　・新進員工之教育訓練。

　　　　　・執行提昇全公司品質意識之活動。

　　　　　・提供公司內部活動之評估指導原則。

二、品質工程之技術

　　Feigenbaum（1983)將品質工程技術定義爲制定品質政策、分析和規劃產品品質，用以實施和支援品質系統，以最低之成本使顧客滿意所需之技術性知識。品質工程中所用到之主要技術可分成品質政策之準備、產品品質分析和品質作業規劃。

　　品質政策之準備包含訂出公司品質目標所需之技術。產品品質分析包含分離和指出影響產品品質之因素所需的技術。品質作業規劃技術包含爲達成某種結果，所發展出之行動和方法。

三、品質工程師之責任

　　Simmons（1970)認爲品質管制工程師之工作有下列數項：

1.　教育訓練

　　準備訓練教材和對組織中各階層員工執行與品質管制有關之教育訓練。

2.　品質標準

　　發展和執行品質標準，並訓練員工使用這些品質標準。

3.　量測和分析設備

　　決定、建議或設計量測和分析設備，用來評估產品之品質水準。

4. 方法和程序

　　設計收集品質數據之表格，並協助訓練其他員工利用這些表格收集、分析品質數據，並製成報表。決定異常原因之責任歸屬，並制定矯正異常之處理程序。

5. 不合格材料之處理

　　建立及執行不合格材料之處理程序。決定不合格材料所造成之額外成本之責任歸屬。

6. 品質計畫之稽核

　　提供品質活動稽核之方法，提出品質改善活動進行階段之報告、分析品質改善計畫之效益、成本和獲益。

1.5.2　品質之策略性管理

一、產品評估(product apprasials)

　　產品評估是指為了決定產品價值或產品品質的一套檢驗和測試之功能。一個產品評估計畫包含檢驗點之決定、檢驗工具和方法之制定、指導手冊、評估程序和資料之記錄。在指導手冊中，必須明確地告訴檢驗員有關待測之特性、方法和工具、規格和標準。對於不合格材料之處理也須明確說明。品管工程師也須設立一個稽核系統定期評估各項指示是否被遵循，並評估系統之成效。

二、失效分析(failure analysis)

　　在有些情形下，產品之失效可經由線上之觀察和診斷，追查出造成失效之原因。如果失效分析須使用到複雜之設備，則通常由外部之實驗室進行分析，再由品管部門根據分析之結果，建議改善之行動。

三、品質之教育訓練

　　品質被認爲是提昇生產力之重要因素之一。如何提昇員工之品質意識，成爲管理人員之一項挑戰。員工接受品管有關的教育訓練，被認爲是提昇產品品質的有效方法之一。教育訓練計畫必須涵蓋高階管理人員、各階層員工，甚至包括供應商。Feigenbaum （1983)對於品質有關之教育訓練，提出下列四項原則：

1. 教育訓練計畫必須簡單，並以公司實際之品質問題爲中心。教育訓練必須強調實務，並以個案研究方式進行。

2. 規劃品質之教育訓練時，品管工程師和執行訓練之人員必須合作，以決定訓練所需之教材和範圍。

3. 解決品質問題之方法隨時在變，品管方法和技術之訓練永遠無法視爲完成。

4. 訓練計畫必須包含各階層之員工。由於組織內各階層員工之興趣和目的皆不相同，訓練計畫需視各階層人員之需要來制定。

四、消費者主義、產品安全和產品責任

　　由於生活水準和教育水準之提高，目前之消費者對於產品之品質和安全性之要求也日益增加。如果消費者對於品質或安全性不滿意，他們希望製造商能夠聽取他們的意見。此股經濟上的力量稱爲保護消費者主義(consumerism)。保護消費者主義和產品責任，是造成企業重新考慮以品質保證做爲經營策略之主要原因。

　　保護消費者主義興起之原因是因爲消費者感受到太多之不合格品和產品之失效。在買方市場上，一個企業能否成功，主要是看此組織是否能了解顧客之需求(尤其是品質方面的需求)。一個企業必須對顧客之反應有效且迅速地做出適當之行動，而且最好是能預測顧客之期望，在顧客還未將其反應以言語表現前，就能採取因應措施。如果一個公司不願聽取顧客之抱怨，則此顧客會將其反應傳給其他願意聽的人(通常是其他消費者)。長久下來，公司產品品質之聲譽將會受損。

　　一個公司應該將顧客產品失效數據，視爲一項重要、有價值之情報。產品失效數據可以從保證期內產品失效請求更換或維護之資料、產品稽核或正式之產品失效服務表單等處獲得。在這些失效報告上，必須註明顧客所在位置、顧客之抱怨內容、問題之說明、料號、序號、修理成本等資料。如果處理恰當，這些報告上之情報將可用來找出造成失效之產品或零件及失效之原因。

　　目前之消費者大多會懷疑今日之產品是否不如從前，或者懷疑製造商是否仍然重視品質。此兩項問題之答案是肯定的。目前大多數之製造商仍然重視產品失效問題。因爲他們理解到產品失效將會造成外部失敗成本（參見 1.6 節），同時也將影響到他們在市場上的競爭地位。消費者所質疑的產品品質不如從前，可以從兩個角度來看。第一個解釋是不合格率之降低遠不如產量之增加。在過去產量低的時代，假設年產量爲 10000 件，其中 500 件會產生失效，其失效率爲 5%。如果失效率維持不變，在年產量爲 300000 件時，消費者將發現 15000 件失效之產品。換句話說，失效率維持不變的情況下，由於產量之增加，造成感受到產品失效的顧客數也隨之增加。另外，新產品之過早推出，也會造成消費者認爲現今產品之品質不如從前。市場之競爭通常會促使製造商在新產品還未完全評估和測試完畢前，提早推出新設計之產品，以便保有市場之競爭能力。過早推出未經測試之新設計，是造成消費者發現產品有許多缺失的另一個原因。雖然這些設計上的問題最後終將獲得改善，但太高之失效率已使得消費者認爲今日之產品品質不如過去。

　　產品責任是來自於社會、市場和經濟上的壓力。製造商和銷售商必須爲不合格品所造成的損失和傷害負責，並不是最近才有的現象。產品責任之想法早已存在，只是在今日較被重視。最近美國法院所公布之嚴格責任（strict liability）是較爲嚴厲之法律。此項法律有兩個特點。第一個特點是當顧客對品質不滿意時，製造商必須透過服務、修理或以更換不合格品之方式，做出迅速之回應。製造商和銷售商在消費者使用產品之過程中，必須對產品之功能、產品對環境之影響和產品之安全性負責。嚴格責任之第二項特點是與產品之促銷和廣告有關。在嚴格責任下，廣告中之內容必須有公司之品質數據和經過證明之資料來支持。嚴格責任之兩種特質將對製造商、經銷商和零售商產生壓力，他們必須建立和維持有關產品功能和安全性之極高可信的事實資料。這些事實資料必須包含產品之品質、可靠度、耐久性、產品在副作用和危險環境下之保護和產品使用上之安全性。當然，這些事實和資料之建立及維持，有賴於一個健全之品質保證計畫。

1.5.3　品質之管理計畫

品質之管理計畫包含一些有關員工激勵之活動，在本節中我們將說明零缺點計畫和品管圈活動兩項員工激勵方法。

一、零缺點計畫(zero defects program)

零缺點計畫是於 1961～1962 年間，由位於美國佛羅里達州之 Martin 公司，在發展飛彈之過程中，所發展出之一種員工激勵方法和管理之哲學。自此以後，零缺點計畫被廣泛應用在國防工業和航太工業上。零缺點計畫主要是在消除缺點，缺點或員工之過失可能來自於下列一項或多項因素之組合：

- ・不知如何正確地執行一項工作。
- ・缺乏正確執行一項工作所需之工具或設備。
- ・未認眞地執行一項工作。

前兩個問題可經由員工之訓練或工具之更換來解決。而第三項則有賴於工作態度之改變來完成。零缺點計畫是一種簡易之方法，用以保證組織內之每一成員了解其個人在組織之產品和服務上之重要性；另一方面，管理階層也要體認其屬下員工之重要貢獻。

理想上，零缺點計畫包含兩個層面：激勵和預防層面。激勵層面主要在使員工降低本身之錯誤。預防層面則是鼓勵員工協助降低系統性且可以控制之錯誤。在此層面上，零缺點計畫之重點是放在生產過程中，預防缺點之產生，而不是在缺點發生後才採取改正措施。爲了達成此目的，組織可能要投入許多成本，但長期來看，零缺點計畫有助於降低整體之成本。

零缺點計畫之實施成效，有正、反兩面之看法。有些組織已成功地實施零缺點計畫並已獲得改善，而另一些公司則認爲他們並未獲得任何益處。在推行零缺點計畫時，所面臨之一項重要問題是只依賴激勵員工之方法，缺乏管理階層之承諾或統計、工程方面之技術支援。來自工業界之經驗顯示同時考慮激勵和預防層面之公司，在推行零缺點計畫所獲得之效益，遠比只考慮激勵措施來得高。

二、品管圈(quality control circle)

品管圈是源自於日本之一種員工激勵活動。品管圈爲來自於組織內具有相同工作性質之員工（可能爲同一部門）所組成之團體。一個品管圈通常包含 5 至 10 位自願參與之員工。其目的是在研究改善工作之效率，其研究對象不限於品質問題，尚可包含生產力、成本、工作安全和其他製造環境等層面。

品管圈活動之理念是認爲現場工作人員比其他人了解其工作內容，這些員工應該參與改善浪費之活動和建議解決問題之方法。品管圈活動是由教育訓練開始，包含數據之收集和分析、研討過去成功之品管圈活動專案和完成一項實際之專案。自從 1962 年日本推行品管圈活動後，此方法已引起其他國家之重視和採用。推行品管圈活動所能得到之效益包含：

- ·品質改善
- ·浪費之降低
- ·工作態度之改變
- ·成本之降低
- ·安全之改善
- ·溝通之改善
- ·生產力之改善
- ·增加工作滿意度

・團隊合作之建立

・技術能力之改善

　　品管圈活動之成功與否取決於三項因素：(1)基本統計方法之運用，(2)團隊合作，(3)工作滿意。統計方法之使用提供一個解決問題之系統化方法。在品管圈中所研究之問題，其答案或建議並非主觀之意見或憑空想像，而是需要科學化之分析方法。被稱為品管圈之父的日本品管大師石川馨曾言「1噸的熱誠若無1盎斯之科學知識來輔助，將毫無所用」。一般而言，品管圈活動所用之統計方法包含特性要因圖（或稱魚骨圖）、查檢表等（見本書第三章）。這些工具可協助品管圈成員收集數據，並以系統性，合乎邏輯之方法來解決問題。

　　影響品管圈成功與否之第2項因素為團隊合作，此要素可協助意見之溝通、員工問題之改善、良好工作態度之建立。第3項因素為員工之工作滿意，經由品管圈活動，可建立員工發表看法和陳述意見之管道。由於員工看法之被重視，員工之工作滿意程度可因此而增加。

　　除了上述三項因素外，有些學者認為文化和技術上之差異也是影響品管圈活動是否能夠成功之因素。在西方社會中，工程師或管理階層大都不願將傳統上屬於自己之權力或特權託付給現場工作人員。另一方面，現場員工不認為他們有替公司解決問題之責任。然而這些員工對於品質和製程之改善通常有很好之想法，因此，如何改變員工之工作態度將是一項很重要之挑戰。另外，中、高階層管理人員之觀念和認知也是需要加強之部分。多數管理人員並未體認品質在生產力提昇上之重要性或利用工程和技術能力以提昇品質和生產力。

1.6　品質成本(Quality Costs)

　　品質成本是指為了達到與維持某種品質水準所支出的一切成本及因無法達到該特定品質水準而發生的成本。在過去，品質成本的評估並未引起太多的重視。自從 1950 年代開始，許多組織開始正式的評估與品質有關的成本。一個組織之所以需要評估品質成本的原因有下列數項：

- 隨著生產技術的演進，造成產品的複雜化，以致於提高了品質成本。
- 產品壽命週期成本的日趨受到重視，這些成本包含維護、人工、備用零件及現場失敗成本。
- 品管工程師和管理階層可以利用以金錢表示之品質成本，來做為溝通之語言。

基於上述理由，品質成本分析已被視為財務控制之管理工具，它同時可被用來協助發掘降低成本之機會。一般而言，品質成本是指有關於生產、辨認、避免或修理不合乎規格產品等之成本。在下節中我們將說明品質成本之內容。

1.6.1 品質成本之分類

品質成本可分為四大類：預防成本、評估成本、內部失敗成本及外部失敗成本。以下對此四大品質成本做詳細之說明：

I. 預防成本(prevention costs)

指為了預防不合格品等有關設計及製造之成本。廣泛而言，預防成本是指達到「第一次就做對」所產生之成本。預防成本又可分為下列子項：

(1) 品質計畫及工程：此項目是指為了規劃整體品質計畫、檢驗計畫、可靠度計畫、數據系統等品質保證工作所產生之成本。

(2) 新產品評估：此項目是指從品質之觀點評估新產品，為了評估新產品所發生之測試、實驗程序等工作所發生之成本。

(3) 產品／製程設計：此成本是指設計及選擇適當生產程序以使產品合乎規格之成本。

(4) 製程管制：由於管制及監視製程以提昇產品品質所發生之成本，

例如使用管制圖。

(5) 品質數據收集及分析：有關收集產品、製程數據並加以分析以辨認製程問題，及整理、綜合品質資訊所產生之成本。

(6) 訓練：包含發展、準備、實施、操作和維持與品質有關之正式訓練計畫之成本。

(7) 燒入(Burn-in)：為了避免產品早期之失效，在產品運送前之作業所造成之成本。

(8) 供應商品質評估：為了選擇供應商，評估供應商品質之成本。

2. 評估成本(appraisal costs)或稱鑑定成本

有關量測、評估、稽核產品、零件、及材料是否合乎規格之成本。評估成本又可分為：

(1) 檢驗及測試外購材料：有關測試、檢驗材料及定期至供應商審核品保系統所發生之成本。

(2) 產品檢驗及測試：在製造之各階段檢驗產品是否合乎規格之成本，包含最終檢驗、包裝出貨檢驗、產品壽命檢驗、環境測試及可靠度測試等。

(3) 材料及服務之消耗：指在破壞性測試及可靠度測試所消耗之材料所產生之成本。

(4) 量測儀器之維護：為了定期查驗量測儀器所產生之成本。

(5) 品質稽核(quality audit)：為了評估品質計畫執行情形之成本。

(6) 現場測試成本：至顧客處現場測試之成本。

3. 內部失敗成本(internal failure costs)

這種成本發生於當產品、材料、零件及服務不能合乎要求時，這種失敗成本是發生於產品尚未送達顧客前。若無不合格品則此成本並不存在。內部失敗成本又可分為下列項目：

(1) 報廢：由於不合格品不能很經濟地修理所產生之人工、材料等的損失。

(2) 重工：修改不合格品以使合乎規格所產生之成本。

(3) 重驗：重新檢驗因爲重工或其他修改之產品所發生的成本。

(4) 失敗分析：分析產品失敗原因之成本。

(5) 怠工：由於不合格品 (例如材料) 使生產設備怠工所發生之成本。

(6) 生產量之損失：目前之生產量比改善控制後所能得到之產量爲低所產生之成本，例如：由於飲料填裝設備不穩定，造成填裝過量之損失。

(7) 次級品降價求售所造成之損失：此項目爲正常售價和次級品售價間之差異。此種情況常發生在紡織業、成衣業和電子業。

(8) 材料採購成本：採購部門因處理不合格原料所造成之成本。

(9) 供應商不合格原料造成之報廢和重工：由於供應商之不合格原料產品所造成之重工和報廢成本。

4. 外部失敗成本(external failure costs)

這種成本是指當產品已運至使用者手上被發現不符合規格所產生之成本，此項目包含下列成本：

(1) 顧客抱怨處理：處理因不合格品所產生之顧客抱怨的成本。

(2) 產品／材料之退回：回收、搬運、及更換從顧客退回之不合格品或材料之成本。

(3) 保證費用：在保證期間服務之成本。

(4) 間接成本：此包含顧客向心力、公司商譽、市場佔有率等之損失。

(5) 責任成本：因產品責任訴訟所產生的成本或賠償。

1.6.2　品質成本之管理

整體品質成本之表示需以使管理者能直接評估爲原則。一般都採用比例之方式表達。分子爲品質成本，而分母可爲下列數項之一：(1)直接人工之工時；(2)直接人工成本；(3)生產成本；(4)製造成本；(5)銷售額；或(6)生產量(件數)。品質成本之量測基準的選擇依公司之要求而定，另外，下列項目也是需要考慮之因素：

- 是否受到生產計畫之影響？
- 是否受到機械化或自動化之影響？
- 是否受季節性銷售之影響？
- 是否受到原料價格波動之影響？

品質成本分析之應用可歸納成下列數項：

- 品質成本當作是一種量測工具。

　根據各分類之成本，比較各項品質活動之效益。

- 品質成本當作是製程品質之分析工具。

　根據各生產線或生產流程之成本，分析主要問題範圍。

- 品質成本當作是一種規劃改善行動之工具。

　在有限之資源下，品質成本可以指出投入何種改善方案，可以帶來最高之效益。

- 品質成本當作是一種預算規劃之工具。

　規劃各項品質管制計畫之預算以達成公司之目標。

- 品質成本當作是預測性之工具。

　評估和保證各項與公司目標有關之活動的成效。

在分析品質成本時，最常見之問題是品質成本該控制在何處較爲恰當。當然，此問題並無一個明確之答案。在有些公司，品質成本佔銷售額之 4% 或 5%，而在另一些公司中，品質成本可能佔銷售額之 35% 或甚至 40%。很明顯地，品質成本的大小依產業別而定，高科技之電腦業的品質成本顯然不同於百貨公司或旅館等服務業。

品質成本之效用來自於槓桿效應。換句話說，我們希望藉由少量增加預防和鑑定成本來換取大量減少之失敗成本。品質成本分析之主要目的是要發掘改善之機會，並藉以降低成本(主要指失敗成本)。在降低成本之過程中，可能會伴隨著預防和鑑定成本之增加。在初期，預防和鑑定成本甚至可能高過失敗成本。但一個組織如果有心做好品質改善工作，則有可能將品質成本降低 50%至 60%。

在分析品質成本和規劃降低成本之計畫時，我們須了解預防和鑑定所扮演之角色。在多數之組織中，鑑定工作之預算通常大於預防工作。此為一常見之錯誤，此項不正確做法之主因在於鑑定工作之預算通常包含在品質保證和製造範圍內。一個正確的認知是預防成本之投入所能帶來之效益遠大於鑑定成本。

在品質成本之分析過程中，最感困擾的莫過於無法取得品質成本之正確數值。此乃因為大多數之品質成本項目，並不會反應在公司的會計記錄上。為解決成本資料之取得問題，一個可行之方法是利用估計或在研究期間，特別建立監視程序來收集成本資料。

如前所述，品質成本之大小並無一個絕對標準值。一個較正確之作法是拿品質成本資料，做為比較不同時段之成效的相對比較基準。當目前之績效與過去有所不同時，此項事實將會反應在品質成本之差異上，並可以用來提醒管理者該採取適當之措施。

並非所有的品質成本計畫都能成功。失敗的原因在於未能將品質成本之情報，拿來做為發掘改善機會之工具。如果只將品質成本資料做為一項記錄，而不去尋找改善的機會，則品質成本計畫將永遠無法成功。另一個造成失敗的原因在於管理者太過於注重數字上完美。將品質成本視為會計系統的一部分，而非管理上之工具，將造成嚴重之錯誤。這種作法增加了許多建立和分析這些資料的時間，如此將使得管理者更不耐煩，且不再相信品質成本計畫之有效性。

1.7 數位品管大師之哲理

在過去，有數位專家對品質管制此領域有極顯著之貢獻。本節介紹這些專家之品質理念，分別是戴明(W. Edwards Deming)之管理14點原則(Deming 1982)，克勞斯比(Philip B. Crosby)(Crosby 1986)之品質改進14點計畫，和裘蘭之品質三部曲(quality trilogy)(Juran 1986)。

1.7.1 戴明之哲理

戴明之學術背景爲數學與物理，他於1928年獲得耶魯大學博士，其後戴明先後任職於美國農業局、主計局和國防部。1950年代，戴明接受日本科技連(Union of Japanese Scientists and Engineers, JUSE)之邀請，到日本講授品質管理和統計方法之應用。由於日本人接受戴明之理念，使得其產品品質在今日能居於領先之地位。戴明之理念強調統計技術、統計製程管制方法之使用和管理階層態度之改變。戴明認爲85%之問題可以由管理階層解決，雖然有些問題是屬於供應商或作業員之責任，但管理者不可躲避責任而怪罪他人。

戴明之擴大過程(extended process)觀念包含了公司組織、供應商、顧客、員工、投資者和社區。公司組織包含材料、機器、人員、方法和資金，其主要目標是要使顧客滿意。戴明將其理念歸納成14點，稱爲管理之14項要點。

1. 建立永續之公司目標

    建立公司持續改進產品和服務之目標，並且清楚地公布給每一位員工。持續地改進產品設計和成效，投資於研發工作，將使組織獲得長期之回報。

2. 各階層員工採用新的哲理

採用新的品質哲理，拒絕不良之工作、不合格品或不良之服務。生產一件不合格品之成本與生產一件合格品之成本相當(有時更高)，由於不合格產生之報廢、重工和其他損失，將是公司資源之浪費。

3. 不要依賴大量檢驗來管制品質

檢驗為將可接受和不可接受產品區別之過程，它並未考慮問題之真正原因，亦即檢驗並未考慮何原因造成不合格品之產生及如何消除這些原因。生產不合格品是要付出代價的。有一些不合格品可以重工，但另一些可能要報廢。由於重工和報廢都將造成資源之使用和成本之支出，製造者將會根據不合格品之比例調整單位售價。此將造成市場佔有率之降低，同時產能也會受到影響。依賴大量檢驗將無法刺激員工認真地檢查製程，以防止缺點之發生。依賴檢驗將使得不合格品持續地產生。例如一產品是由多位檢驗員負責，由於預期其他檢驗員也會查出不合格品，檢驗員不會認真地執行檢驗之工作。另外，工作疲勞也會影響檢驗之成效。檢驗代表不合格品是可以預期的，戴明認為依賴大量檢驗如同計畫缺點將會出現。經由製程之改進，以預防不合格，才能真正獲得高品質之產品。

4. 不要單以價格來選擇供應商

價格只有在與品質同時考慮時，才能有意義地評量供應商之產品，換句話說，在選擇供應商時必須考慮整體之成本而非採購成本。在考慮產品品質時，得標者並非是具有最低價格之供應商。在選擇供應商時，應優先考慮能以現代方法從事品質改善且能證明其製程管制和能力之供應商。

5. 持續改善生產和服務系統

戴明之哲學是強調缺點之預防，此有賴於員工之參與和使用統計方法進行製程之改善。

6. 對所有員工進行教育訓練

製程之持續改善有賴於員工熟悉統計方法和技術，員工除了接受和其工作有關之技術方面的教育外，尚須學習和品質生產力提昇有關之方法。教育訓練之做法須能鼓勵員工在其日常工作中使用這些方法。

7. 實行現代化之督導方法

主管(Supervisor)為管理階層和作業員間溝通橋樑，應該避免被動性地監視作業員，而是應該主動地協助作業員完成工作。

8. 驅除恐懼

管理階層之責任之一是驅除組織內各成員之恐懼。組織內之恐懼將帶來極大之經濟損失。員工將不再對其工作、生產方法、影響製程之參數、操作條件等提出問題，對於品質和生產效率將產生極大之影響。

9. 消除部門間之障礙

持續之品質和生產力之改善有賴不同部門間之團隊合作。部門間之障礙將使資訊無法流通，個人或部門之目標無法與全公司之目標一致。

10. 清除目標和口號

口號和設定目標本身並沒有任何用處，除非有達成目標之具體步驟。

11. 消除配額和工作標準

工作標準並非由真正執行工作的人所建立，這些標準是依據數量而非品質來決定。由工作標準所定義之配額將造成持續改善之障礙，因為配額將鼓勵員工達成一定數量，而非生產可接受之產品。戴明認為配額將鼓勵員工生產不合格品。配額也無法區分作業員之責任和管理階層之責任。員工可能會因無法達成配額，而遭到處罰，但這些可能不是員工之責任。此將造成員工自尊和工作士氣受損。

12. 消除使基層員工氣餒之障礙

   管理階層必須聽取基層員工之建議、意見和抱怨。從事實際作業之基層員工對其工作最為了解，對於製程之改善可能有很有價值之想法，管理階層須將他們視為企業之主要參與者。

13. 對每一員工建立持續之教育訓練計畫

   接受簡單、有效之統計方法之訓練必須視為每一員工之義務。讓每一員工了解統計方法之使用，將可使其更能發覺不良品質之原因，和確認品質改進之機會。戴明認為教育是使每一員工參與品質改進過程之一種方法。

14. 建立高層管理體系，使其有活力地倡導前 13 項

1.7.2　克勞斯比之哲學

   克勞斯比是由線上檢驗員做起，他對於品質、可能之阻礙和如何克服這些困難都相當了解。克勞斯比之步驟是由評估現有品質系統做起。他的品質管理方格(quality management grid)提供一方法用來確認目前之品質作業，並且指出何處有改善之可能。克勞斯比提出 14 個步驟以協助企業進行品質改善計畫(Crosby 1979)。

1. 管理人員之承諾

   品質之改善是由高階管理人員之承諾開始。管理人員須向員工溝通缺

點預防之重要性，並且建立一品質政策，說明爲了符合顧客之需求，每一員工所須達成之成效。

2. 品質改善團隊

由各部門人員組成品質改進團隊，負責確保各項改進方案之進行。

3. 品質量測

品質之量測可協助找出何處需要矯正行動，和何處需要改進。

4. 品質成本之評估

品質成本或不良品質成本可指出何種改善行動將可造成成本之節省。

5. 品質意識

將不良品質成本之結果由各階層、各部門之人員分擔，讓每一員工參與將有助於改善組織內成員對於品質之態度。

6. 改正行動

溝通和問題之討論可建立找出解決問題之基礎。此種討論也可發掘先前未注意到之問題，並決定排除這些問題之方法。

7. 零缺點計畫委員會

每一員工了解零缺點計畫之觀念，使其了解達成零缺點爲公司之目標。

8. 主管訓練

各階層管理人員須了解品質改進計畫之進行步驟，他們須接受訓練，才能具有向其他員工解釋品質改善計畫之能力。

9. 零缺點日

零缺點之哲學必須全公司性地建立，並且選擇某一天發起，此有助於
讓每一員工一致性地了解零缺點之理念。

10. 目標設定

作業員和其主管一起設定 30 天、60 天或 90 天之工作目標，此有助於
建立良好之工作態度，以達成目標。

11. 錯誤原因之排除

要求員工確認無法達成零缺點之原因，此有助於找出排除這些問題之
程序。

12. 表揚 (recognition)

建立獎勵制度，表揚達成或超越目標之人員，此有利於鼓勵每個人參
與品質計畫。

13. 品質委員會

品質計畫之相關人員須定期開會，並提出繼續改善品質之方案。

14. 重複執行

以上 13 點必須持續進行，以使得品質哲學能在公司內部根生蒂固。

1.7.3 裘蘭之哲學

裘蘭自 1924 年起在工業界中擔任不同之職務，包括工程師、勞工仲裁、
公司負責人等。在 1950 年代，裘蘭接受日本科技連之邀請，至日本講授品
質管理之訓練課程。裘蘭認為管理階層必須採用整合之步驟，來處理品質

問題。裘蘭對於品質之定義爲適用(fitness for use)，此種定義強調顧客之需求。他建議以品質規劃、品質管制和品質改善作爲品質管理之 3 項基本程序（此稱爲品質三部曲，quality trilogy）。

1.　品質規劃(quality planning)
　　(1)　確認內部和外部顧客：外部顧客指消費者、買方。當公司內部某一部門之輸出流向其他部門時，這些接受輸出的人員稱爲內部顧客。
　　(2)　決定顧客之需求：進行分析和研究顧客之需求。企業能否生存全憑其是否能達成顧客之需求。
　　(3)　發展產品特色以回應顧客之需求：產品之設計須符合顧客之需求，當顧客需求改變時，產品需重新設計以符合這些改變。
　　(4)　以最低成本建立品質目標以符合顧客之需求：避免追求個人或部門之目標，以最低成本達成整個公司之目標。
　　(5)　發展一製程以生產需要之產品特色：此步驟包含選擇適當之設備、方法以生產能符合設計規格之產品。
　　(6)　證明製程之能力：分析製程之輸出數據，決定其作業水準，用以證明此製程能生產符合設計規格之產品。

2.　品質管制(quality control)
　　(1)　選擇管制對象：選擇能夠使產品符合設計要求之可管制的品質特性作爲對象。例如輪子的管制項目可爲車輪轂的內外直徑。在選擇管制對象時須依影響產品使用、外觀等因素，排列優先次序。
　　(2)　選擇量測單位：根據所要管制之品質特性,選擇合適之量測單位。例如車輪轂的外徑量測單位可爲公釐。
　　(3)　建立量測程序：建立量測之程序，包含使用之量測設備、量測人員、抽樣方法等。在此步驟必須確定量具是否校正、量測人員是否接受適當之訓練。

(4) 建立成效之標準: 根據顧客之要求, 建立產品成效之標準。

(5) 衡量產品之實際成效: 根據選定之品質特性, 衡量製程之輸出, 用以提供有關製程在作業階段的情報。

(6) 解析實際成效和標準間之差異: 如果製程爲穩定且具有能力, 則實際成效將能符合預定之標準。

(7) 採取行動: 根據實際成效和標準間之差異, 採取適當之行動。

3. 品質改善(quality improvement)

(1) 證明改善之需要: 將產品之重工、報廢品以金錢、成本之方式表達, 以得到管理階層之重視和參與。

(2) 確認改善之專案計畫: 由於資源之限制, 並非每一項問題都能同時處理。柏拉圖分析(見本書第三章)可以用來確認重要之少數問題, 以進行進一步之分析。裘蘭之品質改善是以專案計畫之方式進行, 每一問題視爲一專案計畫, 所有之努力是用來消除問題。

(3) 指導專案計畫之進行: 建立組織結構以使專案計畫能順利進行。高階層人員負責策略性工作, 低階管理人員參與作業層面之工作。

(4) 探討問題之原因: 指定適當人員組成團隊探討品質問題之原因。組織須提供必要之工具和資源。

(5) 找尋原因: 此爲最困難之步驟, 包含收集和分析數據, 並決定問題之原因。

(6) 提供矯正措施: 前一步驟確認原因和結果之關係, 此步驟是提供必要之矯正措施以減少慢性問題。矯正措施有些是與管理階層可控制之問題有關, 而另一些是屬於作業員可控制之問題。屬於管理階層控制之問題需要大量投資以購買新的設備, 或採用新的方法。作業員可控制之問題多爲作業員之疏忽或缺少知識或技能。

(7) 證明矯正措施在作業條件下爲有效: 證明前一步驟之矯正措施爲

有效，並且克服因矯正措施所帶來之改變的阻力。

⑻　提供維持目前績效之管制：當改善行動已實施並且獲得成效後，必須有一管制系統，以維持已獲得之成效。

1.7.4　品質管理哲學之比較

在前數節中已介紹三位品管大師之品質管理哲學，本節比較三位品管大師所提出之品質管理計畫。

1. 品質定義

戴明是以可預測之產品一致性來定義品質。他所強調的統計製程管制反應在他對於品質之定義。戴明對於產品之定義是反應在製程之品質上。雖然他的定義並未如其他兩位那麼強調顧客，但他的擴大過程觀念事實上也包括顧客。克勞斯比認為品質是符合要求，此要求是依顧客之需要而建立。裘蘭認為品質是適用，此定義明確地與達成顧客需求有關。

2. 管理階層之承諾

三位專家都強調管理階層承諾之重要性。戴明之第 1 和第 2 點原則定義管理人員之工作。克勞斯比之第 1 步驟與管理人員之承諾有關。品質文化須經由管理人員之承諾才能造成。裘蘭之品質三部曲需要管理人員之支持，專案計畫之進行需要管理人員之參與並且分派責任。

3. 品質系統之策略

戴明強調建立一組織結構以進行持續改善。克勞斯比要求建立品質改善團隊。而裘蘭之想法則是要組成品質委員會以指導品質改善程序之進行。基本上三位專家之想法大致相同。

4. 品質之量測

三位專家都一致認為品質是可以量測的。優良品質之效應若以金額表示的話，較能說服高階管理人員。品質策略之目的是要降低報廢或重工，這些項目若能以成本降低或利潤增加之方式表達，較能獲得高階層管理人員之支持。

5. 永無止境之製程改進

戴明認為其所提出之 14 項步驟需要重複進行，以持續改善品質。克勞斯比和裘蘭也都有相同之看法。

6. 教育和訓練

品質改進之基本要求是要有接受品質哲學或技術層面訓練之人員。戴明重視統計方法之訓練。克勞斯比之重點則是在建立組織之品質文化（quality culture）。裘蘭雖未明確表示教育訓練之重要性，但其強調之問題診斷和矯正措施中，都需要具有與製程有關之知識和了解因果關係之知識。

7. 消除問題之原因

戴明以特殊原因和一般原因來區別不尋常事件所造成之問題和系統固有之問題。特殊原因可能為不合格供應商或使用不正確工具所造成之品質問題。一般原因並無特別之理由，必須靠系統之改變才能排除，這些問題是屬於管理階層可以控制之項目。戴明和裘蘭認為 85% 之問題都是屬於管理階層可以控制的。管理階層採取行動可以消除這些問題，或由管理階層授權並提供工具給作業員以排除此種問題。戴明之想法是利用統計技術來確認特殊原因和機遇原因。在戴明之想法中，統計製程管制圖扮演一個很重要之角色。裘蘭之想法與戴明類似，他認為特殊原因造成慢性問題，而一般原因造成時有時無之問題。

8. 目標設定

戴明認為隨意設定之數值目標必須避免，任何以產量設定而不考慮品質之短期目標都不可接受。對於無止境之品質改善，戴明認為沒有建立短期目標之需要。另一方面，克勞斯比和裘蘭則認為需要設立目標。裘蘭之想法與目標管理之架構吻合，成效是由數值之達成程度來衡量。

9. 結構性計畫

戴明之14點計畫強調在各階層使用統計工具。它是屬於由下而上 (bottom-up) 之策略。首先利用統計方法使製程處於統計管制內，而後再尋求改善之機會。消除特殊原因，以使製程在管制內，是屬於低階作業員之責任。當特殊原因被排除，且製程在管制內時，後續之改善有賴高階管理人員之關心。克勞斯比強調管理文化之改變，屬於由上而下 (top-down) 之程序。裘蘭強調以專案計畫逐件進行之方式來達成品質之改善。他的理念較適合中階層管理人員。

1.8 品質管理系統中之人性因素

雖然學者專家對品質有「適用」、「符合規格」等不同之詮釋，但我們必須瞭解人是影響品質的主要關鍵。在生產過程中，產品的設計、製造加工、原物料的採購、銷售服務的提供等都與人員有關。品質改善過程更是強調利用人性的潛能，使其發揮最大的效果。最近，學者專家倡言品質是人製造出來的，唯有講求人的品質，通曉人性才能做好品質。這些都說明在品管領域中，人性是一項重要的因素。除了產品的製造以外，產品的使用也與人性有關。在追求顧客滿意的過程中，人性因素之考量實居於關鍵的地位。本節以下針對公司員工、經營者及顧客三類說明品質與人性因素。

目前品質管理的理念是希望員工具有「做好品質是每個人的責任」之

觀念，如此才能把品管工作做好。爲了達到此境界，經營者必須掌握企業中人員之人性，配合企業品質理念與政策，從敎育訓練中培養員工重視品質的習性。

在一般企業中，員工不重視品質的人性面有下列幾點因素：

1. 沒有以廠爲家的觀念，因而對產品品質往往不是很關心。

2. 由於公司對於品管工作是以檢驗爲重點，因而造成作業員養成「反正有人會檢查，何必擔心品質」的錯誤想法。

3. 管理者只以產量來衡量生產績效，造成作業員忽略品質的重要性。

爲了使員工重視品質，管理者可從下列人性面的角度培養員工的品質意識：

1. 照顧員工的薪資福利，增加員工的向心力，使其具有以廠爲家的觀念。

2. 透過溝通和敎育訓練，灌輸員工一些品質觀念，改變員工「反正有人會檢查」的錯誤想法。

3. 主管應鼓勵部屬儘量把問題提出來，且能進一步的去改善。

4. 管理者必須對品質有所承諾，並且以身作則，重視產品品質。

5. 透過獎勵或激勵，激發員工追求更好的品質。

從人性面培養員工重視品質的觀念，並無法獲得立竿見影之成效，管理者也必須從改變員工不良習性及培養他們重視品質的習性，才能水到渠成。從習性面培養員工重視品質的作法有下列幾點：

1. 嚴格要求員工遵守公司的制度規章、作業標準。

2. 隨時糾正員工做事馬虎，不注重品質的壞習慣。

3. 從日常生活的習慣，培養員工好的生活習性。

4. 要求員工做事盡善盡美，養成事事求好的習性。

5. 推動提案制度，讓員工養成發掘問題，重視改善的好習性。

在顧客方面，價格已不是購買商品的決定因素。顧客對品質標準的認知與期望是不斷變動的。隨著生活水準提高，消費型態已由「有就好」發展至「好還要更好」，因此滿足顧客需求更顯得重要。經營者應找出並順應顧客消費習性，發展新產品或服務，以滿足顧客。經營者也應運用顧客抱怨情報來改善產品品質。經營者可利用這些情報發現產品之缺點，及時改良並做為新產品設計的參考。

在品管系統中，人是屬於主導地位。現代管理者面臨最大的挑戰是如何瞭解人性及需求，配合企業理念及目標，使員工發揮其潛能，強化公司在品質方面的競爭力。另一方面，管理者也應重視顧客的心聲，從設計和功能上著手，達成或超越顧客的需求。

1.9　品管部門組織

由於品管活動範圍相當廣，要確實做好品管工作，必須要有健全的組織。建立組織架構的目的是要形成權力和責任，以改善溝通和增加生產力。建立品管組織的主要工作包含定義與品管有關之工作活動，找出各項工作之間的關係，並為每項工作指定負責人員。

1.9.1　品管工作

在說明品管組織前，我們須了解品管有關的各項工作。在第1.5節中，我們已大略說明品管的基本功能，本節以下更深入探討與品管有關的工作內容和職責。Feigenbaum(1983)將品管工作概分為品質工程、品質資訊設備工程和製程管制工程三大項，各工作項目之內容說明如下。

一、品質工程

品質工程主要在於發展細部品質計畫，以利公司建立品質系統，其主要活動內容說明如下。

1. 向高層主管建議公司產品品質目標。與行銷、工程部門根據客戶需求、產品功能、可靠度、安全性等因素，共同建立品質的需求。
2. 評估工程雛形的績效，包含可靠度、安全性、壽命、出貨試驗結果等。

3. 與行銷、工程部門共同建立品質標準，包括產品的外觀、顏色、雜音、振動等。

4. 參與現場作業標準的釐定。

5. 執行外購品的品質管制，包含決定管制項目及管制方法等。

6. 協助製造工程部門，決定影響品質之生產工具所需具備的能力。提供適時的品質資料，提供管理階層進行品質有關之決策。

7. 將品質資訊回饋給高層管理人員，以作品質有關之決策。

8. 診斷製程品質問題，決定製程上之困難點。

9. 分析各項品質成本，將分析結果作為各項改善行動之基礎。

10. 發展產品品質認可計畫，確保送至客戶手中之產品品質。

11. 分析顧客抱怨與現場缺失之原因，將其結果回饋至其他單位，並建議改善行動。

12. 設計與實施品管教育訓練，以使員工了解公司之品質目標、品質計畫和品質技術。

13. 建立並維護品質系統。

14. 評估新設計和修改過之設計的品質能力，包含可靠度和安全性。

15. 決定並建立適當之品質程序，用於管制產品和製程品質、可靠度和安全性。

16. 進行製程能力分析，分析管制圖及其他統計資料，用以決定製造程序和設備是否具有滿足品質需求之能力。

17. 建立一個符合現況且具時效性之出廠品質指標。

18. 建立一個有效的方法，向高層管理人員報告產品品質符合目標之現況。

二、品質資訊設備工程

　　品質資訊設備工程之主要工作乃為發展、設計與提供必要的品質量測設備，以進行產品與製程品質的衡量與評估工作，此處的品質包括可靠度、安全性、以及顧客的主要需求。其主要活動內容說明如下。

1. 設計測試設備、檢驗工具、夾具和量規等，並規劃這些設備或工具的校正時程。

2. 設計並發展製程品質量測設備，並規劃這些設備之校正時程。

3. 與製造工程部門合作，以建立最佳之品質量測及管制設備的自動化或機械化。

4. 發展先進的品質量測技術和設備,並驗證這些技術或設備之可行性。

三、製程管制工程

製程管制工程之主要工作在於監視品管技術在現場實施的成效，其主要技術活動說明如下。

1. 評定品質計畫的效果。

2. 向生產及製造單位解釋品質計畫，包括計畫之使用、作業及內容。

3. 審核與維護各種品質標準,以保證這些標準被充分了解並正確使用。

4. 評估品質計畫是否被遵守，以確保品質計畫之效用。

5. 建立暫時的品質計畫，例如臨時提供現場製造單位有關檢驗與試驗的標準。

6. 協助製造單位排除各種品質問題。

7. 與生產、製造部門合作，共同致力於降低品質成本。

8. 安排並進行產品的特殊試驗。

9. 安排並進行實驗室試驗、量測與分析材料、製程和產品。

10. 與顧客的檢驗或品管代表保持接觸，共同解決品質問題。

11. 分析剔退品與重修品，並診斷其原因。

12. 與售後服務單位共同評估剔退品與重修品的品質。

13. 確認製造設備、工具、夾具等具有達成品質規格之能力。

14. 與供應商的品管代表接觸，了解其品質成效，並解釋品質標準、規格等項目。

15. 進行製程與設備的品質能力分析，以協助解決製造品質問題。

16. 記錄品質資料並保持品質記錄。

17. 提供各項檢驗與試驗設備的標準化、維護及校正等作業。

18. 改進產品量測方法與非破壞性試驗技術。

19. 參與設定作業安全並建議安全訓練之需求。

檢驗與試驗活動通常包含在製程管制工程內，其主要工作項目有下列幾項。

1. 依據整體時程及可用之設施，規劃檢驗及測試工作以符合生產要求。

2. 進行進料之檢驗及測試，以確保原物料之品質。

3. 進行在製品之檢驗及測試，以確保品質符合規格。

4. 進行最終產品之檢驗及測試，以確保產品品質。

5. 進行必要之品質稽核。

6. 根據品質計畫維護檢驗及測試數據，分析品質之趨勢及建議改善方案。

7. 確保檢驗和測試人員接受適當之訓練。

1.9.2 規劃品管組織結構之原則

品管組織結構之決定受到許多因素影響，適用於某公司之品管組織未必適合其他公司。影響品管組織結構的因素有公司結構的大小、產品的特性和管理文化等。在建立品管組織時，必須考慮職權和責任的配合。職權是指給予某人員，獲得完成某項工作所需之資源的權力。責任則是指為某項決策負責的人員。建立品管組織結構的原則有下列數點：

1. 組織的管理層次要越少越好，以促使有效的溝通和資料的流通。

2. 管理的幅度要盡量大，也就是說一位主管所管轄的人數要盡量多。

較小的公司較能符合上述之組織結構原則。對大公司而言，管理層級較多，而且管理幅度較窄，工作也較專門。由於管理層級增加，資訊之傳遞將會受到影響。

在建立品管組織時，另一個需加以考慮之因素是品管功能要採用分散式或集中式組織。一般而言，製程管制工程中之檢驗與試驗工作多採分散式組織，其他品管工作則採用集中式組織。

在規劃品管組織結構時，我們可考慮下列 6 項步驟：

1.　定義公司的品質目的。

2.　建立達成上述品質目的所需完成的各項目標。

3.　決定為了完成品質目標所需的各工作項目，並且將工作項目區分成適當數目之基本功能。

4.　將上述基本功能合併成工作組別。

5.　將工作組融入公司組織的一部份。

6.　界定品管單位在公司的地位，以及與其他部門間的相互關係。

1.9.3　幾種品管組織

根據上述的組織結構原則，我們依照公司特性介紹幾種品管組織。

1.多產品工廠

圖 1-7 所示之品管組織包含四條產品線(以 A、B、C 和 D 表示)，此工廠規模屬中等，由於產品和製程的技術層次不高，因此品質工程活動是

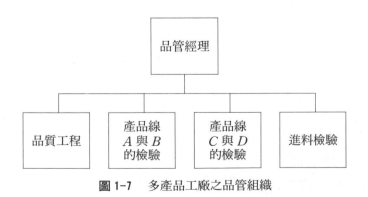

圖 1-7　多產品工廠之品管組織

採行集中式。此品質工程單位也負責製程管制工程和品質資訊設備工程活動。檢驗和測試工作則是採用分散式組織，在此例中，生產線 A 和 B 是由一檢驗單位負責，生產線 C 和 D 則是由另一檢驗單位執行。四條生產線之進料檢驗則是由同一檢驗和測試單位負責。

2. 單一產品線工廠

　　圖 1-8 為單一產品線工廠之品管組織。在此例中，工廠包含數個具有特殊技術之製程。整廠之品質工程工作是由一個單位進行品質規劃。整體製程管制工程之需求相當高，但由於製程管制工程活動隨製程特性變化相當大，因此也是由一個製程管制單位負責。整個工廠也只設一個品質資訊設備工程單位。由於各製程具有特殊之檢驗工作，因此各製程有一單位負責檢驗和測試。

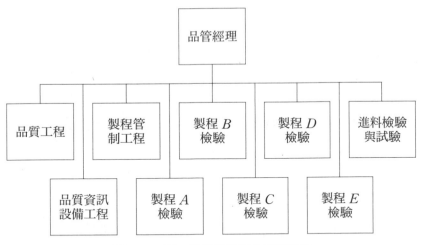

圖 1-8　單一產品線工廠之品管組織

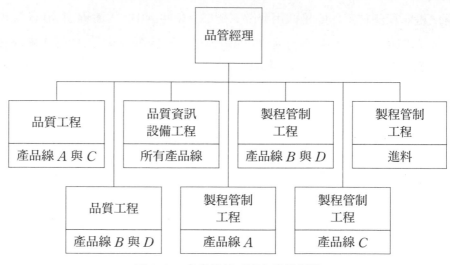

圖 1-9   多產品線工廠之品管組織

3. 多產品線工廠

　　圖 1-9 為多產品線工廠之品管組織。各個製程之技術層次高，因此製程管制工程工作是採用分散式。檢驗和測試工作則是包含在製程管制工程單位中。品質工程工作則是依產品性質分別由兩個單位負責。在此例中，整廠之品質資訊設備工程是由一個單位負責。

4. 具有專門技術之工廠

　　圖 1-10 為具有專門技術之工廠的品管組織。此工廠依零組件別分為不同之廠房。由於製程技術相差很大，因此在每一廠房設立一製程管制工程單位。品質工程組織則是依功能劃分，分為品質規劃、統計分析及進料檢驗和品質資訊。

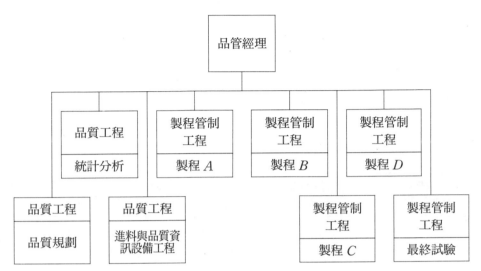

圖 1-10　具有專門技術工廠之品管組織

5.大型公司

　　大型公司由於專門之作業增加，生產線之數目也隨之增加，而且自動化之程度也相對的提高。為了使品質管制經理之管理範圍能較為合理，我們可在特殊工程活動下設置經理或主管，例如品質工程、品質資訊設備工程及製程管制工程各設一位經理負責。另外，也可在品質管制實驗下設置一名經理人員，負責外購原物料之物理、化學測試及製程管制。

　　以上所介紹的是品管組織的一些範例。我們須了解品管組織對全體員工而言是一種產品品質資訊的溝通管道，它同時也是員工參與品質活動的一種途徑。一個適當的品管組織可使全體員工了解品質的重要性。透過品管組織，也可以使各階層或各部門人員更有機會參與品質改善活動。

　　品質活動必須以最經濟的方式進行，因此對於品管組織的規模，管理者可透過品質成本的收集和分析來決定。

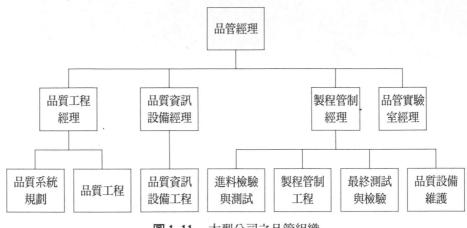

圖 1-11　大型公司之品管組織

1.10　結語

　　由於消費者對於品質之要求逐漸增加，製造業和服務業正面臨重大之挑戰，此種趨勢將隨著未來競爭壓力，而更加嚴重。新的生產技術使得產品具有更多之功能和更高之成效水準。由於消費者之要求日增和新的生產技術，目前許多品質保證方法和技術都需要修正，而且對於統計性和分析性品質保證技術之需求有日漸增加之趨勢。另外為了保有競爭地位，一個企業也必須持續地降低品質成本。

　　工業界目前面臨之挑戰是改善產品和服務之品質，採用現代化之品管技術並同時降低品質成本。一個企業如果能妥善運用現代化之品質改善工具，加上管理階層領導之品質改善努力，將能成功地應付此重大之挑戰。

習　題

1. 比較 Deming、Crosby 和 Juran 三人之品質哲理。

2. 說明爲什麼大量檢驗不適合品質改善。

3. 說明 Deming 之 14 點原則。

4. 比較 TQC 與 CWQC。

5. 說明設立數值目標之缺點。

6. 說明 Juran 之品質三部曲。

7. 說明 Crosby 品質改善之 14 項步驟。

參考文獻

Crosby, P. B., *Quality is Free,* McGraw-Hill Book Co., NY (1979).

Crosby, P. B., "Management and policy," in Walsh, L., R. Wurster, and R. J. Kimber, eds., *Quality Management Handbook,* Marcel Dekker, NY (1986).

Deming, W. E., *Quality, Productivity, and Competitive Position,* Center for Advanced Engineering Study, Massachusetts Institute of Technology, Cambridge, MA (1982).

Feigenbaum, A. V., *Total Quality Control,* McGraw-Hill, NY (1983).

Juran, J. M., "The quality trilogy," *Quality Progress,* August 1986, pp. 19-24.

Juran, J. M., and F. M. Gryna, *Quality Planning and Analysis,* McGraw-Hill Book Co., NY (1993).

Simmons, D. A., *Practical Quality Control,* Addison-Wesley, Reading, MA (1970).

Sullivan, L. P., "The seven stages in company wide quality control," *Quality Progress,* May 1986, pp. 77-83.

Taguchi, G., *Introduction to Quality Engineering,* Asian Productivity Organization, Tokyo (1986).

第二章　機率與統計

在本章中，我們將介紹統計方法在品質管理和品質改善上之應用。在品管中，機率分配(probability distribution)通常被用來當做是描述或做為品質特性之模式。例如卜瓦松分配常被用來描述產品上之不合格點數的分配。這些機率分配的參數通常為未知，且會隨時間而改變。因此，我們需要發展適當之程序來估計機率分配之參數，並且解決推論或以決策為導向之問題。統計方法中之參數估計法和假設檢定(hypothesis testing)可以處理這一方面的問題。在隨後數節中，我們將介紹一些機率分配和重要之統計方法，並以範例說明這些方法在品管上之應用。

2.1　數據之描述

2.1.1　以圖形法描述數據

一個製造程序由於受到許多因素之影響，以致於無法生產出兩件完全一樣之產品。例如：每一包洗衣粉之重量均不相同；馬達之輸出馬力並非每一部均相同。統計學中之圖形表示法，可以用來描述數據中之變異。以下我們將介紹數種簡單之圖形法。

表 2-1 為 100 個活塞環內徑之觀測值。這些數據是在 20 天內收集所得，每天收集 5 個觀測值。由表 2-1 可看出數據間存在著變異，但很難看出它們變化的結構。一個較好的方式是將數據由小至大排列，將數據分布範圍分割成數個區間，並記錄每一區間內發生之次數。此種表示方法稱為

次數分配表(frequency distribution)，其結果如表 2-2 所示。

表2-1 活塞環內徑資料

日期	觀測值				
1	3.9957	4.0038	3.9812	3.9927	4.0025
2	3.9935	3.9979	3.9856	4.0049	4.0019
3	3.9942	3.9850	4.0042	4.0075	3.9918
4	4.0121	4.0021	3.9814	4.0011	3.9881
5	4.0149	4.0003	3.9844	4.0053	3.9992
6	4.0007	4.0121	4.0141	3.9956	3.9991
7	3.9945	3.9925	3.9986	3.9987	3.9953
8	3.9998	4.0092	4.0068	3.9922	3.9896
9	3.9810	4.0064	4.0039	3.9998	3.9884
10	4.0026	4.0028	3.9983	3.9883	3.9983
11	3.9981	4.0055	3.9464	4.0048	3.9930
12	4.0177	4.0092	4.0104	4.0140	3.9812
13	3.9991	3.9948	4.0066	4.0079	3.9964
14	4.0182	3.9871	4.0155	4.0135	3.9897
15	3.9805	4.0017	4.0028	3.9881	4.0054
16	4.0032	4.0038	3.9968	3.9960	4.0155
17	4.0094	4.0121	3.9978	3.9792	4.0168
18	4.0095	3.9941	4.0156	3.9843	3.9902
19	3.9879	3.9890	3.9860	4.0255	4.0037
20	4.0139	4.0047	4.0069	3.9987	4.0159

表2-2 次數分配表

活塞環內徑	畫記	次數
$3.9750 \leq x < 3.9850$	卌 ⫼	8
$3.9850 \leq x < 3.9950$	卌 卌 卌 卌 ⫼	23
$3.9950 \leq x < 4.0050$	卌 卌 卌 卌 卌 卌 卌 ⫼	38
$4.0050 \leq x < 4.0150$	卌 卌 卌 卌 ⫼	23
$4.0150 \leq x < 4.0250$	卌 ⫼	7
$4.0250 \leq x < 4.0350$	⎮	1
總和		100

次數分配之變化亦可以圖形之方法表示。一個範例是如圖 2-1 所示之直方圖(histogram)。在直方圖中，每一長條之高度，代表出現之次數。直方圖可以提供下列四種數據特性：

1. 數據之分配形狀。

2. 位置或集中趨勢。

3. 數據散布(dispersion)之情形。

4. 離群值(outlier)是否存在。

在建立直方圖時，須注意下列原則：

1. 組數之決定

組數之多寡會影響直方圖中數據分布之外觀。組數 a 通常設爲樣本數之平方根（亦即 $a = \sqrt{n}$），或選擇一組數以符合下列條件

$$2^{a-1} \leq n < 2^a。$$

2. 組間寬度最好一致。

3. 設定第一組之下限時，其值必須小於資料中之最小值。

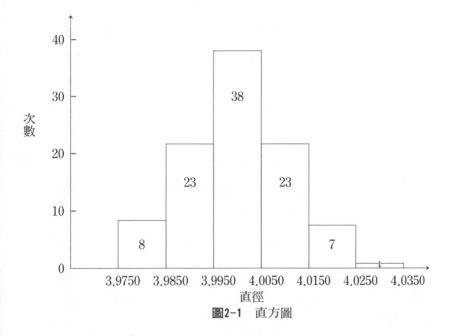

圖2-1　直方圖

直方圖之缺點在於使用者無法觀察落在同一區間內之數據變化情形，同時也無法看出數據之實際值。莖─葉圖(stem and leaf plot)與直方圖類似，也可以用來顯示數據之位置、外觀和變異情形。莖─葉圖之優點是

可以保留資料之前導數字。莖—葉圖是將一個數據分成兩部分: 第一部分包含一個數據之主要位數(leading digits), 稱爲莖(stem)。其餘之位數構成樹葉部分。在繪製莖—葉圖時, 其長條爲由左至右水平方向延伸, 此與直方圖之繪製習慣不同。我們以下列數據說明莖—葉圖之繪製。

69	61	58	61
71	80	55	69
62	69	70	64
66	70	70	61
61	67	66	70
66	61	63	
71	65	66	
66	73	58	

在上列數據中, 我們取十位數爲莖, 個位數爲樹葉來繪製莖—葉圖, 其結果如圖 2-2 (a)所示。在繪製莖—葉圖時, 莖之數目大約在 5 至 20 間。若一長條內之數據數目過多, 則可考慮將一長條細分爲 2, 以符號"＊"代表樹枝中之 0、1、2、3、4, 符號"‧"表示 5、6、7、8、9 (參考圖 2-2 (b))。若有必要, 樹葉部分也可再細分, 以"＊"代表 0、1, "t"代表 2、3, "f"代表 4、5, "s"代表 6、7, "‧"代表 8、9(參考圖 2-2 (c))。上述之莖—葉圖繪製已將同一樹葉內之數值按大小排列。另一個作法是依數據之收集順序繪製莖—葉圖。圖2-2(d)爲原有數據由上至下, 由左而右讀取所得到之莖—葉圖。

在莖—葉圖上通常會附註葉之單位(leaf unit), 用以說明數據之實際大小。例如實際值爲 1.488, 若使用單位爲 0.001, 則在莖上標示"148", 而葉之部分爲"8"。

箱形圖(boxplot)或稱盒式圖亦可用來顯示數據之特徵。箱形圖所顯示之數據特徵包含第 1 個 4 分位數(Q1)、第 2 個 4 分位數(Q2)、第 3 個 4 分位數(Q3)、最大值和最小值。

莖	葉																		次數
5	5	8	8																3
6	1	1	1	1	1	2	3	4	5	6	6	6	6	6	7	9	9	9	18
7	0	0	0	0	1	1	3												7
8	0																		1

(a)

莖	葉										次數
5*											0
5·	5	8	8								3
6*	1	1	1	1	1	2	3	4			8
6·	5	6	6	6	6	6	7	9	9	9	10
7*	0	0	0	0	1	1	3				7
7·											0
8*	0										1

(b)

莖	葉						次數
5*							0
5t							0
5f	5						1
5s							0
5·	8	8					2
6*	1	1	1	1	1		5
6t	2	3					2
6f	4	5					2
6s	6	6	6	6	6	7	6
6·	9	9	9				3
7*	0	0	0	0	1	1	6
7t	3						1
7f							0
7s							0
7·							0
8*	0						1
8t							0

(c)

莖	葉																		次數
5	8	5	8																3
6	9	2	6	1	6	6	1	9	7	1	5	6	3	6	1	9	4	1	18
7	1	1	0	3	0	0	0												7
8	0																		1

(d)

圖2-2　莖—葉圖

〔例〕 假設產品之外徑尺寸資料如下：

37.5	37.8	37.5	38.4
43.1	42.5	39.6	40.8
40.6	40.1	41.3	40.2
40.6	40.9	41.2	41.5

數據中之最大值為 43.1, 最小值為 37.5, Q1＝(38.4＋39.6)/2＝39, Q2＝(40.6＋40.6)/2＝40.6, Q3＝(41.2＋41.3)/2＝41.25。此組數據之箱形圖如圖 2-3 所示。

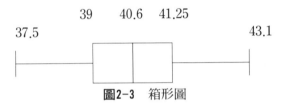

圖2-3 箱形圖

箱形圖亦可應用於數個樣本之比較 (見圖 2-4)。圖 2-4 之表示方法可用來比較在不同時間下，數據集中趨勢和散布之變化情形。

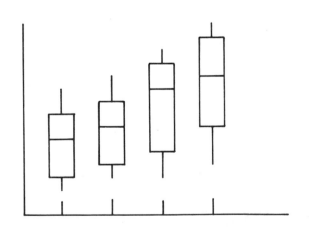

圖2-4 利用箱形圖顯示不同樣本數據之變化

2.1.2 數據之數值化整理

　　一組數據之變化情形，除了可以用圖形法來表示外，數量化之描述亦可以提供有用之情報。數據之量化表示法有很多種，常用的有平均數(mean)、中位數(median)、衆數(mode)、變異數(variance)、標準差(standard deviation)。

1.　平均數

　　假設 $X_1, X_2, \cdots, X_n$ 爲樣本中之觀測值，樣本數據之集中趨勢可由樣本平均數來衡量，樣本平均數定義爲

$$\overline{X} = \frac{X_1 + X_2 + \cdots + X_n}{n} = \frac{\sum\limits_{i=1}^{n} X_i}{n}$$

2.　中位數

　　中位數亦可用來衡量數據之集中趨勢。中位數 $\tilde{X}$ 是指數據由小至大排列後，位於中間之觀測值。若數據個數爲偶數，則中間兩數值之平均數爲中位數。

3.　衆數

　　衆數是指一組數據中，發生次數最多之數值。

4.　變異數

　　變異數是用來衡量數據之散布情形。樣本變異數 S^2 爲

$$S^2 = \frac{\sum\limits_{i=1}^{n} (X_i - \overline{X})^2}{n-1} = \frac{\sum\limits_{i=1}^{n} X_i^2 - \dfrac{\left(\sum\limits_{i=1}^{n} X_i\right)^2}{n}}{n-1}$$

5.　標準差

　　標準差爲變異數之平方根，亦即

$$S = \sqrt{\frac{\sum\limits_{i=1}^{n}(X_i - \overline{X})^2}{n-1}}$$

以上所介紹之公式只適用於未分組數據, 若數據屬分組或列舉式資料, 則需使用不同之公式計算, 讀者可參考一般統計書籍。

2.1.3　機率分配(Probability Distribution)

機率分配為一數學模式, 用來描述一隨機變數 (以符號 X 表示) 之所有可能值 (稱為變量, 以 x 表示) 出現之機率。機率分配可分成連續和不連續兩種。

1.　連續分配

若一變數是以連續尺度來量測, 則其機率分配為連續。例如產品之內、外徑尺寸。

2.　不連續分配

若變數只能為某些特定值, 則稱其機率分配為不連續或離散。例如印刷電路板上之不合格點數之分配為不連續分配。

圖 2-5 為兩種機率分配之範例。對於不連續之機率分配, 隨機變數 X 等於某特定值 x_i 之機率可寫成

$$P\{X = x_i\} = p(x_i)$$

對於連續機率分配, 隨機變數落在 a、b 兩數值所界定之區域的機率為

$$P\{a \leq X \leq b\} = \int_a^b f(x)\,dx$$

機率分配之重要表徵數有平均數 μ 和變異數 σ^2。若母體中含有 N 個

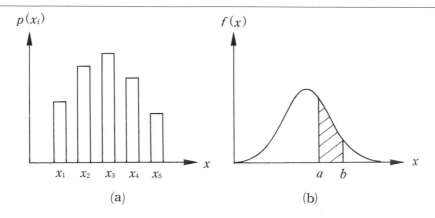

圖2-5　機率分配, (a)離散型, (b)連續型

元素, 則平均數 μ 爲

$$\mu = \frac{\sum\limits_{i=1}^{N} X_i}{N}$$

變異數 σ^2 爲

$$\sigma^2 = \frac{\sum\limits_{i=1}^{N} (X_i - \mu)^2}{N}$$

2.2　一些重要之離散分配

2.2.1　超幾何分配(The Hypergeometric Distribution)

在大小爲 N 之有限群體中, 有 D 件屬於第一類, $N-D$ 件爲第二類。今從群體中以不投返之方式隨機抽取 n 件樣本, 其中有 X 件屬於第一類, 則 X 爲超幾何分配隨機變數, 具有下列機率函數

$$P(X=x) = p(x) = \frac{\binom{D}{x}\binom{N-D}{n-x}}{\binom{N}{n}} \quad x = 0, 1, 2, \cdots, \min(n, D)$$

超幾何分配之平均數和變異數分別爲

$$\mu = \frac{nD}{N}$$

$$\sigma^2 = \frac{nD}{N}\left(1 - \frac{D}{N}\right)\left(\frac{N-n}{N-1}\right)$$

〔例〕　某零件係以 24 件裝箱，在每箱中抽取 4 件檢驗，若均爲合格品，則接受該箱產品。現一箱中含 3 件不合格品，試計算被接受之機率。

〔解〕　$D=3,\ N=24,\ n=4$

接受之機率＝無不合格品之機率

$$= P\{X=0\} = \frac{\binom{3}{0}\binom{21}{4}}{\binom{24}{4}}$$

$$= 0.56$$

2.2.2　二項分配(The Binomial Distribution)

在含有連續 n 項獨立試驗之過程中，每一項試驗之結果分爲成功或失敗，此稱爲白努利試驗(Bernoulli trials)。若每次試驗中，成功之機率 p 爲固定，則在 n 次白努利試驗中，發現 X 次成功之機率可寫成

$$P\{X=x\} = p(x) = \binom{n}{x}p^x(1-p)^{n-x} \quad x=0,1,\cdots,n$$

上述機率函數稱爲二項分配。二項分配之參數爲 n 及 p，其中 n 爲一個正整數，p 之範圍爲 $0 < p < 1$。二項分配之平均數和變異數可寫成

$$\mu = np$$

$$\sigma^2 = np(1-p)$$

圖 2-6 爲具有 $n=20$，$p=0.10$ 之二項分配圖。由圖可看出當 $p(x)$ 上升到某一點後便開始下降，此爲所有二項分配之基本外觀。二項分配之外觀符合下列原則：

當 $x<(n+1)p$ 時 $p(x)>p(x-1)$──上升

當 $x>(n+1)p$ 時 $p(x)<p(x-1)$──下降

若 $(n+1)p=m$ 爲一整數，則 $p(m)=p(m-1)$。

在品質管制中，我們面臨之隨機變數爲

$$\hat{p}=\frac{X}{n}$$

其中 X 爲具有參數 n 和 p 之二項分配。在品質管制中，$\hat{p}$ 可視爲樣本中不合格品數與樣本大小之比例，稱爲樣本不合格率。$\hat{p}$ 之機率分配可由二項分配獲得

$$P\{\hat{p}\leq a\}=P\left\{\frac{X}{n}\leq a\right\}=P\{X\leq na\}=\sum_{x=0}^{[na]}\binom{n}{x}p^x(1-p)^{n-x}$$

其中 $[na]$ 代表小於或等於 na 之最大整數。$\hat{p}$ 之平均數爲 p，$\hat{p}$ 之變異數爲

$$\sigma_{\hat{p}}^2=\frac{p(1-p)}{n}$$

〔例〕　假設日光燈管之不合格率爲 0.125，今從生產線上隨機抽取 24 根燈管，計算不合格率爲 0.10 之機率。

〔解〕　不合格率等於 0.1 相當於在 24 根燈管中發現 2 根（$[24(0.10)]=2$）不合格燈管。

$$P\{\hat{p}\leq 0.10\}=\sum_{x=0}^{2}\binom{24}{x}(0.125)^x(0.875)^{24-x}=0.41$$

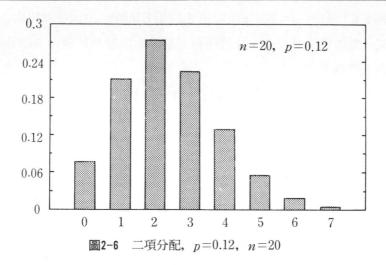

圖2-6　二項分配，$p=0.12$，$n=20$

2.2.3　卜瓦松分配(The Poisson Distribution)

卜瓦松分配之機率函數可寫成

$$p(x)=\frac{e^{-\lambda}\lambda^{x}}{x!}\quad x=0,1,\cdots$$

其中 $\lambda>0$。卜瓦松分配之平均數和變異數相等，亦即 $\mu=\sigma^{2}=\lambda$。在品質管制中，卜瓦松分配之典型應用是用來做為描述產品不合格點數之模式。例如，電路板上發生之不合格點符合 $\lambda=3$ 之卜瓦松分配，則在隨機選取之電路板上，發現兩個或少於兩個不合格點之機率為

$$P\{X\le2\}=\sum_{x=0}^{2}\frac{e^{-3}3^{x}}{x!}=0.049+0.150+0.224=0.423$$

圖2-7為 $\lambda=3$ 之卜瓦松分配圖，由圖可看出其分配情形為右偏(skewed right)，即它有較長之右尾。當 λ 愈大時，卜瓦松分配之外觀就越趨近於對稱。

2.2.4　巴斯卡分配(The Pascal Distribution)

如同二項分配，巴斯卡分配也是基於白努利試驗。在一連串獨立之試

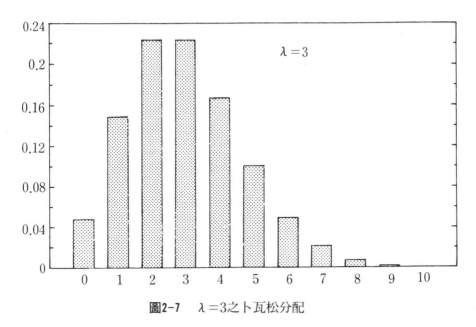

圖2-7 $\lambda=3$之卜瓦松分配

驗中, 成功之機率爲 p。假設隨機變數 X 爲出現 r 次成功所需之試驗次數, 則 X 稱爲巴斯卡隨機變數, 其機率分配爲

$$P(X=x)=p(x)=\binom{x-1}{r-1}p^{r}(1-p)^{x-r} \quad x=r,r+1,r+2,\cdots$$

其中 $r\geq1$ 且爲整數。上述公式代表第 x 次爲成功, 先前 $(x-1)$ 次中有 $(r-1)$ 次成功。巴斯卡分配之平均數和變異數分別爲

$$\mu=\frac{r}{p}$$

$$\sigma^{2}=\frac{r(1-p)}{p^{2}}$$

　　負二項分配(negative binomial distribution)和幾何分配(geometric distribution)爲巴斯卡分配之特例。在負二項分配中, $r>0$, 但不需爲整數。如同卜瓦松分配, 負二項分配在品質管制中是被應用於計數資料, 例如產品上不合格點之出現次數。二項分配和負二項分配具有對偶之關係。在二項分配中, 我們是固定樣本大小（白努利試驗之次數）以觀察成功之

次數。而在負二項分配中，我們是固定成功之次數並觀察所需之樣本數（白努利試驗之次數）。幾何分配是指具有 $r=1$ 之巴斯卡分配。它是發現第一次成功所需試驗次數的分配。

巴斯卡隨機變數 X 有時定義為發現 r 次成功時，試驗失敗之次數，此時巴斯卡機率分配為

$$p(X=x)=p(x)=\binom{x+r-1}{r-1}p^r(1-p)^x \quad x=0,1,2,\cdots$$

上式代表在總數為 $x+r$ 之試驗中，第 $x+r$ 次為成功，先前 $x+r-1$ 次試驗中，有 x 次為失敗，$r-1$ 次為成功。此時巴斯卡分配之平均數和變異數分別為

$$\mu=\frac{r(1-p)}{p}$$

$$\sigma^2=\frac{r(1-p)}{p^2}$$

〔例〕　假設產品之不合格率為 0.05，若一批產品發現有 5 件不合格品則拒絕該貨批。試計算拒絕一貨批平均所需之樣本數。

〔解〕　依第一種定義，設隨機變數 X 為發現 5 件（$r=5$）不合格品所需之樣本數，則其平均數為

$$\mu=\frac{r}{p}=\frac{5}{0.05}=100 \text{ 件}$$

若依第二種定義，設隨機變數 X 為發現 5 件不合格品前之合格品數，則平均數為

$$\mu=\frac{r(1-p)}{p}=\frac{5(0.95)}{0.05}=95 \text{ 件}$$

再加上 5 件不合格品，平均樣本數為 95＋5＝100 件。

2.3　一些重要之連續分配

2.3.1　常態分配(The Normal Distribution)

若 X 為常態隨機變數，則 X 的機率分配為

$$f(x) = \frac{1}{\sigma\sqrt{2\pi}} \, e^{-\frac{1}{2}\left(\frac{x-\mu}{\sigma}\right)^2} \quad -\infty < x < \infty$$

常態分配之參數為平均數 μ 和變異數 σ^2，其中 $-\infty < \mu < \infty$，$\sigma^2 > 0$。常態分配一般以符號 $X \sim N(\mu, \sigma^2)$ 表示，代表 X 服從平均數為 μ，變異數為 σ^2 之常態分配。常態分配之外觀為鐘型曲線，並且為對稱(參見圖 2-8)。

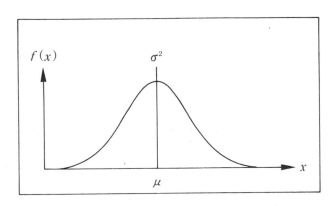

圖2-8　常態分配機率之分布

在常態分配下，數據之分布情形可由圖2-9看出。由圖可看出有68.26％之群體會落在平均數加減一個標準差所界定之範圍內。落在平均數加減兩個標準差內之機率有95.44％，而落在平均數加減三個標準差內之機率為99.73％。

常態分配之累積分配函數 $F(a)$ 定義為常態隨機變數 X 小於或等於 a 之機率，可寫成

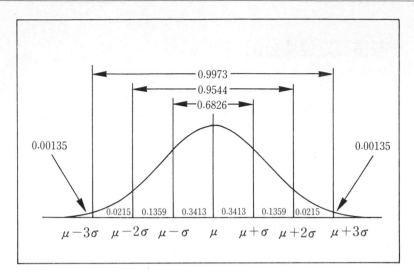

圖2-9　常態分配機率之分布

$$P\{X \le a\} = F(a) = \int_{-\infty}^{a} \frac{1}{\sigma\sqrt{2\pi}} \, e^{-\frac{1}{2}\left(\frac{x-\mu}{\sigma}\right)^2} dx$$

在計算上述機率時，我們先將 X 轉換成一個新的變數 Z，

$$Z = \frac{X-\mu}{\sigma}$$

以使得求解過程與 μ 和 σ 無關。常態分配之累積分配函數可寫成

$$P\{X \le a\} = P\left\{Z \le \frac{a-\mu}{\sigma}\right\} \equiv \Phi\left(\frac{a-\mu}{\sigma}\right)$$

其中 $\Phi(\cdot)$ 代表標準常態分配 $(\mu = 0, \sigma = 1)$ 之累積分配函數。轉換公式 $Z = (X-\mu)/\sigma$，一般稱爲標準化(standardization)，用來將 $N(\mu, \sigma^2)$ 之隨機變數轉換成 $N(0,1)$ 之隨機變數。

· **常態隨機變數之線性組合**

假設 $X_1, X_2, X_3, \cdots, X_n$ 爲獨立、常態隨機變數，其平均數爲 $\mu_1, \mu_2, \mu_3, \cdots,$ μ_n，變異數爲 $\sigma_1^2, \sigma_2^2, \sigma_3^2, \cdots, \sigma_n^2$。若隨機變數 Y 爲 X_i 之線性組合，即

$$Y = a_1 X_1 + a_2 X_2 + a_3 X_3 + \cdots + a_n X_n$$

則 Y 亦爲常態分配，平均數爲

$$\mu_Y = a_1 \mu_1 + a_2 \mu_2 + a_3 \mu_3 + \cdots + a_n \mu_n$$

變異數爲

$$\sigma_Y^2 = a_1^2\sigma_1^2 + a_2^2\sigma_2^2 + a_3^2\sigma_3^2 + \cdots + a_n^2\sigma_n^2$$

- **中央極限定理**(the central limit theorem)

假設自平均數爲 μ，變異數爲 σ^2 之母體（可爲任何分配）隨機抽取 n 個樣本，$X_1, X_2, X_3, \cdots, X_n$。當樣本數 n 很大時，樣本平均數 $\overline{X}$ 之分配將趨近於常態分配，平均數爲 μ，變異數爲 σ^2/n。若原母體之分配極爲接近常態，則 $n \geq 5$ 時，$\overline{X}$ 之分配會趨近於常態。當原母體非常偏離常態時，則需較大之樣本數($n > 100$)。

〔例〕　某金屬物品之抗張強度爲常態分配，平均數爲 40 磅，標準差爲 8 磅，試計算抗張強度低於 34 磅之機率和高於 48 磅之機率。

〔解〕　設 X 爲產品之抗張強度

$$P\{X \leq 34\} = P\left\{Z \leq \frac{34-40}{8}\right\} = \Phi(-0.75) = 0.22663$$

$$P\{X \geq 48\} = 1 - P\left\{Z \leq \frac{48-40}{8}\right\} = 1 - \Phi(1) = 0.15866$$

〔例〕　假設機軸之外徑符合平均數爲0.2508英吋，標準差爲0.0005英吋之常態分配。外徑之規格設爲0.2500±0.0015英吋。回答下列問題。

　　(a)　計算合格品之機率。

　　(b)　若調整機器之參數設定，可將外徑之機軸平均數調爲 0.25 英吋，試計算此時之合格率。

〔解〕　設隨機變數 X 爲機軸之外徑，合格品之機率爲

$$P\{0.2485 \leq X \leq 0.2515\}$$

$$= P\{X \leq 0.2515\} - P\{X \leq 0.2485\}$$

$$= \Phi\left(\frac{0.2515-0.2508}{0.0005}\right) - \dot{\Phi}\left(\frac{0.2485-0.2508}{0.0005}\right)$$

$$= 0.9192 - 0.0000$$

$$=0.9192$$

若可將平均數調整爲 0.25 英吋，則合格率爲

$$P\{0.2485 \leq X \leq 0.2515\}$$

$$= P\{X \leq 0.2515\} - P\{X \leq 0.2485\}$$

$$= \Phi\left(\frac{0.2515 - 0.2500}{0.0005}\right) - \Phi\left(\frac{0.2485 - 0.2500}{0.0005}\right)$$

$$= \Phi(3.00) - \Phi(-3.00)$$

$$= 0.9973$$

2.3.2　指數分配(The Exponential Distribution)

指數隨機變數之機率分配函數爲

$$f(x) = \lambda e^{-\lambda x} \quad x \geq 0$$

其中 $\lambda > 0$ 爲一常數。圖 2-10 顯示指數分配之圖形。指數分配之平均數和變異數分別爲

$$\mu = 1/\lambda$$

$$\sigma^2 = 1/\lambda^2$$

指數分配之累積分配函數可寫成

$$F(a) = P\{X \leq a\}$$

$$= \int_0^a \lambda e^{-\lambda x} dx \quad a \geq 0$$

$$= 1 - e^{-\lambda a}$$

圖 2-11 爲指數分配之累積分配函數之圖形。

指數分配最常用於可靠度工程中，用來做爲一個系統或零件失效時間之模式。在此應用中，參數 λ 稱爲系統之失效率，平均數 $1/\lambda$ 稱爲平均失效時間(mean time to failure)。

指數分配與卜瓦松分配間有極重要之關係存在。若某一事件發生之次數爲參數 λ 之卜瓦松分配，則此一事件之發生時間間隔爲參數等於 λ 之

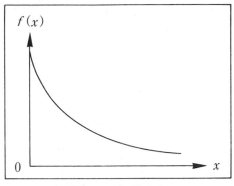

圖2-10 指數分配

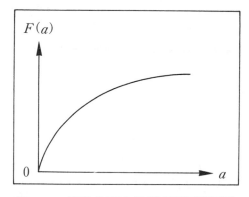

圖2-11 指數分配之累積分配函數圖形

指數分配。

〔例〕 假設電源供應器之失效率爲 $\lambda = 1/4000$ （次／小時）。計算此供應器之壽命超過 4000 小時之機率及此電源供應器能夠維持 2000 至 4000 小時而不失效之機率。

〔解〕 超過 4000 小時而不失效之機率爲

$$1 - F(4000) = e^{-4000\lambda} = e^{-1} = 0.36788$$

換句話說此產品有 0.63212 之機率將在 4000 小時前失效。在此例中，平均壽命爲 4000 小時。由此例可看出在指數分配中，超出平均數之機率爲 0.36788，而小於平均數之機率爲 0.63212（指數分配並不爲對稱）。

產品能維持 2000 至 4000 小時而不失效之機率爲

$$(1-e^{-1})-(1-e^{-0.5})=0.23865$$

2.3.3 伽偶分配(The Gamma Distribution)

伽偶隨機變數之機率分配可寫成

$$f(x)=\frac{\lambda}{\Gamma(r)}(\lambda x)^{r-1}e^{-\lambda x}\quad x\geq 0$$

其中參數 $\lambda>0$ 且 $r>0$。參數 r 通常稱爲形狀參數(shape parameter)。
而 λ 稱爲尺度參數(scale parameter)。$\Gamma(r)$ 稱爲伽偶函數，定義爲
$\Gamma(r)=\int_0^\infty x^{r-1}e^{-x}dx,\ r>0$，若 r 爲正整數則 $\Gamma(r)=(r-1)!$。伽偶分配
之平均數和變異數分別爲

$$\mu=\frac{r}{\lambda}$$

$$\sigma^2=\frac{r}{\lambda^2}$$

圖 2-12 顯示具有不同參數之伽偶分配。當 $r=1$ 時，伽偶分配成爲參數爲
λ 之指數分配。根據 r 和 λ 之不同組合，伽偶分配可以有許多不同之形狀。
若 r 爲整數，則伽偶分配爲 r 個獨立且具有參數 λ 之指數分配的和。亦即
若 $X_1,X_2,\cdots,X_r$爲獨立且參數等於 λ 之指數隨機變數，則

$$Y=X_1+X_2+\cdots+X_r$$

將爲具有參數 r 和 λ 之伽偶分配。

伽偶分配之累積分配函數可寫成

$$F(a)=1-\int_a^\infty \frac{\lambda}{\Gamma(r)}(\lambda x)^{r-1}e^{-\lambda x}dx$$

若 r 爲整數，則 $F(a)$ 可寫成

$$F(a)=1-\sum_{k=0}^{r-1}e^{-\lambda a}\frac{(\lambda a)^k}{k!}$$

上述之討論說明伽偶分配之累積分配函數可由參數爲 λa 之 r 個卜瓦松項

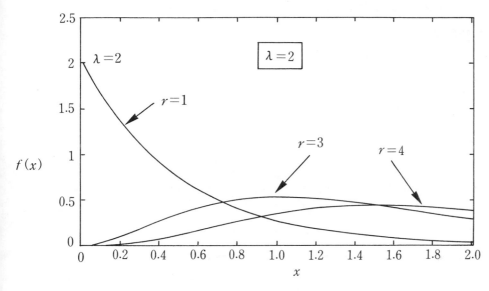

圖2-12 伽偶分配

之和計算獲得。若將卜瓦松分配視爲在固定時間間隔內, 某事件發生次數的模式, 則伽偶分配可當做是爲獲得一個給定之發生次數, 所需之時間間隔的模式。

2.3.4 韋伯分配(The Weibull Distribution)

韋伯分配可定義爲

$$f(x) = \frac{\beta}{\delta}\left(\frac{x-\gamma}{\delta}\right)^{\beta-1} \exp\left[-\left(\frac{x-\gamma}{\delta}\right)^{\beta}\right] \quad x \geq \gamma$$

參數 γ 稱爲位置參數(location parameter), 其範圍爲 $-\infty < \gamma < \infty$, $\delta > 0$ 稱爲尺度參數(scale parameter), $\beta > 0$ 稱爲形狀參數(shape parameter)。韋伯分配之平均數和變異數爲

$$\mu = \gamma + \delta\Gamma\left(1+\frac{1}{\beta}\right)$$

$$\sigma^2 = \delta^2\left\{\Gamma\left(1+\frac{2}{\beta}\right) - \left[\Gamma\left(1+\frac{1}{\beta}\right)\right]^2\right\}$$

　　韋伯分配非常具有彈性，其分配之外觀可依 γ、δ 和 β 之不同組合產生各種變化（請參考圖 2-13）。

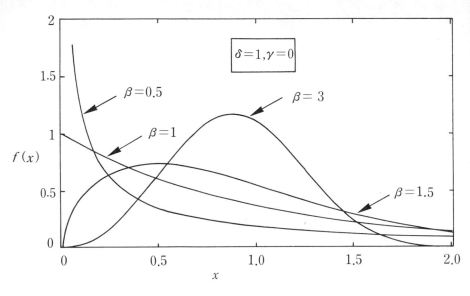

圖2-13　韋伯分配

　　當 $\gamma=0$ 且 $\beta=1$ 時，韋伯分配將成爲平均數爲 $1/\delta$ 之指數分配。韋伯分配之累積分配函數爲

$$F(a)=1-\exp\left[-\left(\frac{a-\gamma}{\delta}\right)^{\beta}\right]$$

　　韋伯分配通常被應用在可靠度工程中，做爲電子、機械元素和一個系統之失效時間的模式。

〔例〕　陰極射線管之失效時間可以用 $\gamma=0$、$\beta=1/3$ 和 $\delta=200$ 小時之韋伯分配作爲模式。

(a)　計算平均失效時間和其標準差。

(b)　求陰極射線管最少能使用 800 小時之機率。

〔解〕　平均失效時間

$$\mu=E(X)$$

$$=0+200\,\Gamma(3+1)$$

$$=200\,\Gamma(4)$$

$$=1200\text{ 小時}$$

變異數為

$$\sigma^2=(200)^2\{\Gamma(6+1)-\Gamma[(3+1)]^2\}$$

$$=2736\times10^4$$

標準差 $\sigma=5230.679$ 小時

使用壽命超過 800 小時之機率為

$$P(X>800)=1-P(X\le800)$$

$$=1-\{1-\exp[-(800/200)^{1/3}]\}$$

$$=\exp[-(4)^{1/3}]$$

$$=\exp(-1.587)$$

$$=0.204$$

2.4 機率分配之逼近

在有些問題中，我們可能需以一機率分配逼近另一種分配。這種情形通常發生在原機率分配不容易處理，或原機率分配無相關之機率分配表可查詢時。下圖列出一個機率分配以另一種分配逼近之條件。

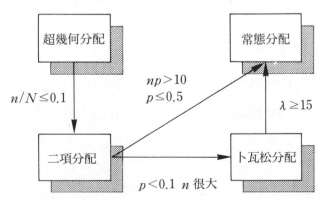

上述之逼近並無統一規定之條件，其他文獻上之條件與本書可能有些微差異。

2.4.1 二項分配逼近於超幾何分配

當 n/N 之比例（稱爲抽樣率）很小時（一般要求 $n/N \leq 0.1$），具有參數 $p=D/N$ 之二項分配，可以逼近超幾何分配。此逼近在設計允收抽樣計畫時相當有用。

〔例〕　假設一批 100 件之產品中包含 5 件不合格品，試以超幾何分配和二項分配計算在 $n=10$ 之隨機樣本中，不合格品件數不超過 1 之機率。

〔**解**〕　由超幾何分配計算 $P\{X \leq 1\}$

$$P\{X \leq 1\} = \frac{\binom{5}{0}\binom{95}{10} + \binom{5}{1}\binom{95}{9}}{\binom{100}{10}} = 0.923$$

由二項分配計算 $P\{X \leq 1\}$，不合格率 $p=5/100=0.05$

$$P\{X \leq 1\} = \sum_{x=0}^{1} \binom{10}{x}(0.05)^x(0.95)^{10-x} = 0.914$$

2.4.2 卜瓦松分配逼近二項分配

當參數 p 很小（一般要求 $p<0.1$），n 很大且 $\lambda=np$ 爲固定常數時，我們可以利用卜瓦松分配逼近二項分配。當 n 愈大且 p 愈小時，此逼近效果越佳。

〔例〕　假設某產品之不合格率爲 0.04。試以二項分配和卜瓦松分配計算在 $n=100$ 時，在樣本中發現 3 件或少於 3 件不合格品之機率。

〔解〕 由二項分配

$$P\{X \le 3\} = \sum_{x=0}^{3} \binom{100}{x}(0.04)^{x}(0.96)^{100-x} = 0.429$$

由卜瓦松分配 $\lambda = 100(0.04) = 4$

$$P\{X \le 3\} = \sum_{x=0}^{3} \frac{4^{x}e^{-4}}{x!} = 0.433$$

2.4.3 常態分配逼近二項分配

當樣本大小 n 很大時, 具有參數 $\mu = np$, $\sigma^2 = np(1-p)$ 之常態分配可以逼近二項分配。亦即

$$P\{X = a\} = \binom{n}{a}p^{a}(1-p)^{n-a} = \frac{1}{\sqrt{2\pi np(1-p)}}\, e^{-\frac{1}{2}[(a-np)^2/np(1-p)]}$$

由於二項分配為離散, 而常態分配為連續型, 在計算機率時, 我們需加入連續性修正項(continuity correction)。

$$P\{X = a\} \cong \Phi\left(\frac{a + \frac{1}{2} - np}{\sqrt{np(1-p)}}\right) - \Phi\left(\frac{a - \frac{1}{2} - np}{\sqrt{np(1-p)}}\right)$$

其中 Φ 為標準常態分配之累積分配函數。下列公式可以計算 X 落在一個區域內之機率

$$P\{a \le X \le b\} \cong \Phi\left(\frac{b + \frac{1}{2} - np}{\sqrt{np(1-p)}}\right) - \Phi\left(\frac{a - \frac{1}{2} - np}{\sqrt{np(1-p)}}\right)$$

當 p 接近 0.5 且 $n > 10$ 時, 常態分配可以獲得很好之逼近效果。對於其他之 p 值, 我們需要更大之 n 值, 以獲得較佳之逼近效果。一般而言, 當 $p < 1/(n+1)$ 或 $p > n/(n+1)$ 時或超過 $np \pm 3\sqrt{np(1-p)}$ 時, 逼近之效果不佳。

常態分配亦可用來逼近隨機變數 $\hat{p}=X/n$，此時常態分配之參數爲平均值 p，變異數 $p(1-p)/n$，公式可寫成

$$P\{a\leq\hat{p}\leq b\}=\Phi\left(\frac{b-p}{\sqrt{p(1-p)/n}}\right)-\Phi\left(\frac{a-p}{\sqrt{p(1-p)/n}}\right)$$

〔例〕 一批貨包含 2800 件產品，其中有 25% 爲不合格品，今抽取 50 件樣本，其中有 12 至 14 件爲不合格品之機率爲何？分別利用二項分配和常態分配計算。

〔**解**〕 由二項分配

$$P\{12\leq X\leq14\}=\sum_{x=12}^{14}\binom{50}{x}(0.25)^x(0.75)^{50-x}=0.3665$$

由常態分配，平均值爲 $np=50(0.25)=12.5$，標準差爲 $\sqrt{np(1-p)}=3.06$，因此

$$P\{12\leq X\leq14\}=\Phi\left(\frac{14.5-12.5}{3.06}\right)-\Phi\left(\frac{11.5-12.5}{3.06}\right)$$
$$=\Phi(0.654)-\Phi(-0.327)$$
$$=0.3716$$

2.4.4 常態分配逼近卜瓦松分配

當參數 λ 很大，則具有參數 $\mu=\sigma^2=\lambda$ 之常態分配可以逼近卜瓦松分配。機率之計算可利用下列公式獲得。

$$P\{a\leq X\leq b\}=\Phi\left[\frac{(b+0.5)-\lambda}{\sqrt{\lambda}}\right]-\Phi\left[\frac{(a-0.5)-\lambda}{\sqrt{\lambda}}\right]$$

〔例〕 在一年內，某機器故障次數之平均數爲 14，試以卜瓦松分配和常態分配計算在一年內發現 10 次到 18 次故障的機率。

〔**解**〕 卜瓦松分配之參數 $\lambda=14$，故障機率爲
$$P\{10\leq X\leq18\}=0.883-0.109=0.774$$

常態分配之參數 $\mu = \lambda = 14$，$\sigma = \sqrt{\lambda} = 3.74$，故障機率爲

$$P\{10 \leq X \leq 18\} = \Phi\left[\frac{(18+0.5)-14}{3.74}\right] - \Phi\left[\frac{(10-0.5)-14}{3.74}\right]$$
$$= 0.771$$

2.5　統計量和抽樣分配

由母體中抽取樣本，根據樣本資料計算獲得之樣本各種表徵數稱爲統計量(statistic)。例如，若 $X_1, X_2, \cdots, X_n$ 爲樣本中之觀測值。則樣本平均數

$$\overline{X} = \frac{\sum\limits_{i=1}^{n} X_i}{n}$$

樣本變異數

$$S^2 = \frac{\sum\limits_{i=1}^{n} (X_i - \overline{X})^2}{n-1} = \frac{1}{n-1}\left[\sum X_i^2 - \frac{\sum (X_i)^2}{n}\right]$$

樣本標準差

$$S = \sqrt{\frac{\sum\limits_{i=1}^{n} (X_i - \overline{X})^2}{n-1}}$$

均稱爲統計量。

若能夠知道樣本所來自母體之機率分配，則可以決定由樣本所計算得到之統計量的機率分配。統計量之機率分配稱爲抽樣分配(sampling distribution)。以下數小節將介紹數種常用之抽樣分配。

2.5.1　自常態分配抽樣

假設 X 爲具有平均數 μ 和變異數 σ^2 之常態分配。若 $X_1, X_2, \cdots, X_n$ 爲樣本數等於 n 之隨機樣本，則樣本平均數 $\overline{X}$ 將符合 $N(\mu, \sigma^2/n)$ 之分配。另

外，根據中央極限定理可知即使母體不爲常態分配，當樣本數 n 逐漸增大時，樣本平均數 $\overline{X}$ 之抽樣分配會趨近於常態分配。在以下數小節我們將介紹數種定義於常態分配之抽樣分配，包含卡方分配（χ^2 distribution）、t 分配和 F 分配。

1.　卡方分配

假設 n 個獨立之常態隨機變數 $X_1, X_2, \cdots, X_n$，其平均數爲 $\mu_1, \mu_2, \cdots, \mu_n$，變異數爲 σ_1^2，$\sigma_2^2, \cdots, \sigma_n^2$。令

$$\chi^2 = \sum_{i=1}^{n} \left(\frac{X_i - \mu_i}{\sigma_i} \right)^2$$

則隨機變數 χ^2 爲自由度 $\nu = n$ 之卡方分配。χ^2 之機率分配爲

$$f(\chi^2) = \frac{1}{2^{n/2} \Gamma \binom{n}{2}} (\chi^2)^{\frac{n}{2}-1} e^{-\chi^2/2} \qquad \chi^2 > 0$$

圖 2-14 顯示數種不同之卡方分配，由圖可看出卡方分配爲右偏分配，其平均數爲 $\mu = n$，變異數 $\sigma^2 = 2n$。

若設 $X_1, X_2, \cdots, X_n$ 爲自 $N(\mu,\ \sigma^2)$ 所抽取之隨機樣本，則隨機變數

$$\frac{\sum_{i=1}^{n} (X_i - \overline{X})^2}{\sigma^2} = \frac{(n-1)S^2}{\sigma^2}$$

將爲 χ_{n-1}^2 之分配。

2.　t 分配

若 X 和 χ_k^2 分別爲獨立之標準常態和卡方隨機變數。則隨機變數

$$t = \frac{X}{\sqrt{\dfrac{\chi_k^2}{k}}}$$

爲自由度 k 之 t 分配，以符號 t_k 表示。t 之機率分配爲

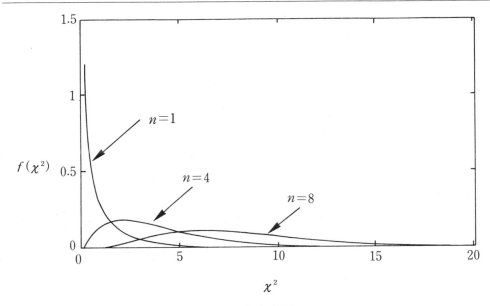

圖2-14　卡方分配

$$f(t) = \frac{\Gamma[(k+1)/2]}{\sqrt{k\pi}\,\Gamma(k/2)}\left(\frac{t^2}{k}+1\right)^{-(k+1)/2} \quad -\infty < t < \infty$$

t 之平均數爲 $\mu=0$ 且 $\sigma^2=k/(k-2)$。圖 2-15 爲數種不同之 t 分配圖形。當 $k=\infty$ 時，t 分配將成爲標準常態分配。

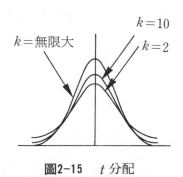

圖2-15　t 分配

若自 $N(\mu,\sigma^2)$ 之母體隨機抽取樣本數爲 n 之樣本, 由樣本計算得 $\overline{X}$ 及 S^2, 則

$$\frac{\overline{X}-\mu}{S/\sqrt{n}}=\frac{\dfrac{\overline{X}-\mu}{\sigma/\sqrt{n}}}{S/\sigma}=\frac{N(0,1)}{\sqrt{\chi^2_{n-1}/(n-1)}}$$

將符合 t_{n-1} 之分配。

t 分配之百分點可由附表查得。表中定義 $t_{\alpha,\nu}$ 為自由度等於 ν，右尾機率等於 α 所對應之 t 值。例如 $t_{0.05,4}=2.132$。

3. F 分配

若 χ^2_u 和 χ^2_v 為兩個獨立之卡方隨機變數，自由度分別為 u 及 v，則

$$F_{u,v}=\frac{\chi^2_u/u}{\chi^2_v/v}$$

將為 F 分配。F 之密度函數為

$$f(F)=\frac{\Gamma\left(\dfrac{u+v}{2}\right)\left(\dfrac{u}{v}\right)^{u/2}}{\Gamma\left(\dfrac{u}{2}\right)\Gamma\left(\dfrac{v}{2}\right)}\ \frac{F^{\frac{u}{2}-1}}{\left[\left(\dfrac{u}{v}\right)F+1\right]^{(u+v)/2}}\quad F\geq0$$

若 $X_1\sim N(\mu_1,\sigma_1^2)$、$X_2\sim N(\mu_2,\sigma_2^2)$。今自第一個母體抽取樣本數為 n_1 之隨機樣本，計算出變異數為 S_1^2，另自第二個母體隨機抽取樣本數為 n_2 之隨機樣本，變異數為 S_2^2，則

$$\frac{S_1^2/\sigma_1^2}{S_2^2/\sigma_2^2}$$

將符合 F_{n_1-1,n_2-1} 之分配。

圖 2-16 為數種 F 分配之圖形，由圖可看出 F 分配並不為對稱，F 隨機變數的範圍介於 0 及 ∞ 之間，隨著不同的分子自由度 u 及分母自由度 ν 而有不同的形狀。F 分配之百分點值可由附表查得。在附表中定義 F_{α,ν_1,ν_2} 為右尾機率等於 α，分子自由度為 ν_1，分母自由度等於 ν_2 時，所對應之 F 值。左尾之百分點可由下關係式求得。

$$F_{1-\alpha,\nu_2,\nu_1} = \frac{1}{F_{\alpha,\nu_1,\nu_2}}$$

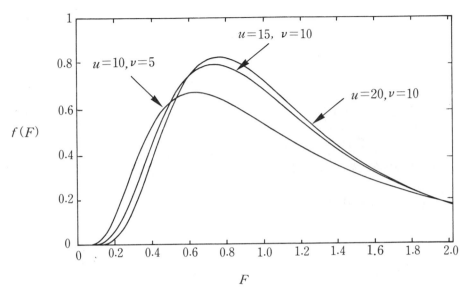

圖2-16　F 分配

2.5.2　自二項分配抽樣

假設 $X_1, X_2, \cdots, X_n$ 為白努利過程之觀測值，此白努利試驗之參數為 p。各觀測值之和

$$X = X_1 + X_2 + \cdots + X_n$$

將為二項分配，參數為 n 和 p。由於 X_i 之值為 0 或 1，因此樣本平均數

$$\overline{X} = \frac{1}{n}\sum_{i=1}^{n} X_i$$

為離散之隨機變數，其可能值為 $\{0, 1/n, 2/n, \cdots, (n-1)/n, 1\}$。$\overline{X}$ 之分配為

$$P\{\overline{X} \leq a\} = p\{X \leq an\} = \sum_{k=0}^{[an]} \binom{n}{k} p^k (1-p)^{n-k}$$

其中 $[an]$ 為小於或等於 an 之最大整數。$\overline{X}$ 之平均數和變異數為

$$\mu_{\overline{X}} = p$$

$$\sigma^2_{\overline{X}} = \frac{p(1-p)}{n}$$

2.5.3 自卜瓦松分配抽樣

假設卜瓦松分配之參數爲 λ，今抽取 n 個隨機樣本，分別爲 $X_1, X_2, \cdots,$ X_n。此 n 個樣本之和爲 $X = X_1 + X_2 + \cdots + X_n$，其分配仍爲卜瓦松分配，參數爲 $n\lambda$。一般而言，n 個獨立之卜瓦松隨機變數之和的分配仍爲卜瓦松分配，其參數爲各卜瓦松參數之和。樣本平均數爲

$$\overline{X} = \frac{1}{n} \sum_{i=1}^{n} X_i$$

此爲一離散之隨機變數，其可能值爲 $\{0, 1/n, 2/n, \cdots\}$，$\overline{X}$ 之機率分配爲

$$P\{\overline{X} \le a\} = P\{X \le an\} = \sum_{k=0}^{[an]} \frac{e^{-n\lambda}(n\lambda)^k}{k!}$$

其中 $[an]$ 爲小於或等於 an 之最大整數。$\overline{X}$ 之平均數和變異數爲

$$\mu_{\overline{X}} = \lambda$$

$$\sigma^2_{\overline{X}} = \frac{\lambda}{n}$$

在品質管制中，我們所考慮的是卜瓦松隨機變數之一般線性組合，例如

$$L = a_1 X_1 + a_2 X_2 + \cdots + a_m X_m = \sum_{i=1}^{m} a_i X_i$$

其中 $\{X_i\}$ 爲獨立之卜瓦松隨機變數，參數爲 $\{\lambda_i\}$，$\{a_i\}$ 爲常數。在品質管制中，此種線性組合是應用在一件產品包含 m 種不同之缺點或不合格點，每一種缺點均爲卜瓦松分配，參數爲 λ_i。線性組合之係數 $\{a_i\}$ 可視爲每一種缺點之重要權數。例如功能上之缺點其權數可較外觀缺點爲大。以上所述之觀念是應用在缺失管制圖(demerit control chart)之發展 (參考第六章)。一般而言，卜瓦松隨機變數之一般線性組合並不爲卜瓦松分配，除非每一

a_i均爲 1。

2.6　估計

　　由樣本資料對母體未知參數所做之估計可分爲⑴點估計(point　estimation)；⑵區間估計(interval estimation)。估計量(estimator)或稱估計式爲用來估算母體參數之統計量。估計值(estimate)則是指將樣本資料代入估計式後所得之特定值。估計量與估計值之關係有如隨機變數與變量之關係。例如統計量$\overline{X}$爲母體平均數之估計量。在獲得樣本資料後，計算所得之平均數稱爲估計值。

　　點估計是利用樣本資料求得一估計值以表示未知參數的方法。點估計量(point estimator)是指能夠產生單一數值，做爲未知參數之估計值的統計量。區間估計量(interval estimator)爲一隨機區間，以使得參數之眞實數落在此一隨機區間內，具有某種機率水準。此隨機區間通常稱爲信賴區間(confidence interval, CI)。

　　一個優良之點估計量須包含下列特性：

1. 不偏性
　　若一統計量$\hat{\theta}$之期望值等於被估計之參數θ，則稱$\hat{\theta}$爲θ之不偏估計量。例如樣本平均數$\overline{X}$和變異數S^2爲母體平均數μ和變異數σ^2之不偏估計量。但樣本標準差S並不爲σ之不偏估計量。

2. 一致性
　　當樣本數n趨向無限大時，統計量$\hat{\theta}$與參數θ間之差距超過一微小值ε之機率爲 0。

3. 有效性

在多個不偏估計量中，具有較小變異數者爲最有效率。

4. 充分性

指估計量包含母體參數的全部訊息。

　　參數之區間估計值是由兩個統計量所構成之區間，此區間須使參數落在此區間內之機率具有某種水準，亦即

$$P\{L \leq \theta \leq U\} = 1 - \alpha$$

$1 - \alpha$ 稱爲信賴係數(confidence coefficient)，又稱爲信賴水準(level of confidence)，L 稱爲信賴下限，U 稱爲信賴上限。$U - \theta$ 或 $\theta - L$ 稱爲信賴區間之正確度(accuracy)。上述之區間稱爲未知參數 θ 之 $100(1-\alpha)\%$ 雙邊(two-sided)信賴區間。在有些應用上，我們可能需要單邊之信賴區間。參數 θ 之單邊 $100(1-\alpha)\%$ 的信賴下限爲

$$L \leq \theta$$

亦即 $P\{L \leq \theta\} = 1 - \alpha$，而 θ 之 $100(1-\alpha)\%$ 單邊信賴上限爲

$$\theta \leq U$$

亦即 $P\{\theta \leq U\} = 1 - \alpha$。

　　本節以下將說明不同情形下，信賴區間之算法。

1. 母體平均數之信賴區間，變異數已知

　　假設隨機變數 X 之平均數 μ 爲未知，變異數已知爲 σ^2。由樣本大小爲 n 之樣本中，估計出之樣本平均數爲 $\overline{X}$，則母體平均數 μ 之 $100(1-\alpha)\%$ 信賴區間爲

$$\overline{X} - z_{\alpha/2} \frac{\sigma}{\sqrt{n}} \leq \mu \leq \overline{X} + z_{\alpha/2} \frac{\sigma}{\sqrt{n}}$$

　　若母體之分配不爲常態，則由中央極限定理，上述區間可視爲 μ 之近似信賴區間。μ 之左尾和右尾 $100(1-\alpha)\%$ 信賴區間爲

$$\mu \le \overline{X} + z_\alpha \frac{\sigma}{\sqrt{n}}$$

$$\overline{X} - z_\alpha \frac{\sigma}{\sqrt{n}} \le \mu$$

2. 常態分配母體平均數之信賴區間，變異數未知

　　若 X 爲常態分配隨機變數，平均數 μ 和變異數 σ^2 均爲未知。由樣本數等於 n 之樣本中得知樣本平均數爲 $\overline{X}$，樣本標準差爲 S^2，則平均數之 $100(1-\alpha)\%$ 信賴區間爲

$$\overline{X} - t_{\alpha/2,n-1} \frac{S}{\sqrt{n}} \le \mu \le \overline{X} + t_{\alpha/2,n-1} \frac{S}{\sqrt{n}}$$

〔例〕　人造纖維之拉力強度爲一重要之品質特性。根據過去之經驗，纖維強度之分配爲常態分配，但平均數和變異數均爲未知。由樣本數 $n = 16$ 之樣本中，算出樣本平均數 $\overline{x} = 50.12$，樣本標準差爲 $1.54\ psi$。試計算拉力強度之左尾 95% 信賴區間。

〔解〕　查表 $t_{0.05,15} = 1.753$

左尾信賴區間爲

$$\mu \ge 50.12 - 1.753 \frac{1.54}{\sqrt{16}} = 49.45\ psi$$

3. 二母體平均數差之信賴區間，變異數已知

　　隨機變數 X_1 之平均數爲 μ_1，變異數爲 σ_1^2，X_2 之平均數爲 μ_2，變異數爲 σ_2^2。若 μ_1 和 μ_2 爲未知，σ_1^2 和 σ_2^2 爲已知。若由二母體各抽取樣本數等於 n_1 和 n_2 之兩組樣本，樣本平均數爲 $\overline{X}_1$ 和 $\overline{X}_2$。平均數差 $\mu_1 - \mu_2$ 之 $100(1-\alpha)\%$ 信賴區間爲

$$\overline{X}_1 - \overline{X}_2 - z_{\alpha/2} \sqrt{\frac{\sigma_1^2}{n_1} + \frac{\sigma_2^2}{n_2}} \le \mu_1 - \mu_2 \le \overline{X}_1 - \overline{X}_2 + z_{\alpha/2} \sqrt{\frac{\sigma_1^2}{n_1} + \frac{\sigma_2^2}{n_2}}$$

4. 兩個常態母體平均數差之信賴區間, 變異數未知但可假設相等

假設 $X_1 \sim N(\mu_1, \sigma_1^2)$, $X_2 \sim N(\mu_2, \sigma_2^2)$。平均數 μ_1、μ_2 和變異數 σ_1^2、σ_2^2 均為未知, 但兩母體之變異數可假設為相等, 亦即 $\sigma_1^2 = \sigma_2^2 = \sigma^2$。現由兩個母體抽取樣本數分別為 n_1 和 n_2 之兩組樣本, 第一組樣本之平均數為 $\overline{X}_1$, 變異數為 S_1^2, 第二組樣本之平均數為 $\overline{X}_2$, 變異數為 S_2^2。由於兩母體之變異數假設為相等 $(\sigma_1^2 = \sigma_2^2 = \sigma^2)$, 首先依下列公式計算混合樣本變異數(pooled sample variance) S_p^2, 以做為 σ^2 之估計值。

$$S_p^2 = \frac{(n_1-1)S_1^2 + (n_2-1)S_2^2}{n_1 + n_2 - 2}$$

兩母體平均數差 $\mu_1 - \mu_2$ 之 $100(1-\alpha)\%$ 信賴區間為

$$\overline{X}_1 - \overline{X}_2 - t_{\alpha/2, n_1+n_2-2} S_p \sqrt{\frac{1}{n_1} + \frac{1}{n_2}} \leq \mu_1 - \mu_2 \leq$$

$$\overline{X}_1 - \overline{X}_2 + t_{\alpha/2, n_1+n_2-2} S_p \sqrt{\frac{1}{n_1} + \frac{1}{n_2}}$$

單邊之上、下信賴區間為

$$\mu_1 - \mu_2 \leq \overline{X}_1 - \overline{X}_2 + t_{\alpha, n_1+n_2-2} S_p \sqrt{\frac{1}{n_1} + \frac{1}{n_2}}$$

$$\overline{X}_1 - \overline{X}_2 - t_{\alpha, n_1+n_2-2} S_p \sqrt{\frac{1}{n_1} + \frac{1}{n_2}} \leq \mu_1 - \mu_2$$

5. 比例值之信賴區間

(1) 一個比例值之信賴區間: 若 n 很大且 $p \geq 0.1$, 則利用常態分配逼近二項分配, 比例值 p 之 $100(1-\alpha)\%$ 信賴區間為

$$\hat{p} - z_{\alpha/2} \sqrt{\frac{\hat{p}(1-\hat{p})}{n}} \leq p \leq \hat{p} + z_{\alpha/2} \sqrt{\frac{\hat{p}(1-\hat{p})}{n}}$$

若 n 很小, 則須以二項分配建立信賴區間。若 n 很大, 但 p 很小, 則可以利用卜瓦松分配逼近二項分配計算信賴區間。

(2) 兩母體比例差之信賴區間: 若二母體之比例值為 p_1 和 p_2, 則

$p_1 - p_2$ 之 $100(1-\alpha)\%$ 信賴區間為

$$\hat{p}_1 - \hat{p}_2 - z_{\alpha/2}\sqrt{\frac{\hat{p}_1(1-\hat{p}_1)}{n_1} + \frac{\hat{p}_2(1-\hat{p}_2)}{n_2}} \le p_1 - p_2$$

$$\le \hat{p}_1 - \hat{p}_2 + z_{\alpha/2}\sqrt{\frac{\hat{p}_1(1-\hat{p}_1)}{n_1} + \frac{\hat{p}_2(1-\hat{p}_2)}{n_2}}$$

〔例〕　隨機抽取某產品 100 件，發現其中有 15 件為不合格品，試計算不合格率之點估計和 95%信賴區間。

〔解〕　不合格率 $\hat{p} = 15/100 = 0.15$

利用常態分配逼近二項分配之方式，不合格率之 95%信賴區間為

$$0.15 - 1.96\sqrt{\frac{0.15(0.85)}{100}} \le p \le 0.15 + 1.96\sqrt{\frac{0.15(0.85)}{100}}$$

$$0.08 \le p \le 0.22$$

6. 常態分配變異數之信賴區間

假設 X 為常態分配之隨機變數，其平均數 μ 和變異數 σ^2 均為未知。今從樣本數為 n 之隨機樣本所估計出之樣本變異數為 S^2，則變異數之 $100(1-\alpha)\%$ 雙邊信賴區間為

$$\frac{(n-1)S^2}{\chi^2_{\alpha/2,n-1}} \le \sigma^2 \le \frac{(n-1)S^2}{\chi^2_{1-\alpha/2,n-1}}$$

其中 $\chi^2_{\alpha/2,n-1}$ 為卡方分配右尾尾端機率為 $\alpha/2$ 所對應之卡方值，亦即 $P\{\chi^2_{n-1} \ge \chi^2_{\alpha/2,n-1}\} = \alpha/2$。單邊之 $100(1-\alpha)\%$ 上、下信賴區間分別為

$$\sigma^2 \le \frac{(n-1)S^2}{\chi^2_{1-\alpha,n-1}}$$

$$\frac{(n-1)S^2}{\chi^2_{\alpha,n-1}} \le \sigma^2$$

〔例〕　已知某部機器之維修時間符合常態分配，今由 16 個樣本數據得知

維修時間之樣本變異數爲 2.48 小時，試估計維修時間之變異數的 95%信賴區間。

〔解〕 由題意 $\alpha=5\%$，$n=16$，查卡方分配表得知 $\chi^2_{0.025,15}=27.49$，$\chi^2_{0.975,15}=6.27$，因此信賴區間爲

$$\frac{15(2.48)}{27.49} \le \sigma^2 \le \frac{15(2.48)}{6.27}$$

$$1.35 \le \sigma^2 \le 5.93$$

7. 二常態母體變異數比的信賴區間

假設 $X_1 \sim N(\mu_1, \sigma_1^2)$ 且 $X_2 \sim N(\mu_2, \sigma_2^2)$，其中 μ_1 和 σ_1^2，μ_2 和 σ_2^2 爲未知。若 S_1^2 和 S_2^2 爲樣本變異數，樣本數分別爲 n_1 和 n_2，則兩常態母體變異數比的雙邊 $100(1-\alpha)\%$ 信賴區間爲

$$\frac{S_1^2}{S_2^2} F_{1-\alpha/2,n_2-1,n_1-1} \le \frac{\sigma_1^2}{\sigma_2^2} \le \frac{S_1^2}{S_2^2} F_{\alpha/2,n_2-1,n_1-1}$$

其中 $F_{\alpha/2,\nu_1,\nu_2}$ 爲 F 分配右尾尾端機率爲 $\alpha/2$ 所對應之 F 值，亦即 $P\{F_{\nu_1,\nu_2} \ge F_{\alpha/2,\nu_1,\nu_2}\}=\alpha/2$。兩變異數比的單邊上、下信賴區間分別爲

$$\frac{\sigma_1^2}{\sigma_2^2} \le \frac{S_1^2}{S_2^2} F_{\alpha/2,n_2-1,n_1-1}$$

$$\frac{S_1^2}{S_2^2} F_{1-\alpha/2,n_2-1,n_1-1} \le \frac{\sigma_1^2}{\sigma_2^2}$$

〔例〕 某工廠所生產之洗衣粉係由兩部機器自動裝填。產品之品質特性爲每袋洗衣粉之重量。爲比較兩部機器之一致性，今從兩部機器分別抽取一組樣本，樣本數 $n_1=n_2=16$，產品重量之樣本變異數爲 $s_1^2=4.38$ 和 $s_2^2=7.24$。試估計兩變異數比之 95%信賴區間。

〔解〕 σ_1^2/σ_2^2 之 95%信賴區間爲

$$\frac{S_1^2}{S_2^2} F_{1-\alpha/2,15,15} \le \frac{\sigma_1^2}{\sigma_2^2} \le \frac{S_1^1}{S_2^2} F_{\alpha/2,15,15}$$

查 F 分配表 $F_{0.025,15,15} = 2.86$，$F_{0.975,15,15}$ 之值可由下列關係求得爲 $0.35(1/2.86)$。

$$F_{1-\alpha,\nu_2,\nu_1} = \frac{1}{F_{\alpha,\nu_1,\nu_2}}$$

將各項資料代入公式得

$$\frac{4.38}{7.24}(0.35) \leq \frac{\sigma_1^2}{\sigma_2^2} \leq \frac{4.38}{7.24}(2.86)$$

$$0.21 \leq \frac{\sigma_1^2}{\sigma_2^2} \leq 1.73$$

2.7　假設檢定(Hypothesis Testing)

假設檢定是指根據機率理論，由樣本資料來驗證對母體參數之假設是否成立之統計方法。統計假設(statistical hypothesis)是對機率分配之參數值所做之陳述。例如我們認爲某產品之內徑平均數爲 1.0 in，此陳述可表示爲

$H_0{:}\mu = 1.0$

$H_a{:}\mu \neq 1.0$

H_0 所代表之陳述稱爲虛無假設(null hypothesis)，而 H_a 稱爲對立假設(alternative hypothesis)。對立假設表示平均數不是大於 1.0，就是小於 1.0。此種假設稱爲雙邊之對立假設(two-sided alternative hypothesis)，其所對應之假設檢定稱爲雙邊檢定(two-sided test)。當然，有些情形下我們可能需要單邊之統計假設。例如，$H_0{:}\mu = 1.0$，$H_a{:}\mu > 1.0$，稱爲右尾之單邊檢定。反之，如果 $H_0{:}\mu = 1.0$，$H_a{:}\mu < 1.0$，稱爲左尾之單邊檢定。

假設檢定之過程包含下列步驟：

1. 決定 H_0 及 H_a。
2. 決定合適之檢定統計量(test statistic)。
3. 選取顯著水準(level of significance) α。根據檢定統計量之機率

分配，找出拒絕 H_0 之區域。造成拒絕 H_0 之所有檢定統計量的值，稱爲臨界區域(critical region)或稱爲拒絕區域(rejection region)。接受區域與拒絕區域之分界值稱爲臨界值(critical value)。

4.　由母體抽取一組隨機樣本，計算檢定統計量之值。

5.　做出拒絕或不拒絕 H_0 之決策。若檢定統計量落在拒絕區域，則拒絕 H_0，否則不能拒絕 H_0(fail to reject H_0)。注意，一般稱爲不能拒絕 H_0，而非接受 H_0。

在進行假設檢定時，有兩種錯誤需加以注意。型 I 誤差(type I error)是指 H_0 爲眞時，做出拒絕 H_0 之錯誤機率，一般以 α 表示。而型 II 誤差(type II error)則是指 H_0 爲僞，而做出不拒絕 H_0 之錯誤機率，一般以 β 表示。亦即

$$\alpha = P\{型\ I\ 誤差\} = P\{拒絕\ H_0 | H_0 爲眞\}$$

$$\beta = P\{型 II 誤差\} = P\{不拒絕\ H_0 | H_0 爲僞\}$$

另外，假設檢定之檢定力(power)可表示爲

$$1 - \beta = 1 - P\{型 II 誤差\} = P\{拒絕\ H_0 | H_0 爲僞\}$$

下表爲假設檢定之四種可能情形。

母體眞相	決策	
	不拒絕 H_0	拒絕 H_0
H_0 爲眞	正確決策 $1-\alpha$	型 I 誤差 α
H_0 爲僞	型 II 誤差 β	正確決策 $1-\beta$

在品質管制之驗收抽樣計畫中，α 稱爲生產者風險(producer's risk)，亦即代表一個優良之貨批被拒收之機率。另外，β 稱爲消費者風險(consumer's risk)，代表不合格之貨批被判爲允收之機率。在統計製程管制，α 代表一個正常之製程，被誤判爲異常之機率，而 β 爲一個具有異常原因之製程，被誤判爲正常，而繼續生產之機率。

在假設檢定中，一般是先指定型 I 錯誤 α 之值，接著設計一個適當之檢定程序以使得 β 最小。在此情形下，型 II 錯誤 β 是樣本數之函數，其值被間接控制。在以下數小節中，我們將討論數種常用之統計假設檢定方法。

2.7.1 常態母體平均數 μ 的檢定

1. 變異數已知

假設 X 為一隨機變數，變異數已知為 σ^2，平均數 μ 為未知。虛無假設為

$$H_0: \mu = \mu_0 \quad (\mu_0 \text{為一標準值})$$

今隨機抽取樣本數為 n 之樣本，假設樣本平均值為 $\overline{X}$，則檢定統計量可寫成

$$Z = \frac{\overline{X} - \mu_0}{\sigma / \sqrt{n}}$$

在不同之對立假設下，拒絕 H_0 之條件列於下表。

對立假設	拒絕 H_0 之條件
$H_a: \mu > \mu_0$	$Z > z_\alpha$
$H_a: \mu < \mu_0$	$Z < -z_\alpha$
$H_a: \mu \neq \mu_0$	$Z > z_{\alpha/2}$ 或 $Z < -z_{\alpha/2}$

2. 變異數未知

當母體標準差未知時，則以樣本標準差 S 估計，若樣本數 $n > 30$，則檢定統計量為

$$Z = \frac{\overline{X} - \mu_0}{S / \sqrt{n}}$$

拒絕 H_0 之條件與變異數已知之情況相同。

若樣本數 $n < 30$，則採用下列統計量

$$t = \frac{\overline{X} - \mu_0}{S / \sqrt{n}}$$

拒絕 H_0 之條件匯整於下表。

對立假設	拒絕 H_0 之條件
$H_a:\mu>\mu_0$	$t>t_\alpha$
$H_a:\mu<\mu_0$	$t<-t_\alpha$
$H_a:\mu\neq\mu_0$	$t>t_{\alpha/2}$ 或 $t<-t_{\alpha/2}$

〔例〕 某產品之強度要求最少為 195 *psi*，現抽取 25 個樣本，計算出強度之樣本平均數為 $\bar{x}=200$ *psi*，標準差為 10 *psi*，以 $\alpha=5\%$ 之顯著水準，檢定產品之強度超過 195 *psi*。

〔**解**〕 $H_0:\mu=195,\ H_a:\mu>195$

檢定統計量之值為

$$t=\frac{\bar{x}-195}{10/\sqrt{n}}=\frac{200-195}{10/\sqrt{25}}=\frac{5}{2}=2.5$$

臨界點 $t_{0.05,24}=1.711$，由於 $t>1.711$，因此拒絕 H_0，亦即產品之強度超過 175 *psi*。

〔例〕 某產品壽命之最低要求為 2500 小時。今抽取 $n=50$ 之樣本，計算出壽命之平均數 $\bar{x}=2650$，標準差為 420。請說明此產品之壽命是否超過最低要求。假設 $\alpha=0.05$。

〔**解**〕 $H_0:\mu=2500,\ H_a:\mu>2500$

由於樣本數 $n>30$，故採用之檢定統計量為

$$Z=\frac{\bar{X}-\mu_0}{S/\sqrt{n}}$$

檢定統計量之值為

$$z=\frac{2650-2500}{420/\sqrt{50}}=\frac{150}{59.4}=2.53$$

臨界值 $z_{0.05}=1.645$。由於 $z>1.645$，因此必須拒絕 H_0，產品壽命超過最低要求。

2.7.2　兩常態母體平均數差的檢定

1. 二母體之變異數 σ_1^2 和 σ_2^2 已知

   假設二母體之平均數 μ_1 和 μ_2 為未知，但已知變異數為 σ_1^2 和 σ_2^2。虛無假設為

   $$H_0 : \mu_1 - \mu_2 = \Delta$$

   今從第 1 個母體抽取 n_1 個隨機樣本，樣本平均數為 $\overline{X}_1$，另從第 2 個母體抽取 n_2 個隨機樣本，計算得知樣本平均數為 $\overline{X}_2$，檢定統計量可寫成

   $$Z = \frac{\overline{X}_1 - \overline{X}_2 - \Delta}{\sqrt{\dfrac{\sigma_1^2}{n_1} + \dfrac{\sigma_2^2}{n_2}}}$$

   在不同對立假設下，拒絕 H_0 之條件請參見下表。

對立假設	拒絕 H_0 之條件
$H_a : \mu_1 - \mu_2 > \Delta$	$Z > z_\alpha$
$H_a : \mu_1 - \mu_2 < \Delta$	$Z < -z_\alpha$
$H_a : \mu_1 - \mu_2 \neq \Delta$	$Z > z_{\alpha/2}$ 或 $Z < -z_{\alpha/2}$

2. 二母體之變異數 σ_1^2 和 σ_2^2 為未知，但可假設相等

   假設 $\sigma_1^2 = \sigma_2^2 = \sigma^2$，則 σ^2 之不偏估計量為

   $$S_p^2 = \frac{(n_1 - 1) S_1^2 + (n_2 - 1) S_2^2}{n_1 + n_2 - 2}$$

   其中 S_1^2 和 S_2^2 為樣本變異數，檢定統計量可寫成

   $$t = \frac{\overline{X}_1 - \overline{X}_2 - \Delta}{S_p \sqrt{\dfrac{1}{n_1} + \dfrac{1}{n_2}}}$$

   上述檢定程序一般稱為 pooled t test，S_p^2 為混合估計之共同變異數。

對立假設	拒絕 H_0 之條件
$H_a: \mu_1 - \mu_2 > \Delta$	$t > t_{\alpha, n_1+n_2-2}$
$H_a: \mu_1 - \mu_2 < \Delta$	$t < -t_{\alpha, n_1+n_2-2}$
$H_a: \mu_1 - \mu_2 \neq \Delta$	$t > t_{\alpha/2, n_1+n_2-2}$ 或 $t < -t_{\alpha/2, n_1+n_2-2}$

3. 二母體之變異數 σ_1^2 和 σ_2^2 爲未知且 $\sigma_1^2 \neq \sigma_2^2$

若 $\sigma_1^2 \neq \sigma_2^2$，則檢定統計量爲

$$t = \frac{\overline{X}_1 - \overline{X}_2 - \Delta}{\sqrt{\dfrac{S_1^2}{n_1} + \dfrac{S_2^2}{n_2}}}$$

自由度爲

$$\nu = \frac{\left(\dfrac{S_1^2}{n_1} + \dfrac{S_2^2}{n_2}\right)^2}{\dfrac{\left(\dfrac{S_1^2}{n_1}\right)^2}{n_1+1} + \dfrac{\left(\dfrac{S_2^2}{n_2}\right)^2}{n_2+1}} - 2$$

虛無假設之拒絕條件如下表所示。

對立假設	拒絕 H_0 之條件
$H_a: \mu_1 - \mu_2 > \Delta$	$t > t_{\alpha, \nu}$
$H_a: \mu_1 - \mu_2 < \Delta$	$t < -t_{\alpha, \nu}$
$H_a: \mu_1 - \mu_2 \neq \Delta$	$t > t_{\alpha/2, \nu}$ 或 $t < -t_{\alpha/2, \nu}$

當 $\sigma_1^2 \neq \sigma_2^2$ 時，自由度之另一種定義爲

$$\nu = \frac{\left(\dfrac{S_1^2}{n_1} + \dfrac{S_2^2}{n_2}\right)^2}{\dfrac{\left(\dfrac{S_2^2}{n_1}\right)^2}{n_1-1} + \dfrac{\left(\dfrac{S_2^2}{n_2}\right)^2}{n_2-1}}$$

依公式計算所得之自由度可能不爲整數，通常會取小於 ν 之最大整數值，以獲得保守之結果。

〔例〕　為比較兩種材料之負荷能力，由樣本所收集到之資料如下。

材料 I	材料 II
$n_1 = 25$	$n_2 = 16$
$\bar{x}_1 = 250 lb$	$\bar{x}_2 = 240 lb$
$s_1^2 = 100$	$s_2^2 = 400$

已知二變異數不相等，試以 $\alpha = 5\%$ 檢定材料 I 所能承擔之負荷大
於材料 II。

〔解〕

$H_0 : \mu_1 = \mu_2$

$H_a : \mu_1 > \mu_2$

由第二種定義

$$\nu = \frac{\left(\dfrac{100}{25} + \dfrac{400}{16}\right)^2}{\dfrac{\left(\dfrac{100}{25}\right)^2}{25-1} + \dfrac{\left(\dfrac{400}{16}\right)^2}{16-1}} = 19.86$$

取小於 ν 之最大整數得自由度為 19。

檢定統計量之值為

$$t = \frac{250 - 240}{\sqrt{\dfrac{100}{25} + \dfrac{400}{16}}} = 1.857$$

查表 $t_{0.05,19} = 1.729$，由於 $t > t_{0.05}$，因此拒絕 H_0。

4. 兩常態母體平均數差的檢定，變異數未知，成對樣本

考慮 n 組成對資料，$(X_1, Y_1), (X_2, Y_2), \cdots, (X_n, Y_n)$。隨機變數 X 和
Y 為常態分配，平均數為 μ_1 和 μ_2。設隨機變數 $D = X - Y$，則

$\mu_D = \mu_1 - \mu_2$

檢定 μ_D 之虛無假設可寫成

$H_0 : \mu_D = \Delta$

檢定統計量為

$$t = \frac{\overline{D} - \Delta}{\frac{S_D}{\sqrt{n}}}$$

上述檢查方法稱為成對 t 檢定(paired t test),也可適用於 $\sigma_1^2 \neq \sigma_2^2$ 之情況。拒絕 H_0 之條件列於下表。

對立假設	拒絕 H_0 之條件
$H_a: \mu_D > \Delta$	$t > t_{\alpha, n-1}$
$H_a: \mu_D < \Delta$	$t < -t_{\alpha, n-1}$
$H_a: \mu_D \neq \Delta$	$t > t_{\alpha/2, n-1}$ 或 $t < -t_{\alpha/2, n-1}$

〔例〕 下表為新、舊兩種裝配方法所需時間之樣本資料。試以 $\alpha = 5\%$ 檢定新、舊兩種裝配方法是否有顯著差異。(假設裝配時間之變異數可視為相等)

標準方法	新方法
$n_1 = 9$	$n_2 = 9$
$\overline{x}_1 = 35.22$	$\overline{x}_2 = 31.56$
$s_1^2 = 24.45$	$s_2^2 = 20.03$

〔解〕 由題意

$H_0: \mu_1 = \mu_2$

$H_a: \mu_1 \neq \mu_2$

$$s_p^2 = \frac{(9-1)(24.45) + (9-1)(20.03)}{(9-1) + (9-1)} = 22.24, \quad s_p = 4.72$$

$$t = \frac{35.22 - 31.56}{4.72\sqrt{\frac{1}{9} + \frac{1}{9}}} = 1.645$$

臨界值 $t_{0.025, 16} = 2.12$

由於 $-2.12 < 1.645 < 2.12$

我們不能拒絕 H_0，亦即新、舊方法之裝配時間並無顯著性差異。

〔例〕　為比較熱處理溫度對金屬產品硬度之影響, 某工程師收集 12 個樣本, 每樣本分成兩部分, 分別在 60℃ 和 80℃ 下進行熱處理。樣本之硬度資料如下表所示。請以 $\alpha = 0.05$ 檢定熱處理溫度對產品之硬度並無影響。

樣本		
1 (60℃)	2 (80℃)	差異
80	75	5
80	80	0
82	80	2
80	76	4
83	77	6
80	74	6
83	76	7
83	82	1
80	82	−2
77	79	−2
74	75	−1
84	84	0

〔解〕　$H_0 : \mu_D = 0,\ H_a : \mu_D \neq 0$

樣本數 $n = 12,\ \bar{d} = 2.17,\ s_D = 3.30$

檢定統計量之值為

$$t = \frac{\bar{d}}{s_D / \sqrt{n}} = \frac{2.17}{3.30 / \sqrt{12}} = 2.28$$

臨界點為 $t_{0.025, 11} = 2.201$

由於 $t = 2.28 > 2.201$，因此拒絕 H_0，熱處理溫度對產品硬度有影響。

2.7.3 常態母體變異數的檢定

1. 一個常態母體變異數之檢定

若要檢定一個常態母體之變異數等於一個常數 σ_0^2，則檢定統計量爲

$$\chi^2 = \frac{(n-1)S^2}{\sigma_0^2}$$

其中 S^2 爲自樣本數等於 n 之隨機樣本所估計之樣本變異數。虛無假設可寫成

$$H_0 : \sigma^2 = \sigma_0^2$$

在各種對立假設下，虛無假設之拒絕條件匯整於下表。

對立假設	拒絕 H_0 之條件
$H_a : \sigma^2 > \sigma_0^2$	$\chi^2 > \chi^2_{\alpha, n-1}$
$H_a : \sigma^2 < \sigma_0^2$	$\chi^2 < \chi^2_{1-\alpha, n-1}$
$H_a : \sigma^2 \neq \sigma_0^2$	$\chi^2 > \chi^2_{\alpha/2, n-1}$ 或 $\chi^2 < \chi^2_{1-\alpha/2, n-1}$

若母體不爲常態分配，但樣本數很大時，可以利用下列統計量來檢定

$$Z = \frac{S - \sigma_0}{\sigma_0 / \sqrt{2n}}$$

〔例〕 某產品之重量爲一重要之品質特性，產品之規格要求重量之變異數不得超過 0.25，今抽取 $n=10$ 之樣本，計算得知樣本變異數 $s^2 = 0.336$。試以 $\alpha = 0.01$ 檢定產品重量之變異數是否超過 0.25。

〔解〕 由題意

$$H_0 : \sigma^2 = 0.25$$

$$H_a : \sigma^2 > 0.25$$

檢定統計量之值爲

$$\chi^2 = \frac{(9)(0.336)}{0.25} = 12.1$$

由於 $\chi^2 = 12.1 < \chi^2_{0.01, 9} = 21.67$

因此不能拒絕 H_0, 亦即產品重量之變異數不超過 0.25。

2. 兩個常態母體變異數的檢定

假設自變異數爲 σ_1^2、σ_2^2 之兩個常態母體分別抽取一組樣本, 樣本數爲 n_1 及 n_2。樣本之變異數爲 S_1^2 和 S_2^2, 虛無假設爲

$$H_0 : \sigma_1^2 = \sigma_2^2$$

檢定統計量爲

$$F = \frac{S_1^2}{S_2^2}$$

下表爲拒絕 H_0 之條件。

對立假設	拒絕 H_0 之條件
$H_a : \sigma_1^2 > \sigma_2^2$	$F > F_{\alpha, n_1-1, n_2-1}$
$H_a : \sigma_1^2 < \sigma_2^2$	$F < F_{1-\alpha, n_1-1, n_2-1}$
$H_a : \sigma_1^2 \neq \sigma_2^2$	$F > F_{\alpha/2, n_1-1, n_2-1}$ 或 $F < F_{1-\alpha/2, n_1-1, n_2-1}$

〔例〕 爲研究兩個製程所生產之產品重量的變異程度, 今自每一製程抽取一組樣本, 其樣本數和樣本標準差爲

$s_1 = 52.6 \qquad n_1 = 28$

$s_2 = 84.2 \qquad n_2 = 26$

試以 $\alpha = 0.05$ 之顯著水準, 檢定第一個製程比第二個製程更爲穩定。

〔解〕 假設製程 1 及 2 之母體變異數爲 σ_1^2 和 σ_2^2, 由題意虛無假設和對立假設爲

$$H_0 : \sigma_1^2 = \sigma_2^2$$

$$H_a : \sigma_1^2 < \sigma_2^2$$

檢定統計量爲

$$F = \frac{(52.6)^2}{(84.2)^2} = 0.39$$

查表得$F_{0.05,25,27} = 2.54$，因此$F_{0.95,27,25} = 1/2.54 = 0.394$。由於$F = 0.39 < F_{0.95,27,25}$，因此拒絕$H_0$，表示第一個製程之產品重量較穩定。

2.7.4　比例值之檢定

1. 一個母體比例值之檢定

若要檢定一個二項分配之參數p是否等於某一標準值p_0，則虛無假設可寫成

$$H_0 : p = p_0$$

自母體中抽取樣本數等於 n 之樣本，其中有 X 個是屬於 p 所對應之分類，則 p 之估計量為$\hat{p} = X/n$。

檢定之統計量為

$$Z = \frac{\hat{p} - p_0}{\sqrt{\dfrac{p_0(1 - p_0)}{n}}}$$

在不同對立假設下，H_0之拒絕條件列於下表。

對立假設	拒絕 H_0之條件
$H_a : p > p_0$	$Z > z_\alpha$
$H_a : p < p_0$	$Z < -z_\alpha$
$H_a : p \neq p_0$	$Z > z_{\alpha/2}$或 $Z < -z_{\alpha/2}$

〔例〕　品管工程師自某一生產線抽取 305 件產品，發現其中有 50 件為不合格品，請以 $\alpha = 5\%$之顯著水準，檢定產品之不合格率超過10%。

〔解〕　$H_0 : p = 0.1$，$H_a : p > 0.1$

不合格率之估計值為 $50/305 = 0.164$

$$z = \frac{0.164 - 0.1}{\sqrt{\dfrac{(0.1)(0.9)}{305}}} = 3.73$$

臨界值 $z_{0.05} = 1.645$

由於 z 落在拒絕區域內 $(z > z_{0.05})$，因此拒絕 H_0，產品之不合格率超過 10%。

2. 兩個母體比例差之檢定

兩個母體比例差之檢定的虛無假設可寫成

$$H_0 : p_1 - p_2 = 0$$

自母體 1 抽取 n_1 個隨機樣本，母體 2 抽取 n_2 個樣本。設隨機變數 X_1 代表在樣本中對應於 p_1 之分類的個數，而 X_2 為樣本中 p_2 所代表之分類的個數，則比例值 p_1 和 p_2 的估計量為 $\hat{p}_1 = X_1/n_1$，$\hat{p}_2 = X_2/n_2$。在虛無假設為真之情況下，可設 $p_1 = p_2 = p$，則兩個樣本統計量可合併以獲得一估計量 $\hat{p}$，$\hat{p}$ 為

$$\hat{p} = \frac{n_1 \hat{p}_1 + n_2 \hat{p}_2}{n_1 + n_2}$$

檢定 H_0 之統計量為

$$Z = \frac{\hat{p}_1 - \hat{p}_2}{\sqrt{\hat{p}(1 - \hat{p})\left(\dfrac{1}{n_1} + \dfrac{1}{n_2}\right)}}$$

有時虛無假設可寫成

$$H_0 : p_1 - p_2 = \Delta$$

此時檢定統計量為

$$Z = \frac{\hat{p}_1 - \hat{p}_2 - \Delta}{\sqrt{\dfrac{\hat{p}_1(1 - \hat{p}_1)}{n_1} + \dfrac{\hat{p}_2(1 - \hat{p}_2)}{n_2}}}$$

下表匯總不同對立假設下，虛無假設之拒絕條件。表中 Δ 可為 0 或不為 0。

對立假設	拒絕 H_0 之條件
$H_a: p_1 - p_2 > \Delta$	$Z > z_\alpha$
$H_a: p_1 - p_2 < \Delta$	$Z < -z_\alpha$
$H_a: p_1 - p_2 \neq \Delta$	$Z > z_{\alpha/2}$ 或 $Z < -z_{\alpha/2}$

〔例〕 由兩條生產線分別抽取 $n_1 = 263$，$n_2 = 250$ 之樣本，產品之不合格率分別爲 $p_1 = 0.091$，$p_2 = 0.02$，請以 $\alpha = 0.05$ 之顯著水準，檢定產品不合格率之差超過 0.05。

〔解〕 由題意

$H_0: p_1 - p_2 = 0.05$

$H_a: p_1 - p_2 > 0.05$

檢定統計量

$$z = \frac{0.071 - 0.05}{\sqrt{\frac{(0.091)(0.909)}{263} + \frac{(0.02)(0.98)}{250}}} = 1.059$$

臨界點爲 $z_\alpha = z_{0.05} = 1.645$

由於 $z = 1.059 < z_{0.05} = 1.645$，因此我們認爲不合格率之差並未超過 0.05。

2.7.5 卜瓦松分配之檢定

假設一樣本包含 n 個觀測值 $X_1, X_2, \cdots, X_n$，每一 X_i 爲具有參數 λ 之卜瓦松分配。隨機變數 $X = X_1 + X_2 + \cdots + X_n$ 將爲具有參數 $n\lambda$ 之卜瓦松分配。若 n 很大，則樣本平均數將趨近於常態分配，平均數爲 λ，變異數爲 λ/n。檢定母體參數是否符合某一特定值 λ_0 之虛無假設爲

$H_0: \lambda = \lambda_0$

檢定統計量爲

$$Z = \frac{\overline{X} - \lambda_0}{\sqrt{\dfrac{\lambda_0}{n}}}$$

在不同對立假設下，拒絕 H_0 之條件請參見下表。

對立假設	拒絕 H_0 之條件
$H_a: \lambda > \lambda_0$	$Z > z_\alpha$
$H_a: \lambda < \lambda_0$	$Z < -z_\alpha$
$H_a: \lambda \neq \lambda_0$	$Z > z_{\alpha/2}$ 或 $Z < -z_{\alpha/2}$

2.8　型 II 誤差之機率

在假設檢定中，我們可能需要決定檢定方法之型 II 誤差和檢定力。以下將以雙尾之平均數檢定來說明型 II 誤差和檢定力之計算。虛無假設和對立假設爲

$$H_0: \mu = \mu_0$$

$$H_a: \mu \neq \mu_0$$

另假設母體變異數 σ^2 爲已知，檢定統計量爲

$$Z = \frac{\overline{X} - \mu_0}{\dfrac{\sigma}{\sqrt{n}}}$$

在 H_0 成立之情況下，Z 之分配爲 $N(0,1)$。若眞實之平均數爲 μ_1，$\mu_1 = \mu + \delta$，$\delta > 0$。則檢定統計量之分配爲

$$Z \sim N\left(\frac{\delta \sqrt{n}}{\sigma}, 1\right)$$

圖 2-17 爲檢定統計量 Z 在 H_0 和 H_a 假設下的分配。由圖可看出，型 II 誤差是指爲 H_a 爲眞時，統計量 Z 落在接受區域內之機率。亦即

$$-z_{\alpha/2} \leq Z \leq z_{\alpha/2}$$

而且 $Z \sim N\left(\dfrac{\delta \sqrt{n}}{\sigma}, 1\right)$。型 II 誤差可由下列公式計算求得。

$$\beta = \Phi\left(z_{\alpha/2} - \frac{\delta\sqrt{n}}{\sigma}\right) - \Phi\left(-z_{\alpha/2} - \frac{\delta\sqrt{n}}{\sigma}\right)$$

上述公式亦適用於 $\delta < 0$ 之情況。

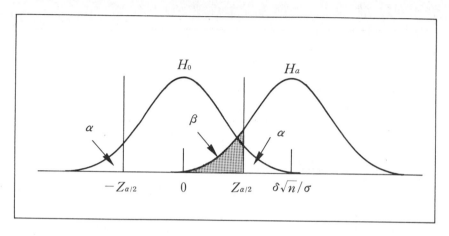

圖2-17　在 H_0 和 H_a 下，檢定統計量 Z 之分配

〔例〕　某沙拉油製造商對其 5 公升之裝塡機器進行研究。由於裝塡頭之
變化，沙拉油裝塡完後可能不爲 5 公升。根據歷史數據，沙拉油
罐內所裝塡之容積的標準差爲 0.05 公升。爲檢定裝塡完後之容積
平均數爲 5 公升，工程師採用下列之檢定

$H_0 : \mu = 5$

$H_a : \mu \neq 5$

若 α 採用 5%，樣本數 $n = 4$。試計算眞實平均數爲 5.06 公升下，
上述假設檢定之型 II 誤差。

〔解〕　查表 $z_{\alpha/2} = z_{0.025} = 1.96$，由公式

$$\beta = \Phi\left(1.96 - \frac{0.06\sqrt{4}}{0.05}\right) - \Phi\left(-1.96 - \frac{0.06\sqrt{4}}{0.05}\right)$$

$$= \Phi(-0.44) - \Phi(-4.36)$$

$$= 0.32997$$

檢定力 $1-\beta=1-0.32997=0.67003$

在計算型II誤差之公式中，我們可看出 β 為樣本數 n，α，和平均數變化量 δ 之函數。我們可以利用圖形之方式來描述這些參數間之關係。此種圖一般稱為操作特性圖（operating characteristic curve，簡稱 OC 曲線）。圖 2-18 為 $\alpha=0.05$ 之下，雙尾平均數檢定之 OC 曲線。在此圖中，縱軸為型II誤差值，橫軸定義為 $d=|\delta|/\sigma$，亦即平均數之變化量以標準差之倍數表示，稱其為 d。觀察此 OC 曲線後，我們可以得到下列結論。

1. 在相同之 n 和 α 下，平均數之變化量愈大（d 愈大），則型II誤差 β 愈小。此非常合乎直覺，愈明顯之變化，愈容易偵測。

2. 在相同之 δ 和 α 下，當樣本數 n 增加時，型II誤差愈小。亦即在相同之平均數變化量下，增加樣本數 n 可提昇檢定力。

OC 曲線亦可用來決定在固定之平均數變化下，為獲得一特定之 β 值，假設檢定所需之樣本數 n。例如當 $\sigma=0.1$，$\delta=0.15$ 時，我們希望 β 值為 0.1，則由 $d=|0.15|/0.1=1.5$，從圖可看出 n 大約為 5。

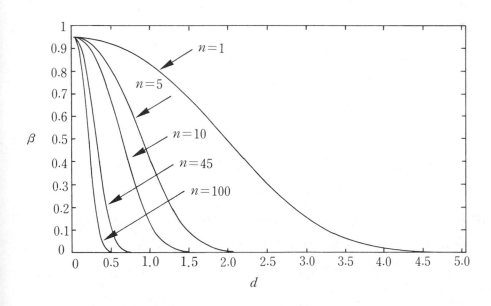

圖2-18　$\alpha=0.05$時，雙尾平均數檢定之 OC 曲線

習 題

1. 假設由兩常態母體所分別抽出之樣本變異數爲 $s_1^2 = 1.34$, $s_2^2 = 1.07$, 樣本數 $n_1 = n_2 = 10$。試計算兩母體變異數比之 95% 信賴區間。

2. 假設一貨批包含 20 件產品，其內含有不合格品 5 件。今隨機抽取 3 件爲樣本，試計算在樣本內所發現不合格品數之平均數和變異數。

3. 一貨批包含 100 件產品，其中有 5 件爲不合格品。今自其中抽取 10 件，試計算不超過 1 件不合格品之機率。

4. 某一產品之重量分配符合平均數爲 100 克，標準差爲 2 克之常態分配，此產品之規格爲 99±4 克，試計算此產品之不合格率。

5. 某產品之不合格率爲 0.001，今抽取 200 件，試計算樣本中包含 2 件及 2 件以上不合格品之機率。

6. 汽車電瓶之壽命爲常態分配，平均數爲 900 天，標準差爲 40 天，試計算電瓶壽命超過 1000 天之機率。

7. 某產品之不合格率爲 0.04，今抽取 800 件，試計算在樣本中發現不合格品少於或等於 35 件之機率。

8. 某電源供應器之輸出電壓符合平均數爲 12 V 和標準差爲 0.05 V 之常態分配。此產品之規格爲 12±0.1 V，試計算合格品之機率。

9. 兩個製程之產品的外徑尺寸符合常態分配。今自兩製程分別抽取樣本數等於 10 之樣本。外徑尺寸之變異數分別爲 $s_1^2 = 1.34$, $s_2^2 = 1.07$。試以 $\alpha = 0.05$，檢定兩製程之變異數是否相等。

10. 假設兩生產線之產品重量分配爲常態分配。今自兩生產線抽出 $n_1 = 15$ 和 $n_2 = 20$ 之兩組樣本。計算得知樣本變異數分別爲 $s_1^2 = 0.15$, $s_2^2 = 0.2$，試以 $\alpha = 0.05$ 之顯著水準檢定兩生產線之產品重量的變異程度是否一致。

11. 某製造商之零件可向 A、B 兩供應商購買，公司決定若兩供應商之不合格率相差在 1% 以上時，則向不合格率較低之供應商購買。現由 A 供應商所提供之零件中，隨機抽取 100 件，其中有 7 件爲不合格品；B 供應商所提供之零件中隨機抽取 120 件，發現有 6 件不合格品，試以 $\alpha = 5\%$ 之顯著水準做正確之決策。

12. 根據歷史資料，某製造商之產品不合格率爲 2%，爲降低產品不合格率，工程師已對製程進行改善。在改善後，收集 $n = 500$ 之樣本，發現樣本不合格率爲 1%。試以 $\alpha = 5\%$ 之信賴水準，檢定改善措施是否確實可降低不合格率。

13. 爲研究某金屬材料之抗張強度，工程師將材料在不同溫度下退火，並量測其強度。樣本數據之資料如下。

1450°F	1650°F
$n_1 = 10$	$n_2 = 16$
$\bar{x}_1 = 18900\text{psi}$	$\bar{x}_2 = 17500psi$
$s_1^2 = 1600$	$s_2^2 = 2500$

(a) 以 $\alpha = 5\%$ 檢定變異數是否相等。

(b) 以 $\alpha = 5\%$ 檢定低溫退火所獲得之強度較高。

14. 由生產線隨機抽取 100 顆 RAM，能夠正常使用超過 1000 小時的比例爲 0.91。試計算此比例值之 95% 信賴區間。

15. A、B 兩種品牌電冰箱之保證期限爲一年。今從 A 品牌之電冰箱中抽取 50 部，其中有 12 部在保證期限內故障。另從 B 品牌電冰箱中抽取 60 部，其中有 12 部在保證期限內故障。假設信賴係數爲 0.98，試計算兩品牌電冰箱在保證期限內故障之比率差的信賴區間。

16. 某產品之重量分配爲常態分配，由抽樣所得之資料爲

$$3005 \quad 2925 \quad 2935 \quad 2965$$
$$2995 \quad 3005 \quad 2937 \quad 2905$$

試計算重量平均數之 95% 信賴區間。

17. 某工廠使用兩部量測儀器來量測人造纖維之抗張強度。爲比較此兩部儀

器是否具有相同之量測能力，工程師抽取 8 個樣本，每個樣本又分成兩部分，分別在每一部儀器上量測，所得之資料如下所示。以 $\alpha = 5\%$ 之顯著水準，檢定此兩部儀器具有相同之量測能力。

樣本	儀器1	儀器2
1	74	78
2	76	79
3	74	75
4	69	66
5	58	63
6	71	70
7	66	66
8	65	67

18. 假設 20 個鋼樑樣本之平均斷裂強度為 40864 psi。標準差已知為 540 psi。計算平均斷裂強度之 95% 信賴區間。

19. 假設由 16 個樣本所估計之汽車引擎檢修時間之變異數為 $s^2 = 2.48$ hr²。以 $\alpha = 0.05$ 檢定檢修時間之變異數是否為 1 hr²。

20. 某半導體之合約要求不合格率不得超過 10%。在隨機抽取之 200 件樣本中發現有 24 件為不合格品。試以 $\alpha = 5\%$ 檢定此產品是否符合合約上之規格要求。

21. 某一品牌之燈泡的壽命標準差 σ 已知為 20 小時。今隨機抽查 25 個，所得壽命之平均數為 $\bar{x} = 1000$ 小時。試以 $1 - \alpha = 0.95$，計算燈泡平均壽命 μ 的信賴區間。

22. 為了解電視機裝配線之產品品質，領班在 15 個隨機選取之工作天中，記錄電視需要重工或調整之百分率，其資料如下：

15.3%　18.2%　18.7%　14.9%　14.4%

18.1%　16.8%　14.8%　12.9%　16.3%

15.5%　14.6%　17.4%　14.6%　15.2%

此領班向部門經理報告時，宣稱電視機需要重工或調整之比率為 15%。請以 $\alpha = 0.05$，說明此領班所宣稱之比率是否適當。

23. 試推導母體變異數不相等時，兩常態母體平均數差之 $100(1-\alpha)$% 信賴區間。

24. 試推導成對抽樣下，兩常態母體平均數差的 $100(1-\alpha)$% 信賴區間。

25. 某紡織廠織出之布匹平均每 100 平方碼上有 10 個缺點，現檢查 80 平方碼之布匹，發現少於或等於 3 個缺點之機率為何？

26. 某產品之不合格率為 0.01，今自該批產品中抽取 200 件，計算在樣本中發現兩個及兩個以上不合格品之機率。

27. 利用附表，求出下列各值

    (a) $t_{0.05,20}$ (b) $t_{0.02,30}$ (c) $z_{0.05}$

    (d) $z_{0.025}$ (e) $F_{0.1,10,10}$ (f) $F_{0.9,12,10}$

    (g) $\chi^2_{0.05,20}$ (h) $\chi^2_{0.15,20}$ (i) $z_{0.00135}$

    (j) $z_{0.001}$ (k) $-z_{0.01}$ (l) $-z_{0.00135}$

28. 某項產品之平均壽命符合 $N(10,4)$ 之分配，回答下列問題。

    (a) 計算超過 10 年不失效之比例。

    (b) 若保證期限為 2 年，計算在保證期內顧客要求更換之比例。

    (c) 若製造商希望在保證期內更換之產品比例為 0.01，此時保證期定在何處較適當。

參考文獻

Devore, J. L., *Probability and Statistics for Engineering and the Sciences,* Brooks/Cole Publishing Company, California (1982).

Dougherty, E. R., *Probability and Statistics for the Engineering, Computing and Physical Sciences,* Prentice-Hall, NJ (1990).

Montgomery, D. C., *Introduction to Statistical Quality Control,* Wiley, NY (1991).

Walpole, R. E., and R. H. Myers, *Probability and Statistics for Engineers and Scientics,* Maxwell Macmillan, NY (1989).

顏月珠，《統計學》，1989 年，三民書局。

張健邦，《統計學》，1994 年，三民書局。

第三章　品質管理七大手法

3.1　緒論

在品質管制上，我們會使用到許多圖形之方法來當做是品質數據、資料之整理及顯示或者用做品質改善之工具。這些圖形法通常都不需複雜之計算。在品質管制活動中，較常用到之圖形方法有七項，一般稱之爲品管七大手法(the magnificent seven)。品管七大手法包含：

- ·管制圖(control charts)
- ·檢核表(checksheets)
- ·直方圖(histograms)
- ·柏拉圖(Pareto diagrams)
- ·特性要因圖(cause and effect diagrams)
- ·散布圖(scatter diagrams)
- ·流程圖(flowcharts)

上述七種方法中，前六項爲一般品質管制書籍和文獻所採用，有些作者會以其他方法取代第七項。管制圖之原理和使用較爲複雜，本書將在第四章做一深入探討。本章只針對其他六項做一說明。品質管制雜誌 *Quality Progress* 在 1992 年曾有一系列之文章說明上述七項方法之使用，讀者可參考本章最後所附之文獻，以獲得更深入之資料。

品管七大手法通常配合層別法（或稱分層法）一起使用。層別法之意義是透過數據之分類，以協助尋找不良之眞正原因。一般而言，品質之問題通常是由一種原料、一部機器或一位（少數）作業員所引起，因此，如果能將數據分類，將可更有效地找出造成問題之主因。依照問題之特性，層別之基準有下列幾種方式：

- 依原料、材料或零件的來源（批別）分層。
- 依生產設備的編號或廠牌別分層。
- 按生產線別分層。
- 按作業人員或班組別分層。
- 依時間分層，例如日夜班、週別、月別、季別分層。
- 按操作手法分層。

3.2　檢核表(Checksheets)

檢核表（或稱查檢表）為一簡單而又有效率之圖形方法，它可用來收集及分析數據，並陳示分析之結果。檢核表並沒有一特定之格式，使用者可依問題之特性自行設計。以下介紹幾種常用之檢核表。讀者可從中獲得靈感，自行設計符合需要之查檢表。

印刷電路板		日期
最後測試		位置
測試方法		檢驗員
樣本大小		批號

型式	不合格點數	
功能測試	ⱁⱁⱁ ⱁⱁⱁ ⅲ	13
焊接	ⱁⱁⱁ ⱁⱁⱁ ⱁⱁⱁ ⱁⱁⱁ ⱁⱁⱁ ⱁⱁⱁ ⱁⱁⱁ ⱁⱁⱁ ⅱ	42
電鍍	ⱁⱁⱁ	5
其他	ⱁⱁⱁ ⅲ	8
總和		68

圖3-1　計數表

1. 計數表(tallies)

　　圖3-1為一計數表，用來記錄電路板上之缺點項目，及各項目發生之次數。

2. 位置圖(location plots)

　　位置圖是將缺點或問題發生之位置，標示在圖上用以分析問題發生之根源。圖3-2為位置圖之範例。此圖記錄印刷電路板上銲接之缺點。此印刷電路板上有數百個零件，並以流銲機處理。在圖中，各項缺點項目和發生之位置是以不同之符號表示。分析此圖後，我們明顯地發現大多數之缺點集中在左、右兩側。經過深入分析後，發現缺點出現之部分，正是作業員在流銲後，手握住電路板清洗之位置。由於清洗

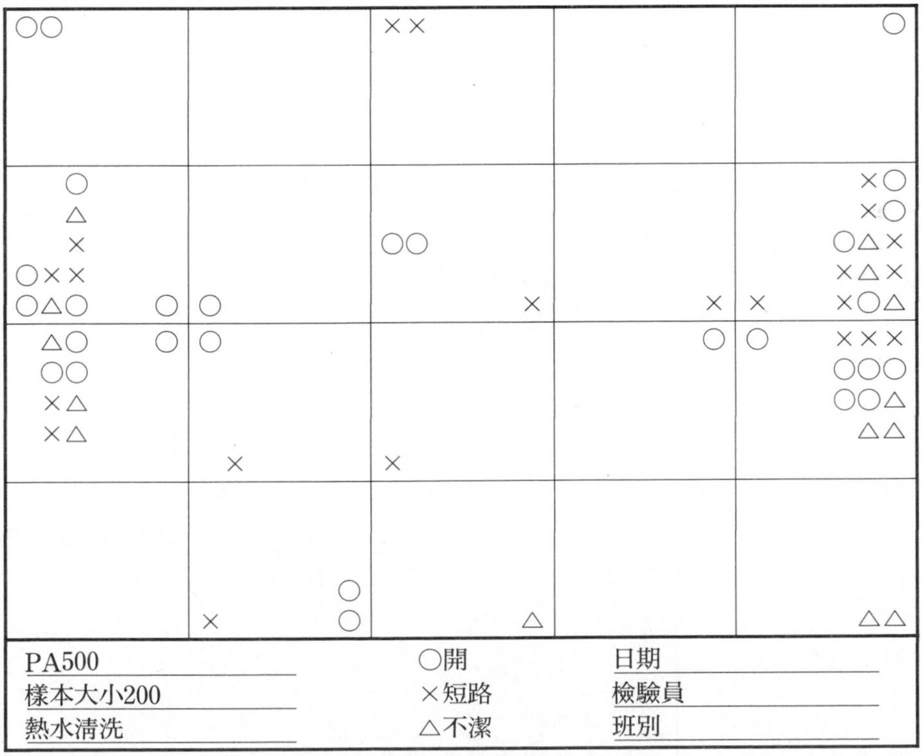

PA500	○開	日期
樣本大小200	×短路	檢驗員
熱水清洗	△不潔	班別

圖3-2　銲接缺點之位置圖(Ⅰ)

不完全，造成測試時發現許多缺點。

圖 3-3 為銲接缺點之另一範例。此圖顯示缺點集中在某一特定位置。

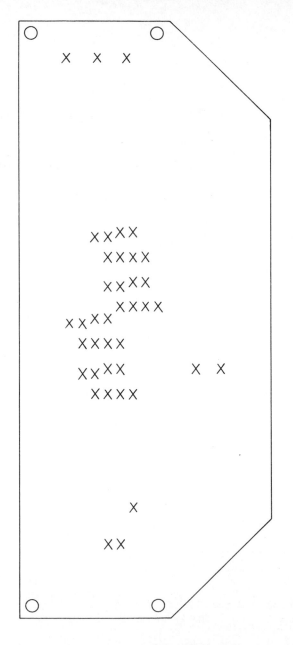

圖3-3　銲接缺點之位置圖（II）

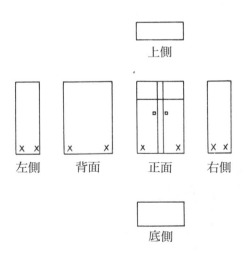

圖3-4　*衣櫥之缺點位置圖*

經過分析後，發現乃是設計錯誤所造成。位置圖之另一種型式稱爲缺點集中位置圖(defect concentration diagram)，其做法是將缺點發生之型式及位置以不同之符號標示在圖上(通常爲產品之簡圖)。圖 3-4 爲衣櫥在最後組裝階段之缺點集中位置圖，圖上之「×」標示產品表面上之缺點。經過分析後，發現這些缺點乃是由於搬運不當所造成。

　　妥善設計查檢表，亦可突顯問題之不同來源。圖 3-5 之缺點記錄，是將作業員依操作之機器、工作日別、上下午分別記錄。分析此圖後，我們可獲得下列結論。缺點似乎集中在星期一上午和星期五之下午。某一作業員所造成之缺點遠多於其他之作業員。機器 1 似乎需要調整，操作此機器之兩位作業員均造成相當多之缺點。

3.3　散布圖(Scatter Diagram)

　　散布圖通常是用來研究兩變數間之相關性，它可用於最初之品質分析或最終之品質分析工作上。散布圖之使用大約始於 1750～1800 年，它又稱爲 X-Y plot 或 crossplot。它包含水平及垂直兩軸，用以代表成對兩變數

設備	作業員	Mon		Tues		Wed		Thur		Fri		Sat		Sun	
		AM	PM	AM	PM	AM	PM	AM	PM	AM	PM	AM	PM	AM	PM
機器1	A	△ ○ △	～ △	○ ＊ △			△				△～ △ △	△		～	○
	B	△ ～ ～	～	△		△				△	～ ～	～ × ○○	○○ ～× △△	× ×	△ × ○
機器2	C		△ ～ ○									△			
	D	△ ～	♯				△								
機器3	E	○ ＊			○		×				～				
	F	～ ×	△ ○ ○	○ × ×	○	～ ○	♯	＊ ○	× ○ ～	× × ×	×○ ○～ △△	×		○	○
機器4	G	～	♯		～			△			×	×	＊		
	H	○ ～							～				△	×	
總和		18	8	7	3	4	3	2	5	3	14	8	7	6	5

～刮痕　△毛邊　＊油污
○細孔　×型狀　♯異物

圖3-5　多項問題來源之查檢表

之數據。若兩變數間呈原因及結果之關係，則將原因（或稱爲自變數，independent variable）置於 X 軸（橫軸），結果（或稱應變數，dependent variable）則置於 Y 軸（縱軸）。

　　由散布圖可看出兩變數 X 及 Y 呈何種關係：正相關（positive correlation）、負相關（negative correlation）或無相關。若 Y 值隨著 X 值之增加而增加，則稱 X 及 Y 爲正相關。反之，則稱 X 及 Y 爲負相關。圖 3-6 說明 X 及 Y 可能之相互關係。

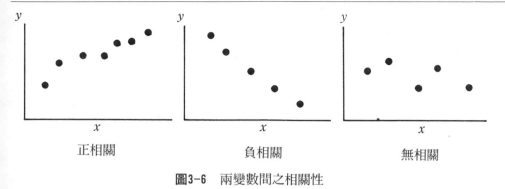

圖3-6 兩變數間之相關性

3.4 直方圖(Histogram)

　　直方圖為一圖形表示工具，用以顯示從製造程序中所收集到之數據。直方圖之發展歸功於法國統計學家固瑞(A. M. Guerny)，他將直方圖應用於犯罪資料之分析上。直方圖可以很快速地了解在某一特定時間內製程之狀況，橫軸代表某一品質特性或變數之量測值的分類，縱軸表示每一類之出現次數。圖3-7為一典型之直方圖。

　　直方圖與條形圖(Bar graph)類似，但仍有下列相異點：

1. 在條形圖中線條可為垂直或水平，而在直方圖中線條為垂直狀。
2. 在條形圖中每一線條之寬度不具任何意義，而在直方圖中，線條之寬度代表該類別所涵蓋之範圍。

　　直方圖可以顯示數據之變化情形，觀察直方圖之外觀可以協助找出數據中之異常變化。圖3-8顯示直方圖之各種可能形狀，其特徵和造成之原因說明如下。

1. 鐘型分配(The bell-shaped distribution)

　　在數據分布範圍之中央有一高峰，且圖形為對稱。此種直方圖顯示數據來自於一個自然、常態之製程。

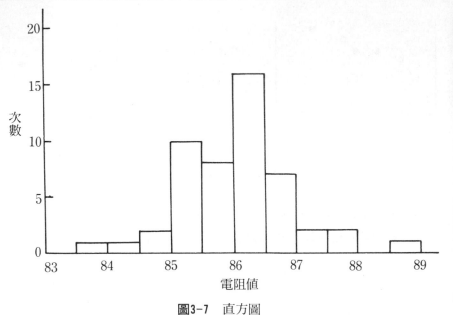

圖3-7 直方圖

2. 雙峰分配（The double-peaked distribution）

在數據分布範圍之中央有一低谷，而兩旁各有一高峰。此種圖形係混合兩個鐘型分配。可能之情形爲數據來自兩部不同之機器、兩個（組）不同之操作員、兩個不同之班別、兩種不同之原料、或兩個不同生產線。

3. 高原型分配（The plateau distribution）

直方圖之上部爲平坦，沒有顯著之高峰和尾端。此種直方圖代表數據來自於多個鐘型分配數據。一種可能之原因是無標準作業程序，作業員各行其事，造成極大之變異。

4. 梳狀分配（The comb distribution）

在直方圖上，高、低值交互出現。此種直方圖出現之原因有量測誤差或分組不當。

5. 偏歪型分配(The skewed distribution)

在此種直方圖上，高峰並不在數據分布範圍之中央，某一側之尾巴很快結束，但另一側則有相當長之尾巴。若分配之尾巴向右延伸，此稱為右偏(skewed right)分配，若分配之尾巴向左延伸，則稱之為左偏(skewed left)分配。偏歪型分配通常發生在數據只有單邊規格界限時。

6. 截斷型分配(The truncated distribution)

在直方圖上高峰發生在（或靠近）數據分布之邊緣。截斷型直方圖之發生是將某些數據自鐘型分配數據中移去，例如：實施100%全檢，將不合格品數據剔除。

7. 離島型分配(The isolated peaked distribution)

在直方圖上出現兩個大小相差甚多之高峰。較低之高峰附近之數據可能來自於某一特別之機器、製造程序或作業員，代表製程之異常原因。如果較低高峰之旁邊為一截斷型分配，則代表在篩選過程中，未將不合格品完全剔除。其他可能之原因為量測誤差或抄寫數據時產生之錯誤。

8. 邊緣突出型分配(The edge-peaked distribution)

在平滑分配的邊緣出現一突出之高峰。此種情形通常為資料記錄錯誤所造成。

在品質管制上，直方圖可用來顯示從製程收集到之數據的分配，其應用有：

・將數據之分配與預期之分配比較。
・將數據之分配與製程之規格比較。

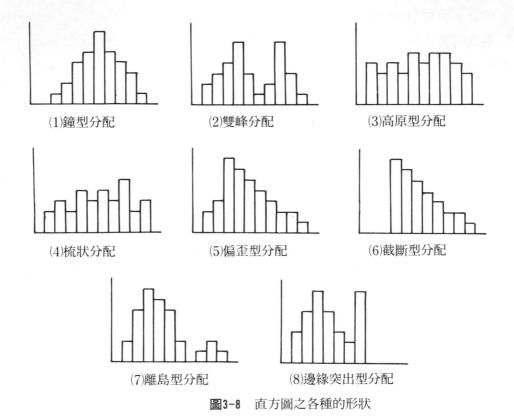

(1)鐘型分配　　　　(2)雙峰分配　　　　(3)高原型分配

(4)梳狀分配　　　　(5)偏歪型分配　　　　(6)截斷型分配

(7)離島型分配　　　　(8)邊緣突出型分配

圖3-8　直方圖之各種的形狀

・分析造成製程變異之可能因素。

3.5　柏拉圖(Pareto Diagram)

　　柏拉圖是由義大利經濟學者 Vilfredo Pareto 所提出之圖形分析法，最初是用在分析財富之分布上。在 1960 年代，品管學者裘蘭將其導入品質管制中，做為分析屬性或計數值之品質資料。柏拉圖為一通用之工具，亦可用在其他領域中，例如在存貨管理上，它被稱為 ABC 分析。在品質改善活動中柏拉圖通常用來區分造成品質問題之少數重要(vital few)的原因，及多數不重要(trivial many)之原因。若品質改善著重於問題之主要原因上，則通常在短期內可得較顯著之改進。

圖 3-9 為一典型之柏拉圖，橫軸代表問題之類別，縱軸代表每一類問題發生之次數。為突顯各項問題之重要性，橫軸之項目通常依縱軸所代表之意義，由大至小，由左而右排列。圖中零件失效和零件錯誤兩類問題發生之次數較多，因此可歸類為少數重要之問題，其他項目則稱為多數不重要之問題。在柏拉圖上之右縱軸亦可加入百分比，以使問題之表示更清晰。

在繪製柏拉圖時應注意下列事項:

1. 依問題之特性柏拉圖之左縱軸可定義為發生次數或成本。若每一缺點項目所造成之損失不同，則縱軸最好以金額表示較為妥當。

2. 在柏拉圖之各長條上可記錄累積次數或累積百分率，並以折線連結。

3. 當分類項目很多時，通常將若干次數少或成本低之項目合併為其他項目，置於圖之最右端。有些學者仍建議將橫軸之各項目由大至小排列，其他項目不一定位於最右端。

柏拉圖也可以用來做為比較改善效果、不同班別之成效、不同時段之成效等用途(參考圖 3-10)。在此種應用下，最好以各類缺點項目之發生次數來比較，否則容易產生誤導。柏拉圖只能幫助分析者找出多數重要之問題，但不能指出造成問題之原因。若要研究造成問題之原因則必須進行特性要因分析。

3.6　特性要因圖(Cause-and-Effect Diagram)

特性要因圖為一問題分析工具，用以辨認造成某一特定問題之所有可能原因。測試所有可能原因為一費時且困難之工作。利用特性要因圖可以去除不重要之原因而專注於最有可能之原因上。在問題解決之步驟上我們通常是先使用柏拉圖用以篩除不重要之因素。而特性要因圖可對問題做更情細之研究分析。特性要因圖為日人 Dr. Kaoru Ishikawa 於 1943 年發展出來，因此又稱 Ishikawa diagram。由於此圖之結構類似魚骨，因此

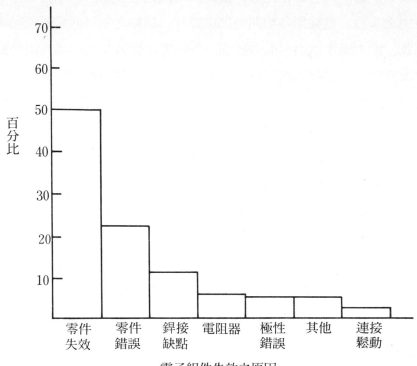

百分比

電子組件失效之原因

圖3-9 柏拉圖

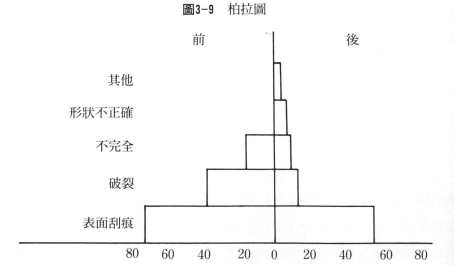

前　　　　　　　　　　後

其他

形狀不正確

不完全

破裂

表面刮痕

總不合格點數

圖3-10 比較用之柏拉圖

又稱魚骨圖(fishbone diagram)。而由於此圖是用來研究造成某一問題之可能原因，因此一般稱爲特性要因圖(cause-and-effect diagram)。

　　特性要因圖可視爲一腦力激盪(brain stroming)之工具。其基本構成因素爲符號及線，用以表示原因和結果間之關係。圖 3-11 表示一基本特性要因圖之結構。其中魚頭爲待研究之品質特性，中間之水平線爲脊，魚骨爲可能原因。

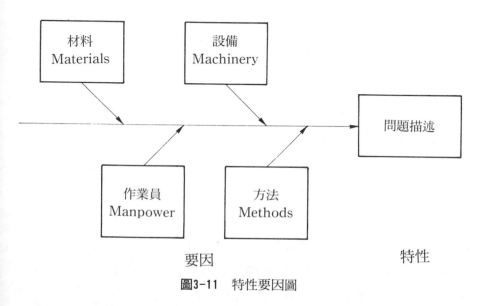

圖3-11　特性要因圖

　　特性要因圖依其應用之不同可分爲三大類：問題原因之列舉(cause enumeration)，散布分析(dispersion analysis)，及製程分析(process analysis)。

　　問題原因列舉最接近於腦力激盪，此爲一種自由思考之方式，用以發掘造成問題之所有可能原因。此種方式之優點是所有可能原因均可被列舉出，而其主要缺點是繪製不易。圖 3-12 爲研究行李遺失之原因列舉特性要因圖。

　　第二種特性要因圖稱爲散布分析(圖 3-13)，此種方式極類似於原因之列舉。所不同的是在散布分析中，問題原因先區分爲組，而所有之思考都集中在此類原因上，當此類原因都被列舉後再進行另一組原因。而在原因

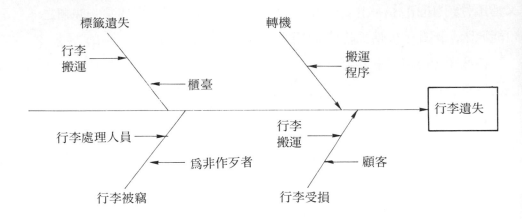

圖3-12　原因列舉特性要因圖

列舉中，所有可能原因之列舉為一隨機次序。

　　最後一種特性要因圖稱為製程分析(圖 3-14)。此種方式是先將製造程序列出，再將有關每一製程之可能原因列出。在列舉影響每一製程之原因時可考慮人力、方法、材料及機器。此種分析方式由於考慮製造之順序，因此較易了解。其缺點是當某一原因不屬於任一製程時較難繪製。

　　特性要因圖為一直接，計算簡易之問題分析工具，其目的是找出造成品質問題之最主要原因並採取改正行動以防止類似問題之發生。若要獲得較精確之結果可考慮使用實驗設計法。

3.7　流程圖（Flow Charts）

　　流程圖為一圖形法用來顯示一個系統之各項作業和順序。圖 3-15 為流程圖中較常用到之符號和其意義。過程(process)指任何以人工、機器完成之作業和功能，例如印刷電路板之自動插件、檢驗等均屬過程。輸入／輸出指傳給系統之情報或者是系統所產生之結果。

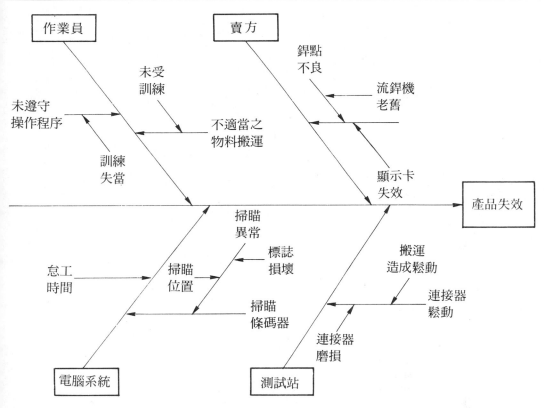

圖3-13 散布分析特性要因圖

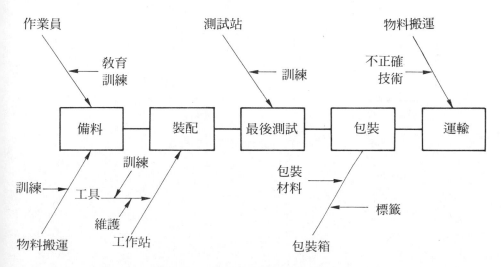

圖3-14 製程分析特性要因圖

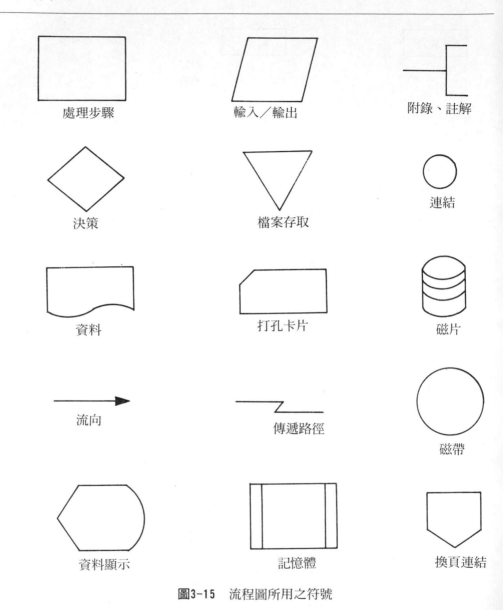

處理步驟

輸入／輸出

附錄、註解

決策

檔案存取

連結

資料

打孔卡片

磁片

流向

傳遞路徑

磁帶

資料顯示

記憶體

換頁連結

圖3-15　流程圖所用之符號

習　題

1. 說明柏拉圖之用途。

2. 說明特性要因圖之種類及用途。

3. 說明層別之目的和做法。

4. 說明直方圖之應用。

5. 舉例說明缺點位置圖之應用。

參考文獻

Burr, J. T., "The tools of quality, part I: going with the flow (chart)," *Quality Progress*, June 1990, pp. 64-67.

Burr, J. T., "The tools of quality, part VI: Pareto charts," *Quality Progress*, November 1990, pp. 59-62.

Burr, J. T., "The tools of quality, part VII: scatter diagrams," *Quality Progress*, December 1990, pp. 87-92.

Sarazen, J. S., "The tools of quality, part II: cause-and-effect diagrams," *Quality Progress*, July 1990, pp. 59-63.

Shainin, P. D., "The tools of quality, part III: control charts," *Quality Progress*, August 1990, pp. 79-84.

Stratton, B. (ed.), "The tools of quality, part IV: histograms," *Quality Progress*, September 1990, pp. 75-82.

Stratton, B. (ed.), "The tools of quality, part V: check sheets," *Quality Progress*, October 1990, pp. 51-58.

第四章 統計製程管制及管制圖

4.1 統計製程管制概論

統計製程管制(statistical process control, 簡稱 SPC)是利用抽樣樣本資料(樣本統計量)，來監視製程之狀態，在必要時採取調整製程參數之行動，以降低產品品質特性之變異性。統計製程管制為預防性之品質管制手段，強調第一次就做對(do it right the first time)。品管界有一句名言：「品質是製造(build in)出來的，而非檢驗出來的(inspected out)。」這句話說明製程之管制比事後之檢驗，更能提昇產品品質。統計製程管制可以用圖 4-1 之回饋系統來說明。一個製程之輸入包含原料、機器、方法、工具、操作員和周圍環境因素，其輸出為產品。產品之好與壞是由其品質特性來決定。統計製程管制之第一項工作為收集產品品質特性資料。統計製程管制之第二項工作為評估、分析品質特性資料。在統計製程管制中，我們通常是以一個統計模式來做為判斷製程是否為正常的決策基準。目前最常用的工具為依據統計原理發展出來的管制圖(control charts)。當決策系統判斷製程不穩定時，接下來的工作是探討造成製程異常的原因，此階段之工作稱為診斷(diagnosis)。當找出造成製程不穩定之原因後，我們必須規劃一些改善的措施，以使得相同之問題不再發生。回饋管制系統之最後一個步驟是依據規劃之改善措施，調整製程之可控制因素。上述步驟需重複進行，以持續改善製程。

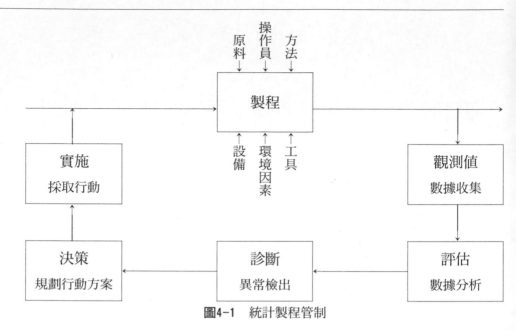

圖4-1　統計製程管制

任何製程都有一些標準作業程序可遵循，例如：原料之種類、作業方式、生產設備之參數、使用之工具等。統計製程管制可視爲一線上（on-line）之品質管制方法，用來監視這些標準作業程序是否被遵守。依照標準作業程序操作是生產有關人員之責任，在品質改善過程中被視爲是作業人員可控制（operator controlled）之部分。在有些情況下，即使作業人員依照標準作業程序操作，製程之輸出也可能不滿足要求。造成此種現象之原因可能是生產技術或設備不符合要求，這些責任是屬於管理者所能控制（management controllable）之部分。統計製程管制可以用來區分製程變異是來自於作業員之責任或管理階層之責任。但統計製程管制之相關手法的運用，只能降低屬於作業員可控制之變異。

統計製程管制牽涉到產品和製程之控制，但其重點是在品質數據之分析，只有在品質數據顯示製程不穩定時，我們才考慮調整製程之參數。此種作業方式與一般化學工業之實際控制（physical　control）或工程控制（engineering　control）不同。工程控制之作業方式是定期調整操縱變數（manipulated variable），以使得製程之輸出符合目標值。使用工程控制之方法須對製程之特性充分了解，同時也需要知道操縱變數與製程輸出變數之關係。

　　統計製程管制適合應用於製程之問題受到生產設備或操作人員之影響時。生產系統可依製程之主導因素分成下列數種(Juran 和 Gryan 1993)：

1. 設定主導(setup-dominant)
   此種製程在整批產品之製造過程中，具有極高之重現性和穩定性。只要一開始設定正確，產品品質就沒有問題。

2. 機器主導(machine-dominant)
   在此種製程下，產品品質是由生產設備來主導。

3. 零件主導(component-dominant)
   在此種製程下，輸入零件和材料對於最終產品品質具有最大之影響性。管制之重點是放在改善與供應商之關係、進料檢驗和區別不合格貨批。

4. 作業員主導(worker-dominant)
   此類製程之品質是由作業員之技術和特殊技巧來決定。管制之重點是放在教育訓練、防愚措施等。

5. 時間主導(time-dominant)
   製程會隨時間而逐漸改變，例如刀具磨損、機器溫度逐漸升高、試劑之消耗等。此種製程之管制重點在於利用定期檢查之回饋資料，來做適當之調整。

　　表 4-1 列舉上述各種生產系統之主要管制方法和典型之生產作業。

表4-1 不同生產作業方式之管制方法

	設定主導	機器／時間主導	零件主導	作業員主導
典型之作業	鑽孔 印刷 熱黏合 貼標籤	螺絲製造 容量塡充 製紙作業 羊毛、棉花之梳整	裝配作業 食品加工	電弧焊接 噴漆作業 事務性工作
管制方法和技術	製程條件之檢查， 首件檢查， 批繪(Lot plot)， 事前管制， 窄界限規測(narrow- limit gaging)， 屬性之目視檢驗	管制圖， 事前檢驗，窄界限 規測，定期檢查， 製程稽核	供應商評等， 進料檢驗， 事先作業管制， 驗收檢驗， 模型評估	巡迴檢驗， 計數管制圖， 作業員評等， 製程稽核， 作業員能力檢定

（資料來源：Juran & Gryan 1993）

4.2 機遇性及可歸屬之品質變異原因

在任何生產程序中，不管如何設計或維護，一些固有的或自然之變異將永遠存在。自然變異是一些小量，不可控制原因累積所成，例如同種原料內的變化、機器的振動所引起的變化等。當這些變異之量極小時可視爲製程之可接受水準。在統計製程管制中這些自然變異通常稱爲機遇原因(chance causes)或稱爲一般原因(common causes)。當製程在只有機遇原因出現之情狀下操作則稱爲在統計管制中(in statistical control)。其他之變異可能偶而存在製程中，這種變異之來源有：機器之不適當調整、操作員之錯誤、原料之不良、機器故障或工具損壞。這些變異之幅度通常較機遇原因之變異爲大，並代表製程處於不可接受之水準。這些變異稱爲可歸屬原因(assignable causes)或稱特殊原因(special causes)。製程在可歸屬變異之下操作稱爲管制外(out of control)。表 4-2 比較機遇原因和可歸屬原因。

統計製程管制之主要目的在儘快偵測出可歸屬原因之發生或製程之跳

表4-2　機遇原因和可歸屬原因的區別

類別	機遇原因(一般原因)	可歸屬原因(特殊原因)
特性	固有的；隨時存在；造成之影響性小；種類多；不容易經濟地消除	偶發；種類少；影響性大；可以經濟地消除；可以用統計方法偵測出；對於製程之影響無法預測
可能原因	原料之固有變異 管理方式不適當 機器之震動 工作環境之變化	錯誤之工具 不適當之材料 作業員的錯誤
解說	管理人員負有消除此種變異之責任。當僅有機遇變異出現時，製程是在其最佳之狀況下運作且爲可接受；倘若仍然有不合格品產生，則必須進行製程改變或者修訂規格以便減少不合格品。 當僅有機遇變異時，製程相當穩定，可以用抽樣程序預測產品的品質。 大約85%之製程問題是由此類原因造成。	作業員負有消除此種變異之主要責任。 當有可歸屬原因出現時，製程未在可接受水準，製程應予調整和矯正。 當有可歸屬原因出現時，製程不夠穩定，不宜以抽樣程序預測產品品質。 大約15%之製程問題是由此類原因造成。

動，以便在更多不合格品製造出之前能發現製程之變異並進行改善工作。管制圖是一種線上(on-line)之製程管制技術，非常適用於此種目的。管制圖並可用來估計製程之參數並利用此資訊來做製程能力分析，管制圖並能提供資訊用以改進製程。統計製程管制之最終目的乃在去除製程內之變異。雖然變異可能無法完全去除，但管制圖爲一有效之工具，可將變異儘可能減少。

4.3　管制圖之基本原理

　　管制圖爲一圖形表示工具，用以顯示從樣本中量測或計算所得之品質特性。典型之管制圖包含一中心線(center line, CL)，用以代表當製程處於統計管制內時品質特性之平均值。此圖同時包含兩條水平線，稱爲上管制界限(upper control limit, UCL)及下管制界限(lower control limit,

LCL)，圖 4-2 爲管制圖之範例。管制界限通常設在當製程爲管制內時，幾
乎所有點都可落在管制界限內。只要點都在管制界限內，則製程可視爲在
統計管制內，對製程不須採取任何行動。但只要有一點在管制界限外，則
代表製程有變異。此時我們必須研究造成此種變異之原因，並採取改善行
動以去除此變異。

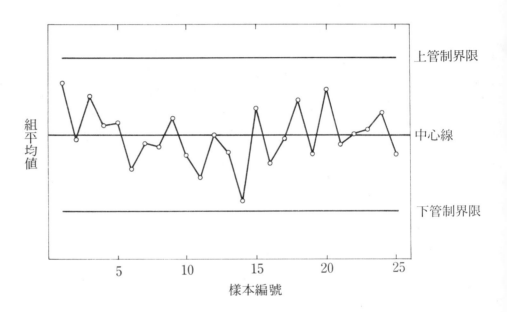

圖4-2　統計製程管制圖

管制圖的建立包含下列步驟：

1. 選擇品質特性。

2. 決定管制圖之種類。

3. 決定樣本大小、抽樣頻率和抽樣方式。

4. 收集數據。

5. 計算管制圖之參數，一般包含中心線和上、下管制界限。

6. 收集數據，利用管制圖監視製程。

在建立管制圖之初，我們通常需要先收集數據（步驟 4），用以估計管
制圖之參數，此階段稱爲基礎期（base period）。有些時候，管制圖之參

數會使用標準值，在這種情況下，上述步驟 4 和 5 將可省略。利用基礎期之數據，計算所得之管制圖參數一般稱為試用管制界限(trial control limits)。由於基礎期之數據是要建立一標準，用來監視隨後之製程數據。因此，在基礎期中之數據不得包含可歸屬原因。為判斷是否存在可歸屬原因，我們可將數據描繪在圖上，並以試用管制界限判斷是否有點超出管制界限或者數據存在非隨機性之變化。如果上述情況存在，則必須診斷可歸屬原因，並將其相對應之點剔除，重新計算管制界限。一個必須遵守之原則是數據中不得存在可歸屬原因，亦即不得有點超出管制界限而且不得有非隨機性之變化。在確定沒有可歸屬原因後，我們可將管制界限用來管制未來之製程數據，此後即進入統計製程管制中之監視期(monitoring period)。在監視期中，我們繼續收集數據，並利用管制圖來判斷製程是否存在可歸屬原因。

　　管制圖與統計假設檢定間有極密切之關係，使用管制圖可視為利用假設檢定以判定製程是否為統計管制內。一點在管制界限內相當於不能拒絕製程是在管制內之虛無假設(null hypothesis)，另一方面，一點落在管制界限外，相當於拒絕接受製程為管制內之假設。如同統計假設檢定，管制圖之型 I 誤差為當製程實際為管制內時卻誤判為管制外，型 II 誤差為當製程實際為管制外卻誤判為統計管制內之錯誤。

　　下例可幫助讀者了解管制圖之統計基礎及如何決定管制界限。假設製程平均值為 0.25，製程標準差為 0.01。若樣本大小為 5，則樣本平均數 $\bar{x}$ 之標準差為

$$\sigma_{\bar{x}} = \frac{\sigma}{\sqrt{n}} = \frac{0.01}{\sqrt{5}} = 0.00447$$

　　因此若製程在管制內，平均數為 0.25，且利用中央極限定理可假設 $\bar{x}$ 為趨近常態分配，則可預測將有 $100(1-\alpha)\%$ 之樣本平均值將落在 $0.25 + z_{\alpha/2}(0.00447)$ 及 $0.25 - z_{\alpha/2}(0.00447)$ 之間。若設 $z_{\alpha/2}$ 為一常數 3，則上管制界限(UCL)及下管制界限(LCL)可寫為

$$UCL = 0.25 + 3(0.00447) = 0.2634$$
$$LCL = 0.25 - 3(0.00447) = 0.2366$$

此稱為「3 個標準差」之管制界限。對一給定之標準差，管制界限間之寬度與樣本大小成反比。選擇管制界限相當於為下列之假設檢定設定臨界區域

$$H_0 : \mu = 0.25$$
$$H_a : \mu \neq 0.25$$

管制圖可視為在不同時間點重複做統計假設檢定。管制圖可用一通式來表示。設 y 為量測品質特性之樣本統計量，y 之平均數為 μ_y，標準差為 σ_y，則

$$UCL = \mu_y + k\sigma_y$$
$$中心線 = \mu_y$$
$$LCL = \mu_y - k\sigma_y$$

其中 k 為管制界限至中心線之距離，並以標準差之倍數來表示。此管制圖之理論首先由美國之 Walter A. Shewhart 博士提出，任何依據此原理發展出之管制圖都稱為 Shewhart（蕭華特）管制圖。

管制圖之應用有許多方式，在大多數之應用上，管制圖是用來做製程之線上(on-line)監視。亦即收集製程樣本數據用來設立管制圖，若樣本值落在管制界限內且沒有任何系統性之變化，則稱製程在管制內。管制圖也可以用來決定過去之製程數據是否在管制內，及未來之製程是否將在管制內。

管制圖也可用來做為估計之工具，當製程是在管制內時，則可預測一些製程參數，例如平均數、標準差、不合格率等。此種製程能力分析對於管理者之決策分析有相當大之影響，例如自製或外購之決策，工廠及製程之改善以降低變異，及與供應商或顧客間之合約。

管制圖可分為兩大類，若品質特性可以連續數值來量測並表示的話，則稱為計量值(variable)。在此種情況下，一般是用集中趨勢（central tendency）之量測及變異性（variability）之量測來描述品質特性。用來管制集中趨勢及變異性之管制圖，一般統稱為計量值管制圖(variable control charts)。有些品質特性並不能以計量或連續尺度來表示，例如：依據某些特性判別是合格品或不合格品，或者是計算每一件產品上之不合格點數。用來管制此類品質特性的管制圖稱為計數值管制圖(attribute control charts)。

　　管制圖已被廣泛使用在品質管制上，其原因有下列數項：

1. 管制圖是一改善生產力之有效工具

　　管制圖之有效運用可降低報廢和重工。報廢和重工之降低代表生產力增加、成本降低和產能之增加。

2. 管制圖是預防不合格品之有效工具

　　管制圖為一預防性之管理工具，強調第一次就做對，它比事後之檢驗更能提昇產品之品質。

3. 管制圖可預防不需要之製程調整

　　由管制圖可獲知調整製程參數之最佳時機，以避免因過度調整，使製程變異增加，造成製程成效惡化。

4. 管制圖可提供診斷之資訊

　　管制圖上之非隨機性變化模型(nonrandom patterns)可以提供診斷製程異常之情報。一個非隨機性模型通常是由一組異常原因所造成。由管制圖上非隨機性模型可了解製程何時為異常，並可縮小尋找問題原因之範圍，降低診斷時間。

5. 管制圖可提供有關製程能力之資訊

管制圖可提供製程參數、製程之穩定程度和製程能力等情報，這些資訊對於產品和製程之設計者非常有幫助。

4.3.1　管制界限之選擇

在管制圖之使用上，管制界限之決定為一重要之決策。將管制界限移離中心線將會減少型 I 誤差之發生（型 I 誤差指製程實際為正常，但由於點超出管制界限，而誤判製程為管制外之機率）。但須注意的是將管制界限加寬也將會使型 II 誤差增加（型 II 誤差指當製程是管制外，但由於點均落在管制界限內，而誤認製程為管制內之機率）。

當品質特性為常態分配時，使用三個標準差之管制界限的型 I 誤差為 0.0027。亦即製程為正常時，在 10000 點中將出現 27 次錯誤之警告。除了直接使用標準差之倍數做為管制界限外，亦可使用型 I 誤差之機率以計算相對之管制界限。例如以 0.001 為型 I 誤差之機率時，則可利用常態分配表算出標準差之倍數為 3.09（查常態分配表），這種管制界限稱為「0.001 機率界限」。在美國通常是利用標準差之倍數做為管制界限，而在英國或其他歐洲國家則是使用機率水準為 0.001 之機率界限。

有些專家建議在管制圖上使用兩組界限。一組界限稱為三個標準差之行動界限（action limits），亦即當一點落在管制界限外時，則進行可歸屬原因之搜尋並進行改善行動。另一組為兩個標準差之警告界限（warning limits）。當一點或數點落在管制界限和警告界限間，或非常靠近警告界限時，代表製程並非正常地操作。當此種情況發生時，一個可行之方法是增加抽樣頻率，並利用這些額外之數據配合可疑之點來判斷製程之狀態。當使用機率界限時，行動界限之機率水準為 0.001，而警告界限為 0.025。

4.3.2　樣本大小及抽樣頻率

在設計管制圖時，我們必須決定樣本之大小（sample size）及抽樣之頻率。一般而言，大樣本可以很容易地偵測出製程內小量之變動。當選定樣本大小時，必須先決定所要偵測之製程變動的大小。當製程變動量相當大時，則適合使用小樣本，反之，若製程變動小時則使用大樣本。有關製程變動量和樣本大小之關係，將在第五、六章中說明。

除了決定樣本大小外，我們同時須決定抽樣之頻率。最理想之狀況是次數頻繁地抽取大樣本。但從經濟觀點而言，此並非最佳之抽樣方法。較可行之方法是在長時間間隔下取大樣本或短時間間隔下取小樣本。在大量生產下或有多種可歸屬原因出現下，較適合樣本小而次數多之抽樣。由於檢測器和自動量測技術之發展，目前之趨勢多傾向於 100% 檢驗。

4.3.3 合理樣本組(Rational Subgroups)

管制圖是利用合理樣本組之概念來收集樣本數據。合理樣本組之抽樣方式可使可歸屬原因出現時，樣本組間發生差異之可能性爲最大，而樣本組內發生差異之可能性爲最小。

當管制圖應用到生產時，生產時間次序爲一合乎邏輯之合理樣本組取樣方法。一般合理樣本組之抽樣有兩種方式進行。在第一種方式下，組內樣本儘可能在時間差距很短之情況下收集(參考圖 4-3 (a))。這種抽樣方法將可使樣本組間之差異爲最大而樣本組內之差異爲最小。這種抽樣方式也是估計製程標準差之最好方法，一般稱之爲瞬時法(instant time method)。

在第二種方式下，樣本組內之數據爲來自於上次抽樣後具代表性之產品。在此種抽樣方式下，每一樣本可視爲在抽樣間隔內之隨機樣本 (參考圖 4-3 (b))。此種抽樣方式稱爲分散式抽樣(distributed sampling)或稱爲定時法(period of time method)。這種抽樣方法通常是用在決定自上次抽樣後之產品是否可接受時。

上述兩種抽樣方法之選擇須依製程變異之特性來決定。以平均值瞬間跳動和平均值之趨勢變化爲例，在兩種抽樣方法下，我們將觀察到下列現

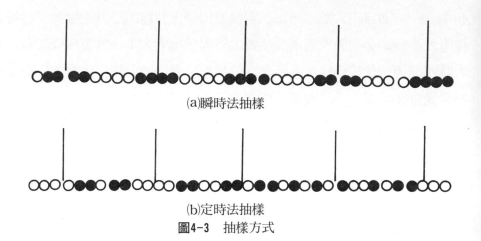

(a)瞬時法抽樣

(b)定時法抽樣

圖4-3　抽樣方式

象。

1.　平均值跳動後，會持續一段時間

在此種變化下，若採用第一種抽樣法，則製程之變異將會在管制平均數之管制圖上出現異常點。

2.　平均值跳動後，會維持一小段時間再回到正常狀態

在此種變異原因下，若採用第一種抽樣法，由於製程變異有可能發生在兩次抽樣間，並無法或不容易在管制圖上出現異常點。

3.　平均值產生緩慢之趨勢變化

若採用第一種抽樣方法，在管制平均數之圖上所繪的點將出現趨勢之變化。但若採用第二種方法，在管制平均數和製程變異性之圖上，都極有可能出現異常之點。

在以第二種方法（定時法）抽樣時，對於管制圖之分析需特別小心。以 $\bar{x}$-R 管制圖（將在本書第六章介紹）為例，製程之標準差是以樣本之組全距來估計，而管制圖是用來管制製程之平均值，其管制界限與製程標準

差有關。如果在抽樣時間間隔內，製程平均值在不同水準下跳動，則估計之組全距將會相當大，造成高估 $\bar{x}$ 管制圖之管制界限。如果將抽樣之時間間隔加大，則任何製程都會在管制內。此乃是因為樣本中會包含各種變異，造成組全距之高估。另外，在抽樣時間間隔內，製程平均值改變時，將使管制製程變異性之管制圖（如 R、S 管制圖）出現管制外之點（即使製程變異性未改變）。

　　除了以生產之時間次序為基準外，在抽樣時也須考慮生產製造上之特性。例如產品可由多部機器加工，若將來自於多部機器之樣本數據混合在一起，則無法判斷某些機器是否在管制外。一個較合理之做法是對不同機器之輸出，以不同之管制圖管制。另外，同一機器上之不同加工頭或同一產品上不同位置之相同品質特性，也會有類似之問題。上述問題之其他處理方式可參見第八章之群組管制圖的做法。

〔例〕　考慮如圖 4-4 所示之物件。此物件是由滾壓加工而得。由於滾軸的偏斜，我們已可預知物件上不同處之厚度將不相同。如果將 4 處量測到之厚度當作是一組樣本($n=4$)，則組內之變異將被不正確地高估。一個較為合理之作法是將 4 個位置之厚度當作是 4 個不同之製程來管制。

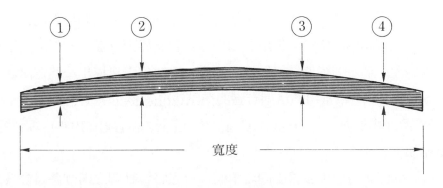

圖4-4　滾壓金屬片之抽樣

〔例〕　考慮如圖 4-5 所示之機軸(crank shaft)。此機軸之軸頸(journal)
是由磨床研磨加工。在研磨過程中，由於夾具固定方法的原因，
在 4 處軸頸所產生之偏斜可能不相同。另外，磨輪之調整週期不
一樣，4 處軸頸之受力也不相同。如果由 4 處軸頸所量測之數據組
合成一樣本($n=4$)，則樣本組內之變異將相當大。此將造成樣本
全距不正確地高估，其將使得管制圖具有過寬之管制界限。即使
製程平均值已發生變化，也無法顯現在管制圖上。一個較合理的
作法是將 4 處軸頸視爲 4 個不同之製程，各軸頸所得到之數據將
分別組合成樣本。在此例中，我們需要 4 張計量值管制圖來管制。

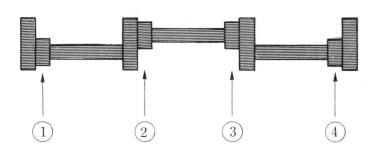

圖4-5　機軸軸頸之抽樣

4.3.4　管制圖之分析和研判

傳統之蕭華特管制圖只考慮最近之一點是否落在管制界限內，做爲製
程是否在管制內之依據。但所有點均落在管制界限內並不能保證製程爲統
計管制內。爲了彌補傳統管制圖之缺失，專家學者另提出一些測試法則來
判斷製程數據。較常用的法則有區間測試(zone tests)(Western Electric
1958)及連串測試(run tests)(Grant 和 Leavenworth 1988)。這些法則
略述如下。

區間測試可適用於管制圖之兩側。首先將管制圖之兩側各區分爲三個
區間，每區間之寬度爲一個標準差。

A	上管制界限
B	
C	中心線
C	
B	
A	下管制界限

區間測試包含：

(1) 一點落在 A 區以外（超出管制界限）——型 I 誤差爲 0.00135。

(2) 連續三點中有二點落在 A 區或 A 區以外——型 I 誤差爲 0.0015。

(3) 連續五點中有四點落在 B 區或 B 區以外——型 I 誤差爲 0.0027。

(4) 連續八點在中心線之同一側——型 I 誤差爲 0.0039。

上述法則有一成立時，則判斷製程在管制外。區間測試法則之範例請參考圖 4-6。

連串測試包含：

(1) 連續七點落在管制中心線之同一側。

(2) 連續十一點中有十點落在管制中心線的同一側。

(3) 連續十四點中有十二點落在管制中心線的同一側。

(4) 連續十七點中有十四點落在管制中心線之同一側。

(5) 連續二十點中有十六點落在管制中心線之同一側。

Nelson (1984, 1985)建議以下列八個法則來測試管制圖：

(1) 一點落在 A 區以外。

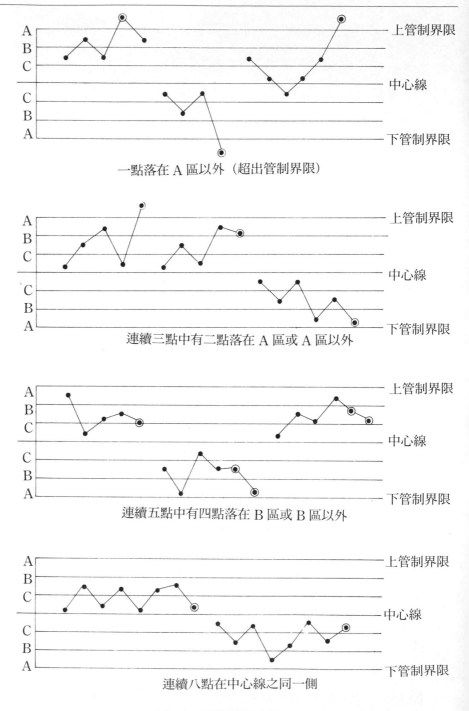

一點落在 A 區以外（超出管制界限）

連續三點中有二點落在 A 區或 A 區以外

連續五點中有四點落在 B 區或 B 區以外

連續八點在中心線之同一側

圖4-6　區間測試法則

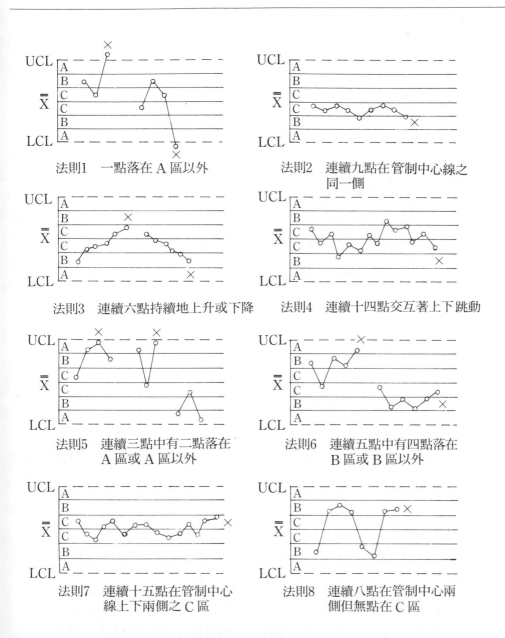

法則1 一點落在 A 區以外

法則2 連續九點在管制中心線之同一側

法則3 連續六點持續地上升或下降

法則4 連續十四點交互著上下跳動

法則5 連續三點中有二點落在 A 區或 A 區以外

法則6 連續五點中有四點落在 B 區或 B 區以外

法則7 連續十五點在管制中心線上下兩側之 C 區

法則8 連續八點在管制中心兩側但無點在 C 區

圖4-7 測試法則
(資料來源：Nelson 1984)

(2) 連續九點在管制中心線之同一側。

(3) 連續六點持續地上升或下降。

⑷　連續十四點交互著上下跳動。

⑸　連續三點中有兩點落在 A 區或 A 區以外。

⑹　連續五點中有四點落在 B 區或 B 區以外。

⑺　連續十五點在管制中心線上下兩側之 C 區。

⑻　連續八點在管制中心兩側但無點在 C 區。

上述法則之範例請參考圖 4-7。這些法則有些是用來偵測非隨機性模型(nonrandom patterns)(非隨機性模型將在本書第六章進一步說明)。例如法則⑶是設計用來偵測數據是否存在趨勢變化(trend)。但 Davis 和 Woodall (1988)之研究指出此法則不僅無法提昇管制圖對於趨勢變化之偵測，反而容易造成型 I 誤差之增加。法則⑷是用來偵測系統性之上、下跳動，法則⑺可以偵測層別變化。法則⑻則是用來辨認混合性模型(註：法則⑻成立時，製程之變化亦可能爲系統性之上、下跳動)。

在使用測試法則時，須注意同時使用時所造成之錯誤警告率(false alarm rate)。很明顯的可看出當這些法則同時使用時，一組實際爲隨機分配之數據也可能被判定爲異常。換句話說，當這些法則同時使用時，型 I 錯誤將會增加。同時使用數種測試法則所造成之型 I 錯誤可計算如下：

假設有 r 個獨立之法則，每一法則之型 I 錯誤爲 α_i，則同時使用時之型 I 錯誤爲

$$\alpha = 1 - \prod_{i=1}^{r} (1 - \alpha_i)$$

若有 4 個法則其 α 值各爲 0.05，0.02，0.10 及 0.05，則整體型 I 錯誤 α 爲

$$\alpha = 1 - (0.95)(0.98)(0.90)(0.95) = 0.204$$

上述公式假設測試法則間爲獨立，但實際上法則間可能不爲獨立。因此，上述公式所得之結果僅爲一近似值。

習 題

1. 說明不適合統計製程管制圖之生產型態或時機。

2. 請詳細說明管制圖與統計假設檢定之關係。

3. 說明在固定時間抽樣所可能造成之缺點，以偵測製程異常之觀點來說明。

4. 在統計製程管制中，多數學者對合理樣本之定義為：「選擇適當之樣本，以使得樣本組內之變異最小，而組間之變異最大」，請說明理由。

5. 「在進行統計製程管制前，製程必須在管制內」，說明此段話之真正涵義。

6. 在蕭華特管制圖中，型 II 誤差是隨著樣本大小 n 之減少而增加，但多數學者仍建議使用較小之 n，請說明理由。

參考文獻

Davis, R. B., and W. H. Woodall, "Performance of the control chart trend rule under linear shift," *Journal of Quality Technology,* 20, 260-262 (1988).

Grant, E. W., and R. S. Leavenworth, *Statistical Quality Control,* McGraw-Hill Book Co., NY (1988).

Juran, J. M., and F. M. Gryna, *Quality Planning and Analysis,* McGraw-Hill Book Co., NY (1993).

Nelson, L. S., "The Shewhart control chart-tests for special causes," *Journal of Quality Technology,* 16, 237-239 (1984).

Nelson, L. S., "Interpreting Shewhart $\bar{x}$ control charts," *Journal of Quality Technology,* 17, 114-116 (1985).

Western Electric Company, *Statistical Quality Control Handbook,* Indianapolis, Indiana: Western Electric Co., Inc. (1958).

第五章　計數值管制圖

5.1　緒言

　　在本章中，我們將介紹數種管制產品屬性(attributes)之管制圖，一般稱爲計數值管制圖(attributes control charts)。在品質管制中，屬性是指某項品質特性是否符合某項標準或規格。若有某項品質特性不符合標準或規格，則稱之爲不合格點(nonconformity)或缺點(defect)。例如產品長度要求爲 50 ± 1.0 cm，則長度爲 51.5 cm 之產品視爲不可接受。不合格品(nonconforming item)或不良品(defective item)是指產品具有一項或多項之不合格點(缺點)，以使得其功能失效。當然，產品可以具有許多不合格點，而仍被視爲合格品，端看不合格點之嚴重程度。缺點和不良品爲過去常用之術語。美國品質管制學會建議區分不良品和不合格品，不合格品是指產品不符合工程規格，但仍具有殘餘價值，而不良品則是指完全不可用之產品。換句話說，不良品比不合格品更爲嚴重。例如軸承之外徑不符合規格則視爲不合格品，但如果外觀有裂痕，則視爲不良品。同樣的，缺點和不合格點是用以區分不同程度之產品缺陷，缺點是指不可修復之缺陷。

　　有些品質特性只能被視爲屬性，例如食品之口味可分成可接受或不可接受。但在有些情況下，由於受到時間、成本、能力或其他資源之限制，計量型特性也可能被視爲屬性來衡量。例如產品之外徑可以用測微計量測，但爲了節省時間，此品質特性也可以視爲是否滿足規格，利用通過／不通過量規(go/nogo gage)來衡量。屬性值可以匯整一件產品上，多項品質特性之情報。例如產品之長、寬、高三項計量品質特性，可能需要 3 張管制圖來管制。但如果將它們視為屬性，則只要有任一特性不符合規格，便被視為不合格品，此時可以利用不合格率來匯整此三項品質特性。

　　屬性資料可以顯示某一品質特性是否落在規格內，但如果不符合規格時，屬性資料無法說明不符合之程度。例如外徑規格設為 20±0.1 mm，外徑為 20.2 mm 和 22.3 mm 之產品均被視為不合格品，但其不符合程度並無法由屬性資料獲得。另一方面，計量數據可以提供較多之製程情報。當製程有問題時，計量資料可以提供更多有關異常原因之情報，以使得製程之改善更為容易。計量值數據可以具有預防性之功能，而計數之屬性資料則必須在產品不符合規格時才能獲得。如果製程之變異程度遠較規格寬度為小，當在計量值管制圖發現異常點時，我們可以馬上診斷異常原因，採取改善措施，以避免不合格品之產生。換句話說，即使產品不一定為不合格品，在計量值管制圖上發現異常現象時，我們可以採取預防性的改善措施。屬性之計數值管制圖的另一項缺點是比計量值管制圖需要更多之樣本。當量測屬破壞性檢驗時，將造成問題。

　　在本章中，我們將介紹數種常用的計數值管制圖，第一種管制圖稱為不合格率管制圖或者稱 p 管制圖，p 管制圖是用於管制製程中不合格品數之比率。第二種管制圖稱為不合格點數管制圖或者稱 c 管制圖，c 管制圖是用於計算產品中不合格點之數目，在某些情形下，直接計算產品中不合格之點數較管制不合格率方便。第三種管制圖為單位不合格點數管制圖或稱為 u 管制圖，u 管制圖對於處理平均每單位內不合格點數這種情況較其他製程管制圖方便。

5.2　不合格率管制圖（p 管制圖）

　　不合格率(fraction nonconforming)定義為群體中不合格品之數目

與群體總數的比值，品管人員在檢驗時可能同時檢驗許多項品質特性，只要其中有一品質特性與標準值不符合，則此產品就是不合格品。一般常用小數來表示不合格率，偶而也用不合格百分率來表示，尤其向生產人員說明管制圖或向管理人員提出製程報告時，不合格百分率的使用較能讓人了解。不合格率管制圖之統計理論基礎為二項分配，假設製程處於穩定狀態，製程中不符合規格的機率為 p，而且連續生產之各單位是獨立的，因此每一生產的單位可以看成是白努利隨機變數，其參數為 p。假如隨機抽取 n 個樣本，D 是樣本中之不合格品數，則 D 屬於二項分配，其參數為 n 及 p。亦即

$$P\{D=x\}=\binom{n}{x}p^x(1-p)^{n-x}\quad x=0,1,2,\cdots,n$$

隨機變數 D 的平均數及變異數分別為 np 及 $np(1-p)$。樣本之不合格率定義為：樣本中不合格品的數目 D 與樣本大小 n 之比值，亦即

$$\hat{p}=\frac{D}{n}$$

隨機變數 $\hat{p}$ 的分配可從二項分配得知，因此，$\hat{p}$ 的平均值及變異數分別是

$$\mu=p$$

$$\sigma_{\hat{p}}^2=\frac{p(1-p)}{n}$$

由於不合格率管制圖主要管制製程不合格率 p，所以也稱為 p 管制圖。p 管制圖雖然是用來管制產品之不合格率，但並非適用於所有之不合格率數據。在使用不合格率管制圖時，要滿足下列條件（Montgomery 1991, Mitra 1993）：

1.　發生一件不合格品之機率為固定。

2.　前、後產品為獨立。如果一件產品為不合格品之機率，是根據前面產品是否為不合格品來決定，則不適合使用 p 管制圖。另外，

如果不合格品有群聚現象時，也不適用 p 管制圖。

第 2 項問題通常是發生在產品是以組或群之方式製造。例如在製造橡膠產品之化學製程中，如果烤箱之溫度設定不正確，則當時所生產之整批產品將具有相當高之不合格率。如果一產品被發現爲不合格，則同批之其他產品也將爲不合格。

5.2.1　不合格率管制圖的發展及操作使用

假設 y 是測量一品質特性之樣本統計量，y 的平均值爲 μ_y、變異數爲 σ_y^2，則蕭華特管制圖的一般型式爲：

$$UCL = \mu_y + k\sigma_y$$
$$中心線 = \mu_y$$
$$LCL = \mu_y - k\sigma_y$$

式中的 k 表示中心線至管制界限之距離，並以 y 之標準差的倍數來表示，一般令 $k=3$。假設製程眞正之不合格率 p 爲已知，或者 p 值已由管理人員決定，則不合格率管制圖的參數如下：

$$UCL = p + 3\sqrt{\frac{p(1-p)}{n}}$$
$$中心線 = p$$
$$LCL = p - 3\sqrt{\frac{p(1-p)}{n}}$$

不合格率管制圖之實施步驟包括抽取 n 個樣本，計算樣本不合格率 $\hat{p}$，並將 $\hat{p}$ 點在圖上，只要 $\hat{p}$ 在管制界限內，且不存在系統性、非隨機性的變化，則可認爲在水準 p 下，製程處於管制內(in control)。假設有任一點超出管制界限，或者存在非隨機性變化的情形，則表示製程的不合格率已改變且製程不在管制內(out of control)。

若製程的不合格率 p 爲未知，則 p 值需從觀測數據中估計。一般的程序是初步選取 m 組樣本大小爲 n 之樣本，通常 m 爲 20 或 25，假設第 i 組

樣本含有 D_i 個不合格品，則不合格率爲

$$\widehat{p}_i = \frac{D_i}{n} \qquad i = 1, 2, \cdots, m$$

全體樣本之平均不合格率爲

$$\overline{p}_i = \frac{\sum\limits_{i=1}^{m} D_i}{mn} = \frac{\sum\limits_{i=1}^{m} \widehat{p}_i}{m}$$

統計量 $\overline{p}$ 爲不合格率 p 的估計值。不合格率管制圖的中心線及管制界限可寫成

$$\text{UCL} = \overline{p} + 3\sqrt{\frac{\overline{p}(1-\overline{p})}{n}}$$

$$\text{中心線} = \overline{p}$$

$$\text{LCL} = \overline{p} - 3\sqrt{\frac{\overline{p}(1-\overline{p})}{n}}$$

以上所得的管制界限稱爲試用管制界限(trial control limits)，它可先試用於最初的 m 組樣本，來決定製程是否在管制內。爲了測試過去製程在管制內的假設，我們可先將 m 組樣本之不合格率分別繪在管制圖上，然後分析這些點所顯示的結果。若所有的點均在試用管制界限內且不存有系統性的模型，則表示過去製程是在管制內，試用管制界限能夠延用於目前或未來的製程。

假設有一點或更多點超出試用管制界限，則顯示過去的製程並非在管制內，此時必須修正試用管制界限。其作法是檢查每一個超出管制界限的點，找出其非機遇原因，然後將這些點捨棄，重新按相同之方法算出管制界限，並檢查在圖上的點是否超出新的管制界限或存有非隨機性的模型。若有點超出新的管制界限外，則須再修正管制界限，直到所有的點均在管制內，此時的管制界限才能延用於目前或未來的製程。

某些情況下，有可能找不到造成異常點之非機遇原因，在這種情形下，有兩種方法可以解決：第一種方法是直接捨棄管制外的點，如同已找出其

非機遇原因一般，此種方法沒有分析基礎做驗證。另一種方法是保留管制外的點，將試用管制界限視爲適用於目前之製程。若點確實代表管制外的情形，則計算出來的管制界限會較寬。然而，若僅有一點或兩點不在管制內，利用第二種方法並不會扭曲管制圖的使用。若以後的樣本處於管制內，則無法找到原因之異常點將可剔除。

在 p 管制圖中如果發現有點超出下管制界限時需特別加以分析。造成點超出下管制界限的原因可能爲製程改善造成不合格率降低，以至於點超出下管制界限。但有時人爲的錯誤（經驗不足，錯誤記錄，謊報）或者是檢驗設備未正確校正，都有可能造成在管制圖中發現點超出下管制界限。總之，不合格率之下降趨勢並不一定是來自於品質之改善。如果點落在管制界限外是來自於製程之原因，則應將製程參數設成與造成點落在下管制界限外之管制條件相同。在修正管制界限之過程中，這些落在下管制界限外之點不應被剔除。

若不合格率 p 已知，則不需要計算試用管制界限。然而，在使用標準之 p 值時需加以注意，由於實務上 p 值通常是未知，p 值可能是由管理人員提供，代表製程不合格率之期望或目標值，若是以此方式來決定不合格率 p 值，則以後抽樣時若樣本超出管制界限，可能代表在目標值 p 下，製程是管制外(out of control)，但在其他 p 值水準下，製程可能是在管制內。例如，假設管理者規定製程不合格率 p 的目標值爲 0.01，若許多點超出上管制界限則顯示製程在管制外，然而這只是針對目標值 $p=0.01$ 來說製程是管制外。有時目標值之使用可改善製程品質水準，或者可將品質水準控制在某一特定水準。如果不合格率可以經由簡單之製程調整來控制，則使用標準之 p 值將會很有效益。

p 管制圖之靈敏度受到樣本大小 n 之影響。當產品品質較佳時（p 較小），p 管制圖需要使用較大之 n 值，以便能從圖上看出管制外之現象，而品質較差時(p 較大)，使用較小之 n 值亦可看出製程爲管制外。較小之 n 值會使 p 管制圖較爲不靈敏，在偵測製程之可歸屬原因上較不能獲得滿意之結果。

　　p 管制圖之管制界限需定期修改。如果製程數據顯示不合格率降低，代表品質之改善，則最好將管制圖之中心往下調整。此將可激勵作業員將不合格率維持在新的或更佳之水準。另一方面，如果製程數據顯示品質處於較差之水準，則不可任意將管制圖之中心往上調整，除非有足夠之證據顯示在充分努力下，仍未能將品質水準提昇。這類情形通常由於規格變嚴格、不良之原料或檢驗員嚴格執行檢驗。

　　當 p 管制圖顯示製程爲管制內時，不合格率未必能符合要求。此種現象代表製程需要有所改善，例如改善產品設計、改善生產製程（新的工具或設備）。另外，產品規格也需審核是否太過嚴格。

〔例〕　某除草機製造商以 p 管制圖管制除草機在發動時是否正常。該公司每天抽取 40 部做試驗，第一個月之數據如下表所示，試建立試用管制界限。

日期	不合格品數	日期	不合格品數	日期	不合格品數
1	4	9	0	17	2
2	3	10	1	18	8
3	1	11	2	19	0
4	2	12	4	20	1
5	3	13	7	21	3
6	2	14	2	22	2
7	1	15	3		
8	3	16	3		

〔解〕　由於每天抽樣之樣本數均相同，因此不合格率之平均值可以利用下式計算：

$$\bar{p} = \frac{57}{22(40)} = 0.0648$$

管制界限爲

$$UCL = 0.0648 + 3\sqrt{(0.0648)(0.9352)/40} = 0.1816$$

$$\text{LCL}=0.0648-3\sqrt{(0.0648)(0.9352)/40}=-0.052$$

由於 LCL＜0 並無意義，因此我們將 LCL 設爲 0。

〔例〕 考慮某一生產鋁箔包之機器，此機器係以三班制連續生產，其考慮之品質特性爲鋁箔包之縫合是否良好。爲了設立管制圖，30 組大小爲 $n=50$ 之樣本從三班以半小時之間隔收集，其數據顯示在表 5-1。從這些數據可建立一試用管制圖，由於 30 組樣本共包含 $\sum_{i=1}^{30} D_i = 347$ 個不合格品，因此

$$\overline{p} = \frac{\sum_{i=1}^{m} D_i}{mn} = \frac{347}{30 \times 50} = 0.2313$$

利用 $\overline{p}$ 當做是製程不合格率之估計值，可得管制界限爲

$$\overline{p} \pm 3\sqrt{\frac{\overline{p}(1-\overline{p})}{n}} = 0.2313 \pm 3\sqrt{\frac{0.2313(0.7687)}{50}}$$
$$= 0.2313 \pm 0.1789$$

亦即

上管制界限＝0.4102

下管制界限＝0.0524

 圖 5-1 顯示上述計算所得之管制圖，由圖可看出第 13 組及 23 組樣本超出上管制界限，因此必須探討造成此兩點超出管制界限之可歸屬原因。

 假設造成第 13 組及 23 組樣本超出管制界限之原因已找出，則可將此兩點剔除，並重新計算管制界限

$$\overline{p} = \frac{300}{28 \times 50} = 0.2143$$

$$\text{UCL} = \overline{p} + 3\sqrt{\frac{\overline{p}(1-\overline{p})}{n}} = 0.2143 + 3\sqrt{\frac{0.2143 \times 0.7857}{50}}$$
$$= 0.3884$$

表5-1　試用管制界限數據，$n = 50$

樣本	不合格品數	不合格率	樣本	不合格品數	不合格率
1	8	0.16	16	8	0.16
2	12	0.24	17	8	0.16
3	8	0.16	18	6	0.12
4	10	0.20	19	13	0.26
5	6	0.12	20	10	0.20
6	7	0.14	21	20	0.40
7	16	0.32	22	18	0.36
8	9	0.18	23	25	0.50
9	14	0.28	24	15	0.30
10	10	0.20	25	9	0.18
11	7	0.14	26	12	0.24
12	6	0.12	27	7	0.14
13	22	0.44	28	14	0.28
14	12	0.24	29	9	0.18
15	18	0.36	30	8	0.16

不合格品數總和 $= 347$，$\bar{p} = 0.2313$

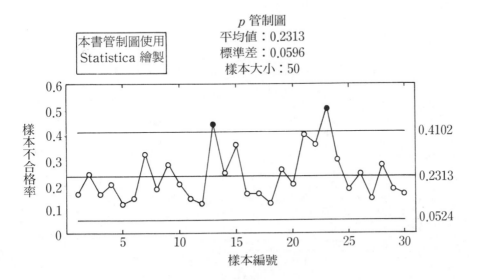

圖5-1　不合格率管制圖

$$LCL = \overline{p} - 3\sqrt{\frac{\overline{p}\,(1-\overline{p})}{n}} = 0.2143 - 3\sqrt{\frac{0.2143 \times 0.7857}{50}}$$

$$= 0.0402$$

　　根據上述修正管制界限所得之管制圖顯示於圖 5-2。在計算新的管制界限時，我們已將第 13 和 23 組樣本剔除。但在管制圖中，我們仍保留此兩點。其主要目的是要記錄異常點和製程曾經做過之調整和採取之措施。這對於未來之分析，將能提供有用之情報。

　　在使用管制圖時，我們要了解的一個重要觀念是管制界限必須根據在統計管制內之數據來估計。在每次剔除異常點，修正管制界限後，我們需再檢查是否所有點均在管制界限內。由圖 5-2 可看出，原先在管制界限內之第 21 組數據已超出上管制界限。因此必須再診斷造成此異常點之原因。假設第 21 組數據並無法找到相關之可歸屬原因，則我們必須保留第 21 組數據。另外，我們觀察圖 5-2 並沒有發現任何之非隨機性變動，因此我們決定圖 5-2 之管制圖將可用來管制製程。

　　在診斷異常原因時，我們需要注意的是一個異常原因可能不只影響一

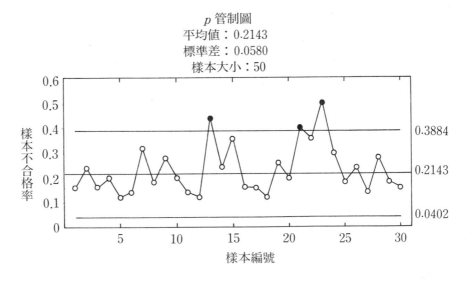

圖5-2　修正後之管制界限

組數據。例如: 假設造成第 23 組為異常之原因為無經驗之作業員, 則我們必須再追查還有那些組數據是由此作業員完成, 並將它們剔除。

　　在圖 5-2 中, 我們可看出製程已在管制內, 但不合格率仍相當高。製程在管制內, 表示作業員層面之問題已排除。不合格率仍相當高可能不是作業員所能控制, 而是必須由管理階層來改善(例如: 新的材料, 新機器, 新的操作方法等)。在工程師研究後, 發現機器之調整有助於製程之改善。在機器調整後, 我們收集另外三班次共 24 組樣本, 表 5-2 為此 24 組數據之資料, 管制圖顯示於圖 5-3。

表5-2　機器調整後之數據, $n = 50$

樣本	不合格品數	不合格率	樣本	不合格品數	不合格率
31	8	0.16	43	3	0.06
32	6	0.12	44	6	0.12
33	11	0.22	45	7	0.14
34	5	0.10	46	4	0.08
35	6	0.12	47	8	0.16
36	4	0.08	48	5	0.10
37	6	0.12	49	6	0.12
38	4	0.08	50	7	0.14
39	7	0.14	51	4	0.08
40	6	0.12	52	6	0.12
41	3	0.06	53	4	0.08
42	4	0.08	54	5	0.10

不合格品數總和$=135$,　$\bar{p} = 0.1125$

　　在圖 5-3 中, 前 30 組數據是用來估計管制界限, 亦即與圖 5-2 相同。由圖 5-3 可看出, 機器調整後, 不合格率已明顯降低。

　　為了驗證不合格率之降低是來自於機器之調整, 我們以假設檢定之方法來比較改善前、後之不合格率。換句話說, 我們要檢定調整後之不合格率小於調整前之不合格率。

　　假設機器調整前之不合格率為 p_1, 調整後為 p_2。p_1、p_2 可計算如下:

　　　$p_1 = \hat{p} = 0.2143$ (圖 5-2 之中心線)

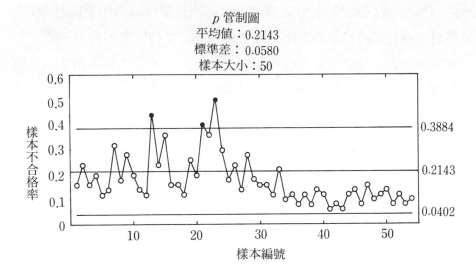

圖5-3　機器調整後之管制圖

$$p_2 = \frac{\sum_{i=31}^{54} D_i}{(50)(24)} = \frac{135}{1200} = 0.1125$$

假設檢定之過程如下：

H_0：$p_1 = p_2$

H_a：$p_1 > p_2$

檢定統計量爲

$$Z = \frac{\hat{p}_1 - \hat{p}_2}{\sqrt{\hat{p}(1-\hat{p})\left(\frac{1}{n_1} + \frac{1}{n_2}\right)}}$$

其中

$$\hat{p} = \frac{n_1 \hat{p}_1 + n_2 \hat{p}_2}{n_1 + n_2}$$

$$= \frac{(1400)(0.2143) + (1200)(0.1125)}{1400 + 1200}$$

$$= 0.1673$$

檢定統計量之值爲

$$z = \frac{0.2143 - 0.1125}{\sqrt{(0.1673)(0.8327)\left(\dfrac{1}{1400} + \dfrac{1}{1200}\right)}} = 6.933$$

若採用 $\alpha = 0.05$，由於 $z = 6.933 > z_{0.05} = 1.645$，我們的結論是拒絕 H_0，製程不合格率已較調整前顯著地改善。

由於製程改善之成功，我們可以利用最近之資料（第 31 到 54 組）再重新計算管制界限。新的管制界限爲

中心線 $= \bar{p} = 0.1125$

$$\text{UCL} = \bar{p} + 3\sqrt{\frac{\bar{p}(1-\bar{p})}{n}} = 0.1125 + 3\sqrt{\frac{(0.1125)(0.8875)}{50}}$$

$$= 0.2466$$

$$\text{LCL} = \bar{p} - 3\sqrt{\frac{\bar{p}(1-\bar{p})}{n}} = 0.1125 - 3\sqrt{\frac{(0.1125)(0.8875)}{50}}$$

$$= -0.0216 \text{（設爲 0）}$$

圖 5-4 爲依照新管制界限所繪製之管制圖。觀察圖 5-4 可看出並無任何點超出管制界限，因此判定製程在管制內。在隨後之作業，我們收集另外 40 組數據，如表 5-3 所示。管制圖顯示於圖 5-5。由管制圖可看出製程在管制內。雖然工程上的改善已降低不合格率，但此製程之不合格率仍偏高。管理階層可以繼續利用機器之調整來改善製程。實驗設計方法可以用來決定何種參數需要調整及調整之幅度。在調整過程中，我們仍需以管制圖來監視製程。當製程參數有任何改變時，我們必須在管制圖上記錄，並觀察其造成之影響。

5.2.2　不合格率管制圖之設計

在設計不合格率管制圖之前須先定義三個參數：樣本大小、抽樣次數（頻率）及管制界限之寬度。在理想狀態下可以根據一些經濟原則來選擇這些參數。

一、樣本大小和抽樣頻率

表5-3　新的不合格率數據,　$n=50$

樣本	不合格品數	不合格率	樣本	不合格品數	不合格率
55	7	0.14	75	6	0.12
56	8	0.16	76	8	0.16
57	5	0.10	77	11	0.22
58	6	0.12	78	9	0.18
59	4	0.08	79	7	0.14
60	5	0.10	80	4	0.08
61	2	0.04	81	5	0.10
62	3	0.06	82	2	0.04
63	4	0.08	83	1	0.02
64	6	0.12	84	3	0.06
65	7	0.14	85	5	0.10
66	5	0.10	86	4	0.08
67	5	0.10	87	7	0.14
68	3	0.06	88	5	0.10
69	7	0.14	89	4	0.08
70	9	0.18	90	3	0.06
71	6	0.12	91	6	0.12
72	10	0.20	92	7	0.14
73	3	0.06	93	5	0.10
74	4	0.08	94	7	0.14

　　在多數之情況下, 我們會對一班或一天之輸出, 作100%之檢驗以估計不合格率。在此情況下, 樣本大小及抽樣頻率是具有關連性。通常視其生產率來決定抽樣 (頻率) 次數, 並將樣本大小固定。合理樣本組之考慮亦可能決定抽樣頻率。例如: 若工廠爲三班制, 而每一班的品質水準可能不相同, 在此種情形下應利用每一班的產出當做一個樣本組, 而不是聯合三班的產出得到一天的不合格率。

　　在選擇樣本時, 我們必須決定一個適當之樣本大小 n。若 p 非常小, 則 n 須足夠大, 以容許樣本中出現不合格品, 否則即使樣本只有一件不合格品也會被判定爲管制外。例如: $p=0.01$,　$n=5$, 則上管制界限爲

$$\text{UCL} = p + 3\sqrt{\frac{p(1-p)}{n}} = 0.01 + 3\sqrt{\frac{(0.01)(0.99)}{5}} = 0.1435$$

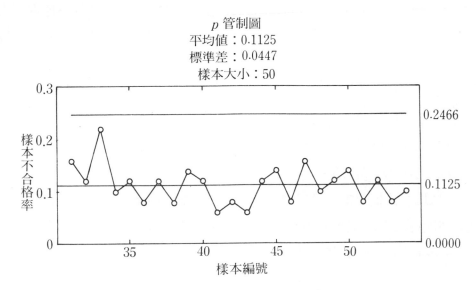

圖5-4　p 管制圖之新管制界限

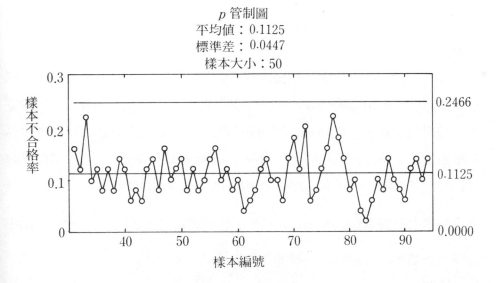

圖5-5　管制圖之繼續使用

　　若樣本中有一不合格品，則 $\hat{p}=1/5=0.2>$ UCL，我們將認為製程不在管制內。因為 $p>0$ 時，產生一些不合格品的機率為正，若只根據一不合格品即認為製程在管制外，將是極不合理的事情。樣本數不夠大時，也將造成管制圖之分析錯誤。例如當 $p=0.02$，若樣本數 $n=25$，則每一樣本平均將只發現 0.5 件不合格品。此將造成多數樣本之不合格品數爲零，而誤認爲不合格率很低。

爲了避免上述之問題，我們須愼重選擇樣本大小 n，使得在每一樣本最少有一不合格品的機率至少爲 γ。例如 $p=0.01$，若要使樣本中發現至少有一不合格品之機率至少爲 0.9 則須滿足

$$P\{D \geq 1\} \geq 0.9$$

若以卜瓦松分配逼近二項分配，查卜瓦松之累積機率表，得知 $\lambda\,(=np)$ 需超過 2.3。由於 $p=0.01$，此表示 $n=230$。除了查表外，我們也可以利用下列公式求得 n 值。

由　　　$\gamma = P\{D \geq 1\} = 1 - P\{D=0\} = 1 - e^{-\lambda} = 1 - e^{-np}$

求解得 $n = -\dfrac{\ln(1-\gamma)}{p}$

若 $p=0.01$，$\gamma=0.9$，由以上公式可得 $n=230.3$，此值與查表所得之結果非常接近。

Duncan (1974) 認爲樣本大小必須足夠大，使管制圖大約有 50% 的機率能偵測出不合格率的改變。假設管制內之不合格率 $p_1=0.02$，我們希望不合格率增加到 $p_2=0.05$ 時，管制圖偵測到此改變之機率爲 0.5。若以常態分配逼近二項分配，則我們可以選擇 n 以使 p_2 剛好落在 UCL 上 (註：根據常態分配，若跳動後之平均值落在管制界限上時，其被偵測到之機率爲 0.5)。設 δ 爲不合格率之改變量 $(\delta = p_2 - p_1)$，則 n 必須滿足 $\delta = k\sqrt{\dfrac{p(1-p)}{n}}$ (k 爲中心線至管制界限之距離，以標準差之倍數表示)。

因此

$$n = \left(\frac{k}{\delta}\right)^2 p(1-p)$$

由於 $p=0.02$，$\delta = 0.05 - 0.02 = 0.03$，若我們使用 3 倍標準差之管制界限，則

$$n = \left(\frac{3}{0.03}\right)^2 (0.02)(0.98) = 196$$

若製程在管制內時之不合格率很小，則我們可以選取足夠大之 n 使管制圖具有正值之下管制界限。如此，我們將可以利用 LCL 來檢定不合格率是否降低。適當之 n 值可由下式來決定

$$\text{LCL} = p - k\sqrt{\frac{p(1-p)}{n}} > 0$$

此表示

$$n > \frac{(1-p)}{p} k^2$$

若 $p = 0.04$，且使用 3 倍標準差之管制界限，則樣本大小須滿足

$$n > \frac{0.96}{0.04}(3)^2 = 216$$

所以若 $n \geq 217$，則 p 管制圖將具有正值之下管制界限。

二、管制界限之寬度

不合格率管制圖通常採用 3 倍標準差之管制界限，當然我們也可以使用較窄之管制界限。較窄的管制界限，對於 p 值小幅度改變較敏感，但也容易產生「錯誤警告」。較窄的管制界限有時可有效率地產生改善品質之壓力，然而太多的「錯誤警告」也會影響操作人員對管制圖的信心。

5.2.3　不合格品數管制圖

不合格品數管制圖是管制製程中不合格品的數目，而非不合格率。不合格品數管制圖亦稱為 np 管制圖。np 管制圖的參數為

$$\text{UCL} = np + 3\sqrt{np(1-p)}$$

$$\text{中心線} = np$$

$$\text{LCL} = np - 3\sqrt{np(1-p)}$$

若 p 未知，則以 $\bar{p}$ 來估計 p 值。

〔例〕　假設不合格率之平均值為 $\bar{p}=0.255$，$n=45$，試計算 np 管制圖之參數。

〔解〕

$$UCL = n\bar{p} + 3\sqrt{n\bar{p}(1-\bar{p})}$$
$$= 45(0.255) + 3\sqrt{(45)(0.255)(0.745)}$$
$$= 20.25$$

$$LCL = n\bar{p} - 3\sqrt{n\bar{p}(1-\bar{p})}$$
$$= 45(0.255) - 3\sqrt{(45)(0.255)(0.745)}$$
$$= 2.70$$

　　在 np 管制圖中，圖上所描繪之點代表樣本中之不合格品之數目，而不合格品數必須為整數。在此例中若樣本之不合格品數介於 3 至 20 間（含 3 及 20），則製程可視為在管制內。有些使用者偏愛使用整數值之管制界限，在此種情形我們可將管制界限設為 LCL＝2、UCL＝21，但管制條件為：若點「落在」或超出管制界限，則判定製程在管制外。

　　在應用上，如果每一樣本之大小均相等，則以使用 np 管制圖較 p 管制圖為容易（在數據收集時，我們通常記錄 n 個樣本中之不合格品數，若使用 np 管制圖，則可直接將不合格品數繪在圖上，不需將不合格品數除以樣本大小 n，以求得不合格率 p）。為避免同一工廠內使用 p 和 np 兩種管制圖所造成之困擾，有些學者（Grant 和 Leavenworth 1988）建議統一使用 p 管制圖，因為 p 管制圖適用於樣本大小固定或樣本大小變動時。

5.2.4　變動樣本大小之 p 管制圖

　　在有些不合格率管制圖之應用下，抽樣是針對某一段時間內之產出作百分之百之檢驗，由於每一段時間的產出不一定相同（可能原因有：生產率不同、檢驗人員不足、檢驗成本改變等因素），因此抽樣樣本大小也不一樣。不同樣本數之不合格率管制圖的製作方法有下列三種：

1. 直接計算各個樣本的管制界限，此時管制界限寬度與樣本大小成反比。表 5-4 之數據可用來說明此方法之使用。

$$\bar{p} = \frac{\sum\limits_{i=1}^{25} D_i}{\sum\limits_{i=1}^{25} n_i} = \frac{250}{2460} = 0.1016$$

其中 $\hat{\sigma}_p$ 為樣本不合格率 p 之標準差的估計值。從表 5-4 可看出每一樣本的管制界限，圖 5-6 為依據表 5-4 所得到之不同樣本數之不合格率管制圖。

2. 第二種方法是求出樣本大小之平均值，再以平均樣本數 $\bar{n}$ 來計算近似管制界限。這種方法假設未來之樣本大小不會與過去之樣本大小相差太多。

此方法求出的管制界限為一常數，並且也容易讓操作人員接受，然而若有異常大的樣本或者有點非常接近管制界限，則須再求出其個別之管制界限。以表 5-4 之數據可得平均樣本數 $\bar{n}$ 為

$$\bar{n} = \frac{\sum\limits_{i=1}^{25} n_i}{25} = \frac{2460}{25} = 98.4$$

近似之管制界限為

$$\text{UCL} = \bar{p} + 3\sqrt{\frac{\bar{p}(1-\bar{p})}{\bar{n}}} = 0.1016 + 3\sqrt{\frac{(0.1016)(0.8984)}{98.4}} = 0.1930$$

$$\text{LCL} = \bar{p} - 3\sqrt{\frac{\bar{p}(1-\bar{p})}{\bar{n}}} = 0.1016 - 3\sqrt{\frac{(0.1016)(0.8984)}{98.4}} = 0.0102$$

依據上述之計算可得圖 5-7，圖中第 15 組樣本非常接近上管制界限，但仍在管制界限內，若重新計算此點的管制界限（從表 5-4 得知其上管制界限為 0.188）來比較，則第 15 組樣本實際為超出管制界限。同樣地，若有點超出管制界限外但非常接近管制界限，也須重新計算其個別之真正的管制界限，以確定是否超出管制界限。

表5-4 不同樣本大小之不合格率管制圖

樣本 i	樣本大小 n_i	不合格品數 D_i	樣本不合格率 $\hat{p}_i = D_i/n_i$	標準差 $\hat{\sigma}_{\hat{p}}$	管制界限 LCL	UCL
1	120	12	0.100	0.027	0.019	0.184
2	100	8	0.080	0.027	0.011	0.192
3	90	6	0.067	0.026	0.006	0.197
4	90	8	0.089	0.030	0.006	0.197
5	100	7	0.070	0.026	0.011	0.192
6	90	8	0.089	0.030	0.006	0.197
7	90	6	0.067	0.026	0.006	0.197
8	120	12	0.100	0.027	0.019	0.184
9	110	16	0.145	0.034	0.015	0.188
10	90	10	0.111	0.033	0.006	0.197
11	90	8	0.089	0.030	0.006	0.197
12	90	9	0.100	0.032	0.006	0.197
13	90	6	0.067	0.026	0.006	0.197
14	100	12	0.120	0.032	0.011	0.192
15	110	21	0.191	0.037	0.015	0.188
16	90	10	0.111	0.033	0.006	0.197
17	100	8	0.080	0.027	0.011	0.192
18	90	10	0.111	0.033	0.006	0.197
19	90	14	0.156	0.038	0.006	0.197
20	100	9	0.090	0.029	0.011	0.192
21	110	8	0.073	0.025	0.015	0.188
22	90	13	0.144	0.037	0.006	0.197
23	110	10	0.091	0.027	0.015	0.188
24	100	10	0.100	0.030	0.011	0.192
25	100	9	0.090	0.029	0.011	0.192
	2460	250	0.1016			

在下列兩種情況下，我們需計算樣本之實際管制界限，以判斷製程是否確實在管制內。

⑴　$LCL < \hat{p}_i < UCL$；$n_i > \bar{n}$

由於 $n_i > \bar{n}$，實際之管制界限會比近似管制界限爲窄，因此雖然點落在近似管制界限內，我們仍需計算樣本之實際管制界限，以

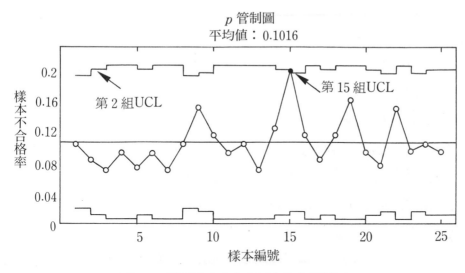

圖5-6　不同樣本大小之不合格率管制圖

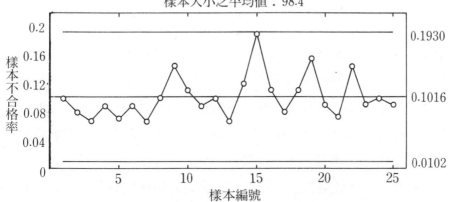

圖5-7　依據平均樣本大小之不合格率管制圖

做正確判斷。

(2)　$\hat{p}_i < $ LCL 或 $\hat{p}_i > $ UCL；$n_i < \bar{n}$

雖然點落在管制界限外，但 $n_i < \bar{n}$ 表示實際管制界限會比近似管制界限爲寬，我們仍需計算實際之管制界限。

在不同樣本數的不合格率管制圖上分析點的趨勢或者非隨機性變化時

須非常小心，主要原因在於樣本的不合格率 p 與樣本大小有關。例如：假設 $p=0.1$，且連續兩樣本之不合格率分別爲 $\hat{p}_i=0.16$，$\hat{p}_{i+1}=0.14$，以其不合格率來看，第一個樣本的品質似乎較第二個樣本爲差。然而若 $n_i=50$，$n_{i+1}=200$，以標準差爲單位來分析時，則第一個樣本超出平均值 1.41 個標準差，而第二個樣本超出平均值 1.89 個標準差。因此，事實上第二個樣本較第一個樣本爲差。很明顯地在變動樣本數下，在不合格率管制圖上尋找出點的趨勢或非隨機性模型是無意義的。利用下述之標準化的管制圖（standardized control chart）可以解決上述的問題。

3. 標準化管制圖

在標準化管制圖上的每一點均以標準差爲單位。標準化管制圖之中心線爲 0，上下管制界限分別爲 +3 及 -3。下列公式可將樣本不合格率轉換爲以標準差爲單位之數值。

$$Z_i = \frac{\hat{p}_i - p}{\sqrt{\dfrac{p(1-p)}{n_i}}}$$

其中 p 爲製程在管制內時不合格率的平均值（若 p 未知，以 $\bar{p}$ 估計之）。圖5-8爲以表5-4之數據所得之標準化管制圖，其計算過程可參考表5-5。

標準化管制圖比先前所討論之兩種方法更容易繪製，然而標準化管制圖對於一般操作人員而言較難了解及解釋（因爲管制圖上之點無法看出其對應之不合格率）。若樣本大小的變異很大，最好以標準化管制圖來分析製程之趨勢及非隨機性變化，因此可在管制站同時繪製不合格率管制圖及標準化管制圖供操作人員、工程師參考使用。

5.2.5 操作特性函數（The Operating-Characteristic Function）和平均連串長度（Average Run Length）之計算

不合格率管制圖之操作特性函數是指依據製程不合格率，錯誤地接受製程是在管制內之假設的機率（也就是型 II 或 β 誤差），並以圖之方法表示

不合格率和 β 之關係。操作特性函數（亦稱為 OC 曲線）能量測管制圖之敏感度；也就是說它能指出製程不合格率之變動。型 II 誤差之機率可以下列公式算出：

$$\beta = P\{\hat{p} < \text{UCL}|p\} - P\{\hat{p} \le \text{LCL}|p\}$$
$$= P\{D < n\text{UCL}|p\} - P\{D \le n\text{LCL}|p\}$$

表5-5 標準化管制圖之計算，$\bar{p} = 0.1016$

樣本 i	樣本大小 n_i	不合格品數 D_i	樣本不合格率 $\hat{p}_i = D_i/n_i$	標準差 $\hat{\sigma}_{\hat{p}}$	z_i
1	120	12	0.100	0.027	-0.06
2	100	8	0.080	0.027	-0.72
3	90	6	0.067	0.026	-1.10
4	90	8	0.089	0.030	-0.40
5	100	7	0.070	0.026	-1.05
6	90	8	0.089	0.030	-0.40
7	90	6	0.067	0.026	-1.10
8	120	12	0.100	0.027	-0.06
9	110	16	0.145	0.034	1.52
10	90	10	0.111	0.033	0.30
11	90	8	0.089	0.030	-0.40
12	90	9	0.100	0.032	-0.05
13	90	6	0.067	0.026	-1.10
14	100	12	0.120	0.032	0.61
15	110	21	0.191	0.037	3.10
16	90	10	0.111	0.033	0.30
17	100	8	0.080	0.027	-0.72
18	90	10	0.111	0.033	0.30
19	90	14	0.156	0.038	1.69
20	100	9	0.090	0.029	-0.38
21	110	8	0.073	0.025	-1.00
22	90	13	0.144	0.037	1.34
23	110	10	0.091	0.027	-0.37
24	100	10	0.100	0.030	-0.05
25	100	9	0.090	0.029	-0.38

$\hat{\sigma}_{\hat{p}} = \sqrt{(0.1016)(0.8984)/n_i}$, $z_i = (\hat{p}_i - \bar{p})/\sqrt{(0.1016)(0.8984)/n_i}$

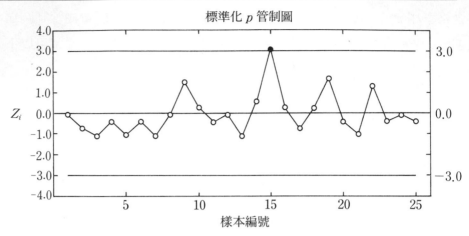

圖5-8　標準化不合格率管制圖

D 爲二項分配隨機變數, 其參數爲 n 及 p, 而 β 可查二項分配累積機率表計算出。由於 D 需爲整數, 而 nUCL 或 nLCL 可能不爲整數, 因此, 上述公式可改寫成

$$\beta = P\{D \le \gamma_1\} - P\{D \le \gamma_2\}$$

其中 γ_1 爲小於或等於 nUCL 之最大整數, 而 γ_2 爲小於或等於 nLCL 之最小整數。

表 5-6 計算不合格率管制圖(其樣本數 $n=35$, 上、下管制界限分別爲 0.532 及 0.068) 之操作特性曲線。利用這些參數, 則型 II 誤差爲

$$\beta = P\{D < (35)(0.532)|p\} - P\{D \le (35)(0.068)|p\}$$
$$= P\{D < 18.63|p\} - P\{D \le 2.37|p\}$$

由於 D 必須爲整數, 所以型 II 誤差可寫成

$$\beta = P\{D \le 18|p\} - P\{D \le 2|p\}$$

圖 5-9 爲其操作特性曲線。

當 p 很小時, 卜瓦松分配可用來逼近二項分配。例如 $p=0.05$, $\lambda = np = 30(0.05) = 1.5$, $P\{D \le 1|\lambda = 1.5\} = 0.557$, 此值與二項分配求得之 0.5535 非常接近。對於較大之 p 值, 常態分配可用來逼近二項分配, 當 $p = 0.45$ 時, β 值爲

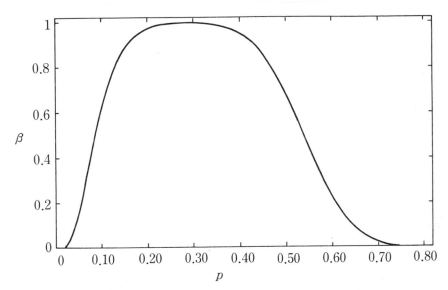

圖5-9　不合格率管制圖之操作特性曲線 $p=0.3$，$\text{LCL}=0.068$，$\text{UCL}=0.532$

$$\beta=\Phi\left[\frac{0.551-0.45}{\sqrt{\dfrac{0.45(0.55)}{30}}}\right]-\Phi\left[\frac{0.049-0.45}{\sqrt{\dfrac{0.45(0.55)}{30}}}\right]$$

$$=\Phi(1.11)-\Phi(-4.41)$$

$$=0.8665$$

此值與二項分配求得之 0.8644 非常接近。

　　不合格率管制圖之平均連串長度可由下列公式計算

　　　　$\text{ARL}=1/$點超出管制界限之機率

若製程為管制內，則 ARL 為

$$\text{ARL}=\frac{1}{\alpha}$$

若製程在管制外，則

$$\text{ARL}=\frac{1}{1-\beta}$$

　　型 I 誤差 α 及型 II 誤差 β 可由二項分配表或由 OC 曲線獲得。我們以一簡單之例子來說明 ARL 之計算。假設不合格率管制圖所使用之樣本大

表5-6 不合格率管制圖之 OC 曲線的計算

$n = 30$, LCL $= 0.068$, UCL $= 0.532$

p	$P\{D \le 18|p\}$	$P\{D \le 2|p\}$	$\beta = P\{D \le 18|p\} - P\{D \le 2|p\}$
0.01	1.0000	0.9948	0.0052
0.02	1.0000	0.9675	0.0325
0.05	1.0000	0.7458	0.2542
0.10	1.0000	0.3063	0.6937
0.15	1.0000	0.0870	0.9130
0.20	1.0000	0.0190	0.9810
0.25	0.9998	0.0033	0.9965
0.30	0.9977	0.0005	0.9972
0.35	0.9850	0.0001	0.9849
0.40	0.9385	0.0000	0.9385
0.45	0.8251	0.0000	0.8251
0.50	0.6321	0.0000	0.6321
0.55	0.3976	0.0000	0.3976
0.60	0.1935	0.0000	0.1935
0.65	0.0682	0.0000	0.0682
0.70	0.0160	0.0000	0.0160
0.75	0.0022	0.0000	0.0022

註: 本表之機率是依據二項分配之累積分配函數算出。若 p 很小($p < 0.1$)，則可使用卜瓦松分配逼近，若 p 很大則可用常態分配趨近。

小 $n = 35$，UCL $= 0.532$，LCL $= 0.068$，中心線爲 $\overline{p} = 0.3$。由表 5-6 可知當製程爲管制內，且不合格率 $p = \overline{p}$ 時，點未超出管制界限之機率爲 0.9972。在此情況下 $\alpha = 1 - \beta = 0.0028$，因此 ARL 爲

$$\text{ARL} = \frac{1}{\alpha} = \frac{1}{0.0028} = 357.1$$

此代表平均在 358 組樣本後，管制圖才會產生一個錯誤之警告（此稱爲管制內 ARL）。現假設製程平均值爲 $p = 0.4$，由表 5-6 可知 $\beta = 0.9385$，因此

$$\text{ARL} = \frac{1}{1 - \beta} = \frac{1}{(1 - 0.9385)} = 16.26$$

亦即在 17 組樣本後(此稱爲管制外 ARL)，管制圖可偵測出平均值已

改變。當製程在管制內時, ARL 值愈長愈好; 反之, 製程在管制外時, ARL 值愈短表示管制圖偵測異常之能力愈佳。若管制外之 ARL 太長, 我們可採用數種方法來降低。第一種方式是增加樣本大小, 如此我們可得一較低之 β 值和較短之管制外 ARL。另一可行方法是降低抽樣之時間間隔。例如目前之抽樣時間間隔爲一小時, 則需 17 小時才能偵測到製程爲異常。如果將抽樣時間間隔縮短爲半小時, 則只需 8.5 小時即可偵測到製程之異常。

〔例〕　樣本大小 $n = 100$, $\bar{p} = 0.02$, p 管制圖之管制界限爲 UCL $= 0.034$, LCL $= 0.006$。試以卜瓦松分配逼近, 計算此管制圖之型 I 誤差。

〔解〕

$$\lambda = n\bar{p} = 100(0.02) = 2$$
$$\alpha = P\{D > 100(0.034) | \lambda = 2\} + P\{D < 100(0.006) | \lambda = 2\}$$
$$= P\{D > 3.4 | \lambda = 2\} + P\{D < 0.6 | \lambda = 2\}$$
$$= P\{D \geq 4 | \lambda = 2\} + P\{D \leq 0 | \lambda = 2\}$$
$$= 1 - P\{D \leq 3 | \lambda = 2\} + P\{D \leq 0 | \lambda = 2\}$$
$$= 0.143 + 0.135 = 0.278$$

〔例〕　製程 $\bar{p} = 0.05$, 樣本大小 $n = 50$, 以卜瓦松分配逼近二項分配回答下列問題。

(a)計算管制圖之型 I 誤差。

(b)當 p 增加至 0.07 時, 計算型 II 誤差。

〔解〕

$$\lambda = n\bar{p} = 50(0.05) = 2.5$$

p 管制圖之管制界限爲

$$\text{UCL} = \bar{p} + 3\sqrt{\frac{\bar{p}(1-\bar{p})}{50}} = 0.142$$

$$\text{LCL} = \bar{p} - 3\sqrt{\frac{\bar{p}(1-\bar{p})}{50}} = -0.042 \quad (\text{設爲 } 0)$$

$$\alpha = P\{D > 50(0.142)|\lambda = 2.5\} + P\{D < 50(-0.042)|\lambda = 2.5\}$$

$$= P\{D > 7.1|\lambda = 2.5\} + P\{D < -2.1|\lambda = 2.5\}$$

$$= P\{D \geq 8|\lambda = 2.5\} + P\{D \leq 0|\lambda = 2.5\}$$

$$= 0.005 + 0.082$$

$$= 0.087$$

由公式

$$\beta = P\{D < 50(0.142)|\lambda = 3.5\} - P\{D \leq 50(0)|\lambda = 3.5\}$$

$$= P\{D < 7.1|\lambda = 3.5\} - P\{D \leq 0|\lambda = 3.5\}$$

$$= P\{D \leq 7|\lambda = 3.5\} - P\{D \leq 0|\lambda = 3.5\}$$

$$= 0.973 - 0.03$$

$$= 0.943$$

在此例中，由於 UCL <0(事實上沒有下管制界限)，有些作者(如 Grant 和 Leavenworth 1988)會將 α 和 β 定義爲

$$\alpha = P\{D > 50(0.142)|\lambda = 2.5\}$$

$$= P\{D > 7.1|\lambda = 2.5\}$$

$$= P\{D \geq 8|\lambda = 2.5\}$$

$$= 0.005$$

$$\beta = P\{D < 7.1|\lambda = 3.5\}$$

$$= P\{D \leq 7|\lambda = 3.5\}$$

$$= 0.973$$

5.2.6　p 管制圖在非製造業上之應用

在非製造業之領域中，有許多品質特性可區分爲合格或不合格。p 管制圖也可用來管制非製造業上之品質特性。例如，供應商送貨延誤之次數，

探購部門之訂單中是否存在錯誤。採購訂單中，常見之錯誤有不正確之料號、不正確之交期、不正確之價格或不正確之供應商編號等。這些訂單中之錯誤將造成訂單之修改，不僅耗費成本也影響交期。我們可以將每星期中錯誤訂單之比例，做為 p 管制圖之管制對象。

5.3　管制不合格點之管制圖

所謂不合格品是指一件物品無法符合一項或多項之規格要求。任何不符合規格之處，稱為一個不合格點(nonconformity)或缺點(defect)。根據不合格點之嚴重性，我們可能將具有許多不合格點之物品視為合格品。換句話說，具有不合格點之物品，不一定為不合格品。

為了管制不合格點，我們可以發展管制圖來管制一個檢驗單位之總不合格點數，或管制單位不合格點數。此兩種管制圖均假設在固定樣本大小下，每一樣本中出現不合格點之機率，服從卜瓦松分配。在使用卜瓦松分配時，有幾項條件必須符合(Grant 和 Leavenworth 1988, Montgomery 1991)：

1. 在產品出現不合格點之機會（位置）要相當大，而每一特定位置發生不合格點之機率很小且固定。

2. 每一樣本發生不合格點之機會（範圍）要相同。

3. 不合格點之發生需為獨立，亦即產品上某一部分發生不合格點不影響其他不合格點之出現。

5.3.1　不合格點數管制圖(c 管制圖)

不合格點數管制圖假設在固定樣本下，不合格點數之出現可以卜瓦松分配來解釋。

$$p(x) = \frac{(e^{-c}c^x)}{x!} \quad x = 0,1,2,\ldots$$

其中 x 爲不合格點數，$c>0$ 爲卜瓦松分配之參數。在卜瓦松分配下，平均值及變異數均等於 c，因此 3 個標準差之不合格點數管制圖可寫成

$$UCL=c+3\sqrt{c}$$

中心線$=c$

$$LCL=c-3\sqrt{c}$$

其中 c 爲已知之標準值。若依上式求出之 LCL<0，則設 LCL$=0$。

若 c 之標準值未知，則可從過去之數據計算不合格點數之平均值 $\bar{c}$ 以估計 c。在此情況下，管制圖之參數爲

$$UCL=\bar{c}+3\sqrt{\bar{c}}$$

中心線$=\bar{c}$

$$LCL=\bar{c}-3\sqrt{\bar{c}}$$

〔例〕　某電腦軟體公司以每千行程式中之錯誤，來衡量其軟體品質。假設 30 天所搜集之數據如下所示，計算試用管制界限。

日期	每千行之錯誤	日期	每千行之錯誤	日期	每千行之錯誤
1	8	11	2	21	2
2	6	12	5	22	5
3	7	13	5	23	1
4	6	14	6	24	8
5	8	15	3	25	8
6	6	16	3	26	1
7	5	17	3	27	5
8	8	18	0	28	5
9	2	19	0	29	8
10	6	20	4	30	8

〔**解**〕　此問題適合以 c 管制圖管制，每千行程式之平均錯誤爲

$$\bar{c}=150/30=5.0$$

管制界限爲

$$UCL = \bar{c} + 3\sqrt{\bar{c}} = 5.0 + 3\sqrt{5.0} = 11.71$$

$$LCL = \bar{c} - 3\sqrt{\bar{c}} = 5.0 - 3\sqrt{5.0} = -1.71$$

由於 LCL<0，因此將 LCL 設為 0。

〔例〕　假設表 5-7 之數據為 25 組樣本大小為 100 部電腦之連續樣本。試建立管制圖。

表5-7　檢查100片 PCB 板所發現之不合格點數

樣本	不合格點數	樣本	不合格點數
1	5	14	7
2	8	15	4
3	4	16	9
4	9	17	11
5	12	18	10
6	7	19	6
7	8	20	9
8	12	21	22
9	21	22	13
10	7	23	8
11	12	24	10
12	6	25	7
13	9		

〔解〕　此 25 組樣本共含 236 個缺點，因此 c 之估計值為

$$\bar{c} = \frac{236}{25} = 9.44$$

試用管制界限為

$$UCL = \bar{c} + 3\sqrt{\bar{c}} = 9.44 + 3\sqrt{9.44} = 18.66$$

中心線 $= \bar{c} = 9.44$

$$LCL = \bar{c} - 3\sqrt{\bar{c}} = 9.44 - 3\sqrt{9.44} = 0.22$$

圖 5-10 為依此 25 組樣本所繪製之管制圖，其中樣本 9 及 21 均超出管制界限，因此必須診斷樣本 9 及 21 之異常原因。若異常原因

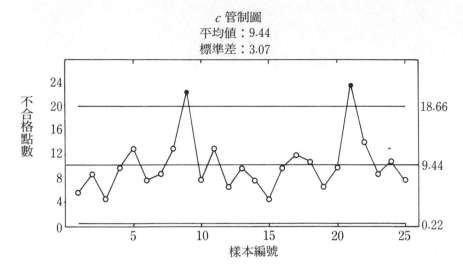

圖5-10　不合格點數管制圖

已排除後, 則可將樣本 9 及 21 之數據刪除, 並重新計算管制界限, 新的不合格點數之平均值爲 $\bar{c} = 193/23 = 8.39$。修正後之管制界限爲

$$\text{UCL} = \bar{c} + 3\sqrt{\bar{c}} = 8.39 + 3\sqrt{8.39} = 17.08$$

$$\text{中心線} = \bar{c} = 8.39$$

$$\text{LCL} = \bar{c} - 3\sqrt{\bar{c}} = 8.39 - 3\sqrt{8.39} = 0.0$$

　　假設後續作業所收集到之資料如表 5-8 所示。根據上述管制界限所得之管制圖爲圖 5-11。由圖中可看出並無任何點超出管制界限。但由於不合格點數仍相當高, 管理階層應採取行動以改善製程。

　　不合格點數之管制可以比不合格率或不合格品數提供更多之情報。在上例 PCB 板之管制中, 我們可以利用柏拉圖來分析最常發生之不合格點項目, 或者利用層別法探討不合格點最常發生在何種 PCB 板上(根據料號分析)。另外, 特性要因圖也可以用來協助找尋造成問題之原因。

表5-8　後續作業所收集之數據

樣本	不合格點數	樣本	不合格點數
25	16	35	6
26	18	36	9
27	12	37	15
28	15	38	8
29	24	39	4
30	21	40	9
31	28		
32	20		
33	25		
34	19		

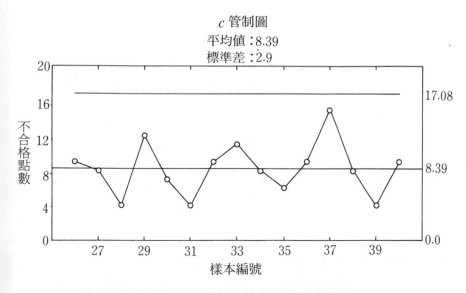

圖5-11　修正管制界限後之不合格點數管制圖

5.3.2　單位不合格點數管制圖(u 管制圖)

c 管制圖係假設樣本為一檢驗單位，但有些情況下樣本大小並不剛好等於一檢驗單位。檢驗單位通常是根據作業及數據收集之方便性來決定。且樣本大小並不一定剛好等於一個檢驗單位，有時我們可能會為了增加發現不合格點之機會，而採用數個檢驗單位當做是一個樣本。樣本大小可以根據統計方面之考量來決定，例如使用一個足夠大之樣本大小，以便獲得一個為正值之下管制界限，或者使用一個適當之樣本大小以便使偵測製程移動之機率滿足設定之值。另外，經濟性之考量也可用來決定樣本大小。當樣本大小大於一個檢驗單位時，我們可將管制界限設為 $n\bar{c} \pm 3\sqrt{n\bar{c}}$。

如果每一樣本之檢驗單位不同(不同之件數、面積)，則無法滿足每一樣本出現不合格點之機會範圍相同之要求。傳統 c 管制圖只能顯示每一樣本之不合格點之總數，並無法正確反應不合格點數之變化，我們必須有一標準之量測單位來定義不合格點出現之機會範圍。u 管制圖即是為了解決上述問題之一可行方法。u 管制圖可用來管制單位不合格點數。若在樣本為 n 個檢驗單位中發現有 c 個不合格點，則單位不合格點數為

$$u = \frac{c}{n}$$

由於 u 為 n 個獨立之卜瓦松隨機變數之線性組合，其仍可視為卜瓦松分配之隨機變數。管制圖之參數為

$$UCL = \bar{u} + 3\sqrt{\frac{\bar{u}}{n}}$$

中心線 $= \bar{u}$

$$LCL = \bar{u} - 3\sqrt{\frac{\bar{u}}{n}}$$

$\bar{u}$ 為從過去數據所估計之單位不合格點數之平均值，以上所求得之管制圖可當做是試用管制界限(trial control limits)。

〔例〕　某電腦軟體公司以每千行程式中之錯誤，來衡量其軟體品質。該公司記錄每天所完成之模組中的錯誤，其資料如下表所示。計算試用管制界限。

日期	模組數	行數	錯誤數目 c_i	樣本大小 n_i	每檢驗單位之不合格點數 $u_i = \dfrac{c_i}{n_i}$
1	15	7236	32	7.236	4.422
2	14	7506	25	7.506	3.331
3	10	6221	24	6.221	3.858
4	11	5670	23	5.670	4.056
5	12	6714	30	6.714	4.468
6	14	7213	21	7.213	2.911
7	10	4568	27	4.568	5.911
8	8	3954	16	3.954	4.047
9	12	7293	27	7.293	3.702
10	10	4627	24	4.627	5.187
11	13	6435	18	6.435	2.797
12	18	7406	34	7.406	4.591
13	7	3746	23	3.746	6.140
14	9	6217	15	6.217	2.413
15	6	5101	17	5.101	3.333
16	5	5663	37	5.663	6.534
17	6	5889	29	5.889	4.924
18	5	4087	25	4.087	6.111
19	3	3901	22	3.901	5.640
20	10	5573	24	5.573	4.306
21	8	4649	26	4.649	5.593
22	8	4141	25	4.140	6.037
23	10	5588	18	5.588	3.221
24	12	6472	34	6.472	5.253
25	12	7045	26	7.045	3.691

〔解〕　依照題意，此問題是以一千行為一個檢驗單位。第一天完成15個模組，共7236行相當於樣本大小等於7.236。每單位之錯誤為32/7.236＝4.422。在此例中每天所完成之模組數和程式行數均不相同，若每天使用個別之管制界限，則第一天之管制界限可計算如下：

$$\bar{u} = \frac{622}{142.914} = 4.352268$$

$$\text{UCL} = \bar{u} + 3\sqrt{\bar{u}/n_1} = 4.352268 + 3\sqrt{4.352268/7.236} = 6.6789$$

$$\text{LCL} = \bar{u} - 3\sqrt{\bar{u}/n_1} = 4.352268 - 3\sqrt{4.352268/7.236} = 2.0256$$

其他樣本之管制界限可依相同方式計算。

〔例〕　某個人電腦製造商想對最後裝配線建立單位不合格點數管制圖，並以 10 部電腦爲一樣本。表 5-9 爲 20 組樣本大小爲 10 之樣本資料。

表5-9　每單位平均不合格點數

樣本 編號	樣本 大小	不合格點 總數，c	每單位平均 不合格點數， $u = c/n$
1	10	9	0.9
2	10	8	0.8
3	10	7	0.7
4	10	12	1.2
5	10	14	1.4
6	10	7	0.7
7	10	6	0.6
8	10	9	0.9
9	10	12	1.2
10	10	16	1.6
11	10	9	0.9
12	10	8	0.8
13	10	7	0.7
14	10	17	1.7
15	10	12	1.2
16	10	6	0.6
17	10	9	0.9
18	10	6	0.6
19	10	8	0.8
20	10	10	1.0
		192	19.2

〔**解**〕　從這些數據可估計單位不合格點數之平均值為

$$\bar{u} = \frac{\sum\limits_{i=1}^{20} u_i}{20} = \frac{19.2}{20} = 0.96$$

因此管制圖之參數為

$$\text{UCL} = \bar{u} + 3\sqrt{\frac{\bar{u}}{n}} = 0.96 + 3\sqrt{\frac{0.96}{10}} = 1.89$$

$$\text{中心線} = \bar{u} = 0.96$$

$$\text{LCL} = \bar{u} - 3\sqrt{\frac{\bar{u}}{n}} = 0.96 - 3\sqrt{\frac{0.96}{10}} = 0.03$$

圖 5-12 為單位平均不合格點數管制圖，由圖可看出此製程為管制內，因此試用管制界限可用來管制製程。

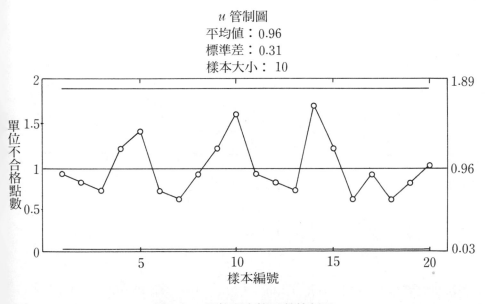

圖5-12　單位不合格點數管制圖

在管制不合格點數時，我們有時會採用100%全檢。在此種情況下，每一樣本之檢驗單位數可能不相同。例如檢驗布或紙張時，由於長度或寬度不相同，造成樣本大小改變。若使用 c 管制圖，則中心線和管制界限會隨著樣本大小不同而改變，此種圖將非常難以分析。正確的作法是採用 u 管制圖，此圖將會有一個固定之中心線，但管制界限會隨著樣本大小之不同而改變。此現象與變動樣本大小之 p 管制圖相似。

〔例〕　在染整作業中，我們檢查 50 平方米之染布中的缺點。檢查 10 卷布所獲得之資料如表 5-10 所示。

表5-10　染布中之不合格點數

卷號，i	平方米	不合格點總數 c_i	樣本大小 n_i	每檢驗單位之不合格點數 $u_i = \dfrac{c_i}{n_i}$
1	500	8	10.0	0.8
2	400	12	8.0	1.50
3	750	20	15.0	1.33
4	500	11	10.0	1.10
5	600	10	12.0	0.83
6	500	12	10.0	1.20
7	600	8	12.0	0.67
8	525	10	10.5	0.95
9	650	11	13.0	0.85
10	650	24	13.0	1.85
		153	107.5	

〔解〕　管制圖之中心線可由下式計算獲得

$$\overline{u} = \frac{\sum\limits_{i=1}^{10} c_i}{\sum\limits_{i=1}^{10} n_i} = \frac{126}{113.5} = 1.1101$$

（註：由於樣本大小並不相同，若以 $\overline{u} = \left(\sum\limits_{i=1}^{10} u_i\right) \Big/ 10$ 計算，將造成不正確之結果。）

　管制界限之計算列於表 5-11，圖 5-13 顯示本例之管制圖。

表5-11　管制界限之計算

卷號, i	n_i	$\text{UCL}=\bar{u}+3\sqrt{\bar{u}/n_i}$	$\text{LCL}=\bar{u}-3\sqrt{\bar{u}/n_i}$
1	10.0	2.11	0.11
2	8.0	2.23	0.00
3	15.0	1.93	0.29
4	10.0	2.11	0.11
5	12.0	2.02	0.20
6	10.0	2.11	0.11
7	12.0	2.02	0.20
8	10.5	2.09	0.13
9	13.0	1.99	0.23
10	13.0	1.99	0.23

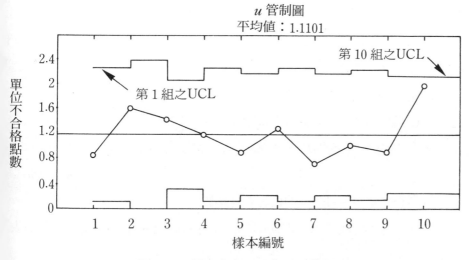

圖5-13　樣本大小不固定之 u 管制圖

如同樣本大小不固定之 p 管制圖，除了上述方法外，我們可以利用下列兩種方法來進行管制。

1. 以平均樣本大小計算管制界限

$$\bar{n}=\frac{\sum\limits_{i=1}^{m}n_i}{m}$$

2. 使用標準化管制圖

$$Z_i = \frac{u_i - \overline{u}}{\sqrt{\dfrac{\overline{u}}{n_i}}}$$

LCL＝－3, UCL＝3, 中心線爲 0。此標準化管制圖可配合連串測試法
則或其他模型辨認法，用來偵測製程之非隨機性變化。

5.3.3　　*D* 管制圖

在不合格點數 c 管制圖中，我們假設產品之各項不合格點的重要性均
相等。但在一些較複雜的產品，如汽車、電腦或一些家電用品中，我們可
能會發現許多不同的產品不合格點，而這些不合格點項目的重要性並不相
同。一件只有一個嚴重不合格點之產品可能被視爲不符合要求，但具有許
多不嚴重之不合格點的產品仍可視爲合格品。在此種情況下，我們必須要
有一個適當的方法來將不合格點項目分類，並給予不同之權重。本節所介
紹之 *D* 管制圖，即是針對此種情形所設計。

首先我們將不合格點項目分成四類，分別爲：

Ⅰ. A 類不合格點──非常嚴重之不合格點
具有此類不合格點之產品將無法使用,可能造成人員傷害或財物之損失.

2. B 類不合格點──嚴重之不合格點
將可能產生如 A 類不合格點所造成之後果，或者可能造成較不嚴重之
操作上的問題。具有此種不合格點之產品也會造成壽命之降低或維護
成本之增加。

3. C 類不合格點──中等嚴重之不合格點

C 類不合格點將可能使產品在使用上造成一些問題，或者可能降低產品壽命或增加維護成本。此類不合格點也包含產品在外觀上的主要缺失。

4. D 類不合格點──不重要的不合格點項目

具有此類不合格點之物品將不會造成功能之失效，但可能在產品外觀上造成瑕疵。

假設 c_A, c_B, c_C, c_D，分別代表上述四類不合格點項目在一個檢驗單位中所發現的數目。我們假設各類不合格點為獨立，各類不合格點項目之發生可以用卜瓦松分配來描述。在一個檢驗單位中之缺失(demerit)可定義為

$$D = 100\,c_A + 50\,c_B + 10\,c_C + c_D$$

在上式中，四類不合格點之權重分別為 100, 50, 10, 和 1。使用者可依問題之需要，使用其他不同之權數表示法。

若每一樣本包含 n 個檢驗單位，則每單位之缺失為

$$u = \frac{D}{n}$$

其中 D 為在 n 個檢驗單位中所發現之缺失。統計量 u 可視為數個獨立之卜瓦松分配之隨機變數的線性組合。若將 u 繪圖，將具有下列管制圖參數：

$$\text{UCL} = \overline{u} + 3\,\widehat{\sigma}_u$$
$$\text{中心線} = \overline{u}$$
$$\text{LCL} = \overline{u} - 3\,\widehat{\sigma}_u$$

其中

$$\overline{u} = 100\,\overline{u}_A + 50\,\overline{u}_B + 10\,\overline{u}_C + \overline{u}_D$$

$$\widehat{\sigma}_u = \left[\frac{(100)^2\,\overline{u}_A + (50)^2\,\overline{u}_B + (10)^2\,\overline{u}_C + \overline{u}_D}{n}\right]^{1/2}$$

$\overline{u}_A$, $\overline{u}_B$, $\overline{u}_C$, $\overline{u}_D$ 代表各類不合格點項目之單位不合格點數的平均值。如同其他之管制圖，$\overline{u}_A$, $\overline{u}_B$, $\overline{u}_C$, $\overline{u}_D$ 必須在製程為管制內時估計，或者根

據標準值。

上述之管制法可以有許多之變化。例如, 使用兩種分類法時, 我們可將缺點分爲功能性不合格點(functional nonconformities)或者是外觀上的不合格點(appearance nonconformities)。我們也可將各類不合格點項目以不同之管制圖管制。

〔例〕 某產品之不合格點分成三種, 各類不合格點之權重爲50,10和1, 試以下列資料建立單位缺失管制圖之管制界限。(檢驗單位$n=10$)

樣本	嚴重不合格點數 c_1	主要不合格點數 c_2	次要不合格點數 c_3	總缺失 D	單位缺失 u
1	2	2	2	122	12.2
2	0	2	18	38	3.8
3	0	6	10	70	7.0
4	1	2	6	76	7.6
5	0	8	2	82	8.2
6	0	0	9	9	0.9
7	0	7	5	75	7.5
8	1	2	1	71	7.1
9	1	3	2	82	8.2
10	0	3	22	52	5.2
11	0	5	3	53	5.3
12	2	1	2	112	11.2
13	0	0	9	9	0.9
14	0	7	8	78	7.8
15	1	13	30	210	21.0
16	0	6	7	67	6.7
17	0	1	1	11	1.1
18	1	3	5	85	8.5
19	0	5	6	56	5.6
20	0	3	9	39	3.9
總和	9	79	157		

〔解〕 首先計算各不合格點項目之單位不合格點數

$$\bar{u}_1 = \frac{9}{20(10)} = 0.045$$

$$\bar{u}_2 = \frac{79}{200} = 0.395$$

$$\bar{u}_3 = \frac{157}{200} = 0.785$$

缺失之平均值爲

$$\bar{u} = 50(0.045) + 10(0.395) + 1(0.785) = 6.985$$

（註：在此例中，樣本數相等，$\bar{u}$ 亦可由 $\frac{\sum u_i}{20}$ 求得）

標準差爲

$$\sigma_u = \sqrt{\frac{(50)^2(0.045) + (10)^2(0.395) + 1^2(0.785)}{10}} = 3.909$$

管制界限爲

$$UCL = 6.985 + 3(3.909) = 18.712$$

$$LCL = 6.985 - 3(3.909) = -4.742 \ （設爲 0）$$

第 15 組樣本之單位缺失爲 20.0，超出上管制界限。若可歸屬原因

可改善，在剔除第 15 組樣本後，重新計算管制界限

$$\bar{u}_1 = \frac{8}{190} = 0.042$$

$$\bar{u}_2 = \frac{66}{190} = 0.347$$

$$\bar{u}_3 = \frac{127}{190} = 0.668$$

$$\bar{u} = 50(0.042) + 10(0.347) + 1(0.668) = 6.238$$

$$\sigma_u = \sqrt{\frac{(50)^2(0.042) + (10)^2(0.347) + 1^2(0.668)}{10}} = 3.747$$

修正後之管制界限爲

$$UCL = 6.238 + 3(3.747) = 17.479$$

$$LCL = 6.238 - 3(3.747) = -5.003 \ （設爲 0）$$

由於並無點超出管制界限, 上述管制界限可用來管制未來之製程。

5.3.4 c 和 u 管制圖之操作特性函數

c 和 u 管制圖之操作特性函數(OC 曲線)可以利用卜瓦松分配獲得。對於 c 管制圖, OC 曲線描繪型 II 誤差與不合格點數 c 之實際值, 型 II 誤差 β 可寫成

$$\beta = P\{X < \text{UCL}|c\} - P\{X \leq \text{LCL}|c\}$$

其中 X 為具有參數 c 之卜瓦松隨機變數。

假設 c 管制圖之 UCL=30.73, LCL=5.27, 型 II 誤差可計算得

$$\beta = P\{X < 30.73|c\} - P\{X \leq 5.27|c\}$$

由於不合格點數必須為整數, 因此

$$\beta = P\{X \leq 30|c\} - P\{X \leq 5|c\}$$

在不同之 c 值下, 型 II 誤差 β 之計算如表 5-12 所示, 其相對應之 OC 曲線顯示於圖 5-14。

表5-12 c 管制圖 OC 曲線的計算, UCL＝30.73, LCL＝5.27

c	$P\{X \leq 30|c\}$	$P\{X \leq 5|c\}$	$\beta = P\{X \leq 30|c\} - P\{X \leq 5|c\}$
1	1.0000	0.9994	0.0006
3	1.0000	0.9161	0.0839
5	1.0000	0.6160	0.3840
7	1.0000	0.3007	0.6993
10	1.0000	0.0671	0.9329
15	0.9998	0.0028	0.9970
20	0.9865	0.0001	0.9864
25	0.8633	0.000	0.8633
30	0.5484	0.000	0.5484
33	0.3404	0.000	0.3404
35	0.2269	0.000	0.2269
40	0.0617	0.000	0.0617
45	0.0116	0.000	0.0116

對於 u 管制圖, OC 曲線可由下列公式之計算獲得

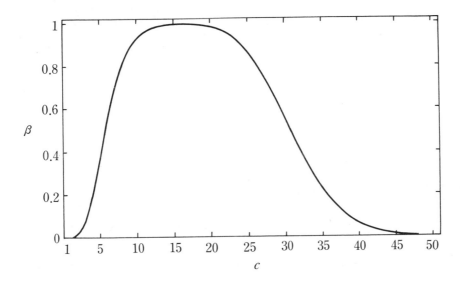

圖5-14　管制圖之 OC 曲線，UCL＝30.73，LCL＝5.27

$$\beta = P\{X < UCL|u\} - P\{X \leq LCL|u\}$$
$$= P\{c < nUCL|u\} - P\{c \leq nLCL|u\}$$
$$= P\{nLCL < c \leq nUCL|u\}$$
$$= \sum_{c=<nLCL>}^{[nUCL]} \frac{e^{-nu}(nu)^c}{c!}$$

其中 $<nLCL>$ 代表大於或等於 $nLCL$ 之最小整數，$[nUCL]$ 表示小於或等於 $nUCL$ 之最大整數。由於在 n 個檢驗單位中發現之不合格點數需為整數，因此在加總時上、下限需為整數。但在此處 n 不需為整數。

〔例〕　已知 $\bar{c} = 7$，回答下列問題。

　　(a)計算 3 倍標準差管制界限之型 I 誤差。

　　(b)計算當 c 實際為 9 時，管制圖之型 II 誤差。

〔解〕

　　　　$UCL = 7 + 3\sqrt{7} = 14.937$

　　　　$LCL = 7 - 3\sqrt{7} = -0.937$　（設為 0）

$$\alpha = P\{X > 14.937 | c = 7\}$$
$$= P\{X \geq 15 | c = 7\}$$
$$= 1 - P\{X \leq 14 | c = 7\}$$
$$= 1 - 0.994 = 0.006$$
$$\beta = P\{X \leq 14 | c = 9\}$$
$$= 0.958$$

5.3.5　當不合格點數非常低時之管制

　　當一個製程之不合格點數非常小時（例如每百萬件中有1000個不合格點數），我們需要相當長之時間才可觀測到一個不合格點。在此種情形下，不合格點數管制圖上將出現有許多之點均為零，並無法提供有用之資訊。因此，當不合格點數相當低時，傳統之c和u管制圖並不是有效之管制方法。

　　當製程要求相當嚴格且不合格點數非常低時，我們可以用不合格點發生之時間間隔當作是管制之對象。累和管制圖和指數加權移動平均管制圖都可以用來管制此品質特性，此兩管制程序將在本書第七章介紹。

5.3.6　c和u管制圖之非製造業上的應用

　　c和u管制圖也可應用在非製造行業中。我們可將非製造行業中之錯誤視為製造行業中不合格點。例如工程圖中所發現之錯誤，計畫書和文件上之錯誤，電腦軟體中之錯誤，均可利用c和u管制圖來管制。

5.4　管制界限之修正和計數值管制圖之機率界限

5.4.1　不合格率數據之轉換和管制界限之修正

　　不合格率或不合格品數管制圖是根據二項分配可以趨近於常態分配來建立。理論上，當p及$(1-p)$不很小且n很大時，二項分配趨近於常態分配。在應用上，我們要求 $p \leq 0.5$，$np \geq 10$。在品質管制上，p 通常很小，我們只能選取較大之 n 值來滿足上述要求。但在有些情況下，我們仍然不能得到適當之管制界限。

假設 $n = 400$，不合格率已知爲 0.1，不合格品數之管制界限爲

$$\text{UCL} = 400(0.1) + 3\sqrt{400(0.1)(0.9)} = 58$$
$$\text{LCL} = 400(0.1) - 3\sqrt{400(0.1)(0.9)} = 22$$

在目前之參數下，如果二項分配趨近於常態分配，則超出上、下管制界限之機率應各爲 0.00135。根據二項分配表，可得 $P(X > 58) = 0.0017146$，$P(X < 22) = 0.0004383$。由此可看出超過上管制界限之機率 (0.0017146) 接近理論值 0.00135，但超出下管制界限之機率與理論值相去甚遠。

當超出下管制界限以下之機率很小時，表示不合格率即使明顯降低，我們仍無法在管制圖上看到超過下管制界限之點。若 $p = 0.08$，$P(X < 22) = 0.02166$，此表示我們需要 $1/0.02166 = 46$ 組樣本，才能偵測到不合格率已由 $p = 0.10$ 降至 $p = 0.08$。以上之討論說明 LCL 並無法用來當作是不合格率已降低之比較基準。p 或 np 管制圖之另一個問題是 LCL 可能會小於 0。由 $\text{LCL} = np - 3\sqrt{np(1-p)}$，我們可知 $p < 9/(9+n)$ 或 $n < 9(1-p)/p$ 時，LCL 將小於 0。以下我們將探討解決上述問題之兩種方法。第一種方法是採用數據轉換，以便更趨近常態分配。第二種方法是修正 p 或 np 管制圖之上、下管制界限。

一、不合格率之轉換

假設 X 爲樣本中之不合格品數，n 爲樣本大小，y 爲轉換後之數據。不合格率可以下列數種方式轉換，以使得轉換後之數值更接近常態分配 (Ryan 1989)。

1.　$y = \sin^{-1}\sqrt{\left(X + \dfrac{3}{8}\right)\Big/\left(n + \dfrac{3}{4}\right)}$

　　平均值 $= \sin^{-1}\sqrt{p}$

$$變異數 = \frac{1}{4n}$$

2. $\quad y = \sin^{-1}\sqrt{\dfrac{X}{n}}$

3. $\quad y = \dfrac{1}{2}\left(\sin^{-1}\sqrt{\dfrac{X}{n+1}} + \sin^{-1}\sqrt{\dfrac{X+1}{n+1}}\right)$

上述三種轉換下，統計量 y 之管制界限爲

$$\sin^{-1}\sqrt{p} \pm 3\sqrt{\frac{1}{4n}}$$

使用轉換程序，將可以使用較小之樣本大小，以獲得不爲零之下管制界限。例如：當 $p=0.01$，不使用轉換時，n 必須最少爲 891，以得到 LCL $>$ 0，在使用轉換程序後，n 只要大於 224 即可得到不爲 0 之下管制界限。一般而言，爲得到不爲 0 之 LCL，不轉換時所需之 n 值，大約爲使用轉換之四倍。使用轉換，並不能保證一定可得到 LCL $>$ 0，但只有在少數情況下才會產生 LCL $<$ 0。

二、修正之 p 和 np 管制界限

使用數據轉換後，圖上之點爲轉換後之數據，從管制圖並不容易看出不合格率之變化。另一可行之方法是使用修正管制界限，以使得超出上、下管制界限之機率接近 0.00135。

對於 np 管制圖，修正管制界限爲

$$\mathrm{UCL} = np + 3\sqrt{np(1-p)} + 1.15$$
$$\mathrm{LCL} = np - 3\sqrt{np(1-p)} + 1.25$$

p 管制圖可以修正如下

$$\mathrm{UCL} = p + 3\sqrt{\frac{p(1-p)}{n}} + \frac{1.15}{n}$$

$$\mathrm{LCL} = p - 3\sqrt{\frac{p(1-p)}{n}} + \frac{1.25}{n}$$

數據轉換後所帶來之好處，可從下列例子看出。假設樣本大小 $n=400$，

不合格率為 0.1。由反正弦轉換，我們可得上、下管制界限為

$$\sin^{-1}\sqrt{0.10} \pm \frac{3}{2\sqrt{400}} = 0.32175 \pm 0.075 \text{（以弧度計算）}$$

LCL＝0.24675

UCL＝0.39675

由二項分配表，我們可求出 x，以使得 $P(X \le x)$ 之值接近 0.00135。由二項分配表得知 $x=23$ 時 $P(X \le 23)=0.00168$。若將 $x=23$ 代入反正弦轉換公式中，可得轉換值為

$$y = \sin^{-1}\sqrt{\frac{(23+3/8)}{(400+3/4)}}$$

$$= 0.2439$$

上式求得之 y 值非常接近下管制界限，此代表由反正弦轉換所得之 LCL 將獲得非常接近常態分配時之型 I 誤差 $\alpha = 0.00135$。

5.4.2 不合格點數之轉換和管制界限之修正

不合格點數管制圖是根據卜瓦松分配趨近於常態分配而建立。由 LCL＝$\bar{c} - 3\sqrt{\bar{c}}$，可知當 $5 \le \bar{c} < 9$ 時，我們將得到 LCL＜0。在此種情況下，LCL 將無法用來當作是檢定不合格點數已顯著降低之基準。

如同 p 或 np 管制圖，落在 c 管制圖之 LCL 下的機率通常很小（與 0.00135 相去甚遠）。例如當 $\bar{c} = 10$ 時，LCL 大約為 0.5，從卜瓦松分配表可知 $P(x=0) = 0.000045$。

若要使落在 LCL 之機率接近 0.00135，則下管制界限需設為 LCL＝2(此時機率為 0.0005)。和 p 或 np 管制圖一樣，我們也可以利用數據轉換或修正管制界限之方式，以使得落在管制界限外之機率接近 0.00135。

一、不合格點數之轉換

不合格點數可以依據下列三種方式轉換，並將轉換後之值繪在管制圖上。

1. $y = 2\sqrt{c}$

   管制界限為 $\bar{y} \pm 3$

2. $y = 2\sqrt{c + 3/8}$

   管制界限為 $\bar{y} \pm 3$

3. $y = \sqrt{c} + \sqrt{c + 1}$

   管制界限為 $\bar{y} \pm 3$

二、修正管制界限

如果不使用數據轉換，則可考慮採用下列之修正管制界限(Ryan 1989)。

$$\text{UCL} = \bar{c} + 3\sqrt{\bar{c}} + 5$$
$$\text{LCL} = \bar{c} - 3\sqrt{\bar{c}} + 2$$

上述修正界限之效用依 c 值之大小而定。

5.4.3　c 和 u 管制圖之機率界限

c 管制圖之機率界限可由下列步驟求得:

1. 查卜瓦松分配表，在 $\lambda = \bar{c}$ 時，求一最大之 x 值(稱其為 c^-)，以使得累積機率小於或等於 $\alpha/2$。下管制界限可設為 $c^- + 0.5$。

2. 查卜瓦松分配表，在 $\lambda = \bar{c}$ 時，求一最小之 x 值(稱其為 c^+)，以使得累積機率大於或等於 $(1 - \alpha/2)$。上管制界限可設為 $c^+ + 0.5$。

上述方法所求得之機率界限並不保證為對稱，但如果 c 很小，則效果較佳。上述程序亦可用來建立 u 管制圖之機率界限。

〔例〕　若 $\bar{c} = 20.0$，以卜瓦松分配表建立 0.005 和 0.995 之機率管制界限。

〔解〕 查卜瓦松分配表，可得下列累積機率

由表可得 UCL＝32＋0.5＝32.5， LCL＝9＋0.5＝9.5

c	累積機率
8	0.002
9	0.005
31	0.992
32	0.995

〔例〕 若 $\bar{u}=1.7$, $n=5$, 以卜瓦松分配表建立 0.005 和 0.995 之機率管制界限。

〔解〕 查卜瓦松分配表，可得下列累積機率

u	累積機率
1	0.002
2	0.009
16	0.993
17	0.997

$$UCL＝\frac{17＋0.5}{5}＝3.5$$

$$LCL＝\frac{1＋0.5}{5}＝0.3$$

習　題

1. 說明爲什麼 p 管制圖中之樣本大小 n 通常都很大。

2. 不合格率 p 爲越小越好，那爲什麼還需要下管制界限?

3. 試說明樣本大小變動時, p 管制圖之各種處理方式及管制圖之分析方法。

4. 試說明不能使用 c 管制圖而必須使用 u 管制圖之時機。

5. 試比較標準化 p 管制圖之優、缺點。

6. 比較計數值和計量值管制圖之優、缺點。

7. 說明使用 p 管制圖所需滿足之條件。

8. 說明選擇一適當樣本大小 n 對於不合格率管制圖之重要性。

9. 說明使用 c 管制圖所需滿足之條件。

10. 假設 p 管制圖使用 2 倍標準差之管制界限，已知 $p=0.08$, $n=100$。以下瓦松分配逼近二項分配回答下列問題。

    (a)計算管制界限。

    (b)計算型 I 誤差。

    (c)若不合格率 p 跳動至 0.12, 計算型 II 誤差。

    (d)試計算在跳動後之三組樣本內，管制圖可以偵測到平均值變化之機率。

    (e)若改爲 3 倍標準差之管制界限，請重複(a)～(d)。

11. 若 p 管制圖具有下列參數

    UCL $=0.2$, CL $=0.1$, LCL $=0.00$。

    若此爲 3 倍標準差管制界限，試問樣本大小 n 爲多少?

12. 若 p 管制圖之參數爲 UCL $=0.182$, LCL $=0.052$, $n=50$。

    (a)若 $p=0.06$, 利用卜瓦松分配，計算型 II 誤差。

    (b)若平均值改變至 $p=0.2$, 以常態分配計算型 II 誤差。

13. 已知某製程之不合格率爲 $p=0.08$, 我們希望在 p 改變至 0.12 後之第 1

組樣本偵測到此變化之機率為 0.5，樣本大小 n 該如何決定。

14. 假設某產品 20 天之生產資料如下所示，表內資料為每天之產量和需要重工之數量。

日期	產量	重工數	日期	產量	重工數
1	180	27	11	241	12
2	165	15	12	202	4
3	205	32	13	187	30
4	176	18	14	215	24
5	234	5	15	222	20
6	192	25	16	193	18
7	156	7	17	204	37
8	183	21	18	186	24
9	215	40	19	175	13
10	225	6	20	170	33

利用下列方法計算試用管制界限。

(a)利用各樣本之樣本大小 n_i。

(b)利用平均樣本大小 $\bar{n}$。

(c)利用標準化管制圖。

15. 若 p 管制圖使用 $n = 100$，其參數為 UCL $= 0.025$, LCL $= 0.005$, CL $= 0.015$。

(a)利用卜瓦松分配，計算此管制圖之型 I 誤差。

(b)利用卜瓦松分配，計算當 p 跳動至 0.02 時之型 II 誤差。

16. 某產品之檢驗單位為 50 件，由 22 組樣本所得之不合格點數之資料如下表。

(a)計算試用管制界限。

(b)繪出管制圖，觀察是否有異常點。

(c)假設異常原因已找到並排除，試計算新的管制界限。

(d)試以常態分配（加連續修正因子）計算此管制圖之型 I 錯誤（根據修正後之管制界限）。落在上、下管制界限外之機率是否相同？是否與常態分配之名義值接近?

樣本編號	不合格點數	樣本編號	不合格點數
1	12	12	28
2	6	13	14
3	14	14	15
4	11	15	13
5	16	16	2
6	9	17	9
7	11	18	10
8	17	19	14
9	8	20	11
10	13	21	13
11	21	22	16

17. 假設 p 管制圖之 $n=30$, UCL $=0.551$, LCL $=0.049$

(a)利用二項分配建立操作特性曲線。

(b)若 p 增加至 0.6, 管制圖無法在改變後之第 1 組樣本偵測到之機率爲多少?

(c)若 p 改變至 0.5, 在改變後之第 3 組樣本才偵測到之機率爲多少?

(d)若 p 改變至 0.5, 在第 1 組或第 2 組樣本偵測到此變化之機率爲多少?

(e)若 p 改變至 0.5, 在 3 組樣本內偵測到此變化之機率爲多少?

18. 假設 $p=0.06$, $n=220$, 建立 np 管制圖。

19. 假設 $n=120$, 試求最小之 p 值以使得 p 管制圖具有正值之 LCL。

20. 假設 $n=100$, 試決定一 p 值, 以使得管制界限之寬度最大。

21. 若電冰箱之品質特性是由 p 管制圖管制, 樣本大小採用 $n=100$。由第一個月收集到之資料如下。

(a)計算 p 管制圖之管制界限。

(b)若要得到一個爲正值之 LCL, 則需要使用多大之樣本大小。

天	不合格品數	天	不合格品數
1	1	12	4
2	4	13	3
3	2	14	1
4	5	15	4
5	3	16	2
6	2	17	2
7	4	18	0
8	3	19	1
9	2	20	3
10	1	21	2
11	0	22	3

22.若 u 管制圖之 UCL＝14, LCL＝2, 各組樣本之 n 均相同。此管制圖之中心線和樣本大小各爲何值?

23.若 u 管制圖之製程平均爲4.2, 樣本大小 $n＝5$, 試計算平均值跳動至 5.4 時, 管制圖之型II誤差。

24.若 u 管制圖之製程平均爲 8, $n＝4$, 試計算 0.05 和 0.95 之機率管制界限。

25.若 c 管制圖之平均值爲 18, 試計算 0.05 和 0.95 之機率管制界限。

26.c 管制圖之參數爲 CL＝12.86, UCL＝23.62, LCL＝2.10, 檢驗單位爲 50。若檢驗單位改爲100, 管制界限該如何修改?

27.波斯地毯之製造是以 u 管制圖來管制, 12 組樣本之資料如下:

卷號	平方碼	不合格點數	卷號	平方碼	不合格點數
1	250	13	7	225	19
2	200	6	8	140	5
3	210	5	9	190	10
4	175	6	10	180	6
5	180	9	11	160	9
6	150	3	12	185	12

(a)自行決定檢驗單位並計算管制界限。

(b)以樣本大小之平均值計算管制界限。

28.假設某產品之不合格點項目有三種，以下為 25 組樣本之資料。

(a)以 u 管制圖分析此組數據，計算管制界限（以平均樣本數計算）。

(b)分析管制圖，判斷是否在管制內。

(c)分析管制圖後，說明該採取何種後續行動。

樣本	樣本數	不合格點#1	不合格點#2	不合格點#3
1	105	3	2	4
2	101	5	1	5
3	102	3	2	5
4	95	4	1	7
5	100	3	3	3
6	98	2	1	3
7	102	1	2	2
8	101	3	3	5
9	97	0	2	1
10	100	3	1	2
11	106	4	1	3
12	101	6	1	3
13	103	3	1	4
14	96	5	4	5
15	101	5	1	3
16	101	8	1	2
17	98	6	2	3
18	103	7	1	4
19	104	6	1	1
20	100	5	3	5
21	100	9	6	4
22	99	7	4	2
23	102	5	6	4
24	105	8	5	2
25	102	10	6	1

29.某電視機生產工廠打算在包裝前以 c 管制圖管制產品品質。樣本之大小為 12 部電視機。以下之數據為 20 組樣本之不合格點數資料。請建立管制圖，若發現異常點，假設其原因可診斷出。

樣本	不合格點數	樣本	不合格點數
1	8	11	6
2	4	12	10
3	5	13	4
4	2	14	7
5	5	15	16
6	9	16	5
7	11	18	7
8	9	19	7
9	12	19	7
10	6	20	9

30. 假設每捲波斯地毯中之不合格點數記錄如下。利用平均樣本數建立適當之管制圖，並分析結果。（自行假設檢驗單位）

捲	平方碼	不合格點數
1	250	13
2	150	8
3	210	7
4	175	6
5	220	9
6	150	2
7	235	19
8	140	6
9	200	10
10	180	7
11	160	9
12	195	2

31. 某電冰箱製造廠利用 p 管制圖管制產品品質，第一個月所收集到之數據如下表所示，其樣本大小為 100。

(a) 建立下個月之管制界限。

(b) 若要得到一個具有正值之下管制界限，請問每天需抽多少樣本。

日期	不合格品數	日期	不合格品數
1	1	12	4
2	4	13	3
3	2	14	1
4	5	15	4
5	3	16	2
6	2	17	2
7	4	18	0
8	3	19	1
9	2	20	3
10	1	21	2
11	0	22	3

32.假設 c 管制圖之參數爲 CL $= 7.208$, UCL $= 15.262$, LCL $= 0$。試以卜瓦松分配建立此管制圖之 OC 曲線（計算 10 個不同 c 值下之 β 值）。

33.某一 p 管制圖具有 CL $= 0.067$, UCL $= 0.173$, LCL $= 0$, 樣本大小 $n = 50$, 試以卜瓦松分配建立此管制圖之 OC 曲線（計算 10 個不同 p 值下之 β 值）。

34.某百貨公司每天抽取 300 位顧客，以了解顧客對公司之服務是否滿意。20 天之資料如下表所示，試以此資料建立管制圖，以供未來管制之用。

樣本	不滿意之顧客數	樣本	不滿意之顧客數
1	10	11	6
2	12	12	19
3	8	13	10
4	9	14	7
5	6	15	8
6	11	16	4
7	13	17	11
8	10	18	10
9	8	19	6
10	9	20	7

35.紡織品之樣本不合格點數資料如下所示，試建立適當之管制圖以管制製程。

樣本	不合格點數	樣本	不合格點數	樣本	不合格點數
1	5	10	10	19	10
2	4	11	9	20	8
3	7	12	7	21	9
4	6	13	8	22	9
5	8	14	11	23	7
6	5	15	9	24	5
7	6	16	5	25	7
8	5	17	7		
9	16	18	6		

36.樣本不合格率之資料如下表所示，試以標準化管制圖判斷製程是否在管

制內。

樣本	樣本大小	不合格品數	樣本	樣本大小	不合格品數
1	200	14	11	190	15
2	180	10	12	380	26
3	200	17	13	200	10
4	120	8	14	210	14
5	300	20	15	390	24
6	250	18	16	120	15
7	400	25	17	190	18
8	180	20	18	380	19
9	210	27	19	200	11
10	380	30	20	180	12

37. 地毯之不合格點數資料如下表所示。

樣本	檢驗面積 m^2	不合格點數	樣本	檢驗面積 m^2	不合格點數
1	200	5	11	300	9
2	300	14	12	250	16
3	250	8	13	200	12
4	150	8	14	250	10
5	250	12	15	100	6
6	100	6	16	200	8
7	200	20	17	200	5
8	150	10	18	100	5
9	150	6	19	300	14
10	250	10	20	200	8

(a)設檢驗單位爲 $100 \ m^2$，試建立試用管制界限，並說明製程是否在管制內。

(b)同(a)，但假設檢驗單位爲 $50 \ m^2$。

38. 單位不合格點數管制圖之中心線爲 1.4，試利用常態分配計算此管制圖之 0.95 和 0.05 之機率界限。

39. 不合格點數管制圖之中心爲 2.0，LCL＝0，若型 I 誤差設爲 0.005，試以卜瓦松分配計算 UCL。

40.假設 $n=100$ 之 p 管制圖為 UCL $=0.075$,　CL $=0.04$,　LCL $=0.005$

(a)以卜瓦松分配計算此管制圖之型 I 誤差。

(b)若製程之實際不合格率為 0.06,　試以卜瓦松分配計算型 II 誤差。

(c)繪出此管制圖之 OC 曲線（以卜瓦松分配計算）。

(d)計算管制內之 ARL 和不合格率為 0.06 時之管制外 ARL。

41.假設 p 管制圖之 CL $=0.01$, 若使用 3 倍標準差之管制界限, 試決定一最小之樣本大小 n,　以使得 LCL 為一正值。

42.假設 $n=400$ 之 p 管制圖參數為 UCL $=0.0962$, CL $=0.05$, LCL $=0.0038$

(a)管制界限與中心線之距離相當於多少倍標準差?

(b)若不合格率已增加至 0.15, 此管制圖能在第 1 組樣本偵測到此變動之機率為何?（以常態分配計算）

43.p 管制圖之參數為 CL $=0.1$,　UCL $=0.19$,　LCL $=0.01$。

(a)若此管制圖使用 3 倍標準差管制界限,　其 n 值為何?

(b)利用卜瓦松分配計算此管制圖之型 I 誤差。

(c)利用卜瓦松分配計算當 $p=0.2$ 時此管制圖之型 II 誤差。

44.不合格點之平均值為 16,　試以常態分配計算 c 管制圖之 0.9 和 0.1 之機率界限。

45.np 管制圖之中心線為 16, 其使用之樣本大小 $n=100$。回答下列問題。

(a)當不合格品數之平均值增加至 20 時,　此管制圖能在第 1 組樣本偵測到此變化之機率為何?（利用常態分配計算）

(b)此管制圖最遲在第 3 組樣本偵測到變化之機率為何?

46.某一製程是由 3 倍標準差之 p 管制圖管制,　其參數為 UCL $=0.161$, CL $=0.08$,　LCL $=0$,　$n=100$。回答下列問題。

(a)若樣本大小 n 保持不變,　以上述資料建立 np 管制圖。

(b)利用卜瓦松分配計算此管制圖之型 I 誤差。

47.利用下列數據計算缺失管制圖之管制界限。假設缺點項目分為嚴重缺點、主要缺點、次要缺點和偶發缺點四種,　其權重分別為 50, 10, 5 和

1。

樣本編號	樣本大小	嚴重	主要	次要	偶發
1	4	1	3	2	5
2	4	0	2	4	7
3	4	0	1	3	7
4	4	0	2	1	4
5	4	0	3	5	5
6	4	0	2	3	4
7	4	0	0	4	6
8	4	1	1	1	2
9	4	0	1	3	4
10	4	0	2	2	0

參考文獻

Duncan, A. J., *Quality Control and Industrial Statistics,* Irwin, Ill（1986）.

Grant, E. W., and R. S. Leavenworth, *Statistical Quality Control,* McGraw-Hill Book Co., NY（1988）.

Mitra, A., *Fundamentals of Quality Control and Improvement,* Macmillan, NY（1993）.

Montgomery, D. C., *Introduction to Statistical Quality Control,* Wiley, NY（1991）.

Ryan, T. P., *Statistical Methods for Quality Improvement,* Wiley, NY（1989）.

第六章　計量值管制圖

6.1 緒言

在品質管制中,許多品質特性均可用數值來表示,例如軸承之外徑可以用測微計(micrometer)來量測並以微米來表示。一個單一可量測之品質特性如外徑、重量或體積,稱為計量值(variable)。計量值管制圖已被廣泛地使用於統計製程管制中,因其較計數值管制圖可提供更多有關製程之資訊。

當要管制之品質特性為計量值時, 我們通常同時管制其平均值及變異性。$\bar{x}$ 管制圖通常是用來管制製程之平均值, 而製程之變異或散布則可由標準差 (稱為 S 管制圖) 或全距 (稱為 R 管制圖) 來管制, 其中以全距管制圖較為常用。

圖 6-1 顯示某一製程之數據分布, 此圖可以說明為什麼製程之平均值及變異必須同時管制。圖 6-1 (a)顯示製程之平均值 μ 及標準差 σ 均在管制內(目標值為 μ_0 和 σ_0)。圖 6-1 (b)顯示製程之平均值已變為 μ_1, 而 $\mu_1 > \mu_0$, 因此大部分之產出為不合格品。在圖 6-1 (c)中製程之標準差為 σ_1, 而 $\sigma_1 > \sigma_0$。即使製程平均值不變, 製程仍然產生許多不合格品。上述之例子說明製程平均值或變異性改變時, 都有可能造成不合格品之出現, 因此兩者都需管制。

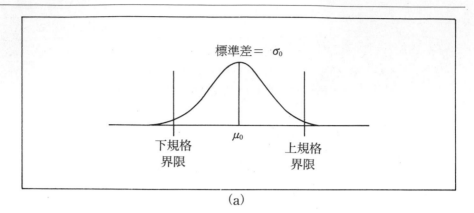

(a)

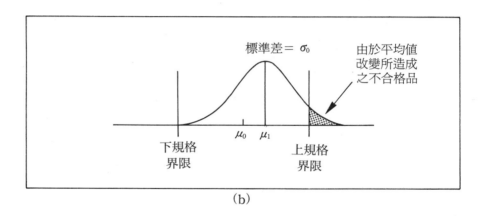

(b)

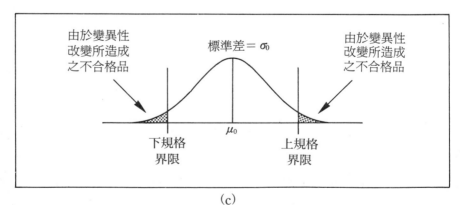

(c)

圖6-1 同時管制製程平均值和變異之重要性
(資料來源: Banks 1989, Montgomery 1991)

6.2　$\bar{x}$ 及 R 管制圖

6.2.1　$\bar{x}$ 及 R 管制圖之統計基礎

假設一品質特性爲常態分配，其平均值爲 μ，標準差爲 σ，其中 μ 和 σ 爲已知。若一樣本包含 n 個數據分別爲 x_1, x_2, $\cdots$, x_n，則此樣本之平均值爲

$$\bar{x} = \frac{x_1 + x_2 + \cdots + x_n}{n}$$

$\bar{x}$ 爲常態分配其平均值爲 μ，標準差爲 $\sigma_{\bar{x}} = \sigma/\sqrt{n}$。任何樣本平均值落在

$$\mu + z_{\alpha/2}\sigma_{\bar{x}} = \mu + z_{\alpha/2}\frac{\sigma}{\sqrt{n}}$$

和

$$\mu - z_{\alpha/2}\sigma_{\bar{x}} = \mu - z_{\alpha/2}\frac{\sigma}{\sqrt{n}}$$

之間的機率爲 $1-\alpha$。因此若 μ 和 σ 爲已知，則上述公式可視爲樣本平均值（$\bar{x}$）管制圖之上管制界限和下管制界限。我們通常是以 3 取代 $z_{\alpha/2}$，因此稱爲 3 倍標準差管制圖。如果一組樣本平均值落在此管制界限外，則表示製程平均值不再等於 μ。

在推導上述之管制界限時，我們假設品質特性之分配爲常態，但上述結果即使在分配不爲常態時仍可視爲正確，此乃因爲中央極值定理之緣故。

一般而言 μ 和 σ 並不爲已知。因此它們必須在製程爲管制內時，從過去之樣本估計（通常需要 20 到 25 組樣本）。假設我們有 m 組大小爲 n 之樣本，n 通常爲 4、5 或 6（計量值之檢驗成本高，故通常採用較小之樣本）。令 $\bar{x}_1$, $\bar{x}_2$, $\cdots$, $\bar{x}_m$ 爲每組樣本之平均值，則製程平均值 μ 之最佳估計量

爲總平均值 $\bar{x}$，$\bar{x}$ 可由下式求出

$$\bar{\bar{x}} = \frac{\bar{x}_1 + \bar{x}_2 + \cdots + \bar{x}_m}{m} = \frac{\sum_{i=1}^{m} \bar{x}_i}{m}$$

$\bar{\bar{x}}$ 將當作是 $\bar{x}$ 管制圖之中心線。

管制界限之設立需要估計標準差 σ。標準差可從 m 組樣本之標準差或全距來估計。以下我們將先介紹如何從全距法來估計標準差 σ。樣本之全距 R，可定義爲樣本內之最大值和最小值的差異量，即

$$R = x_{max} - x_{min}$$

隨機變數 $W = R/\sigma$ 稱爲相對全距(relative range)。W 之分配參數爲樣本大小 n 之函數，W 之平均值爲 d_2。因此 σ 之估計值 $\hat{\sigma} = R/d_2$，d 之值可由附表查得。例如 $n=5$ 時，$d_2 = 2.326$。

若 R_1，R_2，…，R_m 爲 m 組樣本之全距，全距之平均值爲

$$\bar{R} = \frac{(R_1 + R_2 + \cdots + R_m)}{m} = \frac{\sum_{i=1}^{m} R_i}{m}$$

因此 σ 之估計值爲

$$\hat{\sigma} = \frac{\bar{R}}{d_2}$$

若樣本大小非常小，則使用全距法可得到與變異數(S^2)同樣好之估計結果。在不同樣本大小下，此兩種估計法之相對效率如下表所示。

n	相對效率	n	相對效率	n	相對效率
2	1.000	8	0.890	14	0.781
3	0.992	9	0.869	15	0.766
4	0.975	10	0.850	16	0.751
5	0.955	11	0.831	17	0.738
6	0.933	12	0.814	18	0.725
7	0.911	13	0.797	19	0.712
				20	0.700

(註：本表是以 IMSL 產生模擬數據計算所得)

當 $n \geq 10$ 時，使用全距法之效率較低，此乃因爲全距法忽略了在 $x_{\max}$ 和 $x_{\min}$ 間之資訊。但在小樣本時($n=4,\,5$ 或 6)，全距法仍可得到很好之結果。

若用 $\bar{x}$ 爲 μ 之估計量，$\bar{R}/d_2$ 爲 σ 之估計量，則 $\bar{x}$ 管制圖之參數爲

$$\text{UCL} = \bar{\bar{x}} + \left(\frac{3}{d_2 \sqrt{n}} \right) \bar{R}$$

$$\text{中心線} = \bar{\bar{x}}$$

$$\text{LCL} = \bar{\bar{x}} - \left(\frac{3}{d_2 \sqrt{n}} \right) \bar{R}$$

若令

$$A_2 = \frac{3}{d_2 \sqrt{n}}$$

則上列三式可寫爲

$$\text{UCL} = \bar{\bar{x}} + A_2 \bar{R}$$

$$\text{中心線} = \bar{\bar{x}}$$

$$\text{LCL} = \bar{\bar{x}} - A_2 \bar{R}$$

我們可看出樣本之全距與製程之標準差有關，因此製程之變異性可經由將樣本全距繪在管制圖上來管制。這種管制圖稱爲全距管制圖(R Chart)。全距管制圖之參數可很容易地決定，中心線將爲 $\bar{R}$。爲獲得管制界限我們需估計 σ_R。假設品質特性爲常態分配，$\hat{\sigma}_R$ 可以從相對全距 $W = R/\sigma$ 之分配來決定。W 之標準差 d_3 爲 n 之函數。由

$$R = W\sigma$$

R 之標準差爲 $\sigma_R = d_3 \sigma$，因爲 σ 爲未知，所以 σ_R 須由 $\hat{\sigma}_R = (d_3 \bar{R})/d_2$ 來估計。R 管制圖之管制界限的推導說明如下。

$$\text{UCL} = \bar{R} + 3\,\sigma_R = \bar{R} + 3\,d_3 \frac{\bar{R}}{d_2}$$

$$\text{中心線} = \bar{R}$$

$$LCL = \overline{R} - 3\,\sigma_R = \overline{R} - 3\,d_3\frac{\overline{R}}{d_2}$$

若令

$$D_3 = 1 - 3\,\frac{d_3}{d_2}$$

$$D_4 = 1 + 3\,\frac{d_3}{d_2}$$

R 管制圖之參數可重新定義為

$$UCL = D_4\overline{R}$$

$$中心線 = \overline{R}$$

$$LCL = D_3\overline{R}$$

D_3、D_4 之值可從附表查得。例如 $n = 5$ 時， $D_3 = 0.0$， $D_4 = 2.115$。

　　以上所介紹之管制圖建立步驟是根據 m 組樣本數據所獲得，由此得到之管制界限稱為試用管制界限(trial control limits)。如果在管制圖上發現點超出管制界限，則必須診斷異常原因。在異常原因找到並排除後，造成異常原因之數據必須去除，並重新計算管制界限。異常點之剔除有兩種方式：⑴當一樣本之 $\bar{x}$ 或 R 值中任何一個被判定為異常點時，樣本之 $\bar{x}$ 和 R 值兩者都捨棄；⑵僅捨棄被視為異常點之 $\bar{x}$ 值或 R 值。在本書中，我們採用第 1 種捨棄方法。雖然影響 $\bar{x}$ 值（R 值）之可歸屬原因不見得會影響 R 值（$\bar{x}$ 值），但僅捨棄其中一個容易造成混淆。

6.2.2　平均值管制圖及全距管制圖之建立及使用

　　$\bar{x}$-R 管制圖之建立和使用包含下列幾項步驟：

步驟 1. 根據事先所訂定之抽樣方法（包含樣本大小、抽樣頻率、合理樣本組等）收集數據。

步驟 2. 計算樣本平均值和樣本全距。

步驟 3. 計算 $\bar{x}$ 和 R 管制圖之管制界限，並將樣本平均值和全距繪在圖上，觀察並分析是否有管制外之點。常用之判斷法則有一點超出管制界限外或其他輔助法則(區間測試、連串測試等)。如果管制圖顯示製程是在管制內，則進行步驟 4，否則需診斷造成異常之可歸屬原因。如果管制圖之異常現象（包含點超出管制界限和具有非隨機性之變化）是由可歸屬原因所造成，則應採取矯正行動，並將可歸屬原因所對應之樣本數據剔除(可能不只一組)，重新計算管制界限。管制界限必須由不包含可歸屬原因之數據計算獲得，因此分析管制圖、追查可歸屬原因、剔除異常點、修正管制界限等工作必須循環進行，直到 $\bar{x}$ 和 R 管制圖均在管制內為止。由於 $\bar{x}$ 管制圖之管制界限受到 $\bar{R}$ 之影響，因此在構建管制圖時應由 R 管制圖開始。

步驟 4.當 $\bar{x}$ 和 R 管制圖均在管制內時，我們可以利用 $\bar{x}$-R 管制圖來監視未來之製程，用以找出製程中之可歸屬原因。

在管制圖之應用過程中，基礎期之資料是用來建立一適當之管制界限，以監視未來之製程。在監視製程之過程中，管制圖是用來監視製程是否處於統計管制內。若管制圖上發現管制外之點，則需診斷造成異常之原因，並採取改善措施。當可歸屬原因排除後，製程之平均值和變異數可能會改變，因此必須重新計算管制界限。即使製程為管制內，我們仍需修改管制界限，以符合製程之現況。有些學者(例如 Grant 和 Leavenwarth 1988)建議定期或每隔一固定樣本組數（例如每隔 25、50 或 100 組樣本）後，修改管制界限。

如果 R 管制圖顯示製程散布為管制內，而 $\bar{x}$ 管制圖為管制外時，我們需決定 $\bar{x}$ 管制圖之中心線。一種方法是使用目標值做為 $\bar{x}$ 管制圖之中心線，另一種做法是採用剔除異常點後修正過之值做為 $\bar{x}$ 管制圖之中心線。如果製程之平均值可經由簡單之製程參數調整來達成時，則可考慮採用標準值或目標值做為 $\bar{x}$ 管制圖之中心線。在選用目標值時，需考慮製程平均值、變異數和產品規格之關係。例如超出上規格界限為重工，而超出下規格界限為報廢，此時我們需考慮兩成本之差異，來決定一適當之目標值。如果製程平均值是由一些複雜之因素所影響，則最好以修正之 $\bar{x}$（剔除異常點後，計算所得之製程平均值）做爲管制圖之中心線。如果仍採用目標值做爲中心線，則有可能在管制圖上發現許多管制外之點，這些管制外之點可能並非由可歸屬原因造成。如果採用修正之 $\bar{x}$ 做爲管制圖之中心，則在隨後之監視過程中，我們會採用不同方式調整製程，以使得平均值之水準能符合要求。當以修正之 $\bar{x}$ 做爲中心時，管制圖將以過去製程之成效來判斷製程之改變是否爲可歸屬原因之變異。這些不同之製程改變方案，有些會將平均值推向目標或期望之水準，有些改變則會使平均值遠離期望水準，而另一些製程之改變則不影響（非顯著）製程平均值。如果製程之改變顯著地影響平均值，則會在管制圖上出現管制外之點，這些改變代表可歸屬原因之變異。如果製程改善後，將平均值推向期望水準，則應修改管制界限，以符合改善後之製程成效。

如果 R 管制圖顯示製程散布爲管制外，則應將超出上管制界限之點剔除，重新計算管制界限。如果仍有點超出新的管制界限，則仍需重複管制界限之計算。如果 $\bar{x}$ 和 R 管制圖均爲管制外，而且 $\bar{x}$ 管制圖之中心打算使用目標值時，則需在計算修正之 R 管制界限後，才能決定最適當之目標值。

在使用 $\bar{x}$-R 管制圖時，有幾項要點需特別注意：

1. 落在下管制界限外之樣本全距

   以統計觀點而言，當樣本全距落在下管制界限時，製程是在管制外。但由於全距愈小代表製程處於良好之情況，因此如果落在下管制界限外之點是由於製程之改變，而非量測或記錄錯誤，則在修正管制界限時，不應剔除落在下管制界限外之點。

2. 製程平均值之調整

   在 $\bar{x}$ 管制圖上出現管制外之點時，我們需判斷這些管制外之點是否將製程平均值推向較佳之水準(亦即往規格中心或標準值移動)。如果管制外之點確可將製程平均值推向較佳之水準，則這些管制外之點不應剔除，同時製程參數也需調整以配合可歸屬原因所代表之製程條件。

3. 可歸屬原因可能來自於量測系統之錯誤

當量測儀器之設定有誤時，可能會使品質特性之平均值產生瞬間移動，而經常性之設定錯誤會使平均值產生不規則之移動。有些量測儀器之磨耗會使品質特性之散布（變異性）增加，而另一些量測儀器之磨耗則會產生平均值之趨勢變化。

4. R 管制圖之重要性依生產製程之特性而定

使用自動化生產設備時，樣本全距之變化通常很小，而製程平均值則由於機器之設定而產生變化。當使用自動化機器時，需要管制的是刀具磨損和機器之設定，而非機器本身之變異。當 R 管制圖顯示製程為管制外時，其原因多為刀具磨鈍、鬆動或其他需要修護、更新之機器功能異常。在其他一些生產製程中，製程散布之一致性不容易控制。在此種製程中，製程散布之變異多是由於作業員之技術和工作時之專注與否來決定。在此種情況下，R 管制圖較能發揮其功能。

5. 製程平均值產生不規則改變，而製程標準差維持不變

此種情況多是由於機器未小心設定所造成。在 $\bar{x}$ 管制圖上，將出現點超出上管制界限或下管制界限。即使 $\bar{x}$ 管制圖顯示極大之變化，但只要製程平均值之改變是發生在組間而非組內時，則全距管制圖將顯示製程為管制內。

6. 製程散布改變而製程平均值維持不變

即使製程平均值維持一定水準，製程散布通常會隨著時間而改變。當製程散布增加時，其原因可能來自於不同作業員間之技術能力和工作是否專注。

7. 製程平均值和製程散布均改變

在此情況下，$\bar{x}$ 和 R 管制圖均會顯示製程爲管制外，當許多可歸屬原因存在時，若能去除其中一些將可降低管制外之點，但無法全部去除。由於管制圖上仍有點超出管制界限，對於管制圖之使用者而言，此爲一種挫折。一個較爲正確之作法是應該將這些管制外之點，視爲製程仍有改善之空間，這些管制外之點可用來診斷製程之可歸屬原因。

8. 降低製程散布對於 $\bar{x}-R$ 管制界限之影響

管制圖之有效應用，可將製程之散布逐漸降低。但只要樣本大小 $n \leq 6$，R 管制圖之下管制界限永遠爲 0。因此，製程散布即使降低，也無法在管制圖上看到超出下管制界限之點。一個可行之方法是定期修正 $\overline{R}$ 值，用以設定 $\bar{x}$ 和 R 管制圖之管制界限。當 R 管制圖之中心線以下出現連串現象時，表示 $\overline{R}$ 值須重新計算。一個原則是只要製程散布有明顯之降低，則要重新計算 $\overline{R}$ 值，此將造成 $\bar{x}-R$ 管制界限逐漸變窄，達到改善製程之目的。

9. 分析管制圖上之非隨機性模型

管制圖只能告訴使用者何時製程出現異常，但通常無法告知何處或爲什麼出現異常。爲了有效運用管制圖來分析製程之可歸屬原因，除了判斷點是否超出管制界限外，我們仍應分析管制圖上是否有非隨機性之變化，這些非隨機性變化可提供工程人員進行製程改善計畫。

以上所討論之各項要點也適用於其他計量值管制圖，例如 6.3 節所介紹之 $\bar{x}-S$ 管制圖。以下將以數例來說明 $\bar{x}-R$ 管制圖之建立和使用。

〔例〕　生產線圈之製程是以 $\bar{x}-R$ 管制圖監視線圈之電阻值，樣本大小採用 $n=5$，25 組樣本資料如表 6-1 所示。以這些資料建立 $\bar{x}-R$ 管

表6-1　線圈之電阻值資料

樣本	觀測值					$\overline{x}$	R
1	20	23	20	23	22	21.60	3
2	19	17	21	21	21	19.80	4
3	25	20	20	17	20	20.40	8
4	20	21	22	21	21	21.00	2
5	19	24	23	22	20	21.60	5
6	22	20	18	18	19	19.40	4
7	18	20	19	18	20	19.00	2
8	20	18	23	20	21	20.40	5
9	21	20	24	23	22	22.00	4
10	21	19	20	20	20	20.00	2
11	20	20	23	22	20	21.00	3
12	22	21	20	22	23	21.60	3
13	19	22	19	18	19	19.40	4
14	20	21	22	21	22	21.20	2
15	20	24	24	23	23	22.80	4
16	21	20	24	20	21	21.20	4
17	20	18	18	20	20	19.20	2
18	20	24	22	23	23	22.40	4
19	20	19	23	20	19	20.20	4
20	22	21	21	24	22	22.00	3
21	23	22	22	20	22	21.80	3
22	21	18	18	17	19	18.60	4
23	21	24	24	23	23	23.00	3
24	20	22	21	21	20	20.80	2
25	19	20	21	21	22	20.60	3
						和＝521.00	和＝87

制圖之管制界限。

〔**解**〕　通常在設立平均值及全距管制圖時,最好是先由全距管制圖開始。
　　　　因爲平均值管制圖之管制界限是由製程之變異性來決定，除非製
　　　　程之變異性在管制內，否則此管制界限將不具任何意義。
　　　　首先計算全距之平均值$\overline{R}$,

$$\overline{R} = \frac{87}{25} = 3.48$$

查表得 $D_4 = 2.115$, $D_3 = 0$, 因此 R 管制圖之試用管制界限爲

$\mathrm{UCL}_R = D_4 \overline{R} = (2.115)(3.48) = 7.360$

$\mathrm{LCL}_R = D_3 \overline{R} = 0$

圖 6-2 爲 R 管制圖, 由圖可看出第 3 組樣本超出上管制界線, 其原因爲原料來自於新的供應商。若將第3組樣本剔除, 則新的 $\overline{R}$ 爲

$$\overline{R} = \frac{87 - 8}{25 - 1} = \frac{79}{24} = 3.29$$

修正後之 R 管制界限爲

$\mathrm{UCL}_R = D_4 \overline{R} = (2.115)(3.29) = 6.958$

$\mathrm{LCL}_R = D_3 \overline{R} = 0$

在此新的管制界限下, R 管制圖顯示製程是在管制內, 此時我們可以進行 $\overline{x}$ 管制圖之建立。首先計算 $\overline{x}$,

$$\overline{\overline{x}} = \frac{521 - 20.4}{25 - 1} = \frac{500.6}{24} = 20.858$$

(**註**：第 3 組樣本已剔除)

由 $n = 5$, 查表得 $A_2 = 0.577$, 因此 $\overline{x}$ 管制圖之管制界限爲

$\mathrm{UCL}_{\overline{x}} = \overline{\overline{x}} + A_2 \overline{R} = 20.858 + (0.577)(3.29) = 22.756$

$\mathrm{LCL}_{\overline{x}} = \overline{\overline{x}} - A_2 \overline{R} = 20.858 - (0.577)(3.29) = 18.960$

圖 6-3 爲 $\overline{x}$ 管制圖, 由圖可看出第 22 和 23 組樣本超出管制界限, 其原因分別爲烤箱溫度不正確和使用錯誤模具所造成。在執行完改善行動後, $\overline{x}$ 管制圖之中心線可重新計算得

$$\overline{\overline{x}} = \frac{459}{22} = 20.864$$

全距管制圖之中心線爲 $\overline{R} = \dfrac{72}{22} = 3.270$

(**註**：在管制外之樣本其樣本平均值和樣本全距均剔除)

$\overline{x}$ 管制圖之修正管制界限爲

$\mathrm{UCL}_{\overline{x}} = \overline{\overline{x}} + A_2 \overline{R} = 20.864 + (0.577)(3.27) = 22.751$

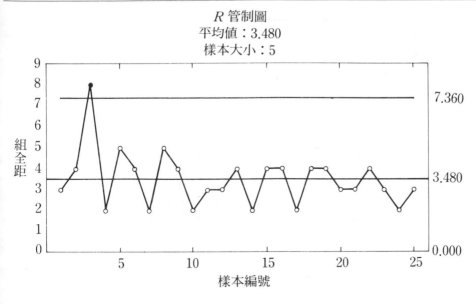

圖6-2 線圈電阻之 *R* 管制圖

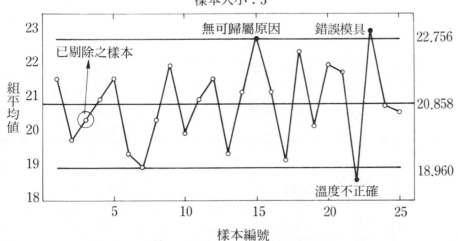

圖6-3 線圈電阻之 $\bar{x}$ 管制圖

$$\text{LCL}_{\bar{x}} = \bar{\bar{x}} - A_2 \bar{R} = 20.864 - (0.577)(3.27) = 18.977$$

R 管制圖之修正管制界限為

$$\text{UCL}_R = D_4 \overline{R} = (2.115)(3.27) = 6.916$$

$$\text{LCL}_R = D_3 \overline{R} = 0$$

在此修正管制界限下，$\overline{x}$ 和 R 管制圖均顯示製程在管制內，因此
管制圖可用來管制未來之製程。

〔例〕 某飲料之填裝容積設為 325 ml。30 組樣本大小 $n = 5$ 之數據如表
6-2 所示，表中 $\overline{x}$ 值已減去 300，試計算 $\overline{x}$-R 管制圖之管制界限。

表6-2 飲料之填裝容積

樣本編號	$\overline{x}$	R	樣本編號	$\overline{x}$	R
1	29.0	11	16	23.8	4
2	25.0	8	17	27.0	5
3	26.0	5	18	28.4	3
4	25.2	5	19	25.4	7
5	25.4	3	20	26.2	6
6	28.0	4	21	27.0	5
7	26.0	5	22	26.0	5
8	27.0	4	23	28.0	3
9	24.8	7	24	26.4	6
10	21.4	4	25	27.3	4
11	23.9	3	26	24.0	4
12	24.1	5	27	22.6	2
13	27.0	4	28	28.0	6
14	26.8	6	29	24.4	5
15	26.4	2	30	26.4	3

〔解〕 $\overline{\overline{x}} = \dfrac{776.9}{30} = 25.90$

$\overline{R} = \dfrac{144}{30} = 4.8$

$\text{UCL}_R = 2.115(4.8) = 10.152$

$\text{LCL}_R = 0$

$\text{UCL}_{\overline{x}} = 25.9 + 0.577(4.8) = 28.67$

$\text{LCL}_{\bar{x}} = 25.9 - 0.577(4.8) = 23.13$

首先檢查 R 管制圖是否在管制內。由圖 6-4 可看出第 1 組之全距在上管制界限外。若此點之可歸屬原因可查出，則須將第 1 組之資料捨棄，重新計算管制界限。（**註**：雖然第 1、第 10 及第 27 組樣本之 $\bar{x}$ 值落在管制界限外，但此時暫不處理，因為有異常數據之 R 值將影響 $\bar{x}$ 管制界限。）

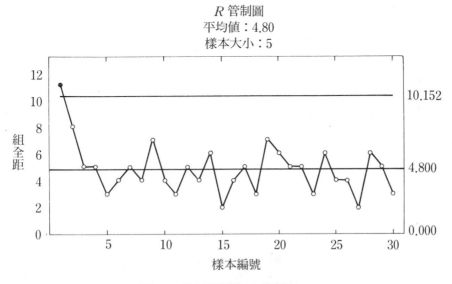

圖6-4　飲料容積之 R 管制圖

捨棄第 1 組樣本後，新的管制界限為

$$\bar{\bar{x}} = \frac{776.9 - 29}{30 - 1} = \frac{747.9}{29} = 25.79$$

$$\bar{R} = \frac{144 - 11}{30 - 1} = \frac{133}{29} = 4.59$$

$\text{UCL}_R = 2.115(4.59) = 9.71$

$\text{LCL}_R = 0$

$\text{UCL}_{\bar{x}} = 25.79 + 0.577(4.59) = 28.44$

$\text{LCL}_{\bar{x}} = 25.79 - 0.577(4.59) = 23.14$

在此管制界限下，樣本全距均落在管制界限內，但圖6-5顯示第10及第27組之 $\bar{x}$ 值落在下管制界限外。若此兩點之可歸屬原因均可查出，則捨棄此兩組數據（$\bar{x}$ 和 R 均捨棄），重新計算管制界限。

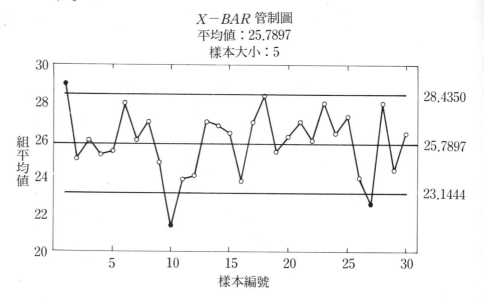

圖6-5　飲料容積之 $\bar{x}$ 管制圖

$$\bar{\bar{x}} = \frac{747.9 - 21.4 - 22.6}{29 - 2} = 26.07$$

$$\bar{R} = \frac{133 - 4 - 2}{29 - 2} = 4.70$$

$$\text{UCL}_R = 2.115(4.70) = 9.94$$

$$\text{LCL}_R = 0$$

$$\text{UCL}_{\bar{x}} = 26.07 + 0.577(4.70) = 28.78$$

$$\text{LCL}_{\bar{x}} = 26.07 - 0.577(4.70) = 23.36$$

在上述管制界限下，各組之 $\bar{x}$ 和 R 值均落在管制界限內，因此可用來管制未來之製程。

〔例〕 假設汽車活塞環之管制係利用平均值及全距管制圖。表 6-3 顯示 25 組樣本數據, 樣本大小 $n=5$（所有數據均已減去 80）。試建立 $\bar{x}-R$ 管制圖之管制界限。

〔解〕 利用表 6-3 之數據可得全距管制圖之中心線為

表6-3 *活塞環數據*

樣本			觀測值			$\bar{x}_i$	R_i
1	3.998	4.002	4.019	3.993	4.006	4.004	0.026
2	4.001	3.992	4.003	4.011	4.004	4.002	0.019
3	3.988	4.024	4.021	4.005	4.002	4.008	0.036
4	4.005	3.996	3.993	4.012	4.009	4.003	0.019
5	3.992	4.007	4.015	3.989	4.014	4.003	0.026
6	4.009	3.994	3.997	3.987	3.993	3.996	0.022
7	3.995	4.006	3.994	4.000	4.005	4.000	0.012
8	3.985	4.003	3.993	4.015	3.992	3.998	0.030
9	4.006	3.995	4.009	4.005	4.004	4.004	0.014
10	3.998	4.000	3.990	4.007	3.995	3.998	0.017
11	3.994	3.998	3.994	3.995	3.990	3.994	0.008
12	4.003	4.000	4.007	4.000	3.996	4.001	0.011
13	3.983	4.002	3.998	3.997	4.012	3.998	0.029
14	4.006	3.967	3.996	4.000	3.987	3.990	0.039
15	4.012	4.014	3.998	3.999	4.007	4.006	0.016
16	4.002	3.984	4.005	3.998	3.996	3.997	0.021
17	3.994	4.012	3.986	4.005	4.007	4.001	0.026
18	4.006	4.010	4.018	4.003	4.001	4.008	0.017
19	4.001	4.002	4.003	4.005	3.997	4.002	0.008
20	4.000	4.010	4.013	4.020	4.003	4.009	0.020
21	3.988	4.001	4.009	4.005	3.996	4.000	0.021
22	4.005	3.999	3.990	4.001	4.009	4.001	0.019
23	4.010	3.989	3.990	4.009	4.014	4.002	0.025
24	4.015	4.008	3.993	4.000	4.010	4.005	0.022
25	3.990	3.984	3.995	4.017	4.011	3.999	0.033
					$\Sigma=100.029$		0.536
					$\bar{\bar{x}}=4.0012$	$\bar{R}=0.0214$	

$$\overline{R} = \frac{\sum\limits_{i=1}^{25} R_i}{25} = \frac{0.536}{25} = 0.0214$$

樣本之大小爲 $n=5$, 由附表可查出 $D_3=0$, $D_4=2.115$。因此全距管制圖之管制界限爲

LCL $= D_3 \overline{R} = 0 \times 0.0214 = 0$

UCL $= D_4 \overline{R} = 2.115 \times 0.0214 = 0.0453$

圖 6-6 顯示全距管制圖, 由圖可看出此 25 組樣本都在管制內。由於全距 R 管制圖顯示製程變異在管制內, 接下來我們可以建立平均值 $\overline{x}$ 管制圖。平均值管制圖之中心線爲

$$\overline{\overline{x}} = \frac{\sum\limits_{i=1}^{25} \overline{x}_i}{25} = \frac{100.029}{25} = 4.0012$$

管制界限爲

UCL $= \overline{\overline{x}} + A_2 \overline{R} = 4.0012 + (0.577)(0.0214) = 4.0135$

LCL $= \overline{\overline{x}} - A_2 \overline{R} = 4.0012 - (0.577)(0.0214) = 3.9889$

由圖 6-7 可看出平均值管制圖無任何管制外之現象。由於平均值及全距管制圖均在管制內, 我們可將以上所得之試用管制界限用在未來之製程管制上。

〔例〕　假設上例中, 活塞環之規格界限爲 84±0.03 mm。由管制圖之資料獲得製程平均值 $\overline{x}=84.0012$ mm, $\overline{R}=0.0214$, 樣本大小 $n=5$, 試估計產品之不合格率。

〔解〕　製程標準差之估計值爲 $\hat{\sigma} = \overline{R}/d_2 = 0.0214/2.326 = 0.0092$, 因此不合格率之估計值 $\hat{p}$ 爲

$\hat{p} = P\{x < 83.97\} + P\{x > 84.03\}$

$\quad = \Phi\left(\dfrac{83.97 - 84.0012}{0.0092}\right) + 1 - \Phi\left(\dfrac{84.03 - 84.0012}{0.0092}\right)$

$\quad \cong \Phi(-3.39) + 1 - \Phi(3.13)$

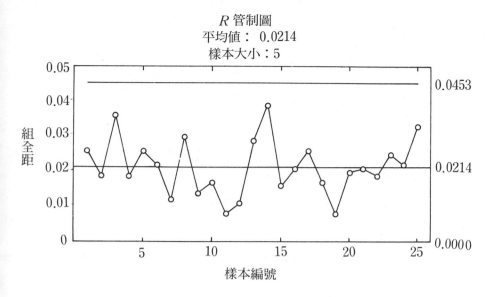

圖6-6 活塞環之全距管制圖

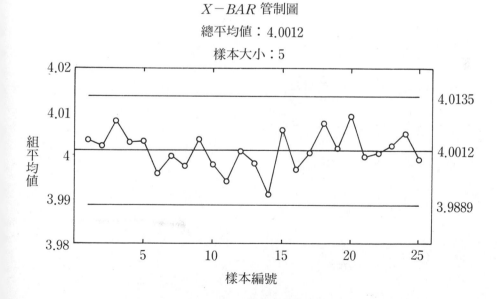

圖6-7 活塞環之平均值管制圖

$$\cong 0.00035 + 0.00087$$

$$= 0.00122$$

6.2.3 $\bar{x}$-R 管制圖樣本大小之改變

在一些情況下我們可能會因爲成本因素，或製程呈穩定時，改變原先之合理樣本組的樣本大小，此時可再收集一些樣本重新計算管制界限，或者利用下列公式來轉換，以求得新的管制界限。

設

$\bar{R}$＝原全距之平均值

$\bar{R}'$＝新樣本大小下之全距平均值

d_2＝原樣本大小之 d_2 因子

d_2'＝新樣本大小之 d_2 因子

A_2＝原樣本大小之 A_2 因子

A_2'＝新樣本大小之 A_2 因子

D_3，D_4＝原樣本大小之 D_3 及 D_4 因子

D_3'，D_4'＝新樣本大小之 D_3 及 D_4 因子

$\bar{x}$ 管制圖之新管制界限爲

$$UCL = \bar{\bar{x}} + A_2'\left[\frac{d_2'}{d_2}\right]\bar{R}$$

$$LCL = \bar{\bar{x}} - A_2'\left[\frac{d_2'}{d_2}\right]\bar{R}$$

R 管制圖之新管制界限爲

$$UCL = D_4'\left[\frac{d_2'}{d_2}\right]\bar{R}$$

$$CL = \bar{R}' = \left[\frac{d_2'}{d_2}\right]\bar{R}$$

$$LCL = \max\left\{0, \ D_3'\left[\frac{d_2'}{d_2}\right]\bar{R}\right\}$$

以上之公式推導是假設樣本大小 n 改變前、後之製程標準差不變，亦即

$$\sigma = \frac{\overline{R}}{d_2} = \frac{\overline{R}'}{d_2'} = \sigma'$$

6.2.4　$\overline{x}$-R 管制圖之設計準則

在設計 $\overline{x}$-R 管制圖時, 我們必須確定樣本大小、管制界限之寬度和抽樣頻率。除非分析人員了解管制圖之統計特性及影響問題之經濟因素, 否則有關管制圖之設計問題將無法獲得正確之答案。若要得到一個完整之解答, 我們需收集抽樣之成本、診斷和改善異常原因之成本、不合格品之成本等。收集到這些資料後, 我們可以利用經濟決策模式來獲得管制圖之最佳設計。設計 $\overline{x}$-R 管制圖之基本觀念說明如下。

如果 $\overline{x}$ 管制圖是用來偵測中量至大量的平均值跳動(例如 2σ 以上), 則 $n=4$、5 或 6 已可滿足要求。另一方面, 如果是要偵測微量之變動, 則需使用較大之樣本大小, 例如 $n=15$ 至 $n=25$。當 n 較小時, 在抽樣過程中製程產生變化之機率較小。當 n 較大時, 有可能在抽樣過程中, 製程產生變化, 而此變化會因為與其他數據平均 (樣本平均值) 而無法顯現。

當 n 較小時, R 管制圖對於製程標準差之微量變化較不敏感。例如: 當 $n=5$, 製程標準差產生兩倍之變化, R 管制圖只有 40% 之機會, 可以在產生變化後之第 1 組樣本, 偵測到製程標準差已改變。R 管制圖使用較大之 n, 可以改變它的偵測能力。但 n 增加後, 以全距法估計標準差並不是很有效率。此時我們會以 S 或 S^2 管制圖取代。

從統計的觀點來看, 操作特性曲線可以協助選擇 $\overline{x}$-R 管制圖之樣本大小。操作特性曲線可以讓分析者了解在不同 n 值下, 欲偵測之跳動量大小和相對應之機率。

在選擇樣本大小和抽樣頻率時, 我們要考慮到資源分配問題。我們採用的策略可為高頻率之小樣本或低頻率之大樣本。在目前實務應用上, 一般會偏向高頻率但小樣本之策略。其主要考慮因素是如果抽樣頻率低 (抽樣時間間隔較長), 在管制圖偵測到製程變化前, 可能會產生許多不合格品,從經濟觀點來看，如果產生不合格品之成本高，則最好採用較高之抽樣頻率和較小之樣本大小。

生產率也會影響樣本大小和抽樣頻率的選擇。若生產率非常高（如50000 件／時），則我們可以使用較高之抽樣頻率。生產率很高時，當製程發生變化後，在短時間內將會產生許多不合格品，因此，最好使用較高之抽樣頻率。另外，在生產率高時，我們可以很經濟地收集到較大之樣本。例如，生產率為 50000 件／時，樣本大小 $n=20$ 與 $n=5$，並不會造成時間上的差別。除了生產率外，檢驗和測試成本也是需考慮之因素。如果檢驗或測試成本並不高，則在生產率高時，可考慮採用較大之樣本大小。

$\bar{x}-R$ 管制圖一般採用 3 倍標準差之管制界限。但有些時候，我們可以依需要改變管制界限之寬度。如果診斷異常原因（可能為錯誤警告）之成本相當高，則最好使用較大之管制界限寬度(例如 3.5 倍標準差)。相反的，如果管制外之警告訊號，可以很快且很容易地找出原因，則可以考慮較窄之管制界限。

6.2.5 依據標準值之管制圖

在有些情況下我們可規定管制圖之標準參數而無需從歷史數據估計管制圖之參數。假設製程之標準值為 μ 及 σ，則 $\bar{x}$ 管制圖之參數為

$$UCL = \mu + 3\frac{\sigma}{\sqrt{n}}$$

$$中心線 = \mu$$

$$LCL = \mu - 3\frac{\sigma}{\sqrt{n}}$$

若設 $A = 3/\sqrt{n}$（A 為一與樣本大小 n 有關之常數，可從附表中查得），上述公式亦可寫成

$$UCL = \mu + A\sigma$$

$$中心線 = \mu$$

$$LCL = \mu - A\sigma$$

全距管制圖也可從標準值 σ 來建立。全距 R 可由 $\sigma = R/d_2$ 求得，其中 d_2 為相對全距分配之平均值。R 之標準差 $\sigma_R = d_3\sigma$，其中 d_3 為相對全距分配之標準差。因此全距管制圖之參數為

$$UCL = d_2\sigma + 3\, d_3\sigma$$
$$中心線 = d_2\sigma$$
$$LCL = d_2\sigma - 3\, d_3\sigma$$

若設

$$D_1 = d_2 - 3\, d_3$$
$$D_2 = d_2 + 3\, d_3$$

則依標準值所設立之全距管制圖之參數為

$$UCL = D_2\sigma$$
$$中心線 = d_2\sigma$$
$$LCL = D_1\sigma$$

其中 D_1，D_2 可從附表查得。

在設定 μ 和 σ 之標準值時，我們需注意這些標準值是否適用於目前之製程。很有可能使用這些標準值時將造成管制圖上出現許多管制外的點。如果製程實際上在其他 μ 和 σ 值下是為管制內，但在目前給定之標準值下並不為管制內，則使用者將花費許多時間在尋找並不存在之可歸屬原因。使用標準之 σ 值將比使用設定之 μ 值造成更多之問題。如果製程之平均值可由機器之調整來控制（例如外徑或長度），則使用設定之 μ 值將有助於管理目標之達成。R 管制圖中超出上管制界限的點則較不易調整，降低製程之變異性牽涉到製程之重大改變，例如設備、方法之改變等。

6.2.6　平均值與全距管制圖之非隨機性模型（Nonrandom Patterns）

當製程存在系統性或非隨機性之模型時，即使管制圖無任何點落在管

制界限外，此製程仍爲管制外。在許多情況下，這些非隨機性模型將提供製程診斷之有關資訊，這些資訊同時可用於製程之改善及降低製程差異。

在研判平均值管制圖時需先確定全距管制圖是否已在管制內，有些可歸屬原因將同時出現在平均值及全距管制圖上。假如平均值管制圖和全距管制圖同時出現非隨機性模型，則最佳之策略是先將全距管制圖上之可歸屬原因去除。在許多情況下這種策略將會自動排除在平均值管制圖上之非隨機性模型。有關非隨機性模型之定義和討論，讀者可參考 Western Electric 手冊（Western Electric 1958）。一些在計量值管制圖上較常出現之非隨機性模型略述如下。

週期性模型：圖 6-8(a)爲一典型之週期性模型。在平均值管制圖上出現此種模型之原因可能爲週圍環境之有系統變化，例如溫度、作業員疲勞、電壓之變化、作業員或機器之輪調，及其他有關生產設備之變化。在全距管制圖上此種現象之可能原因爲機器維修、工作人員疲勞、及刀具磨損。

混合型模型：圖 6-8(b)顯示一混合模型。此種模型之特徵爲描繪之點大多在管制界限外或接近管制界限，而只有一些點在中心線附近。混合模型表示數據是來自兩種不同之製程產出。

製程平均值跳動模型：圖 6-8(c)爲一平均值跳動模型。這種跳動可能源自加入新員工、新方法、原料、機器、檢驗方法之改變、檢驗標準之變更或者是員工技能之改變。

趨勢模型：此種模型爲描繪點在同一方向連續之移動。圖 6-8(d)爲一典型之上升趨勢模型。此種模型之原因爲刀具或製程內其他零件之磨損。

層別模型：此種模型之特徵爲點集中在中心值附近，而缺少變異。圖 6-8(e)顯示一層別模型。此種模型之原因之一爲管制界限之錯誤計算。另一可能原因爲抽樣時自數個不同分配之製程收集一個或數個數據。當每一樣本之最大或最小值都相近時則會產生層別模型。

系統性模型：此種模型爲點呈上、下有規律之跳動，圖 6-8(f)爲一系統性之模型。

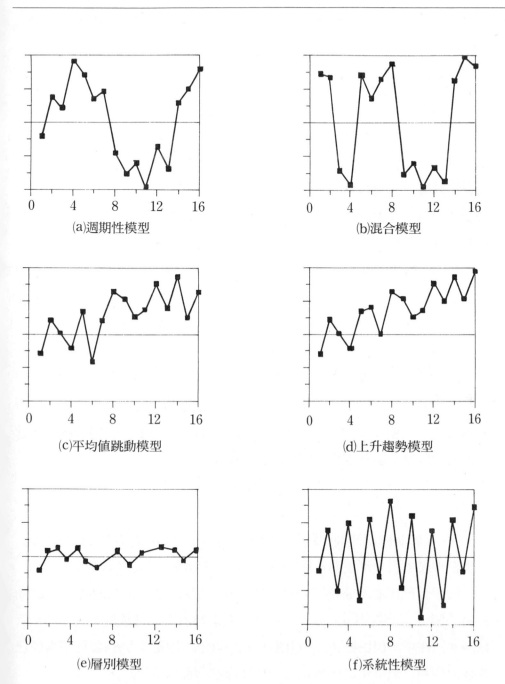

(a)週期性模型

(b)混合模型

(c)平均值跳動模型

(d)上升趨勢模型

(e)層別模型

(f)系統性模型

圖6-8　非隨機性模型

6.2.7　常態分配之假設對於 $\bar{x}$ 和 R 管制圖之影響

在發展 $\bar{x}$ 和 R 管制圖時, 一個最基本的假設是品質數據之分配需爲常態。在收集足夠之數據後, 我們可能會發現常態分配之假設並不合理。如果我們可以獲知數據之正確分配型態, 則可以求出 $\bar{x}$ 和 R 之抽樣分配, 並用以獲得正確之機率界線。此種步驟在實施上可能有許多困難, 因此多數人會在數據並非很嚴重地偏離常態分配時, 仍然以常態分配的假設來發展管制圖。但在多數之情況下, 我們對於數據之分配型態, 可能一無所知。在此情況下, 我們唯一的選擇是仍然採用常態分配之假設來發展管制圖。

在過去, 有許多的學者探討非常態分配之數據對於 $\bar{x}$-R 管制圖之影響。他們的結論是依標準方法建立之 $\bar{x}$-R 管制圖的管制界限對於非常態分配之數據非常穩健, 除非數據是非常嚴重地偏離常態分配。

當數據的分配爲常態分配時, 3倍標準差之 $\bar{x}$ 管制圖的型 I 誤差爲 0.0027。但此對於 R 管制圖而言並不正確。全距 R 之抽樣分配並不爲對稱, 即使是從常態分配之數據抽樣所獲得。R 管制圖之 3 倍標準差界線所對應之型 I 誤差 α 並不爲 0.0027 (當 $n=4$ 時 $\alpha=0.00461$)。另外, R 管制圖對於偏離常態分配比 $\bar{x}$ 管制圖更爲敏感。

6.2.8　$\bar{x}$-R 管制圖之操作特性函數

$\bar{x}$-R 管制圖偵測製程跳動之能力, 通常是以其操作特性曲線來描述。我們在本節中將分別說明 $\bar{x}$ 和 R 管制圖之操作特性曲線的建立。

假設製程標準差 σ 爲已知且保持不變。若平均值由管制內時之 μ_0 跳動到另一個值 μ_1, 其中 $\mu_1=\mu_0+k\sigma$ (此代表平均值之改變量爲 $k\sigma$), 則 $\bar{x}$ 管制圖無法在平均值跳動後, 立刻偵測到製程變化之機率爲 β (製程平均值已改變但誤判爲無變化之機率)。β 值可以由下列公式計算

$$\beta = P\{\text{LCL} \le \bar{x} \le \text{UCL} | \mu = \mu_1 = \mu_0 + k\sigma\}$$

由於 $\bar{x}$ 服從 $N(\mu,\ \sigma^2/n)$, 而且上、下管制界限可寫成 $\text{UCL}=\mu_0+3$

$\sigma/\sqrt{n}$, $\text{LCL}=\mu_0-3\,\sigma/\sqrt{n}$, 因此我們可將 β 改寫成

$$\beta=\Phi\left[\frac{\text{UCL}-(\mu_0+k\sigma)}{\sigma/\sqrt{n}}\right]-\Phi\left[\frac{\text{LCL}-(\mu_0+k\sigma)}{\sigma/\sqrt{n}}\right]$$

$$=\Phi\left[\frac{\mu_0+(3\,\sigma/\sqrt{n})-(\mu_0+k\sigma)}{\sigma/\sqrt{n}}\right]$$

$$-\Phi\left[\frac{\mu_0-(3\,\sigma/\sqrt{n})-(\mu_0+k\sigma)}{\sigma/\sqrt{n}}\right]$$

$$=\Phi(3-k\sqrt{n})-\Phi(-3-k\sqrt{n})$$

其中 Φ 表示標準常態分配之累加機率函數。

若 $n=4$, 在平均值跳動量為 2σ 時, β 值為

$$\beta=\Phi(3-2\sqrt{4})-\Phi(-3-2\sqrt{4})$$

$$=\Phi(-1)-\Phi(-7)$$

$$\cong0.15866$$

以上之 β 值為 $\bar{x}$ 管制圖無法在製程平均值跳動後之第 1 組樣本偵測到異常之機率。反之, $\bar{x}$ 管制圖在平均值跳動後之第 1 組樣本, 偵測到平均值改變之機率為 $1-\beta=1-0.15866=0.84134$。

操作特性曲線是將平均值之跳動量與其相對應之 β 值繪圖, 其中平均值之跳動量是以標準差之倍數表示。圖 6-9 為各種樣本大小下, $\bar{x}$ 管制圖之操作特性曲線。由圖 6-9 可看出當樣本大小 $n=4$、5 和 6 時, $\bar{x}$ 管制圖並無法有效地偵測到製程微量之變化 (指平均值之跳動量小於 $1.5\,\sigma$)。例如 $n=5$, 跳動量為 1.5σ 時, 我們獲得之 β 值大約為 0.36。換句話說, $\bar{x}$ 管制圖可以在跳動後之第 1 組樣本, 偵測到平均值改變之機率只有 $1-\beta=0.64$。管制圖在平均值跳動後之第 j 組樣本, 偵測到平均值改變之一般式可寫成

$$\beta^{j-1}(1-\beta)$$

假設管制圖在平均值改變後之第 j 組 $(j\geq1)$ 樣本, 偵測到製程之變化, 則 j 之平均值 (期望值) 稱為平均連串長度 ARL,

$$\text{ARL}=\sum_{k=1}^{\infty}k\beta^{k-1}(1-\beta)=\frac{1}{1-\beta}$$

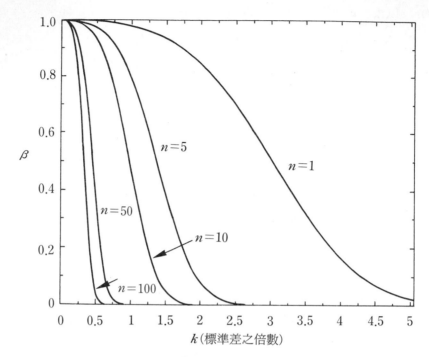

圖6-9　$\overline{x}$管制圖之操作特性曲線

例如 $n=5$，平均值之跳動量為 1.5σ，則 $\text{ARL}=\dfrac{1}{1-\beta}=\dfrac{1}{0.64}=1.56$。

　　由以上之討論可看出當 n 較小時，容易產生較大之型II誤差 β。但在應用上仍以使用較小之 n 值較為有利，其理由如下。第一、當製程平均值改變後，將會持續一段時間(如果未採取任何改善措施)，經由週期性的數據收集和測試，管制圖仍有很大之機會可以偵測到製程之改變。另外，輔助測試法則和警告界限亦可以改善管制圖之偵測能力。

　　對於 R 管制圖，我們可以利用相對全距 $W=R/\sigma$ 來建立操作特性曲線。假設製程在管制內時，標準差為 σ_0，現標準差已改變至 σ_1，其中 $\sigma_1 >$ σ_0。R 管制圖之操作特性曲線是將兩者之比值 $\lambda=\sigma_1/\sigma_0$ 對 β 值繪圖。圖 6-10 為不同 n 值下，R 管制圖之操作特性曲線。由圖 6-10 可看出 R 管制圖對於微量之標準差改變的偵測並不是很有效率。例如標準差改變為原來之兩倍時($\lambda = \sigma_1/\sigma_0 = 2$)。$R$ 管制圖只有 40% 之機率,可以在標準差改變後之第 1 組樣本,偵測到製程之改變。多數之品管人員認為 $n=4$、5 或 6 時,R 管制圖並無法有效地偵測到小量或中量之改變。但是我們仍可使用輔助法則來提高管制圖之偵測能力。

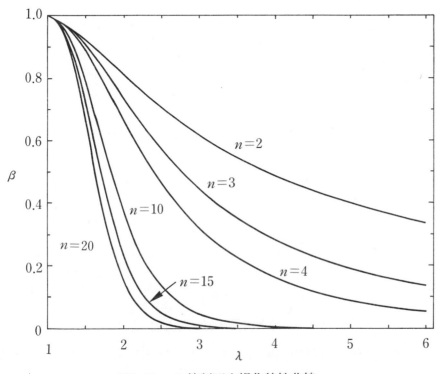

圖6-10　R 管制圖之操作特性曲線

6.2.9　管制圖之平均連串長度

對於蕭華特管制圖,平均連串長度 ARL 可表示為

ARL＝1/點超出管制界限之機率

當製程為管制內時,ARL＝$1/\alpha$(此稱為管制內 ARL),而製程為管制外時 ARL＝$1/(1-\beta)$(此稱為管制外 ARL)。圖 6-11 為樣本大小 $n=$ 1、2、3、4、5、7、9 和 16 時之 ARL 曲線,在此圖中 ARL 是指偵測到製程跳動所需之樣本組數。我們可以利用簡單的例子說明圖 6-11 之使用。假

設樣本大小 $n=5$, 則偵測 $1.5\,\sigma$ 之平均值跳動需要 1.56 組樣本。我們從圖中可看出當 $n=10$ 時, 我們只需 1 組樣本即可偵測到製程跳動。

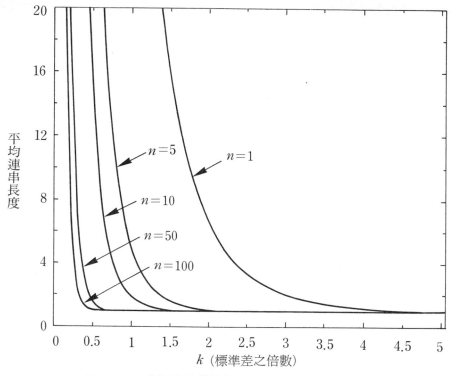

圖6-11 3倍標準差 $\bar{x}$ 管制圖之 ARL 值 (樣本)

有時我們也可以利用偵測到異常所需之樣本個數來表示管制圖之偵測能力。假設參數 I 為管制圖偵測到異常所需之樣本個數, 則

$$I=n\mathrm{ARL}$$

圖 6-12 為 $\bar{x}$ 管制圖偵測 $k\sigma$ 之平均值跳動所需要的樣本個數。假設要偵測 1.5σ 之平均值跳動, 則具有 $n=10$ 之 $\bar{x}$ 管制圖需要 10 個樣本才能偵測到異常。而 $n=5$ 時, $\bar{x}$ 管制圖平均只需要 8 個樣本即可判斷平均值已改變。

6.2.10　$\bar{x}$ 管制圖使用輔助法則之效益

輔助法則之效益可由以下之例子來說明。假設 $\bar{x}$ 管制圖採用下列兩項

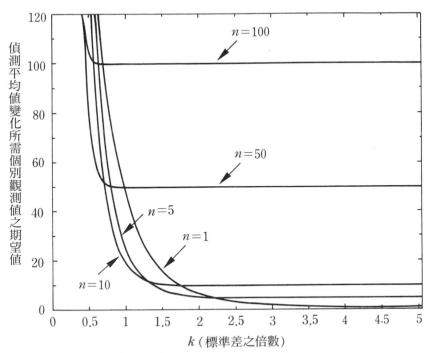

圖6-12　3倍標準差 $\bar{x}$ 管制圖之 ARL 值（個別觀測值）

法則：

1.　一點超出 3 倍標準差管制界限。

2.　連續 8 點落在中心線和某一管制界限間。

假設製程數據爲常態分配，樣本大小 $n=4$，製程平均值之移動量爲 $0.5\,\sigma$（亦即 $|\mu'-\mu|=0.5\,\sigma$）。在製程平均值不變之情況下，一點超出 3 倍標準差管制界限之機率爲 0.00135，而一點落在中心線和管制界限間之機率爲 0.49865（相當於 $0.5-0.00135$）。當平均值移動 $0.5\,\sigma$ 時，上述機率分別爲 0.0228 和 0.8186，此二機率之獲得說明如下。樣本大小 $n=4$，製程平均值之移動量 0.5σ 相當於 $1\sigma_{\bar{x}}$（由 $\sigma_{\bar{x}}=\sigma/\sqrt{n}$）。落在管制界限外之機率爲

$$1-\Phi(2.0)=0.0228$$

一點落在中心線和管制界限間之機率爲

$$\Phi(2)-\Phi(-1)=0.8186$$

(註: 上述機率之計算假設平均值增加 $1.0\ \sigma_{\bar{x}}$, 原中心線相當於 $\mu'-1.0\ \sigma_{\bar{x}}$, 原上管制界限等於 $\mu'+2\ \sigma_{\bar{x}}$。)

在製程平均值變動後, 第一組樣本就能偵測到變動之機率為 $P\{1\ 點超出管制界限\}+P\{平均值改變前連續\ 7\ 點落在中心線至上\ (下)\ 管制界限間,\ 而平均值改變後第\ 1\ 組樣本落在中心線至上\ (下)\ 管制界限間\}$

$$=0.0228+(0.49865)^7(0.8186)=0.0291$$

到第 2 組樣本才偵測到變動之機率為

$$(1-0.0291)[0.0228+(0.49865)^6(0.8186)^2]=0.0321$$

能夠在第 2 組樣本前偵測到變動之機率為

$$0.0291+0.0321=0.0612$$

根據上述之討論, 我們可計算出恰好在第 i 組樣本偵測到變動之機率和最遲在第 i 組樣本前 (含) 偵測到變動之機率, 其機率列於下表。

樣本編號 i	在第 i 組偵測到變動之機率	在第 i 組前偵測到變動之機率
1	0.0291	0.0291
2	0.0321	0.0612
3	0.0373	0.0985
4	0.0456	0.1441
5	0.0585	0.2026
6	0.0778	0.2804
7	0.1048	0.3852
8	0.1380	0.5232

輔助法則雖可以提昇管制圖之靈敏度, 但多個法則同時使用時, 將會增加管制圖之型 I 誤差。表 6-4 為 $\bar{x}$ 管制圖使用輔助法則時之 ARL 值, 表中 d 值代表以 $\sigma_{\bar{x}}$ 之倍數表示之平均值的移動量。當 $d>0$ 時, 使用輔助法則具有較小之 ARL 值, 表示具有較佳之偵測能力, 但 $d=0$ 時之 ARL 也較小, 代表具有較高之型 I 誤差。

表6-4　　*使用區間測試之平均連串長度*

d	R_1	R_1,R_2	R_1,R_3	R_1,R_4	R_1,R_2,R_3	R_1,R_2,R_4	R_1,R_3,R_4	R_1,R_2,R_3,R_4
0.0	370	225	166	153	133	122	106	94.6
0.2	308	178	121	110	97.9	89.1	76.0	67.0
0.4	200	104	63.9	59.8	52.9	48.7	41.0	36.5
0.6	120	57.9	34.0	33.6	28.7	27.5	23.2	20.9
0.8	71.6	33.1	19.8	21.1	16.9	17.1	14.6	13.2
1.0	43.9	20.0	12.7	14.6	11.0	11.7	10.2	9.22
1.2	27.8	12.8	8.84	10.9	7.68	8.61	7.66	6.89
1.4	18.3	8.69	6.62	8.60	5.75	6.63	6.08	5.42
1.6	12.4	6.21	5.24	7.03	4.54	5.27	5.01	4.41
1.8	8.69	4.66	4.33	5.85	3.73	4.27	4.24	3.68
2.0	6.30	3.65	3.68	4.89	3.14	3.50	3.65	3.13
2.2	4.72	2.96	3.18	4.08	2.70	2.97	3.17	2.70
2.4	3.65	2.48	2.78	3.38	2.35	2.47	2.77	2.35
2.6	2.90	2.13	2.43	2.81	2.07	2.13	2.43	2.07
2.8	2.38	1.87	2.14	2.35	1.85	1.87	2.14	1.85
3.0	2.00	1.68	1.89	1.99	1.67	1.68	1.89	1.67

(資料來源：Plam 1990)

6.3　$\bar{x}$ 及 S 管制圖

雖然 $\bar{x}$-R 管制圖廣爲工業界所採用，但在有些情況下直接計算製程標準差比間接地以全距 R 估計標準差更爲適當。針對此因素所設計之管制圖稱爲 S 管制圖，其中 S 爲樣本標準差(有時我們會以 σ 取代 S，稱爲 σ 管制圖)。$\bar{x}$-S 管制圖較適合應用於下列情況：

1. 當樣本大小 $n > 10$ 或 12 時（此時以全距R估計標準差較無效率）。

2. 樣本大小 n 爲變動時。

在本節中，我們將介紹如何建立 $\bar{x}$-S 管制圖。同時我們也將說明樣本大小變動時之處理方式和S管制圖之替代方法。

6.3.1　$\bar{x}$ 及 S 管制圖之建立及使用

若某一機率分配之變異數爲未知, 則變異數 σ^2 之不偏(unbiased)估計量爲

$$S^2 = \frac{\sum\limits_{i=1}^{n}(x_i - \overline{x})^2}{n-1}$$

但樣本標準差 S 並非 σ 之不偏估計量, 若數據之分配爲常態, 則 S 實際上估計 $c_4\sigma$, 其中 c_4 爲一常數並由樣本大小 n 決定, S 之標準差爲 $\sigma\sqrt{1-c_4^2}$。 c_4 之值定義爲

$$c_4 = \left(\frac{2}{n-1}\right)^{1/2} \frac{\Gamma(n/2)}{\Gamma[(n-1)/2]} = \left(\frac{2}{n-1}\right)^{1/2} \frac{[(n-2)/2]!}{[(n-3)/2]!}$$

其中 $\left(\dfrac{1}{2}\right)! = \dfrac{\sqrt{\pi}}{2}$。

c_4 之值亦可由下列近似公式求得

$$c_4 \approx e^{-1/2}\left(\frac{n}{n-1}\right)^{(n-3)/2}\left(\frac{6\,n+1}{6\,n-5}\right)$$

若 σ 爲已知, 因 $E(S) = c_4\sigma$, 管制圖之中心線爲 $c_4\sigma$。S 之 3 倍標準差管制界限可寫成

$$\text{UCL} = c_4\sigma + 3\,\sigma\sqrt{1-c_4^2}$$
$$\text{LCL} = c_4\sigma - 3\,\sigma\sqrt{1-c_4^2}$$

若設兩常數爲

$$B_5 = c_4 - 3\sqrt{1-c_4^2}$$
$$B_6 = c_4 + 3\sqrt{1-c_4^2}$$

則管制圖之參數爲

$$\text{UCL} = B_6\sigma$$
$$\text{中心線} = c_4\sigma$$
$$\text{LCL} = B_5\sigma$$

若 σ 之標準值未知, 則可由過去數據估計。假設已知 m 組過去之樣本, 其樣本大小爲 n, 並令 S_i 爲第 i 組樣本之標準差, 則此 m 個標準差之

平均值爲

$$\overline{S} = \frac{1}{m}\sum_{i=1}^{m}S_i$$

統計量 $\overline{S}/c_4$ 爲 σ 之不偏估計量，因此 S 管制圖之參數爲

$$\text{UCL} = \overline{S} + 3\frac{\overline{S}}{c_4}\sqrt{1-c_4^2}$$

$$\text{中心線} = \overline{S}$$

$$\text{LCL} = \overline{S} - 3\frac{\overline{S}}{c_4}\sqrt{1-c_4^2}$$

通常定義

$$B_3 = 1 - \frac{3}{c_4}\sqrt{1-c_4^2}$$

$$B_4 = 1 + \frac{3}{c_4}\sqrt{1-c_4^2}$$

因此 S 管制圖之參數可重新寫成

$$\text{UCL} = B_4\,\overline{S}$$

$$\text{中心線} = \overline{S}$$

$$\text{LCL} = B_3\,\overline{S}$$

其中 $B_4 = B_6/c_4$，$B_3 = B_5/c_4$。

　　若使用 $\overline{S}/c_4$ 來估計 σ，則可定義 $\overline{x}$ 管制圖之參數爲

$$\text{UCL} = \overline{\overline{x}} + 3\frac{\overline{S}}{c_4\sqrt{n}}$$

$$\text{中心線} = \overline{\overline{x}}$$

$$\text{LCL} = \overline{\overline{x}} - 3\frac{\overline{S}}{c_4\sqrt{n}}$$

若令 $A_3 = 3/(c_4\sqrt{n})$，則 $\overline{x}$ 管制圖之參數爲

$$\text{UCL} = \overline{\overline{x}} + A_3\overline{S}$$

$$\text{中心線} = \overline{\overline{x}}$$

$$\text{LCL} = \overline{\overline{x}} - A_3\overline{S}$$

在上述之討論中，樣本標準差定義爲

$$S = \sqrt{\frac{\sum_{i=1}^{n}(x_i - \overline{x})^2}{n-1}}$$

有些學者在分母使用 n 而非 $n-1$，此時常數 c_4，B_3，B_4 及 A_3 需改爲 c_2，B_1，B_2 及 A_1。

在過去電腦未被廣泛使用前，品管人員較偏好 R 管制圖，因其計算簡易。但在今日個人電腦被廣泛使用之情況下，計算 S 已不成問題。

〔例〕　假設汽車引擎活塞環之內徑尺吋資料如表 6-5 所示，樣本數據已減去 80。試計算 $\overline{x}$-S 管制界限。

〔解〕　製程整體平均值 $\overline{\overline{x}}$ 爲

$$\overline{\overline{x}} = \frac{1}{25}\sum_{i=1}^{25}\overline{x}_i = \frac{1}{25}(100.029) = 4.0012$$

$$\overline{S} = \frac{1}{25}\sum_{i=1}^{25}S_i = \frac{1}{25}(0.215) = 0.0086$$

因此 $\overline{x}$ 管制圖之參數爲

UCL $= \overline{\overline{x}} + A_3\overline{S} = 4.0012 + (1.427)(0.0086) = 4.0135$

CL $= \overline{\overline{x}} = 4.0012$

LCL $= \overline{\overline{x}} - A_3\overline{S} = 4.0012 - (1.427)(0.0086) = 3.9889$

S 管制圖爲

UCL $= B_4\overline{S} = (2.089)(0.0086) = 0.018$

LCL $= B_3\overline{S} = (0)(0.0086) = 0$

本例之管制圖顯示於圖 6-13。

表6-5　活塞環內徑數據

樣本	觀測值					$\bar{x}_i$	S_i
1	3.998	4.002	4.019	3.993	4.006	4.004	0.010
2	4.001	3.992	4.003	4.011	4.004	4.002	0.007
3	3.988	4.024	4.021	4.005	4.002	4.008	0.015
4	4.005	3.996	3.993	4.012	4.009	4.003	0.008
5	3.992	4.007	4.015	3.989	4.014	4.003	0.012
6	4.009	3.994	3.997	3.987	3.993	3.996	0.008
7	3.995	4.006	3.994	4.000	4.005	4.000	0.006
8	3.985	4.003	3.993	4.015	3.992	3.998	0.012
9	4.006	3.995	4.009	4.005	4.004	4.004	0.005
10	3.998	4.000	3.990	4.007	3.995	3.998	0.006
11	3.994	3.998	3.994	3.995	3.990	3.994	0.003
12	4.003	4.000	4.007	4.000	3.996	4.001	0.004
13	3.983	4.002	3.998	3.997	4.012	3.998	0.010
14	4.006	3.967	3.996	4.000	3.987	3.990	0.015
15	4.012	4.014	3.998	3.999	4.007	4.006	0.007
16	4.002	3.984	4.005	3.998	3.996	3.997	0.008
17	3.994	4.012	3.986	4.005	4.007	4.001	0.011
18	4.006	4.010	4.018	4.003	4.001	4.008	0.007
19	4.001	4.002	4.003	4.005	3.997	4.002	0.003
20	4.000	4.010	4.013	4.020	4.003	4.009	0.008
21	3.988	4.001	4.009	4.005	3.996	4.000	0.008
22	4.005	3.999	3.990	4.001	4.009	4.001	0.007
23	4.010	3.989	3.990	4.009	4.014	4.002	0.012
24	4.015	4.008	3.993	4.000	4.010	4.005	0.009
25	3.990	3.984	3.995	4.017	4.011	3.999	0.014

$$\Sigma = 100.029 \qquad 0.215$$
$$\bar{\bar{x}} = 4.0012 \quad \bar{S} = 0.0086$$

6.3.2　具有變動樣本大小之 $\bar{x}$ 和 S 管制圖

$\bar{x}$ 和 S 管制圖可以很容易地應用在樣本大小不相同之情形下。我們是以加權平均之方式來計算 $\bar{\bar{x}}$ 和 $\bar{S}$。$\bar{\bar{x}}$ 和 $\bar{S}$ 可依下列公式計算:

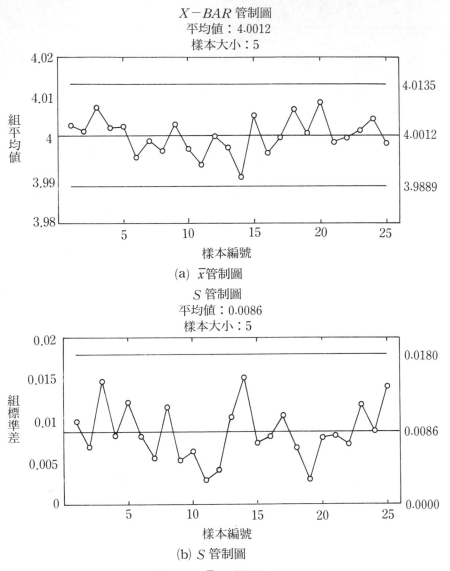

(a) $\overline{x}$管制圖

(b) S 管制圖

圖6-13 $\overline{x}$ - S 管制圖

$$\overline{\overline{x}} = \frac{\sum\limits_{i=1}^{m} n_i \overline{x}_i}{\sum\limits_{i=1}^{m} n_i}$$

$$\overline{S} = \left[\frac{\sum\limits_{i=1}^{m} (n_i - 1) S_i^2}{\sum\limits_{i=1}^{m} n_i - m} \right]^{1/2}$$

249250　　其中 n_i 代表第 i 組樣本之樣本大小。$\overline{x}$ 和 $\overline{S}$ 分別為 $\overline{x}$ 和 S 管制圖之中心線。計算管制界限所需之參數 A_3，B_3，和 B_4 將依各樣本之 n 值來決定。很明顯地，在 $\overline{x}$ 和 S 管制圖中，我們將會有變動之管制界限。

〔例〕　表 6-6 為活塞環內徑之品質數據，樣本數據已減去 80。在此例中

表6-6　活塞環內徑之品質數據

樣本	觀測值					$\overline{x}_i$	S_i
1	3.998	4.002	4.019			4.006	0.013
2	4.001	3.992	4.003	4.011	4.004	4.002	0.007
3	3.988	4.024	4.021	4.005	4.002	4.008	0.015
4	4.005	3.996	3.993	4.012	4.009	4.003	0.008
5	3.992	4.007	4.015	3.989	4.014	4.003	0.012
6	4.009	3.994	3.997	3.987		3.997	0.009
7	3.995	4.006	3.994	4.000		3.999	0.006
8	3.998	4.003	3.993	4.015	3.992	3.998	0.012
9	4.006	3.995	4.009	4.005		4.004	0.006
10	3.998	4.000	3.990	4.007	3.995	3.998	0.006
11	3.994	3.998	3.994	3.995	3.990	3.994	0.003
12	4.003	4.000	4.007	4.000	3.996	4.001	0.004
13	3.983	4.002	3.998			3.994	0.010
14	4.006	3.967	3.996	4.000	3.987	3.991	0.015
15	4.012	4.014	3.998			4.008	0.009
16	4.002	3.984	4.005	3.998	3.996	3.997	0.008
17	3.994	4.012	3.986	4.005		3.999	0.012
18	4.006	4.010	4.018	4.003	4.001	4.008	0.007
19	4.001	4.002	4.003	4.005	3.997	4.002	0.003
20	4.000	4.010	4.013			4.008	0.007
21	3.988	4.001	4.009	4.005	3.996	4.000	0.008
22	4.005	3.999	3.990	4.001	4.009	4.001	0.007
23	4.010	3.989	3.990	4.009	4.014	4.002	0.012
24	4.015	4.008	3.993	4.000	4.010	4.005	0.009
25	3.990	3.984	3.995	4.017	4.011	3.999	0.014

各樣本之樣本大小的範圍爲 3 至 5，試建立 $\bar{x}$-S 管制圖。

〔解〕　由前述之公式可得

$$\bar{\bar{x}} = \frac{\sum\limits_{i=1}^{25} n_i \bar{x}_i}{\sum\limits_{i=1}^{25} n_i}$$

$$= \frac{5(4.006) + 5(4.002) + \cdots + 5(3.999)}{3 + 5 + \cdots + 5}$$

$$= \frac{452.105}{113}$$

$$= 4.0009$$

$$\bar{S} = \left[\frac{\sum\limits_{i=1}^{25} (n_i - 1) S_i^2}{\sum\limits_{i=1}^{25} n_i - 25} \right]^{1/2}$$

$$= \left[\frac{4(0.013)^2 + 2(0.007)^2 + \cdots + 4(0.014)^2}{3 + 5 + \cdots + 5 - 25} \right]^{0.5}$$

$$= \left[\frac{0.007893}{88} \right]^{1/2}$$

$$= 0.0095$$

對於第 1 組樣本，$\bar{x}$ 管制圖之參數爲

UCL $= 4.0009 + (1.954)(0.0095) = 4.019$

中心線 $= 4.0009$

LCL $= 4.0009 - (1.954)(0.0095) = 3.982$

S 管制圖之參數爲

UCL $= (2.568)(0.0095) = 0.0244$

中心線 $= 0.0095$

LCL $= 0(0.0095) = 0$

表 6-7 匯整各組樣本之管制界限的計算，圖 6-14 爲根據表 6-7 之
資料所獲得的管制圖。由圖 6-14 可看出當各組之樣本大小不同
時，我們仍將獲得固定之中心線，但管制界限隨樣本大小而改變

表6-7　$\bar{x}$ 和 S 管制圖之管制界限的計算

樣本	n	$\bar{x}$	S	A_3	$\bar{x}$ 圖		B_3	B_4	S 圖	
					LCL	UCL			LCL	UCL
1	3	4.006	0.013	1.954	3.982	4.019	0	2.568	0	0.024
2	5	4.002	0.007	1.427	3.987	4.014	0	2.089	0	0.020
3	5	4.008	0.015	1.427	3.987	4.014	0	2.089	0	0.020
4	5	4.003	0.008	1.427	3.987	4.014	0	2.089	0	0.020
5	5	4.003	0.012	1.427	3.987	4.014	0	2.089	0	0.020
6	4	3.997	0.009	1.628	3.985	4.016	0	2.266	0	0.022
7	4	3.999	0.006	1.628	3.985	4.016	0	2.266	0	0.022
8	5	3.998	0.012	1.427	3.987	4.014	0	2.089	0	0.020
9	4	4.004	0.006	1.628	3.985	4.016	0	2.266	0	0.022
10	5	3.998	0.006	1.427	3.987	4.014	0	2.089	0	0.020
11	5	3.994	0.003	1.427	3.987	4.014	0	2.089	0	0.020
12	5	4.001	0.004	1.427	3.987	4.014	0	2.089	0	0.020
13	3	3.994	0.010	1.954	3.982	4.019	0	2.568	0	0.024
14	5	3.991	0.015	1.427	3.987	4.014	0	2.089	0	0.020
15	3	4.008	0.009	1.954	3.982	4.019	0	2.568	0	0.024
16	5	3.997	0.008	1.427	3.987	4.014	0	2.089	0	0.020
17	4	3.999	0.012	1.628	3.985	4.016	0	2.226	0	0.022
18	5	4.008	0.007	1.427	3.987	4.014	0	2.089	0	0.020
19	5	4.002	0.003	1.427	3.987	4.014	0	2.089	0	0.020
20	3	4.008	0.007	1.954	3.982	4.019	0	2.568	0	0.024
21	5	4.000	0.008	1.427	3.987	4.014	0	2.089	0	0.020
22	5	4.001	0.007	1.427	3.987	4.014	0	2.089	0	0.020
23	5	4.002	0.012	1.427	3.987	4.014	0	2.089	0	0.020
24	5	4.005	0.009	1.427	3.987	4.014	0	2.089	0	0.020
25	5	3.999	0.014	1.427	3.987	4.014	0	2.089	0	0.020

　　爲了使管制圖容易閱讀，我們可以平均之樣本大小 $\bar{n}$ 來求得參數 A_3，B_3 和 B_4，如此將獲得固定之管制界限。在使用此方法時，我們必須注意的是各組之樣本大小不可相差太大。另外，由於 $\bar{n}$ 可能不爲整數值，我們也可以利用最常發生之樣本大小來計算一近似之管制界限。在本節之範例中，最常出現之樣本大小 $n=5$（共 17 次），因此 $\bar{S}=0.15/17=0.0088$。製程標準差之估計值爲

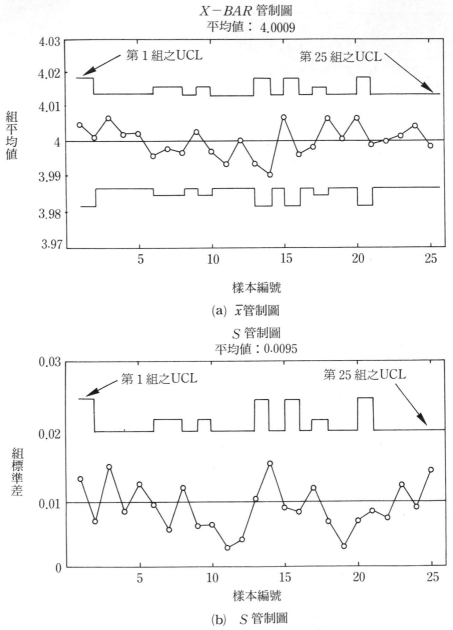

(a) $\bar{x}$ 管制圖

(b) S 管制圖

圖6-14 具有變動樣本大小之 $\bar{x}$ 和 S 管制圖

$$\hat{\sigma} = \frac{\overline{S}}{c_4} = \frac{0.0088}{0.9400} = 0.00936$$

其中 c_4 是由樣本大小 $n=5$ 查得。

6.3.3　S^2 管制圖

在管制製程之變異性時, 我們通常採用 R 或 S 管制圖, 其中以 S 管制圖較適合用於樣本較大之情況下。樣本之變異數 S^2 亦可用來管制製程之變異程度。S^2 管制圖之參數為

$$\text{UCL} = \frac{\overline{S}^2}{n-1} \chi^2_{\alpha/2, n-1}$$

$$\text{中心線} = \overline{S}^2$$

$$\text{LCL} = \frac{\overline{S}^2}{n-1} \chi^2_{1-\alpha/2, n-1}$$

其中 $\chi^2_{\alpha/2, n-1}$ 和 $\chi^2_{1-\alpha/2, n-1}$ 分別代表自由度為 $n-1$ 之卡方分配的上和下 $\alpha/2$ 百分點。$\overline{S}^2$ 是由管制內之數據所計算之樣本變異數的平均值。如同其他管制圖, 我們亦可以用已知之標準值來取代 $\overline{S}^2$。上述之管制界限是以機率來定義, 我們稱之為機率管制界限。機率管制界限將在 6.6 節中做更詳細之介紹。

6.4　根據少量樣本組資料建立之管制界限

當管制圖無標準之參數可供參考時, 我們必須藉由分析過去之數據來估計製程之參數。一般的做法是收集 m 組在管制內之樣本, 並利用這些樣本來建立管制界限, 此稱為試用管制界限。如果樣本組資料超出試用管制界限, 則必須將這些超出試用管制界限之樣本資料去除, 並重新計算管制界限, 直到獲得一組可接受之管制界限(所有數據均在管制界限內)。一般在建立管制圖時, 我們必須要有 20 至 25 組數據。

　　由於建立管制圖時，需要大量之樣本，這對於製程剛開始或產量並不大之製程，將造成一些困難。根據 m 組樣本資料所建立之 3 倍標準差界限，其型 I 誤差將比理論值 $\alpha = 0.0027$ 稍大。當組數為 5，10，25 時，其相對應之 α 值分別為 0.012，0.0067，0.004。

　　Hiller（1969）提出一個階段性之作法，用來設立 $\bar{x}$-R 之管制界限。此程序使用修正之 A_2 和 D_4 因子（如表 6-8 所示），可適用於任何數目之樣本組數。

表6-8　計算管制界限之因子

組數	樣本數 1				2				3				4				5			
	A_{2F}	D_{4F}	A_{2S}	D_{4S}	A_{2F}	D_{4F}	A_{2S}	D_{4S}	A_{2F}	D_{4F}	A_{2S}	D_{4S}	A_{2F}	D_{4F}	A_{2S}	D_{4S}	A_{2F}	D_{4F}	A_{2S}	D_{4S}
1	NA	NA	237	128	NA	NA	167	128	NA	NA	8.21	14	NA	NA	3.1	13	NA	NA	1.8	5.1
2	12.0	2.0	20.8	16	8.49	2.0	15.7	15.6	1.6	1.9	2.7	7.1	0.8	1.9	1.4	3.5	0.6	1.7	1.0	3.2
3	6.8	2.7	9.6	15	4.8	2.7	6.8	14.7	1.4	2.3	1.9	4.5	0.8	1.9	1.1	3.2	0.6	1.8	0.8	2.8
4	5.1	3.3	6.6	8.1	3.6	3.3	4.7	8.1	1.3	2.4	1.6	3.7	0.8	2.1	1.0	2.9	0.6	1.9	0.8	2.6
5	4.4	3.3	5.4	6.3	3.1	3.3	3.8	6.3	1.2	2.4	1.5	3.4	0.8	2.1	1.0	2.8	0.6	2.0	0.7	2.5
6	4.0	3.3	4.7	5.4	2.8	3.3	3.3	5.4	1.2	2.5	1.4	3.3	0.8	2.2	0.9	2.7	0.6	2.0	0.7	2.4
7	3.7	3.3	4.3	5.0	2.7	3.3	3.1	5.0	1.1	2.5	1.3	3.2	0.8	2.2	0.9	2.6	0.6	2.0	0.7	2.4
8	3.6	3.3	4.1	4.7	2.5	3.3	2.9	4.7	1.1	2.5	1.3	3.1	0.8	2.2	0.9	2.6	0.6	2.0	0.7	2.3
9	3.5	3.3	3.9	4.5	2.5	3.3	2.7	4.5	1.1	2.5	1.3	3.0	0.8	2.2	0.9	2.5	0.6	2.0	0.7	2.3
10	3.3	3.3	3.7	4.5	2.4	3.3	2.6	4.5	1.1	2.5	1.2	3.0	0.8	2.2	0.8	2.5	0.6	2.0	0.7	2.3
15	3.1	3.5	3.3	4.1	2.2	3.5	2.3	4.1	1.1	2.5	1.2	2.9	0.8	2.3	0.8	2.4	0.6	2.1	0.6	2.3
20	3.0	3.5	3.1	4.0	2.1	3.5	2.2	4.0	1.1	2.6	1.1	2.8	0.7	2.3	0.8	2.4	0.6	2.1	0.6	2.2
25	2.9	3.5	3.0	3.8	2.1	3.5	2.1	3.8	1.1	2.6	1.1	2.7	0.7	2.3	0.8	2.4	0.6	2.1	0.6	2.2

階段 1：

(1)　決定第 1 階段所使用之樣本組數，計算 R 管制圖之管制界限

　　　$UCL_R = D_{4F}\bar{R}$ （F 代表第一階段）

(2)　分析是否有點超出 R 管制圖，若有點超出管制界限，則依傳統管制圖之作法，在找出可歸屬原因後，捨棄異常點並重新計算管制界限。當管制圖顯示沒有異常點時，則進行步驟(3)。

(3)　計算 $\bar{x}$ 管制圖之管制界限

$$\mathrm{UCL}_{\bar{x}} = \bar{\bar{x}} + A_{2F}\overline{R}$$

$$\mathrm{CL}_{\bar{x}} = \bar{\bar{x}}$$

$$\mathrm{LCL}_{\bar{x}} = \bar{\bar{x}} - A_{2F}\overline{R}$$

⑷　若有點超出管制界限，則在找出可歸屬原因後，捨棄異常點並重新計算管制界限。當管制圖顯示沒有異常點後，進行第 2 階段。

階段 2：

利用 A_{2S} 和 D_{4S}（S 代表第 2 階段）及第 1 階段之 $\bar{\bar{x}}$ 和 $\overline{R}$ 建立 $\bar{x}$ 和 R 管制圖，用以管制同一批內之其他樣本。

階段 3：

結合階段 1 和階段 2 之數據，執行階段 1 之工作。並依據階段 2 之程序建立管制界限，用以管制下一批產品。如果前一批產品存在可歸屬原因，而且無法排除時，則下一批產品須重複階段 1 至 3，用以建立管制界限。當獲得 25 組樣本後，則可依傳統之 A_2 和 D_4 因子計算正確之管制界限。

〔例〕　假設產品之批量爲 30 件，現收集 10 組 $n=3$ 之樣本，其資料如下表所示。試以此資料建立管制圖。

樣本	$\bar{x}$	R	樣本	$\bar{x}$	R
1	0.1002	0.0045	6	0.1001	0.0061
2	0.1010	0.0074	7	0.1008	0.0071
3	0.1005	0.0012	8	0.1012	0.0043
4	0.1017	0.0027	9	0.0997	0.0015
5	0.0992	0.0009	10	0.1020	0.0022

〔解〕　首先以 1 至 5 之樣本建立階段 1 之管制界限，

$$\bar{\bar{x}} = \sum_{i=1}^{5} \bar{x}_i / 5 = 0.10052$$

$$\overline{R} = \sum_{i=1}^{5} R_i / 5 = 0.00334$$

$$\mathrm{UCL}_R = D_{4F}\overline{R} = 2.4(0.00334) = 0.008$$

$$\text{UCL}_{\bar{x}} = \bar{\bar{x}} + A_{2F}\overline{R} = 0.10052 + 1.2(0.00334) = 0.10453$$

$$\text{LCL}_{\bar{x}} = \bar{\bar{x}} - A_{2F}\overline{R} = 0.09651$$

$\bar{x}$ 和 R 管制圖均顯示製程在管制內, 因此第 2 階段之管制界限為

$$\text{UCL}_R = D_{4S}\overline{R} = 3.4(0.00334) = 0.01136$$

$$\text{UCL}_{\bar{x}} = \bar{\bar{x}} + A_{2S}\overline{R} = 0.10052 + 1.5(0.00334) = 0.10553$$

$$\text{LCL}_{\bar{x}} = \bar{\bar{x}} - A_{2S}\overline{R} = 0.10052 - 1.5(0.00334) = 0.09551$$

上述管制界限可用來管制樣本 6 至 10。由於樣本 6 至 10 均在管制界限內, 因此可繼續進行第 3 階段。樣本 1 至 10 之 $\bar{x}$ 為

$$\bar{\bar{x}} = \sum_{i=1}^{10} \bar{x}_i/10 = \frac{1.0064}{10} = 0.10064$$

$$\overline{R} = \sum_{i=1}^{10} R_i/10 = 0.00379$$

由 10 組樣本所獲得之管制界限為

$$\text{UCL}_R = D_{4F}\overline{R} = 2.5(0.00379) = 0.009475$$

$$\text{UCL}_{\bar{x}} = \bar{\bar{x}} + A_{2F}\overline{R} = 0.10064 + 1.1(0.00379) = 0.10481$$

$$\text{LCL}_{\bar{x}} = \bar{\bar{x}} - A_{2F}\overline{R} = 0.10064 - 1.1(0.00379) = 0.09647$$

由於樣本 1 至 10 均在上述管制界限內, 因此下批產品之管制界限為

$$\text{UCL}_R = D_{4S}\overline{R} = 3.0(0.00379) = 0.01137$$

$$\text{UCL}_{\bar{x}} = \bar{\bar{x}} + A_{2S}\overline{R} = 0.10064 + 1.2(0.00379) = 0.10519$$

$$\text{LCL}_{\bar{x}} = \bar{\bar{x}} + A_{2S}\overline{R} = 0.10064 - 1.2(0.00379) = 0.09609$$

6.5 個別值管制圖及移動全距管制圖

在 $\bar{x}$-R 管制圖中, 各樣本之樣本大小 $n>1$。但實務上我們會遭遇許多情況, 必須 (或可以) 採用 $n=1$, 例如:

1. 自動化檢驗和量測技術之使用，對每一製造件進行分析。

2. 生產率低，無法以 $n>1$ 之樣本進行分析。

3. 有些製程（化學工業）之重複量測值相差不大，其差異只是來自於實驗或分析誤差。在此情況下，使用 $n>1$ 並無法提供更多之情報，因此可採用 $n=1$ 之樣本。

4. 在產品之不同位置，重複量測所得之數值相差不大，由此數據估計之標準差可能會太小。一個例子為在整卷紙之不同位置量測紙張厚度。

在上述情況下，我們無法以樣本全距來估計製程之變異性。一個可行之方法是以移動全距（moving range）來估計製程之變異性。移動全距可定義為 $MR_i = |x_i - x_{i-1}|$，亦即以相鄰之 2 數據計算全距。

〔例〕　某種化學產品之主要品質特性為黏度，此產品係以批量之方式生產，由於生產率太慢，故使用樣本大小 $n=1$，表 6-9 為 15 批產品之數據。試計算管制界限。

〔解〕　此 15 批產品之黏度的平均值為 $\bar{x} = 32.8$，兩連續數據之移動全距的平均值為 $\overline{MR} = 5.053$。由表得知 $D_3 = 0$，$D_4 = 3.267$（在此例中，移動全距定義為前後數據之差異量的絕對值，因此 $n=2$），由此可得移動全距管制圖之參數為

$UCL = D_4 \overline{MR} = (3.267)(5.053) = 16.508$

中心線 $= 5.053$

$LCL = 0$

圖 6-15 (a)為移動全距管制圖，由圖可看出並無點超出管制界限。對於個別值管制圖，其參數為

$UCL = \bar{x} + 3\dfrac{\overline{MR}}{d_2}$

中心線 $= \bar{x}$

表6-9　某化學產品之黏度

批號	黏度	移動全距
1	36.3	—
2	28.6	7.7
3	32.5	3.9
4	38.7	6.2
5	35.4	3.3
6	27.3	8.1
7	37.2	9.9
8	36.4	0.8
9	38.3	1.9
10	30.5	7.8
11	29.4	1.1
12	35.2	5.8
13	37.7	2.5
14	27.5	10.2
15	28.4	0.9
16	33.6	5.2
17	28.5	5.1
18	36.2	7.7
19	30.0	6.2
20	28.3	1.7

$$\bar{x}=32.8 \quad \overline{\mathrm{MR}}=5.053$$

$$\mathrm{LCL}=\bar{x}-3\,\frac{\overline{\mathrm{MR}}}{d_2}$$

由 $n=2$，查表可得 $d_2=1.128$，因此管制界限為

$$\mathrm{UCL}=32.8+3\left(\frac{5.053}{1.128}\right)=46.238$$

中心線$=32.8$

$$\mathrm{LCL}=32.8-3\left(\frac{5.053}{1.128}\right)=19.362$$

　　圖 6-15 (b)為個別值管制圖，由圖可看出並無點在管制界限外。移動全距亦可以其他之方式定義，例如移動全距可定義為連續 3 個數據之最大和

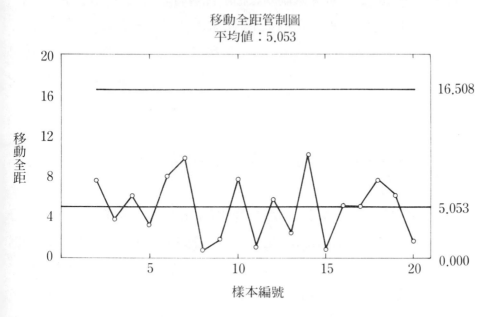

(a)移動全距管制圖

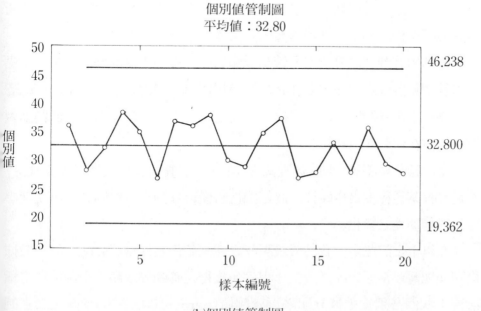

(b)個別值管制圖

圖6-15 個別值及移動全距管制圖

最小值的差異量。此時在查管制圖之相關係數時，需以 $n=3$ 查表。

在上例中，母體標準差是由移動全距來估計。另一可行之方法是由 x_1，x_2，…，x_m 之數據估計樣本標準差 S，再利用 S/c_4 估計母體標準差。利用 $\overline{MR}/d_2$ 或 S/c_4 估計必須由數據之特性來決定。Ryan（1989）對於此兩種方法有如下之建議：

1. 當數據為常態分配且獨立時，以 S/c_4 估計母體標準差比 $\overline{MR}/d_2$ 更有效率。學者建議當製程是在管制內時，最好以 S/c_4 估計標準差來管制製程。

2. 當數據具有不可避免之趨勢變化(trend)時，最好以 S/c_4 估計母體標準差。當數據具有相關性時，數據會具有趨勢之變化，此為不可避免之情形。如果以 $\overline{MR}/d_2$ 估計標準差，其估計值將比實際值為小，造成管制圖有許多誤判之情形。如果趨勢變化可以避免（換言之，趨勢變化為一種異常情形），則以 $\overline{MR}/d_2$ 所估計之標準差較能偵測到製程之趨勢變化。

除了上述考慮因素外，學者建議在設立管制圖之初，比較兩種方法所估計之標準差。如果兩者差異甚大，再探討造成此差異之原因。

個別值管制圖之分析與 $\bar{x}$ 管制圖類似。製程平均值改變時，將造成點超出管制界限或數據在中心線之一側呈現連串之變化。當製程平均值改變時，移動全距管制圖上，也將出現異常變化之點。此異常點有助於判斷製程平均值在何時產生變化。

由於移動全距等於前、後數據之差異量，各個全距值之間並不為獨立，而是具有某種程度之相關性。此相關性將使得移動全距管制圖上出現連串變化或週期性之變化。

在以上之討論中，我們假設製程之觀測值係服從常態分配。如果數據很明顯地偏離常態分配，則上述程序所獲得之管制界限將不正確。在這種情況下我們必須從數據分配之百分點值(percentiles)來決定適當之管制界限。數據分配之百分點值可從直方圖（最小 100 個數據）或從數據分配之適合度分析(distribution fitting)獲得。另一可行之方法是將原始數據轉換成另一符合常態分配之新變數,並以此新變數做爲管制圖之管制對象。

6.6　機率管制界限

計量值管制圖之管制界限與中心值之距離,一般是以管制對象之標準差的倍數 k 表示,稱爲 k-sigma 管制界限。另一方面,我們也可以宣告落在管制界限外之機率(型 I 誤差),來決定管制界限,此稱爲機率管制界限(probability control limits)。由於數據之實際分配通常爲未知,而且分配之參數是由樣本估計,因此以下所稱之機率界限只能視爲趨近值,並不能看成是眞正之機率界限。

一、$\bar{x}$ 管制圖

$\bar{x}$ 管制圖之機率管制界限可以從 $k=z_{\alpha/2}$ 獲得。$\bar{x}$ 管制圖一般採用 $k=3$,其相對應之 $\alpha=0.0027$。如果要獲得 $\bar{x}$ 管制圖之機率界限,可從 $z_{\alpha/2}$ 得到 k 值。例如: $\alpha=0.002$,可得 $k=3.09$,此爲歐洲國家所採用之管制界限。

二、R 管制圖

全距 R 之分配並非對稱(即使數據來自於常態分配),爲使落在管制界限外之機率相等,我們可考慮採用機率界限。R 管制圖之機率界限可寫成

$$\text{UCL}=D_{1-\alpha/2}\left(\frac{\bar{R}}{d_2}\right)$$

$$\text{LCL}=D_{\alpha/2}\left(\frac{\bar{R}}{d_2}\right)$$

其中 D 值可查表 6-10 獲得。

當 $n\geq3$ 時,使用機率管制界限可得到非 0 之下管制界限(當 $n<7$ 時,R 管制圖之 LCL$=0$),此非 0 之下管制界限可用來檢定全距是否顯著地降低。

表6-10　*R* 管制圖之機率界限因子

樣本大小	下界限			上界限		
	$D_{0.001}$	$D_{0.005}$	$D_{0.025}$	$D_{0.975}$	$D_{0.995}$	$D_{0.999}$
2	0.00	0.01	0.04	3.17	3.97	4.65
3	0.06	0.13	0.30	3.68	4.42	5.06
4	0.20	0.34	0.59	3.98	4.69	5.31
5	0.37	0.55	0.85	4.20	4.89	5.48
6	0.53	0.75	1.07	4.36	5.03	5.62
7	0.69	0.92	1.25	4.49	5.15	5.73
8	0.83	1.08	1.41	4.60	5.25	5.82
9	0.97	1.21	1.55	4.70	5.34	5.90
10	1.08	1.33	1.67	4.78	5.42	5.97

（資料來源：Grant & Leavenworth 1988）

三、S 管制圖

如同 *R* 管制圖，*S* 之分配並不為對稱。*S* 管制圖之機率界限為

$$\text{UCL} = B_{1-\alpha/2}\left(\frac{\overline{S}}{c_4}\right)$$

$$\text{LCL} = B_{\alpha/2}\left(\frac{\overline{S}}{c_4}\right)$$

表 6-11 為不同 *n* 下之 *B* 值。

表6-11　*S* 管制圖之機率界限因子

樣本大小	下界限			上界限		
	$B_{0.001}$	$B_{0.005}$	$B_{0.025}$	$B_{0.975}$	$B_{0.995}$	$B_{0.999}$
2	0.00	0.00	0.02	1.59	1.99	2.33
3	0.03	0.06	0.13	1.57	1.88	2.15
4	0.08	0.13	0.23	1.53	1.79	2.02
5	0.13	0.20	0.31	1.49	1.72	1.92
6	0.19	0.26	0.37	1.46	1.67	1.85
7	0.23	0.31	0.42	1.44	1.63	1.79
8	0.27	0.35	0.46	1.42	1.59	1.74
9	0.31	0.39	0.49	1.40	1.56	1.70
10	0.34	0.42	0.52	1.38	1.54	1.67

（資料來源：Grant & Leavenworth 1988）

上表中，B 值定義爲

$$B_{1-\alpha/2} = \sqrt{\frac{\chi^2_{\alpha/2,\,n-1}}{n}}, \quad B_{\alpha/2} = \sqrt{\frac{\chi^2_{1-\alpha/2,\,n-1}}{n}}$$

但有些作者(例如 Ryan 1989)會將管制圖之機率界限定義爲

$$\text{UCL} = \frac{\overline{S}}{c_4} \sqrt{\frac{\chi^2_{\alpha/2,\,n-1}}{n-1}}$$

$$\text{LCL} = \frac{\overline{S}}{c_4} \sqrt{\frac{\chi^2_{1-\alpha/2,\,n-1}}{n-1}}$$

6.7　警告界限管制圖

改良傳統蕭華特管制圖之方法之一，是在管制圖上加入警告界限 (warning limits，簡稱 WL)。如同輔助法則，此警告界限之加入，將可提昇辨認能力（亦即降低型 II 錯誤），但也同時增加管制圖之型 I 錯誤。

警告界限管制圖是在傳統蕭華特管制圖上，加入另一組警告界限。警告界限之加入是爲了提早發現製程之異常。警告界限管制圖之決策程序可寫成：

1. 一點超出管制界限。
2. 連續 k 點中有 r 點落在管制界限內，但在警告界限外。其中 r 點可在中心線之不同側。

一般實務上多使用 $k=r=2$，WL＝2 倍標準差(Hansen 和 Ghare 1987)，有關警告界限管制圖之效益，讀者可參考鄭春生和林裕章之論文 (1993)。

6.8　製程數據具相關性之統計製程管制

管制圖的建立是根據統計原理，其基本假設爲：所分析之數據必須是取樣於一個獨立、常態之母體。但是在實際的製程中，數據之間卻常常有相關性存在，Yourstone 及 Montgomery（1989）、Alwan（1992）等人都認爲，在工業界中有很多製程數據包含著大量的時間序列（time series）效果，另外，從連續製程和高科技工業中所收集到之數據，除了隱含著時間序列效果外，也有很明顯的自相關性存在。

導致數據之間產生相關性的原因，可能爲：

1. 若每次抽樣量測產品之品質特性的間隔固定或很短，則在觀測值之間會有相關性存在。

2. 在自動化百分之百檢驗中，由於每一項製造出來的產品都必須經過檢驗，因此每一個觀測值與先前的觀測值之間存在著相關性。

3. 從時間序列中所抽取的製程數據，例如：在連續製程上所收集到的數據，均具有自相關性，每一個抽樣數據和前一個抽樣數據之間存在著很高的相關性。

4. 若在收集數據時，將數據分成幾個子群（subgroup），則常常也會有相關性的現象發生。例如：

    (1) 對同一個工作量測數個相似之部分，像量測同一片 IC 板上之不同接腳（pin）或鑄造件上的數個空洞（cavity）等，這些數據之間便具有相關性。

    (2) 若在不同的工作站中設置有相同類型的機器，則在同一個工作站所製造出來的工件，就會比由不同工作站所製造出來的工件具有更高之相似性，即相關性更高。

當觀測值之間存在著相關性時，將導致管制圖的錯誤訊號明顯地增加，也就是說，相關性數據將會干擾到管制圖偵測製程是否發生異常變動的能力，使其發生錯誤判斷之機率隨著提高，就算是觀測值間的相關性很低，也無法免去它對管制圖所造成之嚴重影響，所以，若依然採用傳統的管制法來對具有相關性之數據進行管制並不適當。

在本章中我們將探討 Box-Jenkins 之時間序列模式，相關性數據之製程管制及類神經網路在品質管制上應用之現況。

6.8.1　Box-Jenkins 時間序列模式

　　當管制對象爲個別值數據，且具有相關性時，一般是利用 Box-Jenkins 時間序列模式來描述其相關性結構。Box-Jenkins 時間序列模式是由 Box 及 Jenkins（1976）所提出的，它主要之應用是在預測方面。當製程數據具有相關性時，其相關性結構亦能用 Box-Jenkins 模式來描述。假設 x_1，x_2，$\cdots$，x_t，$\cdots$，x_n爲在時間 t（$t=1$, 2, $\cdots$, n）所收集到的製程數據，則 x_t可依下列不同之數學模式來描述。

1.　ARMA（1,0）也就是 AR（1）模式

$$x_t = (1-\phi)\mu + \phi x_{t-1} + a_t$$

如果$|\phi|<1$ 則爲穩定（stationary）的模式，此處的穩定是指其有固定之平均值，這個模式的平均值爲 μ。

2.　ARMA（2,0）也就是 AR（2）模式

$$x_t = (1-\phi_1-\phi_2)\mu + \phi_1 x_{t-1} + \phi_2 x_{t-2} + a_t$$

如果 $\phi_1+\phi_2<1$，$\phi_2-\phi_1<1$，$|\phi_2|<1$ 則此爲一穩定的模式。

3.　ARMA（0,1）也就是 MA（1）模式

$$x_t = \mu + a_t - \theta a_{t-1}$$

如果$|\theta|<1$ 則爲可反轉（invertible）之模式，此處的可反轉是指其可將 MA 模式轉成無限次之 AR 模式。

4.　ARMA（0,2）也就是 MA（2）模式

$$x_t = \mu + a_t - \theta_1 a_{t-1} - \theta_2 a_{t-2}$$

如果 $\theta_1+\theta_2<1$，$\theta_2-\theta_1<1$，$|\theta_1|<1$ 則此爲可反轉的模式。

5. AR(p)模式

$$x_t = (1 - \phi_1 - \phi_2 - \cdots - \phi_p)\mu + \phi_1 x_{t-1} + \phi_2 x_{t-2} + \cdots + \phi_p x_{t-p} + a_t$$

6. MA(q)模式

$$x_t = \mu + a_t - \theta_1 a_{t-1} - \theta_2 a_{t-2} - \cdots - \theta_q a_{t-q}$$

7. ARMA(1,1)模式

$$x_t = (1 - \phi)\mu + \phi x_{t-1} + a_t - \theta a_{t-1}$$

如果$|\phi| < 1$則爲穩定之模式，如果$|\theta| < 1$則爲可反轉的模式。

8. ARMA(p, q)模式

$$x_t = (1 - \phi_1 - \phi_2 - \cdots - \phi_p)\mu + \phi_1 x_{t-1} + \phi_2 x_{t-2} + \cdots + \phi_p x_{t-p}$$
$$+ a_t - \theta_1 a_{t-1} - \theta_2 a_{t-2} - \cdots - \theta_q a_{t-q}$$

6.8.2 相關性存在下之數據特徵

當製程數據具有相關性時，其特徵可歸納爲下列數點。當製程數據爲正相關時，數據會朝同一方向變化。由於受到隨機變異之影響，數據會呈現一連串朝上，接著一連串朝下。長期來看，製程數據呈現週期不定之週期性變化。另一方面，當製程數據爲負相關時，數據會出現一上一下之跳動，此乃因爲負相關性造成前後數據朝不同方向跳動。上述之變化將受到相關性程度不同而有所改變。

以下我們探討製程數據具相關性但平均值不變時，數據在蕭華特管制圖上之變化情形。在以下之討論中，我們假設製程數據之平均值爲 0，標準差爲 1，製程標準差是由樣本數據直接計算。

圖6-16爲 AR(1)模式下 $\phi = 0.8$，製程數據之變化情形。由圖6-16可知當數據爲正相關時，其圖形之變化爲一連串向上，一連串向下。當 ϕ 值越接近 1 時，數據之變化如同週期性模型。由此圖亦可看出，製程平均值

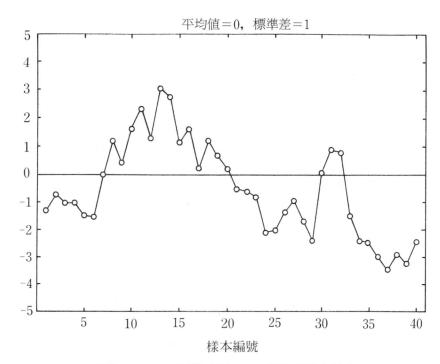

平均值＝0，標準差＝1

樣本編號

圖6-16　　AR(1)模式下 $\phi=0.8$ 製程數據之變化

不變時仍有連續數點在中心線之同一側，傳統之測試法則將造成製程之誤判。

　　圖 6-17 爲 MA(1)模式下 $\theta=-0.8$，製程數據之變化情形。由圖 6-17 可看出當數據爲正相關時，其圖形之變化爲一連串向上，一連串向下。當 θ 值越接近 -1 時，其變化如同週期性模型。

　　圖 6-18 爲 AR(1)模式下 $\phi=-0.8$，製程數據之變化情形。由圖 6-18 可知當數據爲負相關時，其圖形之變化呈現一上一下之跳動。當 ϕ 值接近 -1 時，一上一下之規律性越明顯。

　　圖 6-19 爲 MA(1)模式下 $\theta=0.8$ 製程數據之變化情形。由圖 6-19 可發現當數據爲負相關時，其圖形之變化呈現一上一下之跳動。當 θ 值接近 時，一上一下之特徵更爲明顯。

　　若以蕭華特管制法來管制具有相關性之製程數據時，正相關性使得蕭

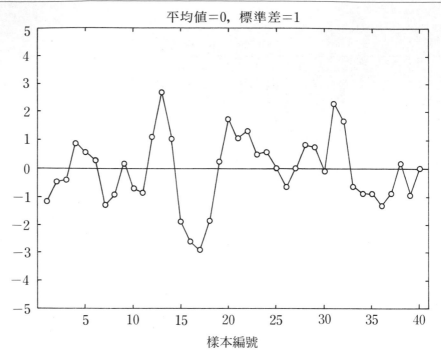

圖6-17 MA(1)模式下$\theta=-0.8$製程數據之變化

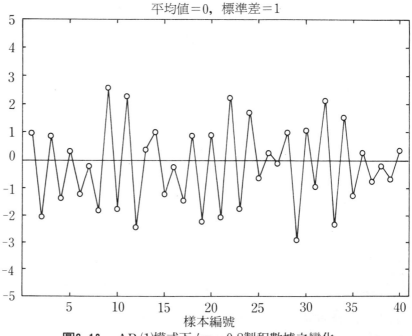

圖6-18 AR(1)模式下$\phi=-0.8$製程數據之變化

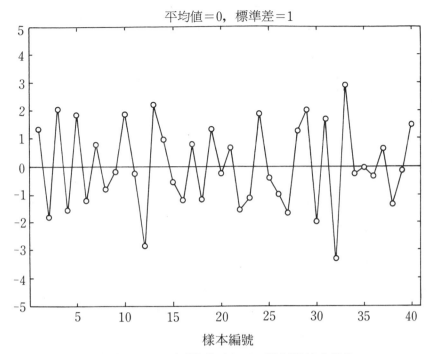

平均值＝0，標準差＝1

圖6-19　MA(1)模式下$\theta=0.8$製程數據之變化

華特管制法之錯誤警告降低（在移動量爲 0 時，有較長之 ARL），但同時也使得偵測異常之能力降低（亦即在移動量＞0 時，有較長之 ARL 值）。表 6-12 顯示相關性對於蕭華特管制法之影響。

6.8.3　相關性數據之統計製程管制法

Johnson 和 Bagshaw（1974 及 1975）曾探討當數據間具有相關性時，對於單邊 CUSUM 管制法偵測異常的影響。他們以平均連串長度及連串長度之機率分配做爲比較的基準，其兩人在研究中指出當製程數據符合 AR(1)模式時，其 $ARL(\phi)=[(1-\phi)/(1+\phi)]ARL(0)$，而 $ARL(0)$爲製程數據不具相關性時 CUSUM 管制法偵測異常所需之平均連串長度，如果製程數據爲 MA(1)模式時，其 $ARL(\theta)=[(1+\theta)^2/(1-\theta)^2]ARL(0)$。

統計製程管制法通常是根據合理樣本組之統計量來分析製程，例如 $\bar{x}$-R 管制圖。Yourstone 及 Montgomery（1989）認爲分析個別的製程

表6-12 相關性對蕭華特管制法之影響

	ϕ								
δ	0.0	0.1	0.2	0.3	0.4	0.5	0.6	0.7	0.8
0.0	370	374	373	379	387	399	426	465	564
0.25	279	282	286	292	299	311	333	373	453
0.5	155	156	158	164	168	177	195	224	279
0.75	80.8	82.4	83.8	86.5	91.0	97.7	109	127	164
1.0	43.9	45.0	46.5	48.4	51.8	56.3	63.6	75.2	99.8
1.5	14.9	15.8	16.9	18.2	20.0	22.4	26.2	32.4	44.2
2.0	6.28	6.85	7.61	8.44	9.58	11.2	13.5	17.1	24.1
2.5	3.24	3.67	4.17	4.79	5.58	6.63	8.17	10.7	15.2
3.0	2.00	2.35	2.72	3.19	3.77	4.51	5.59	7.41	10.9
4.0	1.19	1.33	1.55	1.84	2.23	2.73	3.43	4.52	6.67
5.0	1.002	1.069	1.164	1.331	1.593	1.962	2.476	3.279	4.812

數據比分析合理樣本組數據獲得之製程資訊更多。其理由有：

1. 對合理樣本組數據進行分析時，較不具時效性。因為其在生產和分析間有一段間隔差距。

2. 有些異常情形可能會發生在每次抽樣之間，而此一異常並未包含在樣本組中，因此無法以管制圖偵測出來。

3. 當數據呈現一些異常情形如趨勢變化、週期性變化時，若利用樣本組數據分析製程，將可能無法顯現出其異常的狀況。

Yourstone 及 Montgomery (1989) 提出以時間序列方法做為基礎之管制程序以應用於電腦整合製造(CIM)環境中，因為在 CIM 環境下，製程數據均是由感測器(sensor)搜集，數據間具有相關性及時間序列之特性。他們建議先以 ARIMA 模式求出殘差，再利用幾何移動全距管制圖管制殘差來監視製程之變異性，並藉由幾何移動平均值管制圖分析殘差以監視製程平均值的變化。

Yourstone及Montgomery (1991)提出以樣本自相關(Sample Autocorrelation)管制圖來分析具有相關性的個別值數據。他們認為當製程平均值發生改變時，其 ARIMA 模式之殘差的樣本自相關統計量將會有一些特殊之模型(pattern)出現。

如果數據間具有相關性,則可用時間序列模式,例如ARIMA(p, d, q),將數據模式化, 再用實際之觀測值減掉由此模式所得的預測值以得觀測值之殘差(residual)。如果選用的模式適當,則所得到之殘差將是獨立且符合常態分配的隨機變數, 這時就可利用管制圖管制殘差以監視製程狀態, 但通常殘差所能夠提供之資訊較少, 即使製程平均值有很顯著的移動, 利用殘差所畫出之管制圖有時卻無法看出有移動的現象。Montgomery 及 Mastrangelo （1991)建議將殘差和原始數據畫在同一個管制圖上, 因為從原始數據之管制圖中可以看出製程數據變動的情形, 他們提出了三種不同之管制方法:

1. 用移動全距的方法估計殘差的變異數(σ_e^2), 求出其$\pm 3\sigma_e$之管制界限, 如果殘差值超出管制界限則代表製程發生異常; 但如果原始數據落在其相對應的管制界限外, 而殘差值卻落在相對應的管制界限內則仍將製程視為正常。

2. 使用 EWMA（exponentially weighted moving average)統計量來管制相關性數據, EWMA 統計量為

    $$\widehat{x}_{t+1} = \lambda x_t + (1 - \lambda)\widehat{x}_t$$

    其中 λ 為使預測誤差的平方和為最小之值。

    使用 EWMA 統計量的方法必須先求出其 λ 值,以便得到預測值及殘差值, 再利用移動全距的方法估計殘差之變異數, 求出$\pm 3\sigma_e$之管制界限, 如果殘差超出管制界限就表示製程發生異常現象。

3. 將透過 EWMA 統計量所得到之前一期預測值定為管制圖中心線, 而其上、下管制界限分別為

    $$\text{UCL}_{t+1} = \widehat{x}_{t+1} + z_{a/2}\sigma_e$$

    $$\text{LCL}_{t+1} = \widehat{x}_{t+1} - z_{a/2}\sigma_e$$

    其中 $Pr\{-z_{a/2}\sigma_e \le e_t \le z_{a/2}\sigma_e\} = 1 - \alpha$。

    如果原始數據落在管制界限外, 則代表製程發生異常。但因為這種方法的管制界限並非常數, 所以在研判上較為困難, 況且其管

制界限是採用逐點計算之方式, 故此一方法在使用時亦較爲複雜。

Harris 和 Ross （1991）探討相關性對管制法的影響, 其認爲如果忽略了數據之間的相關性而直接採用傳統管制法, 對製程狀態之判斷將造成錯誤, 他們建議以時間序列模式來管制具有相關性的製程。

Alwan（1992）利用兩個指標來判斷相關性製程數據對管制圖偵測異常製程之能力的影響, 他先定義下列四種符號:

1. FP(False positive)

觀測值落在管制界限外但與其相對應的殘差值(e_t)卻落在管制界限之內。

2. FN(False negative)

殘差值落在管制界限外但與其相對應的觀測值卻落在管制界限之內。

3. RFP(the ratio of false positive)

合乎 FP 條件之觀測值個數與落在管制界限外之全部觀測值個數的比例。

4. RFN(the ratio of false negative)

合乎 FN 條件之殘差值個數與落在管制界限外之全部殘差值個數的比例。

Alwan（1992）認爲如果觀測值跟其相對應的殘差值「行爲一致」時, 就表示製程是在管制內, 反之, 則認爲製程是在管制外。所謂「行爲一致」就是指當觀測值在其管制圖上是落於管制界限內時, 其殘差值在管制圖上也是落於管制界限內, 同樣地, 假若觀測值落在管制界限外, 它的殘差值也將落在管制界限外。因此, 當收集的數據具有相關性時, 他認爲應該把

觀測值和殘差值的管制圖同時畫出, 並求出其 RFP 和 RFN 值。若 RFP 及
RFN 越小, 代表管制圖的偵測能力較好, 反之, 如果 RFP 和 RFN 越大,
代表管制圖之偵測能力越差。另外他還將觀測值與殘差值之間的相關係數
定爲 ρ, 當觀測值和殘差值之管制界限各定爲 $\pm 3\sigma_x$ 和 $\pm 3\sigma_e$ 時, ρ 值越大則
RFP 及 RFN 就越小, 甚至當 ρ 值等於 1 時, 不但 RFP 值爲 0 且 RFN 值
亦是爲 0, 由此可知當 ρ 值越大, 則管制圖偵測異常製程之能力受相關性數
據的影響就越小。

　　Veron、Richard 和 Bajic (1986) 及 Liu (1988) 也都曾經探討在自
動化生產環境下相關性數據對製程管制法之影響。Veron 等人主要是針對
彈性製造系統(Flexible Manufacturing Systems)下製程管制的問題進
行探討, 其建議以 AR 模式來偵測製程之異常, 並以 Kalman filter 來進
行製程的矯正, 而 Liu 則建議以 ARIMA 模式應用在自動化生產環境下,
他並提出一估計 ARIMA 模式參數之程序。

　　當管制之對象爲樣本組數據時, 學者一般建議以修改傳統的管制界限
的方式來處理相關性數據。Vasilopoulos 和 Stamboulis (1978) 探討當
製程數據具有 ARMA 相關性之結構時, 如何利用樣本平均值資料進行分
析製程異常的問題, 他們建議修改傳統之管制界限以處理具有相關性的製
程數據。Neuhardt (1987) 探討當樣本組內的數據具有相關性時, 其對傳
統管制圖之影響, 透過他的研究顯示, 相關性製程數據將會使得傳統管制
圖之型 I 錯誤增加。Yang 及 Hancock (1990) 延續了 Neuhardt (1987)
之研究, 唯一不同的是其假設存在各數據之間的相關性並不同, 他們建議
計算樣本中各數據的相關係數 r_{ij} 之平均值

$$\rho = \sum_{i \neq j} r_{ij} / [n(n-1)]$$

其中 n 爲樣本大小。

　　Yang 及 Hancock (1990) 並以 ρ 值來調整管制圖的管制界限。若所
使用的是 S 管制圖和 R 管制圖, 則因爲在調整管制界限之前跟調整管制

界限後所得到的型 I 錯誤 α 相差並不顯著, 因此他們認為即使樣本子群間有相關性存在, 仍可當作不具相關性的子群來求其管制界限; 至於 S^2 管制圖, 雖說若採用傳統的管制界限時, α 值將會比假設的還大, 可是如果要將相關性納入考慮範圍, 則計算會變得非常地麻煩, 所以他們覺得使用傳統之管制界限便已足夠。

Alwan及Radson (1992) 指出Vasilopoulos及Stamboulis(1978)、Neuhardt (1987) 和 Yang 及 Hancock (1990) 等人之研究, 均以修改傳統的管制界限來分析具有相關性之樣本組資料, 但其修改後的管制界限為一固定值, 他們沒有考慮樣本之間的相關性會隨著時間而改變, 因此並不符合現實中的情況。Alwan 及 Radson 不但探討了樣本平均值在不同相關性時之各種特性, 而且還提出各種調整管制界限的方法來分析具有相關性之樣本組數據, 這些方法的最大特點是其修正後之管制界限將隨著數據自身的相關性而改變。

通常數據間的相關性關係被稱為相關性結構(correlation structure), 而自原始數據中將相關性結構去除雖可得到具有獨立、常態分配之殘差, 但若使用傳統的管制法來管制殘差項卻是一種沒有效率之方法, 因為其忽略了當製程數據發生平均值移動的異常現象時, 殘差平均值之變化程度 (以 σ_e 之倍數表示) 與原始數據平均值之變化程度 (以 σ_x 之倍數表示) 並不相同, 當 x_t 具有相關性且平均值不變時, 殘差之平均值為 0, 但當 x_t 之平均值產生跳動時, 其殘差未必也會發生相同地跳動量。Ryan (1991) 曾對 Montgomery 及 Mastrangelo (1991) 所提出的管制方法加以批評:

1. 當所收集的數據之間是互相獨立時, 可用下列的模式表示:

$$x_t = \mu + a_t \quad a_t \sim N(0, \sigma_a^2)$$

$$\hat{x}_t = \mu$$

$$e_t = x_t - \hat{x}_t = a_t$$

$$V(e_t) = V(a_t) = \sigma_a^2$$

$$E(e_t) = E(a_t) = 0$$

所以當收集的製程數據相互獨立時，用管制圖分析原始數據或殘差，其結果將會相同。

2. 當收集的數據具有 AR(1)模式之相關性且發生平均值跳動 $\delta\sigma_x$ 時，可用下式表示：

$$x_t = (1-\phi)(\mu+\delta\sigma_x) + \phi x_{t-1} + a_t$$

$$\hat{x}_t = (1-\phi)\mu + \phi x_{t-1}$$

$$e_t = (1-\phi)\delta\sigma_x + a_t$$

$$V(e_t) = V(a_t) = \sigma_a^2$$

$$又 \quad x_t = (1-\phi)(\mu+\delta\sigma_x) + \phi x_{t-1} + a_t$$

$$= (1-\phi)(\mu+\delta\sigma_x) + \phi[(1-\phi)(\mu+\delta\sigma_x) + \phi x_{t-2} + a_{t-1}] + a_t$$

$$= (1+\phi+\phi^2+\cdots+\phi^{t-1})(1-\phi)(\mu+\delta\sigma_x) + \phi^t(\mu+\delta\sigma_x) + \phi^{t-1}a_1 + \cdots + \phi a_{t-1} + a_t$$

$$\sigma_x^2 = V(x_t)$$

$$= (\phi^{t-1})^2 V(a_1) + (\phi^{t-2})^2 V(a_2) + \cdots + V(a_t)$$

$$= (1+\phi^2+\cdots+\phi^{2t-2})\sigma_a^2$$

$$= \left[\frac{(1-\phi^{2t})}{(1-\phi^2)}\right]\sigma_a^2$$

$$= \left[\frac{1}{(1-\phi^2)}\right]\sigma_a^2$$

（當所收集之觀測值很多時，$\phi^{2t} \approx 0$）

$$\sigma_x = \sqrt{\frac{1}{(1-\phi^2)}}\sigma_a$$

故 $E(e_t) = (1-\phi)\delta\sigma_x$

$$= (1-\phi)\delta\sqrt{\frac{1}{(1-\phi^2)}}\sigma_a$$

$$= \left[\delta\sqrt{\frac{(1-\phi)}{(1+\phi)}}\right]\sigma_a$$

由上式可知, 當 x_t 之平均值跳動 δ 倍標準差時, 殘差的跳動量則為 $\delta \sqrt{(1-\phi)/(1+\phi)}$ 倍標準差。當 ϕ 為正值而且接近 1 時, 殘差之移動量將非常的小; 反之, 當 ϕ 為負值而且接近 -1 時, 殘差之移動量將非常的大。因此當數據具有相關性且其平均值發生跳動時, 用殘差進行分析, 將導致管制法對製程狀態造成誤判。

3. 當收集的數據具有 MA(1) 模式之相關性且發生平均值跳動 $\delta\sigma_x$ 時, 可用下式表示:

$$x_t = (\mu + \delta\sigma_x) + a_t - \theta a_{t-1}$$

$$\hat{x}_t = \mu - \theta a_{t-1}$$

$$e_t = \delta\sigma_x + a_t$$

$$\begin{aligned} 又\ \sigma_x^2 &= V(x_t) \\ &= V(a_t) + \theta^2 V(a_{t-1}) \\ &= \sigma_a^2 + \theta^2 \sigma_a^2 \\ &= (1+\theta^2)\sigma_a^2 \end{aligned}$$

$$\sigma_x = \sqrt{(1+\theta^2)}\,\sigma_a$$

$$\begin{aligned} 故\ E(e_t) &= \delta\sigma_x \\ &= [\delta\sqrt{(1+\theta^2)}]\sigma_a \end{aligned}$$

由上式可知, 當 x_t 之平均值跳動 δ 倍標準差時, 殘差之跳動量為 $\delta\sqrt{(1+\theta^2)}$ 倍標準差。當 θ 不等於 0 時, 殘差之跳動量將會比 x_t 之移動量還要大, 因此當數據具有相關性且又發生平均值跳動時, 利用殘差進行製程分析將會使得管制法的錯誤警告率增加。

6.8.4 製程標準差計算方式對管制法之影響

在統計製程管制中, 當管制對象為個別值時, 標準差可直接由數據計算, 或以移動全距之方式計算。當製程數據為獨立時, 此兩種方式所估計之標準差, 差異並不大。但數據具有相關性時, 此兩種方式所得到之值差異頗大。在一般研究中此兩者之差異常被不正確地忽略掉。

　　王英欽（1993）之研究曾對此兩種計算標準差之方式，做一深入之探討，我們將其結果匯總於表 6-13，詳細推導過程請參考王英欽（1993）之研究報告。

表6-13　樣本標準差計算方式

	直接計算標準差	以移動全距法計算標準差
AR（1）模式	$\sigma_x' = \sqrt{1/(1-\phi^2)}\,\sigma_a$	$\sigma_x' = \sqrt{1/(1+\phi)}\,\sigma_a$
MA（1）模式	$\sigma_x' = \sqrt{(1+\theta^2)}\,\sigma_a$	$\sigma_x' = \sqrt{(1+\theta+\theta^2)}\,\sigma_a$

（資料來源：王英欽1993）

σ_x'爲由不同方法所獲得之標準差之估計值

　　由上表可知當製程具有正相關時，移動全距法將低估製程標準差。此乃因爲正相關時，數據朝同一方向變化，移動全距變化不大。反之，數據爲負相關時，移動全距法將高估製程之標準差。

6.9　統計製程管制圖之正確使用

一、規格界限與管制界限之迷惑

　　一般實務上常見使用者將產品規格界限當做 $\bar{x}$ 管制圖之管制界限來使用，此種情形將造成不良之後果。規格界限通常是由管理人員、製造工程師、客戶或產品設計工程師所決定。雖然在設定規格界限時需了解製程之固有變異性，但管制界限與規格界限並沒有數學上或統計上之關連性。規格界限是用來衡量個別產品之成效，而 $\bar{x}$ 管制界限則是用來衡量樣本平均值，並非個別值。因此，$\bar{x}$ 管制圖不適合以規格界限當做管制界限，另外，在 $\bar{x}$ 管制圖上繪出規格界限也沒有意義。在個別值管制圖上，則可以繪出產品之規格界限，做爲比較之用。

　　在此必須強調的是，規格界限與管制界限無直接之關係，製程在管制內與符合規格也沒有直接之關連。一般之錯誤觀念是認爲管制內即代表產品符合規格。而事實上，製程在管制內只代表作業員階層將製程充分發揮。製程在管制內仍會產生不合格品，此種原因屬管理階層之責任，例如規格界限之錯誤設計、生產設備無法配合，或製程參數之錯誤設定等。當製程在管制內而仍無法符合產品規格時，可利用實驗設計(Design of Experiment)或其他方法來找出影響製程變異之主因，以進一步改善製程，降低製程之變異性。

二、標準差之錯誤計算

一般在建立管制圖時，是先收集樣本大小為 n 之 m 組樣本，以計算製程之參數。計量值管制圖之 $\bar{x}$ 管制圖是用來監視樣本間之變異（亦即隨時間改變之製程變異）；而 R 或 S 管制圖是用來衡量樣本組內之變異（瞬間之製程變異）。當要計算製程標準差時必須從樣本內變異來估計(亦即個別樣本之全距或標準差，此標準差只反應樣本內之變異而已)。一般常犯之錯誤是從 $(m \times n)$ 個數據計算標準差

$$S = \sqrt{\frac{\sum_{i=1}^{m}\sum_{j=1}^{n}(x_{ij} - \bar{\bar{x}})^2}{mn-1}}$$

上式所列之 S 值可能包含組內和組間變異，因此造成標準差之高估，其結果是管制界限過寬，不易偵測到可歸屬原因。綜言之，管制界限只能以組內變異來計算，不應包含組間變異。

6.10 實施管制圖計畫之原則

管制圖之應用包含下列數項工作(Montgomery 1991)：

1. 選擇適當之管制圖。
2. 決定欲管制之品質特性和決定製程中應用管制圖之位置。
3. 改善製程之行動。
4. 選擇數據收集系統和電腦軟體。

一、選擇適當之管制圖

1. $\bar{x}$ 及 R（或 $\bar{x}$ 及 S）管制圖之適用時機

   (1) 新製程或現有製程生產一新產品時。

   (2) 製程已存在一段時間但不能符合產品之規格允差。

   (3) 對一有問題之製程，管制圖能提供診斷之機會時。

   (4) 進行破壞性之測試或高成本之測試。

   (5) 當製程在管制狀態時，期望能夠減少驗收抽樣及檢驗。

   (6) 已使用計數值管制圖但製程爲管制外，或製程是在管制內但製程之不合格率太高。

   (7) 當製程需要極嚴之規格，重疊之組合允差或製程存在其他困難之製造問題。

   (8) 當作業員需要決定是否調整製程或機器之準備工作必須評估時。

   (9) 當需要改變產品規格時。

   (10) 當必須經常顯示製程之穩定性及製程能力時。

2. 計數值管制圖之適用時機

   (1) 作業員控制可歸屬變異原因，而且必須減低製程之不合格率。

   (2) 製程管制是必須但並不能獲得量測數據。

   (3) 製程爲一複雜之裝配工作，而且產品品質之量測爲產品不合格品之出現次數、產品功能之成功或失敗。屬於這類之製程有電腦、辦公室自動化用品、汽車和這些產品之零組件。

   (4) 需要彙整製程成效，以供管理參考。p 管制圖、c 管制圖及 u 管制圖等都能有效地記錄及彙整製程之成效以提供管理者參考。

3. 個別值及移動全距管制圖之適用時機

   (1) 由於製程之特性無法或不容易獲得合理樣本組，或抽樣時重複之量測數據僅為實驗或分析之誤差，無法反應製程之變異性。典型之例子為化學工業。

(2) 使用自動化之測試及檢驗允許對每一產品做量測。

(3) 樣本之收集需一很長之等待時間，以使得製程管制無法對製程問題做及時之反應。

4. EWMA 和 CUSUM 管制圖之適用時機

EWMA 和 CUSUM 管制圖將在第七章介紹，它們主要是用在偵測微量之製程變化。

圖 6-20 匯總各種管制圖之使用時機。

二、決定何種品質特性需管制及何處需實施管制圖

在開始使用管制圖時，對於何種產品或製程之特性需管制及何處需使用管制圖是一件困難之事。一些可行之準則有：

1. 在管制圖計畫之開始，將管制圖應用到被認為是重要之產品特性或製造程序上。管制圖所回饋之情報能夠立刻告訴我們是否需要這些管制圖。

2. 將一些認為非必要之管制圖移去。將工程師或作業員認為必要之管制圖加入。在製程尚未穩定前通常需要較多之管制圖。

3. 將目前使用之管制圖之數目及種類等資訊記錄下來。一般而言，當管制圖計畫開始施行之初，管制圖數目之成長相當穩定。此後管制圖之數目將減少。當製程穩定後每年間管制圖之數量將不會有太多改變。但它們並不需要是相同之管制圖。

4. 當管制圖被有效運用，同時也獲得主要製程之有關資訊後，我們將發現計量值管制圖之數量將增加而計數值管制圖之數目將減少。

5. 在管制圖計畫之開始將有許多計數值管制圖用於半成品及完成品。但當吾人從製程獲得更多資訊後，計量值管制圖將取代計數

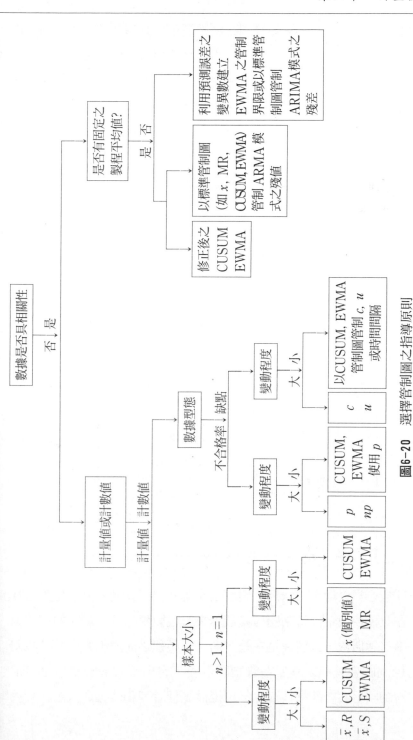

圖6-20　選擇管制圖之指導原則

（資料來源：Farnum 1994, Montgomery 1991）

値管制圖。這些計量值管制圖將被運用在製程較前面之階段，用以管制使完成品產生許多不合格品之重要參數和作業上。在製程較前面之階段使用管制圖，所獲得的效果愈佳。對於複雜之裝配作業，此意謂將管制圖應用在供應商之階段。

6. 管制圖為連線之管制方法，因此管制圖應該在工作站附近施行及維護，以獲得迅速之回饋。線上作業員及製造工程師負有收集數據，維護管制圖及解釋管制圖之責任。

三、改善製程之行動

製程改善為統計製程管制之主要目的。管制圖之應用可以獲得有關製程之兩項重要情報：製程是否在統計管制內，製程能力是否符合要求（在此指製程之不合格率是否符合規定）。在應用統計製程管制後，製程之狀態可分為四種情形，各情形下所應採取之行動如下表所示。

		製程能力是否符合要求	
		是	否
製程是否在統計管制內	是	繼續實施 SPC 以發現可歸屬原因 (1)	繼續實施 SPC 實驗設計 檢討規格是否適合 更改製程 (2)
	否	繼續實施 SPC 以降低變異性 (3)	繼續實施 SPC 實驗設計 檢討規格是否適合 更改製程 (4)

第一種情形為最理想之狀況，製程是在統計製程管制內且有足夠之製程能力。在此種情況下，管制圖可繼續用來監視製程，以發現新的可歸屬原因。在第二種情況下，製程是在管制內，但製程之能力不合。此時我們仍可利用管制圖來監視製程但在管制圖上將不會出現太多管制外之異常點。觀察管制圖上之非隨機性變化仍可提供製程診斷和改善之機會。實驗

設計法也可用來設定新的製程參數，用以改善製程。產品規格界限也需檢討是否太過嚴格。最後之可行方法是開發能降低製程變異性之新的生產技術。

在第三種情況下，製程不在管制內，但製程並不會產生太多之不合格品。雖然沒有太多之不合格品，但基於下列理由，我們仍應繼續實施統計製程管制。

1. 規格界限可能改變。
2. 顧客要求製程在管制內且需有足夠之製程能力。
3. 製程不在管制內，代表存在可歸屬原因影響製程，這些原因將影響製程未來之能力。

第四種情形所要採取之行動與第二種情況相同，由於製程為管制外，管制圖將很快地偵測到異常。

四、選擇數據收集系統和電腦軟體

SPC 電腦軟體之種類相當多，學者專家(Grant 和 Leavenworth 1988，Montgomery 1991)認為個人電腦上之軟體應具備下列幾項基本要求。

1. 必須能夠在個人電腦上單機使用或在個人電腦網路上使用，SPC 軟體並不適合在大型主機上使用。
2. 系統必須要有親和力(user friendly)，能提供清楚之指示和線上輔助。
3. 在螢幕上要能顯示最近 25 組樣本資料，最理想之情況是由使用者控制在螢幕上顯示之組數。而且管制圖最好能由印表機或繪圖機印出。
4. 檔案要能容納最少 300 組樣本資料。系統要能提供檔案修改、編輯之功能，而且要能送至其他媒體上儲存。當系統中之檔案數太多時，要能下載(download)至其他資料庫中儲存。
5. 系統要能根據使用者所定義之數據資料範圍自動地計算管制界限

和其他相關之參數。系統也要允許使用者能夠輸入管制圖之中心線和管制界限。另外，系統也要依使用者之指示，排除管制外之點，計算新的管制界限。

6. 系統要能根據使用者定義之數據範圍建立直方圖，並具有顯示規格界限、計算不合格率、製程能力指標等功能。

7. 要能接受不同方式之輸入，例如人工鍵盤輸入、RS-232 輸入或由其他電腦或儀器輸入。

Quality Progress 和 *Quality* 兩種雜誌每年都會有專刊報導品質管制軟體之功能、價格、系統要求等資訊，讀者可參閱此兩份雜誌以獲得更進一步之資料。

6.11 計量值管制圖與計數值管制圖間之選擇

在許多應用上，分析者必須在計量值管制圖與計數值管制圖間作一選擇。在有些情況下，這種選擇很清楚，例如當產品之品質特性為顏色時(例如布或地毯之顏色)，則較適合使用計數值管制圖(因為顏色不容易被數量化)。但在有些情況這種選擇並不是很清楚，分析者必須考慮許多因素以作正確之選擇。

計數值管制圖可用在產品具有許多品質特性，當一項或多項品質特性不合規格，則整件被視為不合格品。若每一品質屬性都作計量值之量測，則對每一屬性都必須有一平均值及全距管制圖。在這種情況下使用計數值管制圖較為適當。另外，昂貴及費時之檢驗也較適合用計數值管制圖。

計量值管制圖則可較計數值管制圖提供更多有關製程之資訊。例如製程平均值和變異數都很容易直接獲得。另外，當有點落在管制界限外時較用計量值管制圖較容易提供有關管制外之可能原因。計量值管制圖也較適合做製程能力分析。計量值管制圖最重要之優點是可警告作業員製程問題即將發生，以允許作業員在不合格品產生前能夠採取修正措施。而計數值管制圖則要在許多不合格品產生後才能採取因應之措施。

　　圖 6-21 可用來說明此一論點。當製程平均值為 μ_1 時只有些許不合格品發生。當平均值上升到 μ_2 時，則在 $\bar{x}$ 及 R 管制圖會呈現非隨機性之模型或有許多點超出管制界限外。但使用計數值管制圖時（例如 p 管制圖）則必須等平均值到達 μ_3 時才能有反應。

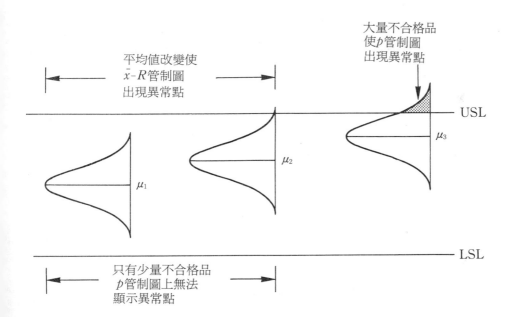

圖6-21　平均值及全距管制圖能警告問題之原因

　　對於一製程平均值跳動之偵測，使用計量值管制圖所需之樣本大小較計數值管制圖為小。因此當每單位之計量測試成本雖然較高，但卻只需檢驗較少之樣本數。這對於破壞性檢驗是一很重要之考慮因素。下例將說明計量值管制圖之經濟效益。假設某一品質特性之名義平均值為 100，標準差為 3。此製程係由 $\bar{x}$ 管制圖管制。此製程之規格界限定在 ±3 個標準差，亦即上規格界限為 109，下規格界限為 91。若品質特性之分布為常態分配，則當製程在名義平均值 100 時其不合格率為 0.0027。假設製程之平均值跳至 103，則不合格品之機率為 0.02275。若希望在下一組樣本偵測到此跳動之

機率為 0.5, 則表示 $\bar{x}$ 管制圖使用之樣本大小需大到使上管制界限為 103。亦即

$$100+3(3/\sqrt{n})=103, \quad n=9$$

若使用 p 管制圖則可利用下列公式求得樣本大小 n。

$$n=\left(\frac{k}{\delta}\right)^2 p(1-p)$$

其中 $k=3$ 為管制界限之寬度, $p=0.0027$ 為管制內時之不合格率, $\delta=0.02275-0.0027=0.02005$ 為跳動之大小。因此, p 管制圖之樣本大小可計算得

$$n=(3/0.02005)^2(0.0027)(0.9973)=60.3\cong 61$$

由上結果可看出除非計量值之量測成本較屬性檢驗成本大 7 倍 (61/9), 否則平均值管制圖仍是一較經濟之管制方法。

習 題

1. 蕭華特管制圖一般稱為 3 倍標準差管制圖，但為何公式 $\bar{\bar{x}} \pm A_2 \bar{R}$ 中並未見 3 倍標準差。

2. 說明平均連串長度之意義，平均連串長度該具有何種特性。

3. 試舉二例說明計量值管制圖在非製造業上之應用（需說明如何決定樣本統計量、抽樣方法等）。

4. 請說明為什麼在使用 $\bar{x}$-R 管制圖時，需先診斷 R 管制圖上之異常原因，再分析 $\bar{x}$ 管制圖。

5. 為什麼標準差 S 管制圖較適合用在樣本大小 n 不相同之情況下？

6. 說明為什麼產品之規格界限不能當做 $\bar{x}$ 管制圖之管制界限。

7. R(Range) 為越小越好，那為什麼還需要下管制界限？

8. 假設 $\bar{x}$-R 管制圖之參數及數據如下所示：

	平均值	全距
UCL	11.58	3.35
CL	10.66	1.59
LCL	9.74	0

樣本	$\bar{x}$	全距	樣本	$\bar{x}$	全距
1	10.44	1.8	11	10.56	1.5
2	10.46	1.4	12	9.96	2.4
3	9.98	0.7	13	10.44	2.8
4	9.82	2.6	14	10.96	1.0
5	10.9	2.4	15	11.14	1.5
6	10.36	1.1	16	10.04	0.8
7	11.32	0.8	17	11.44	2.1
8	10.86	1.2	18	11.84	1.0
9	10.58	0.5	19	11.14	2.7
10	9.52	1.9	20	11.44	1.6

(a) 此管制圖之樣本大小為多少？

(b) 繪出管制圖，分析製程是否為管制內（以點是否超出管制界限做為判斷準則)。

(c)建議監視期所使用之管制圖參數。

9. 假設 $n=5$, 由製程所收集到之資料爲:

$$\sum_{i=1}^{25} \bar{x}_i = 750 \qquad \sum_{i=1}^{25} R_i = 100$$

(a)計算 $\bar{x}$-R 之管制界限。

(b)假設製程在管制內, 計算自然允差界限。

(c)假設規格界限爲 40 ± 4, 計算產品不合格率。

10. 假設 $\bar{x}$ 及 R 管制圖之資料如下:

$\bar{x}$ 管制圖	R 管制圖
UCL = 63.0	UCL = 9.397
CL = 60.0	CL = 4.118
LCL = 57.0	LCL = 0.0

樣本大小 $n=4$, 二管制圖均在管制內

(a)計算 $\bar{x}$ 管制圖之型 I 誤差。

(b)規格界限爲 58 ± 6, 試說明此製程產品品質符合規格之能力。

(c)若平均值跳動到 57, 試計算跳動後, 第一組樣本未能偵測出跳動之機率。

(d)若型 I 誤差爲 0.01, 試計算適當之管制界限。

11. 下列數據爲汽車上螺釘之外徑, 樣本大小 $n=5$。爲了簡化記錄, 小數點前之數值已省略。例如 $\bar{x} = 137$ 之實際值爲 2.137 cm, 而 $R = 22$ 之實際值爲 0.022 cm。

(a)利用前 20 組數據, 建立並繪出 $\bar{x}$-R 管制圖。假設異常原因均可診斷出。

(b)將後 10 組數據繪於管制圖上, 判斷製程是否在管制內。

(c)若規格界限爲 $(2.150, 2.195)$ cm, 計算 21 組以後之不合格率。

組	$\bar{x}$	R	組	$\bar{x}$	R	組	$\bar{x}$	R
1	201	22	11	191	14	21	203	27
2	204	17	12	199	20	22	197	36
3	209	36	13	215	39	23	192	25
4	198	19	14	200	30	24	191	23
5	205	23	15	203	26	25	198	18
6	207	16	16	209	12	26	208	24
7	209	16	17	211	28	27	214	19
8	215	30	18	200	30	28	217	39
9	199	20	19	197	19	29	210	21
10	219	29	20	189	31	30	199	30

12. 假設某機械產品軸心之規格為(0.49, 0.51)。根據 40 組樣本大小為 6 之數據，所得到之製程參數為 $\bar{\bar{x}} = 0.5031$，$\bar{R} = 0.0141$。

   R 管制圖顯示製程為管制內。回答下列問題。

   (a)計算管制圖之上、下管制界限。

   (b)計算產品之不合格率。

   (c)若製程平均值可被調整在規格之中心，且假設標準差不變之情況下，計算產品之不合格率。

13. 假設 $n = 6$，由 30 組樣本所得到之資料為：

$$\bar{\bar{x}} = 26.2, \quad \bar{R} = 5.4$$

   (a)假設型 I 誤差 $\alpha = 0.01$，計算機率管制界限。

   (b)以 $\alpha = 0.05$ 計算機率管制界限。

14. 假設 $n = 5$，管制圖之參數為：

$$\bar{\bar{x}} = 0.43816, \quad \bar{R} = 0.01205$$

   $\bar{x}$ 管制圖之界限為 UCL $= 0.44511$，LCL $= 0.43121$

   R 管制圖之界限為 UCL $= 0.02549$，LCL $= 0$

   假設製程標準差不變，平均值跳動至 0.4315，試計算在跳動後之第 1 組樣本，偵測到變動之機率。

15. 樣本大小 $n = 5$，由 30 組樣本所得到之資料為：$\bar{\bar{x}} = 34.2$，$\bar{S} = 2.4$

   (a)估計製程標準差。

(b)計算 $\bar{x}-S$ 之管制界限。

(c)若製程平均值跳動至 38, 計算在跳動後之第 1 組樣本偵測到變動之機率 (假設製程標準差不變)。

16.假設 $\bar{x}-R$ 管制圖之 $n=6$, 由 30 組樣本所得到之資料為 $\sum\limits_{i=1}^{30} \bar{x}_i = 6690$, $\sum\limits_{i=1}^{30} R_i = 1030$。

(a)計算 R 管制圖之試用管制界限。

(b)假設 R 管制圖在管制內, 計算 $\bar{x}$ 管制圖之試用管制界限。

(c)估計製程之平均值和標準差。

(d)若產品規格界限為 220 ± 35, 計算不合格率。

(e)若變異數不變, 製程平均值需調整到何處, 才能使不合格率最低?

17.若某產品品質特性之規格界限為 600 ± 20, $n=9$, $\bar{x}$ 及 R 管制圖之資料如下:

$\bar{x}$ 管制圖	R 管制圖
UCL=613	UCL=16.181
CL=610	CL=8.91
LCL=607	LCL=1.639

若設標準差保持固定, 試建立 $\bar{x}$ 管制圖之 OC 曲線。平均值之移動量取 $0 \sim 5\sigma$, 增量為 1σ。

18.平均連串長度(ARL)是用來評估管制法之效率, 請以機率分配之觀點說明以 ARL 衡量管制法之缺點, 是否有其他之方式來評估。

19.假設製程是以個別值和移動全距管制圖管制, 樣本資料如下。計算試用管制界限。

樣本	數據
1	87.3
2	86.6
3	87.5
4	87.3
5	86.2
6	85.9
7	86.8
8	87.3
9	86.1
10	86.7
11	88.1
12	87.8

20. 若製程標準差改變成原來之 3 倍 $(\sigma_1/\sigma_0 = 3)$，試決定 R 管制圖之樣本大小，以使得 R 管制圖在標準差改變後之第 1 組樣本能偵測出製程之改變。

21. 假設 $\bar{x}$ 和 R 管制圖具有下列參數

$\bar{x}$ 管制圖	R 管制圖
UCL = 66	UCL = 18.795
CL = 60	CL = 8.236
LCL = 54	LCL = 0

樣本大小 $n = 4$，$\bar{x}$ 和 R 管制圖均在管制內，回答下列問題。

(a) 計算 $\bar{x}$ 管制圖之型 I 誤差。

(b) 若製程平均值移動到 66，試計算在跳動後第 1 組樣本無法偵測到改變之機率。

(c) 若型 I 誤差設爲 0.01，計算 $\bar{x}$ 管制圖之管制界限。

22. 假設 $\bar{x}$ 和 S 管制圖之 $n = 4$，其參數爲

$\bar{x}$ 管制圖	S 管制圖
UCL = 510	UCL = 18.08
CL = 500	CL = 7.979
LCL = 490	LCL = 0

回答下列問題。

(a)計算 $\bar{x}$ 管制圖之型 I 誤差。

(b)假設平均值改變至 493，標準差變為 12。試計算在製程參數改變後，$\bar{x}$ 管制圖在第一組樣本偵測到製程改變之機率。

23.由 $n=7$ 之 20 組樣本所得資料如下：

$$\sum_{i=1}^{20} \bar{x}_i = 1800, \quad \sum_{i=1}^{20} R_i = 80$$

回答下列問題：

(a)計算 $\bar{x} - R$ 管制圖之試用管制界限。

(b)若 R 管制圖為管制內，估計製程標準差。

(c)若要使用 S 管制圖，其管制界限要如何設定。

24.產品品質特性之規格為 120.0 ± 5.0。製程之平均值估計為 120.0，標準差為 1.50，回答下列問題。

(a)設 $n=4$，計算 $\bar{x} - R$ 管制圖之 3 倍標準差管制界限。

(b)若製程平均值跳動到 121.0，試算產品之不合格率。

25. $\bar{x}$ 管制圖所使用之樣本數 $n=4$，其 UCL $= 129.0$，LCL $= 121.0$，目標值為 125.0，回答下列問題。

(a)產品規格界限為 127.0 ± 8.0，若品質特性符合常態分配，計算產品之不合格率。

(b)若平均值可調整，且不影響標準差。若要使不合格率最低，則平均值該設在何處？

(c)在(b)中不合格率為多少？

26.假設使用 $\bar{x}$ 管制圖，吾人希望當製程跳動 2σ 時，第 1 組樣本即能偵測出之機率為 2/3，試決定此管制程序之樣本大小 n。(需詳細說明如何決定樣本大小)

27.假設 $\bar{x}$ 及 R 管制圖之樣本大小 $n=5$，由 30 組樣本所得之資料為

$$\sum_{i=1}^{30} \bar{x}_i = 5017.5, \quad \sum_{i=1}^{30} R_i = 618$$

(a)計算 R 管制圖之試用管制界限。

(b)若設 R 管制圖爲管制內，$\bar{x}$ 管制圖之試用管制界限爲何?

(c)估計製程平均值及標準差。

(d)若設產品品質特性數據爲常態分配，其規格界限爲 165 ± 30，試估計產品之不合格率。

(e)若設製程變異數保持固定，製程平均值需爲何值，才能將不合格率降至最低。

28.若 $\bar{x}$-R 管制圖使用 4 倍標準差之管制界限，參數 A_2、D_3、D_4 該如何修改。

29.產品之尺吋是以 $\bar{x}$-R 管制圖管制，使用之樣本大小 $n=3$。現由 30 組樣本得知 $\sum \bar{x}_i = 12930$，$\sum R_i = 1230$。計算 $\bar{x}$-R 管制圖之 3 倍標準差管制界限。假設製程爲統計管制內，估計製程之標準差。

30.變壓器之線圈電阻是以 $\bar{x}$ 和 S 管制圖管制，樣本大小 $n=5$，在 30 組樣本中計算得 $\sum \bar{x}_i = 58395$，$\sum S_i = 1516$。

(a)計算 $\bar{x}$-S 管制圖之中心線和管制界限。

(b)若製程是在統計管制內，計算製程之標準差。

(c)若規格爲 2000 ± 150，且品質特性之分配接近常態，估計合格品之比例。

31.假設製程之標準差不變，平均值出現瞬間移動，其移動量相當於 $1.5\,\sigma$。回答下列問題。

(a)若 $n=3$，在平均值移動後，點會超出 $\bar{x}$ 管制界限之機率爲多少?

(b)若 $n=5$，回答(a)。

(c)若 $n=8$，回答(a)。

32.說明當製程平均值不變，製程變異數改變時，爲什麼在 $\bar{x}$ 和 R 管制圖均會出現管制外之點?

33. 某製程是以 $\bar{x}-S$ 管制圖管制, 使用之 $n=8$。製程平均值之目標值為25.75, 標準差為 0.005。

(a)計算 $\bar{x}-S$ 管制圖之中心線和管制界限。

(b)若在生產時, 製程平均值為 25.755, 計算樣本平均值會超出上管制界限之機率。

34. 某一製程在管制內時, 其標準差為0.015cm, 產品之規格為15.000 ± 0.05 cm。 假設 $n=5$, 回答下列問題。

(a)若製程平均值之目標為 15.000 cm, 計算 $\bar{x}-R$ 管制圖之試用管制界限。

(b)假設製程之產品符合常態分配, 計算不符合規格之比例。

(c)若製程之實際平均值為 14.970 cm, 計算樣本平均值會超出管制界限之機率。

35. 假設製程之某一重要尺寸規格為 9.000 ± 0.01 mm。 $\bar{x}-R$ 管制圖之參數為

$$UCL_{\bar{x}}=9.0040, \quad LCL_{\bar{x}}=8.9960$$
$$UCL_R=0.0148, \quad LCL_R=0$$

(a)若製程平均值實際為 8.997 mm, 製程標準差維持不變, 計算樣本平均值會超出管制界限之機率。

(b)假設產品之輸出符合常態分配, 根據(a)之假設, 計算不合格之機率。

36. 產品之規格為 6.500 ± 0.0110, 製程之標準差已知為 0.0035, 製程平均值之目標值為 6.500。 此製程是以 $\bar{x}-R$ 管制圖管制, 其使用之 $n=5$。

(a)計算 $\bar{x}-R$ 之管制界限。

(b)若製程平均值改變至 6.4950, 計算在平均值改變後, 第 1 組樣本即能偵測到此項改變之機率。

(c)假設產品分布為常態分配, 在(b)所述之改變後, 產品不符合規格之比例。

37. 某一製程是利用 $\bar{x}-R$ 管制圖管制, 其樣本大小使用 $n=5$。 主要品質特

性之尺吋為 2119 ± 10,若產品超出上規格界限則需要重工,超出下規格

界限則報廢,在收集 50 組樣本後,獲得 $\sum \bar{x}_i = 106200$,$\sum R_i = 581.5$。

(a)計算 $\bar{x}$-R 管制圖之 3 倍標準差管制界限。

(b)若製程為管制內且符合常態分配,估計製程之標準差。

(c)計算重工和報廢之比例。

38.某重量為 10 盎司之罐裝液態產品之標準差為 0.2 盎司,為使每一罐產品

之重量均能超過 10 盎司之最低要求,製程平均值之目標被設為 11.0 盎

司。

(a)假設產品重量之分配為常態,在目標值為 11.0 盎司之條件下,有多少

產品之重量會小於 10.5 盎司。

(b)若樣本大小 n 設為 4,計算 $\bar{x}$ 管制圖之 3 倍標準差管制界限。

(c)若平均值 $\pm 3\sigma$ 之範圍可以涵蓋所有產品之分布,試選擇一最小之製

程平均值的目標值,以使得所有產品都能超過 10.0 盎司。

39.某製程是以 $\bar{x}$-R 管制圖管制,已知 $\bar{x} = 200.0$,$\bar{R} = 9.8$,$n = 4$。若連續

7 點在中心線之同一側,則判定製程之平均值已移動。

(a)若製程平均值為 200.0,計算連續 7 點在中心線同一側之機率。

(b)若平均值移動至 203.54,計算連續 7 點在中心線上側之機率。

40.$\bar{x}$ 管制圖之中心線為 40.0,3 倍標準差管制界限為 38.5 和 41.5,樣本大

小 $n = 4$。若一點超出管制界限或連續 7 點在中心線同一側,則判定製程

為管制外。

(a)當製程為管制內時,發生連續 7 點在中心線同一側之機率為何?

(b)若製程標準差不變,平均值改變至 40.9 後,發生連續 7 點在中心線上

側之機率為多少?

(c)依(b)之條件,計算平均值改變後,7 點中最少有 1 點超出上管制界限

之機率。

41.某產品之尺吋是以 $\bar{x}$-R 管制圖管制,其 $n = 5$。尺吋規格為 1250 ± 0.05

mm。製程標準差已知為 0.015 mm。

(a)假設尺吋分配爲常態, 此製程之平均值需調整在何處才能使產品符合規格?

(b)根據(a)設定之平均值計算 $\bar{x}$-R 管制界限。

(c)在隨後抽取 12 組樣本得 $\bar{x}=1250.015$, 計算至少有一樣本平均值會在(b)之管制界限內的機率。

(d)條件同(c), 計算 12 點全部在管制界限內之機率。

42. 若 $\bar{x}$-R 管制圖顯示點均在管制界限內, 現製程平均值瞬間移動 $1.8\,\sigma$。製程數據之分配接近常態, 製程標準差在平均值改變前、後維持不變。

(a)若 $n=5$, 計算超出管制界限之機率。

(b)同(a), 但 $n=9$。

(c)利用(a)、(b)之結果說明樣本大小 n 對於 $\bar{x}$ 管制圖偵測平均值移動之能力的影響。

(d)說明此種平均值變化對於 S 或 R 管制圖之影響。

(e)說明當製程散布增加, 而製程平均值不變時, 爲什麼 $\bar{x}$ 和 R 均會出現管制外之點。

43. 某符合常態分配之品質特性是由 $\bar{x}$-R 管制圖管制, 其 $n=4$。$\bar{x}$-R 管制圖之參數如下所示。

$\bar{x}$	R
UCL = 526.0	UCL = 18.795
CL = 520.0	CL = 8.236
LCL = 514.0	LCL = 0

已知 $\bar{x}$-R 管制圖均在管制內。

(a)估計製程之標準差。

(b)若規格界限爲 510 ± 15, 估計製程之不合格率。

(c)說明降低不合格率之方法。

(d)若製程標準差維持不變, 計算在平均值移動至 510 後, $\bar{x}$ 管制圖能夠第 1 組樣本偵測到製程平均值改變之機率。

(e)同(d), 計算 $\bar{x}$ 管制圖能夠在 3 組樣本內, 偵測到製程平均值改變之機率。

44.某符合常態分配之品質特性是由 $\bar{x}$-R 管制圖管制, $n=7$。在收集 40 組樣本後, 得知 $\sum \bar{x}_i = 8800$, $\sum R_i = 1400$。

(a)建立 $\bar{x}$-R 管制圖。

(b)假設 $\bar{x}$-R 管制圖均在管制內, 估計製程平均值和標準差。

(c)若規格爲 220 ± 35, 計算製程之不合格率。

(d)若製程標準差維持不變, 製程平均值需調整在何處以使得不合格率最低。

(e)計算在(d)中之不合格率。

45.某品質特性是由 $\bar{x}$-S 管制圖管制, 樣本大小 $n=6$。由 50 組樣本所得之資料爲 $\sum \bar{x}_i = 1000$, $\sum S_i = 80$。

(a)計算 $\bar{x}$-S 管制圖之管制界限。

(b)假設 $\bar{x}$-S 管制圖均在管制內, 計算製程之自然允差界限。

(c)假設規格爲 19 ± 4.0, 計算製程之不合格率。

(d)產品若超過上規格界限則需重工, 若低於下規格界限則予以報廢, 計算重工和報廢之比率。

(e)若製程平均值調整在 19.0, 評估對於報廢和重工之影響。

46.已知 $UCL_R = 1.840$, $LCL_{\bar{x}} = 4.625$, $\bar{x} = 5.127$, 此 $\bar{x}$-R 管制圖所使用之樣本數 n 爲多少?

參考文獻

Alwan, L. C., and D. Radson, "Time-series investigation of sub-sample mean charts," *IIE Transactions,* 24, 66-80 (1992).

Alwan, L. C., "Effects of autocorrelation on control chart performance," *Communications in Statistics-Theory and Methods,* 21, 1025-1049 (1992).

Bagshaw, M., and R. A. Johnson, "The effect of serial correlation on the performance of CUSUM tests," *Technometrics,* 17, 73-80 (1975).

Banks, J., *Principles of Quality Control,* Wiley, NY(1989).

Box, G. E. P., and G. M. Jenkins, *Time Series Analysis: Forecasting and Control,* Rev. ed., San Francisco: Holden Day (1976).

Farnum, N.R., *Modern Statistical Quality Control and Improvement,* Duxbury Press, CA(1994).

Grant, E. W., and R. S. Leavenworth, *Statistical Quality Control,* McGraw-Hill Book Co., NY (1988).

Hansen, B. L., and P. M. Ghare, *Quality Control and Application,* Prentice-Hall, NJ (1987).

Harris, T. J., and W. H. Ross, "Statistical process control procedures for correlated observations," *The Canadian Journal of Chemical Engineering,* 69, 48-57 (1991).

Hiller, F. S., "$\bar{x}$ and R chart control limits based on a small number of samples," *Journal of Quality Technology,* 1 (1969).

Johnson, R. A., and M. Bagshaw, "The effect of serial correlation on the performance of CUSUM tests," *Technometrics,* 16, 103-112 (1974).

Liu, T. I., "Time series approach for computer-aided quality control," in *Integrated Systems Conference Proceedings,* 44 -48 (1988).

Montgomery, D. C., *Introduction to Statistical Quality Control,* Wiley, NY (1991).

Montgomery, D. C., and C. M. Mastrangelo, "Some statistical process control methods for autocorrelated sata," *Journal of Quality Technology,* 23, 179-193 (1991).

Neuhardt, J. B., "Effects of correlated sub-samples in statistical process control," *IIE Transactions,* 19, 208-214 (1987).

Ryan, T. P., *Statistical Methods for Quality Improvement,* Wiley, NY (1989).

Ryan, T. P., Discussion in Montgomery, D. C., and C. M. Mastrangelo, "Some statistical process control methods for autocorrelated data," *Journal of Quality Technology,* 23, 179 -193 (1991).

Vasilopoulos, A. V., and A. P. Stamboulis, "Modification of control chart limits in the presence of data correlation," *Journal of Quality Technology,* 10, 20-30 (1978).

Veron, M., J. Richard, and E. Bajic, "In-process quality control and corrective feedback in a flexible manufacturing cell," in *Proceeding 5th Int. Conf. Flexible Manufacturing Systems,* 75-84 (1986).

Western Electric Company, *Statistical Quality Control Hand-*

book, Western Electric Co. Inc., Indianapolis, Indiana (1958).

Yang, K., and W. M. Hancock, "Statistical quality control for correlated samples," *International Journal of Production Research,* 28, 595-608 (1990).

Yourstone, S. A., and D. C. Montgomery, "A time-series approach to discrete real-time process quality control," *Quality and Reliability Engineering International,* 5, 309-317 (1989).

Yourstone, S. A., and D. C. Montgomery, "Detection of process upsets-sample autocorrelation control chart and group autocorrelation control chart applications," *Quality and Reliability Engineering International,* 7, 133-140 (1991).

王英欽，《相關性存在下之統計製程管制法的研究》，中壢，元智工學院，民國 82 年。

鄭春生和林裕章，〈蕭華特管制圖輔助法則及警告界限之特性和評估〉，《品質學報》，1，1，11-34 (1993)。

＊
第七章　特殊統計製程管制圖

7.1　緒言

　　蕭華特管制圖是工業上最為廣泛使用之管制圖，其優點為容易使用而且比其他管制法能更快偵測出製程的大量變動。蕭華特管制圖只利用到最後一個觀測值來判斷製程是否在管制狀態內，這種特性使得蕭華特管制圖對於製程微量變動之偵測較不靈敏，亦即它需要較長之時間來偵測微量之變動。雖然蕭華特管制法可以加入輔助測試法則來改善其偵測能力，但這些法則的使用也將增加管制法之型 I 誤差。在本章中，我們將介紹數種改善蕭華特管制圖之管制方法。

7.2　累和管制法

　　由 Page （1954)所提出之累和管制圖(Cumulative Sum Control Chart，簡稱 CUSUM 管制圖）對於製程微量之變化，較蕭華特管制圖更有效率。累和管制法是根據下列統計量來管制製程平均值。

$$S_H(i) = \max[0, \ Z_i - k + S_H(i-1)]$$
$$S_L(i) = \max[0, \ -Z_i - k + S_L(i-1)]$$
$$S_H(0) = S_L(0) = 0$$
$$Z_i = \frac{(\bar{x}_i - \mu)}{\sigma_{\bar{x}}}$$

其中 Z_i 代表數據標準化後之值, 參數 k 稱爲參考值 (reference value)。若 $S_L(i)$ 或 $S_H(i)$ 大於決策區間值 (decision interval value) h, 則判斷製程 爲異常。當樣本大小 $n=1$ 時, 可以用 x_i 取代 $\bar{x}_i$, 以 σ_x 取代 $\sigma_{\bar{x}}$。當 $n>1$ 時, μ 可由 $\bar{\bar{x}}$ 估計, σ 可由 $\overline{R}/d_2$ 或 $\overline{S}/c_4$ 來估計, 而 $n=1$ 時, μ 可由 $\bar{x}$ 估計, σ 可由 $\overline{\text{MR}}/d_2$ 或 S/c_4 估計。如同蕭華特管制圖, 累和管制法也可將 $S_H(i)$ 和 $S_L(i)$ 繪在圖上, 用以表示製程之變化。其做法可爲一張圖顯示 $S_H(i)$ (置於上方) 和 $S_L(i)$ (置於下方) 或將 $S_H(i)$ 和 $S_L(i)$ 以兩張圖顯示。在 圖上 $S_H(i)$ 和 $S_L(i)$ 可以長條表示, 並將 $\bar{x}_i$ 值描在圖上, 圖上亦可標示 h 值。Montgomery (1991) 稱此種圖爲累和狀態圖 (cusum status chart)。 另一種做法是將 $S_H(i)$ 和 $S_L(i)$ 描在圖上, 並以折線連接, 如同傳統管制 圖。由於 $S_H(i)$ 和 $S_H(i-1)$ 或 $S_L(i)$ 和 $S_L(i-1)$ 間只相差一個樣本, 因此 管制統計量間具有高度之相關性, 在圖上經常會出現非隨機性之變化。這 些非隨機性之變化並非由製程原因造成, 因此無法提供診斷製程所需之情 報。以上所介紹之程序, 稱爲累和管制法之表格型式 (tabular form)。此 程序也可處理原始數據, 管制統計量爲

$$S_H(i)=\max[0,(\bar{x}_i-\mu)-K+S_H(i-1)]$$
$$S_L(i)=\max[0,-(\bar{x}_i-\mu)-K+S_L(i-1)]$$

決策區間值爲 $H=h\sigma_{\bar{x}}$, 參考值 $K=k\sigma_{\bar{x}}$ (當 $n=1$ 時, 以 σ_x 取代 $\sigma_{\bar{x}}$)。當 累和管制法判斷製程爲管制外時, 我們需診斷製程之異常原因, 採取矯正 行動後, 將 S_H 和 S_L 重設爲零, 重新 S_H 和 S_L 之累加。新的製程平均值可以 下式估計:

$$\hat{\mu}=\begin{cases}\mu+K+\dfrac{S_H(i)}{N_H} & \text{若} \quad S_H(i)>H \\[2mm] \mu-K-\dfrac{S_L(i)}{N_L} & \text{若} \quad S_L(i)>H\end{cases}$$

其中 $N_H(N_L)$ 爲管制法判斷製程爲異常時, $S_H(S_L)$ 連續不爲 0 之組數。

　　基本上累和管制法可用來偵測任何程度之平均值改變。例如傳統蕭華

特 3 倍標準差之 $\bar{x}$ 管制圖可視爲 $k=3$, $h=0$ 之累和管制圖。一般而言，較小之 k 值對於偵測微量製程變動較有利，而較大之 k 值則是用來偵測大量之變動。在使用上，k 值一般是設爲需要儘快偵測到之平均值變化量之一半處。例如當要偵測 1 $\sigma_{\bar{x}}$ 之跳動量時，k 值可以設爲 0.5。較常用之累和管制法之參數組合爲 $k=0.5$, $h=5$ 或 $k=0.25$, $h=8$。由於 k 值決定累和管制法最有效率之偵測範圍，因此原始之累和管制法無法有效地同時偵測大量和微量之製程變異。Modified V mask（Lucas 1973）和合併蕭華特—累和管制法（combined Shewhart-CUSUM control chart）（Lucas 1982）是能夠使累和管制法兼具偵測大量和微量變動之有效方法，其中以合併蕭華特—累和管制法最爲簡單。合併之蕭華特—累和管制法是在原累和管制法中加入蕭華特管制法以一點判斷製程異常之特性。如果 $\bar{x}_i$ 超出管制界限（通常大於 3 倍標準差）或統計量 $S_H(i)$ 或 $S_L(i)$ 大於 h，則判定製程爲異常。其他之改善方法有 Crosier（1986）所提出之單一管制統計量之累和管制法，其成效較傳統之累和管制法稍佳。

　　Lucas 和 Crosier（1982）所提出之快速起始回應（fast initial response，簡稱 FIR）爲改善累和管制法對於大量平均值變動之另一有效方法。FIR 之特性是在累和管制程序中，將 $S_H(0)$ 和 $S_L(0)$ 設爲非零之值，通常爲 $h/2$。此方法適用於當管制法發現製程存在異常原因，但並未將可歸屬原因完全排除（可能有多項可歸屬原因）。當製程重新開始時，仍將出現異常之數據，此時由於 S_H 和 S_L 已設爲 $h/2$，稍微異常之數據將馬上使 $S_H(i)$ 或 $S_L(i)$ 超過 h。若製程爲正常，則 FIR 之效果將漸漸消失，並不會對累和管制法造成太大之型 I 誤差的增加。表 7-1 和表 7-2 爲基本累和管制法和具 FIR 特性之累和管制法的計算範例。爲簡化說明，表中只列出標準化值。表 7-1 中製程一開始爲管制內。基本 CUSUM 和 FIR CUSUM 都在第 16 組樣本偵測到製程平均值已改變。此計算範例說明製程一開始爲正常時，FIR 之效果會逐漸消失。

表7-1 累和管制法之計算範例（製程一開始爲正常）

樣本 i	標準化值	基本 CUSUM		FIR CUSUM	
		$S_H(i)$	$S_L(i)$	$S_H(i)$	$S_L(i)$
1	1.0	0.5	0.0	3.0	1.5
2	−0.5	0.0	0.0	2.0	1.5
3	0.0	0.0	0.0	1.5	1.0
4	−0.8	0.0	0.3	0.2	1.3
5	−0.8	0.0	0.6	0.0	1.6
6	−1.2	0.0	1.3	0.0	2.3
7	1.5	1.0	0.0	1.0	0.3
8	−0.6	0.0	0.1	0.0	0.4
9	1.0	0.5	0.0	0.5	0.0
10	−0.9	0.0	0.4	0.0	0.4
11	1.2	0.7	0.0	0.7	0.0
12	0.5	0.7	0.0	0.7	0.0
13	2.6	2.8	0.0	2.8	0.0
14	0.7	3.0	0.0	3.0	0.0
15	1.1	3.6	0.0	3.6	0.0
16	2.0	5.1	0.0	5.1	0.0
17	1.4	6.0	0.0	6.0	0.0
18	1.9	7.4	0.0	7.4	0.0
19	0.8	7.7	0.0	7.7	0.0

註：$k=0.5$，$h=5.0$
FIR CUSUM $S_H(0)=S_L(0)=2.5$

表 7-2 中，製程一開始爲異常。FIR CUSUM 在第 3 組樣本偵測到製程平均值已改變，而基本 CUSUM 則需到第 7 組樣本才能發出警告訊號。此範例說明 FIR 特性可改善累和管制法之偵測能力。

累和管制法之操作特性可以用其 ARL 值來說明。累和管制法之 ARL 值的計算可參考 Brook 和 Evans（1972），Lucas 和 Crosier（1982）。當製程發生趨勢變化(trend)時，亦可利用累和管制法來監視。累和管制法偵測趨勢變化之成效可參考 Gan（1992）之論文。表 7-3 爲基本累和管制法和加上改善程序之累和管制法的 ARL 值。在此表中累和管制法之參數設爲 $k=0.5$，$h=5$。平均值之跳動量 d 是以 $\sigma_{\bar{x}}$ 之倍數表示。

表7-2　累和管制法之計算範例（製程一開始為異常）

樣本 i	標準化值	基本 CUSUM		FIR CUSUM	
		$S_H(i)$	$S_L(i)$	$S_H(i)$	$S_L(i)$
1	0.8	0.3	0.0	2.8	0.0
2	1.9	1.7	0.0	4.2	0.0
3	1.4	2.6	0.0	5.1	0.0
4	2.0	4.1	0.0	6.6	0.0
5	1.1	4.7	0.0	7.2	0.0
6	0.7	4.9	0.0	7.4	0.0
7	2.6	7.0	0.0	9.5	0.0

註：$k=0.5$，$h=5.0$
FIR CUSUM $S_H(0) = S_L(0) = 2.5$

表7-3　累和管制法之 ARL 值

平均值跳動量 d	基本累和管制法	合併蕭華特一累和管制法（管制界限 $=3.5\sigma_{\bar{x}}$）	加上 FIR 之累和管制法	加上 FIR 和管制界限之累和管制法（管制界限 $=3.5\sigma_{\bar{x}}$）
0	465	391	430	360
0.25	139	131	122	114
0.5	38.0	37.2	28.7	28.1
0.75	17.0	16.8	11.2	11.2
1.0	10.4	10.2	6.35	6.32
1.5	5.75	5.58	3.37	3.37
2.0	4.01	3.77	2.36	2.36
2.5	3.11	2.77	1.86	1.86
3.0	2.57	2.10	1.54	1.54
4.0	2.01	1.34	1.16	1.16

由表 7-3 可得到下列結論：

1. 加上管制界限可改善累和管制法對於大量變動之偵測，但對於微量變化之偵測並無太大影響。另外，加入管制界限亦將造成型 I 誤差之增加，此由管制內 ARL 自 465 降為 391 可看出。

2. 加入 FIR 特性可改善累和管制法之偵測能力，但也造成型 I 誤差之增加。

3. 同時使用 FIR 特性和管制界限之累和管制法, 對於大量變動之偵測與只使用 FIR 之管制法相同, 但會造成型 I 誤差之大量增加。

7.2.1 管制其他樣本統計量之累和管制程序

1. 樣本全距之累和管制程序(Wadsworth 等人 1986)

假設第 i 組樣本之全距爲 R_i, 由先前 m 組樣本所估計之全距平均值爲 $\overline{R}\left(\overline{R}=\sum\limits_{i=1}^{m}\dfrac{R_i}{m}\right)$, 則累和管制程序爲

$$S_H(i)=\max[0,R_i-k\overline{R}+S_H(i-1)]$$

若 $S_H(i)$ 大於臨界值 $H(H=h\overline{R})$, 則判定製程變異性增加。在上式中, $\overline{R}$ 亦可以用標準值取代。參數 k 和 h 可參見表 7-4 來決定。

表7-4　管制樣本全距之累和管制法

		樣本大小, n					
		2	3	4	5	6	8
1	k	1.85	1.55	1.5	1.45	1.45	1.4
	h	2.5	1.75	1.25	1.0	0.85	0.55
2	k	1.55	1.35	1.3	1.3	1.3	1.25
	h	2.5	1.75	1.25	1.0	0.85	0.55

註: 參數組合2比1能更快偵測出異常, 但型 I 誤差也較高。

2. 樣本標準差之累和管制程序(Wadsworth 等人 1986)

假設各組樣本之標準差爲 S_i, 由先前 m 組樣本所估計之標準差的平均值爲 $\overline{S}$, 則管制樣本標準差之累和管制程序爲

$$S_H(i)=\max[0,S_i-k\overline{S}+S_H(i-1)]$$

在上式中, 我們並未將樣本標準差予以標準化, 因此參數之定義與管制樣本平均值不同。

設

$$K = k\overline{S}$$

$$H = h\overline{S}$$

若 $S_H(i) > H$，則判斷製程標準差已顯著增加，參數 k 和 h 之決定可參見表 7-5。

表7-5　管制樣本標準差之累和管制法

		樣本大小, n									
		2	3	4	5	6	8	10	12	15	20
1	k	1.5	1.35	1.35	1.35	1.32	1.3	1.3	1.3	1.27	1.23
	h	2.0	1.6	1.15	0.9	0.8	0.6	0.5	0.4	0.35	0.3
2	k	1.25	1.15	1.2	1.2	1.2	1.2	1.2	1.2	1.18	1.16
	h	2.0	1.6	1.15	1.9	1.8	1.6	1.5	1.4	1.35	1.3

註：參數組合2比1能更快偵測出異常，但型 I 誤差也較高。

3. 不合格率之累和管制程序（Ryan 1989）

當應用累和管制程序於不合格率之管制時，我們可以利用下列兩種方式先將數據標準化。

(1)　$Z_i = \dfrac{\sin^{-1}\sqrt{(x_i + 3/8)/(n + 3/4)} - \sin^{-1}\sqrt{\overline{p}}}{\sqrt{1/4\,n}}$

(2)　$Z_i = \dfrac{\widehat{p}_i - \overline{p}}{\sqrt{\dfrac{\overline{p}(1 - \overline{p})}{n}}}$

管制統計量 $S_H(i)$ 和 $S_L(i)$ 及參數 k 和 h 之選擇與管制樣本平均值之累和管制程序相同。

4. 不合格點數之累和管制程序

累和管制法亦可應用於不合格點數之管制。我們可以利用下列三種方式來進行累和管制法。

(1)　$Z_i = \dfrac{c_i - \overline{c}}{\sqrt{\overline{c}}}$　（Ryan 1989）

(2) 利用數據轉換(Ryan 1989)

$$Z_i = \frac{(\sqrt{c_i} + \sqrt{c_i+1}) - \sqrt{4\bar{c}+1}}{1}$$

$$= (\sqrt{c_i} + \sqrt{c_i+1}) - \sqrt{4\bar{c}+1}$$

以上兩種方法之管制程序爲

$$S_H(i) = \max[0, Z_i - k + S_H(i-1)]$$

$$S_L(i) = \max[0, -Z_i - k + S_L(i-1)]$$

(3) 第三種方法之管制程序爲(Lucas 1985)

$$S_H(i) = \max[0, (c_i - k_H) + S_H(i-1)]$$

$$S_L(i) = \max[0, -(c_i - k_L) + S_L(i-1)]$$

$S_H(i)$是用來偵測不合格點數之增加, 而 $S_L(i)$是用來偵測不合格點數之降低。參數 k_H是以下式來決定

$$(\mu_d - \mu_a) / [\ln(\mu_d) - \ln(\mu_a)]$$

其中 μ_a爲不合格點數之可接受水準, 而 μ_d爲不合格點數改變後需要儘快偵測到之不合格點數的水準。參數 k_L可以相同之方式計算。

〔例〕 不合格點數之可接受水準爲 $\mu_a = 7.56$, 當平均值增加時, μ_d設爲 10.31, 而平均值降低時, μ_d爲 4.81。根據上述公式我們可計算出 k_H和 k_L值。

〔解〕 $$k_H = \frac{10.31 - 7.56}{\ln(10.31) - \ln(7.56)} = 8.86$$

$$k_L = \frac{4.81 - 7.56}{\ln(4.81) - \ln(7.56)} = 6.08$$

k 值通常取爲最接近之整數值, 因此我們可設 $k_H = 9$, $k_L = 6$。如果要偵測不合格點數之增加和減少, 則在此管制程序中需要使用不同之 h 值。

5. 管制個別值數據時製程標準差之累和管制程序

當管制個別值數據時，Hawkins(1981)提出一方法用來監視製程之標準差。首先設

$$Z_i = \frac{|X_i/\sigma|^{1/2} - 0.82218}{0.34914}$$

上述公式為一標準化過程，$E(|X_i/\sigma|^{1/2}) = 0.82218$，$Var(|X_i/\sigma|^{1/2}) = (0.34914)^2$，而且 $X \sim N(0, \sigma^2)$。若 X 之平均值不為 0，則可用 $(X_i - X_{i-1})$ 取代 X_i。當 $X \sim N(0, \sigma^2)$ 時，$|X_i/\sigma|^{1/2}$ 將會趨近於常態分配，因此可以將 7-2 節之累和管制程序應用在 Z_i 上。

7.3　連串和管制法

Roberts（1966）所提出之連串和管制圖（Run Sum Control Chart）是將傳統管制圖分割為寬度為一倍標準差之區間，而後給予每個區間一個分數。樣本平均值 $\bar{x}_i$ 將依所落之位置給予分數。位於中心線上方之數據將得到正分，反之，位於中心線下方之數據將得到負分。每一樣本所得之分數將予以累加，一旦數據分數之符號改變時，此累加程序則重新開始。如果累加分數之絕對值大於或等於某一臨界值 h，則判定製程處於異常狀態。

連串和管制程序可表示為

$$RS_h[L_0(s_0), L_1(s_1), L_2(s_2), \cdots]$$

其中 L_i 及 s_i 分別代表區間界限與分數，而 h 代表連串和管制程序之臨界值 critical value）。若符合下列條件

$$\mu + L_j \sigma_{\bar{x}} < \bar{x}_i \leq \mu + L_{j+1} \sigma_{\bar{x}}$$

則觀測值 $\bar{x}_i$ 將得到分數 s_j。

Reynolds(1971)曾對連串和管制法做一深入之探討，他建議之管制程序可表示為 $RS_h[0(0), 1(1), 2(2), 3(3)]$，其中 $h = 5$ 或 6。Jaehn （1987）

提出一個類似之管制程序, 稱爲區間管制圖(Zone Control Chart), 其管制方法可表示爲 $RS_8[0(1),1(2),2(4),3(8)]$。此種分數給法對於偵測異常之靈敏度相當高, 但相對地其型 I 誤差也非常高。Davis, Homer 和 Woodall (1990)所建議之分數給法爲 $RS_4[0(0),1(1),2(2),3(4)]$, 其特性要比 Jaehn (1987)之分數給定法好得多。

　　區間管制圖與連串和管制圖非常相似, 唯一不同處在於分數給定之方法。在連串和管制圖中, 其給定的最大之分數的絕對值仍小於臨界值 h, 因此至少必須有兩個觀測值才能使分數累加值的絕對值超過臨界值, 對於大量之製程變異, 此管制法並不具效率。另一方面, 區間管制法之最大分數等於臨界值, 因此於大變動時只需一組樣本即可判斷製程異常。

　　區間管制圖與連串和管制圖之共同缺點在於分數均爲整數, 以致於分數累加值之可能狀態亦爲整數, 其最小增量爲 1。此兩種管制圖並不容易藉調整臨界值來獲得適當之偵測能力。

　　對於連串和管制圖之改善, 有 Cheng (1993), Cheng (1995), Munford (1980), Ncube 及 Woodall (1984)和 Xiao (1992)所分別提出之累加分數(Cumulative Score)管制法。Munford (1980)所提出之管制程序包含一個簡單的分數給定法和一個分數累加程序。如果樣本平均值落在 $(\bar{x}-L, \bar{x}+L)$ 間, 則給予分數 0, 落在此區間之上的樣本平均值將獲得分數 +1, 落在區間下方的爲 -1。當分數累加值大於或等於臨界值 h 時, 則判定製程爲異常。在 Munford (1980)之管制程序中, L 值小於 $3\,\sigma_{\bar{x}}$。傳統之蕭華特三倍標準差管制圖, 可視爲 $h=1$, $L=3\,\sigma_{\bar{x}}$ 之累加分數管制法。Munford (1980)之管制程序的一個特點是最少要有 h 組樣本才能判斷製程爲異常。由此可見當 $h>1$ 時, 此管制程序對於大量變動之偵測較無效率。Ncube 及 Woodall (1984)則是根據上述之缺點, 在 Munford (1980)之管制程序中加入蕭華特管制界限, 來改善對於製程大變動之偵測。Xiao (1992)所提出之管制程序是依區間法給予每一樣本平均值一個分數, 然後再以傳統累和管制法中之分數累加方法, 來計算管制統計量。Cheng

(1993)則是對連串和管制法中之分數給定和分數累加方法加以改良。
Cheng (1993)所提出之分數累加法與連串和管制法類似。其主要改善是在
平均值之上、下加入一個中性區(neutral zone)。在分數累加過程中，分
數符號改變將使累加程序重新開始，但落在中性區之數據不影響分數之累
加。此種方法將可使微量變化之數據較有機會來累加分數，對於微量變化
之偵測較有利。Cheng (1995)對分數累加方法、區間寬度、分數給定方
法有一深入之探討，其所提出之管制程序較累和管制法及累加分數管制法
爲優。

表 7-6 比較傳統 $\bar{x}$ 管制圖和連串和管制圖之 ARL 值,表中 ARL 值之
計算可參考 Davis 等人(1990)之論文。表中 d 值代表平均值之變化量，以
$\sigma_{\bar{x}}$ 之倍數表示。由表 7-6 可看出連串和管制法對於微量至中量之變動特別
有效率 (較低之 ARL 值)，對於大量之變動，連串和管制法之效率則不如
$\bar{x}$ 管制圖，對於 $d=5$ 之變動，連串和管制法需 2 組樣本(ARL=2.003)才
能偵測到製程之變動，而 $\bar{x}$ 管制圖可以在跳動後第 1 組樣本 (ARL=
1.023)即偵測到變化。另外，從管制內 ARL ($d=0$ 時之 ARL) 亦可看出
連串和管制法將造成型 I 誤差之增加 (較低之管制內 ARL)。

表7-6 連串和管制圖之 ARL

d	$\bar{x}$管制圖	連串和管制法
0.0	370.4	365.6
0.25	281.2	150.9
0.50	155.2	49.29
0.75	81.22	21.22
1.00	43.89	11.69
1.50	14.97	5.668
2.00	6.303	3.789
2.50	3.241	2.934
3.00	2.000	2.064
4.00	1.189	2.064
5.00	1.023	2.003

　　表 7-7 爲連串和管制法之計算範例，爲簡化計算和說明，假設管制圖之中心線 $\bar{x}=0$, UCL＝3, LCL＝－3。表中 15 組樣本並未超出管制界限，前 10 組爲正常之數據，後 5 組數據顯示平均值向上移動約 1 σ_x。若使用 $RS_5[0(0),1(1),2(2),3(3)]$，則連串和管制法可以在第 14 組樣本偵測到平均值已改變。在此例中，$\bar{x}$ 管制圖並無法偵測到平均值已改變，但若加上輔助法則，則 $\bar{x}$ 管制圖亦可在第 14 組樣本判斷製程爲管制外(連續 5 點中有 4 點在 1 倍標準差以外)。

表7-7　連串和管制法之計算範例

樣本	數據	分數	累積分數
1	0.2	0	0
2	−0.5	−0	−0
3	1.2	1	1
4	1.8	1	2
5	0.2	0	2
6	−1.0	−0	−0
7	−0.8	−0	−0
8	1.0	0	0
9	0.7	0	0
10	−0.5	−0	−0
11	1.8	1	1
12	1.4	1	2
13	1.4	1	2
14	2.4	2	5
15	1.3	1	6

7.4　移動平均值管制圖(Moving-Average Control Chart)

　　假設已收集到樣本大小爲 n 之品質數據，並令 $\bar{x}_1, \bar{x}_2, \cdots, \bar{x}_t, \cdots$ 代表樣本平均值。在時間 t，長度爲 w 之移動平均爲

$$M_t = \frac{\overline{x}_t + \overline{x}_{t-1} + \cdots + \overline{x}_{t-w+1}}{w}$$

移動平均 M_t 之變異數爲

$$V(M_t) = \frac{1}{w^2} \sum_{i=t-w+1}^{t} V(\overline{x}_i) = \frac{1}{w^2} \sum_{i=t-w+1}^{t} \frac{\sigma^2}{n} = \frac{\sigma^2}{nw}$$

若以 $\overline{x}$ 代表管制圖之中心線，則 M_t 之三倍標準差管制界限爲

$$UCL = \overline{\overline{x}} + \frac{3\sigma}{\sqrt{nw}}$$

$$LCL = \overline{\overline{x}} - \frac{3\sigma}{\sqrt{nw}}$$

當收集到新的 $\overline{x}_t$ 時則計算 M_t，並將 M_t 描繪於圖上，若有任何點落在管制界限外則可判定製程是管制外。一般而言所要偵測之平均值跳動大小與 w 成反比，換言之，若要偵測極微量之平均值跳動，則需使用較長之移動平均（較大之 w 值）。

〔例〕　假設製程平均值 $\overline{x} = 10.2314$，標準差 $\sigma = 2.35$，樣本大小，$n = 5$。表 7-8 爲前 22 組之樣本平均值，若設移動平均之長度 $w = 6$，則

$$M_t = \frac{\overline{x}_t + \overline{x}_{t-1} + \cdots + \overline{x}_{t-5}}{6} \qquad (t \geq 6)$$

對於 $t < w$ 之數據，$M_t = (\overline{x}_t + \overline{x}_{t-1} + \cdots + \overline{x}_1)/t$。移動平均值管制圖之上、下管制界限爲

$$UCL = \overline{\overline{x}} + \frac{3\sigma}{\sqrt{nw}} = 10.2314 + \frac{(3)(2.35)}{\sqrt{5(6)}} = 11.5185$$

$$LCL = \overline{\overline{x}} - \frac{3\sigma}{\sqrt{nw}} = 10.2314 - \frac{(3)(2.35)}{\sqrt{5(6)}} = 8.9442$$

對於 $0 < t < w$ 之數據其管制界限爲 $\overline{\overline{x}} \pm 3\sigma/\sqrt{nt}$。圖 7-1 爲移動平均值管制圖，$t < w$ 時其管制界限較 $t > w$ 時爲寬，由圖可看出並無點落在管制界限外。使用移動平均值管制圖時，若移動平均值之間隔小於 w 時，彼

表7-8 移動平均值管制圖之數據

樣本			M_t之管制界限	
t	$\bar{x}_t$	M_t	下管制界限	上管制界限
1	9.89	9.89	7.08	13.38
2	10.23	10.06	8.00	12.46
3	10.25	10.12	8.41	12.05
4	7.46	9.46	8.66	11.81
5	9.80	9.53	8.82	11.64
6	11.65	9.88	8.94	11.52
7	11.43	10.14	8.94	11.52
8	9.04	9.94	.	.
9	11.25	10.11	.	.
10	9.36	10.42	.	.
11	12.07	10.80	.	.
12	12.31	10.91	.	.
13	11.83	10.98		
14	9.81	11.11		
15	10.54	10.99		
16	9.73	11.05		
17	10.35	10.76		
18	10.72	10.50		
19	10.38	10.26		
20	7.03	9.79		
21	9.45	9.61		
22	10.51	9.74		

此間具有高相關性，此情形將造成非隨機性模型之判斷不易（管制圖上出現非隨機性模型並不一定是製程之問題）。

移動平均值管制圖較傳統蕭華特管制圖更適用於偵測微量之製程變動。但移動平均值管制圖偵測製程微量變異之能力並不如EWMA（參見7.5節）或 CUSUM 管制圖。移動平均值管制圖可與 $\bar{x}$ 管制圖配合使用，若在任一圖上有點超出管制界限則判斷製程為管制外。移動平均值也可繪於平均值管制圖上，以利於數據之記錄，並節省管制圖之數量。

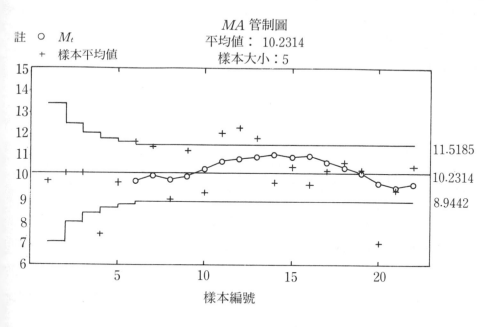

圖7-1 移動平均值管制圖

7.5 指數加權移動平均值管制圖

除了CUSUM管制圖外，指數加權移動平均值(Exponentially Weighted Moving-Average, EWMA)管制圖對於製程微量跳動之偵測也較傳統之蕭華特管制圖更有效率。EWMA 管制圖之偵測能力與 CUSUM 管制圖相近，但在使用上較 CUSUM 管制圖方便。

7.5.1　管制樣本平均值之 EWMA 管制圖

EWMA 管制圖是由 Roberts (1959)所提出，但他將其稱爲幾何移動平均值(Geometric Moving-Average, GMA)管制圖。指數加權移動平均值定義爲

$$z_t = \lambda \bar{x} + (1-\lambda) z_{t-1}$$

其中 λ 爲一常數，稱爲平滑常數(smoothing constant)或加權常數

(weighting constant)，其範圍爲 $0 < \lambda \leq 1$。z_t 之起始值爲 $z_0 = \overline{\overline{x}}$ 或可爲一給定之標準值。統計量 z_t 爲過去之樣本平均值的加權平均值，我們從下列之推導來說明。

$$z_t = \lambda \overline{x}_t + (1-\lambda) z_{t-1}$$
$$= \lambda \overline{x}_t + (1-\lambda)[\lambda \overline{x}_{t-1} + (1-\lambda) z_{t-2}]$$
$$= \lambda \overline{x}_t + \lambda(1-\lambda) \overline{x}_{t-1} + (1-\lambda)^2 z_{t-2}$$

若持續進行上述之取代過程，我們可得到

$$z_t = \lambda \sum_{j=0}^{t-1} (1-\lambda)^j \overline{x}_{t-j} + (1-\lambda)^t z_0$$

各樣本平均值之係數 λ，$\lambda(1-\lambda)$，$\lambda(1-\lambda)^2$，$\cdots$，可視爲樣本平均值之權數。在此種權數給定法下，愈久遠之樣本平均值的權值愈低。由於 EWMA 管制圖利用過去及目前之數據來管制製程，因此對於常態分配之假設較不靈敏，此管制圖非常適用於製程個別值之管制。

樣本平均值 $\overline{x}_i$ 之變異數爲 σ^2/n，因此 z_t 之變異數爲

$$\sigma_{z_t}^2 = \frac{\sigma^2}{n} \left(\frac{\lambda}{2-\lambda} \right) [1 - (1-\lambda)^{2t}]$$

當 t 增加時，$\sigma_{z_t}^2$ 將增加至其極限值

$$\sigma_z^2 = \frac{\sigma^2}{n} \left(\frac{\lambda}{2-\lambda} \right)$$

因此上、下管制界限爲

$$\mathrm{UCL} = \overline{\overline{x}} + 3 \sigma \sqrt{\frac{\lambda}{(2-\lambda)n}}$$

$$\mathrm{LCL} = \overline{\overline{x}} - 3 \sigma \sqrt{\frac{\lambda}{(2-\lambda)n}}$$

對於前面幾組數據，我們需以下列公式計算正確之上、下管制界限

$$\overline{\overline{x}} \pm 3 \frac{\sigma}{\sqrt{n}} \sqrt{\left(\frac{\lambda}{2-\lambda} \right) [1 - (1-\lambda)^{2t}]}$$

由上公式我們可看出，當 $\lambda = 1$ 時，EWMA 管制法事實上就是傳統之蕭華特管制圖。

表7-9 EWMA 管制圖之數據

樣本			z_t之管制界限	
t	$\overline{x}_t$	z_t	下管制界限	上管制界限
1	9.89	10.15	9.44	11.02
2	10.23	10.17	9.25	11.22
3	10.25	10.19	9.15	11.31
4	7.46	9.51	9.10	11.36
5	9.80	9.58	9.07	11.39
6	11.65	10.10	9.06	11.40
7	11.43	10.43	9.05	11.41
8	9.04	10.08	.	.
9	11.25	10.38	.	.
10	9.36	10.12	.	.
11	12.07	10.61	9.04	11.42
12	12.31	10.03	.	.
13	11.83	11.23	.	.
14	9.81	10.88		
15	10.54	10.79		
16	9.73	10.53		
17	10.35	10.48		
18	10.72	10.54		
19	10.38	10.50		
20	7.03	9.63		
21	9.45	9.59		
22	10.51	9.82		

〔例〕 假設 $\overline{x} = 10.2314$, $\sigma = 2.35$。由製程收集到之樣本平均值列於表 7-9。以 $\lambda = 0.25$ 建立 EWMA 管制圖。

〔解〕 由 $\overline{\overline{x}} = 10.2314$, 可得 $z_0 = 10.2314$。上、下管制界限爲

$$\text{UCL} = \overline{\overline{x}} + 3\,\sigma\sqrt{\frac{\lambda}{(2-\lambda)\,n}}$$

$$= 10.2314 + 3(2.35)\sqrt{\frac{0.25}{(2-0.25)\,5}}$$

$$= 11.4230$$

$$\mathrm{LCL} = \bar{\bar{x}} - 3\,\sigma \sqrt{\frac{\lambda}{(2-\lambda)n}}$$

$$= 10.2314 - 3(2.35)\sqrt{\frac{0.25}{(2-0.25)5}}$$

$$= 9.0397$$

對於前面幾組樣本數據，我們需以下列公式，計算其上、下管制界限

$$\bar{\bar{x}} \pm 3\,\frac{\sigma}{\sqrt{n}}\sqrt{\left(\frac{\lambda}{2-\lambda}\right)[1-\ (1-\lambda)^{2t}]}$$

圖 7-2 為製程之 $\bar{x}$ 及 EWMA 管制圖，各組樣本之 EWMA 管制統計量列於表 7-9。由於 EWMA 統計量包含目前和過去之樣本資料，因此圖上之點具有高度之相關性。前述之輔助測試法則係假設樣本彼此間為獨立，因此不適用於分析 EWMA 管制圖。

當製程之標準差未知時，需由全距 R(或 S)來估計，因此 EWMA 管制法之上、下管制界限為

$$\mathrm{UCL} = \bar{\bar{x}} + A_2 \bar{R}\sqrt{\frac{\lambda}{2-\lambda}}$$

$$\mathrm{LCL} = \bar{\bar{x}} - A_2 \bar{R}\sqrt{\frac{\lambda}{2-\lambda}}$$

或

$$\mathrm{UCL} = \bar{\bar{x}} + A_3 \bar{S}\sqrt{\frac{\lambda}{2-\lambda}}$$

$$\mathrm{LCL} = \bar{\bar{x}} - A_3 \bar{S}\sqrt{\frac{\lambda}{2-\lambda}}$$

若 $n=1$，則可考慮使用 $\overline{\mathrm{MR}}/d_2$ 或 S/c_4 來估計 σ。

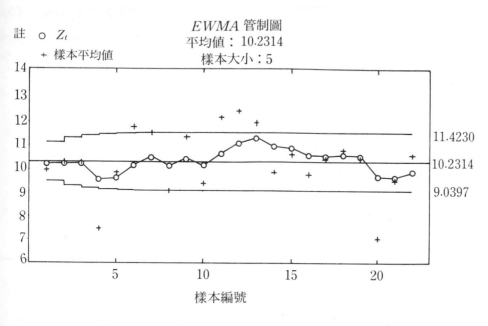

圖7-2　EWMA 管制圖

7.5.2　EWMA 管制圖之設計

　　EWMA 管制圖之偵測能力受到兩個設計參數之影響。第一個參數為 k，代表管制界限與中心線之距離（以標準差之倍數表示），第二個參數為 λ。我們可以選擇不同組合之 k 和 λ，以使得 EWMA 管制圖之偵測能力與 CUSUM 接近。一般而言，當 $0.05 \leq \lambda \leq 0.25$ 時，EWMA 管制圖可得到很好之成效，其中以 $\lambda = 0.08$，$\lambda = 0.1$，和 $\lambda = 0.15$ 較常用。當管制圖之目的是要偵測較小之製程變動時，我們可使用較小之 λ 值。在管制界限之選擇上，使用 $k = 3$ 通常可獲得很好之偵測效果，當 $\lambda \leq 0.1$ 時，可將 k 降至 0.75。

　　如同 CUSUM 管制圖，EWMA 對於微量製程變動的偵測相當有效率。但對於大量變動之偵測，則不如傳統之蕭華特管制圖。當 $\lambda > 0.1$ 時，EWMA 管制圖對於大量變動之偵測通常較 CUSUM 管制圖為佳。EWMA 管制圖可加入蕭華特管制圖之特性，以改善對於大量變動之偵測。

此時管制圖之決策爲：若統計量 z_t 超出 EWMA 管制界限或 $\bar{x}_t$ 超出 $\bar{x}$ 管制圖之管制界限，則判定製程爲管制外。當使用此種管制程序時，$\bar{x}$ 管制圖需使用較寬之管制界限（大於傳統之 3 倍標準差管制界限），以降低型 I 誤差。

爲了方便使用，我們可將統計量 $\bar{x}_t$ 和 z_t 畫在同一圖上，並標示 $\bar{x}_t$ 和 z_t 之管制界限。如果採用電腦軟體，可以用不同之符號代表統計量 $\bar{x}_t$ 和 z_t，並用不同顏色表示管制界限。

7.5.3　EWMA 管制圖於其他品質特性之應用

除了樣本平均值外，EWMA 管制圖也可以應用於其他樣本統計量。對於不合格點數，EWMA 管制圖之管制統計量爲（Montgomery 1991）

$$z_t = \lambda c_t + (1-\lambda) z_{t-1}$$

在管制圖上描繪之點爲 z_t，中心線爲 $\bar{c}$，上、下管制界限爲

$$UCL = \bar{c} + 3\sqrt{\frac{\lambda \bar{c}}{2-\lambda}}$$

$$LCL = \bar{c} - 3\sqrt{\frac{\lambda \bar{c}}{2-\lambda}}$$

當不合格點數非常低時，我們可將不合格點發生之時間間隔當作是待管制之變數。設 Y_t 爲第 $t-1$ 次和第 t 次不合格點出現之時間間隔，則 EWMA 之管制統計量爲

$$z_t = \lambda Y_t + (1-\lambda) z_{t-1}$$

管制圖之參數爲

$$UCL = \overline{Y} + 3\,\overline{Y}\sqrt{\frac{\lambda}{2-\lambda}}$$

中心線 $= \overline{Y}$

$$LCL = \max\left[\overline{Y} - 3\,\overline{Y}\sqrt{\frac{\lambda}{2-\lambda}},\ 0\right]$$

Crowder 和 Hamilton（1992)提出一 EWMA 管制程序用以監視製程標準差，其管制程序爲

$$z_t = \max[(1-\lambda)z_{t-1} + \lambda y_t, \ln(\sigma_0^2)]$$

上式中 $z_0 = \ln(\sigma_0^2), 0 < \lambda \leq 1, y_t = \ln(S_t^2), S_t^2$ 爲第 t 組樣本之變異數。σ_0 代表製程在管制內時之標準差或爲一標準值。上述管制程序假設 $(n-1)S_t^2/\sigma^2$ 爲獨立之 χ_{n-1}^2 隨機變數。由於此管制程序是用來偵測標準差是否增加，其管制圖只用到一上管制界限，定義爲

$$UCL = \ln(\sigma_0^2) + k\sqrt{\left(\frac{\lambda}{2-\lambda}\right)Var\{\ln(S_t^2)\}}$$

$$= \ln(\sigma_0^2) + k\left[\left(\frac{\lambda}{2-\lambda}\right)\left\{\frac{2}{n-1} + \frac{2}{(n-1)^2} + \frac{4}{3(n-1)^3}\right.\right.$$

$$\left.\left. + \frac{16}{15(n-1)^5}\right\}\right]^{1/2}$$

參數 λ 和 k 爲影響此管制程序之主要因素，表 7-10 比較不同參數組合下之 ARL 值。

表7-10　管制製程標準差之 EWMA 管制法的 ARL 值

標準差改變之百分比	參數組合(λ, k)				
	(0.05,1.06)	(0.10,1.30)	(0.16,1.45)	(0.20,1.51)	(0.25,1.56)
0	200.0	200.0	200.0	200.0	200.0
10	43.06	44.25	45.62	46.5	47.56
20	18.10	18.24	18.55	18.80	19.14
30	10.75	10.58	10.52	10.55	10.61
40	7.63	7.37	7.20	7.14	7.10
50	5.97	5.69	5.49	5.40	5.32
100	3.17	2.96	2.77	2.67	2.56

（資料來源：Crowder & Hamilton 1992）

7.5.4　具 FIR 特性之 EWMA 管制圖

Lucas 和 Crosier（1982)所提出之 FIR 特性亦可應用於 EWMA 管

制圖中。FIR EWMA 管制圖之效益可參見 Lucas 和 Saccucci（1990）之論文。

　　表 7-11 以數值範例說明 FIR 特性在 EWMA 管制法上之應用。表中前 10 組數據爲管制內，後 9 組數據之平均值上升約 1 倍標準差。製程爲管制內時，數據符合 $N(0,1)$ 之分配。EWMA 管制圖之 $\lambda = 0.25$，中心線等於 0，管制界限爲 ± 1.134。具有 FIR 特性之 EWMA 管制圖，其起始值 z_0 設爲管制界限至中心線距離之一半，在此例中爲 $1.134/2 = 0.567$，此種 FIR 特性稱爲 50%HS（Head　Start）。由於 z_0 可爲正或負，因此具 FIR 之 EWMA 管制法需用到兩個統計量，以 z_0^+ 和 z_0^- 表示。Lucas 和 Saccucci（1990）建議如果兩者之差距小於 $0.1\sigma_z$ 時，則可停止使用其中一個。由表 7-11 之結果可看出基本 EWMA 和 FIR EWMA 都在第 16 組樣本偵測

表7-11　EWMA 之計算範例（製程一開始爲正常）

樣本	觀測值	EWMA	FIR EWMA z_0^-	FIR EWMA z_0^+
1	1.0	0.25	-0.175	0.675
2	-0.5	0.063	-0.256	0.381
3	0.0	0.047	-0.192	0.286
4	-0.8	-0.165	-0.344	0.015
5	-0.8	-0.324	-0.458	-0.189
6	-1.2	-0.543	-0.644	-0.442
7	1.5	-0.032	-0.108	0.044
8	-0.6	-0.174	-0.231	-0.117
9	1.0	0.119	0.077	0.162
10	-0.9	-0.135	-0.167	-0.103
11	1.2	0.198	0.175	0.222
12	0.5	0.274	0.256	0.292
13	2.6	0.855	0.842	0.869
14	0.7	0.817	0.806	0.827
15	1.1	0.887	0.880	0.895
16	2.0	1.166	1.160	1.171
17	1.4	1.224	1.220	1.228
18	1.9	1.393	1.390	1.396
19	0.8	1.245	1.242	1.247

表7-12　EWMA 之計算範例 （製程一開始爲異常）

樣本	觀測值	EWMA	FIR EWMA	
			z_0^-	z_0^+
1	1.2	0.300	-0.125	0.725
2	0.5	0.350	0.031	0.669
3	2.6	0.913	0.673	1.152
4	0.7	0.859	0.680	1.039
5	1.1	0.920	0.785	1.054
6	2.0	1.190	1.089	1.291
7	1.4	1.242	1.167	1.318
8	1.9	1.407	1.350	1.463
9	0.8	1.255	1.212	1.298

到平均值改變。此結果說明當製程一開始爲管制內時，FIR 之影響將會消失。表 7-12 以表 7-11 之後 9 組數據來說明 FIR 之效用。基本 EWMA 管制法在第 6 組偵測到製程平均值之改變，而 FIR EWMA 則在第 3 組數據偵測到製程之改變。

Lucas 和 Saccucci (1990)之研究發現 CUSUM 和 EWMA 在偵測平均值變動之成效相當。表 7-13 爲 CUSUM 和 EWMA 之 ARL 值。

表7-13　EWMA 和 CUSUM 之 ARL 值

d	EWMA	CUSUM	FIR EWMA	FIR CUSUM
0.0	465	465	435	430
0.25	118	139	106	122
0.50	33.8	38.0	27.6	28.7
0.75	16.1	17.0	12.0	11.2
1.00	10.0	10.4	7.04	6.35
1.50	5.67	5.75	3.73	3.37
2.00	3.99	4.01	2.57	2.36
2.50	3.12	3.11	2.00	1.86
3.00	2.59	2.57	1.65	1.54
4.00	2.03	2.01	1.22	1.16
5.00	1.74	1.69	1.04	1.02

（資料來源：Lucas & Saccucci 1990）

註：CUSUM 參數 $k=0.5$, $h=5.0$

　　EWMA 參數 $\lambda=0.139$，管制界限爲 $\mu \pm 2.866\sigma_z$

　　EWMA 和 CUSUM 一樣都是利用目前和過去之資料來監視製程，因此對於微量變動可以有很好之偵測效果。但利用目前和過去資料監視製程時，容易產生慣性問題(inertia problem)。慣性問題是指管制統計量與製程實際變動方向不同所造成之偵測延遲問題。例如 EWMA 統計量為負值，而製程平均值向上變化時，EWMA 管制圖需要經過數組樣本才能使統計量變成正值，造成偵測上之延誤。慣性問題對於單一統計量之管制法的影響性特別大，讀者可參考 Lucas 和 Saccucci（1990）之討論。

習　題

1. 假設 38 組樣本平均值之資料如下表，$\sigma_{\bar{x}} = 2.0$。

以 $w = 8$ 計算移動平均值管制圖之管制界限。

樣本	平均值	樣本	平均值	樣本	平均值
1	10.5	14	10.5	27	9.5
2	6.0	15	8.0	28	10.0
3	10.0	16	9.5	29	12.0
4	11.0	17	7.0	30	8.0
5	12.5	18	10.0	31	9.0
6	9.5	19	13.0	32	13.0
7	6.0	20	9.0	33	11.0
8	10.0	21	12.0	34	9.0
9	10.5	22	6.0	35	10.0
10	14.5	23	12.0	36	15.0
11	9.5	24	15.0	37	12.0
12	12.0	25	11.0	38	8.0
13	12.5	26	7.0		

2. 根據1.之資料，以 $\lambda = 0.20$ 計算 EWMA 管制圖之管制界限。

3. 某產品品質特性之觀測值如下所示，數據由上至下，由左向右讀取。

50.3	60.3	67.2	60.2	45.9	45.9	38.6	55.7	66.3	55.8
56.2	56.4	56.3	45.9	60.6	63.2	42.6	76.7	60.6	59.7
48.5	60.3	56.2	38.5	45.8	52.1	39.6	66.7	56.8	50.3
60.3	56.1	60.2	60.2	56.2	49.6	48.5	68.8	64.2	56.4
56.3	49.3	56.2	54.2	52.1	44.3	49.6	59.7	69.3	58.6
39.9	56.5	50.3	48.6	50.3	48.6	56.4	56.8	63.4	61.5

(a) 建立 CUSUM 管制圖，$k = 0.5$，$h = 5$，利用前 40 組數據以移動全距法

估計標準差判斷後 20 組數據是否在管制內。

(b) 同(a)，但以 S/c_4 估計標準差。

4.設 $\lambda = 0.25$, 以 EWMA 管制法重複3.。

5.以 $k = 0.25$, $h = 8$ 之 CUSUM 管制法重複3.。

6.假設由 20 組樣本所得之樣本平均值資料如下所示, 樣本大小 n 爲 5。全距管制圖顯示製程爲管制內, $\overline{R} = 0.40$。

樣本	$\overline{x}$	樣本	$\overline{x}$
1	25.0	11	25.0
2	25.4	12	25.7
3	25.2	13	25.0
4	25.0	14	25.1
5	25.2	15	25.0
6	24.9	16	24.9
7	25.0	17	25.0
8	25.4	18	25.1
9	24.9	19	25.4
10	25.2	20	25.8

(a)以 $w = 6$ 建立移動平均值管制圖。

(b)製程平均值是否在管制內?

7.設 $\lambda = 0.2$, 以 EWMA 管制法重複6.。

參考文獻

Brook, D., and D. A. Evans, "An approach to the probability distribution of CUSUM run lengths," *Biometrika*, 59, 539-549 (1972).

Cheng, C. S., "A cumulative score control procedure for detecting process shifts," *Journal of Chinese Institute of Industrial Engineers*, 10, 1, 51-56 (1993).

Cheng, C. S., "A cumulative score control scheme for detecting process shifts," *Communications in Statistics-Theory and Methods*, 24, 3, 755-774 (1995).

Crosier, R. B., "A new two-sided cumulative sum quality control scheme," *Technometrics*, 28, 187-194 (1986).

Crowder, S. V., and M. D. Hamilton, "An EWMA for monitoring a process standard deviation," *Journal of Quality Technology*, 24, 12-20 (1992).

Davis, R. B., A. Homer, and W. H. Woodall, "Performance of the zone control chart," *Communications in Statistics-Theory and Methods*, 19, 1581-1587 (1990).

Gan, F. F., "CUSUM control charts under linear drift," *The Statistician*, 41, 71-84 (1992).

Hawkins, D. M., "A CUSUM for a scale parameter," *Journal of Quality Technology*, 12, 228-231 (1981).

Jaehn, A. H., "Zone control charts: a new tool for quality control," *TAPPI Journal*, 70, 159-161 (1987).

Lucas, J. M., "A modified V mask control scheme," *Tech-*

nometrics, 15, 833-847 (1973).

Lucas, J. M., "Combined Shewhart-CUSUM quality control schemes," *Journal of Quality Technology*, 14, 51-59 (1982).

Lucas, J. M., and R. B. Crosier, "Fast initial response for CUSUM quality-control schemes: give your CUSUM a head start," *Technometrics*, 24, 199-205 (1982).

Lucas, J. M., and M. S. Saccucci, "Exponentially weighted moving average control schemes: properties and enhancements," *Technometrics*, 32, 1-12 (1990).

Montgomery, D. C., *Introduction to Statistical Quality Control*, Wiley, NY (1991).

Munford, A. G., "A control chart based on cumulative scores," *Applied Statistics*, 29, 252-258 (1980).

Ncube, M. M., and W. H. Woodall, "A combined Shewhart-Cumulative score quality control chart," *Applied Statistics*, 33, 259-265 (1984).

Page, E. S., "Continuous inspection scheme," *Biometrika*, 41, 100-114 (1954).

Reynolds, J. H., "The run sum control chart procedure," *Journal of Quality Technology*, 3, 23-27 (1971).

Roberts, S. W., "Control charts based on geometric moving averages," *Technometrics*, 1, 234-250 (1959).

Roberts, S. W., "A comparison of some control chart procedures," *Technometrics*, 8, 411-430 (1966).

Ryan, T. P., *Statistical Methods for Quality Improvement*, Wiley, NY (1989).

Xiao, H., "A cumulative score control scheme," *Applied Statis-*

tics, 41, 47-54 (1992).

Wadworth, H. M., K. S. Stephens, and A. B. Godfrey, *Modern Methods for Quality Control and Improvement*, John Wiley & Sons, Inc., NY (1986).

＊
第八章　特殊統計製程管制技術

8.1　短製程之統計製程管制(Statistical Process Control for Short Production Runs)

　　自從蕭華特在 1920 年代發展出管制圖後,製造生產環境已產生巨大之變化。目前之生產型態以小量多樣化為主,例如剛好即時系統(JIT)即要求小批量之生產。小量生產代表頻繁之機器準備及更換刀具、夾具等用以涵蓋許多在同一機器上生產之不同料號的產品, 這些產品具有相似之特性,但其規格、允差可能不同。小量生產雖可以減少在製品存貨, 但同時也對統計製程管制之實施產生影響。本節將介紹幾種適合在小量生產下實施製程管制之技術。

8.1.1　Nom-i-nal 管制圖

　　Nom-i-nal 管制圖(Bothe 1987)是考慮實際品質數據與一共同參考點之差, 而非實際品質數據值。此管制圖之另一名稱為 code value chart。此參考點可為藍圖上規格界限之名義值(nominal value)。此名義值將成為平均值管制圖上之中心線, 因此不同料號之產品均可在同一管制圖上管制。使用此管制圖需確定不同料號產品之品質數據分配之標準差為相近。若某一料號產品之標準差與其他產品不同, 則在全距管制圖上會出現連串模型。

　　Nom-i-nal 管制圖之使用必須符合下列條件:

1. 每一物件之製程標準差必須接近。

2. 每一物件所使用之樣本大小最好相同。

3. 規格之名義值爲製程之目標值。

4. 檢驗系統對不同尺寸之產品均有相同（大約）之量測誤差。

5. 生產或製造不因產品允差不同而有所差異。

假設在一機器上製造不同料號（A 及 B）之螺釘，這些不同料號之螺釘除了長度不同外，其他品質特性均相同。Nom-i-nal 管制圖之實施步驟如下：

1. 計算實際品質數據值與名義值之差。假設螺釘A之規格界限爲2.30至2.40，亦即名義值爲2.35。若現有一樣本，其差異計算如下：

樣本 1	名義值	差異
2.31	2.35	-0.04
2.33	2.35	-0.02
2.32	2.35	-0.03
		和$=-0.09$
		平均值$=-0.03$
		全距$=0.02$

2. 將求得之值繪於平均值及全距管制圖上。此時平均值管制圖之目標值（中心線）爲「0」。

3. 重複步驟1.及2.，直到螺釘 A 生產完畢。

4. 計算螺釘 B 之差異。螺釘 B 之長度規格界限爲 3.40 至 3.50。

樣本 1	名義值	差異
3.47	3.45	$+0.02$
3.45	3.45	0.00
3.46	3.45	$+0.01$
		和$=0.03$
		平均值$=0.01$
		全距$=0.02$

5. 重複步驟 1 及 2，直到螺釘 B 生產完畢。

6.　當收集到 25 組樣本後則可依傳統之管制圖方法計算管制界限, 並利用一般檢定方法判別製程是否在管制內。

在此例中螺釘 A 及 B 均具有相同之允差大小(0.1), 但 Nom-i-nal 管制圖也可用在具有不同允差寬度之相似物件上。

Nom-i-nal 管制圖方法只能用於當物件具有雙向允差時。當物品為單向允差(稱為 unilateral tolerance)時, 則考慮使用目標值管制圖(target control chart)。目標值管制圖之原理與 Nom-i-nal 管制圖極為類似, 所不同的是考慮物件之設計目標值或過去數據之平均值而非允差之名義值。

〔例〕　假設產品 A 之規格為 100±5, B 之規格為 50±4, 試以表 8-1 之資料, 建立 $\bar{x}$-R 管制圖。

表8-1　$\bar{x}$-R 管制圖之數據

樣本	料號	量測值			偏差值				
		M_1	M_2	M_3	x_1	x_2	x_3	$\bar{x}$	R
1	A	100	102	101	0	2	1	1.00	2
2	A	101	99	100	1	−1	0	0.00	2
3	A	100	98	103	0	−2	3	0.33	5
4	A	97	103	100	−3	3	0	0.00	6
5	B	50	49	48	0	−1	−2	−1.00	2
6	B	49	47	48	−1	−3	−2	−2.00	2
7	B	50	50	51	0	0	1	0.33	1
8	B	50	49	51	0	−1	1	0.00	2
9	B	52	48	52	2	−2	2	0.67	4
10	B	51	49	48	1	−1	−2	−0.67	3

〔解〕

$$\bar{\bar{x}} = \frac{-1.34}{10} = -0.134$$

$$\bar{R} = \frac{29}{10} = 2.9$$

查表 $A_2 = 1.023$, $D_4 = 2.575$, $D_3 = 0$

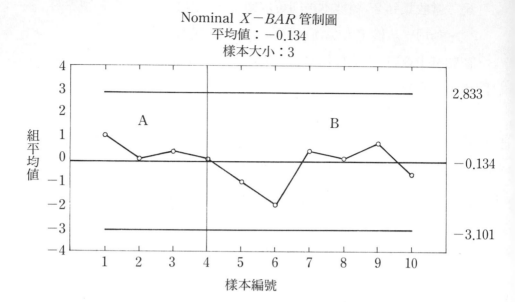

圖8-1 Nom-i-nal $\bar{x}$管制圖

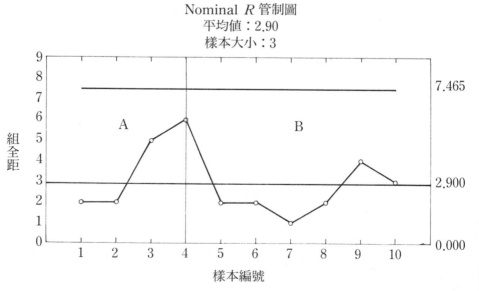

圖8-2 Nom-i-nal R 管制圖

$\bar{x}$ 管制圖之參數爲

$$\text{UCL}=-0.134+1.023(2.9)=2.833$$

$$CL = -0.134$$
$$LCL = -0.1340 - 1.023(2.9) = -3.101$$

R 管制圖之參數爲

$$UCL = D_4 \overline{R} = 2.575(2.9) = 7.468$$
$$CL = 2.9$$
$$LCL = D_3 \overline{R} = 0(2.9) = 0.0$$

圖 8-1 和 8-2 爲 $\overline{x}$ 和 R 管制圖，由圖可看出製程爲管制內。

8.1.2　標準化管制圖(Standardized Control Charts)

Nom-i-nal 管制圖要求不同料號之物件的製程標準差要接近。本節所介紹之標準化管制圖則適用於物件具有不同標準差之情況，且可應用於管制不同量測單位之品質特性。此圖又稱爲 stabilized control chart。

假設 $\overline{R}_i$ 和 N_i 分別爲物件編號 i 之全距平均值和名義值。對於屬於物件 i 之樣本，在全距 R 之標準化管制圖上的管制統計量爲 $R^s = R/\overline{R}_i$。$\overline{x}$ 管制圖上之統計量爲 $\overline{x}^s = (\overline{x} - N_i)/\overline{R}_i$。全距管制圖之中心爲 1，上管制界限爲 D_4，下管制界限等於 D_3。$\overline{x}$ 管制圖之中心爲 0，上、下管制界限爲 $UCL = A_2$，$LCL = -A_2$。

$\overline{R}_i$ 之值可由歷史資料估計，或由 $\overline{R}_i = (S_i d_2 / c_4)$ 之關係倒推求得。若爲新工件，則可由經驗或相似之物件來設定 $\overline{R}_i$ 之值。

標準化管制圖之觀念也可用來管制屬性品質特性。標準化計數值管制圖之中心線爲 0，上、下管制界限分別爲 +3 和 -3。表 8-2 爲管制各種屬性值之標準化計數值管制圖。

8.1.3　3D 管制圖

3D 管制圖可用來研究件內(within-piece)及件間(within part)之差異，此管制圖適用於當件與件之間有極大之差異，而此差異是由於件內之

表8-2 標準化計數值管制圖

品質特性	目標值	標準差	管制統計量
$\hat{p}_i$	$\bar{p}$	$\sqrt{\dfrac{\bar{p}(1-\bar{p})}{n}}$	$Z_i=\dfrac{\hat{p}_i-\bar{p}}{\sqrt{\bar{p}(1-\bar{p})/n}}$
$n\hat{p}_i$	$n\bar{p}$	$\sqrt{n\,\bar{p}(1-\bar{p})}$	$Z_i=\dfrac{n\,\hat{p}_i-n\,\bar{p}}{\sqrt{n\,\bar{p}(1-\bar{p})}}$
c_i	$\bar{c}$	$\sqrt{\bar{c}}$	$\cdot Z_i=\dfrac{c_i-\bar{c}}{\sqrt{\bar{c}}}$
u_i	$\bar{u}$	$\sqrt{\bar{u}/n}$	$Z_i=\dfrac{u_i-\bar{u}}{\sqrt{\bar{u}/n}}$

(註: 有些學者建議加上連續性修正因子0.5)

不同位置所造成。例如一個外觀爲對稱之物件(墊圈)，其量測位置有 4 個不同點，假設 4 個樣本之數據如下:

位置 樣本	A	B	C	D	R_w	和	$\bar{x}_p$
1	1	0	3	2	3	6	1.5
2	3	2	1	3	2	9	2.25
3	1	0	2	5	2	8	2
4	2	2	1	4	3	9	2.25

$\bar{x}_p$之和$=8$
$\bar{x}=2$
$R_p=0.75$

其中 R_w 爲件內差異，R_p 爲件與件間之差異。使用者可建立 $\bar{x}$、R_p 及 R_w 三種管制圖來管制件內及件間之差異。

8.2 修正管制圖和允收管制圖

在統計製程管制中，管制圖主要是用來監視及管制製程之變異，偵測異常原因，並持續地改善製程。但在有些情況下，$\bar{x}$ 管制圖被用來管制製程所產生之不合格率，而非偵測製程之異常原因。在本節中我們將介紹兩種應用於此種情況之管制圖。

8.2.1 使用修正管制界限(Modified Control Limits)之 $\bar{x}$ 管制圖

在有些情況下，由於製程之持續改善，使得製程之 6 倍標準差寬度遠小於規格界限，亦即 C_p 遠大於 1(參考本書第九章)。製程之平均值將可以在一個很寬之範圍內變動，而不影響產品之不合格率。

具修正管制界限之 $\bar{x}$ 管制圖，是用來監視製程平均值，以使得不合格率不超過 δ(Hill 1956)。在建立修正管制界限時，我們需先假設製程變異性在管制內，製程之輸出需符合常態分配。另外，製程平均值可經由製程參數之調整來改變。

為了使不合格率不超過 δ，我們可根據上、下規格界限找出製程平均值被允許變動之範圍。假設 $\mu_L \leq \mu \leq \mu_U$，$\mu_U$ 和 μ_L 為製程平均值之上、下界限，根據圖 8-3，我們可以很容易地找出 μ_U 和 μ_L。

$$\mu_L = \text{LSL} + z_\delta \sigma$$

$$\mu_U = \text{USL} - z_\delta \sigma$$

假設型 I 誤差規定為 α，則上、下管制界限（如圖 8-3 所示）為

$$\text{UCL} = \mu_U + \frac{z_\alpha \sigma}{\sqrt{n}}$$

$$= \text{USL} - z_\delta \sigma + \frac{z_\alpha \sigma}{\sqrt{n}}$$

$$= \text{USL} - (z_\delta - \frac{z_\alpha}{\sqrt{n}}) \sigma$$

$$\text{LCL} = \mu_L - \frac{z_\alpha \sigma}{\sqrt{n}}$$

$$= \text{LSL} + z_\delta \sigma - \frac{z_\alpha \sigma}{\sqrt{n}}$$

$$= \text{LSL} + (z_\delta - \frac{z_\alpha}{\sqrt{n}}) \sigma$$

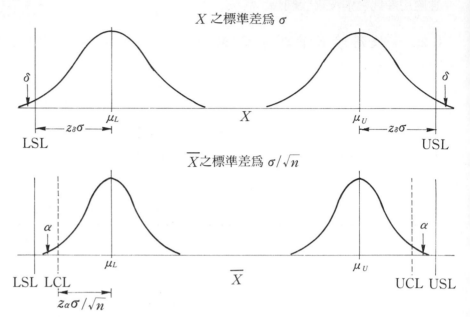

圖8-3　修正管制界限

以上之修正管制界限，可視爲檢定平均值是否落在 $\mu_L \leq \mu \leq \mu_U$。在設計修正管制界限時，我們必須正確地估計製程標準差 σ。如果製程變異性增加，則修正管制界限將不適用。通常我們會以 R 和 S 管制圖配合具修正管制界限之 $\bar{x}$ 管制圖，標準差 σ 可由 $\bar{R}/d_2$ 或 $\bar{S}/c_4$ 來估計。

在使用修正管制界限時，我們需要確定製程平均值是否允許變動。因爲在有些情況下，即使 C_p 相當大，製程平均值仍不允許變動。

〔例〕　某肥料之氮含量的規格爲 12% 至 33%。20 組 $n=5$ 之樣本資料如表 8-3 所示。若氮含量之不合格率超過 1%，則視爲不可接受。試計算 $\alpha = 0.00135$ 之修正管制界限。

〔解〕　首先決定製程變異性是否在管制內。

$$\bar{R} = \frac{39.8}{20} = 1.99$$

R 管制圖之管制界限爲

表8-3 氮含量之樣本資料

樣本	$\bar{x}$	R	樣本	$\bar{x}$	R
1	14.8	2.2	11	25.0	2.1
2	15.2	1.6	12	16.4	1.8
3	16.7	1.8	13	18.6	1.5
4	15.5	2.0	14	23.9	2.3
5	18.4	1.8	15	17.2	2.1
6	17.6	1.9	16	16.8	1.6
7	21.4	2.2	17	21.1	2.0
8	20.5	2.3	18	19.5	2.2
9	22.8	2.5	19	18.3	1.8
10	16.9	1.8	20	20.2	2.3

$$\text{UCL}_R = D_4 \overline{R} = 2.115(1.99) = 4.209$$

$$\text{LCL}_R = D_3 \overline{R} = 0(1.99) = 0$$

我們可判斷製程變異性是在管制內，製程標準差可估計為

$$\hat{\sigma} = \frac{\overline{R}}{d_2} = \frac{1.99}{2.326} = 0.856$$

修正管制界限為

$$\text{LCL} = \text{LSL} + \left(z_\delta - \frac{z_\alpha}{\sqrt{n}}\right)\sigma = 12 + \left(2.326 - \frac{3.00}{\sqrt{5}}\right)0.856$$

$$= 12.843$$

$$\text{UCL} = \text{USL} - \left(z_\delta - \frac{z_\alpha}{\sqrt{n}}\right)\sigma = 33 - \left(2.326 - \frac{3.00}{\sqrt{5}}\right)0.856$$

$$= 32.157$$

8.2.2 允收管制圖(Acceptance Control Charts)

在 8.2.1 節中，管制界限是根據 n、α 和 δ 來決定。Freund(1957)所提出之允收管制圖考慮製程平均值在可接受水準下被拒絕之機率，和製程平均值在不可接受水準下被接受之機率。在介紹允收管制圖前，我們先定義下列參數及符號：

APL（acceptable process level）——代表製程平均值之可接受水準，又可分為 UAPL（上）和 LAPL（下）。

RPL（rejectable process level）——代表製程平均值之不可接受水準，又可分為 URPL（上）和 LRPL（下）。

ACL（acceptance control limit）——允收管制界限，又可分為上允收管制界限（UACL）和下允收管制界限（LACL）。

USL, LSL ——代表規格之上、下界限。

z_δ——代表 USL 與 UAPL 或 LSL 與 LAPL 之距離，並以標準差之倍數表示。

z_γ——代表 USL 與 URPL 或 LSL 與 LRPL 之距離，並以標準差之倍數表示。

δ ——代表製程平均值落在 APL 時所造成之不合格率。

γ ——代表製程平均值落在 RPL 時所造成之不合格率。

α ——型 I 誤差，代表製程平均值為 APL 時，樣本平均值落在 ACL 外之機率（此將造成判定製程平均值不在允許範圍內）。

β ——型 II 誤差，代表製程平均值為 RPL 時，樣本平均值落在 ACL 內之機率（此將造成判定製程平均值是在允許範圍內）。

在具有修正界限之 $\bar{x}$ 管制圖中，製程平均值是處於可接受水準，根據 α 和 δ 值計算管制界限。而在允收管制圖中，管制界限是根據 α、δ、β 和 γ 來決定。由圖 8-4 可看出 APL、RPL 和 ACL 間之關係。若規定 n、γ 及 β，則可求得 RPL 和 ACL。

$$\text{URPL} = \text{USL} - z_\gamma \sigma$$

$$\text{LRPL} = \text{LSL} + z_\gamma \sigma$$

$$\text{UACL} = \text{URPL} - z_\beta \frac{\sigma}{\sqrt{n}}$$

$$= \text{USL} - z_\gamma \sigma - z_\beta \frac{\sigma}{\sqrt{n}}$$

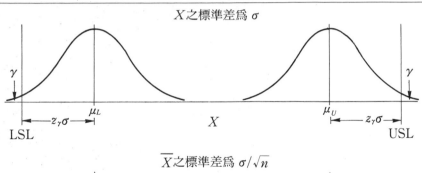

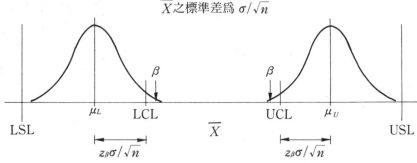

圖8-4　允收管制圖

$$=\text{USL}-\left(z_\gamma+\frac{z_\beta}{\sqrt{n}}\right)\sigma$$

同理可得

$$\text{LACL}=\text{LSL}+\left(z_\gamma+\frac{z_\beta}{\sqrt{n}}\right)\sigma$$

若規定 α、β、δ、γ，則可由 RPL、ACL、APL 之關係求得樣本大小 n。修正界限之 $\bar{x}$ 管制圖規定 α 和 δ，其管制界限為

$$\text{UACL}=\text{USL}-z_\delta\sigma+z_\alpha\frac{\sigma}{\sqrt{n}}=\text{USL}-\left(z_\delta-\frac{z_\alpha}{\sqrt{n}}\right)\sigma$$

此管制界限應與允收管制圖由規定 γ 和 β 所求得之 UACL 相同，因此

$$\text{USL}-\left(z_\delta-\frac{z_\alpha}{\sqrt{n}}\right)\sigma=\text{USL}-\left(z_\gamma+\frac{z_\beta}{\sqrt{n}}\right)\sigma$$

$$n=\left(\frac{z_\alpha+z_\beta}{z_\delta-z_\gamma}\right)^2$$

由於樣本大小需為整數，因此 n 通常設為大於 $\left[(z_\alpha+z_\beta)/(z_\delta-z_\gamma)\right]^2$ 之

整數值。

〔例〕 水泥每包之規格為 50±0.25 *lb*。下表為 20 組樣本($n=5$)之資料，表中之樣本平均值已扣除名義值 50。

(a)不合格率之可接受水準為 1%，試建立 3 倍標準差之修正管制界限。

(b)若不合格率增加至 5%，我們希望有 90% 之機會能夠偵測出此項變動，試建立適當之允收管制圖。

(c)選擇適當之樣本大小，以滿足(a)，(b)之條件。

樣本編號	$\bar{x}$	R	樣本編號	$\bar{x}$	R
1	0.0771	0.0673	11	0.0340	0.0710
2	−0.0442	0.0730	12	−0.1363	0.0790
3	−0.1037	0.0751	13	−0.0509	0.1070
4	−0.0191	0.0607	14	−0.0585	0.0786
5	0.0783	0.0674	15	−0.0915	0.0717
6	−0.0299	0.0926	16	0.0513	0.0802
7	0.0762	0.1101	17	−0.0630	0.1043
8	−0.0075	0.0723	18	−0.0527	0.0668
9	−0.1209	0.0647	19	−0.0599	0.0403
10	−0.0642	0.1093	20	−0.0501	0.0690

〔解〕 (a)首先我們根據全距資料估計樣本標準差，

$$\bar{R}=\frac{1.5604}{20}=0.07802$$

全距管制圖參數為

UCL＝0.16501

中心線＝0.07802

LCL＝0

由 20 組全距來看，製程變異性在管制內，製程標準差可估計為

$0.07802/2.326$。由常態分配表可得 $z_{0.01} = 2.326$，管制圖之參數爲

$$UCL = 0.25 - \left(2.326 - \frac{3}{\sqrt{5}}\right)\frac{0.07802}{2.326} = 0.2170$$

$$LCL = -0.25 + \left(2.326 - \frac{3}{\sqrt{5}}\right)\frac{0.07802}{2.326} = -0.2170$$

(b) $z_{0.05} = 1.645$，$z_{0.10} = 1.282$，允收管制圖之參數爲

$$UCL = 0.25 - \left(1.645 - \frac{1.282}{\sqrt{5}}\right)\frac{0.07802}{2.326} = 0.2141$$

$$LCL = -0.25 + \left(1.645 - \frac{1.282}{\sqrt{5}}\right)\frac{0.07802}{2.326} = -0.2141$$

(c) $n = \left(\frac{3 + 1.282}{2.326 - 1.645}\right)^2 = 39.54 \cong 40$

8.3 多變量管制圖

在有些情況下，我們可能需要同時管制二個以上具有關連性之品質特性。例如軸承之內徑 (x_1) 和外徑 (x_2)。假設 x_1 和 x_2 爲二元常態分配，我們可以使用兩張 $\bar{x}$ 管制圖分別管制 x_1 和 x_2。若此二品質特性之樣本平均值 $\bar{x}_1$ 和 $\bar{x}_2$ 同時落在個別之管制界限內，則判定此製程爲管制內。此二組管制界限也可以用圖 8-5 之管制區間來表示。

若將 x_1 和 x_2 分別獨立管制時，可能會造成錯誤之結果。假設 $\bar{x}$ 管制圖使用 3 倍標準差之管制界限，則 x_1 或 x_2 超出管制界限之機率爲 0.0027。當製程爲管制內時，兩個變數同時超出管制界限之機率爲（0.0027）（0.0027）＝0.00000729（聯合型 I 誤差），遠小於0.0027。另外，當製程爲管制內時，$\bar{x}_1$ 和 $\bar{x}_2$ 同時在管制界限內之機率爲（0.9973）（0.9973）＝0.99460792。從以上之討論可看出當使用兩個獨立之管制圖來管制 x_1 和 x_2 時，其型 I 誤差和落在管制界限內之機率，將與個別之 $\bar{x}$ 管制圖所得的值

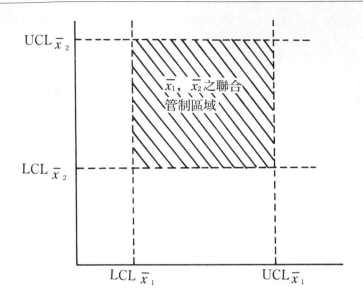

圖8-5 兩個品質特性之聯合管制區域

不同。

　　若以型 I 誤差爲 α 之管制圖來個別管制 p 個獨立之品質特性時, 則聯合管制程序之型 I 誤差爲

$$\alpha'=1-(1-\alpha)^p$$

而 p 個平均值同時落在管制界限內之機率爲 $(1-\alpha)^p$。

8.3.1　平均值之管制

　　假設品質特性 x_1 和 x_2 服從二元常態分配。x_1 和 x_2 之平均值爲 μ_1、μ_2, 標準差爲 σ_1、σ_2。x_1 和 x_2 之共變異數爲 σ_{12} 可用來評估 x_1 和 x_2 之相關性。假設 σ_1、σ_2 和 σ_{12} 均爲已知。若 $\bar{x}_1$ 和 $\bar{x}_2$ 爲從 n 個數據所得到之樣本平均值, 則

$$\chi_0^2=\frac{n}{\sigma_1^2\sigma_2^2-\sigma_{12}^2}[\sigma_2^2(\bar{x}_1-\mu_1)^2+\sigma_1^2(\bar{x}_2-\mu_2)^2-2\sigma_{12}(\bar{x}_1-\mu_1)(\bar{x}_2-\mu_2)]$$

服從自由度＝2 之卡方分配。當製程平均值不變, 則 $\chi_0^2<\chi_{\alpha,2}^2$。當至少有一個品質特性之平均值改變時, 則 $\chi_0^2>\chi_{\alpha,2}^2$。

以上之管制程序可以用圖形來表示。若 x_1 和 x_2 為獨立$(\sigma_{12}=0)$，則 $\bar{x}_1$ 和 $\bar{x}_2$ 之聯合管制區域如圖 8-6 所示為一橢圓形，稱為管制橢圓(control ellipse)。此橢圓中心落在(μ_1,μ_2)上，主軸與 $\bar{x}_1$ 和 $\bar{x}_2$ 軸平行。若管制統計量 χ_0^2 落在橢圓區域外，則表示製程為管制外。如果 x_1 和 x_2 不為獨立，則橢圓之主軸不再與 x_1 軸或 x_2 軸平行。

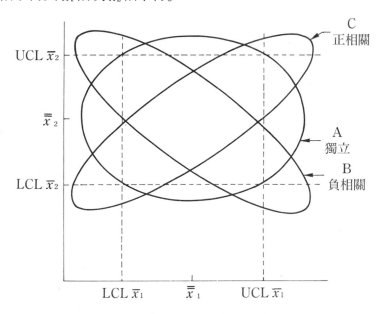

圖8-6　管制橢圓

橢圓形的管制區域內只能用在管制兩個品質特性。另外，數據之時間先後次序性無法在圖上表示。為了避免上述之缺點，我們一般是將每一樣本之 χ_0^2 值依樣本之次序繪在圖上，管制界限為 $\chi_{\alpha,2}^2$，此圖稱為 χ^2 管制圖。利用此種管制圖，我們可以保留數據之時間次序，同時也可以使用連串法則，來協助判斷製程是否為異常。另一個好處是我們只用到一個數值來表示製程之變化。

χ^2 管制圖可以延伸到 p 個品質特性之管制。設

$$\overline{\mathrm{x}}=\begin{bmatrix} \overline{x}_1 \\ \overline{x}_2 \\ \vdots \\ \overline{x}_p \end{bmatrix}$$

每一樣本之管制統計量爲

$$\chi_0^2 = n(\overline{\mathrm{x}} - \mu)' \textstyle\sum^{-1}(\overline{\mathrm{x}} - \mu)$$

其中 $\mu' = [\mu_1, \mu_2, \cdots, \mu_p]$，各元素爲品質特性之平均值，$\sum$ 代表其共變異數矩陣(covariance matrix)。

一般我們需從先前之 m 組樣本來估計 μ 和 $\sum$，μ 和 $\sum$ 之估計說明如下。

$$\overline{x}_{jk} = \frac{1}{n}\sum_{i=1}^{n} x_{ijk} \quad \begin{cases} j=1,2,\cdots,p \\ k=1,2,\cdots,m \end{cases}$$

$$S_{jk}^2 = \frac{1}{n-1}\sum_{i=1}^{n}(x_{ijk}-\overline{x}_{jk})^2 \quad \begin{cases} j=1,2,\cdots,p \\ k=1,2,\cdots,m \end{cases}$$

$$S_{jhk} = \frac{1}{n-1}\sum_{i=1}^{n}(x_{ijk}-\overline{x}_{jk})(x_{ihk}-\overline{x}_{hk}) \quad \begin{cases} k=1,2,\cdots,m \\ j\neq h \end{cases}$$

$$\overline{\overline{x}}_j = \frac{1}{m}\sum_{k=1}^{m}\overline{x}_{jk} \quad j=1,2,\cdots,p$$

$$S_j^2 = \frac{1}{m}\sum_{k=1}^{m}S_{jk}^2 \quad j=1,2,\cdots,p$$

$$S_{jh} = \frac{1}{m}\sum_{k=1}^{m}S_{jhk} \quad j\neq k$$

$$S=\begin{bmatrix} S_1^2 & S_{12} & S_{13} & \cdots & S_{1p} \\ & S_2^2 & S_{23} & \cdots & S_{2p} \\ & & & & \vdots \\ & & & & S_p^2 \end{bmatrix}$$

若以 $\overline{x}$ 取代 μ，S 取代 $\sum$，則管制統計量爲

$$T^2 = n(\overline{\mathbf{x}} - \overline{\overline{\mathbf{x}}})' S^{-1} (\overline{\mathbf{x}} - \overline{\overline{\mathbf{x}}})$$

此稱爲 Hotelling T^2管制圖（Hotelling 1947）。若$\overline{\overline{\mathbf{x}}}$和 S 是由多組樣本$(m \geq 20)$估計所得，則 T^2管制圖之管制界限爲 $\chi^2_{\alpha,p}$。若 m 並非很大，則管制界限需由 T^2分配求得，其管制界限爲

$$\text{UCL} = \left(\frac{mnp - mp - np + p}{mn - m - p + 1} \right) F_{\alpha,p,(mn-m-p+1)}$$

當 T^2值超出管制界限時，則代表製程爲管制外。T^2管制圖之分析較傳統之$\overline{x}$管制圖更爲複雜。當 T^2值超出管制界限時，個別品質特性之平均值可能未超出其$\overline{x}$管制圖之管制界限。假設二品質特性具有相當高之正相關性，則樣本平均值$\overline{x}_{1i}$和$\overline{x}_{2i}$應該具有相同之變化行爲。例如當 $\overline{x}_{1i} > \overline{x}_1$ ($\overline{x}_{1i} < \overline{x}_1$)時，我們應該觀察到$\overline{x}_{2i} > \overline{x}_2$($\overline{x}_{2i} < \overline{x}_2$)。如果$\overline{x}_{1i}$和$\overline{x}_{2i}$之變化方向不一致，則在管制圖上會出現很大之 T^2值，即使$\overline{x}_{1i}$和$\overline{x}_{2i}$均在管制界限內。上述情況說明 T^2管制圖適合用於管制數個具有相關性之品質特性。另一方面，當某一$\overline{x}$管制圖顯示一品質特性之平均值已超出管制界限時，T^2值有可能未超出管制界限。有些學者建議將多個單變異管制程序與 T^2管制法合併使用。Alt(1982)建議以 Bonferroni 不等式建立管制個別品質特性之界限，其公式爲

$$\overline{\overline{x}}_i \pm t_{\alpha/2p,m(n-1)} S_i \sqrt{\frac{m-1}{mn}} \quad i = 1, 2, \cdots, p$$

如果某一品質特性之平均值超出管制界限，則需診斷可歸屬原因。

傳統管制程序在可歸屬原因排除後，需剔除可歸屬原因所對應之樣本數據。假設有 a 組樣本被剔除，重新計算得$\overline{\overline{\mathbf{x}}}^*$和$S^*$，則未來之樣本平均值可代入下列公式計算 T^2值。

$$n(\overline{\mathbf{x}} - \overline{\overline{\mathbf{x}}}^*)' (S^*)^{-1} (\overline{\mathbf{x}} - \overline{\overline{\mathbf{x}}}^*)$$

管制界限爲

$$\text{UCL} = \left[\frac{p(m-a+1)(n-1)}{(m-a)n - m + a - p + 1} \right] F_{\alpha,p,[(m-a)n-m+a-p+1]}$$

〔例〕 紡織品之主要品質特性爲纖維之斷裂強度和重量。20 組樣本之資料如表 8-4 所示，試建立 T^2 管制圖。

表8-4 T^2 管制圖之數據

樣本	斷裂因子				纖維強度			
1	80	82	78	85	19	22	20	20
2	81	78	84	75	21	21	18	24
3	83	86	84	87	19	24	21	22
4	80	84	79	83	18	20	17	16
5	82	81	78	86	23	21	18	22
6	86	84	85	87	21	20	23	21
7	85	88	82	84	19	23	19	22
8	76	84	78	82	22	17	19	18
9	85	88	85	87	18	16	20	16
10	80	78	81	83	18	19	20	18
11	86	84	85	86	23	20	24	22
12	81	82	83	81	22	23	21	21
13	81	86	82	79	16	18	20	19
14	75	78	82	80	22	21	23	22
15	85	84	78	77	22	18	21	19
16	86	82	84	84	19	23	18	22
17	84	85	78	79	17	22	18	19
18	82	86	79	83	20	19	23	21
19	79	88	85	83	21	23	20	18
20	85	84	82	80	22	18	19	20

〔解〕 20 組樣本之樣本平均值、變異數、共變異數和 T^2 值列於表 8-5 以下說明第 1 組樣本之相關統計量的計算。

$$\bar{x}_{11} = (80+82+78+85)/4 = 81.25$$

$$S_{11}^2 = \frac{1}{3}\{(80-81.25)^2+(82-81.25)^2+(78-81.25)^2+(85-81.25)^2\}$$

$$= 8.92$$

$$S_{121} = \frac{1}{3}\{(80-81.25)(19-20.25)$$

表8-5　　T^2管制圖之計算過程

樣本	$\bar{x}_{1i}$	$\bar{x}_{2i}$	S_{1i}^2	S_{2i}^2	S_{12i}	T^2
1	81.25	20.25	8.92	1.58	0.92	0.78
2	79.50	21.00	15.00	6.00	-9.00	5.25
3	85.00	21.50	3.33	4.33	3.00	5.98
4	81.50	17.75	5.67	2.92	1.17	7.95
5	81.75	21.00	10.92	4.67	5.33	1.04
6	85.50	21.25	1.67	1.58	0.17	6.73
7	84.75	20.75	6.25	4.25	4.58	3.36
8	80.00	19.00	13.33	4.67	-7.33	5.26
9	86.25	17.50	2.25	3.67	-2.50	15.25
10	80.50	18.75	4.33	0.92	-0.50	4.86
11	85.25	22.25	0.92	2.92	0.92	10.08
12	81.75	21.75	0.92	0.92	0.58	3.17
13	82.00	18.25	8.67	2.92	-0.33	4.74
14	78.75	22.00	8.92	0.67	1.33	10.66
15	81.00	20.00	16.67	3.33	-7.33	1.21
16	84.00	20.50	2.67	5.67	-2.67	1.45
17	81.50	19.00	12.33	4.67	3.00	2.31
18	82.50	20.75	8.33	2.92	-4.50	0.41
19	83.75	20.50	14.25	4.33	3.17	1.06
20	82.75	19.75	4.92	2.92	2.92	0.25
	$\bar{\bar{x}}_1=82.46$	$\bar{\bar{x}}_2=20.18$	$S_1^2=7.51$	$S_2^2=3.29$	$S_{12}=-0.35$	

$$+ (82-81.25)(22-20.25)$$

$$+ (78-81.25)(20-20.25)$$

$$+ (85-81.25)(20-20.25)]$$

$$=0.917$$

T^2管制圖之 α 值通常設爲 $\alpha/2p=0.00135$，因此在此例中 $\alpha=0.0054$。根據表 8-5 之資料，管制界限爲

$$UCL=\left[\frac{(20)(4)(2)-(20)(2)-(4)(2)+2}{(20)(4)-20-2+1}\right]F_{0.0054,2,[(20)(4)-20-2+1]}$$

$$=1.932\,F_{0.0054,2,59}=(1.932)(6.406)=12.376$$

由圖 8-7 可看出第 9 組樣本爲管制外。在獲知製程爲管制外後，下一步爲決定是由何品質特性所造成。Bonferroni 管制界限可以用來決定何品質特性超出管制界限，管制界限爲

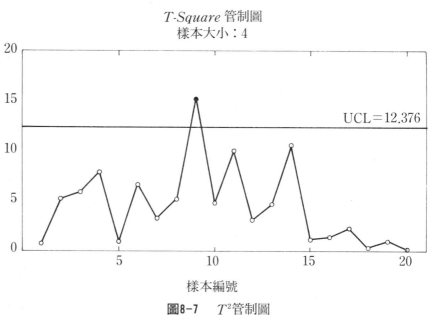

T-Square 管制圖
樣本大小：4

UCL＝12.376

樣本編號

圖8-7 T^2管制圖

$$\overline{\overline{x}}_1 \pm t_{0.0054/4,20(3)} S_1 \sqrt{\frac{19}{(20)(4)}} = 20.17 \pm (3.189)(1.3353)$$

$$\overline{\overline{x}}_2 \pm t_{0.0054/4,20(3)} S_2 \sqrt{\frac{19}{(20)(4)}} = 20.17 \pm (3.189)(0.8839)$$

根據上述管制界限，我們可看出兩個品質特性之第 9 組樣本並未超出管制界限。此例說明當樣本 T^2 值超出管制界限時，Bonferroni 管制界限不一定能告知何品質特性造成 T^2 超出管制界限。

8.3.2   製程變異性之管制

製程變異性之管制有兩種可行方式（Alt 1985）。第一種方法是利用 S 管制圖之觀念所建立，相當於檢定製程共變異數矩陣等於某特定之矩陣Σ。在管制圖上，第 i 組樣本之管制統計量爲

$$W_i = -pn + (pn)\ln(n) - n[\ln(|A_i|/|\Sigma|)] + tr(\Sigma^{-1}A_i)$$

其中 $A_i = (n-1)S_i$，S_i 為第 i 組樣本之共變異數矩陣，tr 為矩陣中對角線元素之和。若 W_i 超出 UCL $= \chi^2_{a,p(p+1)/2}$，則製程為管制外。

第二種方法是管制 $|S|$，$|S|$ 為樣本共變異數矩陣之行列式 (determinant)，管制界限為 $E(|S|) \pm 3\sqrt{V|S|}$，$E(|S|)$ 和 $V|S|$ 為

$$E(|S|) = b_1|\Sigma|$$
$$V(|S|) = b_2|\Sigma|^2$$

其中

$$b_1 = \frac{1}{(n-1)^p}\prod_{i=1}^{p}(n-i)$$

$$b_2 = \frac{1}{(n-1)^{2p}}\prod_{i=1}^{p}(n-i)\left[\prod_{i=1}^{p}(n-i+2) - \prod_{i=1}^{p}(n-i)\right]$$

$$\text{UCL} = |\Sigma|(b_1 + 3b_2^{0.5})$$

$$\text{CL} = b_1|\Sigma|$$

$$\text{LCL} = |\Sigma|(b_1 - 3b_2^{0.5})$$

由於 Σ 一般是以樣本共變異數矩陣 S 來估計，因此公式中 $|\Sigma|$ 需以 $|S|/b_1$ 取代。上述管制程序可以一例來說明。假設樣本大小 $n = 12$，共變異數矩陣為

$$S = \begin{bmatrix} 1.44 & 0.8 \\ 0.8 & 0.81 \end{bmatrix}$$

$$|S| = 0.5264$$

$$b_1 = \frac{1}{121}(11)(10) = 0.9091$$

$$b_2 = \frac{1}{14641}(11)(10)[(13)(12) - (11)(10)] = 0.3456$$

$$\text{UCL} = 0.579[0.9091 + 3(0.3456)^{0.5}] = 1.5475$$

$$\text{CL} = 0.5264$$

$$\text{LCL} = 0.579[0.9091 - 3(0.3456)^{0.5}] = -0.4948$$

8.3.3   管制個別值之 T^2管制圖

8.4.1 節所介紹之 T^2管制程序亦可應用於個別值之管制，假設平均值向量 $\bar{x}$ 和共變異數矩陣 S 是由 m 組樣本所估計。對於未來獲得之觀測值向量 x，可計算下列統計量

$$(x-\bar{x})'S^{-1}(x-\bar{x})$$

再與 UCL 比較，UCL 為

$$\frac{p(m+1)(m-1)}{m^2-mp} F_{a,p,m-p}$$

上述 UCL 是用來管制未來之製程，若要檢定構成 $\bar{x}$ 和 S 之 m 組樣本是否在管制內，則上述 UCL 並不適用。一種 UCL 之近似公式為

$$\text{UCL}=\frac{p(m-1)}{m-p} F_{a,p,m-p}$$

此 UCL 在組數 m 很大時，逼近效果較佳。另一種方式是將 $(x-\bar{x})'S^{-1}(x-\bar{x})$ 視為 $(x-\mu)'\Sigma^{-1}(x-\mu)$ 之近似值。由於 $(x-\mu)'\Sigma^{-1}(x-\mu)$ 為 χ_p^2 之分配，故 UCL 可設為 $\chi_{a,p}^2$，此方法要求 m 要很大。當 m 很大時，上述兩種 UCL 將得到相同之結果，此乃是因為當 $\nu_2\to\infty$ 時，$F_{\nu_1,\nu_2}\to\chi_{\nu_1/\nu_1}^2$ 在目前之應用上，此代表

$$\frac{p(m-1)}{m-p} F_{a,p,m-p}\to\chi_{a,p}^2\quad \text{當 } m\to\infty$$

假設原 m 組數據中有 a 組為管制外，在找到可歸屬原因後，重新計算所得之平均值向量為 $\bar{x}^*$，共變異數矩陣為 S^*，則未來收集到之觀測值向量，x，可計算下列統計量

$$(x-\bar{x}^*)'(S^*)^{-1}(x-\bar{x}^*)$$

並與下列 UCL 比較

$$\text{UCL}=\frac{p(m-a+1)(m-a-1)}{(m-a)^2-(m-a)p} F_{a,p,m-a-p}$$

8.4　窄界限規測(Narrow Limit Gaging, NLG)

　　量規(gage)可用來衡量產品是否符合規格。對於具單邊規格之產品，我們只需一個量規，但雙邊規格則需要兩個量規。爲了達到預防性品管之目的，量規之值通常設爲比規格界限爲窄。在窄界限規測下，將有許多產品超出量規之界限，但這些情報將可以對製程之改變提供較早之警告。如同統計製程管制圖，窄界限規測並非用來衡量產品是否符合規格，而是用來偵測製程之可歸屬原因。

　　窄界限規測適用於產品具有雙邊規格之情況。兩個量規將品質特性之分布劃分爲三個區間，如下圖所示。

　　產品落在三個區間內之個數，可提供有關製程平均值和變異數之情報。如果區間 I 和區間III內之數目相差很大，則表示製程平均值已改變，區間 II 之數目改變時，表示製程變異數改變。

設

　　　　n_L ＝落在區間 I 內之個數

　　　　n_U ＝落在區間III內之個數

　　　　$f_L = \dfrac{n_L}{n}$ ＝落在區間 I 內之比例

　　　　$f_U = \dfrac{n_U}{n}$ ＝落在區間III內之比例

製程之平均值可估計爲

　　　　$$\hat{\mu} = U - \frac{z_U(U-L)}{z_U - z_L}$$ （U 和 L 爲上、下量規界限）

若 f_L 和 f_U 爲非零，則製程標準差爲

$$\hat{\sigma} = \frac{U-L}{z_U - z_L}$$

其中 $z_U(z_L)$ 爲標準常態分配右（左）尾機率爲 $f_U(f_L)$ 所對應之百分點值。

假設製程平均值之目標爲 $\mu = 1.600$ in，製程之自然允差界限爲 $\mu \pm 0.009$ in。兩個量規分別設在目標值加、減 0.7σ 處，亦即 $U = 1.600 + 0.7(0.009/3) = 1.602$, $L = 1.598$。在此量規下，落在三個區間內之機率分別爲 25%、50% 和 75%。管制之對象爲 $d = n_U - n_L$，在 $n = 10$ 之情況下，判定製程爲管制外之條件爲：$d \geq 7$ 或 $d \leq -7$（Farnum 和 Stantan 1991）。

假設 3 組樣本資料如下所示：

樣本	I	II	III	d
1	3	5	2	-1
2	4	5	1	-3
3	8	1	1	-7

在第 3 組樣本中，$n_U = 1$, $n_L = 8$, $d = -7$，因此判定製程是在管制外。由於第 3 組樣本中，f_L、f_U 均不爲 0，因此製程平均值和標準差可估計如下：

$$L = 1.598 \qquad U = 1.602$$

$$f_L = \frac{n_L}{n} = \frac{8}{10} \qquad f_U = \frac{n_U}{n} = \frac{1}{10}$$

$$U - L = 1.602 - 1.598 = 0.004$$

查常態分配表得 $z_U = 1.282$, $z_L = 0.842$

$$z_U - z_L = 1.282 - 0.842 = 0.44$$

$$\hat{\mu} = U - \frac{z_U(U-L)}{z_U - z_L}$$

$$= 1.602 - \frac{1.282(0.004)}{0.44} = 1.602 - 0.0117 = 1.59$$

$$\hat{\sigma} = \frac{U-L}{z_U - z_L} = \frac{0.004}{0.440} = 0.009$$

8.5　事前管制（PRE Control）

　　事前管制爲窄界限規測（NLG）之一種應用，是屬於預防性之管制方法。事前管制並不需要記錄、計算或繪圖，而且它是基於個別之量測值而非樣本平均值。事前管制是用來偵測造成不合格品之製程跳動，而傳統管制圖則是用來決定製程之跳動是否爲統計顯著。

　　事前管制利用常態分配原理來決定造成不合格品之平均值或標準差之改變。假設品質特性爲常態分配，製程之自然允差界限（$\mu \pm 3\sigma$）剛好等於規格界限，而且製程平均值剛好落在規格之中心。將數據之分布分成五個區間，如圖 8-8 所示。設定兩條事前管制界限，稱爲其上、下 PC（PRE Control）線，其與上、下規格界限之距離恰好爲 1/4 允差之寬度。以常態分配來看，上、下 PC 線與中心之距離爲 1.5σ。因此，落在上、下 PC 界限內之機率約爲 86%（12/14），而落在上（下）PC 線與上（下）規格界限間之機率爲 0.07（1/14）。在使用事前管制時，一般是將五個區域以不同之顏色表示。落在 PC 線間之區域稱爲目標域（target area），並以綠色表示。落在規格界限間之區域稱爲警告區（cautionary area），以黃色表示。落在規格界限外之區域是以紅色表示。

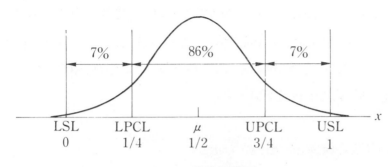

圖8-8　事前管制圖

　　事前管制可以用來偵測平均值或標準差之改變。如果平均值和標準差均符合目標值時，則落在 PC 線以外之機率爲 1/14。連續兩個單位都落在

PC 線以外之機率為 $(1/14)(1/14)=1/196\cong1/200$。如果連續兩個單位落在 PC 線以外，則製程為管制狀態外。有時兩個單位會落在不同邊之黃色區，此種情況代表製程變異性已增加。

事前管制包含下列步驟(Shainin 1965)：

1. 開始生產。如果第一件產品落在紅色區，則重新設定製程並進行生產。
2. 如果第一件產品落在黃色區，則進行檢查第二件。
3. 如果第二件產品落在與步驟 2 同一邊之黃色區,則重新設定製程。
4. 如果第二件產品落在綠色區，則繼續生產。
5. 如果第二件產品落在與步驟 2 不同邊之黃色區，代表製程之變異性增加。此時需調整製程，以降低製程之變異性。
6. 如果連續五件產品皆落在綠色區，則設定抽樣頻率，進行產品檢查。
7. 在設定抽樣頻率，進行檢驗時，需遵守下列原則：
   (a) 在檢查過程中，如果有一件落在綠色區以外，則檢查下一件產品，並進行步驟 4 。
   (b) 在製程重新設定後，必須要有連續五件落在綠色區，才能再設抽樣頻率，進行檢查。
   (c) 抽樣頻率之設定是使製程調整間之抽樣次數為 25 次。
   (d) 如果超過 25 次抽樣都不需重設製程，則可降低抽樣頻率。如果在 25 次抽樣前需重設製程，則要增加抽樣頻率。

上述步驟可以歸納成下列三項。

I. 停止製造之條件(shutdown criteria)
   - 任一樣本落在紅色區。
   - 連續兩個樣本落在黃色區且不同邊。

上述情況發生時，代表製程有極嚴重之問題，作業員必需停止生產或請求技術部門支援並採取改善措施。

2.　開始製造之條件(turn-on criteria)

　　‧連續五個樣本落在綠色區。

此條件適用於一開始使用事前管制或停止生產後重新開始之情況。滿足此條件代表製程是在管制內，可以設定抽樣頻率，進行檢查。

3.　改善行動(corrective actions)

　　‧連續兩個樣本落在黃色區且在同一邊。

連續兩點落在同一邊之黃色區時，代表製程平均值已改變。此時只要採取一些簡單之措施，調整製程參數，即可使製程回到管制狀態內。改善行動是由作業員和工程人員討論並訂定執行之優先次序。一般改善行動只要由作業員執行即可，只有在複雜之問題下，才需工程或維護人員介入。

在使用事前管制時，製程之 C_p 值要大於 1.0 以上，表 8-6 爲不同 C_p 值下，PC 線位置之算法。

表8-6　PC 線之位置

C_p	PC 線
1	中心±1/4允差寬度
1.25	中心±1/5允差寬度
1.5	中心±1/6允差寬度
1.75	中心±1/7允差寬度
2.0	中心±1/8允差寬度

雖然事前管制之使用相當簡易，但仍有一些缺點，說明如下：

1.　由於未使用圖形表示，一些偵測製程異常狀態之輔助法則並不能使用，同時也無法看出製程之非隨機性變動。在傳統管制圖中，非隨機性模型可以提供診斷可歸屬原因之情報。

2. 由於使用較小之樣本，因此對於中等至大量之製程變動也不容易偵測到。

3. 無法提供使製程回到管制狀態之情報，同時也無法提供降低製程變異之情報。

4. 事前管制只適用於 C_p 值遠大於 1.0 之情況。

8.6　迴歸管制圖（Regression Control Chart）

在有些製造程序中，由於刀具或模具之磨損，品質特性（例如工件之尺寸）會隨著時間而增加或減少。在此種情況下，管制圖之中心線不再為水平線，而是一上升或下降之斜線。中心線可表示為

$$CL = a + bi$$

其中 a 稱為截距，b 稱為斜率，而 i 為樣本之編號。上述中心線之公式可以最小平方誤差法求得，稱為迴歸線。參數 a 和 b 之算法為

$$a = \frac{(\sum \bar{x}_i)(\sum i^2) - (\sum \bar{x}_i i)(\sum i)}{m \sum i^2 - (\sum i)^2}$$

$$b = \frac{m(\sum \bar{x}_i i) - (\sum \bar{x}_i)(\sum i)}{m \sum i^2 - (\sum i)^2}$$

其中 m 為組數，$\bar{x}_i$ 為第 i 組之樣本平均值。管制界限為

$$UCL = (a + A_2 \overline{R}) + b_i$$

$$LCL = (a - A_2 \overline{R}) + b_i$$

迴歸管制圖主要是應用在規格之寬度遠大於製程變異程度之情況下。在此情況下，使用逐漸上升（下降）之中心線和管制界限可避免過度之調整。在使用上述之迴歸管制圖時，必須滿足下列條件：

· 各樣本組間之生產量須保持固定。

· 各樣本組內之數據最好是來自於連續之產品，以避免趨勢變化影響到組全距。

・變異數保持固定。

　為避免產生太多之不合格品，使用迴歸管制圖時須先設定起始之位置和更換刀具之時間。我們可將開始之目標值設在下規格界限上方 3 倍標準差處(亦即 $LSL+3\sigma$)，更換刀具之時間設在當中心線等於 $USL-3\sigma$ 時。在此種設定下，產品之估計不合格率為 0.0027。當然，使用者可依實際需要，選擇它種設定。

　當迴歸管制圖上出現異常點時，有兩種研判方式。第一種情形是製程確實出現可歸屬原因。第二種情形是刀具（模具）之磨耗率不固定，不適合使用上述之迴歸管制圖。

〔例〕　車削某產品外徑之刀具會有磨損之現象。由 25 組樣本($n=4$)所獲得之外徑尺寸資料如下表所示，計算迴歸管制圖之管制界限。

樣本	$\bar{x}$	R	樣本	$\bar{x}$	R
1	36.2	8.0	14	53.8	8.8
2	42.4	11.8	15	54.5	12.8
3	38.6	6.2	16	61.2	14.5
4	45.5	14.3	17	60.4	12.0
5	53.1	16.2	18	63.8	10.4
6	46.7	9.5	19	64.2	13.5
7	55.4	10.2	20	61.4	9.4
8	42.8	12.0	21	66.7	16.6
9	57.3	13.9	22	63.2	12.2
10	52.6	7.8	23	62.1	10.5
11	50.4	11.3	24	64.5	12.6
12	59.5	15.1	25	69.6	14.7
13	60.5	11.7			

〔解〕

$$\sum i=325,\quad \sum \bar{x}_i=1386.4,\quad \sum x_i i=19471.6$$
$$\sum i^2=5525,\quad \sum R=296$$

$$a = \frac{(1386.4)(5525) - (19471.6)(325)}{25(5525) - (325)^2} = 40.972$$

$$b = \frac{25(19471.6) - (1386.4)(325)}{25(5525) - (325)^2} = 1.114$$

中心線　$\text{CL} = 40.972 + 1.114\,i$

$$\text{UCL} = (a + A_2\overline{R}) + bi$$
$$= (40.972) + 0.729(11.84) + 1.114\,i$$
$$= 49.603 + 1.114\,i$$

$$\text{LCL} = (a - A_2\overline{R}) + bi$$
$$= 40.972 - 0.729(11.84) + 1.114\,i$$
$$= 32.341 + 1.114\,i$$

圖 8-9 為本例之迴歸管制圖，此圖顯示製程為管制內。

如果不考慮趨勢變化之程度或數據斜率之變化，則可考慮使用8.2節

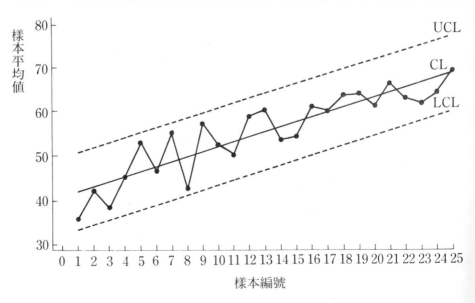

圖8-9　迴歸管制圖

之允收管制圖或具修正管制界限之 $\bar{x}$ 管制圖（參見圖8-10）。

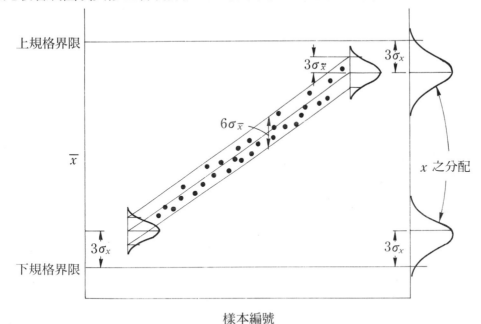

樣本編號

圖8-10　管制具有趨勢變化數據之修正管制界限

〔例〕　假設 $n=5$，由存在刀具磨損之製程所獲得之資料如下表所示。若
　　　　規格為 1.0015 至 1.0035，試以 $\delta=0.00135$, $\alpha=0.00135$ 建立修正
　　　　界限管制圖管制此製程。（**註**：樣本 7 至 12 為刀具重新設定後所得資
　　　　料）

樣本	$\bar{x}$	R	樣本	$\bar{x}$	R
1	1.0020	0.0008	7	1.0018	0.0005
2	1.0022	0.0009	8	1.0021	0.0006
3	1.0025	0.0006	9	1.0024	0.0005
4	1.0028	0.0007	10	1.0026	0.0008
5	1.0029	0.0005	11	1.0029	0.0005
6	1.0032	0.0006	12	1.0031	0.0007

〔**解**〕　根據 12 組樣本可得

$$\overline{R} = 0.00064, \quad \sigma = \frac{\overline{R}}{d_2} = 0.000275$$

$$\sigma_{\overline{x}} = \frac{\sigma}{\sqrt{n}} = 0.000123$$

查常態分配表

$z_\delta = z_{0.00135} = 3$

$z_\alpha = z_{0.00135} = 3$

在 $t=0$ 時（加工前），管制界限爲

$\text{UCL} = 1.0015 + 3\sigma + 3\sigma_{\overline{x}} = 1.0027$

$\text{CL} = 1.0015 + 3\sigma = 1.0023$

$\text{LCL} = 1.0015 + 3\sigma - 3\sigma_{\overline{x}} = 1.00196$

在 $t=6$ 時（準備設定刀具），管制界限爲

$\text{UCL} = 1.0035 - 3\sigma + 3\sigma_{\overline{x}} = 1.00304$

$\text{CL} = 1.0035 - 3\sigma = 1.00267$

$\text{LCL} = 1.0035 - 3\sigma - 3\sigma_{\overline{x}} = 1.00231$

8.7 群組管制圖（Group Control Chart）

　　許多製程有數個來源或數個產出流。例如，一部機器可能會有數個加工頭，每一加工頭製造相同的單位產品。在此種情況下有許多可能的管制程序可茲利用，一個可能就是針對每一產出流分別使用管制圖，但此種管制程序將會造成太多之管制圖。假使產出流彼此之相互關係非常密切，例如完美之相關性，則只要針對某一產出流使用管制圖即可。

　　當產出流之相互關係並非很密切，則可以考慮群組管制圖（Boyd 1950，Burr 1976，Nelson 1986）。假設製程有六個產出流，且每個產出流皆有相同的目標值及固定的變異性。假設管制圖是對產品項目作計量值

量測，量測之數據分配接近常態分配，此管制程序有下列雙重之目標：

1. 偵測出何時某一產出流偏離目標值。

2. 偵測出何時所有產出流偏離目標值。

對於第1種情形，我們是要偵測出影響單一產出流之可歸屬原因。而對於第2種情形，我們則是要尋找影響所有產出流之可歸屬原因（譬如，原料之改變）。

為了建立群組管制圖，採取之抽樣方式與針對每一產出流建立個別管制圖之方式一樣。假設樣本大小 $n=4$，表示於某一短時間內自六個產出流中各抽取四個數據。相同過程一直重複直到 20 組樣本被抽出。此時我們會有 20×6 個平均值（每一平均值為由 $n=4$ 個觀測值平均得出）及 120 個對應的全距，這些平均值及全距再平均可以得到整體樣本平均值 $\bar{\bar{x}}$ 及全距平均值 $\overline{R}$。群組管制圖之 $\bar{x}$ 管制圖之管制界限為

$$\text{UCL} = \bar{\bar{x}} + A_2 \overline{R}$$
$$\text{LCL} = \bar{\bar{x}} - A_2 \overline{R}$$

$\overline{R}$ 管制圖之管制界限為

$$\text{UCL} = D_4 \overline{R}$$
$$\text{LCL} = D_3 \overline{R}$$

參數 $A_2 = 0.729$，$D_3 = 0$，$D_4 = 2.282$ 乃是根據 $n=4$ 所決定。

當群組管制圖被用來管制製程時，在 $\bar{x}$ 管制圖中我們只將六個樣本平均值之最大和最小值繪在圖上。假使這兩個極值皆在管制界限內，那麼其他的平均值也都會在管制界限內。同樣地，只有最大的全距值會繪在全距管制圖上。管制圖上之每一點會標示與其對應之產出流。如有一點超出 3 倍標準差的管制界限，則判定製程為管制狀態外。在分析可歸屬原因時，最好也將第二大或第二小之值繪出，以便判別其他產出流是否也超出管制界限。連串測試不可用於此種管制圖上，此乃因為連串測試並非針對一群平均值及全距之極值而發展的。

檢查管制圖上之產出流編號將可提供一些有用的情報。假設某一產出

流連續數次產生極大值(或極小值)，則可能可以證明此一產出流與其他的不同。假使一製程有 s 個產出流且假設某一產出流連續 r 次產生最大值或最小值，則產生此情形之平均連串長度為

$$ARL = \frac{s^r - 1}{s - 1}$$

假設 $s=6$，$r=4$ 則

$$ARL = \frac{6^4 - 1}{6 - 1} = 259$$

ARL＝259 代表製程為正常時，平均每隔 259 組樣本，我們會看到某一產出流連續 4 次為極值。

參數 r 之決定可參考傳統之 $\bar{x}$ 管制圖。$\bar{x}$ 管制圖中，一點超出上(下)管制界限之 ARL 為 740（單邊測試）。若 $s=6$，$r=4$，算出之 ARL 遠小於 740。較好之選擇為 $r=5$，ARL 為

$$ARL = \frac{6^5 - 1}{6 - 1} = 1555$$

假設有六個產出流，其中某一產出流在管制圖上連續產生 5 組為極值之樣本，則我們有強烈的證據相信此一產出流與其他產出流不同。

在產出流數目 s 已知條件下，我們可以產生一些通用的準則來選擇 r 值。合適的 (s, r) 組合包含 $(3, 7)$，$(4, 6)$，$(5\text{-}6, 5)$ 及 $(7\text{-}10, 4)$。當製程是在管制狀況下，這些組合皆可產生良好的 ARL 特性。

〔例〕 某一部飲料填裝機器有四個填裝頭, 產品之重量為主要品質特性。每次抽樣時，由每一填裝頭抽取 3 個觀測值，其資料如表 8-7 所示（為簡化說明，此例只使用 10 組樣本）。試設定一群組管制圖管制產品之重量。

表8-7　飲料之重量資料

樣本	填裝頭							
	1		2		3		4	
	$\bar{x}$	R	$\bar{x}$	R	$\bar{x}$	R	$\bar{x}$	R
1	16.1	0.2	15.9	0.1	16.0	0.1	16.2	0.1
2	16.2	0.4	16.2	0.1	16.1	0.1	15.9	0.2
3	16.0	0.3	16.0	0.3	16.0	0.0	15.8	0.1
4	16.2	0.1	15.5	0.2	16.1	0.2	15.9	0.3
5	16.2	0.1	16.0	0.4	16.0	0.3	16.0	0.4
6	15.9	0.2	15.9	0.1	16.8	0.1	15.9	0.1
7	16.0	0.1	16.0	0.3	16.1	0.0	16.0	0.1
8	16.2	0.1	15.9	0.1	16.2	0.2	15.9	0.2
9	16.0	0.3	16.0	0.1	16.1	0.1	16.0	0.1
10	16.2	0.4	15.9	0.0	16.0	0.4	16.0	0.3

〔解〕

$\bar{\bar{x}}_1 = 16.10, \quad \bar{\bar{x}}_2 = 15.93, \quad \bar{\bar{x}}_3 = 16.14, \quad \bar{\bar{x}}_4 = 15.96$

$\bar{\bar{x}} = \dfrac{16.1 + 15.93 + 16.14 + 15.96}{4} = 16.033$

$\bar{R}_1 = 0.22, \quad \bar{R}_2 = 0.17, \quad \bar{R}_3 = 0.15, \quad \bar{R}_4 = 0.19$

$\bar{R} = \dfrac{0.22 + 0.17 + 0.15 + 0.19}{4} = 0.183$

$\text{UCL}_{\bar{x}} = 16.033 + (1.023)(0.183) = 16.220$

$\text{LCL}_{\bar{x}} = 16.033 - (1.023)(0.183) = 15.846$

$\text{UCL}_R = 2.575(0.183) = 0.471$

$\text{LCL}_R = 0$

在群組管制圖上，第 1 組樣本將描繪 16.2（最大值來自於填裝頭
♯ 4）和 15.9（最小值來自於填裝頭 ♯ 2）。第 4 組樣本為 16.2 和
15.5，其他各組可依同理繪製。

習 題

1. 假設 $n=5$, 規格界限爲 75 ± 7, 已知製程標準差爲 1.4。24 組樣本之資料爲：

樣本	$\bar{x}$	樣本	$\bar{x}$	樣本	$\bar{x}$
1	78.00	9	74.00	17	75.35
2	75.06	10	76.31	18	74.55
3	76.32	11	74.60	19	74.77
4	76.45	12	73.89	20	73.62
5	78.56	13	74.77	21	74.98
6	74.98	14	76.36	22	73.75
7	76.29	15	75.12	23	73.10
8	74.34	16	75.24	24	76.80

(a) 假設容許之最大不合格率爲 0.03%, 若使用 3 倍標準差管制界限, 試建立修正管制界限之 $\bar{x}$ 管制圖以管制此製程。

(b) 若不合格率爲 2%, 我們希望有 90% 之機會偵測到此情況, 試建立適當之允收管制圖。

(c) 試決定一樣本, 以滿足(a)和(b)之條件。

2. A、B、C 和 D 物件之名義值爲 $N_A=100$, $N_B=62$, $N_C=75$, $N_D=50$。利用下列資料建立 Nominal $\bar{x}$-R 管制圖和標準化 $\bar{x}$-R 管制圖。全距之標準值分別爲 5、4、4、4。

樣本	料號	x_1	x_2	x_3
1	A	108	102	103
2	A	101	99	100
3	A	103	100	99
4	A	101	104	97
5	A	105	102	101
6	B	58	60	59
7	B	61	64	63
8	B	60	58	62

9	C	73	75	77
10	C	78	78	76
11	C	77	75	74
12	C	75	72	80
13	C	74	75	77
14	C	73	79	75
15	D	50	51	49
16	D	46	50	50
17	D	51	46	50
18	D	49	55	53
19	D	50	52	51
20	D	53	54	50

3. 射出成型之公模會隨著生產而逐漸磨耗，20 組樣本大小 $n=5$ 之資料如下表所示。

樣本	$\bar{x}$	R	樣本	$\bar{x}$	R
1	107.6	3.1	11	111.6	2.3
2	104.3	2.6	12	113.3	2.5
3	103.5	2.8	13	109.8	2.4
4	105.7	2.4	14	110.3	2.1
5	104.8	3.2	15	108.6	2.6
6	108.5	2.5	16	112.7	1.8
7	109.7	2.8	17	114.2	2.8
8	105.3	1.7	18	115.5	3.0
9	112.6	2.4	19	112.8	2.7
10	110.5	2.0	20	116.2	2.2

(a) 決定迴歸管制圖之中心線和管制界限。若有超出管制界限之點，剔除後重新計算管制界限。

(b) 若產品規格為 108 ± 8 mm，決定模具更換之時機。

4. 某製程存在線性之趨勢變化，過去 15 組樣本之資料如下表所示。抽樣之時間間隔為 15 分鐘，$n=5$。

產品之規格為 200 ± 20。製程一開始是設在下規格界限之上 3σ 處，調整時間是設在上規格界限之下 3σ 處。

(a) 設立迴歸管制圖。

(b)計算製程開始和需要調整時之位置。

(c)計算調整之時間間隔。

樣本	$\bar{x}$	R	樣本	$\bar{x}$	R
1	198.8	7	9	209.3	7
2	197.6	2	10	207.8	16
3	104.6	10	11	210.0	9
4	203.8	12	12	214.4	8
5	205.6	17	13	211.8	16
6	204.8	9	14	211.8	6
7	205.4	10	15	213.8	8
8	210.6	9			

參考文獻

Alt, F. B., "Multivariate quality control: state of the art," *American Society for Quality Control Annual Quality Congress Transactions,* 886-893 (1982).

Alt, F. B., "Multivariate quality control," in S. Kotz, and N. Johnson, eds., *Encyclopedia of Statistical Sciences,* Vol. 6, pp. 110-122, Wiley, New York (1985).

Bothe, D. R., "J.I.T. calls for S.P.C.— a control chart for short production runs," *Job Shop Technology,* pp. 21-23, January (1987).

Boyd, D. F., "Applying the group chart for $\bar{x}$ and R," *Industrial Quality Control,* 7, 22-25 (1950).

Burr, I. W., *Statistical Quality Control Methods,* Marcel Dekker, NY (1976).

Farnum, N. R., and L. W. Stanton, "Narrow limit gauging — go or no go?" *Quality Engineering,* 3, 3, 293-307 (1991).

Freund, R. A., "Acceptance control charts," *Industrial Quality Control,* 14, 4, 13-23 (1957).

Hill, D., "Modified control limits," *Applied Statistics,* 5 (1956).

Hotelling, H., "Multivariate quality control," in C. Eisenhart, M. W. Hastny, and W. A. Wallis, eds., *Techniques of Statistical Analysis,* McGraw-Hill, NY (1947).

Nelson, L. S., "Control charts for multiple stream processes," *Journal of Quality Technology,* 18, 4, 255-256 (1986).

Shainin, D., "Techniques for maintaining a zero defects program," *American Management Association Bulletin*, 71, NY (1965).

第九章　製程能力分析

9.1　緒言

在產品生產週期內統計技術可用來協助製造前之開發活動、製程變異性之數量化、製程變異性相對於產品規格之分析及協助降低製程內之變異性。這些工作一般稱爲製程能力分析(process capability analysis)。製程能力是指製程之一致性，製程之變異性可用來衡量製程輸出之一致性。

我們一般是將產品品質特性之 6 個標準差範圍當做是製程能力之量測。此範圍稱爲自然允差界限(natural tolerance limits)或稱爲製程能力界限(process capability limits)。圖 9-1 顯示品質特性符合常態分配且平均值爲 μ，標準差爲 σ 之製程。製程之上、下自然允差界限爲

$$\text{UNTL} = \mu + 3\sigma \quad \text{上自然允差界限}$$
$$\text{LNTL} = \mu - 3\sigma \quad \text{下自然允差界限}$$

對於一常態分配，自然允差界限將包含 99.73% 之品質數據，或者可說是 0.27% 之製程輸出將落在自然允差界限外。如果製程數據之分配不爲常態，則落在 $\mu \pm 3\sigma$ 外之機率將不爲 0.27%。

〔例〕　產品外徑之規格爲 5±0.015 cm，由樣本資料得知 $\bar{x} = 4.99$ cm，$S = 0.004$ cm，試計算製程之自然允差界限。

〔解〕

$$\text{UNTL} = 4.99 + 3(0.004) = 5.002$$

$$LNTL = 4.99 - 3(0.004) = 4.978$$

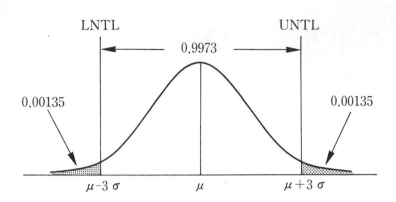

圖9-1 常態分配下之上、下自然允差界限

製程能力分析可定義爲估計製程能力之工程研究。製程能力分析通常是量測產品之功能參數而非製程本身。當分析者可直接觀察製程及控制製程數據之收集時，此種分析可視爲一種眞的製程能力分析。因爲經由數據收集之控制及了解數據之時間次序性，可推論製程之穩定性。若當只有品質數據而無法直接觀測製程時，這種研究稱爲產品特性分析(product characterization)。產品特性分析只可估計產品品質特性之分布，或者是製程之輸出(不合格率)，對於製程之動態行爲或者是製程是否在管制內則無法估計。這種情形通常是發生在分析供應商提供之品質數據或者是進貨檢驗之品質資料。

在整個品質改善計畫中，製程能力分析佔一個很重要之部分，製程能力分析可有如下之應用：

1. 預測製程是否能符合允差
2. 協助產品設計人員選擇或更改製程
3. 協助設立製程管制之抽樣區間
4. 設立新生產設備之規格
5. 在競爭供應商間做一選擇
6. 降低製造過程中之變異性

7.　在製程間數個公差有交互影響時協助規劃生產之程序

9.2　製程能力指標(Process Capability Index)

一個製程符合產品規格界限之程度，通常是以一個簡潔、數量化之指標來表示，此稱爲製程能力指標。本節以下介紹數種常用之製程能力指標。

9.2.1　C_p指標

假設 USL、LSL 分別代表產品之上、下規格界限，規格界限之中心爲 m，目標值爲 T，則 C_p指標可定義爲

$$C_p = \min\left\{\frac{T-LSL}{3\sigma}, \ \frac{USL-T}{3\sigma}\right\}$$

如果目標值爲規格界限之中心值，則 C_p指標可簡化爲

$$C_p = \frac{USL-T}{3\sigma} = \frac{T-LSL}{3\sigma} = \frac{USL-LSL}{6\sigma}$$

$$\left(T = \frac{USL+LSL}{2}\right)$$

如果我們是以 $\bar{x}$-R 管制圖之資料來進行製程能力分析，則製程標準差 σ 可由 $\bar{R}/d_2$ 來估計。如果是採用 $\bar{x}$-S 管制圖，則 σ 可由 $\bar{S}/c_4$ 估計。

C_p之值可視爲製程之潛在能力(process potential)，亦即當製程平均值可調到規格之中心或目標值時，製程符合規格之能力。實務上，C_p一般要求在 1.33 以上。表 9-1 爲不同製程條件下，C_p值之最低要求。

表 9-2 爲不同 C_p值下，每一百萬件產品之不合格品數目。此表中之數值只有在數據爲常態分配時才爲正確。

C_p值之倒數被稱之爲能力比(capability ratio)，能力比以百分比表示時，稱之爲允差被製程所佔用之百分比(percent of specification used by the process)。例如 $C_p=1.61$ 時，能力比爲 $1/1.61=0.62$，代表製程用掉允差之 62%。

表9-1　不同條件下 C_p 值之最低要求

	雙邊規格	單邊規格
既有製程	1.33	1.25
新製程	1.50	1.45
有安全性、強度要求或有重要參數之既有製程	1.50	1.45
有安全性、強度要求或有重要參數之新製程	1.67	1.60

（資料來源：Montgomery 1991）.

表9-2　C_p 值和百萬件產品中落在規格界限外之件數

C_p	百萬件產品中落在規格界限外之件數	
	單邊規格	雙邊規格
0.1	382089	764177
0.2	274253	548506
0.3	184060	368120
0.4	115070	230139
0.5	66807	133614
0.6	35930	71861
0.7	17864	35729
0.8	8198	16395
0.9	3467	6934
1.0	1350	2700
1.1	483	967
1.2	159	318
1.3	48	96
1.33	33	66
1.40	13.3	26.7
1.50	3.4	6.8
1.60	0.793	1.587
1.70	0.170	0.340
1.80	0.033	0.067
1.90	0.006	0.012
2.00	0.001	0.002

（註：本表使用 MATLAB 計算）

9.2.2　C_{pk}指標

C_p指標的一項缺點是其並未考慮製程平均值所在之位置。由 C_p指標之公式來看，只要製程標準差相同，不同平均值之製程，將有相同之 C_p值。C_{pk}指標與 C_p指標類似，但將製程平均值納入考慮。C_{pk}主要是用來衡量製程之實際成效(process performance)。C_{pk}指標定義如下：

$$C_{pk} = C_p(1-k) = \min\{\text{CPU, CPL}\}$$

其中

$$k = \frac{|\text{T}-\mu|}{\min\{\text{T}-\text{LSL, USL}-\text{T}\}}$$

$$\text{CPL} = \frac{\text{T}-\text{LSL}}{3\sigma}\left\{1 - \frac{|\text{T}-\mu|}{\text{T}-\text{LSL}}\right\}$$

$$\text{CPU} = \frac{\text{USL}-\text{T}}{3\sigma}\left\{1 - \frac{|\text{T}-\mu|}{\text{USL}-\text{T}}\right\}$$

若 $|\text{T}-\mu| > (\text{T}-\text{LSL})$，則設 CPL$=0$

若 $|\text{T}-\mu| > (\text{USL}-\text{T})$，則設 CPU$=0$

如果目標值(T)為規格界限之中心值(m)，則

$$\text{CPL} = \frac{\mu - \text{LSL}}{3\sigma}$$

$$\text{CPU} = \frac{\text{USL} - \mu}{3\sigma}$$

$$k = \frac{2|m-\mu|}{\text{USL}-\text{LSL}}$$

$$0 \le k \le 1, \quad C_{pk} \le C_p$$

如同 C_p指標，如果我們是以管制圖之資料來進行製程能力分析，則 μ 值可以由 $\bar{x}$ 管制圖之中心值 $\bar{\bar{x}}$ 取代，而 σ 可由 $\bar{R}/d_2$或 $\bar{S}/c_4$ 來估計。在上述公式中，CPU(CPL)可用在當產品只有上（下）規格界限時。

當製程平均值落在規格界限上時，k 值等於 1，亦即 $C_{pk}=0$。而當 k 值大於 1 時，表示製程平均值落在規格界限外，此造成 C_{pk}小於 0。在上述之

公式中，我們是將 C_{pk} 定義爲非負值。我們加入之條件爲：(1)若 CPU 或 CPL 小於 0，則設其爲 0；或(2)若 k 大於 1，則設其爲 1。

〔例〕 某電子零件之電容值爲常態分配，其規格要求爲 25 至 40。由 25 個樣本量測值得知樣本平均數爲 $\bar{x} = 30$，標準差爲 $S = 3$。

(a)計算 C_{pk} 指標。

(b)計算不合格率。

(c)若可將平均數調整至規格之中心，計算不合格率。

〔解〕 (a)製程能力指標 C_{pk} 爲

$$C_{pk} = \min\left\{ \frac{USL - \mu}{3\sigma}, \ \frac{\mu - LSL}{3\sigma} \right\}$$

$$\cong \min\left\{ \frac{USL - \bar{x}}{3S}, \ \frac{\bar{x} - LSL}{3S} \right\}$$

$$= \min\left\{ \frac{40 - 30}{3(3)}, \ \frac{30 - 25}{3(3)} \right\}$$

$$= \min\{1.111, 0.555\} = 0.555$$

(b)不合格率爲

$$P\{X > USL \text{ 或 } X < LSL\}$$

$$= 1 - \Phi\left(\frac{40 - 30}{3}\right) + \Phi\left(\frac{25 - 30}{3}\right)$$

$$= 1 - \Phi(3.33) + \Phi(-1.67)$$

$$= 1 - 0.9996 + 0.0475$$

$$= 0.048$$

(c)若將平均數調整至 32.5〔$(40 + 25)/2$〕，則不合格率爲

$$1 - \Phi\left(\frac{40 - 32.5}{3}\right) + \Phi\left(\frac{25 - 32.5}{3}\right)$$

$$= 1 - \Phi(2.5) + \Phi(-2.5)$$

$$= 0.0062 + 0.0062$$

$$= 0.0124$$

9.2.3　C_p指標之信賴區間

除了製程能力指標之點估計值外,信賴區間也可提供一些有用之情報。C_p指標之 $100(1-\alpha)\%$信賴區間爲

$$\frac{\text{USL}-\text{LSL}}{6S}\sqrt{\frac{\chi^2_{1-\alpha/2,n-1}}{n-1}}\leq C_p \leq \frac{\text{USL}-\text{LSL}}{6S}\sqrt{\frac{\chi^2_{\alpha/2,n-1}}{n-1}}$$

其中 $\chi^2_{\alpha/2,n-1}$ 和 $\chi^2_{1-\alpha/2,n-1}$ 爲自由度等於 $n-1$ 之卡方分配的上、下 $\alpha/2$ 百分點。

〔例〕　假設產品之規格界限爲 USL＝109, LSL＝91。從製程中抽取 20 個數據, 樣本標準差等於 2.5, 試計算 C_p 之 95%信賴區間。

〔解〕

$$\widehat{C}_p=\frac{\text{USL}-\text{LSL}}{6S}=\frac{109-91}{6(2.5)}=1.2$$

C_p指標之 95%信賴區間爲

$$1.2\sqrt{\frac{8.91}{19}}\leq C_p \leq 1.2\sqrt{\frac{32.85}{19}}$$

$$0.82\leq C_p \leq 1.58$$

9.2.4　C_{pm}指標

C_{pk}指標之設計主要是因爲 C_p指標並未考慮製程平均值所在之位置。且單獨使用 C_{pk} 仍然無法正確量測製程平均值是否偏離規格之目標值。圖 -2 告訴我們兩個具有不同平均值之製程, 仍然可能具有相同之 C_{pk}值。如果要正確了解製程平均值與目標值之偏移程度, 最好將 C_{pk}值與 C_p值比交。如果 C_p值等於 C_{pk}值, 則表示平均值落在目標值上。在 $C_p > C_{pk}$之情下, 表示製程平均值偏離目標值。在固定製程平均值下, C_{pk}指標將隨著製程標準差之降低而增加。因此, 一個較大之 C_{pk}值並無法正確告訴我們製

程平均值是否落在目標值上。

C_{pm}指標可以用來解決 C_p或 C_{pk}指標所遭遇到之困難。當目標值爲規格界限之中心值時，C_{pm}指標定義爲

$$C_{pm} = \frac{\text{USL} - \text{LSL}}{6\tau}$$

其中

$$\begin{aligned}
\tau^2 &= E[(x - \text{T})^2] \\
&= E[(x - \mu)^2] + (\mu - \text{T})^2 \\
&= \sigma^2 + (\mu - \text{T})^2
\end{aligned}$$

C_{pm}指標亦可表示爲

$$C_{pm} = \frac{\text{USL} - \text{LSL}}{6\sqrt{\sigma^2 + (\mu - \text{T})^2}} = \frac{C_p}{\sqrt{1 + \frac{(\mu - \text{T})^2}{\sigma^2}}}$$

如果目標值並不等於規格之中心時，C_{pm}指標定義爲

$$C_{pm} = \frac{\min\{\text{USL} - \text{T}, \text{T} - \text{LSL}\}}{3\tau}$$

當產品只有 USL(LSL)時，在上式中設 $\text{LSL} = -\infty (\text{USL} = \infty)$。

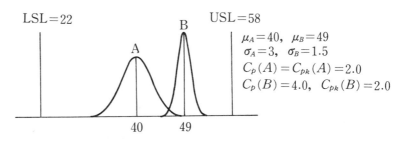

圖9-2 兩個具有相同 C_{pk}値之製程

9.2.5 製程能力指標所遭遇到之一些問題

對於製程能力指標之使用，Kane (1986)指出使用者可能會因欠缺統計方面之理解，而產生一些不良之後果。

1. 統計管制狀態

   在有些情況下，使用者可能會在製程未處於管制內前，去估計製程能力。如果製程存在可歸屬原因，則製程相關參數（平均值、標準差）將無法正確估計，製程能力指標將失去意義。

2. 抽樣計畫

   用以估計製程標準差之 $\overline{R}$（或 $\overline{S}$）與抽樣計畫有關。如果加大樣本組內觀測值之抽樣間隔，則由於引進不同來源之變異，將使 $\overline{R}$ 增加。$\overline{R}$ 增加後將使管制界限變寬，也較容易達到統計管制狀態內。但是較大之 $\overline{R}$ 將造成較低之製程能力。相反地，連續抽樣將使 $\overline{R}$ 較小，其結果為較高之製程能力估計。但較小之 $\overline{R}$ 將使管制界限變窄，不容易達到統計管制狀態。若分別考慮管制狀態和製程能力指標，則無法正確評估製程能力。

3. 常態分配與製程能力指標

   在利用製程能力指標估計不合格率時，我們假設數據符合常態分配之要求，但如果數據不符合常態分配，則估計之不合格率將不可信。假設產品只有上規格界限，設為 USL＝32。製程平均值 $\overline{x}=10.44$，標準差 $S=3.053$。由這些資料我們可得 CPU＝2.35，此代表不合格率小於百萬分之一。但如果數據明顯地不符合常態分配，則不合格率之估計值將不正確。一個解決上述問題之方法是將數據轉換。在上述之例子中，如果採用倒數之方式轉換$(x^*=1/x)$，則轉換後數據之平均值 $\overline{x}^*=0.1025$，標準差 $\overline{S}^*=0.0244$，規格界限為 $1/32=0.03125$。由這些資料可得 CPU＝0.97，此意謂百萬件中有 1350 件為不合格品。

4. 刀具磨損(tool wear)

   在刀具磨損之狀況下，$\overline{R}$ 通常是由相連產品之抽樣獲得。在此種情況，製程能力指標將會相當大。另外，製程能力與刀具更換週期有關。在刀具磨損存在下，並不適合使用 C_{pk}。

9.2.6　量測誤差與製程能力指標

在分析製程能力指標時，我們假設量測誤差可忽略。但量測誤差對製程能力指標確實有所影響，本節以下介紹一方法，在量測誤差存在之情況下，用來評估實際之製程能力。

假設 X_m 為品質特性之量測值，X_m 包含品質特性之真實值 X，和量測誤差 ε，亦即 $X_m = X + \varepsilon$。品質特性之量測值的變異可寫成

$$\sigma_m^2 = \sigma^2 + \sigma_\epsilon^2$$

其中 σ_ϵ^2 代表量測誤差之變異數，σ^2 為製程之實際變異數。上述公式是基於下列兩項假設：(1)量測誤差與量測值為獨立；(2)數個獨立變數之變異數為個別變異數之和。

由於量測誤差一般符合常態分配，因此允差被量測誤差所佔用之百分比為

$$c = \frac{6\,\sigma_\epsilon}{\text{USL} - \text{LSL}}$$

上式可寫成 $\sigma_\epsilon = c[(\text{USL} - \text{LSL})/6]$，將之代入 $\sigma_m^2 = \sigma^2 + \sigma_\epsilon^2$ 中，可得

$$\sigma_m^2 = \sigma^2 + \left[c\left(\frac{\text{USL} - \text{LSL}}{6} \right) \right]^2$$

由量測值所得之製程能力指標設為 C_p^*，製程之真實指標為 C_p，則可寫成

$$C_p^* = \frac{\text{USL} - \text{LSL}}{6\sigma_m} = \frac{\text{USL} - \text{LSL}}{6\sqrt{\sigma^2 + \left[c\left(\dfrac{\text{USL} - \text{LSL}}{6} \right) \right]^2}}$$

C_p^*可簡化爲 $\dfrac{1}{\sqrt{(1/C_p)^2+c^2}}$。

若無量測誤差，$\sigma_\epsilon=0$，$c=0$，則 $C_p^*=C_p$。另一方面，若製程之變異數爲 0，C_p^*仍有一上限值，亦即 $C_p^* \le \dfrac{1}{c}$。

上式說明製程能力指標之最大值受到量測誤差之限制。製程之眞實能力指標可寫成

$$C_p=\frac{1}{\sqrt{(1/C_p^*)^2-c^2}}=\frac{1}{\sqrt{(CR)^2-c^2}}$$

其中 $CR=1/C_p^*$，稱爲能力比(capability ratio)。若能估計量測誤差，則將能估計眞實之製程能力指標。

〔例〕　產品品質特性之規格爲 100 ± 30，量測系統之標準差爲 $\sigma_\epsilon=8$。此製程之能力指標是否能達到 2.0 以上？

〔解〕

$$c=\frac{6\,\sigma_\epsilon}{\text{USL}-\text{LSL}}=\frac{6(8)}{130-70}=0.8$$

製程能力指標之上限爲 $1/0.8=1.25$。
因此，無論如何改善製程，製程能力指標不可能超過 2.0。

9.3　以管制圖進行製程能力分析

一般製程能力分析的方法有直方圖分析、繪製機率圖、管制圖分析及實驗設計法。其中以管制圖爲最主要之方法，而且計量值管制圖及計數值管制圖均可用於製程能力分析。但因爲計量值管制圖可提供有關製程之資訊，所以分析上還是以計量值管制圖爲主。

〔例〕 表9-3爲20組樣本大小爲5之飲料瓶破裂強度（bursting stren-gth）的樣本數據。假設強度要求至少爲 49.9，試計算製程能力指標。

〔解〕 $\bar{x}$ 及 R 管制圖之管制界限計算如下：

R 管制圖

$\text{UCL} = D_4 \overline{R} = (2.115)(0.0935) = 0.1977$

中心線$= \overline{R} = 0.0935$

$\text{LCL} = D_3 \overline{R} = (0)(0.0935) = 0$

$\bar{x}$ 管制圖

$\text{UCL} = \overline{\overline{x}} + A_2 \overline{R} = 49.998 + (0.577)(0.0935) = 50.0514$

中心線$= \overline{\overline{x}} = 49.998$

$\text{LCL} = \overline{\overline{x}} - A_2 \overline{R} = 49.998 - (0.577)(0.0935) = 49.9436$

圖 9-3 顯示此 20 組樣本之 $\bar{x}$ 及 R 管制圖，此二圖顯示製程數據在統計管制內，因此製程參數可估計爲

$\hat{\mu} = \overline{\overline{x}} = 49.998$

$\hat{\sigma} = \dfrac{\overline{R}}{d_2} = 0.0935/2.326 = 0.0402$

C_p指標爲

$C_p = (\mu - \text{LSL})/(3\,\hat{\sigma}) = (49.998 - 49)/(3 \times 0.0402) = 0.813$

　　此例顯示製程爲統計管制內，但在不符合產品規格之情況下生產。在此例中，調整製程平均值並無法有效降低不合格率，比較可行的方案是降低製程變異性。在有些情況下製程能力分析可能顯示製程爲管制外，此時所計算之製程能力可能不可信賴。

表9-3　飲料瓶破裂強度數據

樣本		數據				$\bar{x}$	R
1	50.01	50.02	50.02	50.04	49.94	50.01	0.10
2	50.03	49.99	49.96	50.01	49.98	49.99	0.07
3	50.01	50.01	50.01	50.00	49.92	49.99	0.09
4	49.95	49.97	50.02	50.10	50.02	50.01	0.15
5	50.00	50.01	50.00	50.00	50.09	50.02	0.09
6	50.02	50.03	49.98	50.02	50.10	50.03	0.12
7	50.01	49.99	49.96	49.99	50.00	49.99	0.05
8	50.02	50.00	50.04	50.02	50.00	50.02	0.04
9	50.06	49.93	49.99	49.99	49.95	49.98	0.13
10	49.96	49.93	50.08	49.92	50.03	49.98	0.16
11	50.01	49.96	49.98	50.00	50.02	49.99	0.06
12	50.04	49.95	50.00	50.02	49.92	49.99	0.12
13	49.97	49.90	49.98	50.01	49.95	49.96	0.11
14	50.00	50.01	49.95	49.97	49.94	49.97	0.07
15	49.97	49.98	50.02	50.08	49.96	50.00	0.12
16	49.98	50.00	49.97	49.96	49.97	49.98	0.04
17	50.03	50.04	50.02	50.02	50.01	50.02	0.03
18	49.98	49.98	49.99	50.05	50.00	50.00	0.07
19	50.07	50.00	50.02	49.99	49.93	50.00	0.14
20	49.99	50.07	49.96	49.99	50.04	50.00	0.11

$\bar{\bar{x}}=49.998$　　$\bar{R}=0.0935$

〔例〕　線圈電阻之規格為 20±4 歐姆。當製程為管制內時，$\bar{x}$-R 管制圖之參數為 $\bar{\bar{x}}=20.864$，$\bar{R}=3.5$，$n=5$。

(a)計算 C_{pk} 指標。

(b)計算產品之不合格率。

(c)若將製程平均值調整至 20.0，計算不合格率。

〔解〕　(a)由於製程在管制內，製程之平均值和標準差可估計為

$$\hat{\mu}=\bar{\bar{x}}=20.864,\quad \hat{\sigma}=\bar{R}/d_2=3.5/2.326=1.505$$

C_{pk} 指標為

$$C_{pk}=\min\left\{\frac{24-20.864}{3(1.505)},\ \frac{20.864-16}{3(1.505)}\right\}=\frac{3.136}{4.515}=0.695$$

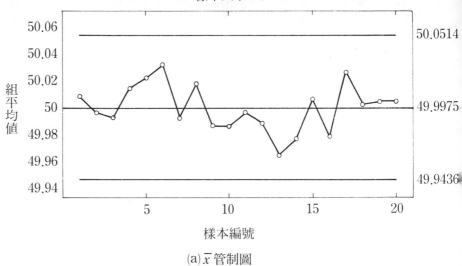

(a) $\bar{x}$ 管制圖

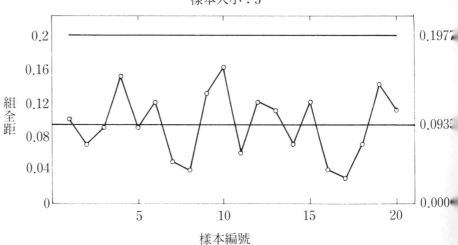

(b) R 管制圖

圖9-3 $\bar{x}$ -R 管制圖

(b)不合格率為

$$1-\Phi\Big(\frac{24-20.864}{1.505}\Big)+\Phi\Big(\frac{16-20.864}{1.505}\Big)$$

$$=1-\Phi(2.08)+\Phi(-3.23)$$

$$=(1-0.9812)+0.0006$$

$$=0.0194$$

(c)由於為雙邊規格，將製程平均值調整至規格之中心，將可獲得最小之不合格率，不合格率為

$$1-\Phi\Big(\frac{24-20}{1.505}\Big)+\Phi\Big(\frac{16-20}{1.505}\Big)$$

$$=1-\Phi(2.66)+\Phi(-2.66)$$

$$=0.0078$$

若要進一步降低不合格率，則需從降低製程變異數著手。

9.4 檢驗量測能力分析

如吾人所知統計製程管制之目的乃是利用統計之方法來偵測及去除在製造程序中之變異，品管人員收集量測數據並管制製造程序以保證品質符合顧客之要求。為有效運用統計品質管制，我們必須確定一切工作是著重於管制製程或產品之變異，而不是追究由於量測系統所造成之變異。

檢驗能力分析(inspection capability analysis)或稱為量測系統分析(measurement system analysis)允許品管人員對量測系統所造成之變異作一分析。檢驗能力分析可用來決定檢驗方法或設備是否能產生可接受之結果。檢驗能力分析之用途有：

1. 評估一新的量測儀器或檢驗方法
2. 比較數個相同之量測設備
3. 比較量測設備維修或調整前後之差異

4. 比較數家供應商間之量測方法

5. 比較供應商之最終檢驗及顧客之進料檢驗

9.4.1 有關量測、檢驗能力分析之術語

在介紹檢驗能力分析之方法及程序之前，我們必須先了解一些術語。

l. 眞值(true value)

眞值是指某一品質特性理論上正確之值。

2. 準確度(accuracy)

量測程序之準確度是指觀測到之量測數據之平均值與眞值間之差異。圖 9-4 可用來說明此準確度。

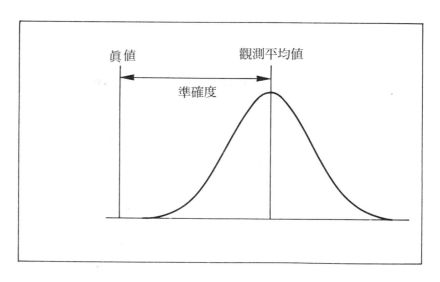

圖9-4 準確度之圖形表示

3. 精密度(precision)

對某一量測儀器而言精密度是指數個量測值與一特定之標準樣本之密

合程度，精密度包含兩種變異：重複性(repeatability)及再生性(re-producibility)。

4. 重複性(repeatability)

重複性是指一檢驗員使用同一儀器量測相同物件上之品質特性所產生之差異。多次量測後所產生之分配的散布應小於上規格界限減去下規格界限，亦即總允差(total tolerance)。對於屬性數據，重複性是指當一檢驗員使用同一檢驗方法、儀器及條件，檢驗數件產品判別為合格品或不合格品之差異。

5. 再生性(reproducibility)

再生性是指數個檢驗員，在利用相同之方法或設備量測（或檢驗）相同物件上之品質特性時所產生之差異。再生性亦可能是同一檢驗員利用數個相同之量測設備所產生之差異。圖 9-5 為檢驗能力之重複性及再生性之圖形表示。對於屬性數據，再生性可定義為數個檢驗員利用相同之方法、條件或設備判別合格品或不合格品之差異。

6. 穩定性(stability)

穩定性是指量測儀器隨著時間變化之程度。穩定性可定義為在不同時間，使用相同儀器量測時所產生之差異。精密度／允差比(P/T Ratio)是指量測之估計精密度與允差之比例，此比例可用下列公式來表示

$$P/T \text{ 比值} = 6\sigma_E / \text{允差}$$

$6\sigma_E$ 是用來表示量具之標準差。此公式有下列假設

(1) 量測誤差為獨立

(2) 量測誤差與物件大小無關

(3) 量測誤差呈常態分配

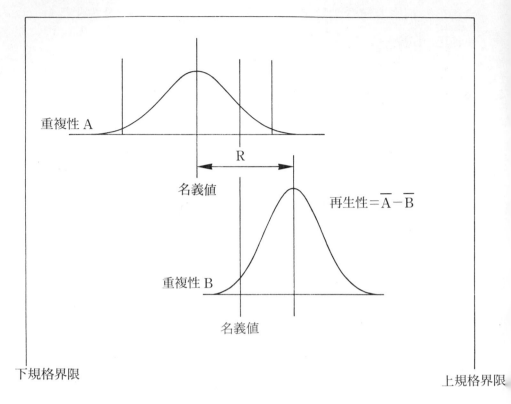

圖9-5   重複性及再生性之圖形表示

一般而言，P/T 比值在 10%以下較為適當。若 P/T 比值大於 30%則必須對量測系統做一診斷，找出問題並加以改善。

9.4.2   檢驗能力分析方法

一個檢驗系統之量測誤差（measurement error）可分解成量具之重複性和再生性。再生性是指不同檢驗員使用相同量具所產生之誤差，而重複性是指量具本身之精密程度。

假設

σ_g^2＝量測誤差之變異數

σ_1^2＝重複性所造成之變異

σ_2^2＝來自於再生性之變異

則量測誤差之變異數可寫成

$$\sigma_g^2 = \sigma_1^2 + \sigma_2^2$$

檢驗（量測）能力分析可由表 9-4 之數據來說明。在此項分析中，有 3 位不同之檢驗員，使用相同之量具來量測 20 件樣本，每件物品重複量兩次。量具之重複性計算如下：

$$\overline{\overline{R}} = \frac{1}{3}(\overline{R}_1 + \overline{R}_2 + \overline{R}_3)$$

$$= \frac{1}{3}(1.30 + 1.50 + 1.25)$$

$$= 1.35$$

$$\hat{\sigma}_1 = \frac{\overline{\overline{R}}}{d_2} = \frac{1.35}{1.128} = 1.20$$

由於全距是由兩數據每件重複量兩次計算所得，在查 d_2 值時，需使用 $n=2$。

再生性是由於不同檢驗員所造成之差異。由於 3 位檢驗員均量測相同之物件，因此其個人之平均值 $\overline{x}_i$ 應非常接近。如果各 $\overline{x}_i$ 相差很大，則表示量測人員有偏差。再生性可由下列計算來估計。

$$\overline{\overline{x}}_{\max} = \max(\overline{\overline{x}}_1, \overline{\overline{x}}_2, \overline{\overline{x}}_3) = 22.68$$

$$\overline{\overline{x}}_{\min} = \min(\overline{\overline{x}}_1, \overline{\overline{x}}_2, \overline{\overline{x}}_3) = 22.25$$

$$R_{\overline{\overline{x}}} = \overline{\overline{x}}_{\max} - \overline{\overline{x}}_{\min} = 0.43$$

$$\hat{\sigma}_2 = \frac{R_{\overline{\overline{x}}}}{d_2} = \frac{0.43}{1.693} = 0.25$$

由於 $R_{\overline{x}}$ 是由 3 個 $\overline{x}$ 值（3 位檢驗員）計算所得，因此需以 $n=3$ 來查 d_2 之值。量測誤差之變異數為

$$\sigma_g^2 = \sigma_1^2 + \sigma_2^2 = (1.20)^2 + (0.25)^2 = 1.50$$

量測誤差之標準差為

$$\hat{\sigma}_g = \sqrt{1.50} = 1.22$$

若允差寬度為 15，則量測系統之 P/T 比值為

表9-4 檢驗能力分析之數據

	1	2	3	4	1	2	3	4	1	2	3	4
檢驗人員	A				B				C			
樣本	1	2	$\bar{x}$	全距	1	2	$\bar{x}$	全距	1	2	$\bar{x}$	全距
1	20	20	20	0	20	20	20.0	0	20	21	20.5	1
2	22	23	22.5	1	24	23	23.5	1	23	24	23.5	1
3	20	21	20.5	1	19	21	20.0	2	20	22	21.0	2
4	26	27	26.5	1	28	26	27.0	2	27	28	27.5	1
5	19	18	18.5	1	19	20	19.5	1	18	21	19.5	3
6	23	21	22.0	2	24	21	22.5	3	23	22	22.5	1
7	23	21	22	2	22	24	23.0	2	22	20	21.0	2
8	19	17	18.0	2	18	20	19.0	2	19	20	19.5	1
9	24	23	23.5	1	24	23	23.5	1	24	24	24.0	0
10	25	23	24.0	2	26	25	25.5	1	24	25	24.5	1
11	21	20	20.5	1	20	20	20.0	0	21	20	20.5	1
12	18	19	18.5	1	17	19	18.0	2	20	19	19.5	1
13	23	25	24.0	2	23	25	24.0	2	25	25	25.0	0
14	22	24	23.0	2	23	25	24.0	2	24	25	24.5	1
15	29	30	29.5	1	30	28	29.0	2	31	28	29.5	3
16	26	26	26.0	0	24	26	25.0	2	25	27	26.0	2
17	21	20	20.5	1	19	20	19.5	1	20	20	20.0	0
18	19	21	20.0	2	19	19	19.0	0	21	23	22.0	2
19	25	26	25.5	1	25	24	24.5	1	25	25	25.0	0
20	21	19	20.0	2	20	17	18.5	3	19	17	18.0	2

$\bar{\bar{x}}_A = 22.25$　$\overline{R}_A = 1.30$　$\bar{\bar{x}}_B = 22.25$　$\overline{R}_B = 1.50$　$\bar{\bar{x}}_C = 22.68$　$\overline{R}_C = 1.25$

$$\frac{P}{T} = \frac{6\,\hat{\sigma}_g}{\text{USL}-\text{LSL}} = \frac{6(1.22)}{15} = 0.488$$

由於 P/T 比值大於 0.1, 因此此檢驗系統並不合格。由變異程度來看, 重複性誤差所佔之比例較大($\sigma_1 > \sigma_2$)。另外, 訓練檢驗員以一致性之方法量測, 可以降低再生性之誤差。

　　以上所介紹之分析方法，是應用在有多位檢驗員之量測能力分析，以下我們以一例說明只有一位檢驗員時，量測能力之分析步驟。在表9-5中，數據為超過英吋之部分，以 0.001 英吋為單位來表示。在此分析中，每一樣本均重複量兩次。

表9-5　單一檢驗員之檢驗能力分析

樣本	量測值		樣本	量測值		樣本	量測值	
	1	2		1	2		1	2
1	4.2	4.1	11	4.0	4.0	21	5.7	5.6
2	5.1	5.1	12	5.0	5.0	22	6.2	6.1
3	4.8	4.8	13	4.1	4.2	23	4.1	3.9
4	3.3	3.3	14	5.7	5.5	24	6.8	6.9
5	6.4	6.4	15	4.3	4.2	25	3.1	3.0
6	5.0	4.8	16	6.0	5.8	26	2.5	2.5
7	4.0	4.0	17	5.7	5.7	27	5.0	4.9
8	6.2	6.1	18	4.2	4.3	28	3.5	3.3
9	3.5	3.5	19	2.9	3.0	29	8.3	8.1
10	4.9	4.9	20	5.0	5.2	30	5.8	4.9

　　首先計算每一樣本之量測值的全距，例 $R_1 = 4.2 - 4.1 = 0.1$。由 30 組樣本可得 $\overline{R} = 2.6/30 = 0.0867$。量測誤差之標準差的估計值為 $\sigma_g = \overline{R}/d_2 = 0.0867/1.128 = 0.0768$。全距管制圖之上、下管制界限為

$$\text{UCL}_R = 3.267(0.0867) = 0.283$$

$$\text{LCL}_R = 0$$

　　由於 30 組樣本全距均在管制界限內，表示此檢驗員可以獲得一致性之結果。在此種分析中，並沒有必要分析樣本平均值是否在管制內。其理由乃是因為產品間之變異必定大於量測誤差之變異，若將樣本平均值繪在圖上，將發生許多超出管制界限之點。

　　量測數據之總變異可分解成

$$\sigma_T^2 = \sigma_g^2 + \sigma_p^2$$

　　其中 σ_T 為總變異之標準差，σ_p 為產品（品質特性）變異之標準差。σ_T 有兩種方式求得。一種方法是直接計算所有量測值之標準差（Montgomery

1991)，另一種方法是以樣本組全距之方式估計(Grant 和 Leavenworth 1988)。假設只考慮第 1 個量測值，並以 $n=3$ 將 30 個樣本組成 10 組，其資料如表 9-6 所示。第 1 組樣本爲 $(4.2,5.1,4.8)$ 所構成，其 $\overline{x}=(4.2+5.1+4.8)/3=4.7$, $R=5.1-4.2=0.9$。

表9-6　計算總變異標準差之數據

組	$\overline{x}$	R	組	$\overline{x}$	R
1	4.7	0.9	6	5.3	1.8
2	4.9	1.7	7	4.5	2.7
3	4.6	2.7	8	5.7	2.7
4	4.6	1.0	9	3.5	2.5
5	4.7	1.6	10	5.6	4.8

由表 9-6 可得 $\overline{\overline{x}}=48.1/10=4.81$, $\overline{R}=22.4/10=2.24$。樣本總平均值和全距之管制界限爲

$$\text{UCL}_R=2.575(2.24)=5.768$$

$$\text{LCL}_R=0$$

$$\text{UCL}_{\overline{x}}=4.81+1.023(2.24)=7.102$$

$$\text{LCL}_{\overline{x}}=4.81-1.023(2.24)=2.518$$

由於表 9-6 之 $\overline{x}$ 和 R 值均在管制界限內，總變異之標準差爲

$$\sigma_T=\overline{R}/d_2=2.24/1.693=1.323$$

產品變異之標準差 $\sigma_p=\sqrt{(1.323)^2-(0.0768)^2}=1.321$。量測誤差佔產品變異之百分比爲 $100(0.0768/1.321)=5.81\%$。

9.5　組成零件之規格界限的設定

有時我們必須以製程能力分析所獲得之情報來建立各組成元件的規格界限。這對於避免在複雜裝配或具有許多交互影響尺吋的產品，所造成之公差堆疊(tolerance stack-up)上，是一項很重要的工作。本節將討論如何

設定各組成元件之規格，以保證完成品能符合規格。

9.5.1 線性組合

在多數之情況下，一個物件之尺吋是多數個零件尺吋的線性組合。假設各零件之尺吋為 X_1，X_2，…，X_n，則裝配完成之完成品的尺寸 Y 為

$$Y = a_1 X_1 + a_2 X_2 + \cdots + a_n X_n$$

若各 X_i 為常態、獨立之分配，具有平均值 μ_i 和變異數 σ_i^2，則 Y 亦為常態分配且平均值 $\mu_Y = \sum_{i=1}^{n} a_i \mu_i$，變異數 $\sigma_Y^2 = \sum_{i=1}^{n} a_i^2 \sigma_i^2$。若各零件之平均值和變異數均已知，則可以估計完成品落在規格界限外之機率。

〔例〕 圖9-6之組件是由4個零件所構成。零件1、2、3、4之長度為 X_1、X_2、X_3、X_4，其分配分別為 $N(2.0, 0.0002)$，$N(4.5, 0.0009)$，$N(3.0, 0.0004)$，$N(2.5, 0.0001)$。由於此 4 零件分別在不同之機器上加工，因此 4 個零件之長度為獨立。若裝配後長度之規格為 12.00 ± 0.1，試計算完成品之不合格率。

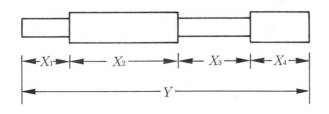

圖9-6 具四個零件之組件

〔解〕 假設裝配後之長度為 Y，由於 Y 為 4 個獨立之常態隨機變數之組合，我們可由下式計算 Y 之平均值和標準差。

$\mu_Y = 2.0 + 4.5 + 3.0 + 2.5 = 12.0$

$\sigma_Y^2 = 0.0002 + 0.0009 + 0.0004 + 0.0001 = 0.0016$

合格品之機率為

$$P\{11.90 \leq Y \leq 12.1\}$$

$$= P\{Y \leq 12.10\} - P\{Y \leq 11.90\}$$

$$= \Phi\left(\frac{12.10 - 12.00}{\sqrt{0.0016}}\right) - \Phi\left(\frac{11.90 - 12.00}{\sqrt{0.0016}}\right)$$

$$= \Phi(2.5) - \Phi(-2.5)$$

$$= 0.99379 - 0.00621$$

$$= 0.98758$$

因此不合格率為 $1 - 0.98758 = 0.01242$

〔例〕　考慮圖 9-7 所示之裝配。完成品之規格為 6.00 ± 0.09 英吋。設 X_1、X_2、X_3 代表 3 個零件之長度。X_1、X_2、X_3 為常態、獨立之隨機變數，平均值分別為 $\mu_1 = 1.00$ 英吋，$\mu_2 = 3.00$ 英吋，$\mu_3 = 2.00$ 英吋。現規定組件和零件之自然允差界限需使組件或零件落在此界限外之機率為 0.0027。另外，我們要求完成品之 C_p 指標需為 1.0。根據上述資料及要求，計算各零件之規格界限。

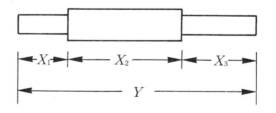

圖9-7　具三個零件之組件

〔解〕　設 Y 為組裝後成品之長度，Y 亦為常態分配，具有平均值 $\mu_Y = \mu_1 + \mu_2 + \mu_3 = 1.00 + 3.00 + 2.00 = 6.00$。由規定之條件，我們可知

$$\sigma_Y = \frac{0.09}{3.00} = 0.03 \qquad (\mu_Y \pm 3\sigma_Y = 6.00 \pm 0.09)$$

若 3 個零件之變異數相同，則

$$\sigma_Y^2 = \sigma_1^2 + \sigma_2^2 + \sigma_3^2 = 3\sigma^2 = (0.03)^2 = 0.0009$$

$$\sigma^2 = \frac{\sigma_Y^2}{3} = 0.0009/3 = 0.0003$$

若各零件知自然允差界限等於規格界限，則各零件之規格界限爲

X_1: $1.00 \pm 3.00\sqrt{0.0003} = 1.00 \pm 0.052$

X_2: $3.00 \pm 3.00\sqrt{0.0003} = 3.00 \pm 0.052$

X_3: $2.00 \pm 3.00\sqrt{0.0003} = 2.00 \pm 0.052$

若 $\sigma_Y < 0.03$，則規格界限將大於自然允差界限，完成品之不合格率將小於 0.0027。對於各零件，如果 $\sigma^2 < 0.0003$，則自然允差界限將落在規格界限內。

〔例〕　考慮圖 9-8 所示之軸心和軸承之裝配。軸承之內徑爲隨機變數 X_1，X_1 爲常態分配，平均值爲 $\mu_1 = 2.5$ in.，標準差 $\sigma_1 = 0.004$ in.。軸心之外徑爲 X_2 隨機變數，X_2 爲具有平均值 $\mu_2 = 2.47$ in.，標準差 $\sigma_2 = 0.006$ in. 之常態分配。在組裝時若 $X_1 < X_2$，則會產生干涉 (interference) 裝配。根據上述資料計算裝配時產生干涉之機率。

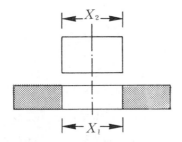

圖9-8　軸心和軸承之裝配

〔解〕　設隨機變數 $Y = X_1 - X_2$，由於 Y 爲二常態分配之隨機變數的線性組合，我們可得 Y 之平均值

$\mu_Y = \mu_1 - \mu_2 = 2.5 - 2.47 = 0.03$

Y 之變異數爲

$\sigma_Y^2 = \sigma_1^2 + \sigma_2^2 = (0.004)^2 + (0.006)^2 = 0.000052$

產生干涉之機率爲 $P\{Y<0\}$

$$P\{Y<0\}=\Phi\left(\frac{0-0.03}{\sqrt{0.000052}}\right)=\Phi(-4.16)=0.00001592$$

9.5.2　非線性組合

在有些問題中，我們有興趣之尺吋可能爲其他元件之尺吋的非線性組合。若完成品之尺吋爲 Y，n 個元件之尺吋爲 $X_1, X_2, \cdots, X_n$，Y 與 X_i 具有下列之關係

$$Y=g(X_1, X_2, \cdots, X_n)$$

對於上述型態之問題，我們可以在所要研究的範圍中，以 X_i 之線性組合來趨近非線性關係 g。若 $\mu_1, \mu_2, \cdots, \mu_n$ 爲各元件之名義值，則由泰勒級數可得

$$Y=g(X_1, X_2, \cdots, X_n)$$

$$=g(\mu_1, \mu_2, \cdots, \mu_n)+\sum_{i=1}^{n}(X_i-\mu_i)\frac{\partial g}{\partial X_i}|_{\mu_1, \mu_2, \cdots, \mu_n}+R$$

其中 R 爲高階項。若忽略上式中之高階項，則

$$\mu_Y \cong g(\mu_1, \mu_2, \cdots, \mu_n)$$

$$\sigma_Y^2 \cong \sum_{i=1}^{n}\left(\frac{\partial g}{\partial X_i}|_{\mu_1, \mu_2, \cdots, \mu_n}\right)^2 \sigma_i^2$$

〔例〕　考慮如圖 9-9 所示之直流線路。假設 a、b 兩點間的電壓值要求爲 100±3 V。電流的規格爲 20±1.2，電阻規格爲 5±0.03。假設電流和電阻爲獨立、常態之分配，且平均值均等於其允差之名義值。試計算此線路之電壓值會落在規格界限外之機率。

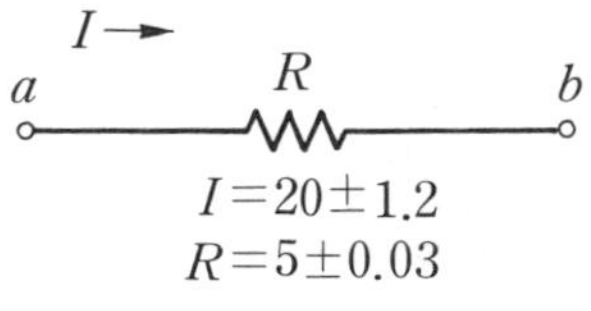

$$I=20\pm1.2$$
$$R=5\pm0.03$$

圖9-9　直流線路

〔解〕 從歐姆定律可知電壓為

$V = IR$

由於上式為非線性組合，若不考慮高次項，則由泰勒級數可得

$V \cong \mu_I \mu_R + (I - \mu_I)\mu_R + (R - \mu_R)\mu_I$

電壓之平均數和變異數為

$\mu_V \cong \mu_I \mu_R$

$\sigma_I^2 \cong \mu_R^2 \sigma_I^2 + \mu_I^2 \sigma_R^2$

σ_I^2 和 σ_R^2 為電流和電壓之變異數。

現假設電流 I 和電阻 R 落在其允差名義值上，以使得這兩元件落在自然允差界限外之機率 $\alpha = 0.0027$。另外，我們假設自然公差界限等於規格界限。由上述假設，我們可以求得 σ_I 和 σ_R。

由已知之電流規格，可知

$20 \pm 1.2 = \mu_I \pm 3\,\sigma_I$

因此， $\sigma_I = 1.2/3 = 0.4$

相同的，由電阻之規格可得

$5 \pm 0.03 = \mu_R \pm 3\,\sigma_R$

因此可得 $\sigma_R = 0.03/3 = 0.01$

由上述結果，我們可求得電壓之平均數和變異數，

$\mu_V \cong \mu_I \mu_R = (20)(5) = 100\ V$

$\sigma_V^2 \cong \mu_R^2 \sigma_I^2 + \mu_I^2 \sigma_R^2$

$\quad = (5)^2(0.4)^2 + (20)^2(0.01)^2 = 4.04$

$\sigma_V = \sqrt{4.04} = 2.01$

電壓值落在規格內之機率為

$P\{96 \le V \le 104\} = P\{V \le 104\} - P\{V \le 96\}$

$$= \Phi\left(\frac{104 - 100}{2.01}\right) - \Phi\left(\frac{96 - 100}{2.01}\right)$$

$$= \Phi(1.49) - \Phi(-1.49)$$

$$=0.93189-0.06811$$
$$=0.86378$$

由此例可看出一個重要的觀念。雖然電流和電壓之不合格率只有 0.0027。但組合後,由於允差的堆疊,使得電壓之不合格率為 $1-0.86378=0.13622$。

9.6 製程之自然允差界限的估計

對於多數之製程, 自然允差界限可視為包含整個數據分配之 $100(1-\alpha)\%$ 的界限。如果品質特性之分配型態及相關參數均已知, 則我們可以很容易地設立自然允差界限。例如: 製程之平均值為 μ, 變異數為 σ, 品質特性為常態分配, 則包含 $100(1-\alpha)\%$ 之數據分配的界限為 $\mu \pm z_{\alpha/2}\sigma$。若 $\alpha=0.05$, 則自然允差界限為 $\mu \pm 1.96\sigma$。

在多數之實務問題上, 品質特性之分配型態和參數通常為未知, 因此我們必須從樣本數據來估計分配之參數。在以下各小節, 我們將介紹兩種估計自然允差界限之程序。

9.6.1 根據常態分配估計自然允差界限

假設隨機變數 X 服從常態分配, 平均值為 μ, 變異數為 σ^2, 其中參數 μ、σ^2 均為未知。從 n 個樣本中, 我們估計出樣本平均值和變異數分別為 $\overline{X}$ 和 S^2。一個估計自然允差界限之可能方法為以 $\overline{X}$, S^2 取代 μ 和 σ^2, 我們得到

$$\overline{X} \pm z_{\alpha/2}S$$

但由於 $\overline{X}$ 和 S 為估計值, 並非真正之參數值, 我們並不能說上式包含整個分配之 $100(1-\alpha)\%$。一個較合理之方法是決定一個常數 K, 以使得 $\overline{X} \pm KS$ 最少包含 $100(1-\alpha)\%$ 之數據分配的機率為 γ, K 值可由附表查得。

對於單邊之自然允差界限, 我們也可以相同之方法估計 K 值, 以使得

至少 $100(1-\alpha)\%$ 之數據分配大於 $\overline{X}-KS$ 或小於 $\overline{X}+KS$ 之機率爲 γ。在不同 n、γ 和 α 值下之 K 值可由附表查得。

9.6.2　以無母數方法估計之允差界限

　　無母數之允差界限是根據樣本之最大和最小值來建立。對於雙邊允差界限，我們可以決定一 n 值，以使得最少有 $100(1-\alpha)\%$ 之數據分配會落在抽樣樣本之最大、最小值間的機率爲 γ。樣本大小 n 可由下式獲得。

$$n \cong \frac{1}{2} + \left(\frac{2-\alpha}{\alpha}\right)\frac{\chi^2_{1-\gamma,4}}{4}$$

若 $\gamma = 95\%$，$\alpha = 5\%$，n 值大約爲

$$n \cong \frac{1}{2} + \left(\frac{1.95}{0.05}\right)\frac{9.49}{4} = 94$$

在抽取 94 個樣本後，將數據由小至大排列，若最小值爲 30，最大值爲 60，則代表允差界限爲 (30,60)。

　　對於單邊之允差界限，樣本大小 n 爲

$$n = \frac{\log(1-\gamma)}{\log(1-\alpha)}$$

利用無母數方法估計界限時，我們通常需要較大之樣本，因此在使用上較受限制。

習 題

1. 假設某產品是由 4 個零件組合而成, 此 4 個零件之尺寸分配爲:

$$X_1 \sim N(2.3, 0.06)$$

$$X_2 \sim N(2.6, 0.05)$$

$$X_3 \sim N(2.6, 0.08)$$

$$X_4 \sim N(3.4, 0.03)$$

若完成品之規格爲 11.0 ± 0.5 cm, 試計算產品之不合格率。

2. 在 1. 中, 若第 4 個零件之尺寸固定爲 3.4(每一件皆相同), 規格爲 11.0 ± 0.4 cm, 試計算產品爲合格品之機率。

3. 在 1. 中, 組裝後之規格設爲 10.9 ± 0.2 cm。若不合格率爲 0.01, C_p 要求爲 1.3。

   (a)若 4 個零件有相同之變異數, 試計算各零件之變異數。

   (b)若零件 2 和 3 有相同之變異數, 零件 1 之變異數等於零件 2 和 3 之變異數和, 零件 4 之變異數爲零件 2 之一半。根據上述條件, 計算各零件之變異數。

4. 考慮兩個零件之裝配。第 1 個零件之內徑符合 $N(4.0, 0.03^2)$, 第 2 個零件之外徑爲 $N(3.95, 0.02^2)$。試計算在裝配時產生干涉之機率。

5. 產品品質特性之規格爲 USL $= 0.0092$, LSL $= 0.0052$, 由樣本資料可獲得 $\hat{\mu} = 0.007966$, $\hat{\sigma} = 0.00103$, 試計算 C_p 及 C_{pk}。

6. 說明爲什麼評估製程能力前, 製程必須是在管制內。

7. 產品之規格界限爲 5 ± 0.01, C_p 爲 1.2, C_{pk} 爲 1.0, 在此條件下, 製程之平均值爲何?

8. 某製程之 $\bar{x}$-R 管制圖使用 $n=5$, $\bar{x}$ 和 R 圖之中心線爲 14.5 和 1.163。若規格界限爲 12 和 16, 計算 C_p、C_{pk}、CPU 和 CPL。

9. 在計算製程能力指標前, 有哪些條件須符合?

10. 假設品質特性之規格爲 10 和 18，已知製程之標準差爲 2/3。若目標值設爲規格之中心，計算當製程平均值爲 13、14、15、16 和 17 時之 C_p、CPL、CPU、C_{pk} 和 C_{pm}。

11. 假設目標值爲 16，重複 10.。在何時 $C_p = C_{pk} = C_{pm}$？在何時 C_{pm} 爲最大？

12. 假設檢驗能力分析所獲得之資料如下表，試計算量測系統之重複性、再生性和量測系統之標準差。

樣本	檢驗員 A		檢驗員 B		檢驗員 C	
	x_1	x_2	x_1	x_2	x_1	x_2
1	1.65	1.60	1.55	1.55	1.50	1.55
2	2.00	2.00	2.05	1.95	2.05	2.00
3	1.85	1.80	1.80	1.75	1.80	1.85
4	1.85	1.95	1.80	1.75	1.80	1.75
5	1.55	1.45	1.40	1.40	1.50	1.50
6	2.00	2.00	2.00	2.05	2.00	2.05
7	1.90	1.95	1.95	1.90	1.90	1.95
8	1.85	1.80	1.75	1.70	1.85	1.85
9	2.00	2.00	2.00	1.95	2.05	2.00
10	1.68	1.70	1.55	1.50	1.85	1.80

13. 統計允差界限與信賴區間有何不同？

14. 假設由 20 個樣本所獲得之 $\bar{x} = 250$，$S = 20$，以 $r = 0.95$，$1 - \alpha = 0.99$，計算品質特性之雙邊允差界限，假設品質特性之分配爲常態。說明此允差界限之意義。

15. 在檢驗能力分析中，同一檢驗員量測 10 件產品所獲得之資料如下表所示。

　(a) 計算量測誤差 σ_g。

　(b) 計算總變異之標準差 σ_T，和產品變異之標準差 σ_p。

　(c) 若品質特性之規格爲 100 ± 15，計算 P/T 比值。

產品	量測值		
1	100	101	100
2	95	93	97
3	101	103	100
4	96	95	97
5	98	98	96
6	99	98	98
7	95	97	98
8	100	99	98
9	100	100	97
10	100	98	99

16. 下表爲 20 組樣本大小爲 5 之飲料瓶破裂強度(bursting strength)的樣本數據。產品規格下限＝200，試計算製程能力指標。

樣本	數據					$\bar{x}$	R
1	265	205	263	307	220	252.0	102
2	268	260	234	299	215	255.2	84
3	197	286	274	243	231	246.2	89
4	267	281	265	214	318	269.0	104
5	346	317	242	258	276	287.8	104
6	300	208	187	264	271	246.0	113
7	280	242	260	321	228	266.2	93
8	250	299	258	267	293	273.4	49
9	265	254	281	294	223	263.4	71
10	260	308	235	283	277	272.6	73
11	200	235	246	328	296	261.0	128
12	276	264	269	235	290	266.8	55
13	221	176	248	263	231	227.8	87
14	334	280	265	272	283	286.8	69
15	265	262	271	245	301	268.8	56
16	280	274	253	287	258	270.4	34
17	261	248	260	274	337	276.0	89
18	250	278	254	274	275	266.2	28
19	278	250	265	270	298	272.2	48
20	257	210	280	269	251	253.4	70

參考文獻

Grant, E. W., and R. S. Leavenworth, *Statistical Quality Control*, McGraw-Hill Book Co., NY (1988).

Kane, V. E., "Process capability indices," *Journal of Quality Technology,* 18, 1, 41-52 (1986).

Montgomery, D. C., *Introduction to Statistical Quality Control*, Wiley, NY (1991).

*
第十章　管制圖之經濟設計

10.1 概述

　　管制圖的設計是指決定下列三項參數：(1)樣本大小 n, (2)抽樣間隔 h, (3)管制界限。

　　傳統上，管制圖之設計僅考慮到統計層面。其做法著重在選擇適當之樣本大小及管制界限，以使得偵測某一特定程度之品質特性變動的能力及型 I 誤差能符合某特定值。抽樣間隔較少以解析方法(analytical method)去決定，通常是根據生產率、平均值移動造成管制外之期望次數及製程變動所造成之後果來決定抽樣間隔。

　　除了統計層面的考量之外，管制圖的設計應該考量其經濟層面，例如：抽樣及檢驗的成本、調查管制外訊號的相關成本、消除可歸屬原因的成本、不合格品所造成之損失等都受到管制圖參數之影響。根據經濟層面來設計管制圖之步驟稱爲管制圖之經濟設計(the economic design of control charts)。以經濟觀點設計之管制圖，最爲人批評之一項缺失是它們並未考慮管制圖在統計方面之成效。Woodall(1986,1987)認爲經濟設計之管制圖的型 I 誤差會比根據統計設計之管制圖更高。較高之型 I 誤差將產生太多之錯誤警告。對於經常發生錯誤警告之管制圖。當管制圖出現異常訊號時，管理人員將不太願意停止製程。另外，太高之型 I 誤差將使製程之調整過於頻繁，以至於使品質特性之變異性增加。爲了達到實務界對於降低製程變異性之要求，一些學者也在設計管制圖時，同時考慮經濟性和統計方面之要求，此稱爲管制圖之經濟-統計設計（Economic-Statistical design）。在設計管制圖時，可作爲成效評估之統計因素有：(1)統計圖之檢定力的最小值；(2)型 I 誤差之最大值；(3)製程發生某一程度之變化後，管制圖發生警告訊號平均所需之時間。考慮統計方面之要求可確保產品長期之品質和降低變異性，但是也會較純經濟設計之管制圖增加更多之成本。

近年來，研究管制圖經濟設計之論文很多，Montgomery（1980）、Vance（1983）、Svoboda（1991）、Ho 和 Case（1994a）等學者曾對這一方面之論文作有系統性之整理。本章以下各節將介紹管制圖經濟設計之基本觀念和一些重要之經濟設計模式。

10.1.1 製程特性

管制圖設計之經濟模式的建立通常包含下列基本假設：

1. 製程具有單一之管制內狀態。若產品具有單一可量測之品質特性，則管制內狀態係以無可歸屬原因存在時，品質特性的平均數表示。若品質特性爲屬性值，則管制內狀態是以沒有可歸屬原因時，製程之不合格率來表示。通常，製程可能會有 $s \geq 1$ 的管制外狀態，每一管制外狀態均對應於某一特定之可歸屬原因。

2. 製程由管制內狀態轉變到管制外狀態也需要某些假設。通常假設在一段時間中，可歸屬原因的發生符合卜瓦松過程（Poisson process），亦即製程停留在管制內狀態的時間長度呈指數隨機變數的分配。這樣的假設可使模式簡化，在某些情況尚可導出馬可夫鏈模式結構。這種製程發生平均值移動的本質被稱爲製程之失效機制（process failure mechanism）。在過去之研究中，製程狀態之改變係瞬間產生，亦即只考慮平均值之瞬間跳動，製程平均值之緩慢改變（例如由刀具磨損所引起）則較少受到重視（偵測趨勢變化之管制圖設計，參見 Gibra 1967）。

3. 假設製程不會自行修正（self-correction）。若製程發生異常，則必須經過管理者處理後才能夠恢復到管制內狀態。

10.1.2 成本參數

管制圖的經濟設計，通常考慮下列三種成本：(1)抽樣及測試成本，(2)調查管制外狀態之成本及調查或修正可歸屬原因的成本，(3)產生不合格品的成本。

1. 抽樣及測試成本

此成本包括檢驗員的薪資、測試工具和設備成本、破壞性試驗的樣品成本。通常這項包括固定成本和變動成本兩部分，分別用 a_1 及 a_2 表示為 $a_1 + a_2 n$。

2. 管制外信號出現後調查及調整製程的成本

有些學者認為調查錯誤警告的成本與調整可歸屬原因的成本不同，應該分開處理並採用不同之成本係數。其次，修理或修正製程的成本，隨可歸屬原因的型式而不同。若模式中有 s 個管制外狀態，則需有 $s+1$ 個成本係數將調查和調整之程序加以模式化。通常成本係數與製程變動的大小有直接關係。較大之變動需有較高之修理和調整成本。有些學者認為上述模式的處理方式是不必要的。因為在很多情況下，小的製程變動不容易察覺，卻很容易修正；而大的製程變動容易察覺，但不易修正。因此，在損失些微正確性下，我們可使用單一成本係數來表示調查和修正可歸屬原因之平均成本。

3. 生產不合格品的損失成本

不合格品之成本有內部失敗成本（重工、報廢等）及外部失敗成本（索賠成本、公司形象及未來市場佔有率之損失等）。這些成本大都以一個平均成本參數來表示，此成本參數是以單位時間或產品數量為基準來表示。

經濟模式通常是以總成本函數來表示，此函數顯示管制圖設計參數與上述三種成本的關係。生產、監視及調整製程可視爲一連串獨立之週期（cycle）。每一週期在開始是處於管制內狀態，此狀態維持到管制圖發現管制外狀態爲止。經由適當之調整，製程將回到管制內狀態，並重新一個新的週期。假設$E(T)$是一個週期的平均時間長度，$E(C)$是一個週期內的平均總成本，則每單位時間之平均成本$E(A)$可表示爲

$$E(A) = \frac{E(C)}{E(T)}$$

上式可由最佳化技術（optimization technique），求出最適當的管制圖設計參數。有些學者將$E(T)$改爲一個週期中的平均生產個數，則$E(A)$表示的是每單位的平均成本而非單位時間之成本。另外，有些研究對循環週期的定義不同。當管制外訊號出現時，有些研究允許製程可繼續操作，而另一些研究則假設製程必須停止。

10.1.3 早期的研究和半經濟設計

最早提出品質管制系統的成本模式係 Girshick 和 Rubin（1952）。他們將產品的生產過程分爲 4 個狀態。狀態 1 和 2 表示生產狀態。狀態 3 和 4 表示修理狀態。狀態 i 下的品質特性以機率密度函數 $f_i(x)$，$i = 1, 2$ 表示。狀態 1 表示在管制內狀態。狀態 1 有一固定機率會變爲狀態 2，若製程要轉爲原來狀態 1，需要人爲的修正。在狀態 $i = 3$、4 時，需要 n_i 個單位時間去修正，單位時間定義爲生產 1 單位產品所需要的時間。Girshick 和 Rubin 之模式考慮 100% 全檢及週期性的檢驗法則，模式之目標是要使製程的預期收入（expected income）最大化。但是最佳的解答與複雜的積分公式有關，較難推導，所以在實務的運用上受到限制。根據 Girshick 和 Rubin 之模式的後續研究有 Bather（1963）、 Ross（1971）、 Savage（1962）、 White（1974）等，但這些研究的性質仍屬較理論方面，在實務

應用上仍有困難。

在過去，有許多學者從事傳統蕭華特管制圖之經濟設計的研究。但這些研究並沒有考量所有成本函數或提出求解的方法，因此只能算是半經濟的設計（semi-economic design）。Weiler（1952）曾指出，$\bar{x}$ 管制圖最佳的樣本大小需使偵測某特定平均值變動的總檢驗為最小。他針對不同之管制界限和平均值移動量，提出決定樣本大小之公式。

Weiler 並沒有正式考慮到成本，他的理念是：使總檢驗最小將會使總成本最小化。他也針對全距管制圖和其他管制圖提出管制界限的決定方式（Weiler 1953、1954），另外 Aroian 及 Levene（1950）也曾作過相類似的研究。

其他半經濟分析之研究成果尚有 Cowden（1957）、Barish 及 Hauser（1963）。Cowden（1957）考慮了三種主要成本，但沒有提及結構化之求解方法。Barish 及 Hauser（1963）引用蒙地卡羅模擬方法研究不同製程調整策略的 $\bar{x}$ 管制圖，但並沒有引用最佳化的方法。模式中考慮每單位之預期成本、製程調整次數及產品不合格率。

Taylor（1965）指出，在固定時間抽取一定樣本數的管制程序並無法獲得最佳解。他建議樣本大小及抽樣間隔應在每一時間點，根據製程在管制內狀態的事前機率（posterior probability）來決定。隨後，Taylor（1967）導出一個最佳管制法則，用於具有兩個狀態，品質特性為常態分配之製程。雖然 Taylor 指出固定的樣本大小和固定的抽樣間隔並無法達到最佳化的目的，但此種做法在實務上仍被廣泛使用，因為在管理上較為方便。

0.2　計量值管制圖之經濟模式

0.2.1　單一可歸屬原因模式

在 1956 年，Duncan（1956）首先提出 $\bar{x}$ 管制圖的經濟模式，他是以

Girshick 和 Rubin (1952) 所提出之每單位時間的預期淨收入最大化作分析基礎。模式假設製程由 $\bar{x}$ 管制圖監視，$\bar{x}$ 管制圖的中心線爲 μ_0，上、下管制界限爲 $\mu_0 \pm k(\sigma/\sqrt{n})$。抽樣時間間隔爲 h 小時。若有點超出管制界限，則馬上調查異常原因。在尋找可歸屬原因時，製程仍允許繼續運作而不中斷。另外假設調整及修復製程的成本不從淨收入中扣除，參數 μ_0、δ 和 σ 均假設爲已知，而 n、k、h 爲待求解的參數。

可歸屬原因的發生是假設符合依卜瓦松過程，每小時發生 λ 次。亦即製程停留在管制內狀態的時間間隔是符合指數分配的隨機變數，平均數爲 $1/\lambda$ 小時。假設可歸屬原因發生在第 j 與 $j+1$ 個樣本之間，則在這個區間中，可歸屬原因發生的平均時間是

$$\tau = \frac{\int_{jh}^{(j+1)h} e^{-\lambda t} \lambda(t-jh)\,dt}{\int_{jh}^{(j+1)h} e^{-\lambda t}\lambda dt} = \frac{1-(1+\lambda h)\,e^{-\lambda h}}{\lambda(1-e^{-\lambda h})}$$

當可歸屬原因發生時，在隨後樣本被偵測出的機率爲

$$1-\beta = \int_{-\infty}^{-k-\delta\sqrt{n}} \phi(Z)\,dZ + \int_{k-\delta\sqrt{n}}^{\infty} \phi(Z)\,dZ$$

其中 $\phi(Z) = (2\pi)^{-1/2}\exp(-Z^2/2)$。$1-\beta$ 表示檢定力，β 爲型 II 誤差的機率。而發生型 I 誤差的機率爲

$$\alpha = 2\int_{k}^{\infty} \phi(Z)\,dZ$$

生產週期是指從生產開始到可歸屬原因被偵測出，且採取改善行動爲止。生產週期包括了四個時期：(1)管制內狀態，(2)管制外狀態，(3)抽樣及解釋結果，(4)發現可歸屬原因之時間。管制內狀態的平均時間長度爲 $1/\lambda$。當製程爲管制外時，出現管制外訊號所需之樣本數爲一幾何隨機變數，其平均值爲 $1/(1-\beta)$。管制外狀態的平均時間長度爲 $h/(1-\beta)-\tau$。抽樣及解釋結果的時間與樣本大小成正比，可寫爲 gn。管制外訊號出現後，至找到可歸屬原因之時間爲一常數 D。由此推導出平均生產週期長度爲

$$E(T) = \frac{1}{\lambda} + \frac{h}{1-\beta} - \tau + gn + D$$

製程在管制內狀態下操作時, 每小時的淨收入為 V_0；在管制外狀態下操作時, 每小時的淨收入為 V_1，抽取樣本的成本為 $a_1 + a_2 n$，a_1 及 a_2 分別表示固定成本及變動成本。每個週期的樣本平均數等於平均生產週期長度除以抽樣時間間隔, $E(T)/h$，發現可歸屬原因的成本是 a_3，調查錯誤警告的成本為 a_3'。在一個週期中, 發生錯誤警告的期望次數為 α 乘以出現變動以前的期望樣本數, 亦即

$$\alpha \sum_{j=0}^{\infty} \int_{jh}^{(j+1)h} je^{-\lambda t} dt = \frac{\alpha e^{-\lambda h}}{1 - e^{-\lambda h}}$$

生產週期的平均淨收入為

$$E(C) = V_0 \frac{1}{\lambda} + V_1 \left(\frac{h}{1-\beta} - \tau + gn + D \right) - a_3 - \frac{a_3' e^{-\lambda h}}{1 - e^{-\lambda h}} - (a_1 + a_2 n) \frac{E(T)}{h}$$

每小時的平均淨收入為

$$E(A) = \frac{E(C)}{E(T)}$$

$$= \frac{V_0(1/\lambda) + V_1 \left[\dfrac{h}{(1-\beta)} - \tau + gn + D \right] - a_3 - \dfrac{a_3' \alpha e^{-\lambda h}}{(1 - e^{-\lambda h})}}{\dfrac{1}{\lambda} + \dfrac{h}{(1-\beta)} - \tau + gn + D}$$

$$- \frac{a_1 + a_2 n}{h}$$

假設 $a_4 = V_0 - V_1$，表示製程在管制外所導致之每小時的懲罰成本, 則每小時之淨收入可寫為

$$E(A) = V_0 - \frac{a_1 + a_2 n}{h}$$

$$- \frac{a_4 \left[\dfrac{h}{(1-\beta)} - \tau + gn + D \right] + a_3 + \dfrac{a_3' \alpha e^{-\lambda h}}{(1 - e^{-\lambda h})}}{\dfrac{1}{\lambda} + \dfrac{h}{(1-\beta)} - \tau + gn + D}$$

或可寫成 $E(A) = V_0 - E(L)$，其中

$$E(L) = \frac{a_1 + a_2 n}{h}$$

$$+ \frac{a_4 \left[\dfrac{h}{(1-\beta)} - \tau + gn + D \right] + a_3 + \dfrac{a_3' \alpha e^{-\lambda h}}{(1 - e^{-\lambda h})}}{\dfrac{1}{\lambda} + \dfrac{h}{(1-\beta)} - \tau + gn + D}$$

$E(L)$ 表示製程每小時的平均損失。 $E(L)$ 是管制圖參數 n、k、h 的函數。將每小時之期望淨收入最大化相當於使 $E(L)$ 最小化。Duncan 所採用的最佳化方法是將 $E(L)$ 對 n、k、h 作偏微分。

Duncan (1956) 的模式有兩項基本假設: (1)尋找可歸屬原因時, 製程仍然繼續而不停止, (2)消除可歸屬原因的成本並未從淨收入中扣除。對於大多數之製程, 上述兩項假設並不很實際, 因此我們必須根據其他假設來建立成本模式。假設製程在出現管制外訊號後即停止運作。若管制外訊號為錯誤警告, 則所用之時間為 D_0 個小時, 成本為 a_3'。若管制外訊號為可歸屬原因造成, 則消除可歸屬原因需 D_1 小時, 成本為 $a_3 + \Delta$, 其中 a_3 代表尋找可歸屬原因的成本, Δ 表示消除可歸屬原因的成本。當可歸屬原因消除後, 製程可重新開始。

上述模式之生產週期包含四段期間: (1)管制內狀態期, 平均長度為 $1/\lambda$, (2)管制外狀態期, 平均長度為 $h/(1-\beta) - \tau$, (3)由錯誤警告造成之尋找期, 平均長度為 $\alpha D_0 e^{-\lambda h}/(1 - e^{-\lambda h})$, (4)尋找可歸屬原因及製程調整期, 平均長度為 D_1。因此, 生產週期的平均長度為

$$E(T) = \frac{1}{\lambda} + \frac{h}{(1-\beta)} - \tau + \frac{\alpha D_0 e^{-\lambda h}}{1 - e^{-\lambda h}} + D_1$$

生產週期內的平均淨收入可寫成

$$E(C) = V_0(1/\lambda) + V_1 \left(\frac{h}{(1-\beta)} - \tau \right) - \frac{a_3' \alpha e^{-\lambda h}}{(1 - e^{-\lambda h})}$$

$$- (a_3 + \Delta) - (a_1 + a_2 n) \left(\frac{1}{\lambda} + \frac{h}{1-\beta} - \tau \right) / h$$

每小時之平均淨收入 $E(A)$ 為

$$E(A) = \frac{E(C)}{E(T)} = \left[V_0(1/\lambda) + V_1\left(\frac{h}{(1-\beta)} - \tau\right) - \frac{a_3' \alpha e^{-\lambda h}}{(1-e^{-\lambda h})} \right.$$

$$\left. - (a_3 + \Delta) - (a_1 + a_2 n)\left(\frac{1}{\lambda} + \frac{h}{1-\beta} - \tau\right)/h \right]$$

$$\div \left[\frac{1}{\lambda} + \frac{h}{1-\beta} - \tau + \frac{\alpha D_0 e^{-\lambda h}}{(1-e^{-\lambda h})} + D_1 \right]$$

設 $a_4 = V_0 - V_1$，則平均淨收入可寫成 $E(A) = V_0 - E(L)$，其中 $E(L)$ 爲

$$E(L) = \left[(a_1 - a_2 n)\left(\frac{1}{\lambda} + \frac{h}{(1-\beta)} - \tau\right)/h + a_3 + \Delta \right.$$

$$\left. + \left(\frac{\alpha e^{-\lambda h}}{(1-e^{-\lambda h})}\right)(V_0 D_0 + a_3') + V_0 D_0 + a_4\left(\frac{h}{(1-\beta)} - \tau\right) \right]$$

$$\div \left[\frac{1}{\lambda} + \frac{h}{(1-\beta)} - \tau + \frac{\alpha D_0 e^{-\lambda h}}{(1-e^{-\lambda h})} + D_1 \right]$$

$E(L)$ 表示製程每小時的平均損失，$E(L)$ 爲管制圖設計參數 n、k、h 的函數。

Panagos 等人 (1985) 曾對上述模式加以研究，並與 Duncan 之模式比較，在此比較中，Duncan 之模式允許製程在尋找可歸屬原因時繼續操作。他們認爲上述模式將獲得較大之樣本大小、較寬之管制界限和較長之抽樣間隔。

上述的模式係假設製程失效機制(指製程停留在管制狀態的期間)爲指數分配的隨機變數。Baker （1971）曾提出兩個時間爲離散之模式來研究製程失效機制之影響。模式假設在每一期末抽取 n 個樣本，管制界限爲 k 倍標準差。第 1 個模式係採用幾何分配 (geometric distribution)。一個週期定義爲製程留在管制狀態內之期數加上製程爲管制外至可歸屬原因被偵測到所經過之期數。若參數 p 爲幾何分配之參數（當製程在第 t 期末爲管制內，而在第 $(t+1)$ 期初變成管制外之機率），則週期之期望長度爲

$$E(T) = \frac{1-p}{p} + \frac{1}{1-\beta}$$

每週期之期望成本爲下列成本之總和：(1)抽樣之期望成本，(2)調查管

制外訊號之期望成本，(3)在管制外狀態操作之成本。若週期內出現 M 個錯誤警告，則期望成本爲

$$E(C) = a_2 n[(1-p)/p + 1/(1-\beta)] + a_3[1 + E(M)]$$
$$+ a_4[1/(1-\beta)]$$

每單位時間之期望成本爲

$$E(A) = \frac{E(C)}{E(T)} = a_2 n + \frac{a_3[1 + E(M)] + a_4[1/(1-\beta)]}{(1-p)/p + 1/(1-\beta)}$$

由於每週期之期望錯誤警告數爲 $E(M) = \alpha(1-p)/p$，因此，每單位時間之期望成本爲

$$E(A) = a_2 n + \frac{a_3[(1-\beta)p + (1-\beta)\alpha(1-p)] + a_4 p}{(1-\beta)(1-p) + p}$$

Baker 之第 2 個模式允許使用任何之離散機率分配函數 $p(t)$ 做爲製程失效機制。在模式中，一個週期定義爲在可歸屬原因被找到後，到下一次出現管制外訊號所經過之時間期數。該 T^* 爲週期之長度，S 爲製程停留在管制外狀態之時間期數。每週期之期望成本爲

$$E(C) = a_2 n T^* + a_3 + a_4 E(S)$$

每單位時間之期望成本爲

$$E(A) = \frac{E(C)}{E(T^*)} = a_2 n + \frac{a_3 + a_4 E(S)}{E(T^*)}$$

其中

$$E(S) = \sum_{t=0}^{\infty} \frac{(1-\alpha)^t p(t)}{1-\beta}$$

$$E(T^*) = \sum_{t=0}^{\infty} \left[\frac{1}{\alpha} - (1-\alpha)^t \left(\frac{1}{\alpha} - \frac{1}{1-\beta} \right) \right] p(t)$$

Baker 將第 2 個模式以卜瓦松分配代入，並將其結果與第 1 個模式之幾何分配比較。Baker 認爲第 2 個模式之樣本大小和管制界限較第 1 個模式爲小。

有關管制圖經濟設計之研究，大多假設製程之失效機制（指製程停留

在管制狀態的期間）為指數分配，此亦代表製程之失效率為固定。但在有些情況下，製程受到可歸屬原因影響時，會隨著時間而惡化。因此，有些學者曾探討指數分配之適當性。這些研究之成果匯整說明如下。

Gibra（1971）曾提出類似 Ducan（1956）的模式，基本假設有：(1)製程的操作不因發現異常而中斷，(2)抽樣、解釋結果及消除可歸屬原因所需的時間為 Erlang 隨機變數。

Hu（1984,1986）修改 Duncan 之原始模式，並以韋伯分配做為製程失效機制。他的研究結果認為 Duncan 之模式，對於不正確宣告之失效率的靈敏度很小。

Banerjee 和 Rahim（1988）則認為當製程失效率會隨時間而增加時，使用固定之抽樣時間間隔不合乎直覺。因此，他們建議使用韋伯分配做為失效機制，並採用變動之抽樣間隔。他們的研究是假設在尋找可歸屬原因時，製程必須停止生產，其研究結果獲得下列結論：(1)當採用固定抽樣間隔時，使用指數分配或韋伯分配所獲得之結果差異很小；(2)當採用變動之抽樣間隔時，錯誤之失效機制的分配型態將造成極大之損失；(3)韋伯分配之參數若被不正確宣告時，對於最佳設計參數組合之影響並不大。

McWilliams（1989）之研究是探討韋伯分配參數之正確性，對於經濟模式之影響。他的研究成果顯示只要在管制內之平均時間正確，韋伯分配之形狀參數對於經濟設計並不會產生太大之影響。

Chung 和 Lin（1993）以韋伯分配做為失效機制，發展一個具有變動抽樣間隔之經濟設計模式。他們的研究假設在尋找可歸屬原因時，製程可繼續生產。Chung 和 Lin 認為變動抽樣間隔可獲得較低之成本。當採用變動抽樣間隔時，$\bar{x}$ 管制圖之設計參數和成本，對於製程失效機制之型態較為靈敏。此結論與 Banerjee 和 Rahim（1988）之研究結果符合。

Parkhideh 和 Case（1989）之作法是根據 Duncan 之基本模式，採用韋伯分配做為失效機制，並且假設模式之設計參數為動態改變（可隨時間改變）。他們認為只要失效機制為韋伯分配，則動態之設計參數會比傳統之設計更佳。

除了失效機制之考量外，管制圖使用上之一些限制或實務上之一些問題，也是學者研究之方向，例如：非常態分配之品質數據、警告界限之使用、量測誤差、非對稱之管制界限，成本項目之估計等。以下匯整討論過去之研究成果。

爲了提升管制圖對於微量變動之偵測，我們通常會在管制圖上加入警告界限（在傳統管制界限之內側）。Tiago de Oliveirag 和 Littauer (1996)、Gordon 和 Weindling(1975)、Chiu 和 Cheung. (1977)等學者均曾研究具有警告界限之 $\bar{x}$ 管制圖的經濟設計。Chung(1993a)根據 Chiu 和 Cheung(1977)之單一可歸屬原因模式，提出一個簡易之程序，用來設計具有警告界限之 $\bar{x}$ 管制圖。其研究假設在尋找可歸屬原因時，製程必須停止操作。Chung 是將抽樣間隔樣本大小、管制界限寬度和警告界限寬度所構成之函數來表示，並以二維之模型搜尋法來求解。

在管制圖之經濟設計中，一般是假設可歸屬原因所造成之製程參數的移動量爲已知。但在實務上，此並非一合理之假設。Kurc(1991)之研究是假設可歸屬原因將造成製程參數移動到某一個區間內，他也探討不可預期之移動量，對於管制圖經濟設計所造成之效率損失。

傳統 $\bar{x}$ 管制圖之設計大多使用等距之管制界限，此種作法是基於下列 3 項假設：(1)製程變異性維持固定；(2)品質特性之量測無誤差；(3)製程平均值向上移動和向下移動之機率相同。Tagaras(1989)放寬上述假設之限制，並從統計和經濟之觀點考慮具有不對稱管制界限之 $\bar{x}$ 管制圖的設計。模式中假設製程變異性隨平均值而改變，但變異係數則維持一定。他並且從(1)錯誤宣告成本和操作參數；(2)錯誤的模式參數，兩項觀點進行模式之靈敏度分析。由其研究成果可看出平均值移動之機率和量測之正確性，對於管制圖之設計有極大之影響性，但變異性是否維持固定則較無影響性。

Rahim(1985)曾研究常態分配假設和量測誤差對於 $\bar{x}$ 管制圖之經濟設計的影響。他假設製程品質數據不爲常態分配且是由峰態係數(kur-

tosis)和偏態係數(skewness)來決定，但量測誤差符合常態分配。Rahim
之研究結果顯示管制圖之設計參數會受到常態分配假設和量測誤差之影
響。

Rahim(1984)也研究常態分配之假設，對於具有警告界限和行動界限
之 $\bar{x}$ 管制圖在經濟設計時的影響。他的研究成果可以得到下列主要結論：
⑴管制圖最經濟的連串長度為 2，亦即連續兩點落在警告界限和行動界限
間，則判定製程是在管制外；⑵數據分配之偏態係數的影響性大於峰態係
數；⑶警告界限和行動界限之寬度比值最好是介於 0.8 和 0.9 間；⑷當製
程平均值的跳動量為 0.5 σ 至 1.5 σ 時，具有警告界限之 $\bar{x}$ 管制圖優於沒
有警告界限之管制圖。

Chung(1993b)根據 Nagendra 和 Rai(1971)之非常態經濟模式，發
展一個簡化之求解程序。他將抽樣間隔(h)以樣本大小(n)和管制界限寬度
(k)所構成之函數來表示，再根據成對之(n,k)值所獲得之解答中，求一較
佳之設計。Chung 所提出之程序不僅正確有效，而且具有較佳之偵測特性。
在 Chung 之設計中，較大之平均值移動量，具有較高之檢定力，亦即較大
之移動量愈容易被偵測到，然而 Nagendra 和 Rai 之設計並不具有此種特
性。

在多數之管制圖經濟設計中，學者大都假設製程之成本和操作參數為
已知或能正確地估計。但在多數情況下，這些發展經濟設計所需之情報並
非現成可得或者是很難獲得。Pignatiello 和 Tsai(1988)以田口式實驗設
計(見本書第 15 章)之方式來發展一個經濟模式。在其研究中，樣本大小、
抽樣間隔和管制界限之寬度被當作可控制因子，而成本和操作參數被視為
雜因因子。雜因因子之實際值為未知但服從某一機率分配。

以上所介紹的研究成果是有關平均值管制圖的經濟設計模式。在計量
值管制圖之應用上，另一個需加以管制的對象是有關製程的變異性。Col-
lani 和 Sheil(1989)針對製程變異性之管制，提出 S 管制圖之設計模式。由
於 Collani 和 Sheil 並未提出求得最適解之程序，Chung(1994a)針對他

們的缺失，提出一個可以在個人電腦上執行之求解程序。Chung 之研究成果說明他的求解演算法不僅簡單而且較爲正確。

　　由於 $\bar{x}$ 管制圖只利用最近一組樣本資料，作爲判斷製程是否在管制內之主要依據，忽略了數據在過去的變化情形，因此它們對於微量變化並不靈敏。CUSUM 和 EWMA 管制法則較適合偵測製程之微量變化。過去，也有許多研究是針對 CUSUM 和 EWMA 管制圖提出經濟設計模式。

　　Taylor(1968)以樣本大小n，抽樣間隔h及V形罩蓋設計參數d、θ所構成的模式，來表示每單位時間的期望成本。此模式假設單一可歸屬原因符合卜瓦松過程，求解時假設n、h爲已宣告。

　　Goel 和 Wu(1973)探討單一可歸屬原因之 CUSUM 管制圖的設計，其成本結構類似 Duncan 對 $\bar{x}$ 管制圖的設計模式。研究結果發現當管制圖之決策界限降低時，偵測微量之平均值跳動需要較大的樣本和較長的抽樣間隔。又抽樣成本會影響抽樣頻率，當固定和變動抽樣成本增加時，抽樣頻率減少可得較佳之結果。

　　Goel(1968)曾對 $\bar{x}$ 管制圖和累和管制圖進行比較，研究發現兩者之最適系統成本的差異性不大。

　　Goel 和 Wu(1973)之研究是假設製程在尋找可歸屬原因時，製程不必停止操作。Chiu(1974)則是假設在尋找可歸屬原因時，製程必須停止操作，其研究目的主要是改善 Taylor(1968)之研究中的缺點。Lashkari 和 Rahim(1982)延續 Chiu 之研究，設計一個 CUSUM 管制法，用來管制具有非常態分配之製程平均值。Chung(1992b)提出一個一維之模型搜尋法，用來簡化 Goel 和 Wu(1973)之求解程序。

　　Ho 和 Case(1994b)根據 Duncan(1956)、Lorenzen 和 Vance(1986)之成本模式和程序，提出一個設計 EWMA 管制圖之經濟模式。他們的研究獲得下列結論：(1) EWMA 管制法之經濟成效與 CUSUM 管制法相類似，但優於 $\bar{x}$ 管制圖；(2)以經濟觀點設計之 EWMA 管制圖，其平滑常數值通常較大。此與純粹統計設計之管制圖所使用的平滑常數之範圍不同。

　　王揚(1992)所提出之模式是用來設計單一可歸屬原因之 EWMA 管制圖。他的作法是將抽樣間隔以樣本大小、管制界限寬度及平滑常數所構成之函數來表示。王揚(1992)之研究成果有下列重要結論：(1)對於微量之製程變動，EWMA 之統計特性優於傳統之 $\bar{x}$ 管制圖。同樣的，經濟設計之 EWMA 管制圖，在微量變動下，亦優於 $\bar{x}$ 管制圖；(2)管制圖的變動操作成本愈高時，經濟設計之 EWMA 管制圖的損失函數會比 $\bar{x}$ 管制圖更佳。

　　傳統之 $\bar{x}$ 管制圖是用來管制產品之單一品質特性，如果產品上有數個具相關性之品質特性需要管制時，我們一般是採用 T^2 管制圖。在過去，T^2 管制圖之經濟設計研究有 Montgomery 和 Klatt(1972a,b)和 Heikes 等人(1974)。Montgomery 和 Klatt 之研究是假設製程存在單一可歸屬原因，其經濟設計模式主要是決定樣本大小、抽樣間隔和臨界值。他們的研究成果指出較小的製程平均值變化，會使用較大的樣本大小、較長的抽樣間隔和較小的管制界線。

　　由於經濟設計之模式通常很複雜，因此除了模式之建立外，發展簡易之設計程序也是學者研究方向之一。Chung(1990,1992a)針對 Duncan (1956)之模式發展一個簡易的求解方法。他的作法是以$((1/\lambda h)-0.5)$做為製程在管制內期間，平均所抽取之樣本數的近似值。Chung 將他的求解法與其他學者之方法比較，其成果證明他的求解方法在效率和求解品質上，均優於過去之方法。

10.2.2　多重可歸屬原因模式

　　前面數節所介紹之模式是假設單一可歸屬原因以隨機之方式出現。在實驗中，一個生產製程可能受到多個歸屬原因之影響，在此情況下，單一可歸屬原因之模式可能不適當。

　　Duncan (1971) 依據其 1956 年所發展的單一可歸屬原因模式擴充到多重可歸屬原因模式。製程在管制內狀態以 μ_0 表示，變成管制外狀態的變動幅度以δ_j表示，$j=1,2,\cdots,s$，在管制外狀態時製程平均數為$\mu_j=\mu_0+\delta_j\sigma$，$j=1,2,\cdots,s$。此模式假設在管制外狀態下，品質不會變得更差，且假設製程在尋找可歸屬原因的過程中仍可繼續操作。

可歸屬原因發生的時間是獨立的指數隨機變數，平均數為$1/\lambda_j$，$j=1,2,\cdots,s$。製程維持在管制內狀態之時間的平均數為$1/\lambda=1/\sum\limits_{j=1}^{s}\lambda_j$。

管制圖偵測到第j個可歸屬原因的檢定力為

$$1-\beta_j=\int_{-\infty}^{-k-\delta_j\sqrt{n}}\phi(Z)\,dZ+\int_{k-\delta_j\sqrt{n}}^{\infty}\phi(Z)\,dZ$$

在第j個可歸屬原因發生後，抽樣之平均樣本數是$1/(1-\beta_j)$。另外，可歸屬原因可能發生在兩次連續抽樣中，其平均發生時間為

$$\tau_j=\frac{\int_{uh}^{(u+1)h}e^{-\lambda_j t}\lambda_j(t-uh)\,dt}{\int_{uh}^{(u+1)h}e^{-\lambda_j t}\lambda_j dt}=\frac{1-(1+\lambda_j h)e^{-\lambda_j h}}{\lambda_j(1-e^{-\lambda_j h})}$$

因此，第j個可歸屬原因發生後，產生一個管制外訊號所需的時間是$h/(1-\beta_j)-\tau_j$。生產週期包括四個時期：(1)管制內狀態期間，平均長度為$1/\lambda$，(2)管制外狀態期間，平均長度為$\sum\limits_{j=1}^{s}\lambda_j[h/(1-\beta_j)-\tau_j]/\lambda$，(3)抽樣及分析樣本$n$之期間，(4)尋找可歸屬原因之時間。若發現第$j$個可歸屬原因需$D_j$小時，則在週期中發現可歸屬原因的平均時間長度是$\sum\limits_{j=1}^{s}\lambda_j D_j/\lambda$。因此一個週期之平均長度為

$$E(T)=\frac{1}{\lambda}+\frac{\sum\limits_{j=1}^{s}\lambda_j\left(\dfrac{h}{(1-\beta_j)}-\tau_j\right)}{\lambda}+gn+\frac{\sum\limits_{j=1}^{s}\lambda_j D_j}{\lambda}$$

$$=\frac{1+\sum\limits_{j=1}^{s}\lambda_j\left(\dfrac{h}{(1-\beta_j)}-\tau_j+gn+D_j\right)}{\lambda}$$

設a_{3j}是發現第j個可歸屬原因的成本，a_{4j}是第j個可歸屬原因出現時，製程產生不合格品的每小時懲罰成本。因此，一個週期的平均成本是

$$E(C) = \frac{\sum\limits_{j=1}^{s} a_{4j}\lambda_j\left(\dfrac{h}{(1-\beta_j)} - \tau_j + gn + D_j\right) + \sum\limits_{j=1}^{s} \lambda_j a_{3j}}{\lambda}$$

$$+ \frac{a'_3 \alpha e^{-\lambda h}}{1 - e^{-\lambda h}} + \frac{(a_1 + a_2 n)E(T)}{h}$$

每單位時間之期望成本為

$$E(A) = \frac{E(C)}{E(T)}$$

$$= \frac{a_1 + a_2 n}{h} + \left[\sum_{j=1}^{s} a_{4j}\lambda_j\left(\frac{h}{(1-\beta_j)} - \tau_j + gn + D_j\right)\Big/\lambda\right.$$

$$+ \sum_{j=1}^{s} \frac{\lambda_j a_{3j}}{\lambda} + \frac{a'_3 \alpha e^{-\lambda h}}{(1 - e^{-\lambda h})}\right]$$

$$\div \left[\frac{1}{\lambda} + \sum_{j=1}^{s} \lambda_j\left(\frac{h}{(1-\beta_j)} - \tau_j + gn + D_j\right)\Big/\lambda\right]$$

上述成本函數係管制圖設計參數 n、h、k 的函數。模式中假設製程在管制外狀態下，品質不會變得更差。Duncan（1971）將模式推廣到可歸屬原因之雙重出現（double occurrence）的情形。在此種情形下，當製程出現平均值移動後，有可能第 2 次出現可歸屬原因。兩個可歸屬原因出現之合併效果相當於製程產生一個幅度為 $\Delta\delta$ 之平均值跳動。Duncan 認為將模式修改後，對於最低成本之求解並無太大影響。

Knappenberger 和 Grandage（1969）也發展了多重可歸屬原因模式。此模式假設管制內狀態為 μ_0，管制外狀態為 $\mu_1, \mu_2, \cdots, \mu_s$，若 $j > i$，則 $\mu_j > \mu_i$。管制外狀態間的移轉是允許的，模式並假設製程在找尋可歸屬原因之過程中，製程需中斷，尋找可歸屬原因及調整製程後，製程才重新開始。目標函數是使每單位產品的製程管制成本為最小，成本模式為

$$E(C) = E(C_1) + E(C_2) + E(C_3)$$

$E(C_1)$ 是每單位抽樣及測試之期望成本，$E(C_2)$ 是調查可歸屬原因及調整製程的期望成本，$E(C_3)$ 是產生不合格品的期望懲罰成本。此模式之設計參數包括樣本大小 n，兩次連續抽樣間的產量 m 及管制界限寬度 k。

抽樣和測試之成本為 $E(C_1)=(a_1+a_2n)/m$。若 R 表示每小時之生產率，則兩次抽樣的間隔時間為 $h=m/R$ 小時。

設 a_3 是調查可歸屬原因及調整製程的成本，由於製程在找尋可歸屬原因時必須停止，因此此成本項目包括停止生產所導致的機會成本。設 Z 表示一指標隨機變數，若 $\bar{x}$ 落在管制界限外，則 $Z=1$。$P\{Z=1\}=\sum\limits_{j=0}^{s}\alpha_j q_j$，$\alpha_j$ 是製程在狀態 μ_j 而 $\bar{x}$ 落在管制界限外的機率。q_j 為抽樣時，製程在狀態 μ_j 之穩定（Steady-state）狀態機率。由上述定義可得

$$E(C_2)=\frac{a_3 P\{Z=1\}}{m}=\frac{a_3 \sum\limits_{j=0}^{s}\alpha_j q_j}{m}$$

設 W 是另一指標隨機變數，如果產品合格則 $W=0$。產品不合格則 $W=1$。又設 f_j 是製程在 μ_j 狀態下生產不合格品的機率，若 LSL 及 USL 是產品規格界限，則

$$f_j=1-\int_{\text{LSL}}^{\text{USL}}\frac{1}{\sigma\sqrt{2\pi}}\,e^{-\frac{1}{2}\left(\frac{x-\mu_j}{\sigma}\right)^2}dx$$

設 γ_j 是任意時間點下，製程處於 μ_j 狀態下的機率。生產不合格品的期望懲罰成本為

$$E(C_3)=a_4 P\{W=1\}=a_4 \sum\limits_{j=0}^{s} f_j \gamma_j$$

每單位的期望總成本為

$$E(C)=\frac{a_1+a_2n}{m}+\frac{a_3\sum\limits_{j=0}^{s}\alpha_j q_j}{m}+a_4\sum\limits_{j=0}^{s} f_j \gamma_j$$

成本係數 $\{a_i\}$ 和機率 $\{f_i\}$ 與管制圖之設計參數 n、m 和 k 為獨立。但 $\{\alpha_j\}$、$\{q_j\}$ 和 $\{\gamma_j\}$ 與管制圖之設計有關。

式中 $\{q_j\}$ 是任意時間點下，製程處於狀態 μ_j 的穩定狀態機率，透過轉置矩陣 $\mathbf{B}=\{b_{ij}\}$ 求得，b_{ij} 表示製程由狀態 μ_i 移動到 μ_j 的機率，其間產量 m 個單位。若製程一開始是在管制內，則製程停留在管制狀態內之時間長

度爲一平均值等於 $1/\lambda$ 之指數隨機變數。在生產 m 件產品之時間間隔內，製程停留在管制狀態內之機率爲

$$p_{00}=1-\int_0^{m/R}\lambda e^{-\lambda t}dt=e^{-\lambda m/R}$$

機率 $1-e^{-\lambda m/R}$ 代表製程由 μ_0 移動至 μ_j，其機率可由下式計算獲得。

$$p_{0j}=\binom{s}{j}\frac{(1-e^{-\lambda m/R})\,\theta^j(1-\theta)^{s-j}}{1-(1-\theta)^s}\qquad j=1,2,\cdots,s$$

機率分配 $\{p_{00},p_{01},p_{02},\cdots,p_{0s}\}$ 定義由狀態 μ_0 移動至 μ_j 之機率。製程由管制外狀態 μ_i 移動至另一管制外狀態 $\mu_j(j>i)$ 之機率以 p_{ij} 表示，此機率與由 μ_0 移動至 μ_j 之機率成比例關係，p_{ij} 定義爲

$$p_{ij}=\begin{cases}\dfrac{p_{0j}}{1-p_{00}} & 0<i<j\\[3mm] \dfrac{\displaystyle\sum_{r=1}^{j}p_{0r}}{1-p_{00}} & i=j>0\\[3mm] 0 & 0<i>j\end{cases}$$

有了 p_{ij}，則可定義轉置矩陣 $\mathbf{B}$ 中的元素。除了假設製程無法回復外，我們另外假設在兩次抽樣間只能允許一種平均值移動產生，而且在抽樣時，平均值移動之機率爲零。機率 b_{0j} 代表在第 u 次抽樣時，製程在狀態 μ_0，而在第 $(u+1)$ 次抽樣時，製程在狀態 μ_j 之機率。由定義可得

$$b_{0j}=p_{0j}\qquad j\geq 0$$

當 $0\leq j<i$ 時，b_{ij} 爲第 u 次抽樣，製程在狀態 μ_i，而第 $(u+1)$ 次抽樣時，製程在較佳之 μ_j 狀態之機率。此相當於在第 u 個樣本偵測到狀態 μ_i 之機率，乘上在隨後 m 個產品中製程由狀態 μ_0 移動至狀態 μ_j 之機率，亦即

$$b_{ij}=a_ip_{0j}\qquad 0\leq j<i$$

當 $j\geq i$ 時，b_{ij} 代表在第 u 次抽樣時，製程在狀態 μ_i，而在下一次抽樣時，製程劣化至同一狀態或更差之狀態 μ_j 之機率。此相當於在第 u 次抽樣偵測到狀態 μ_i 之機率，乘上在下次抽樣前，製程狀態由 μ_0 移動至狀態 μ_j 之

機率，加上在第 u 次抽樣時無法偵測到狀態 μ_i，而且在下次抽樣前，製程由狀態 μ_i 移動至狀態 μ_j 之機率。亦即

$$b_{ij} = a_i p_{0j} + (1 - a_i) p_{ij} \quad j \geq i$$

B 為 $(s+1) \times (s+1)$ 的矩陣，它是非週期性正再現的馬可夫鏈（aperiodic positive recurrent Markov chain）。抽樣時，製程在狀態 μ_j 之穩定狀態機率可由

$$\mathbf{q}' = \mathbf{q}' \mathbf{B} \quad \mathbf{q}' = [q_0, q_1, \cdots, q_3]$$

及限制條件 $\sum_{j=0}^{s} q_j = 1$ 求出。

式中 $\{\gamma_j\}$ 表示在任何時間製程停留在 μ_j 的機率。γ_0 與下列機率有關：(1)在第 u 次抽樣時，製程在狀態 μ_0，而且在下次抽樣前，停留在該狀態之機率，(2)在第 u 次抽樣時，製程在狀態 μ_0，而且在下次抽樣前，變成管制外之機率。γ_0 可寫成

$$\gamma_0 = q_0 p_{00} + \tau q_0 (1 - p_{00})$$

其中 τ 表示在第 u 次和第 $(u+1)$ 次之間產生移動之條件下，製程在平均值移動前所停留的時間。當 $j > 0$ 時，γ_j 定義為

$$\gamma_j = q_j p_{jj} + (1 - \tau) q_0 p_{0j} + (1 - \tau) \sum_{l=1}^{j-1} q_l p_{lj} + \tau q_j \sum_{h=j+1}^{s} p_{jh} \quad j > 0$$

比較 Duncan（1971）之模式與 Knappenberger 和 Grandage（1969）之模式後，可得下列結論。

1. 多重可歸屬原因的模式比單一可歸屬原因的模式要複雜甚多。Duncan（1971）認為一個能夠匹配多重可歸屬原因模式之單一可歸屬原因模式，在許多方面可得到很好之結果。根據多重可歸屬原因模式之參數，單一可歸屬原因模式之製程變動幅度 δ，管制狀態之平均停留時間 λ_j，懲罰成本 a_4 可設為：

$$\delta = \sum_{j=1}^{s} \frac{\lambda_j \delta_j}{\lambda} \quad , \quad \lambda = \sum_{j=1}^{s} \lambda_j \quad , \quad a_4 = \sum_{j=1}^{s} \frac{\lambda_j a_{4j}}{\lambda}$$

2. Duncan 與 Knappenberger 和 Grandage 的多重可歸屬原因模式有不同的目標函數。Duncan 考量單位時間成本之最小化，在尋找可歸屬原因時，製程可以停止運作，也可繼續。Knappenberger 和 Grandage 之模式則考量每單位產品成本的最小化，製程在尋找可歸屬原因時需中止。如果兩個模式對 a_3（尋找異常的成本）定義適當，其結果將一致。

3. 從成本結構來看，Duncan 之多重可歸屬原因模式較 Knappenberger 和 Grandage 的模式要實際，因爲對尋找不同可歸屬原因的各項成本都已在模式中明確定義。

4. Knappenberger 和 Grandage 之模式允許品質出現異常後，仍有繼續出現品質劣化的可能，比較符合實際之生產行爲。另外，Knappenberger 和 Grandage 之模式所需估計之參數較少，在實務應用上較爲有利。

Tagaras 和 Lee(1988)所提出之模式是針對不同之平均值移動量，使用不同之管制界限。其經濟模式所要決定的設計有樣本大小、抽樣間隔和多組管制界限。Chung(1994b)提出一個簡易之求解程序，用來設計具有多重可歸屬原因之 $\bar{x}$ 管制圖。他的作法是將抽樣間隔以樣本大小和管制界線所構成之函數來表示，其求解時間和品質都比過去之研究爲優。

10.2.3 計量值管制圖的聯合經濟設計

在計量值管制圖之應用上，我們通常會同時使用兩種管制圖來監視製程。一個是用來監視製程之平均值，另一個是監視製程之變異性變化，基於上述理由，管制圖之經濟設計須考慮兩種管制圖聯合使用之情形。

Saniga (1977)曾研究 $\bar{x}$ 和 R 兩管制圖聯合使用時之經濟設計，他將製程分成一個管制內狀態和兩個管制外狀態。在管制內狀態時，製程平均數爲 μ_0，標準差爲 σ_0。管制外狀態分成下列兩種情況：(1)製程平均數改變成 μ_1，標準差不改變。(2)標準差改變成 σ_1，而平均數不改變。此模式的設計參數包括: 樣本大小 n, 抽樣間隔中的生產量 k, $\bar{x}$ 管制圖的管制界限寬度 $L_{\bar{x}}$ (以標準差之倍數表示), R 管制圖的管制上限 L_R (以標準差之倍數表示)。

　　Saniga 之模式設計與 Knappenberger 和 Grandage (1969) 相似。參數 $\{a_j\}$, $j=0,1,2$ 代表當製程在狀態 j 時, 最少有一管制程序產生管制外訊號的條件機率。設 $a_0(\bar{x})$ 和 $a_0(R)$ 為 $\bar{x}$ 和 R 管制圖之型 I 誤差, 而 a_j $(\bar{x})$ 和 $a_j(R)$, $j>0$, 代表製程在狀態 j 時, $\bar{x}$ 和 R 管制圖之檢定力。因 $\bar{x}$、R 是獨立的隨機變數, 因此

$$a_0 = a_0(\bar{x}) + a_0(R) - a_0(\bar{x})\,a_0(R)$$
$$a_j = a_j(\bar{x}) + a_j(R) - a_j(\bar{x})\,a_j(R) \quad j=1,2$$

a_0 是 $\bar{x}$ 和 R 管制圖聯合使用的型 I 誤差機率, 而 a_j 是相對應的檢定力。Saniga 之研究指出, $\bar{x}$ 與 R 管制圖聯合使用的最佳結果, 較單獨 $\bar{x}$ 管制圖的最佳結果會採用較少的樣本數, 原因可能是 $\bar{x}$ 與 R 管制圖聯合使用時檢定力增加的原因。分析中並比較了型 I 誤差為 0.0013 之設計($n=5$, $L_{\bar{x}}=$ 3.0, $L_R=5.4$)與最佳設計間之成本差異。若是代入最適抽樣間隔下之 k 值, 在型 I 誤差為 0.0013 的管制圖與最適的管制圖間, 其平均成本差為 0.4% 至 8.2%, 若代入的不是最適 k 值, 任意設計的管制圖會有較高的懲罰成本。此項比較中所考慮之平均值移動量為 2 倍標準差, 同時製程在管制外操作之懲罰成本也很低。若平均值移動量很小而且在管制外操作之懲罰成本很高, 則最佳設計之效益將很顯著。

　　Jones 和 Case(1981) 曾根據 Duncan 之模式發展一個同時考慮 $\bar{x}$ 和 R 管制圖之經濟模式。他們的模式允許在任一時間點出現下列情況之一: (1)製程平均值和變異性都在管制內; (2)平均值在管制外, 但變異性仍在管制內; (3)平均值在管制內, 但變異性處於管制外; (4)平均值和變異性都在管制外。Jones 和 Case 是以模型搜尋(pattern search)之方法來決定管制圖之最佳參數以降低期望成本。

Chung 和 Chen(1993)針對單一可歸屬原因，提出一個簡易之求解程序，用來聯合設計 $\overline{x}$ 和 R 管制圖。他們的求解程序並不需要忽略成本函數中之任何項目，而且也不需太多之假設。Chung 和 Chen 以過去研究之範例，說明他們的求解程序不僅正確且較爲簡易。

當管制製程變異性時，使用全距之效率將隨著樣本大小(n)之增加而降低。當 $n \geq 10$ 時，我們一般是以 S 或 S^2 管制圖取代 R 管制圖，因此，也有學者針對 $\overline{x}$ 與 S 或 S^2 管制圖提出聯合經濟設計之模式。Chung 和 Chen (1992)所提出之模式是考慮單一可歸屬原因之情形，其研究考慮兩種操作情況，差別在於尋找可歸屬原因時，製程是否須停止操作。Chung 之求解方法是採用模型搜尋技術。他的求解方法不僅簡單、迅速，而且也比過去之研究獲得更正確之設計。

10.3　計數值管制圖之經濟設計

上一節所介紹之模式也可用在不合格率管制圖的經濟設計。假設管制圖的中心線是 p_0，上、下管制界限爲

$$\text{UCL} = p_0 + k\sqrt{\frac{p_0(1-p_0)}{n}}$$

$$\text{LCL} = p_0 - k\sqrt{\frac{p_0(1-p_0)}{n}}$$

則設計參數是樣本大小 n、管制界限係數 k 和抽樣間隔。

不合格率定義爲 $\hat{p} = D/n$，D 表示在 n 個樣本中發現的不合格數，若 $\hat{p} > \text{UCL}$ 或 $\hat{p} < \text{LCL}$，則判定製程不在管制狀況。另外也可用允收數 c 作判定係數，當 $D \leq c$，則判定製程爲管制狀態；若 $D > c$，則爲管制外狀態。k 和 c 的關係爲

$$\frac{c}{n} \bigg/ \sqrt{\frac{p_0(1-p_0)}{n}} < k \leq \frac{c+1}{n} \bigg/ \sqrt{\frac{p_0(1-p_0)}{n}}$$

上式代表在特定之 n 和 c 值下，k 值的範圍。有些學者選擇參數 c 來取代 k，此時型 I 和型 II 誤差可寫成

$$\alpha = 1 - \sum_{x=0}^{c} \binom{n}{x} p_0^x (1-p_0)^{n-x}$$

$$\beta = \sum_{x=0}^{c} \binom{n}{x} p_1^x (1-p_1)^{n-x}$$

其中 p_1 表示管制外狀態下的不合格率。

Ladany (1973) 之模式是考慮在一固定之時間內的抽樣成本、尋找可歸屬原因之成本、調整製程之成本和在管制狀態外操作之成本。在此模式考慮之時間期初和期末都包含一個預定之製程調整過程，此調整過程將使製程回復到管制內狀態。Landy 認為設計參數之可能範圍有限，他建議以電腦利用列舉方式求解。Chiu (1975) 考慮 np 管制圖之經濟設計，此模式對於成本係數並不敏感，但模式要求精確估計 p_0 和 p_1。Gibra（1978）也考慮 np 管制圖之經濟設計，他提出兩個不同之模式，差別在於尋找可歸屬原因時，製程是否能繼續操作。

Montgomery 等人 (1975) 曾研究具有多重可歸屬原因之 p 管制圖的經濟設計。他們的研究結果說明 p 管制圖須根據管制內狀態 p_0 和管制外狀態 p_j，$j=1,2,\cdots,s$ 來設計。亦即 $p_0=0.02$ 至 $p_1=0.07$ 與 $p_0=0.05$ 至 $p_1=0.1$，雖然兩者之 $\delta=0.05$，但兩者之最佳設計不同。

Chiu（1976）也研究具有多重可歸屬原因之 np 管制圖的經濟設計，其模式要求在診斷可歸屬原因時，製程需停止操作，而且假設檢驗時間可忽略。

Duncan（1978）曾對單一可歸屬原因之 p 管制圖做深入之靈敏度分析。Duncan 認為經濟設計與製程水準 p_0 和 p_1 有關。當平均值變化幅度以標準差之倍數表示時（亦即 $\delta\sigma_0 = \delta\sqrt{p_0(1-p_0)}$），模式可對不同之變化量獲得較穩定之經濟設計，此時可獲得下列一般性之結論。

1. 當製程移動量為 $0.1\sigma_0$ 時，允收數通常為 0。對於如此小之變化，

　　其樣本大小較大量變動時爲大，而抽樣時間間隔也較大。

2. 改變成本係數和其他模式之參數時，將改變最佳設計之結果。例如增加檢驗成本時，將降低樣本大小，並增加抽樣之時間間隔。

3. 可歸屬原因出現較頻繁時，抽樣時間間隔將較短以獲得較佳結果。

　　Montgomery 和 Heikes （1976）曾探討 p 管制圖之失效機制。他們考慮以幾何分配、卜瓦松分配和對數序列分配做爲製程在管制狀態內停留之時間。他們認爲製程失效機制是影響管制圖最佳設計之重要因素，若選擇錯誤，將產生明顯之懲罰成本。

　　Chiu（1975）和 Gibra（1978）所提出之模式的最大缺點在於求解不易，許多成本函數中之項目需予以省略，以方便求解。Chung（1992c, 1993c）根據上述二研究之缺點，提出一個可以在個人電腦上執行之簡易的求解程序，他的方法不僅簡易，而且可獲得較正確之解答。

　　Collani（1989）針對 c 和 np 管制圖，提出一個經濟設計模式。他的模式假設只有一種可歸屬原因。Collani 之研究發現經濟設計之 c 管制圖近似經濟設計之 np 管制圖。此乃因爲當不合格率 $p < 0.1$ 時，卜瓦松分配可逼近二項分配。

　　Gibra（1981）在兩種假設前提下，提出一個具有多重可歸屬原因之 np 管制圖的設計。第 1 種模式假設在尋找可歸屬原因時，製程須停止操作，第 2 種模式則允許製程繼續操作，直到找出可歸屬原因。在兩種模式，均只允許一次有一種可歸屬原因影響製程。

　　Sculli 和 Woo（1982, 1985）針對具有多重可歸屬原因之 np 管制圖，提出一個經濟設計之模式。他們假設可歸屬原因出現但尚未被發現前，品質特性有可能繼續變差，而且事前也無有關可能之可歸屬原因的情報。

　　對於多重可歸屬原因之模式，不同學者也有不同之假設。有些學者假設在一個生產週期內，只有一個可歸屬原因會影響製程，另一些則假設在連續兩個樣本間，只有一種可歸屬原因會出現。Vaughan 和 Peters（1991）放寬上述之假設，發展一個 np 管制圖之經濟設計模式。他們並且比較下列三種模式: (1)多重移動模式; (2)抽樣間隔內只發生一種移動; (3)生產週期內只發生一種移動。他們的研究成果認為有些情況下,第 3 種模式與第 1 種模式會有偏差。

Chung(1991a)針對 Gibra(1981)所提出之兩種生產模式,提出更簡易且較為正確之求解程序,來設計具有多種可歸屬原因之 np 管制圖。他的求解程序主要是將抽樣時間間隔以樣本大小及不合格品數之上限值所構成之函數來表示。在求解過程中,Chung 之程序並不需忽略任何成本項目。

在不合格率管制圖之經濟設計中,一般是使用完整之抽樣計畫,亦即對規定之樣本大小進行檢驗。但如果在檢驗過程中已獲得足夠之情報,則繼續檢驗並不是合乎經濟之作法。允收抽樣計畫中之截略檢驗的觀念(見本書第 11 章)也被應用到不合格率管制圖之經濟設計(Williams 等人 1985)。在此項作法中假設在每隔 k 件中抽樣,每件樣本均予以檢驗,但如果下列條件成立,則停止檢驗,(1)發現 m 件不合格品; (2)在 n 件產品中發現 m 件不合格品。當生產率很高時,採用截略抽樣可獲得顯著之改善。

10.4 管制圖經濟設計之其他考慮層面

經濟設計之管制圖,由於未考慮管制圖在統計特性方面之限制,因此其型 I 誤差通常比以統計為基礎設計之管制圖更高。最近,有許多研究同時考慮經濟性和統計性之設計。Saniga(1989)研究 $\bar{x}$ 和 R 管制圖聯合設計之模式,並考慮型 I 誤差、檢定力,和偵測出異常之平均時間。他的模式所得之成本比純經濟分析更高,但可以偵測範圍更廣之製程平均值跳動,其統計特性也與純考慮統計特性所得之管制圖相當。

McWilliams(1994)提出 $\bar{x}$ 管制圖之經濟設計、統計設計和聯合經濟-統計設計模式。其經濟設計模式是以 Lorenzen 和 Vance 之損失函數為基礎,而統計方面則是考慮不同平均值移動量下之平均連串長度的限制。

Saniga 等人(1995)根據 McWilliams(1994)之經濟-統計設計之作

法，提出一個設計不合格率和不合格點數之管制圖。他們所考慮之統計因素爲管制圖之管制內平均連串長度和管制外連串長度。

Montgomery 等人(1995)以 Lorenzen 和 Vance 之損失函數爲基礎，建立一個 EWMA 管制圖之經濟設計。模式所要決定之管制圖參數包含樣本大小、管制界限之寬度、抽樣間隔和 EWMA 管制法之平滑常數。除了考慮經濟方面之因素外，此模式也加入了平均連串長度之限制。

除了操作成本之考慮外，製程本身之特性也是學者最近研究之方向。在實務上，有些生產程序（例如具自動化檢驗之製程）需對製造之產品逐件檢查，換言之，此時樣本大小固定爲 1，此時管制圖之設計參數爲管制界限之寬度和當管制圖作成一決定後所生產之件數(Collani 1987)。

多變量 T^2 管制圖可用來管制數個具相關性之製程品質特性。但是當管制圖發現異常後，此管制圖並無法判別是由何種品質特性造成製程變異。Arnold(1990)發展一個 $\bar{x}$ 管制圖之經濟設計模式，用來管制數個品質特性，但其假設各品質特性符合常態分配且互爲獨立。

$\bar{x}$ 管制圖在過去常被應用在單件加工之製造環境中，Koo 和 Case (1990)發展一個能應用在連續生產製程之 $\bar{x}$ 管制圖的經濟設計模式。在此模式中，樣本大小爲 1，抽樣間隔爲 h 小時，由連續 n 個小時所獲得之產品將構成一樣本。此模式之設計參數爲樣本大小、抽樣間隔和管制界限之寬度。

Peters 和 Williams(1987)，Williams 和 Peters(1989)提出一個 np 管制圖之經濟模式，用來管制一個多階段之生產系統。此生產系統是由 N 個串連之製造程序所構成。此模式假設每一階段會有一種可歸屬原因造成不合格率增加，當管制圖出現異常訊號時，製程必須停止生產。經濟設計模式是用來決定每一生產階段所使用之管制圖的樣本大小、抽樣間隔和管制界限，其目的是要使整個生產系統之成本最小化。

自從 Duncan 提出經濟設計模式後，有許多學者針對經濟設計，提出不同之假設和建立模式之步驟，以便能更符合目前之製造環境。這些不同之研究產生了不同之假設、步驟和求解之程序。因此不少學者提出單一化

(unified)之程序，以建立經濟設計模式。Lorenzen 和 Vance(1986)提出一個單一化之程序以建立管制圖。他們的模式與管制圖之統計量無關，因此可應用於各種管制圖。模式中包含 12 個管制圖之操作和成本參數，兩個指標變數用來代表在尋找可歸屬原因時，製程是否繼續操作。Lorenzen 和 Vance 之模式主要在決定樣本大小、抽樣間隔和管制界限之寬度，以使每小時之期望損失最小化。模式之主要假設爲(1)製程在管制內之時間符合指數分配；(2)製程存在單一可歸屬原因；(3)移動量爲已知。

Collani(1988)也提出一個單一化之程序，用來建立管制圖。他的模式假設製程可處於兩種不同之狀態。狀態 I 代表製程可接受，因此不需任何之改善行動，狀態 II 可表製程爲不可接受，而且需要採取矯正措施。Collani 所提出之模式具有一般性，因此一些可行之措施如監視、檢驗、更換或修理等都可包含在模式中。另外，他的模式也具有簡易之特性，例如：使用之輸入變數較少、目標函數較簡易、允許使用近似求解演算法。

Chung(1991b)根據 Lorenzen 和 Vance(1986)之模式，提出一個簡易、具有效率而且較正確之求解演算法。他的作法是將抽樣間隔以樣本大小和管制界限寬度所構成之函數來表示。

10.5 結語

管制圖的最適經濟設計已有相當進展。常見的標準管制圖，如 $\bar{x}$ 管制圖、p 管制圖、CUSUM 和 EWMA 管制圖已有相當的研究結果。這些模式的最佳化，因電腦技巧的結合而更加便利。

多位學者曾對經濟模式作過敏感度分析。一般顯示，多重可歸屬原因的模式可用單一可歸屬原因的模式來趨近，這對分析問題甚有助益。此外，過去之研究顯示經濟設計模型受到成本參數影響之靈敏度很小，此點對於實用上甚有助益，因爲實際上的成本數據不容易精確估計。由於在最佳解附近之成本曲面較爲平坦，在原點較陡，因此，此參數最好是高估而非低估。Chiu(1976b)曾對 $\bar{x}$ 管制圖的參數設計作了廣泛討論。

適當地將可歸屬原因模式化是相當重要的工作。一般之研究假設可歸屬原因之發生係服從卜瓦松過程，亦即製程一開始爲管制狀態內，則製程維持在管制狀態內的時間長度爲一指數分配之隨機變數。若可歸屬原因係因熱源、震動或其他現象累積而成，則指數分配的假設不再適用。誤用模式之假設將導致錯誤的經濟分析。

Saniga 和 Shirland（1977）、Chiu 和 Wetherill（1975）分別指出在實務上使用經濟模式設計管制圖的並不多。這可能歸咎於兩個原因，一是經濟設計所採用的數學模式和最適化過程太過複雜，使用者不易了解。第二個原因是成本和其他參數估計不容易。第一項因素可因電腦程式和最佳化程序之簡化而獲得解決（例如 Chung 1990, 1991a, 1992c, 1993c）。對於第二項因素，過去之研究已顯示成本係數並不需很精確的計算。平均值之移動量倒是一個需要很精確估計之項目。

在應用上，我們可依據柏拉圖分析，找出數量少但成本高之產品項目，並將管制圖之經濟分析應用在這類產品上。

習 題

1. 某一製程是以 $\bar{x}$ 管制圖來管制。假設製程中發生單一可歸屬原因之變化，其變化量爲 1.5σ。製程維持在管制狀態之時間爲一指數隨機變數，平均值爲 150 小時。每一樣本之抽樣成本爲 \$0.5，每單位之抽樣成本爲 \$0.2。若管制圖發出一錯誤警告，則需 \$5 去分析，診斷可歸屬原因之成本爲 \$2.5。若製程在管制外狀態下操作，則懲罰成本爲每小時 \$240。收集和分析一樣本之時間爲 0.05 小時，找出可歸屬原因需 2 小時。假設在診斷可歸屬原因時，製程仍可繼續操作。回答下列問題。

　(a)假設某管制圖採用 $n=5$，$k=3$，$h=2$，試計算其成本。

　(b)假設某管制圖採用 $n=5$，$k=3.5$，$h=3$，試計算其成本。

2. 假設製程是以 $\bar{x}$ 管制圖來管制。成本項目爲 $a_1=\$0.75$，$a_2=\$0.2$，$a_3=\$25$，$a_3'=\$50$，$a_4=\$100$。假設製程發生變化量 $\delta=2$ 之可歸屬原因。製程維持在管制內狀態之時間爲一指數隨機變數，平均值爲 120 小時。抽樣和測試需 0.05 小時，診斷可歸屬原因需 2.5 小時。根據 10.2.1 節之公式回答下列問題。

　(a)假設某一管制圖使用 $n=5$，$k=3$，$h=1$，試計算其成本。

　(b)決定此管制圖之最佳經濟設計。

參考文獻

Arnold, B. F., "An economic $\bar{x}$ chart approach to the joint control of the means of independent quality characteristics," *ZOR-Methods and Models of Operations Research,* 34, 59-74 (1990).

Aroian, L., and H. Levene, "The effectiveness of quality control charts," *Journal of the American Statistical Association,* 44 (252), 520-529 (1950).

Baker, K. R., "Two process models in the economic design of an $\bar{x}$ charts, "*AIIE Transactions,* 3(4), 257-263 (1971).

Banerjee, P. K., and M. A. Rahim, "Economic design of $\bar{x}$ control charts under Weibull shock models," *Technometrics,* 30, 407-414(1988).

Barish, N. N., and N. Hauser , "Economic design for control decisions," *Journal of Industrial Engineering,* 14,(1963).

Bather, J. A., "Control charts and the minimization of costs," *Journal of the Royal Statistical Society,* (B), 25(1), 49-80 (1963).

Chiu, W. K., "The economic design of cusum charts for controlling normal means," *Applied Statistics,* 23(3), 420-433(1974).

Chiu, W. K., "Economic design of attribute control charts," *Technometrics,* 17(1), 81-87(1975).

Chiu, W. K., "Economic design of np-charts for processes subject to a multiplicity of assignable causes," *Management Science,* 23(4), 404-411(1976a).

Chiu, W. K., "On the estimation of data parameters for economic optimum $\bar{x}$-charts," *Metrika,* 23(3), 135-147 (1976b).

Chiu, W. K., and K. C. Cheung, "An economic study of $\bar{x}$-charts with warning limits," *Journal of Quality Technology,* 9(4), 166-171 (1977).

Chiu, W. K., and G. B. Wetherill, "Quality control practices," *International Journal of Production Research,* 13(2), 175-182 (1975).

Chung, K. J., "A Simplified procedure for the economic design of $\bar{x}$ charts," *International Journal of Production Research,* 28, 1239-1246(1990).

Chung, K. J., "Economic designs of attribute control charts for multiple assignable causes," Optimization, 22, 775-786(1991a)

Chung, K. J., "A Simplified procedure for the economic design of control charts: a unified approach," *Engineering Optimization,* 17,313-320(1991b).

Chung, K. J., "Determination of optimal design parameters of an $\bar{x}$ control chart," Journal of Operational Research Society, 43, 1151-1157(1992a).

Chung, K. J., "Economically optimal determining of the parameters of cusum charts," *International Journal of Quality and Reliability Management,* 9(6), 8-17(1992b).

Chung, K. J., "An efficient procedure for the economic design of np-control charts," *International Journal of Quality and Reliability Management,* 9(4), 58-68(1992c).

Chung, K. J., and S. L. Chen, "Joint economically optimal design of $\bar{x}$ and S^2 control charts, " *Engineering Optimiza tion,* 19, 101-113(1992).

Chung,K. J., "An economic study of $\bar{x}$-charts with warning limits," *Computers and Industrial Engineering,* 24,1-7 (1993a).

Chung,K. J., "The economic design for controlling the mean of non-normal variable," *Yugoslav Journal of Operations Research,* 3,61-71(1993b)

Chung, K. J., "An efficient algorithm for minimum cost control designs using *np* charts," *International Journal of Quality and Reliability Management*, 10(1), 50-60(1993c).

Chung, K. J., and C. N. Lin, "The economic design of dynamic $\bar{x}$-control charts under Weibull shock models," *International Journal of Quality and Reliability Management,* 10(8),41-56 (1993).

Chung, K. J., and S. L. Chen, "An algorithm for the determination of optimal design parameters of joint $\bar{x}$ and *R* control charts," *Computers and Industrial Engineering,* 24, 291-301 (1993).

Chung, K. J., "An economic study of the S chart design," *Computers and Industrial Engineering,* 26, 105-124(1994a).

Chung,K. J., "An algorithm for computing the economically optimal $\bar{x}$-control chart for a process with multiple assignable causes," *European Journal of Operational Research,* 72, 350-363(1994b).

Collani, E. V., "Economic control of continuously monitored production processes," *Reports of Statistical Application Research, JUSE,* 34, 1-18(1987).

Collani, E. V., "A unified approach to optimal process control,"
Metrika, 35, 145-159(1988).

Collani, E. V., "Economically optimal *c* and *np* charts," *Metrika,* 36,215-232(1989).

Collani, E. V., and J. Sheil, "An approach to controlling procesvariability," *Journal of Quality Technology,* 21, 87-96(1989).

Cowden, D. J., *Statistical Methods in Quality Control,* Prentice
Hall, Englewood Cliffs, NJ (1957).

Duncan, A. J., "The economic design of $\bar{x}$-charts used to maintain current control of a process," *Journal of the American
Statistical Association,* 51(274), 228-242 (1956).

Duncan, A. J., "The economic design of $\bar{x}$-charts when there ia multiplicity of assignable causes," *Journal of the American Statistical Association,* 66(333), 107-121 (1971).

Duncan, A. J., "The economic design of *p*-charts to maintaicurrent control of a process: some numerical results," *Technometrics,* 20(3), 235-243 (1978).

Gibra, I. N., "Optimal control of processes subject to lineatrends," *Journal of Industial Engineering,* 18(1), 35-4
(1967).

Gibra, I. N., "Economically optimal determination of the parameters of an $\bar{x}$-control charts," *Management Science,* 17(9)
635-646 (1971).

Gibra, I. N., "Economically optimal determination of the parameters of *np*-control charts," *Journal of Quality Technolog:*
10(1), 12-19 (1978).

Gibra, I. N., "Economic design of attribute control charts fc multiple assignable causes," *Journal of Quality Technology,* 13,93-99(1981).

Girshick, M. A., and H. Rubin, "A Bayes' approach to a quality control model," *Annals of Mathematical Statistics,* 23, 114-125 (1952).

Goel, A. L., "A comparative and economic investigation of $\bar{x}$ and cumulative sum control charts," Ph. D. Dissertation, University of Wisconsin, Madison, 1968.

Goel, A. L., and S. M. Wu, "Economically optimum design of cusum charts," *Management Science,* 19(11), 1271-1282 (1973).

Gordon, G. G., and J. I. Weindling, "A cost model for economic design of warning limit control charts schemes," *AIIE Transactions,* 7(3), 319-329 *(1975)*.

Heikes, R. G., D. C. Montgomery, and J. Y. H. Yeung, "Alternative process models in the economic design of T^2 control charts," *AIIE Transactions,* 6(1), 55-61 (1974).

Ho, C. C., and K. E. Case, "Economic design of control charts: a literature review for 1981-1991," *Journal of Quality Technology,* 26,39-53(1994a).

Ho, C. C., and K. E. Case, "The economically-based EWMA control chart," *International Journal of Production Research,* 32, 2179-2186(1994b).

Hu, P. W., "Economic design of an $\bar{x}$ control chart under non-Poisson process shift," Abstract, *TIMS/ORSA Joint National Meeting,* San Francisco, May 14-16, pp.84(1984).

Hu, P. W., "Economic design of an $\bar{x}$ control chart with nonexponential times between process shifts," *IIE News, Quality Control and Reliability Engineering*, 21,1-3(1986).

Jones, L. L., and K. E., Case, "Economic design of a joint $\bar{x}$ and R control chart," *AIIE Transactions*, 13, 182-195(1981).

Knappenberger, H. A., and A. H. E. Grandage, "Minimum cost quality control tests," *AIIE Transactions*, 1(1), 24-32 (1969).

Koo, T. Y., and K. E. Case, "Economic design of $\bar{x}$ control charts for use in monitoring continuous flow process," *International Journal of Production Research*, 28, 2001-2011 (1990).

Kurc, K., "The performance of differently designed $\bar{x}$ control charts in the presence of a shift of unexpected size," *Economic Quality Control*, 6,3-15(1991).

Ladany, S. P., "Optimal use of control charts for controlling current production," *Management Science*, 19(7), 763-772(1973).

Lashkari, R. S. and M. A., Rahim, "An economic design of cumulative sum charts to control non-normal process means," *Computers and Industrial Engineering*, , 6,1-1 (1982).

Lorenzen T. J., and L. C. Vance, "The economic design of control charts: a unified approach," *Technometrics*, 283-1 (1986).

McWilliams, T. P., "Economic control chart design and the in control time distribution:a sensitivity analysis," *Journal of Quality Technology*, 21, 103-110(1989).

McWilliams, T. P., "Economic, statistical, and economic statistical $\bar{x}$ chart design," *Journal of Quality Technology*,

26,227-238(1994).

Montgomery, D. C., "The economic design of control charts: a review and literature survey," *Journal of Quality Technology,* 12(2), 75-87 (1980).

Montgomery, D. C., and R. G. Heikes, "Process failure mechanisms and optimal design of fraction defective control charts," *AIIE Transactions,* 8(4), 467-472 (1976).

Montgomery, D. C., R. G. Heikes, and J. F. Mance, "Economic design of fraction defective control charts," *Management Science,* 21(11), 1272-1284 (1975).

Montgomery, D. C., and P. J. Klatt, "Economic design of T^2 control charts to maintain current control of a process," *Management Science,* 19(1), 76-89 (1972a).

Montgomery, D. C., and P. J. Klatt, "Minimum cost multivariate quality control tests," *AIIE Transactions,* 4(2), 103-110 (1972b).

Montgomery, D. C.,J. C.-C. Torng. J. K. Cochran, and F. P. Lawrence, "Statistically constrained economic design of the EWMA control chart," *Journal of Quality Technology,* 27, 250-256(1995).

Nagendra, Y., and G. Rai, "Optimum sample size and sampling interval for controlling the mean of non-normal variables," *Journal of the American Statistical Association,*66(1971).

Panagos, M. R., R. G. Heikes, and D. C. Montgomery, "Economic design of control charts for two manufacturing process models," *Naval Research Logistics Quarterly,* 32, 631-646 (1985).

Parkhideh, B., and K. E. Case,"The economic design of a dynamic $\bar{x}$ control chart," *IIE Transactions,* 21, 313-323 (1989).

Peters, M. H., and W. W. Williams, "Economic design of quality monitoring efforts for multi-stage production systems," *IIE Transactions,* 19, 81-87 (1987).

Pignatiello, J. J., and A. Tsai, "Optimal economic design of $\bar{x}$ control charts when cost model parameters are not precisely known," *IIE Transactions,* 20, 103-110(1988).

Rahim, M. A., "Economically optimal determination of the parameters of $\bar{x}$ charts with warning limits when quality characteristics are non-normally distributed," *Engineering Optimization*, 7, 289-301(1984).

Rahim, M. A., "Economic model of $\bar{x}$ chart under non-normality and measurement errors," *Computers and Operations Research,* 12, 291-299(1985).

Ross, S. M., "Quality control under Markovian deterioration," *Management Science,* 17(5), 587-596 (1971).

Saniga, E. M., "Joint economically optimal design of $\bar{x}$ and R control charts," *Management Science,* 24(4), 420-431 (1978).

Saniga, E. M., "Economic statistical control chart design with an application to $\bar{x}$ and R charts," *Technometrics,* 31 (1989).

Saniga, E. M., and L. E. Shirland, "Quality control in practice-a survey," *Quality Progress,* 10(5), 30-33 (1977).

Saniga, E. M., D. J. Davis and T. P. McWilliams, "Economic, statistical, and economic-statistical design of attribute charts," *Journal of Quality Technology,* 27,56-73(1995).

Savage, I. R., "Survelliance problems," *Naval Research Logistics Quarterly,* 9(2), 187-209 (1962).

Sculli, D., and K. M., Wu, "Designing *np* control charts," *OMEGA-International Journal of Management Science,* 10, 679-687(1982).

Sculli, D., and K. M., Wu, "Designing economic *np* control charts: a programmed simulation approach," *Computers in Industry,* 6, 185-194(1985).

Svoboda, L., "Economic design of control charts—a review and literature survey(1979-1989)," in *Statistical Process Control in Manufacturing,* Edited by J. B. Keats and D. C. Montgomery, Marcel Dekker,NY (1991).

Tagaras, G., "Economic $\bar{x}$ charts with asymmetric control limits," *Journal of Quality Control,* 21, 147-154(1989).

Tagaras, G., and H. L. Lee, "Economic design of control charts with different control limits for different assignable causes," *Management Science,* 34, 1347-1366(1988).

Taylor, H. M., "Markovian sequential replacement processes," *Annals of Mathematical Statistics,* 36, 1677-1694(1965).

Taylor, H. M., "Statistical control of a Gaussian process," *Technometrics,* 9(1), 29-41 (1987).

Taylor, H. M., "The economic design of cumulative sum control charts," *Technometrics,* 10(1), 479-488 (1968).

Tiago de Oliveira, J., and S. B. Littauer, "Techniques for economic use of control charts," *Revue de Statistique Appliquée,* 14(3), 1966.

Vance, L. C., "A bibliography of statistical quality control chart-techniques, 1970-1980," *Journal of Quality Technology,* 15,59-62(1983).

Vaughan, T. S., and M. H. Peters, "Economic design of fraction nonconforming control charts with multiple state changes," *Journal of Quality Technology,* 23, 32-43(1991).

Weiler, H., "On the most economical sample size for controlling the mean of a population," *Annals of Mathematical Statistics,* 23, 247-254 (1952).

Weiler, H., "The use of runs to control the mean in quality control," *Journal of the American Statistical Association,* 48, 816-825(1953).

Weiler, H., "A new type of control limit for means, ranges, and sequential runs," *Journal of the American Statistical Association,* 49(266), 298-314 (1954).

White, C. C., "A Markov quality control process subject to partial observation," *Management Science,* 23, 843-852(1974).

Williams, W. W., S. W. Looney, and M. H., Peters, "Use of curtailed sampling plans in the economic design of *np*-control charts," *Technometrics* 27,57-63(1985).

Williams, W. W., and M. H. Peters, "Economic design of attributes control system for a multistage serial production process," *International Journal of Production Research,* 27,1269-1286(1989).

王揚，指數加權移動平均法管制圖經濟設計之研究，國立台灣工業技術學院，工程技術研究所碩士論文，1992 年。

Woodall, W. H., "Weakness of the economic design of control charts," Letter to the Editor, *Technometrics,* 28, 408-409(1986).

Woodall, W. H., "Conflicts between Deming's philosophy and the economic design of control charts," in *Frontiers in Statistical Quality Control,* 3, eds., H. J. Lenz, G. B. Wetherill, and P.-T. Wilrich, Physica-Verlag, Vienna, 1987.

第十一章　驗收抽樣計畫

11.1　抽樣檢驗之基本概念

　　檢驗是指購入的原料、零件、製造過程中的半製品或成品、製造完成後的製成品，依照約定的檢查方法就整批或抽取一部分試驗、分析或與規定的品質標準比較，以判斷該批是否合格的全部過程。檢驗的最終目的是對下一工程或顧客保證品質，而不是期望因爲檢驗而得到品質之改善。但是檢驗仍具有其他目的，例如：區別好批與壞批、區別合格品與不合格品、確定製程是否有改變、確定製程是否移向規格界限、品質分等、衡量檢驗員準確度、衡量計測儀器之準確度、獲取設計品質資料和衡量製程能力。檢驗的種類可分爲：

1.　全數檢驗(100% Inspection)。
2.　抽樣檢驗(Sampling Inspection)。
3.　免檢。

　　全數檢驗是對全數物品檢驗的方法，又稱爲100%全檢。全數檢驗不僅耗時且耗費成本，因此，全數檢驗通常用在機械化或自動化之檢驗中。全數檢驗適用於下列情況：

1.　任何不合格品將造成安全上或經濟上之損失時。
2.　製程之品質水準惡化，亟待修正爲規定品質水準時。

　　免檢並不直接對物品做檢驗，而是根據品質情報、技術情報判定貨批的允收與否。免檢通常用於當供應商之品質狀況良好且穩定時。

抽樣檢驗是自群體中隨機抽取一定數量做爲樣本，經過試驗或測定樣本中的每一個體，以其結果與原定的檢驗標準相比較，利用統計方法以判定該群體是否爲合格的檢驗過程。抽樣檢驗適用於下列情況：

1. 破壞性檢驗，例如燈泡、保險絲試驗。

2. 允許有少量不合格品。

3. 節省檢驗費用及時間。

4. 受驗物品個數很多時。

5. 100%全檢不可行時，例如由於全檢而影響到交貨期。

6. 當全檢之成本遠高於不合格品所造成之成本時。

7. 受檢物品之群體面積很大，不適合採用全數檢驗。

8. 受檢群體爲連續性物體，如紙張、電線。

抽樣檢驗是統計品質管制中之一重要領域，它可應用於零件、原料之進料檢驗。買方從供應商所送來之貨批中抽取一定數量爲樣本，在樣本中檢驗一些品質特性，根據樣本之情報決定貨批爲接受或拒絕。被接受之貨批可送至生產線加工，而被拒絕之貨批可退還給供應商，或採取其他處置。抽樣檢驗也可應用於生產過程中各階段產品之檢驗，被接受之物品將送至下一製程繼續加工，而被拒絕之物品將被重新加工或報廢。

抽樣計畫有三點重要之觀念需加以說明：

1. 抽樣計畫是用來判定貨批是否可被接受，而非估計貨批之品質。大部分之抽樣計畫並非設計用來估計貨批之品質。

2. 抽樣計畫並無法提供任何型式之品質管制。抽樣計畫只是用來接受或拒絕貨批。即使所有貨批具有相同之品質水準，抽樣計畫有可能接受某些貨批但拒絕其他貨批。被接受之貨批的品質水準可能並不比被拒絕的貨批好。製程管制可以有系統地改善品質，但抽樣計畫無法達成此目的。

3. 抽樣計畫之有效運用是做爲確保產品符合規格之查核工具，它並非是用來改善產品品質之工具。

11.1.1 抽樣檢驗之優點和缺點

若與 100%全檢比較，抽樣檢驗有下列優點：

1. 抽樣檢驗之檢驗次數少，因此較為經濟。

2. 抽樣檢驗所需之人力較少，因此，人員之訓練和監督都較簡單。

3. 抽樣檢驗可降低搬運過程中所造成之損壞。

4. 抽樣檢驗可降低檢驗誤差。在全檢中，檢驗員可能因疲勞而造成大量之不合格品被接受。

5. 將整批產品拒絕可給予賣方改善品質之壓力。

6. 可以應用在破壞性檢驗。

抽樣檢驗也具有一些缺點，這些缺點包括：

1. 具有將不好之產品予以允收之風險，同時亦具有將良好之產品予以拒收之風險。

2. 發展抽樣計畫需要時間規劃，同時要管理不同之抽樣計畫。

3. 抽樣所獲得之產品資訊較少。

11.1.2 抽樣計畫之種類

抽樣計畫可以用很多種方式來分類。若以數據的性質來分類，可分為計量值抽樣計畫(variables sampling plans)和計數值抽樣計畫(attributes sampling plans)。計量值數據是指可以量測且必須量測之品質特性，例如長度、重量等。而計數值數據則是指(1)可以量測但不需實際值之數據；或(2)不可量測之品質特性。

抽樣計畫如以抽樣方式分類，可分為：

1. 單次抽樣(single sampling)。

2. 雙次抽樣(double sampling)。

3. 多次抽樣(multiple sampling)。

4. 逐次抽樣(sequential sampling)。

單次抽樣是從批中隨機抽取n個樣本，根據檢驗結果，決定允收或拒收該批。雙次抽樣計畫則是根據第一次抽樣結果，決定(1)允收；(2)拒收；或(3)抽第 2 組樣本再做判定。多次抽樣計畫是雙次抽樣之延伸，可能是三次、四次或更多次。一般而言，雙次抽樣計畫中，每次抽樣之樣本大小低於單次抽樣，而多次抽樣中之樣本大小則更低於單次或雙次抽樣。

多次抽樣計畫最終可延伸成逐次抽樣，亦即每次從貨批中檢驗一件，根據檢驗結果，可採取下列任一種決策：(1)允收；(2)拒收；或(3)抽取下一件。

單次、雙次、多次和逐次抽樣，可經由妥善設計，以達到相同之結果。換句話說，這四種抽樣方式可經由設計，以使得一貨批在這四種程序下，均獲得相同之允收機率。基於上述理由，當我們在選擇抽樣計畫時，必須考慮下列因素：管理效率、由抽樣計畫結果所獲得的資訊、平均檢驗件數和對於物流之影響。表 11-1 為各種抽樣檢驗形式的比較。

表11-1　各種抽樣檢驗形式的比較

項目	單次	雙次	多次
對產品品質保證	幾乎相同		
對供應商心理上的影響	最差	中間	最好
總檢驗費用	最多	中間	最少
行政費用（含訓練、人員、記錄及抽樣等）	最少	中間	最多
檢驗負荷的變異性	不變	變動	變動
對每批製品品質估計的準確性	最好	中間	最差
對製程平均數估計決策速度	最快	較慢	最慢
檢驗人員及設備的使用率	最佳	較差	較差

11.1.3　批之構成

批之形成方式，將影響到抽樣計畫之效力。批之構成需考慮下列因素：

1.　各批要均勻

批中之各件產品應該是來自於同一部機器、同一操作員、相同之原料，且幾乎是在相同時間生產。將不同來源之產品混合後，可能使抽樣計畫無法發揮應有之功效。非均勻之批也不容易採取矯正措施去消除不合格品之來源。

2. 較大批量優於小批量

樣本大小並非與批量成正比。較大批量通常可有較低之單位檢驗成本。

3. 批之構成需與買、賣雙方之物料搬運系統配合，降低搬運過程中之損失，同時要具有抽樣之便利性。

1.1.4　隨機抽樣

隨機抽樣是抽樣計畫中之一重要觀念，受檢之樣本必須是從貨批中隨機抽取且要具有代表性。非隨機抽取之樣本，將使抽樣檢驗之結果產生偏差。例如，供應商知道檢驗員會從貨批之上層抽取樣本，可能會將好的貨品故意排在上層。

隨機抽樣之一種技巧是將貨批中之每一物件加以編號，再以隨機亂數表自貨批中抽取樣本。如果物品本身已有序號或代號，則可省略編號之工作。另一種方法是以三位數字代表物品在箱中長、寬、高之位置，例如亂數 436 代表抽取箱中第 4 層、第 3 行和第 6 列之物品。

在有些時候，貨品之編號不存在或無法將每一物件編號。此時可將貨批分成幾個層次，每層又分成好幾塊，再從每一塊中抽取樣本。

1.1.5　使用抽樣計畫之指導原則

抽樣計畫可依設計準則和檢驗方式區分成下列數項：

1. 規準型抽樣計畫

   又稱為兩定點計畫(two-point scheme)，此抽樣計畫考慮 p_1、p_2 兩個貨批不合格率及其相對應之貨批允收率 $1-\alpha$ 和 β，其中 $p_1 < p_2$。當送檢驗批之不合格率低於 p_1 時，保證經由抽驗後之拒收機率不超過 α，一般假設 $\alpha = 0.05$。另一方面，當送驗批不合格率高於 p_2 時，保證經由抽驗以後允收機率不超過 β，一般設為 $\beta = 0.1$。

2. 選別型抽樣計畫

   當送驗批被拒收後，整批全數檢驗，並將不合格品剔除，以合格品取代。這種形式之抽樣計畫又可分成保證送驗批平均品質的 AOQL 型及保證單獨送驗批品質的 LTPD 型。

3. 調整型抽樣計畫

   此種抽樣計畫是由買方根據賣方的產品品質調整檢驗的方法。買方先要求賣方送驗批的品質不合格率優於 AQL 值(見 11.5 節)，並按數次檢驗的結果，調整抽樣之寬嚴程度。抽樣之寬嚴程度可分為正常、加嚴和減量三種。

4. 連續型抽樣計畫

   此種抽樣計畫主要是用在當被檢驗物件無法（或很難）自然形成貨批之情況，例如電視、電腦等以輸送帶裝配之生產過程。

   一個抽樣計畫說明判定貨批所使用之樣本大小和允收或拒收貨批之條件。抽樣方案(sampling scheme)是由數個抽樣計畫所組成之一組程序來定義，包含批量、樣本大小、接受或拒絕的判定準則。而抽樣系統(sampling systems)則是由一個或多個抽樣方案所構成。

   表 11.2 列舉數種主要之抽樣程序和其應用。一般而言，抽樣計畫之選

擇需考慮抽樣之目的和產品品質之歷史資料。另外，抽樣方法之應用並非是靜態，我們可能從一抽樣計畫自然演進到另一層次之抽樣計畫。當買方與具有優良品質歷史之供應商交易時，可能會先使用計數值抽樣計畫。當抽樣結果證明供應商的品質確實不錯時，抽樣計畫可能轉到樣本數較少之抽樣程序，例如跳批抽樣計畫。在長期往來後，如果供應商之產品品質穩定且良好時，買方可考慮停止抽樣檢驗工作。

如果買方對供應商之產品品質或品質保證活動一無所知時，可先採用能夠確保產品品質不劣於某特定目標之抽樣計畫。如果抽樣計畫成功地使用，而且供應商之產品品質令人滿意，則可由計數值檢驗，轉換至計量值檢驗。計量值檢驗之情報可以用來協助供應商建立製程管制。在供應商階層有效地運用製程管制，可以改善供應商之製程能力，此時買方可以考慮停止進料之檢驗。

表11-2 各種抽樣程序

目的	計數值程序	計量值程序
・為顧客／生產者確保品質水準	・滿足 OC 曲線特性之抽樣計畫	・滿足 OC 曲線特性之抽樣計畫
・維持品質水準在一目標上	・AQL 系統 MIL-STD-105E	・AQL 系統 MIL-STD-414
・確保平均出廠品質水準	・AOQL 系統	・AOQL 系統
・減量檢驗	・連鎖抽樣計畫	・窄界限規測
・具有良好品質歷史下減量檢驗	・跳批抽樣計畫 雙次抽樣	・跳批抽樣計畫 雙次抽樣
・保證品質水準不低於目標值	・LTPD 計畫 道奇—洛敏計畫	・LTPD 計畫 道奇—洛敏計畫

抽樣計畫之使用具有壽命週期。在投入品質保證之初，一個組織通常會把重點擺在驗收抽樣計畫。但隨著品質保證組織之發展，一個公司會較少依賴抽樣計畫，而把重點擺在統計製程管制和實驗設計方法。利用抽樣計畫區別好批或壞批並無法改善產品品質水準。產品品質之改善，有賴製程管制和實驗設計方法之有效運用。

11.2 計數值單次抽樣計畫

11.2.1 單次抽樣計畫之定義

單次抽樣計畫是依照樣本大小 n, 允收數(acceptance number) c 來決定。假設批量大小 N 為 10000, 則單次抽樣計畫

$$n = 120$$
$$c = 2$$

代表從含 10000 件之批中, 隨機檢驗 120 件。如果在這 120 個樣本中, 檢驗出之不合格品數等於或小於 2 件, 則判定為允收; 否則為拒收。允收數 c 可視為樣本中, 允許出現之不合格品數的上限值。

11.2.2 操作特性曲線(Operating Characteristic Curve, 簡稱 OC 曲線)

一、操作特性曲線之定義

操作特性曲線為評估驗收抽樣計畫的一個重要量測。此曲線描述在不同不合格率下, 貨批被允收之機率。在 OC 曲線上有三個重要的點(參考圖 11-1) 須加以說明。當產品之不合格率等於 p_1 時, 其允收機率 $P_a = 1 - \alpha$, α 稱為生產者風險(producer's risk), p_1 稱為可接受品質水準(Acceptable Quality Level, 簡稱 AQL)。當不合格率等於 p_2 時, 產品被允收之機率為 β, β 稱為消費者風險(consumer's risk), p_2 稱為界限品質水準(Limiting Quality Level, LQL)或稱為批容許不良率(Lot Tolerance Percent Defective, LTPD)。p_3 稱為無差異品質水準(Indifference Quality Level, 簡稱 IQL), 此時允收機率 $P_a = 0.5$。

操作特性曲線的製作過程說明如下。假設批量為 N, 今從其中抽出 n 件樣本, 發現 d 件為不合格品之機率為:

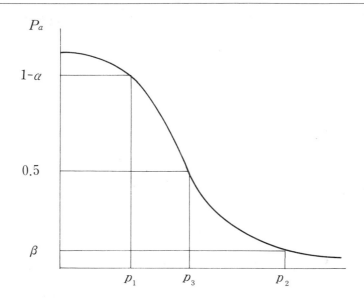

圖11-1 操作特性曲線

$$P\{d\} = \frac{n!}{d!(n-d)!} p^d (1-p)^{n-d}$$

允收機率是指當不合格品數 d 小於或等於允收數 c 之機率，可計算如下：

$$P_a = P\{d \le c\} = \sum_{d=0}^{c} \frac{n!}{d!(n-d)!} p^d (1-p)^{n-d}$$

假設各批之平均不合格率為 $p = 0.01$，$n = 120$，$c = 2$，則允收機率為：

$$P_a = P\{d \le 2\} = \sum_{d=0}^{2} \frac{120!}{d!(120-d)!} (0.01)^d (0.99)^{120-d}$$

$$= \frac{120!}{0!120!} (0.01)^0 (0.99)^{120} + \frac{120!}{1!119!} (0.01)^1 (0.99)^{119}$$

$$+ \frac{120!}{2!118!} (0.01)^2 (0.99)^{118}$$

$$= 0.8804$$

若將不同 p 值下之允收機率 P_a 算出，則可繪出 OC 曲線。表 11-3 為在數個不同 p 值下的允收機率，圖 11-2 為 OC 曲線。

表11-3 $n=120$, $c=2$之單次抽樣計畫的允收機率

p	P_a
0.005	0.9999
0.010	0.8804
0.020	0.5687
0.030	0.2984
0.040	0.1372
0.050	0.0575
0.060	0.0225
0.070	0.0083
0.080	0.0030
0.090	0.0010

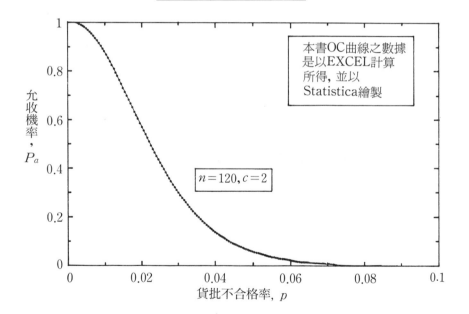

圖11-2 $n=120$, $c=2$之單次抽樣計畫的操作特性曲線

二、樣本大小 n 及允收數 c 對於 OC 曲線之影響

理想化之 OC 曲線 (見圖 11-3) 可在 100% 檢驗，且無檢驗誤差之情況下獲得。另外，增加樣本大小 n 亦可獲得接近理想化之 OC 曲線。一般而言，改變允收數 c，對於 OC 曲線之斜率不會造成太大之改變。允收數 c 降低，OC 曲線將向左移。當不合格率很小時，較小之 c 值比較大之 c 值具有

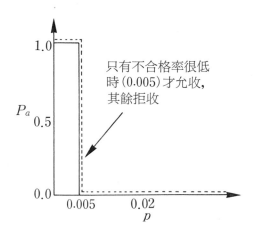

圖11-3　理想化之 OC 曲線

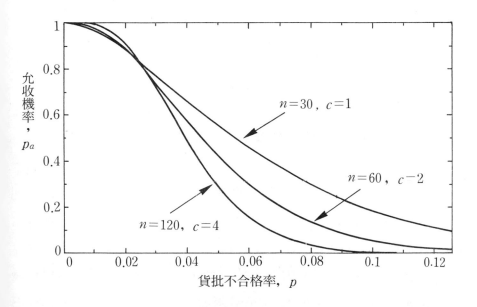

圖11-4　不同樣本大小之 OC 曲線

更高之區別能力。

　　樣本大小 n 及允收數 c 對於 OC 曲線之影響為：

1.　樣本大小 n 降低，OC 曲線將更平緩，當 n 降低，且 n 與 c 之比例保持一定，則生產者風險及消費者風險都將增加（見圖11-4）。

2. 允收數 c 降低將造成 α 增加，但 β 將減少。

3. 當樣本大小 n 固定，但 c 值改變時，c 值愈小，OC 曲線愈接近原點（見圖 11-5）。

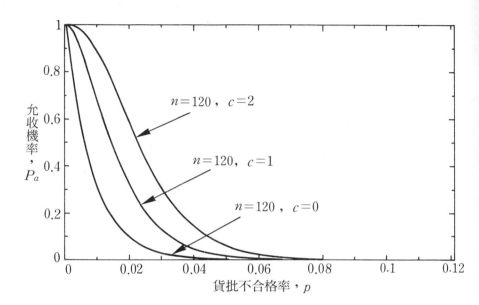

圖11-5　改變允收數對於 OC 曲線之影響

三、OC 曲線之種類

當樣本來自於一很大之批，或自連續數批產品以隨機之方式檢驗，則二項分配是計算貨批允收機率 P_a 之正確機率分配，此種情況下所獲得之 OC 曲線稱爲 B 型曲線(type B OC Curve)。A 型 OC 曲線則是用於計算一獨立送驗批且批量大小爲有限之產品。此時樣本中之不合格品是以超幾何分配(hypergeometric distribution)來描述。一般而言，A 型曲線較 B 型曲線爲低(參見圖 11-6)，當 $n/N \leq 0.1$ 時，此二種曲線並無太大差別(**註**：當 $n/N \leq 0.1$ 時，超幾何分配可以利用二項分配來逼近。)

四、OC 曲線之特性

在實務上，有兩種特殊但並非正確之抽樣計畫需加以說明。第一是使用允收數等於 0 之抽樣計畫，第二是以批量之固定比例做爲樣本大小。以下說明在此兩種特殊設計下，OC 曲線之變化。

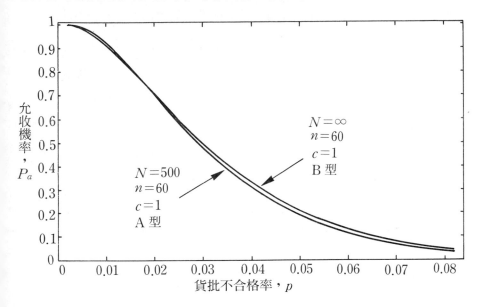

圖11-6　OC 曲線之種類

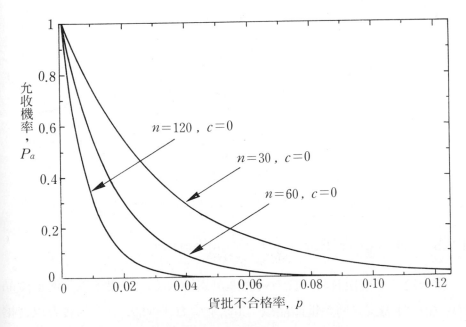

圖11-7　允收數等於零之 OC 曲線

1. 允收數 $c=0$ 之 OC 曲線與 $c \neq 0$ 之曲線有相當大之差別，$c=0$ 時，OC 曲線為一下凸之曲線（參見圖 11-7），此種特性造成即使 p 很小時，允收機率仍然很小。這種情況對於買賣雙方都不利。如果將貨批退回給賣方，則可能有許多批是不需退回的，此將造成買方在生產上之延誤。如果買方以 100% 全檢不合格之貨批，則不少品質不錯之貨批將被篩選，此時抽樣檢驗將失去意義。第十三章所介紹之連鎖抽樣計畫，可用來解決上述之問題。

2. 若樣本大小 n 為批量 N 之固定比例，則不同之樣本大小將有不同程度之保護（參見圖 11-8）。

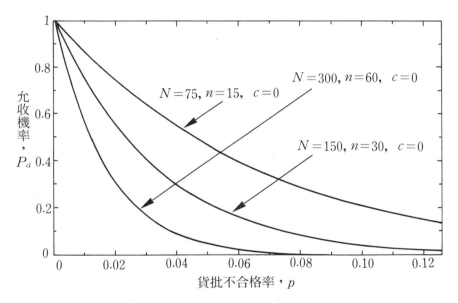

圖11-8　樣本大小是批量20%之 OC 曲線

11.2.3　選別檢驗（Rectifying Inspection）

當一批產品被拒收時，買方可將產品退回賣方，並要求以其他批產品替代。另一種方式是將整批產品以 100% 全檢方式檢驗，並要求賣方以合格品取代檢驗後發現之所有不合格品。此種檢驗程序稱為選別檢驗。由於必

須對全批產品做全檢，選別檢驗將造成更多之檢驗成本。但選別檢驗程序
亦具有數項優點：第一、產品之不合格率將降低；第二、不會造成生產之
延誤。使用選別檢驗與否，必須以收到賣方之產品後之處置方式來決定。
如果收料後，並不馬上使用，而是儲存於倉庫，則以將整批產品退回供應
商之方式較優。選別檢驗所造成之額外檢驗成本，必須在買賣雙方之合約
中，說明該由何者負擔。

　　選別檢驗之流程可以用圖 11-9 來表示。在未檢驗前產品之不合格率為
p_0，有些批之產品將被允收，而其他則為拒收。拒收批之產品將被 100% 全
檢，因此將不含任何不合格品（假設沒有檢驗誤差）。而在那些允收批中，
不合格率為 p_0。檢驗後之品質水準為無不合格品之拒收批與不合格率為 p_0
之允收批之混合，最後之不合格率為 p_1（$p_1 < p_0$）。

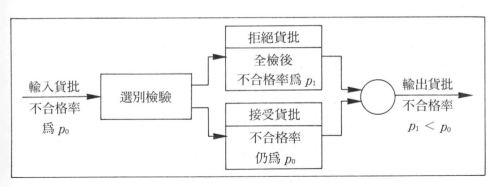

圖11-9　選別檢驗

　　選別檢驗計畫通常用在當製造者想要知道在製造之某一階段之平均品
質水準。選別檢驗可用在進料檢驗、半成品檢驗或完成品之最後測試。在
廠內之應用中，選別檢驗是用來為下一製程保證材料之平均品質水準。

　　在選別檢驗中，拒收批之處理有幾種方式可行。最佳之策略是將貨批
退回給供應商，並要求其執行篩選且進行改善活動。此種作法對供應商會
造成心理上之壓力，以使其對不良之貨批負責。但多數之情況下，由於買
方需要零件、原料以配合生產時程，因此，貨批多在買方處進行篩選或重
工。

選別檢驗之優點乃在於出廠品質水準之改善。平均出廠品質(average outgoing quality, 簡稱 AOQ)是用來評估選別檢驗計畫之一種指標。平均出廠品質是指使用選別檢驗後, 整批產品之品質水準。它是在不合格率為 p 之情形下, 從一連串批所獲得之平均品質水準。AOQ 計算公式之推導說明如下。假設批量大小為 N, 在檢驗過程中所發現之不合格品, 均以合格品來替代。在 N 件產品中, 不合格品之分布為:

1. 在 n 件樣本中, 由於檢驗出之不合格品均以合格品取代, 因此不含任何不合格品。

2. 如果樣本之檢驗結果, 判定拒收, 則在非樣本部分之 $N-n$ 件, 需 100% 全檢, 將不合格品剔除並以合格品取代。因此, $N-n$ 件中亦不含任何不合格品 (此假設沒有檢驗誤差, 有檢驗誤差之情況請參考 13.4 節)。

3. 如果樣本之檢驗結果, 判定為允收, 則不檢驗非樣本之 $N-n$ 件。因此, 此部分將包含 $(N-n)p$ 件之不合格品。

第一項發生之機率為 1, 因為不管拒收或允收, 此部分一定發生。第二項發生之機率為拒收之機率, 等於 $1-P_a$, 第三項之機率為 P_a。

在出廠階段, 產品不合格品數之期望值為

$$0(1)+0(1-P_a)+p(N-n)P_a=P_a p(N-n)$$

若以平均不合格率來表示, 稱為平均出廠品質 AOQ,

$$\text{AOQ}=\frac{P_a p(N-n)}{N}$$

若 N 遠大於 n, 則 $\text{AOQ} \cong P_a p$。

p 可視為檢驗前之平均不合格率, 而 AOQ 可看成選別檢驗後之平均不合格率。AOQ 隨檢驗前不合格率之不同而改變。若將檢驗前之平均不合格率對 AOQ 作圖, 稱為 AOQ 曲線(見圖 11-10)。從 AOQ 曲線可看出當檢驗前之不合格率很低時, 檢驗後之 AOQ 亦很低。若檢驗前之品質很差 (不合格率很高), 則多數之批將被拒絕並加以揀選, 因此檢驗後之不合格率將很低。AOQ 之最大值，發生在檢驗前之品質水準為中等時，此值稱為平均出廠品質界限（Average Outgoing Quality Level, AOQL）。此意謂不管檢驗前之不合格率為何值，選別檢驗後，最高之不合格率為 AOQL。但 AOQL 是指一連串多批產品之平均不合格率。對單一批產品而言，其不合格率仍有可能高於 AOQL。另一個用來評估選別檢驗計畫之重要指標為平均總檢驗件數（Average Total Inspection，簡稱 ATI）。

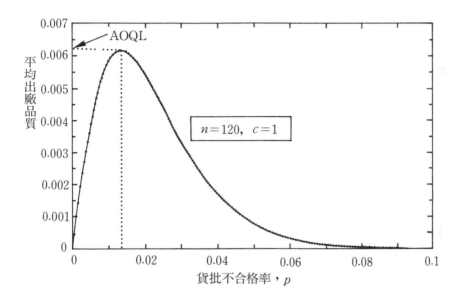

圖11-10　　$n=120$, $c=1$ 之 AOQ 曲線

　　若一批產品被允收，則其檢驗件數為 n 件（等於樣本大小）。反之，若產品被拒收，則除了檢驗 n 件外，對於非樣本之 $N-n$ 件亦必須檢驗。若各批之平均不合格率為 p，允收機率為 P_a，則 ATI 可計算如下：

$$\text{ATI}=n(P_a)+n(1-P_a)+(N-n)(1-P_a)$$
$$=n+(N-n)(1-P_a)$$

　　圖 11-11 為 $n=50$, $c=2$ 之單次選別抽樣計畫，在不同批量下之 ATI 曲線。

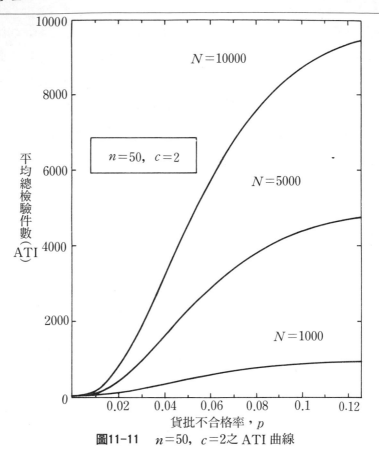

圖11-11 $n=50$, $c=2$之 ATI 曲線

〔例〕   假設選別抽樣計畫之樣本大小為 $n=50$, 允收數＝1。檢驗前之平

均不合格率為 $p=0.04$, 批量 $N=1000$, 計算 AOQ 及 ATI。

〔解〕   首先計算允收機率為 P_a,

$$P_a=\binom{50}{0}(0.04)^0(0.96)^{50}+\binom{50}{1}(0.04)^1(0.96)^{49}=0.4005$$

（若以卜瓦松分配逼近, $P_a=0.406$）

$AOQ=P_ap=0.4005\times0.04=0.016$

$ATI=n+(N-n)(1-P_a)$

$\quad\quad=50+(1000-50)(1-0.4005)=619.525$

11.3 雙次和多次抽樣計畫

11.3.1 雙次抽樣計畫

一、雙次抽樣計畫之定義

單次抽樣計畫是以第一次樣本之檢驗結果，來判定拒收或允收。在雙次抽樣計畫中，在檢驗完第 1 組樣本後之可能情況為：(1)接受該批；(2)拒絕該批；或(3)檢驗第 2 組樣本。在檢驗完第 2 組樣本後，可能情形有(1)拒絕；或(2)接受。一個雙次抽樣計畫包含下列參數：

n_1＝第一次抽樣的樣本大小

c_1＝第一次抽樣的允收數

r_1＝第一次抽樣的拒收數

n_2＝第二次抽樣的樣本大小

c_2＝兩組樣本合併後的允收數

r_2＝兩組樣本合併後的拒收數

雙次抽樣計畫之實施過程如圖 11-12 所示。c_2 為在第 1 組樣本及第 2 組樣本中，允許存在之不合格品數(**註**：在實務上，常見之錯誤是將 c_2 視為第二次抽樣之不合格品數之上限值，亦即僅將第二次抽樣之不合格品數與 c_2 比較)。其中 $r_2＝c_2＋1$ 以保證在第二次抽樣後，能達成決定(不是拒收，就是允收，無第三種情形)。

假設雙次抽樣計畫為

$n_1＝80, \quad c_1＝0, \quad r_1＝3$

$n_2＝80, \quad c_2＝3, \quad r_2＝4$

雙次抽樣之實施過程為先抽取 80 件為 1 樣本。若在此樣本中，並無任何不合格品，則允收該批。若發現多於 3 件不合格品，則拒收。如果不合格品數為 1 或 2 件，則抽取第 2 組樣本 (在此例仍為 80 件)。若在第 1 組樣本

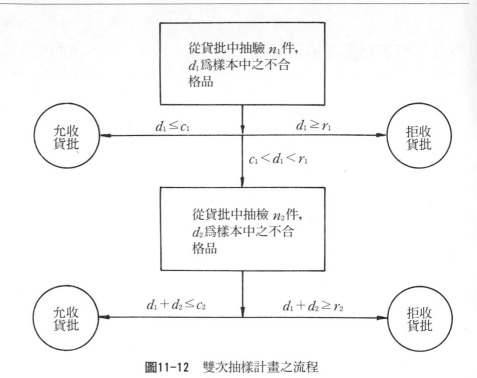

圖11-12 雙次抽樣計畫之流程

及第 2 組樣本中發現之總不合格品數小於或等於 3 件，則允收；否則拒收該批產品。

雙次抽樣計畫亦可以由四個參數來定義

$n_1 =$ 第一次抽樣之樣本大小

$c_1 =$ 第一次抽樣之允收數

$n_2 =$ 第二次抽樣之樣本大小

$c_2 =$ 兩次抽樣之允收數

假設 $n_1 = 50$, $c_1 = 1$, $n_2 = 100$, $c_2 = 3$。首先自批中抽取 50 個樣本，並記錄其中之不合格品數 d_1。若 $d_1 \leq c_1$ 則允收該批，不需第二次抽樣。若 $d_1 > c_2$，則拒收該批。若 $c_1 < d_1 \leq c_2$，則從該批中再抽取 100 個樣本，記錄不合格品數，稱爲 d_2。若 $d_1 + d_2 \leq c_2 = 3$，則允收該批；若 $d_1 + d_2 > c_2 = 3$，則拒收該批。在上述雙次抽樣之定義下，$r_1 = r_2 = c_2 + 1$。

二、雙次抽樣計畫之 OC 曲線

　　假設雙次抽樣計畫為 $n_1=48$，$c_1=1$，$n_2=96$，$c_2=3$。令 P_a^{I} 代表第一次抽樣即予允收之機率，P_a^{II} 為第二次抽樣才予允收之機率。P_a 為整體之允收機率，其中 $P_a=P_a^{\mathrm{I}}+P_a^{\mathrm{II}}$。若第一次抽樣即予允收，則在第一次抽樣所發現之不合格品數 d_1，只能為 0 或 1（亦即小於或等於 c_1）。若不合格率為 0.05，則

$$P_a^{\mathrm{I}}=\sum_{d_1=0}^{1}\frac{48!}{d_1!(48-d_1)!}(0.05)^{d_1}(0.95)^{48-d_1}=0.3006$$

第二次抽樣才予允收之可能情形有：

1. $d_1=2$ 且（$d_2=0$ 或 $d_2=1$）

2. $d_1=3$ 且 $d_2=0$

第一種情形發生之機率為

$$P\{d_1=2,\ d_2\leq1\}=P\{d_1=2\}P\{d_2\leq1\}$$

$$=\frac{48!}{2!46!}(0.05)^2(0.95)^{46}\times\sum_{d_2=0}^{1}\frac{96!}{d_2!(96-d_2)!}(0.05)^{d_2}(0.95)^{96-d_2}$$

$$=(0.2664)(0.044)$$

$$=0.0117$$

第二種情形發生之機率為

$$P\{d_1=3,\ d_2=0\}=P\{d_1=3\}P\{d_2=0\}$$

$$=\frac{48!}{3!45!}(0.05)^3(0.95)^{45}\frac{96!}{0!96!}(0.05)^0(0.95)^{96}$$

$$=0.0016$$

因此

$$P_a^{\mathrm{II}}=P\{d_1=2,\ d_2\leq1\}+P\{d_1=3,d_2=0\}=0.0117+0.0016=0.0133$$

在 $p=0.05$ 之下，貨批之允收機率 P_a 為

$$P_a=P_a^{\mathrm{I}}+P_a^{\mathrm{II}}=0.3006+0.0133=0.3139$$

依照同樣之程序，我們可以計算在不同之 p 值下的 P_a 值，以繪製 OC 曲線（參見圖 11-13）。

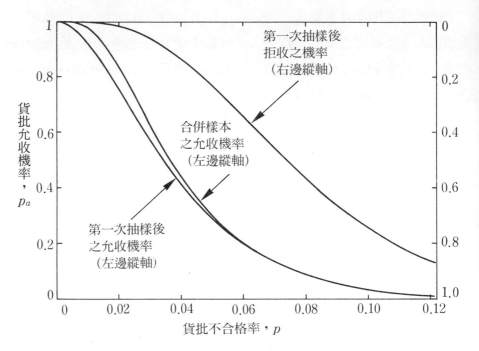

圖11-13   雙次抽樣計畫之 OC 曲線

三、雙次抽樣計畫之平均樣本數(average sample number，簡稱 ASN)

在單次抽樣計畫中，檢驗樣本數為一固定值 n。而在雙次抽樣計畫中，檢驗樣本數取決於是否需要抽取第 2 組樣本。雙次抽樣之 ASN 可以用下列公式計算

$$\text{ASN}=n_1 P_1+(n_1+n_2)(1-P_1)=n_1+n_2(1-P_1)$$

其中 P_1 為第一次抽樣就作決定之機率。亦即

$$P_1=P\{第一次抽樣後判定允收\}+P\{第一次抽樣後判定拒收\}$$

將不同 p 值下之 ASN 算出，就可繪製 ASN 曲線。

在檢驗第 2 組樣本之過程中，若規定兩次抽樣所發現之不合格品數超過 c_2 時，則停止第 2 組樣本之檢驗，此稱為截略檢驗(curtailed inspection)。截略檢驗可以降低雙次抽樣計畫之平均樣本數。截略檢驗並不適用於單次抽樣或雙次抽樣之第一次抽樣過程。此乃因為在這兩種情形下，使

用截略檢驗將使不合格率 p 之估計產生偏差。例如當 $c_1=1$ 時，如果前 2 件為不合格品，因採取截略而中斷檢驗，則估計出之不合格率將為 1.0(非常不合理)。

四、雙次抽樣且採截略檢驗之 ASN

雙次抽樣且採用截略檢驗之 ASN 可用下列公式來計算：

$$\text{ASN}=n_1+\sum_{j=c_1+1}^{c_2}P(n_1,\,j)[n_2P_L(n_2,\,c_2-j)+\frac{c_2-j+1}{p}P_M(n_2+1,\,c_2-j+2)]$$

其中

$P(n_1,\,j)$ 為在 n_1 中發現 j 個不合格品之機率

$P_L(n_2,\,c_2-j)$ 為在 n_2 中發現少於或等於 c_2-j 個不合格品之機率

$P_M(n_2+1,\,c_2-j+2)$ 為在 n_2+1 個樣本中發現 c_2-j+2 個不合格品之幾率

圖11-14比較單次抽樣計畫 $n=45$、$c=2$ 及雙次抽樣計畫 $n_1=30$、

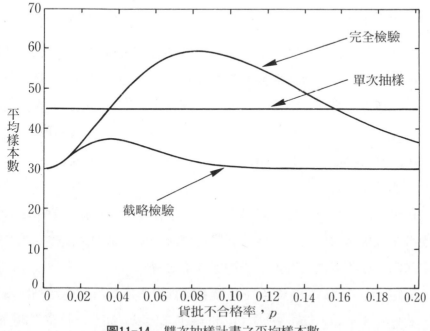

圖11-14 雙次抽樣計畫之平均樣本數

表11-4　　$n_1 = n_2$　($\alpha = 0.05$,　$\beta = 0.10$)

計畫	比例值 $R = p_2/p_1$	允收數 c_1	允收數 c_2	pn_1 $P = 0.95$	pn_1 $P = 0.10$
1	11.9	0	1	0.21	2.50
2	7.54	1	2	0.52	3.92
3	6.79	0	2	0.43	2.96
4	5.39	1	3	0.76	4.11
5	4.65	2	4	1.16	5.39
6	4.25	1	4	1.04	4.42
7	3.88	2	5	1.43	5.55
8	3.63	3	6	1.87	6.78
9	3.38	2	6	1.72	5.82
10	3.21	3	7	2.15	6.91
11	3.09	4	8	2.62	8.10
12	2.85	4	9	2.90	8.26
13	2.60	5	11	3.68	9.56
14	2.44	5	12	4.00	9.77
15	2.32	5	13	4.35	10.08
16	2.22	5	14	4.70	10.45
17	2.12	5	16	5.39	11.41

$c_1 = 1$、$n_2 = 60$、$c_2 = 3$之ASN曲線。此二抽樣計畫具有相近似之OC曲線。由圖我們可看出當不合格率很低或很高時，雙次抽樣之 ASN 低於單次抽樣。此現象非常合理，因為當品質非常好或非常差時，在第一次抽樣時即可判定允收或拒收，不須再抽第 2 組樣本(亦即好、壞非常明顯)。由圖亦可看出，當雙次抽樣採取截略檢驗時，ASN 低於單次抽樣。

上述結果說明雙次抽樣之選用，必須看產品之不合格率。較好之策略是記錄供應商之品質變化。如果不合格率落在雙次抽樣較無效率之區域，則應考慮改用單次抽樣。另外，記錄在雙次抽樣計畫中，須檢驗第 2 組樣本之次數，亦可提供是否需改變抽樣計畫之資訊。

五、給定 p_1，$1-\alpha$，p_2和 β 下，雙次抽樣計畫之設計（兩定點計畫）

若$(p_1, 1-\alpha)$，(p_2, β)為 OC 曲線上之兩點，加上一特定之關係，則可很容易地設計一雙次抽樣檢驗計畫。最常用之條件為要求 n_2 為 n_1 之倍

表11-5　　$n_2 = 2n_1$　（$\alpha = 0.05$，　$\beta = 0.10$）

計畫	比例值 $R = p_2/p_1$	允收數 c_1	c_2	pn_1 $P = 0.95$	$P = 0.10$
1	14.5	0	1	0.16	2.32
2	8.07	0	2	0.30	2.42
3	6.48	1	3	0.60	3.89
4	5.39	0	3	0.49	2.64
5	5.09	1	4	0.77	3.92
6	4.31	0	4	0.68	2.93
7	4.19	1	5	0.96	4.02
8	3.60	1	6	1.16	4.17
9	3.26	2	8	1.68	5.47
10	2.96	3	10	2.27	6.72
11	2.77	3	11	2.46	6.82
12	2.62	4	13	3.07	8.05
13	2.46	4	14	3.29	8.11
14	2.21	3	15	3.41	7.55
15	1.97	4	20	4.75	9.35
16	1.74	6	30	7.45	12.96

數。表 11-4 和 11-5 適用於 $\alpha = 0.05$ 和 $\beta = 0.10$ 之情況。其中表 11-4 適用於 $n_1 = n_2$ 之條件，而表 11-5 則適用於 $n_2 = 2n_1$ 之條件下。此種表被稱爲 Grubbs 表（Frank E. Grubbs 此人曾建議使用此種表於單次抽樣檢驗）。我們以下例說明 Grubbs 表之使用。

〔例〕　假設雙次抽樣需滿足 $p_1 = 0.01$，$\alpha = 0.05$，$p_2 = 0.05$，$\beta = 0.1$，要求條件爲 $n_2 = 2n_1$，試設計一適當之抽樣計畫。

〔解〕　比例值 $R = \dfrac{p_2}{p_1} = \dfrac{0.05}{0.01} = 5$

查表得知 5.09 最接近，因此允收數 $c_1 = 1$，$c_2 = 4$

樣本大小 n 可由兩種方式求得，若固定 α，則 $pn_1 = 0.77$，因此

$$n_1 = \frac{pn_1}{p_1} = 77$$

若固定 β 值，則 $pn_1 = 3.92$，因此 $n_1 = \dfrac{pn_1}{p_2} = \dfrac{3.92}{0.05} = 79$

以上兩種抽樣計畫都將穿過（大約）OC 曲線上之$(0.01,\ 0.95)$和 $(0.05,\ 0.10)$兩點。

六、雙次之選別檢驗計畫

對於雙次之選別檢驗計畫，AOQ 及 ATI 之公式爲

$$AOQ = \frac{[P_a^{\mathrm{I}}(N-n_1) + P_a^{\mathrm{II}}(N-n_1-n_2)]p}{N}$$

$$ATI = n_1 P_a^{\mathrm{I}} + (n_1+n_2) P_a^{\mathrm{II}} + N(1 - P_a^{\mathrm{I}} - P_a^{\mathrm{II}})$$

其中 n_1，n_2 分別爲第一次及第二次抽樣之樣本數。P_a^{I}爲第一次抽樣即予允收之機率，而 P_a^{II}爲第二次抽樣才允收之機率。

11.3.2 多次抽樣計畫

多次抽樣爲雙次抽樣之延伸。每次抽取一定的件數作爲樣本，以各次抽樣之累計結果與判定基準相比較，再判定允收、拒收或繼續抽樣。下表爲多次抽樣之範例。

樣本	樣本大小	c	r
1	20	0	2
2	20	1	3
3	20	2	4
4	20	3	4

上述多次抽樣計畫之使用程序爲先從批中抽取 20 件，若 $d_1 = 0$，則允收。若 $d_1 > 2$，則拒收。當 $d_1 = 1$，則抽取另外 20 件，若 $d_1 + d_2 \leq 1$，則允收。如果 $d_1 + d_2 = 2$，則抽取第 3 組樣本，樣本大小爲 20。同樣之程序持續進行，直到貨批被允收或拒收。在多次抽樣計畫中，第 1 組樣本需全部檢查，而其他組樣本可採取截略檢驗。

多次抽樣之平均樣本數可由下列公式求得：

$$\text{ASN}=n_1 P_1+(n_1+n_2)P_2+\cdots+(n_1+n_2+\cdots+n_k)P_k$$

其中 n_i 為第 i 次抽樣之樣本大小，P_i 為第 i 次抽樣後，做成決定（允收或拒收）之機率。在上例中，P_2 為

$$P_2=P(d_1=1)P(d_2=0)+P(d_1=1)P(d_2\geq 2)$$

　　在多次抽樣計畫中，各次抽樣之樣本大小比單次或雙次抽樣之樣本大小為小。多次抽樣計畫之平均樣本數較單次或雙次抽樣計畫為低。當貨批之品質非常好或非常壞時，多次抽樣計畫可在前幾次抽樣時，即判定貨批為允收或拒收。多次抽樣計畫之主要缺點為管理上較困難。

1.4　逐次抽樣計畫(Sequential Sampling Plan)

一、逐次抽樣計畫之設計

　　逐次抽樣為雙次抽樣及多次抽樣之延伸。在逐次抽樣中，自貨批選取一串樣本，樣本大小係由樣本之檢驗結果來決定。理論上逐次抽樣有可能形成 100% 檢驗，但一般均在檢驗數等於單次抽樣檢驗數之三倍時停止。在每一階段之檢驗樣本大小大於 1 時，稱為組逐次抽樣(group sequential sampling)，若每次之樣本大小等於 1，則稱為逐件逐次抽樣(item-by-item sequential sampling)。

　　逐件逐次抽樣是基於 Wald (1947)所提出之 sequential probability ratio test (SPRT)。逐次抽樣計畫可以圖形之方式來實施，其中橫軸記錄檢驗之樣本數目，縱軸為累加之不合格品數目。另外有兩條決策界限將圖分為拒收區、允收區和繼續抽樣等三區。給定 $(p_1, 1-\alpha)$ 及 (p_2,β)，決策界限可計算如下：

$$X_A=-h_1+sn \quad \text{（允收界限）}$$

$$X_R=h_2+sn \quad \text{（拒收界限）}$$

　　其中

$$h_1 = \left(\log \frac{1-\alpha}{\beta} \right) / k$$

$$h_2 = \left(\log \frac{1-\beta}{\alpha} \right) / k$$

$$k = \log \frac{p_2(1-p_1)}{p_1(1-p_2)}$$

$$s = \left(\log \left[\frac{(1-p_1)}{(1-p_2)} \right] \right) / k$$

假設 $p_1 = 0.01$, $\alpha = 0.05$, $p_2 = 0.05$, $\beta = 0.1$。逐次抽樣計畫為

$$k = \log \frac{p_2(1-p_1)}{p_1(1-p_2)} = \log \frac{(0.05)(0.99)}{(0.01)(0.95)} = 0.71688$$

$$h_1 = \left(\log \frac{1-\alpha}{\beta} \right) / k = \left(\log \frac{0.95}{0.10} \right) / 0.71688 = 1.36$$

$$h_2 = \left(\log \frac{1-\beta}{\alpha} \right) / k = \left(\log \frac{0.90}{0.05} \right) / 0.71688 = 1.75$$

$$s = \log \left[\frac{(1-p_1)}{(1-p_2)} \right] / k = \left(\log \left[\frac{0.99}{0.95} \right] \right) / 0.71688 = 0.025$$

獲得上述參數後，允收及拒收界限可寫為

$$X_A = -1.36 + 0.025 \, n$$

$$X_R = 1.75 + 0.025 \, n$$

圖 11-15 為逐次抽樣計畫之圖形表示。逐次抽樣計畫亦可以表格方式來執行(見表 11-6)，例如當 $n = 45$ 時，允收數及拒收數可計算如下。由於允收數及拒收數必須為整數值，因此一般將允收數設為小於或等於 X_A 之整數值，拒收數設為大於或等於 X_R 之整數值。基於上述理由，當 $n = 45$ 時允收數為 0，拒收數為 3。

$$X_A = -1.36 + 0.025 \, n = -1.36 + 0.025(45) = -0.235$$

$$\rightarrow 不可能允收$$

$$X_R = 1.75 + 0.025(45) = 2.875 \rightarrow 3$$

逐次抽樣可由 $(p_1, 1-\alpha)$、(p_2, β)，及 $p = s$、$P_a = \dfrac{h_2}{(h_1 + h_2)}$ 來決定

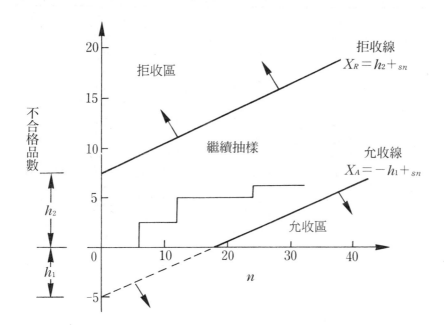

圖11-15 逐次抽樣計畫之圖示

OC 曲線。

逐次抽樣之 $\mathrm{ASN} = P_a\left(\dfrac{A}{C}\right) + (1-P_a)\dfrac{B}{C}$

其中

$$A = \log\dfrac{\beta}{1-\alpha}$$

$$B = \log\dfrac{1-\beta}{\alpha}$$

$$C = p\log\left(\dfrac{p_2}{p_1}\right) + (1-p)\log\left(\dfrac{1-p_2}{1-p_1}\right)$$

ASN 與貨批之不合格率有關。當 p 非常小或非常大時，我們將得到很小之 ASN。ASN 之最大值大約發生在 $p=s$ 時。在幾個特殊之 p 值下，ASN 之值為

表11-6 $p_1 = 0.01, \alpha = 0.05, p_2 = 0.05, \beta = 0.10$ 之逐件逐次抽樣計畫

n	X_A	X_R	n	X_A	X_R
1	*	2	24	*	3
2	*	2	25	*	3
3	*	2	26	*	3
4	*	2	27	*	3
5	*	2	28	*	3
6	*	2	29	*	3
7	*	2	30	*	3
8	*	2	31	*	3
9	*	2	32	*	3
10	*	2	33	*	3
11	*	3	34	*	3
12	*	3	35	*	3
13	*	3	36	*	3
14	*	3	37	*	3
15	*	3	38	*	3
16	*	3	39	*	3
17	*	3	40	*	3
18	*	3	41	*	3
19	*	3	42	*	3
20	*	3	43	*	3
21	*	3	44	*	3
22	*	3	45	*	3
23	*	3	46	*	3

＊＝不可能允收（此例只有在第55組樣本後才有可能允收）

$$
ASN = \begin{cases}
\dfrac{h_1}{s} & p = 0.0 \\[2mm]
\dfrac{(1-\alpha)h_1 - \alpha h_2}{s - p_1} & p = p_1 \\[2mm]
\dfrac{h_1 h_2}{s(1-s)} & p = s \\[2mm]
\dfrac{(1-\beta)h_2 - \beta h_1}{p_2 - s} & p = p_2 \\[2mm]
\dfrac{h_2}{1-s} & p = 1.0
\end{cases}
$$

在選別檢驗中，逐次抽樣之 AOQ 為

$$AOQ \cong P_a p$$

$$\text{ATI} = P_a\left(\frac{A}{C}\right) + (1 - P_a)N$$

二、逐次抽樣計畫之截斷(truncation)

在逐次抽樣中，允收界限與拒收界限為兩條平行線，如果累積之不合格品數落在此二界限內，則逐次抽樣需持續進行。Wald (1947)建議在逐次抽樣中設定一截斷點，以使得逐次抽樣在截斷點前能做成允收或拒收之決定。截斷點 T 之值設定為

$$\text{T} = 2.5\text{ASN}^*$$

其中 ASN^* 為當 p 等於允收線（或拒收線）之斜率時的 ASN 值。

〔例〕 假設逐次抽樣中，$\alpha = 0.05, \beta = 0.1, p_1 = 0.02, p_2 = 0.12$，試決定截斷點 T。

〔解〕 允收線或拒收線之斜率 s 為 0.0567，

由

$$\text{ASN}(s) = \frac{h_1 h_2}{s(1-s)} = \frac{(1.1853)(1.5217)}{0.0567(1-0.0567)} = 33.72$$

因此截斷點 $\text{T} = 2.5(33.72) = 84.3$（取上一整數得 $\text{T} = 85$）

在算出截斷點後，必須重新計算允收數及拒收數。在無截斷之逐次抽樣計畫中，第 85 點之拒收數等於 7，允收數為 3，因此我們設定新的拒收數 X'_R 為

$$X'_R = \frac{3+7}{2} = 5$$

而新的允收數 X'_A 則設為比 X'_R 小 1 之整數，亦即 $X'_A = 4$。由於修正後之 X'_R 為第 85 點前拒收數之最大值，因此在原計畫中，拒收數大於 X'_R 之值，需修改為 X'_R。

11.5 MIL-STD-105E(ANSI/ASQC Z1.4)

11.5.1 MIL-STD-105E之歷史背景

計數值之標準抽樣程序是在二次大戰期間所開發出來的。最原始之版本稱爲 JAN-STD-105（全名爲 joint army-navy standard 105），係在 1949 年設計完成。在 1950 年，JAN-STD-105 被修訂爲 MIL-STD-105 A。隨後在1958、1961和1963年分別推出MIL-STD-105B，MIL-STD-105 C 和 MIL-STD-105 D。在 1964 年，美國、英國和加拿大三國共同修正 MIL-STD-105 D，稱爲 ABC-STD-105（註：ABC 代表 America、Britain 和 Canada)。MIL-STD-105 D 的民間版是在 1971 年推出，由美國國家標準局(American National Standard Institute, ANSI)將其列入美國國家標準。稱爲 ANSI/ASQC Z1.4。最近之修訂版爲 ANSI/ASQC Z1.4 1981。在 1974 年，國際標準化組織(International Organization for Standardization, ISO)將 ANSI/ASQC Z1.4 稍作修正，將其編列爲 ISO 2859。我國中央標準局於 1970 年公布之國家標準 CNS 2779 和日本的 JIS Z9015 國家標準，都與 MIL-STD-105 標準類似。目前之最新版本爲1989年5月10日，美國軍備研究發展工程中心公布之MIL-STD-105E。105E和過去105 D 版本相類似，只有在文字部分加以修訂，另行編排。

MIL-STD-105E是以可接受品質水準(acceptable quality level，簡稱 AQL)爲基礎之抽樣計畫(註：AQL 又譯爲允收品質水準)。AQL 是指買方可接受之品質水準。在以 AQL 爲基礎之檢驗計畫中，貨批不是很明確地被拒收就是被允收，並不包含選別檢驗。選別檢驗雖然可使出貨之不合格率降低，但必須付出額外之檢驗成本。如果買、賣雙方是屬於同一公司或組織，品質與成本間之平衡，可以很容易地獲得解決。但如果屬於不同公司，則會產生下列問題。

1. 第一個問題是應該由那一方承擔選別檢驗之成本。

   賣方(生產者)對於買方實施篩選之額外檢驗成本,可能不樂意接受,此乃因為賣方無法控制或無法正確評估買方在篩選上之檢驗成本。反之,如果篩選工作是由賣方來執行,買方可能不樂意接受賣方檢驗之結果。

2. 如果由買方執行篩選,並只退回不合格品,則無法激勵賣方改善品質。一般而言,以 AQL 為基礎之抽樣檢驗,對於買方較有利,而選別檢驗則有利於賣方。

11.5.2 MIL-STD-105E之使用

MIL-STD-105E提供三種抽樣型式:單次抽樣、雙次抽樣和多次抽樣。每一種抽樣計畫又可分為正常檢驗(normal inspection)、加嚴檢驗(tightened inspection)和減量檢驗(reduced inspection)。抽樣計畫開始時,通常是先使用正常檢驗,除非另有規定。加嚴檢驗是用在當賣方之品質變差時,而減量檢驗是用在賣方之品質良好之情況。

MIL-STD-105E 之重點為 AQL,當 AQL≤10%時,可用來表示不合格率或百件中之不合格點數,當 AQL 大於 10%時,則僅能用來表示百件中之不合格點數。MIL-STD-105E 使用之 AQL 是按照幾何級數遞增,每一級大約是前一級的 1.585 倍。AQL 通常是在契約中訂定,或者由負責當局指定。不同之不合格點或不合格品可以使用不同之 AQL 值。例如嚴重之不合格點或不合格品可以使用較低之 AQL 值。AQL 也可依(1)檢驗成本與修理成本之比例;(2)可能發現問題之地方(顧客、終檢、製程);(3)不合格品之處理方式(報廢、修理、特採);(4)生產方式(全自動、半自動、人工);5)鑑定不良之難易程度來決定。當檢驗成本與修理成本之比例低、可能在顧客處發現問題、不合格品需報廢、全自動生產、很難鑑定不良之情況下,適合採用較低之 AQL 值。

在MIL-STD-105E中，樣本大小是由批量大小和檢驗水準來決定(見表11-7)。檢驗水準是用來描述檢驗量之相對大小。不同之檢驗水準對於生產者有大約相同之保護，但對於消費者則有不同之保護程度。

表11-7　樣本大小代字

批量大小	特殊	檢驗	水準		一般	檢驗	水準
	S-1	S-2	S-3	S-4	I	II	III
2-8	A	A	A	A	A	A	B
9-15	A	A	A	A	A	B	C
16-25	A	A	B	B	B	C	D
26-50	A	B	B	C	C	D	E
51-90	B	B	C	C	C	E	F
91-150	B	B	C	D	D	F	G
151-280	B	C	D	E	E	G	H
281-500	B	C	D	E	F	H	J
501-1200	C	C	E	F	G	J	K
1201-3200	C	D	E	G	H	K	L
3201-10000	C	D	F	G	J	L	M
10001-35000	C	D	F	H	K	M	N
35001-150000	D	E	G	J	L	N	P
150001-500000	D	E	G	J	M	P	Q
500001以上	D	E	H	K	N	Q	R

MIL-STD-105E提供七種檢驗水準，分別為一般檢驗水準(general inspection levels) I, II, III，和特殊檢驗水準(special inspection levels)S-1, S-2, S-3, S-4。大多數之產品採用一般檢驗水準，其中檢驗水準II稱為正常檢驗水準(normal inspection level)。水準 I 較水準II具較低之區別能力，而水準III則較水準II有更高之區別能力。水準III之相對檢驗數大約為水準II之兩倍，而水準 I 則為水準II之一半。特殊檢驗水準是保留給檢驗成本昂貴或需破壞性檢驗之產品，此種檢驗水準是用在需要較小樣本或者是較大之抽樣風險（必須或是可以）容忍時，檢驗水準須在買、賣雙方之合約中註明或由有關決策單位決定。

MIL-STD-105E 之使用程序可分為下列步驟：

1.　選擇 AQL。

2.　決定檢驗水準(Inspection Level)。

3.　決定批量大小。

4.　求樣本大小（查表 11-7）。

5.　決定適當之抽樣計畫（單次、雙次或多次抽樣）。

6.　決定適當之抽樣計畫表。

7.　決定採取正常或減量檢驗。

表 11-8 至 11-16 為單次—雙次和多次抽樣計畫之主表。表 11-7 為正常檢驗轉換至減量檢驗之條件。在查主表時，若遇到垂直箭頭，則採用箭頭以上（或下）之第一個抽樣計畫的允收數和拒收數，同時也需依照箭頭所指計畫的樣本大小抽樣。如果樣本大小大於批量，則採用 100%全檢。在雙次和多次抽樣計畫表中，有幾個符號需加以說明。在雙次抽樣中，符號"＊"代表採用對應的單次抽樣計畫(或採用下面的雙次抽樣計畫)。在多次抽樣中，"＊"代表採用對應的單次抽樣計畫(或採用下面的多次抽樣計畫)。"＋＋"代表採用對應的雙次抽樣計畫(或採用下面的多次抽樣計畫)。

表 11-8 單次抽樣，正常檢驗之主表

AQL

各欄數值為 Ac Re（允收數 拒收數）；↓＝採用箭頭下第一個抽樣計畫，↑＝採用箭頭上第一個抽樣計畫。

代字	樣本大小	0.010	0.015	0.025	0.040	0.065	0.10	0.15	0.25	0.40	0.65	1.0	1.5	2.5	4.0	6.5	10	15	25	40	65	100	150	250	400	650	1000
A	2	↓	↓	↓	↓	↓	↓	↓	↓	↓	↓	↓	↓	↓	↓	↓	↓	0 1	1 2	2 3	3 4	5 6	7 8	10 11	14 15	21 22	30 31
B	3	↓	↓	↓	↓	↓	↓	↓	↓	↓	↓	↓	↓	↓	↓	↓	0 1	1 2	2 3	3 4	5 6	7 8	10 11	14 15	21 22	30 31	44 45
C	5	↓	↓	↓	↓	↓	↓	↓	↓	↓	↓	↓	↓	↓	↓	0 1	1 2	2 3	3 4	5 6	7 8	10 11	14 15	21 22	30 31	44 45	↑
D	8	↓	↓	↓	↓	↓	↓	↓	↓	↓	↓	↓	↓	↓	0 1	1 2	2 3	3 4	5 6	7 8	10 11	14 15	21 22	30 31	44 45	↑	↑
E	13	↓	↓	↓	↓	↓	↓	↓	↓	↓	↓	↓	↓	0 1	1 2	2 3	3 4	5 6	7 8	10 11	14 15	21 22	30 31	44 45	↑	↑	↑
F	20	↓	↓	↓	↓	↓	↓	↓	↓	↓	↓	↓	0 1	1 2	2 3	3 4	5 6	7 8	10 11	14 15	21 22	30 31	44 45	↑	↑	↑	↑
G	32	↓	↓	↓	↓	↓	↓	↓	↓	↓	↓	0 1	1 2	2 3	3 4	5 6	7 8	10 11	14 15	21 22	30 31	44 45	↑	↑	↑	↑	↑
H	50	↓	↓	↓	↓	↓	↓	↓	↓	↓	0 1	1 2	2 3	3 4	5 6	7 8	10 11	14 15	21 22	30 31	44 45	↑	↑	↑	↑	↑	↑
J	80	↓	↓	↓	↓	↓	↓	↓	↓	0 1	1 2	2 3	3 4	5 6	7 8	10 11	14 15	21 22	30 31	44 45	↑	↑	↑	↑	↑	↑	↑
K	125	↓	↓	↓	↓	↓	↓	↓	0 1	1 2	2 3	3 4	5 6	7 8	10 11	14 15	21 22	30 31	44 45	↑	↑	↑	↑	↑	↑	↑	↑
L	200	↓	↓	↓	↓	↓	↓	0 1	1 2	2 3	3 4	5 6	7 8	10 11	14 15	21 22	30 31	44 45	↑	↑	↑	↑	↑	↑	↑	↑	↑
M	315	↓	↓	↓	↓	↓	0 1	1 2	2 3	3 4	5 6	7 8	10 11	14 15	21 22	30 31	44 45	↑	↑	↑	↑	↑	↑	↑	↑	↑	↑
N	500	↓	↓	↓	↓	0 1	1 2	2 3	3 4	5 6	7 8	10 11	14 15	21 22	30 31	44 45	↑	↑	↑	↑	↑	↑	↑	↑	↑	↑	↑
P	800	↓	↓	↓	0 1	1 2	2 3	3 4	5 6	7 8	10 11	14 15	21 22	30 31	44 45	↑	↑	↑	↑	↑	↑	↑	↑	↑	↑	↑	↑
Q	1250	↓	↓	0 1	1 2	2 3	3 4	5 6	7 8	10 11	14 15	21 22	30 31	44 45	↑	↑	↑	↑	↑	↑	↑	↑	↑	↑	↑	↑	↑
R	2000	↓	0 1	1 2	2 3	3 4	5 6	7 8	10 11	14 15	21 22	30 31	44 45	↑	↑	↑	↑	↑	↑	↑	↑	↑	↑	↑	↑	↑	↑

↓＝採用箭頭下第一個抽樣計畫，如果樣本大小等於或超過批量時，則用 100%檢驗

↑＝採用箭頭上第一個抽樣計畫

Ac＝允收數

Re＝拒收數

表 11-9　單次抽樣，加嚴檢驗之主表

AQL（每格為 Ac Re，Ac=允收數，Re=拒收數）

樣本大小代字	樣本大小	0.010	0.015	0.025	0.040	0.065	0.10	0.15	0.25	0.40	0.65	1.0	1.5	2.5	4.0	6.5	10	15	25	40	65	100	150	250	400	650	1000
A	2	↓	↓	↓	↓	↓	↓	↓	↓	↓	↓	↓	↓	↓	↓	↓	↓	↓	0 1	1 2	2 3	3 4	5 6	8 9	12 13	18 19	27 28
B	3	↓	↓	↓	↓	↓	↓	↓	↓	↓	↓	↓	↓	↓	↓	↓	↓	0 1	1 2	2 3	3 4	5 6	8 9	12 13	18 19	27 28	41 42
C	5	↓	↓	↓	↓	↓	↓	↓	↓	↓	↓	↓	↓	↓	↓	↓	0 1	1 2	2 3	3 4	5 6	8 9	12 13	18 19	27 28	41 42	↑
D	8	↓	↓	↓	↓	↓	↓	↓	↓	↓	↓	↓	↓	↓	↓	0 1	1 2	2 3	3 4	5 6	8 9	12 13	18 19	27 28	41 42	↑	↑
E	13	↓	↓	↓	↓	↓	↓	↓	↓	↓	↓	↓	↓	↓	0 1	1 2	2 3	3 4	5 6	8 9	12 13	18 19	27 28	41 42	↑	↑	↑
F	20	↓	↓	↓	↓	↓	↓	↓	↓	↓	↓	↓	↓	0 1	1 2	2 3	3 4	5 6	8 9	12 13	18 19	27 28	41 42	↑	↑	↑	↑
G	32	↓	↓	↓	↓	↓	↓	↓	↓	↓	↓	↓	0 1	1 2	2 3	3 4	5 6	8 9	12 13	18 19	27 28	41 42	↑	↑	↑	↑	↑
H	50	↓	↓	↓	↓	↓	↓	↓	↓	↓	↓	0 1	1 2	2 3	3 4	5 6	8 9	12 13	18 19	27 28	41 42	↑	↑	↑	↑	↑	↑
J	80	↓	↓	↓	↓	↓	↓	↓	↓	↓	0 1	1 2	2 3	3 4	5 6	8 9	12 13	18 19	27 28	41 42	↑	↑	↑	↑	↑	↑	↑
K	125	↓	↓	↓	↓	↓	↓	↓	↓	0 1	1 2	2 3	3 4	5 6	8 9	12 13	18 19	27 28	41 42	↑	↑	↑	↑	↑	↑	↑	↑
L	200	↓	↓	↓	↓	↓	↓	↓	0 1	1 2	2 3	3 4	5 6	8 9	12 13	18 19	27 28	41 42	↑	↑	↑	↑	↑	↑	↑	↑	↑
M	315	↓	↓	↓	↓	↓	↓	0 1	1 2	2 3	3 4	5 6	8 9	12 13	18 19	27 28	41 42	↑	↑	↑	↑	↑	↑	↑	↑	↑	↑
N	500	↓	↓	↓	↓	↓	0 1	1 2	2 3	3 4	5 6	8 9	12 13	18 19	27 28	41 42	↑	↑	↑	↑	↑	↑	↑	↑	↑	↑	↑
P	800	↓	↓	↓	↓	0 1	1 2	2 3	3 4	5 6	8 9	12 13	18 19	27 28	41 42	↑	↑	↑	↑	↑	↑	↑	↑	↑	↑	↑	↑
Q	1250	↓	↓	↓	0 1	1 2	2 3	3 4	5 6	8 9	12 13	18 19	27 28	41 42	↑	↑	↑	↑	↑	↑	↑	↑	↑	↑	↑	↑	↑
R	2000	↓	↓	0 1	1 2	2 3	3 4	5 6	8 9	12 13	18 19	27 28	41 42	↑	↑	↑	↑	↑	↑	↑	↑	↑	↑	↑	↑	↑	↑
S	3150	↓	0 1	1 2	2 3	3 4	5 6	8 9	12 13	18 19	27 28	41 42	↑	↑	↑	↑	↑	↑	↑	↑	↑	↑	↑	↑	↑	↑	↑

↓ ＝採用箭頭下第一個抽樣計畫，如果樣本大小等於或超過批量時，則用 100%檢驗

↑ ＝採用箭頭上第一個抽樣計畫

Ac＝允收數

Re＝拒收數

表 11-10　單次抽樣，減量檢驗之主表

AQL*

注：空白格內為方向箭頭（↓ / ↑ / → / ←），依下列說明使用。各 AQL 欄下之數值為「Ac Re」。

樣本大小代字	樣本大小	0.010	0.015	0.025	0.040	0.065	0.10	0.15	0.25	0.40	0.65	1.0	1.5	2.5	4.0	6.5	10	15	25	40	65	100	150	250	400	650	1000
A	2															0 1			1 2	2 3	3 4	5 6	7 8	10 11	14 15	21 22	30 31
B	2														0 1			0 2	1 3	2 4	3 5	5 6	7 8	10 11	14 15	21 22	30 31
C	2													0 1			0 2	1 3	1 4	2 5	3 6	5 8	7 10	10 13	14 17	21 24	
D	3												0 1			0 2	1 3	1 4	2 5	3 6	5 8	7 10	10 13	14 17	21 24		
E	5											0 1			0 2	1 3	1 4	2 5	3 6	5 8	7 10	10 13	14 17	21 24			
F	8										0 1			0 2	1 3	1 4	2 5	3 6	5 8	7 10	10 13						
G	13									0 1			0 2	1 3	1 4	2 5	3 6	5 8	7 10	10 13							
H	20								0 1			0 2	1 3	1 4	2 5	3 6	5 8	7 10	10 13								
J	32							0 1			0 2	1 3	1 4	2 5	3 6	5 8	7 10	10 13									
K	50						0 1			0 2	1 3	1 4	2 5	3 6	5 8	7 10	10 13										
L	80					0 1			0 2	1 3	1 4	2 5	3 6	5 8	7 10	10 13											
M	125				0 1			0 2	1 3	1 4	2 5	3 6	5 8	7 10	10 13												
N	200			0 1			0 2	1 3	1 4	2 5	3 6	5 8	7 10	10 13													
P	315		0 1			0 2	1 3	1 4	2 5	3 6	5 8	7 10	10 13														
Q	500	0 1			0 2	1 3	1 4	2 5	3 6	5 8	7 10	10 13															
R	800			0 2	1 3	1 4	2 5	3 6	5 8	7 10	10 13																

↓＝採用箭頭下第一個抽樣計畫，如果樣本大小等於或超過批量時，則用100％檢驗

↑＝採用箭頭上第一個抽樣計畫

Ac＝允收數

Re＝拒收數

＋＝如果不合格品數（或不合格點數）超過允收數，但尚未達到拒收數時，可允收該批，但回復到正常檢驗

表 11-11　雙次抽樣，正常檢驗之主表

樣本大小代字	樣本	樣本大小	累積樣本大小	0.010	0.015	0.025	0.040	0.065	0.10	0.15	0.25	0.40	0.65	1.0	1.5	2.5	4.0	6.5	10	15	25	40	65	100	150	250	400	650	1000
				Ac Re	Ac Re	Ac Re	Ac Re	Ac Re	Ac Re	Ac Re	Ac Re	Ac Re	Ac Re	Ac Re	Ac Re	Ac Re	Ac Re	Ac Re	Ac Re	Ac Re	Ac Re	Ac Re	Ac Re	Ac Re	Ac Re	Ac Re	Ac Re	Ac Re	Ac Re
A				↓	↓	↓	↓	↓	↓	↓	↓	↓	*	→	→	→	→	*	→	→	*	*	*	*	*	*	*	*	*
B	第一次	2	2															←	↓	0 2	0 3	1 4	2 5	3 7	5 9	7 11	11 16	17 22	25 31
B	第二次	2	4											*		→	*			1 2	3 4	4 5	6 7	8 9	12 13	18 19	26 27	37 38	56 57
C	第一次	3	3													←	←	→	0 2	0 3	1 4	2 5	3 7	5 9	7 11	11 16	17 22	25 31	↑
C	第二次	3	6												*	*			1 2	3 4	4 5	6 7	8 9	12 13	18 19	26 27	37 38	56 57	
D	第一次	5	5											←	→	←	→	0 2	0 3	1 4	2 5	3 7	5 9	7 11	11 16	17 22	25 31	↑	
D	第二次	5	10													*		1 2	3 4	4 5	6 7	8 9	12 13	18 19	26 27	37 38	56 57		
E	第一次	8	8										←	→	←	→	0 2	0 3	1 4	2 5	3 7	5 9	7 11	11 16	17 22	25 31	↑		
E	第二次	8	16												*		1 2	3 4	4 5	6 7	8 9	12 13	18 19	26 27	37 38	56 57			
F	第一次	13	13									←	→	←	→	0 2	0 3	1 4	2 5	3 7	5 9	7 11	11 16	↑					
F	第二次	13	26										*		1 2	3 4	4 5	6 7	8 9	12 13	18 19	26 27						
G	第一次	20	20								←	→	←	→	0 2	0 3	1 4	2 5	3 7	5 9	7 11	11 16	↑						
G	第二次	20	40									*		1 2	3 4	4 5	6 7	8 9	12 13	18 19	26 27							
H	第一次	32	32							←	→	←	→	0 2	0 3	1 4	2 5	3 7	5 9	7 11	11 16	↑							
H	第二次	32	64								*		1 2	3 4	4 5	6 7	8 9	12 13	18 19	26 27								
J	第一次	50	50						←	→	←	→	0 2	0 3	1 4	2 5	3 7	5 9	7 11	11 16	↑								
J	第二次	50	100							*		1 2	3 4	4 5	6 7	8 9	12 13	18 19	26 27									

AQL

表 11-11　（續）

AQL

樣本大小代字	樣本	樣本大小	累積樣本大小	0.010	0.015	0.025	0.040	0.065	0.10	0.15	0.25	0.40	0.65	1.0	1.5	2.5	4.0	6.5	10	15	25	40	65	100	150	250	400	650	1000
				Ac Re	Ac Re	Ac Re	Ac Re	Ac Re	Ac Re	Ac Re	Ac Re	Ac Re	Ac Re	Ac Re	Ac Re	Ac Re	Ac Re	Ac Re	Ac Re	Ac Re	Ac Re	Ac Re	Ac Re	Ac Re	Ac Re	Ac Re	Ac Re	Ac Re	Ac Re
K	第一次	80	80	↓	↓	↓	↓	↓	↓	↓	*	0 2	0 3	1 4	2 5	3 7	5 9	7 11	11 16	↑	↑	↑	↑	↑	↑	↑	↑	↑	↑
	第二次	80	160									1 2	3 4	4 5	6 7	8 9	12 13	18 19	26 27										
L	第一次	125	125	↓	↓	↓	↓	↓	↓	*	0 2	0 3	1 4	2 5	3 7	5 9	7 11	11 16	↑	↑	↑	↑	↑	↑	↑	↑	↑	↑	↑
	第二次	125	250								1 2	3 4	4 5	6 7	8 9	12 13	18 19	26 27											
M	第一次	200	200	↓	↓	↓	↓	↓	*	0 2	0 3	1 4	2 5	3 7	5 9	7 11	11 16	↑	↑	↑	↑	↑	↑	↑	↑	↑	↑	↑	↑
	第二次	200	400							1 2	3 4	4 5	6 7	8 9	12 13	18 19	26 27												
N	第一次	315	315	↓	↓	↓	↓	*	0 2	0 3	1 4	2 5	3 7	5 9	7 11	11 16	↑	↑	↑	↑	↑	↑	↑	↑	↑	↑	↑	↑	↑
	第二次	315	630						1 2	3 4	4 5	6 7	8 9	12 13	18 19	26 27													
P	第一次	500	500	↓	↓	↓	*	0 2	0 3	1 4	2 5	3 7	5 9	7 11	11 16	↑	↑	↑	↑	↑	↑	↑	↑	↑	↑	↑	↑	↑	↑
	第二次	500	1000					1 2	3 4	4 5	6 7	8 9	12 13	18 19	26 27														
Q	第一次	800	800	↓	↓	*	0 2	0 3	1 4	2 5	3 7	5 9	7 11	11 16	↑	↑	↑	↑	↑	↑	↑	↑	↑	↑	↑	↑	↑	↑	↑
	第二次	800	1600				1 2	3 4	4 5	6 7	8 9	12 13	18 19	26 27															
R	第一次	1250	1250	↓	*	0 2	0 3	1 4	2 5	3 7	5 9	7 11	11 16	↑	↑	↑	↑	↑	↑	↑	↑	↑	↑	↑	↑	↑	↑	↑	↑
	第二次	1250	2500			1 2	3 4	4 5	6 7	8 9	12 13	18 19	26 27																

↓ = 採用箭頭下第一個抽樣計畫，如果樣本大小等於或超過批量時，則用 100% 檢驗
↑ = 採用箭頭上第一個抽樣計畫
Ac = 允收數
Re = 拒收數
* = 採用對應的單次抽樣計畫（或採用下面的雙次抽樣計畫）

表11-12　雙次抽樣，加嚴檢驗之主表

*註：以下主表為 MIL-STD 型式之雙次抽樣（加嚴檢驗）主表。原表以 AQL 為橫軸（0.010～1000）、樣本大小代字 A～S 為縱軸，各格為（第一次抽樣 Ac Re／第二次累積抽樣 Ac Re）。↓、↑ 及 * 為箭頭與單次抽樣記號。下表為依原圖重建之最佳判讀。*

代字	樣本	樣本大小	累積樣本大小	0.010	0.015	0.025	0.040	0.065	0.10	0.15	0.25	0.40	0.65	1.0	1.5	2.5	4.0	6.5	10	15	25	40	65	100	150	250	400	650	1000
A				↓	↓	↓	↓	↓	↓	↓	↓	↓	↓	↓	↓	↓	↓	↓	↓	↓	↓	↓	↓	↓	↓	↓	↓	↓	↓
B	第一次	2	2	↓	↓	↓	↓	↓	↓	↓	↓	↓	↓	↓	↓	↓	↓	↓	↓	*	0 2	0 3	↑	↑	↑	↑	↑	↑	↑
	第二次	2	4																		1 2	3 4							
C	第一次	3	3	↓	↓	↓	↓	↓	↓	↓	↓	↓	↓	↓	↓	↓	↓	↓	*	0 2	0 3	1 4	↑	↑	↑	↑	↑	↑	↑
	第二次	3	6																	1 2	3 4	4 5							
D	第一次	5	5	↓	↓	↓	↓	↓	↓	↓	↓	↓	↓	↓	↓	↓	↓	*	0 2	0 3	1 4	2 5	↑	↑	↑	↑	↑	↑	↑
	第二次	5	10																1 2	3 4	4 5	6 7							
E	第一次	8	8	↓	↓	↓	↓	↓	↓	↓	↓	↓	↓	↓	↓	↓	*	0 2	0 3	1 4	2 5	3 7	6 10	↑	↑	↑	↑	↑	↑
	第二次	8	16															1 2	3 4	4 5	6 7	11 12	15 16						
F	第一次	13	13	↓	↓	↓	↓	↓	↓	↓	↓	↓	↓	↓	↓	*	0 2	0 3	1 4	2 5	3 7	6 10	9 14	↑	↑	↑	↑	↑	↑
	第二次	13	26														1 2	3 4	4 5	6 7	11 12	15 16	23 24						
G	第一次	20	20	↓	↓	↓	↓	↓	↓	↓	↓	↓	↓	↓	*	0 2	0 3	1 4	2 5	3 7	6 10	9 14	15 20	↑	↑	↑	↑	↑	↑
	第二次	20	40													1 2	3 4	4 5	6 7	11 12	15 16	23 24	34 35						
H	第一次	32	32	↓	↓	↓	↓	↓	↓	↓	↓	↓	↓	*	0 2	0 3	1 4	2 5	3 7	6 10	9 14	15 20	23 29	↑	↑	↑	↑	↑	↑
	第二次	32	64												1 2	3 4	4 5	6 7	11 12	15 16	23 24	34 35	52 53						
J	第一次	50	50	↓	↓	↓	↓	↓	↓	↓	↓	↓	*	0 2	0 3	1 4	2 5	3 7	6 10	9 14	15 20	23 29	↑	↑	↑	↑	↑	↑	↑
	第二次	50	100											1 2	3 4	4 5	6 7	11 12	15 16	23 24	34 35	52 53							
K	第一次	80	80	↓	↓	↓	↓	↓	↓	↓	↓	*	0 2	0 3	1 4	2 5	3 7	6 10	9 14	15 20	23 29	↑	↑	↑	↑	↑	↑	↑	↑
	第二次	80	160										1 2	3 4	4 5	6 7	11 12	15 16	23 24	34 35	52 53								
L	第一次	125	125	↓	↓	↓	↓	↓	↓	↓	*	0 2	0 3	1 4	2 5	3 7	6 10	9 14	15 20	23 29	↑	↑	↑	↑	↑	↑	↑	↑	↑
	第二次	125	250									1 2	3 4	4 5	6 7	11 12	15 16	23 24	34 35	52 53									
M	第一次	200	200	↓	↓	↓	↓	↓	↓	*	0 2	0 3	1 4	2 5	3 7	6 10	9 14	15 20	23 29	↑	↑	↑	↑	↑	↑	↑	↑	↑	↑
	第二次	200	400								1 2	3 4	4 5	6 7	11 12	15 16	23 24	34 35	52 53										
N	第一次	315	315	↓	↓	↓	↓	↓	*	0 2	0 3	1 4	2 5	3 7	6 10	9 14	15 20	23 29	↑	↑	↑	↑	↑	↑	↑	↑	↑	↑	↑
	第二次	315	630							1 2	3 4	4 5	6 7	11 12	15 16	23 24	34 35	52 53											
P	第一次	500	500	↓	↓	↓	↓	*	0 2	0 3	1 4	2 5	3 7	6 10	9 14	15 20	23 29	↑	↑	↑	↑	↑	↑	↑	↑	↑	↑	↑	↑
	第二次	500	1000						1 2	3 4	4 5	6 7	11 12	15 16	23 24	34 35	52 53												
Q	第一次	800	800	↓	↓	↓	*	0 2	0 3	1 4	2 5	3 7	6 10	9 14	15 20	23 29	↑	↑	↑	↑	↑	↑	↑	↑	↑	↑	↑	↑	↑
	第二次	800	1600					1 2	3 4	4 5	6 7	11 12	15 16	23 24	34 35	52 53													
R	第一次	1250	1250	↓	↓	*	0 2	0 3	1 4	2 5	3 7	6 10	9 14	15 20	23 29	↑	↑	↑	↑	↑	↑	↑	↑	↑	↑	↑	↑	↑	↑
	第二次	1250	2500				1 2	3 4	4 5	6 7	11 12	15 16	23 24	34 35	52 53														
S	第一次	2000	2000	↓	*	0 2	0 3	1 4	2 5	3 7	6 10	9 14	15 20	23 29	↑	↑	↑	↑	↑	↑	↑	↑	↑	↑	↑	↑	↑	↑	↑
	第二次	2000	4000			1 2	3 4	4 5	6 7	11 12	15 16	23 24	34 35	52 53															

↓ ＝採用箭頭下第一個抽樣計畫，如果樣本大小等於或超過批過量時，則用100%檢驗　　↑ ＝採用箭頭上第一個抽樣計畫

Ac ＝允收數　　Re ＝拒收數　　＊ ＝採用對應的單次抽樣計畫（或採用下面的雙次抽樣計畫）

表11-13 雙次抽樣，減量檢驗之主表

樣本大小代字	樣本	樣本大小	累積樣本大小	AQL+																									
				0.010	0.015	0.025	0.040	0.065	0.10	0.15	0.25	0.40	0.65	1.0	1.5	2.5	4.0	6.5	10	15	25	40	65	100	150	250	400	650	1000
				Ac Re	Ac Re	Ac Re	Ac Re	Ac Re	Ac Re	Ac Re	Ac Re	Ac Re	Ac Re	Ac Re	Ac Re	Ac Re	Ac Re	Ac Re	Ac Re	Ac Re	Ac Re	Ac Re	Ac Re	Ac Re	Ac Re	Ac Re	Ac Re	Ac Re	Ac Re
A				↓	↓	↓	↓	↓	↓	↓	↓	↓	↓	↓	↓	↓	↓	*	↓	↓	*	*	*	*	*	*	*	*	*
B				↓	↓	↓	↓	↓	↓	↓	↓	↓	↓	↓	↓	↓	*	↑	↓	*	*	*	*	*	*	*	*	*	*
C				↓	↓	↓	↓	↓	↓	↓	↓	↓	↓	↓	↓	*	↑	↓	*	*	*	*	*	*	*	*	*	*	↑
D	第一次 第二次	2 2	2 4	↓	↓	↓	↓	↓	↓	↓	↓	↓	↓	↓	*	↑	↓	0 2 0 2	0 3 0 4	0 4 1 5	0 4 3 6	1 5 4 7	2 7 6 9	3 8 8 12	5 10 12 16	7 12 18 22	11 17 26 30	↑	↑
E	第一次 第二次	3 3	3 6	↓	↓	↓	↓	↓	↓	↓	↓	↓	↓	*	↑	↓	0 2 0 2	0 3 0 4	0 4 1 5	0 4 3 6	1 5 4 7	2 7 6 9	3 8 8 12	5 10 12 16	7 12 18 22	11 17 26 30	↑	↑	↑
F	第一次 第二次	5 5	5 10	↓	↓	↓	↓	↓	↓	↓	↓	↓	*	↑	↓	0 2 0 2	0 3 0 4	0 4 1 5	0 4 3 6	1 5 4 7	2 7 6 9	3 8 8 12	5 10 12 16	↑	↑	↑	↑	↑	↑
G	第一次 第二次	8 8	8 16	↓	↓	↓	↓	↓	↓	↓	↓	*	↑	↓	0 2 0 2	0 3 0 4	0 4 1 5	0 4 3 6	1 5 4 7	2 7 6 9	3 8 8 12	5 10 12 16	↑	↑	↑	↑	↑	↑	↑
H	第一次 第二次	13 13	13 26	↓	↓	↓	↓	↓	↓	↓	*	↑	↓	0 2 0 2	0 3 0 4	0 4 1 5	0 4 3 6	1 5 4 7	2 7 6 9	3 8 8 12	5 10 12 16	↑	↑	↑	↑	↑	↑	↑	↑
J	第一次 第二次	20 20	20 40	↓	↓	↓	↓	↓	↓	*	↑	↓	0 2 0 2	0 3 0 4	0 4 1 5	0 4 3 6	1 5 4 7	2 7 6 9	3 8 8 12	5 10 12 16	↑	↑	↑	↑	↑	↑	↑	↑	↑
K	第一次 第二次	32 32	32 64	↓	↓	↓	↓	↓	*	↑	↓	0 2 0 2	0 3 0 4	0 4 1 5	0 4 3 6	1 5 4 7	2 7 6 9	3 8 8 12	5 10 12 16	↑	↑	↑	↑	↑	↑	↑	↑	↑	↑
L	第一次 第二次	50 50	50 100	↓	↓	↓	↓	*	↑	↓	0 2 0 2	0 3 0 4	0 4 1 5	0 4 3 6	1 5 4 7	2 7 6 9	3 8 8 12	5 10 12 16	↑	↑	↑	↑	↑	↑	↑	↑	↑	↑	↑
M	第一次 第二次	80 80	80 160	↓	↓	↓	*	↑	↓	0 2 0 2	0 3 0 4	0 4 1 5	0 4 3 6	1 5 4 7	2 7 6 9	3 8 8 12	5 10 12 16	↑	↑	↑	↑	↑	↑	↑	↑	↑	↑	↑	↑
N	第一次 第二次	125 125	125 250	↓	↓	*	↑	↓	0 2 0 2	0 3 0 4	0 4 1 5	0 4 3 6	1 5 4 7	2 7 6 9	3 8 8 12	5 10 12 16	↑	↑	↑	↑	↑	↑	↑	↑	↑	↑	↑	↑	↑
P	第一次 第二次	200 200	200 400	↓	*	↑	↓	0 2 0 2	0 3 0 4	0 4 1 5	0 4 3 6	1 5 4 7	2 7 6 9	3 8 8 12	5 10 12 16	↑	↑	↑	↑	↑	↑	↑	↑	↑	↑	↑	↑	↑	↑
Q	第一次 第二次	315 315	315 630	*	↑	↓	0 2 0 2	0 3 0 4	0 4 1 5	0 4 3 6	1 5 4 7	2 7 6 9	3 8 8 12	5 10 12 16	↑	↑	↑	↑	↑	↑	↑	↑	↑	↑	↑	↑	↑	↑	↑
R	第一次 第二次	500 500	500 1000	↑	↑	0 2 0 2	0 3 0 4	0 4 1 5	0 4 3 6	1 5 4 7	2 7 6 9	3 8 8 12	5 10 12 16	↑	↑	↑	↑	↑	↑	↑	↑	↑	↑	↑	↑	↑	↑	↑	↑

↓＝採用箭頭下第一個抽樣計畫，如果樣本大小等於或超過批量時，則用100%檢驗

↑＝採用箭頭上第一個抽樣計畫　Ac＝允收數　Re＝拒收數

*＝採用對應的單次抽樣計畫（或採用下面的雙次抽樣計畫）

＋＝如果在第二次抽樣後，不合格品數(或不合格點數)超過允收數，但尚未達到拒收數時，可允收該批，但回復到正常檢驗

表 11‑14　多次抽樣，正常檢驗之主表

各 AQL 欄位之數值為「Ac Re」（允收數　拒收數）。
符號說明：`#` = 此樣本大小不允許允收；`↓` = 使用箭頭下方第一個抽樣計畫；`↑` = 使用箭頭上方第一個抽樣計畫；`*` = 使用對應之單次抽樣計畫；`←`/`→` = 沿箭頭方向使用計畫。

樣本大小代字	樣本	樣本大小	累積樣本大小	0.010	0.015	0.025	0.040	0.065	0.10	0.15	0.25	0.40	0.65	1.0	1.5	2.5	4.0	6.5	10	15	25	40	65	100	150	250	400	650	1000
A				←																						*	*	*
B				←																					*	‡	‡	‡
C				←																				*	‡	‡	‡	‡
D	第一次	2	2															↓	# 2	# 3	# 4	0 4	0 5	1 7	2 9	4 12	6 16	↑	
	第二次	2	4																# 2	0 3	1 5	1 6	3 8	4 10	7 14	11 19	17 27		
	第三次	2	6																0 2	1 4	2 6	3 8	6 10	8 13	13 19	19 27	29 39		
	第四次	2	8																0 3	2 5	3 7	5 10	8 13	12 17	19 25	27 34	40 49		
	第五次	2	10																1 3	3 6	5 8	7 11	11 15	17 20	25 29	36 40	53 58		
	第六次	2	12																1 3	4 6	7 9	10 12	14 17	21 23	31 33	45 47	65 68		
	第七次	2	14																2 3	6 7	9 10	13 14	18 19	25 26	37 38	53 54	77 78		
E	第一次	3	3														↓	# 2	# 3	# 4	0 4	0 5	1 7	2 9	4 12	6 16	↑		
	第二次	3	6															# 2	0 3	1 5	1 6	3 8	4 10	7 14	11 19	17 27			
	第三次	3	9															0 2	1 4	2 6	3 8	6 10	8 13	13 19	19 27	29 39			
	第四次	3	12															0 3	2 5	3 7	5 10	8 13	12 17	19 25	27 34	40 49			
	第五次	3	15															1 3	3 6	5 8	7 11	11 15	17 20	25 29	36 40	53 58			
	第六次	3	18															1 3	4 6	7 9	10 12	14 17	21 23	31 33	45 47	65 68			
	第七次	3	21															2 3	6 7	9 10	13 14	18 19	25 26	37 38	53 54	77 78			
F	第一次	5	5													↓	# 2	# 3	# 4	0 4	0 5	1 7	2 9	4 12	6 16	↑			
	第二次	5	10														# 2	0 3	1 5	1 6	3 8	4 10	7 14	11 19	17 27				
	第三次	5	15														0 2	1 4	2 6	3 8	6 10	8 13	13 19	19 27	29 39				
	第四次	5	20														0 3	2 5	3 7	5 10	8 13	12 17	19 25	27 34	40 49				
	第五次	5	25														1 3	3 6	5 8	7 11	11 15	17 20	25 29	36 40	53 58				
	第六次	5	30														1 3	4 6	7 9	10 12	14 17	21 23	31 33	45 47	65 68				
	第七次	5	35														2 3	6 7	9 10	13 14	18 19	25 26	37 38	53 54	77 78				
G	第一次	8	8												↓	# 2	# 3	# 4	0 4	0 5	1 7	2 9	4 12	6 16	↑				
	第二次	8	16													# 2	0 3	1 5	1 6	3 8	4 10	7 14	11 19	17 27					
	第三次	8	24													0 2	1 4	2 6	3 8	6 10	8 13	13 19	19 27	29 39					
	第四次	8	32													0 3	2 5	3 7	5 10	8 13	12 17	19 25	27 34	40 49					
	第五次	8	40													1 3	3 6	5 8	7 11	11 15	17 20	25 29	36 40	53 58					
	第六次	8	48													1 3	4 6	7 9	10 12	14 17	21 23	31 33	45 47	65 68					
	第七次	8	56													2 3	6 7	9 10	13 14	18 19	25 26	37 38	53 54	77 78					
H	第一次	13	13											↓	# 2	# 3	# 4	0 4	0 5	1 7	2 9	4 12	6 16	↑					
	第二次	13	26												# 2	0 3	1 5	1 6	3 8	4 10	7 14	11 19	17 27						
	第三次	13	39												0 2	1 4	2 6	3 8	6 10	8 13	13 19	19 27	29 39						
	第四次	13	52												0 3	2 5	3 7	5 10	8 13	12 17	19 25	27 34	40 49						
	第五次	13	65												1 3	3 6	5 8	7 11	11 15	17 20	25 29	36 40	53 58						
	第六次	13	78												1 3	4 6	7 9	10 12	14 17	21 23	31 33	45 47	65 68						
	第七次	13	91												2 3	6 7	9 10	13 14	18 19	25 26	37 38	53 54	77 78						
J	第一次	20	20										↓	# 2	# 3	# 4	0 4	0 5	1 7	2 9	4 12	6 16	↑						
	第二次	20	40											# 2	0 3	1 5	1 6	3 8	4 10	7 14	11 19	17 27							
	第三次	20	60											0 2	1 4	2 6	3 8	6 10	8 13	13 19	19 27	29 39							
	第四次	20	80											0 3	2 5	3 7	5 10	8 13	12 17	19 25	27 34	40 49							
	第五次	20	100											1 3	3 6	5 8	7 11	11 15	17 20	25 29	36 40	53 58							
	第六次	20	120											1 3	4 6	7 9	10 12	14 17	21 23	31 33	45 47	65 68							
	第七次	20	140											2 3	6 7	9 10	13 14	18 19	25 26	37 38	53 54	77 78							

表 11-14　（續）

AQL（各 AQL 欄位以「Ac Re」表示接收數與拒收數）

代字	樣本	樣本大小	累積樣本大小	0.010	0.015	0.025	0.040	0.065	0.10	0.15	0.25	0.40	0.65	1.0	1.5	2.5	4.0	6.5	10	15	25	40	65	100	150	250	400	650	1000
K	第一次	32	32	→	→	→	→	→	*	→	→	# 2	# 3	# 3	0 4	0 4	0 5	1 7	2 9	←	←	←	←	←	←	←	←	←	←
	第二次	32	64	→	→	→	→	→	*	→	→	# 2	0 3	0 3	1 5	1 6	3 8	4 10	7 14	←	←	←	←	←	←	←	←	←	←
	第三次	32	96	→	→	→	→	→	*	→	→	0 3	0 4	1 4	2 6	3 8	6 10	8 13	13 19	←	←	←	←	←	←	←	←	←	←
	第四次	32	128	→	→	→	→	→	*	→	→	0 3	1 5	2 5	3 7	5 10	8 13	12 17	19 25	←	←	←	←	←	←	←	←	←	←
	第五次	32	160	→	→	→	→	→	*	→	→	1 3	2 5	3 6	5 8	7 11	11 15	17 20	25 29	←	←	←	←	←	←	←	←	←	←
	第六次	32	192	→	→	→	→	→	*	→	→	1 3	3 5	4 6	7 9	10 12	14 17	21 23	31 33	←	←	←	←	←	←	←	←	←	←
	第七次	32	224	→	→	→	→	→	*	→	→	2 3	4 5	6 7	9 10	13 14	18 19	25 26	37 38	←	←	←	←	←	←	←	←	←	←
L	第一次	50	50	→	→	→	→	*	→	→	# 2	# 3	# 3	0 4	0 4	0 5	1 7	2 9	←	←	←	←	←	←	←	←	←	←	←
	第二次	50	100	→	→	→	→	*	→	→	# 2	0 3	0 3	1 5	1 6	3 8	4 10	7 14	←	←	←	←	←	←	←	←	←	←	←
	第三次	50	150	→	→	→	→	*	→	→	0 3	0 4	1 4	2 6	3 8	6 10	8 13	13 19	←	←	←	←	←	←	←	←	←	←	←
	第四次	50	200	→	→	→	→	*	→	→	0 3	1 5	2 5	3 7	5 10	8 13	12 17	19 25	←	←	←	←	←	←	←	←	←	←	←
	第五次	50	250	→	→	→	→	*	→	→	1 3	2 5	3 6	5 8	7 11	11 15	17 20	25 29	←	←	←	←	←	←	←	←	←	←	←
	第六次	50	300	→	→	→	→	*	→	→	1 3	3 5	4 6	7 9	10 12	14 17	21 23	31 33	←	←	←	←	←	←	←	←	←	←	←
	第七次	50	350	→	→	→	→	*	→	→	2 3	4 5	6 7	9 10	13 14	18 19	25 26	37 38	←	←	←	←	←	←	←	←	←	←	←
M	第一次	80	80	→	→	→	*	→	→	# 2	# 3	# 3	0 4	0 4	0 5	1 7	2 9	←	←	←	←	←	←	←	←	←	←	←	←
	第二次	80	160	→	→	→	*	→	→	# 2	0 3	0 3	1 5	1 6	3 8	4 10	7 14	←	←	←	←	←	←	←	←	←	←	←	←
	第三次	80	240	→	→	→	*	→	→	0 3	0 4	1 4	2 6	3 8	6 10	8 13	13 19	←	←	←	←	←	←	←	←	←	←	←	←
	第四次	80	320	→	→	→	*	→	→	0 3	1 5	2 5	3 7	5 10	8 13	12 17	19 25	←	←	←	←	←	←	←	←	←	←	←	←
	第五次	80	400	→	→	→	*	→	→	1 3	2 5	3 6	5 8	7 11	11 15	17 20	25 29	←	←	←	←	←	←	←	←	←	←	←	←
	第六次	80	480	→	→	→	*	→	→	1 3	3 5	4 6	7 9	10 12	14 17	21 23	31 33	←	←	←	←	←	←	←	←	←	←	←	←
	第七次	80	560	→	→	→	*	→	→	2 3	4 5	6 7	9 10	13 14	18 19	25 26	37 38	←	←	←	←	←	←	←	←	←	←	←	←
N	第一次	125	125	→	→	*	→	→	# 2	# 3	# 3	0 4	0 4	0 5	1 7	2 9	←	←	←	←	←	←	←	←	←	←	←	←	←
	第二次	125	250	→	→	*	→	→	# 2	0 3	0 3	1 5	1 6	3 8	4 10	7 14	←	←	←	←	←	←	←	←	←	←	←	←	←
	第三次	125	375	→	→	*	→	→	0 3	0 4	1 4	2 6	3 8	6 10	8 13	13 19	←	←	←	←	←	←	←	←	←	←	←	←	←
	第四次	125	500	→	→	*	→	→	0 3	1 5	2 5	3 7	5 10	8 13	12 17	19 25	←	←	←	←	←	←	←	←	←	←	←	←	←
	第五次	125	625	→	→	*	→	→	1 3	2 5	3 6	5 8	7 11	11 15	17 20	25 29	←	←	←	←	←	←	←	←	←	←	←	←	←
	第六次	125	750	→	→	*	→	→	1 3	3 5	4 6	7 9	10 12	14 17	21 23	31 33	←	←	←	←	←	←	←	←	←	←	←	←	←
	第七次	125	875	→	→	*	→	→	2 3	4 5	6 7	9 10	13 14	18 19	25 26	37 38	←	←	←	←	←	←	←	←	←	←	←	←	←
P	第一次	200	200	→	*	→	→	# 2	# 3	# 3	0 4	0 4	0 5	1 7	2 9	←	←	←	←	←	←	←	←	←	←	←	←	←	←
	第二次	200	400	→	*	→	→	# 2	0 3	0 3	1 5	1 6	3 8	4 10	7 14	←	←	←	←	←	←	←	←	←	←	←	←	←	←
	第三次	200	600	→	*	→	→	0 3	0 4	1 4	2 6	3 8	6 10	8 13	13 19	←	←	←	←	←	←	←	←	←	←	←	←	←	←
	第四次	200	800	→	*	→	→	0 3	1 5	2 5	3 7	5 10	8 13	12 17	19 25	←	←	←	←	←	←	←	←	←	←	←	←	←	←
	第五次	200	1000	→	*	→	→	1 3	2 5	3 6	5 8	7 11	11 15	17 20	25 29	←	←	←	←	←	←	←	←	←	←	←	←	←	←
	第六次	200	1200	→	*	→	→	1 3	3 5	4 6	7 9	10 12	14 17	21 23	31 33	←	←	←	←	←	←	←	←	←	←	←	←	←	←
	第七次	200	1400	→	*	→	→	2 3	4 5	6 7	9 10	13 14	18 19	25 26	37 38	←	←	←	←	←	←	←	←	←	←	←	←	←	←

表 11-14　（續）

AQL（每一格為 Ac　Re）

樣本大小字碼	樣本大小	累積樣本大小	0.010	0.015	0.025	0.040	0.065	0.10	0.15	0.25	0.40	0.65	1.0	1.5	2.5	4.0	6.5	10	15	25	40	65	100	150	250	400	650	1000
Q 第一次	315	315	＊	↓	↓	＃ 2	＃ 2	＃ 3	＃ 4	0 4	0 5	1 7	2 9	↑	↑	↑	↑	↑	↑	↑	↑	↑	↑	↑	↑	↑	↑	↑
第二次	315	630				＃ 2	0 3	0 3	1 5	1 6	3 8	4 10	7 14															
第三次	315	945				0 2	0 3	1 4	2 6	3 8	6 10	8 13	13 19															
第四次	315	1260				0 3	1 4	2 5	3 7	5 10	8 13	12 17	19 25															
第五次	315	1575				1 3	2 4	3 6	5 8	7 11	11 15	17 20	25 29															
第六次	315	1890				1 3	3 5	4 7	7 9	10 12	14 17	21 23	31 33															
第七次	315	2205				2 3	4 5	6 7	9 10	13 14	18 19	25 26	37 38															
R 第一次	500	500	↓	↓	＃ 2	＃ 2	＃ 3	＃ 4	0 4	0 5	1 7	2 9	↑	↑	↑	↑	↑	↑	↑	↑	↑	↑	↑	↑	↑	↑	↑	↑
第二次	500	1000			＃ 2	0 3	0 3	1 5	1 6	3 8	4 10	7 14																
第三次	500	1500			0 2	0 3	1 4	2 6	3 8	6 10	8 13	13 19																
第四次	500	2000			0 3	1 4	2 5	3 7	5 10	8 13	12 17	19 25																
第五次	500	2500			1 3	2 4	3 6	5 8	7 11	11 15	17 20	25 29																
第六次	500	3000			1 3	3 5	4 7	7 9	10 12	14 17	21 23	31 33																
第七次	500	3500			2 3	4 5	6 7	9 10	13 14	18 19	25 26	37 38																

↓＝採用箭頭下第一個抽樣計畫，如果樣本大小等於或超過批量時，則用 100%檢驗

↑＝採用箭頭上第一個抽樣計畫

Ac＝允收數

Re＝拒收數

＊＝採用對應的單次抽樣計畫（或採用下面的多次抽樣計畫）

十＝採用對應的雙次抽樣計畫（或採用下面的多次抽樣計畫）

＃＝在此種樣本大小下不能允收

表 11-15　多次抽樣，加嚴檢驗之主表

AQL

樣本大小代字	樣本	樣本大小	累積樣本大小	2.5 Ac Re	4.0 Ac Re	6.5 Ac Re	10 Ac Re	15 Ac Re	25 Ac Re	40 Ac Re	65 Ac Re	100 Ac Re	150 Ac Re	250 Ac Re	400 Ac Re	650 Ac Re
A				↓	↓	↓	↓	↓	↓	↓	↓	↓	↓	↓	↓	↓
B				↓	↓	↓	↓	↓	↓	↓	↓	↓	↓	↓	↓	↓
C				↓	↓	↓	↓	↓	↓	↓	↓	↓	↓	↓	↓	↓
D	第一次	2	2	↓	↓	↓	↓	# 2	# 3	# 4	0 4	0 6	1 8	3 10	6 15	↑
	第二次	2	4					# 2	0 3	1 5	2 7	3 9	6 12	10 17	16 25	
	第三次	2	6					0 3	1 4	2 6	4 9	7 12	11 17	17 24	26 36	
	第四次	2	8					1 3	2 5	3 7	6 11	10 15	16 22	24 31	37 46	
	第五次	2	10					1 4	3 6	5 8	9 12	14 17	22 25	32 37	49 55	
	第六次	2	12					2 4	4 6	7 9	12 14	18 20	27 29	40 43	61 64	
	第七次	2	14					3 5	6 7	9 10	14 15	21 22	32 33	48 49	72 73	
E	第一次	3	3	↓	↓	↓	# 2	# 3	# 4	0 4	0 6	1 8	3 10	6 15	↑	↑
	第二次	3	6				# 2	0 3	1 5	2 7	3 9	6 12	10 17	16 25		
	第三次	3	9				0 3	1 4	2 6	4 9	7 12	11 17	17 24	26 36		
	第四次	3	12				1 3	2 5	3 7	6 11	10 15	16 22	24 31	37 46		
	第五次	3	15				1 4	3 6	5 8	9 12	14 17	22 25	32 37	49 55		
	第六次	3	18				2 4	4 6	7 9	12 14	18 20	27 29	40 43	61 64		
	第七次	3	21				3 5	6 7	9 10	14 15	21 22	32 33	48 49	72 73		
F	第一次	5	5	↓	↓	# 2	# 3	# 4	0 4	0 6	1 8	3 10	6 15	↑	↑	↑
	第二次	5	10			# 2	0 3	1 5	2 7	3 9	6 12	10 17	16 25			
	第三次	5	15			0 3	1 4	2 6	4 9	7 12	11 17	17 24	26 36			
	第四次	5	20			1 3	2 5	3 7	6 11	10 15	16 22	24 31	37 46			
	第五次	5	25			1 4	3 6	5 8	9 12	14 17	22 25	32 37	49 55			
	第六次	5	30			2 4	4 6	7 9	12 14	18 20	27 29	40 43	61 64			
	第七次	5	35			3 5	6 7	9 10	14 15	21 22	32 33	48 49	72 73			
G	第一次	8	8	↓	# 2	# 3	# 4	0 4	0 6	1 8	3 10	6 15	↑	↑	↑	↑
	第二次	8	16		# 2	0 3	1 5	2 7	3 9	6 12	10 17	16 25				
	第三次	8	24		0 3	1 4	2 6	4 9	7 12	11 17	17 24	26 36				
	第四次	8	32		1 3	2 5	3 7	6 11	10 15	16 22	24 31	37 46				
	第五次	8	40		1 4	3 6	5 8	9 12	14 17	22 25	32 37	49 55				
	第六次	8	48		2 4	4 6	7 9	12 14	18 20	27 29	40 43	61 64				
	第七次	8	56		3 5	6 7	9 10	14 15	21 22	32 33	48 49	72 73				
H	第一次	13	13	# 2	# 3	# 4	0 4	0 6	1 8	3 10	6 15	↑	↑	↑	↑	↑
	第二次	13	26	# 2	0 3	1 5	2 7	3 9	6 12	10 17	16 25					
	第三次	13	39	0 3	1 4	2 6	4 9	7 12	11 17	17 24	26 36					
	第四次	13	52	1 3	2 5	3 7	6 11	10 15	16 22	24 31	37 46					
	第五次	13	65	1 4	3 6	5 8	9 12	14 17	22 25	32 37	49 55					
	第六次	13	78	2 4	4 6	7 9	12 14	18 20	27 29	40 43	61 64					
	第七次	13	91	3 5	6 7	9 10	14 15	21 22	32 33	48 49	72 73					

表 11-15 （續）

表 11-15 （續）

AQL

樣本大小代字	樣本	樣本大小	累積樣本大小	0.025 Ac Re	0.040 Ac Re	0.065 Ac Re	0.10 Ac Re	0.15 Ac Re	0.25 Ac Re	0.40 Ac Re	0.65 Ac Re	1.0 Ac Re
Q	第一次	315	315	↓	↓	# 2	# 2	# 3	# 4	0 4	0 6	1 8
	第二次	315	630			# 2	# 3	# 3	1 5	2 7	3 9	6 12
	第三次	315	945			0 3	0 3	1 4	2 6	4 9	7 12	11 17
	第四次	315	1260			0 3	1 4	2 5	3 7	6 11	10 15	16 22
	第五次	315	1575			1 3	2 4	3 6	5 8	9 12	14 17	22 25
	第六次	315	1890			1 3	3 5	4 6	7 9	12 14	18 20	27 29
	第七次	315	2205			2 3	4 5	6 7	9 10	14 15	21 22	32 33
R	第一次	500	500	↓	# 2	# 2	# 3	# 4	0 4	0 6	1 8	↑
	第二次	500	1000		# 2	# 3	# 3	1 5	2 7	3 9	6 12	
	第三次	500	1500		0 3	0 3	1 4	2 6	4 9	7 12	11 17	
	第四次	500	2000		0 3	1 4	2 5	3 7	6 11	10 15	16 22	
	第五次	500	2500		1 3	2 4	3 6	5 8	9 12	14 17	22 25	
	第六次	500	3000		1 3	3 5	4 6	7 9	12 14	18 20	27 29	
	第七次	500	3500		2 3	4 5	6 7	9 10	14 15	21 22	32 33	
S	第一次	800	800	# 2	# 2	# 3	# 4	0 4	0 6	1 8	↑	↑
	第二次	800	1600	# 2	# 3	# 3	1 5	2 7	3 9	6 12		
	第三次	800	2400	0 3	0 3	1 4	2 6	4 9	7 12	11 17		
	第四次	800	3200	0 3	1 4	2 5	3 7	6 11	10 15	16 22		
	第五次	800	4000	1 3	2 4	3 6	5 8	9 12	14 17	22 25		
	第六次	800	4800	1 3	3 5	4 6	7 9	12 14	18 20	27 29		
	第七次	800	5600	2 3	4 5	6 7	9 10	14 15	21 22	32 33		

（AQL 欄 0.010、0.015 含「↓」與「＊」符號；AQL 欄 1.5、2.5、4.0、6.5、10、15、25、40、65、100、150、250、400、650、1000 均為「↑」箭頭。）

↓＝採用箭頭下第一個抽樣計畫，如果樣本大小等於或超過批量時，則用 100%檢驗

↑＝採用箭頭上第一個抽樣計畫

Ac＝允收數

Re＝拒收數

＊＝採用對應的單次抽樣計畫（或採用下面的多次抽樣計畫）

╪＝採用對應的雙次抽樣計畫（或採用下面的雙次抽樣計畫）

＃＝在此種樣本大小下不不能允收

表 11-16　多次抽樣、減量檢驗之主表

凡 * 表示使用箭頭下（或上）之第一個抽樣計畫；# 表示接收數為零；↓↑←→ 表示沿箭頭方向使用第一個抽樣計畫。

樣本大小代字	樣本	樣本大小	累積樣本大小	AQL 2.5 (Ac Re)	4.0 (Ac Re)	6.5 (Ac Re)	10 (Ac Re)	15 (Ac Re)	25 (Ac Re)	40 (Ac Re)	65 (Ac Re)
A		2	2								
B		2	2								
C		2	2								
D		2	2								
E		2	2								
F	第一次	2	2	# 2	# 2	# 3	# 3	# 4	# 4	0 5	0 6
	第二次	2	4	# 2	# 3	# 3	0 4	0 5	1 6	1 7	3 9
	第三次	2	6	0 3	0 4	0 4	0 5	1 6	2 8	3 9	6 12
	第四次	2	8	0 3	0 5	0 5	1 6	2 7	3 10	5 12	8 15
	第五次	2	10	1 3	1 6	1 6	2 7	3 8	5 11	7 13	11 17
	第六次	2	12	1 3	1 6	2 7	3 8	4 9	7 12	10 15	14 20
	第七次	2	14		2 7	4 8	4 8	6 10	9 14	13 17	18 22
G	第一次	3	3	# 2	# 2	# 3	# 3	# 4	0 5	0 6	
	第二次	3	6	# 3	# 3	# 3	0 4	0 5	1 7	3 9	
	第三次	3	9	0 4	0 4	0 4	1 6	2 8	3 9	6 12	
	第四次	3	12	0 4	0 5	1 6	2 7	3 10	5 12	8 15	
	第五次	3	15	1 5	1 6	2 7	3 8	5 11	7 13	11 17	
	第六次	3	18	1 5	2 7	3 8	4 9	7 12	10 15	14 20	
	第七次	3	21	1 5	4 8	4 8	6 10	9 14	13 17	18 22	
H	第一次	5	5	# 2	# 3	# 3	# 4	0 5	0 6		
	第二次	5	10	# 2	# 3	0 4	0 5	1 7	3 9		
	第三次	5	15	0 3	0 4	1 6	2 8	3 9	6 12		
	第四次	5	20	0 4	1 6	2 7	3 10	5 12	8 15		
	第五次	5	25	1 5	2 7	3 8	5 11	7 13	11 17		
	第六次	5	30	1 5	3 8	4 9	7 12	10 15	14 20		
	第七次	5	35	2 7	4 8	6 10	9 14	13 17	18 22		
J	第一次	8	8	# 3	# 3	# 4	0 5				
	第二次	8	16	# 3	0 4	0 5	1 7				
	第三次	8	24	0 4	1 6	2 8	3 9				
	第四次	8	32	0 5	2 7	3 10	5 12				
	第五次	8	40	1 6	3 8	5 11	7 13				
	第六次	8	48	1 6	4 9	7 12	10 15				
	第七次	8	56	2 7	6 10	9 14	13 17				

表 11-16　（續）

以下表格各 AQL 欄位數值皆為「Ac Re」（允收數 允收數對照），"←"、"→" 表示使用箭頭所指方向之第一個抽樣計劃，"*" 表示使用相對應之單次抽樣計劃。

樣本大小代字	樣本	樣本大小	累積樣本大小	0.010	0.015	0.025	0.040	0.065	0.10	0.15	0.25	0.40	0.65	1.0	1.5	2.5	4.0	6.5	10	15	25	40	65	100	150	250	400	650	1000
K	第一次	13	13	←	←	←	←	←	*	→	→	# 2	# 3	# 3	# 4	# 4	# 4	0 5	0 6	←	←	←	←	←	←	←	←	←	←
K	第二次	13	26	←	←	←	←	←	*	→	→	# 2	# 3	0 4	0 5	1 6	1 6	1 7	3 9	←	←	←	←	←	←	←	←	←	←
K	第三次	13	39	←	←	←	←	←	*	→	→	0 2	0 4	0 5	1 6	2 7	2 8	3 9	6 12	←	←	←	←	←	←	←	←	←	←
K	第四次	13	52	←	←	←	←	←	*	→	→	0 3	0 5	1 6	2 7	3 9	3 10	5 11	8 15	←	←	←	←	←	←	←	←	←	←
K	第五次	13	65	←	←	←	←	←	*	→	→	0 3	1 6	2 7	3 8	5 10	5 11	7 13	11 17	←	←	←	←	←	←	←	←	←	←
K	第六次	13	78	←	←	←	←	←	*	→	→	1 3	1 6	3 8	4 9	7 12	7 12	10 15	14 20	←	←	←	←	←	←	←	←	←	←
K	第七次	13	91	←	←	←	←	←	*	→	→	1 3	2 7	4 9	6 10	9 13	9 14	13 17	18 22	←	←	←	←	←	←	←	←	←	←
L	第一次	20	20	←	←	←	←	*	→	→	# 2	# 3	# 3	# 4	# 4	# 4	0 5	0 6	←	←	←	←	←	←	←	←	←	←	←
L	第二次	20	40	←	←	←	←	*	→	→	# 2	# 3	0 4	0 5	1 6	1 6	1 7	3 9	←	←	←	←	←	←	←	←	←	←	←
L	第三次	20	60	←	←	←	←	*	→	→	0 2	0 4	0 5	1 6	2 7	2 8	3 9	6 12	←	←	←	←	←	←	←	←	←	←	←
L	第四次	20	80	←	←	←	←	*	→	→	0 3	0 5	1 6	2 7	3 9	3 10	5 11	8 15	←	←	←	←	←	←	←	←	←	←	←
L	第五次	20	100	←	←	←	←	*	→	→	0 3	1 6	2 7	3 8	5 10	5 11	7 13	11 17	←	←	←	←	←	←	←	←	←	←	←
L	第六次	20	120	←	←	←	←	*	→	→	1 3	1 6	3 8	4 9	7 12	7 12	10 15	14 20	←	←	←	←	←	←	←	←	←	←	←
L	第七次	20	140	←	←	←	←	*	→	→	1 3	2 7	4 9	6 10	9 13	9 14	13 17	18 22	←	←	←	←	←	←	←	←	←	←	←
M	第一次	32	32	←	←	←	*	→	→	# 2	# 3	# 3	# 4	# 4	# 4	0 5	0 6	←	←	←	←	←	←	←	←	←	←	←	←
M	第二次	32	64	←	←	←	*	→	→	# 2	# 3	0 4	0 5	1 6	1 6	1 7	3 9	←	←	←	←	←	←	←	←	←	←	←	←
M	第三次	32	96	←	←	←	*	→	→	0 2	0 4	0 5	1 6	2 7	2 8	3 9	6 12	←	←	←	←	←	←	←	←	←	←	←	←
M	第四次	32	128	←	←	←	*	→	→	0 3	0 5	1 6	2 7	3 9	3 10	5 11	8 15	←	←	←	←	←	←	←	←	←	←	←	←
M	第五次	32	160	←	←	←	*	→	→	0 3	1 6	2 7	3 8	5 10	5 11	7 13	11 17	←	←	←	←	←	←	←	←	←	←	←	←
M	第六次	32	192	←	←	←	*	→	→	1 3	1 6	3 8	4 9	7 12	7 12	10 15	14 20	←	←	←	←	←	←	←	←	←	←	←	←
M	第七次	32	224	←	←	←	*	→	→	1 3	2 7	4 9	6 10	9 13	9 14	13 17	18 22	←	←	←	←	←	←	←	←	←	←	←	←
N	第一次	50	50	←	←	*	→	→	# 2	# 3	# 3	# 4	# 4	# 4	0 5	0 6	←	←	←	←	←	←	←	←	←	←	←	←	←
N	第二次	50	100	←	←	*	→	→	# 2	# 3	0 4	0 5	1 6	1 6	1 7	3 9	←	←	←	←	←	←	←	←	←	←	←	←	←
N	第三次	50	150	←	←	*	→	→	0 2	0 4	0 5	1 6	2 7	2 8	3 9	6 12	←	←	←	←	←	←	←	←	←	←	←	←	←
N	第四次	50	200	←	←	*	→	→	0 3	0 5	1 6	2 7	3 9	3 10	5 11	8 15	←	←	←	←	←	←	←	←	←	←	←	←	←
N	第五次	50	250	←	←	*	→	→	0 3	1 6	2 7	3 8	5 10	5 11	7 13	11 17	←	←	←	←	←	←	←	←	←	←	←	←	←
N	第六次	50	300	←	←	*	→	→	1 3	1 6	3 8	4 9	7 12	7 12	10 15	14 20	←	←	←	←	←	←	←	←	←	←	←	←	←
N	第七次	50	350	←	←	*	→	→	1 3	2 7	4 9	6 10	9 13	9 14	13 17	18 22	←	←	←	←	←	←	←	←	←	←	←	←	←
P	第一次	80	80	←	*	→	→	# 2	# 3	# 3	# 4	# 4	# 4	0 5	0 6	←	←	←	←	←	←	←	←	←	←	←	←	←	←
P	第二次	80	160	←	*	→	→	# 2	# 3	0 4	0 5	1 6	1 6	1 7	3 9	←	←	←	←	←	←	←	←	←	←	←	←	←	←
P	第三次	80	240	←	*	→	→	0 2	0 4	0 5	1 6	2 7	2 8	3 9	6 12	←	←	←	←	←	←	←	←	←	←	←	←	←	←
P	第四次	80	320	←	*	→	→	0 3	0 5	1 6	2 7	3 9	3 10	5 11	8 15	←	←	←	←	←	←	←	←	←	←	←	←	←	←
P	第五次	80	400	←	*	→	→	0 3	1 6	2 7	3 8	5 10	5 11	7 13	11 17	←	←	←	←	←	←	←	←	←	←	←	←	←	←
P	第六次	80	480	←	*	→	→	1 3	1 6	3 8	4 9	7 12	7 12	10 15	14 20	←	←	←	←	←	←	←	←	←	←	←	←	←	←
P	第七次	80	560	←	*	→	→	1 3	2 7	4 9	6 10	9 13	9 14	13 17	18 22	←	←	←	←	←	←	←	←	←	←	←	←	←	←

表 11-16　（續）

樣本大小代字	樣本	樣本大小	累積樣本大小	0.010 Ac Re	0.015 Ac Re	0.025 Ac Re	0.040 Ac Re	0.065 Ac Re	0.10 Ac Re	0.15 Ac Re	0.25 Ac Re	0.40 Ac Re	0.65 Ac Re	1.0 Ac Re	1.5 Ac Re	2.5 Ac Re	4.0 Ac Re	6.5 Ac Re	10 Ac Re	15 Ac Re	25 Ac Re	40 Ac Re	65 Ac Re	100 Ac Re	150 Ac Re	250 Ac Re	400 Ac Re	650 Ac Re	1000 Ac Re
Q	第一次	125	125	*		↓	# 2	# 2	# 3	# 3	# 4	# 4	0 5	0 6	↑														
	第二次	125	250				# 2	# 3	# 3	0 4	0 5	1 6	1 7	3 9															
	第三次	125	375				0 2	0 3	0 4	0 5	1 6	2 8	3 9	6 12															
	第四次	125	500				0 3	0 4	0 5	1 6	2 7	3 10	5 12	8 15															
	第五次	125	625				0 3	1 5	1 6	2 7	3 8	5 11	7 13	11 17															
	第六次	125	750				1 3	1 5	1 6	3 7	4 9	7 12	10 15	14 20															
	第七次	125	875						2 7	4 8	6 10	9 14	13 17	18 22															
R	第一次	200	200		↓	# 2	# 2	# 3	# 3	# 4	# 4	0 5	0 6	↑															
	第二次	200	400			# 2	# 3	# 3	0 4	0 5	1 6	1 7	3 9																
	第三次	200	600			0 2	0 3	0 4	0 5	1 6	2 8	3 9	6 12																
	第四次	200	800			0 3	0 4	0 5	1 6	2 7	3 10	5 12	8 15																
	第五次	200	1000			0 3	1 5	1 6	2 7	3 8	5 11	7 13	11 17																
	第六次	200	1200			1 3	1 5	1 6	3 7	4 9	7 12	10 15	14 20																
	第七次	200	1400				2 7	2 7	4 8	6 10	9 14	13 17	18 22																

↓ = 採用箭頭下第一個抽樣計畫，如果樣本大小等於或超過批量時，則用 100%檢驗

↑ = 採用箭頭上第一個抽樣計畫

Ac=允收數

Re=拒收數

* = 採用對應的單次抽樣計畫 (或採用下面的多次抽樣計畫)

+ = 採用對應的雙次抽樣計畫 (或採用下面的多次抽樣計畫)

= 在此種樣本大小下不能允收

+ = 如果樣本在最後一次抽樣後，不合格品數 (或不合格點數) 超過允收數，但尚未達到拒收數時，可允收

表11-17　減量檢驗的界限數

AQL

最近10批中之樣本數	0.010	0.015	0.025	0.040	0.065	0.10	0.15	0.25	0.40	0.65	1.0	1.5	2.5	4.0	6.5	10	15	25	40	65	100	150	250	400	650	1000
20-29	*	*	*	*	*	*	*	*	*	*	*	*	*	*	*	0	0	2	4	8	14	22	40	68	115	187
30-49	*	*	*	*	*	*	*	*	*	*	*	*	*	*	0	0	1	3	7	13	22	36	63	105	178	277
50-79	*	*	*	*	*	*	*	*	*	*	*	*	*	0	0	2	3	7	14	25	40	63	110	181	301	
80-129	*	*	*	*	*	*	*	*	*	*	*	*	0	0	2	4	7	14	24	42	68	105	181	297		
130-199	*	*	*	*	*	*	*	*	*	*	*	0	0	2	4	7	13	25	42	72	115	177	301	490		
200-319	*	*	*	*	*	*	*	*	*	*	0	0	2	4	8	14	22	40	68	115	181	277	471			
320-499	*	*	*	*	*	*	*	*	*	0	0	1	4	8	14	24	39	68	113	189						
500-799	*	*	*	*	*	*	*	*	0	0	2	3	7	14	25	40	63	110	181							
800-1,249	*	*	*	*	*	*	*	0	0	2	4	7	14	24	42	68	105	181								
1,250-1,999	*	*	*	*	*	*	0	0	2	4	7	13	24	40	69	110	169									
2,000-3,149	*	*	*	*	*	0	0	2	4	8	14	22	40	68	115	181										
3,150-4,999	*	*	*	*	0	0	1	4	8	14	24	38	67	111	186											
5,000-7,999	*	*	*	0	0	2	3	7	14	25	40	63	110	181												
8,000-12,499	*	*	0	0	2	4	7	14	24	42	68	105	181													
12,500-19,999	*	0	0	2	4	7	13	24	40	69	110	169														
20,000-31,499	0	0	2	4	8	14	22	40	68	115	181															
31,500以上	0	1	4	8	14	24	38	67	111	186																

*表示在此 AQL 下,最近10批所含的樣本數,尚不足以採用減量檢驗。在此例中,可用10批以上來作計算,但需為最近連續的批,並採用正常檢驗,而且在原來檢驗中未被拒收者。

〔例〕　假設批量大小 $N = 2000$, AQL＝0.65%。若採用一般檢驗水準 II, 依 MIL-STD-105E 設計正常之抽樣計畫。

〔**解**〕　查表得知抽樣計畫之樣本大小之代字爲 K。在單次、正常抽樣計畫中, 查表得 $n = 125$, 允收數 Ac＝2。

〔例〕　假設產品之批量大小爲 750, AQL 設爲 4%, 此產品採用 S-1 檢驗水準。依 MIL-STD-105E 設計正常之抽樣計畫。

〔**解**〕　由查表得知樣本大小代字爲 C, 在單次、正常檢驗之主表中, 得知樣本大小 $n = 5$。但表中 "↑" 符號說明此時應該使用樣本大小 $n = 3$, 允收數 Ac＝0, 拒收數 Re＝1。

〔例〕　產品之批量爲 80, AQL＝2.5%, 採用一般檢驗水準 II, 根據 MIL-STD-105E 求一多次、加嚴檢驗之抽樣計畫。

〔**解**〕　由 $N = 80$ 和檢驗水準 II, 查表得樣本大小之代字爲 E。再由樣本大小代字 E 和 AQL＝2.5%, 查表得知樣本大小代字改爲 G, $n_1 = 8, Ac_1 = \#, Re_1 = 2$; $n_2 = 8, Ac_2 = \#, Re_2 = 2$; $n_3 = 8$; $Ac_3 = 0, Re_3 = 2$; $n_4 = 8, Ac_4 = 0, Re_4 = 3$; $n_5 = 8, Ac_5 = 1, Re_5 = 3$; $n_6 = 8, Ac_6 = 1, Re_6 = 3$; $n_7 = 8, Ac_7 = 2, Re_7 = 3$。符號 "#" 代表不允許允收。

11.5.3　MIL-STD-105E 之轉換程序

在 MIL-STD-105E 中, 如果品質水準接近 AQL, 則一般是採用正常檢驗。若品質優於 AQL, 則可考慮採用減量檢驗, 反之; 若品質劣於 AQL, 則須採用加嚴檢驗。MIL-STD-105E 之各種轉換程序如圖 11-16 所示, 其內容說明如下:

1. 正常→加嚴

在正常檢驗時，如果連續 2、3、4 或 5 批中（原始送驗批）有 2 批被拒收，則轉換至加嚴檢驗。

2. 加嚴→正常

在加嚴檢驗時，如果連續 5 批（原始送驗批）被允收，則轉換至正常檢驗。

3. 正常→減量

在正常檢驗時，如果下列條件都符合，則轉換至減量檢驗。

a. 最近 10 批（原始送驗批）採用正常檢驗，而且都爲允收。

b. 最近 10 批之樣本中的不合格品數（或不合格點數），其總和小於或等於某特定值（查表 11-17）。若爲二次或多次抽樣計畫，需考慮多次抽樣樣本中之不合格品數（或不合格點數）。

c. 生產平穩，無機器故障或缺料等問題發生。

d. 當決策單位認爲必須採用減量檢驗時。

4. 減量→正常

當使用減量檢驗時，若下列任一條件符合，則轉換至正常檢驗。

a. 一批被拒收。

b. 生產不穩定或延誤。

c. 決策單位認爲不需再採用減量檢驗。

d. 當無法決定拒收或允收時。例如當樣本代字爲 K，AQL＝1.0%，單次減量檢驗之 Ac＝1、Re＝4。若樣本中發現之不合格品數爲 2 或 3 時，則無法判定拒收或允收。此時該批仍被視爲允收，但不再使用減量檢驗。

5.　停止檢驗

在一連串使用加嚴檢驗之貨批中, 若被拒收之累積批數達到 5, 則停止
使用 MIL-STD-105E,　採取其他對策。

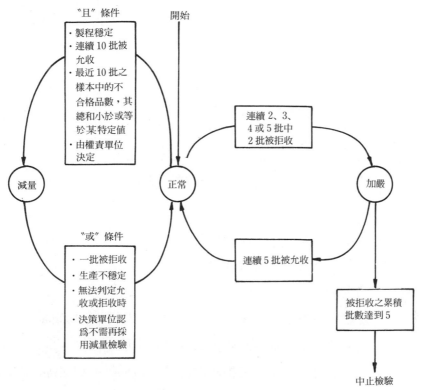

圖11-16　　MIL-STD-105E 之轉換程序

〔例〕　假設某產品採用正常之單次抽樣計畫, 樣本大小之代字爲 H, AQL
　　　　爲 2.5%。查表得知樣本大小爲 50, Ac＝3, Re＝4。在前 10 批中,
　　　　檢驗樣本所獲知之不合格品數分別爲 0, 1, 0, 2, 1, 1, 0, 2,
　　　　0 及 1。在此種情況, 是否符合減量檢驗之要求。

〔解〕　由於 10 個樣本中之不合格品數皆小於 3, 因此都爲允收, 符合上
　　　　述條件(1)。在 10 批中之總檢驗件數爲 50×10＝500。查表得知減
　　　　量檢驗之不合格品數的上限值爲 7。由於目前 10 個樣本中之總不

合格品數爲 8, 因此不符合轉換至減量檢驗之條件。

〔例〕 假設產品批量爲 $N=400$, AQL＝1.0%, 檢驗水準爲一般檢驗水準 II, 依 MIL-STD-105E 單次抽樣計畫所得之前 10 批資料如下:

批號	不合格品數	批號	不合格品數
1	1	6	1
2	0	7	0
3	2	8	1
4	3	9	1
5	1	10	2

若第 1 批採用正常檢驗, 問:

(a)第 5 批採用何種檢驗?

(b)第 9、10 批採用何種檢驗?

(c)第 11 批採用何種檢驗?

〔解〕 由批量 N 和檢驗水準得知樣本大小之代字爲 H, 查單次、正常檢驗之主表得知 $n=50$, Ac＝1, Re＝2。根據此抽樣計畫, 第 1 批爲允收, 第 2 批爲允收, 第 3 批爲拒收, 而第 4 批爲拒收。由於符合 5 批中有 2 批被拒收之條件, 根據轉換程序第 5 批開始該採用加嚴檢驗。查表得 $n=80$, Ac＝1, Re＝2。根據此抽樣計畫 5、6、7、8、9 批該被允收。由於連續 5 批被接受, 從第 10 批開始, 可由加嚴檢驗轉換至正常檢驗, 抽樣計畫爲 $n=50$, Ac＝1 Re＝2。根據此計畫, 第 10 批被拒收, 而第 11 批仍應採用正常檢驗。

11.5.4 不合格點數之驗收程序

當一物件之特性無法滿足品質特性之規格時, 稱爲不合格點。在 MIL STD-105E 中, 不合格點分爲四類: 嚴重不合格點, 主要不合格點, A 次次要不合格點及 B 類次要不合格點，嚴重不合格點影響安全或產品之功能。主要不合格點可能降低產品之功能特性，A 類次要不合格點只稍微影響功能特性，而 B 類次要不合格點只有一些或對功能毫無影響。

　　MIL-STD-105E 亦可應用於以不合格點數為基礎之檢驗。在表中，AQL 可視為每 100 單位之不合格點數。樣本大小是由批量及檢驗水準來決定，因此我們可以利用同一樣本，對不同之不合格點項目，進行驗收。如果某一類不合格點之嚴重不合格點之結果為拒絕，則整批產品拒收。由於每一類不合格點之嚴重性不同，因此 AQL 之值亦不相同。通常嚴重不合格點項目為採用全檢，其他不合格點項目之 AQL 則隨著嚴重性之降低而增加。

　　不合格點數之驗收，可以下例來說明。假設某一物件包含二十六項待檢驗之品質特性，其中一至四為主要不合格點項目，五至十六為 A 類次要不合格點，其他之特性為 B 類次要不合格點。此物件以 1440 件裝箱。主要不合格點之 AQL 為 1.0%，A 類次要不合格點為 2.5%，B 類次要缺點為 10%。若使用一般檢驗水準 II，代字為 K。正常、單次抽樣之樣本大小為 125。各類不合格點之允收及拒收數為

	Ac	Re
主要缺點	3	4
A 類次要缺點	7	8
B 類次要缺點	21	22

　　若某一樣本針對二十六項品質特性檢驗，其結果為 5 個主要不合格點，3 個 A 類次要不合格點及 16 個 B 類次要不合格點。根據允收數及拒收數，我們可以判定主要不合格點項目為不可接受，其他兩項則為可接受。由於三類不合格點中，主要不合格點項目為不可接受，因此判定拒收整批產品。若目前所考慮之物件，其主要不合格點項目之品質水準為 1.0 (每 100 件之不合格點數)，A 類次要不合格點為 3.0，B 類次要不合格點為 12。此物件允收之機率可計算如下。

由於三類不合格點項目都需為可接受，整批才能允收，因此必須先計算各類不合格點項目之允收機率。

主要不合格點：

$$\lambda = np = 125 \times \frac{1}{100} = 1.25 \quad 允收機率 = 0.9617$$

A 類次要不合格點項目：

$$\lambda = np = 125 \times \frac{3}{100} = 3.75 \quad 允收機率 = 0.9624$$

B 類次要不合格點項目：

$$\lambda = np = 125 \times \frac{12}{100} = 15 \quad 允收機率 = 0.946$$

若此三類不合格點項目，彼此間為獨立，則整批之允收機率 $= 0.9617 \times 0.9624 \times 0.946 = 0.876$。

〔例〕　比較代字為 K，正常檢驗之單次和雙次抽樣計畫之 ASN。假設 AQL＝1.0%，品質水準為 $p = 2\%$。

〔解〕　抽樣計畫為

	樣本大小	Ac	Re
單次抽樣	125	3	4
雙次抽樣	80	1	4
	80	4	5

對單次抽樣計畫而言，ASN 等於樣本大小(125)。在雙次抽樣計畫中，對每一樣本 $np = 80 \times 0.02 = 1.6$。

由卜瓦松分配 $p(x) = \dfrac{e^{-\lambda} \lambda^x}{x!}$ 可得

第一次抽樣即達成決策之機率

＝第一次抽樣後允收之機率＋第一次抽樣後拒收之機率

$= p(0) + p(1) + p(4 \text{ 以上})$

x	$p(x)$
0	0.201
1	0.323
2	0.259
3	0.138
4以上	0.079

$=0.201+0.323+0.079$

$=0.603$

需第二次抽樣之機率$=1-0.603=0.397$，因此雙次抽樣之 ASN$=80+0.397(80)=111.76$。

〔例〕 產品之批量爲 $N=1000$，採用一般檢驗水準Ⅲ，AQL 爲每百件中有 15 件不合格點。求 MIL-STD-105E 之雙次、減量抽樣計畫。

〔解〕 由 $N=1000$ 和檢驗水準Ⅲ，查表得樣本大小之代字爲 K。由代字 K 和 AQL$=15$，查表得知樣本大小代字需改爲 J。雙次抽樣計畫 爲 $n_1=20$，$Ac_1=5$，$Re_1=10$；$n_2=20$，$Ac_2=12$，$Re_2=16$。在 使用此抽樣計畫時，若兩次抽樣中之不合格點數小於或等於 12，則允收該批。若合併不合格點數超過 16，則拒收該批。若合併不 合格點數爲 13、14 或 15，則允收該貨批，但從下批開始須由減量 檢驗轉換至正常檢驗。

11.5.5　討論

在 MIL-STD-105E 中有許多重要之特點，需詳細加以說明。

1. MIL-STD-105E 是以 AQL 爲導向之檢驗計畫。它的重點在於 生產者風險。如果要控制區別能力(亦即 OC 曲線之陡峻或平坦)，則必須從檢驗水準之選擇著手。

2. 在 MIL-STD-105E 中只允許使用十六種樣本大小，因此並非任何樣本大小均可使用。

3. 在 MIL-STD-105E 中，樣本大小與批量大小有關。此種關係可以繪圖之方式看出。首先計算批量範圍之組中點，隨後將樣本大小之對數值對批量範圍之組中點的對數值繪圖，我們可看出二者之線性關係。樣本大小是隨著批量大小之增加而增加，但二者之比例會隨著批量之加大而減小。換句話說，送驗之批量愈大，則每單位之檢驗成本愈低。對於一給定之 AQL，樣本大小隨著批量之加大而增加，其效果是允收機率之增加。隨著樣本大小之增加，允收機率從 0.91 增加到 0.99。MIL-STD-105E 之此項特性，受到許多爭議，贊成此種做法的人認為拒收大批量所造成之後果，遠較拒收小批量來得嚴重。因此，若允收機率隨著樣本大小而增加，將可降低錯誤拒收大批量之風險。另外，較大之樣本將具有較佳區別能力之 OC 曲線，亦即買方對於壞批之允收，將受到較佳之保護。

4. 在轉換程序中，正常至加嚴和加嚴至正常檢驗，為最受爭議之部分。在日本，品管工程師並不喜歡使用轉換程序。他們認為製程之不合格率為 AQL 時，仍有很多從正常至加嚴，和正常至減量之誤轉發生。更重要的是，日本工程師發現在很多情況下，品質並未變差，但仍必須停止生產。由於日本人認為加嚴檢驗是非常不榮譽之事，因此 MIL-STD-105E 的轉換程序並未被採用。他們是利用最近 5 批之估計值來做為轉換的準則。此種做法與舊版之 MIL-STD-105E 類似。必須強調的是，AQL 是指最大可接受之不合格率。製程之不合格率應該小於 AQL。如果鼓勵在不合格率等於 AQL 之情況下生產 (如日本人做法)，則當製程之平均不合格率高於 AQL 時，將降低對於消費者之保護。

11.6　道奇一洛敏(Dodge-Roming)抽樣計畫

在 1920 年代，Dodge 和 Roming 提出分別以 AOQL 和 LTPD 爲基礎之抽樣檢驗計畫。此兩種抽樣計畫可用於單次和雙次檢驗。由於現在已考慮百萬件中之不合格品數，過去以AQL爲基礎之抽樣計畫（例如MIL-STD-105E)已漸不適用。即使是很小之 AQL，在百萬件中仍可發現不少不合格品，此可由下表看出。

AQL	百萬件中之不合格品數
5%	50000
1%	10000
0.5%	5000
0.1%	1000
0.05%	500
0.01%	100

假設某印刷電路板包含 50 個零件，製造這些零件之製程，其不合格率約爲 0.6%。若這些零件之 AQL 爲 0.6%，而且所有零件必須都是好的，整個電路板才能運作，則此印刷電路板可動作之機率爲 $(0.994)^{50} =$ 7401。

由上例可看出即使在不合格率很低之情形下，我們仍需要一個強調 LTPD 之抽樣計畫。

在一給定之不合格率下，道奇一洛敏之 AOQL 和 LTPD 抽樣計畫，可使平均總檢驗件數爲最小。因此，道奇一洛敏之抽樣計畫適用於廠內於半完成品之檢驗。

道奇一洛敏抽樣計畫只適用於選別檢驗之情況。此乃因爲在選別檢驗情形下，AOQL 才有意義。另外，在使用道奇一洛敏抽樣計畫時，我們先知道製程之平均數(不合格率)。對於新的供應商，我們並無法知道其合格率。解決方法之一是從前數個樣本來估計，或從供應廠商所提供的

資料來估計。另外，開始時保守地選用表中最大之不合格率值，也是可行
方法之一。

一、AOQL 抽樣計畫

　　道奇－洛敏之AOQL抽樣計畫中，AOQL值包含0.1%，0.25%，0.5%，
0.75%，1%，1.5%，2%，2.5%，3%，4%，5%，7%和10%共十三種(參
見表 11-18 至表 11-21)。每一 AOQL 值下又將製程平均或不合格率分爲
六個等級。道奇－洛敏之 AOQL 抽樣計畫適用於單次和雙次抽樣。在一給
定之 AOQL 值和製程平均下，道奇－洛敏之 AOQL 抽樣計畫是設計使得
平均總檢驗件數爲最低。在 AOQL 抽樣計畫中，當批量增加時，相對樣本
大小減少。此代表用較大之批量，檢驗費用更爲經濟。例如 AOQL＝3%，
製程平均爲 1.8%，批量爲 500 時，單次抽樣之樣本大小爲 42，而批量爲
5000 時，樣本大小爲 85。亦即批量增加 10 倍，樣本大小只增加約 2 倍。
在 AOQL 抽樣計畫中，在其他條件固定下，樣本大小是隨著製程平均之降
低而減少。因此，若製程平均降低，則可降低檢驗費用。在抽樣表中，並
沒有包含超過 AOQL 值之製程平均，此乃是因爲當製程平均大於 AOQL
值，抽樣並非是經濟之方法。

〔例〕　假設某產品之批量 N＝4500 件。若供應商製程之不合格率爲
　　　　0.85%。現希望 AOQL＝3%，若使用單次抽樣，則樣本大小和允收
　　　　數各爲何值。

〔解〕　批量 5000 件介於 4001-5000，不合格率介於 0.61%-1.2%，因此
　　　　由表可獲知 n＝65，c＝3。該表又顯示 LTPD＝10.3%，此時之允
　　　　收機率 P_a＝0.1。此代表若供應商所提供貨批之不合格率爲
　　　　10.3%，則有 90% 之機率會被拒收。

二、LTPD 抽樣計畫

　　道奇－洛敏之 LTPD 表的設計，是使不合格率爲 LTPD 時，允收

率為 0.1（見表 11-23 至表 11-25）。表中 LTPD 值包含 0.5%，1%，2%，3%，4%，5%，7% 和 10%。在 LTPD 表中，製程平均只到 LTPD 值之一半，此乃因為當不合格率超過 LTPD 值一半時，100% 全檢比抽樣檢驗更為經濟。如同 AOQL 抽樣計畫，當批量增加時，相對樣本大小減少。

〔例〕　假設某物品之批量為 $N = 3500$。賣方之製程平均為 0.28%。若採用單次抽樣計畫，而且 LTPD 為 1%。試說明樣本大小 n 和允收數 c。

〔解〕　查表得知 $n = 645$，$c = 3$。若拒收批採 100% 全檢並剔除不合格品，則此抽樣計畫之 AOQL = 0.25%。

三、製程平均之估計

在選擇道奇－洛敏抽樣計畫時，必須考慮賣方之製程平均值或不合格率。製程平均可以利用不合格率管制圖來估計。其方法是利用賣方前 25 批之不合格率。如果是採用雙次抽樣，則只考慮第一次抽樣所獲得之不合格率。如果有任何一批之不合格率超過 3 倍標準差之管制界限，而且可以診斷出異常原因時，該批之資料將被剔除，並且重新計算製程平均。在尚未獲得 25 批之平均值前，應該採用表中最大之製程平均。

表11-18 道奇—洛敏單次抽樣計畫，AOQL=2.0%

製程平均

批量	0-0.04%			0.05-0.40%			0.41-0.80%			0.81-1.20%			1.21-1.60%			1.61-2.00%		
	n	c	LTPD %	n	c	LTPD %	n	c	LTPD %	n	c	LTPD %	n	c	LTPD %	n	c	LTPD %
1-15	All	0	—	All	0	—	All	0	—	All	0	—	All	0	—	All	0	—
16-50	14	0	13.6	14	0	13.6	14	0	13.6	14	0	13.6	14	0	13.6	14	0	13.6
51-100	16	0	12.4	16	0	12.4	16	0	12.4	16	0	12.4	16	0	12.4	16	0	12.4
101-200	17	0	12.2	17	0	12.2	17	0	12.2	17	0	12.2	35	1	10.5	35	1	10.5
201-300	17	0	12.3	17	0	12.3	17	0	12.3	37	1	10.2	37	1	10.2	37	1	10.2
301-400	18	0	11.8	18	0	11.8	38	1	10.0	38	1	10.0	38	1	10.0	60	2	8.5
401-500	18	0	11.9	18	0	11.9	39	1	9.8	39	1	9.8	60	2	8.6	60	2	8.6
501-600	18	0	11.9	18	0	11.9	39	1	9.8	39	1	9.8	60	2	8.6	60	2	8.6
601-800	18	0	11.9	40	1	9.6	40	1	9.6	65	2	8.0	65	2	8.0	90	3	7.5
801-1000	18	0	12.0	40	1	9.6	40	1	9.6	65	2	8.1	65	2	8.1	90	3	7.4
1001-2000	18	0	12.0	41	1	9.4	65	2	8.2	65	2	8.2	95	3	7.0	120	4	6.5
2001-3000	18	0	12.0	41	1	9.4	65	2	8.2	95	3	7.0	120	4	6.5	180	6	5.8
3001-4000	18	0	12.0	42	1	9.3	65	2	8.2	95	3	7.0	155	5	6.0	210	7	5.5
4001-5000	18	0	12.0	42	1	9.3	70	2	7.5	125	4	6.4	155	5	6.0	245	8	5.3
5001-7000	18	0	12.0	42	1	9.3	95	3	7.0	125	4	6.4	185	6	5.6	280	9	5.1
7001-10000	42	1	9.3	70	2	7.5	95	3	7.0	155	5	6.0	220	7	5.4	350	11	4.8
10001-20000	42	1	9.3	70	2	7.6	95	3	7.0	190	6	5.6	290	9	4.9	460	14	4.4
20001-50000	42	1	9.3	70	2	7.6	125	4	6.4	220	7	5.4	395	12	4.5	720	21	3.9
50001-100000	42	1	9.3	95	3	7.0	160	5	5.9	290	9	4.9	505	15	4.2	955	27	3.7

註：All 表示全批檢驗。

表11-19　道奇—洛敏單次抽樣計畫，AOQL＝2.5%

批量	製程平均																
	0-0.05%			0.06-0.50%			0.51-1.00%			1.01-1.50%			1.51-2.00%			2.01-2.50%		
	n	c	LTPD%	n	c	LTPD%	n	c	LTPD%	n	c	LTPD%	n	c	LTPD%	n	c	LTPD%
1-10	All	0	—	All	0	—	All	0	—	All	0	—	All	0	—	All	0	—
11-50	11	0	17.6	11	0	17.6	11	0	17.6	11	0	17.6	11	0	17.6	11	0	17.6
51-100	13	0	15.3	13	0	15.3	13	0	15.3	13	0	15.3	13	0	15.3	13	0	15.3
101-200	14	0	14.7	14	0	14.7	14	0	14.7	29	1	12.9	29	1	12.9	29	1	12.9
202-300	14	0	14.9	14	0	14.9	30	1	12.7	30	1	12.7	30	1	12.7	30	1	12.7
301-400	14	0	15.0	14	0	15.0	31	1	12.3	31	1	12.3	31	1	12.3	48	2	10.7
401-500	14	0	15.0	14	0	15.0	32	1	12.0	32	1	12.0	49	2	10.6	49	2	10.6
501-600	14	0	15.1	32	1	12.0	32	1	12.0	50	2	10.4	50	2	10.4	70	3	9.3
601-800	14	0	15.1	32	1	12.0	32	1	12.0	50	2	10.5	50	2	10.5	70	3	9.4
801-1000	15	0	14.2	33	1	11.7	33	1	11.7	50	2	10.6	70	3	9.4	90	4	8.5
1001-2000	15	0	14.2	33	1	11.7	55	2	9.3	75	3	8.8	95	4	8.0	120	5	7.6
2001-3000	15	0	14.2	33	1	11.8	55	2	9.4	75	3	8.8	120	5	7.6	145	6	7.2
3001-4000	15	0	14.3	33	1	11.8	55	2	9.5	100	4	7.9	125	5	7.4	195	8	6.6
4001-5000	15	0	14.3	33	1	11.8	75	3	8.9	100	4	7.9	150	6	7.0	225	9	6.3
5001-7000	33	1	11.8	55	2	9.7	75	3	8.9	125	5	7.4	175	7	6.7	250	10	6.1
7001-10000	34	1	11.4	55	2	9.7	75	3	8.9	125	5	7.4	200	8	6.4	310	12	5.8
10001-20000	34	1	11.4	55	2	9.7	100	4	8.0	150	6	7.0	260	10	6.0	425	16	5.3
20001-50000	34	1	11.4	55	2	9.7	100	4	8.0	180	7	6.7	345	13	5.5	640	23	4.8
50001-100000	34	1	11.4	80	3	8.4	125	5	7.4	235	9	6.1	435	16	5.2	800	28	4.5

註：All 表示全批檢驗。

表11-20 道奇—洛敏單次抽樣計畫，AOQL=3.0%

批量	製程平均																	
	0-0.06%			0.07-0.60%			0.61-1.20%			1.21-1.80%			1.81-2.40%			2.41-3.00%		
	n	c	LTPD %	n	c	LTPD %	n	c	LTPD %	n	c	LTPD %	n	c	LTPD %	n	c	LTPD %
1-10	All	0	—	All	0	—	All	0	—	All	0	—	All	0	—	All	0	—
11-50	10	0	19.0	10	0	19.0	10	0	19.0	10	0	19.0	10	0	19.0	10	0	19.0
51-100	11	0	18.0	11	0	18.0	11	0	18.0	11	0	18.0	11	0	18.0	22	1	16.4
101-200	12	0	17.0	12	0	17.0	12	0	17.0	25	1	15.1	25	1	15.1	25	1	15.1
201-300	12	0	17.0	12	0	17.0	26	1	14.6	26	1	14.6	26	1	14.6	40	2	12.8
301-400	12	0	17.1	12	0	17.1	26	1	14.7	26	1	14.7	41	2	12.7	41	2	12.7
401-500	12	0	17.2	27	1	14.1	27	1	14.1	42	2	12.4	42	2	12.4	42	2	12.4
501-600	12	0	17.3	27	1	14.2	27	1	14.2	42	2	12.4	42	2	12.4	60	3	10.8
601-800	12	0	17.3	27	1	14.2	27	1	14.2	43	2	12.1	60	3	10.9	60	3	10.9
801-1000	12	0	17.4	27	1	14.2	44	2	11.8	44	2	11.8	60	3	11.0	80	4	9.8
1001-2000	12	0	17.5	28	1	13.8	45	2	11.7	65	3	10.2	80	4	9.8	100	5	9.1
2001-3000	12	0	17.5	28	1	13.8	45	2	11.7	65	3	10.2	100	5	9.1	140	7	8.2
3001-4000	12	0	17.5	28	1	13.8	65	3	10.3	85	4	9.5	125	6	8.4	165	8	7.8
4001-5000	28	1	13.8	28	1	13.8	65	3	10.3	85	4	9.5	125	6	8.4	210	10	7.4
5001-7000	28	1	13.8	45	2	11.8	65	3	10.3	105	5	8.8	145	7	8.1	235	11	7.1
7001-10000	28	1	13.9	46	2	11.6	65	3	10.3	105	5	8.8	170	8	7.6	280	13	6.8
10001-20000	28	1	13.9	46	2	11.7	85	4	9.5	125	6	8.4	215	10	7.2	380	17	6.2
20001-50000	28	1	13.9	65	3	10.3	105	5	8.8	170	8	7.6	310	14	6.5	560	24	5.7
50001-100000	28	1	13.9	65	3	10.3	125	6	8.4	215	10	7.2	385	17	6.2	690	29	5.4

註：All 表示全批檢驗。

表11-21　道奇—洛敏雙次抽樣計畫，AOQL＝3.0%

批量	0-0.06%					0.07-0.60%					0.61-1.20%				
	第一次		第二次			第一次		第二次			第一次		第二次		
	n_1	c_1	n_2	n_1+n_2	c_2	LTPD %	第一次		第二次						
	n_1	c_1	n_2	n_1+n_2	c_2	LTPD %	n_1	c_1	n_2	n_1+n_2	c_2	LTPD %	n_1	c_1	
1-10	All	0	—	—	—	—	All	0	—	—	—	—	All	0
11-50	10	0	—	—	—	19.0	10	0	—	—	—	19.0	10	0
51-100	16	0	9	25	1	16.4	16	0	9	25	1	16.4	16	0
101-200	17	0	9	26	1	16.0	17	0	9	26	1	16.0	17	0
201-300	18	0	10	28	1	15.5	18	0	10	28	1	15.5	21	0
301-400	18	0	11	29	1	15.2	21	0	24	45	2	13.2	23	0
401-500	18	0	11	29	1	15.2	21	0	25	46	2	13.0	24	0
501-600	18	0	12	30	1	15.0	21	0	25	46	2	13.0	24	0
601-800	21	0	25	46	2	13.0	21	0	25	46	2	13.0	24	0
801-1000	21	0	26	47	2	12.8	21	0	26	47	2	12.8	25	0
1001-2000	22	0	26	48	2	12.6	22	0	26	48	2	12.6	27	0
2001-3000	22	0	26	48	2	12.6	25	0	40	65	3	11.4	28	0
3001-4000	23	0	26	49	2	12.4	25	0	45	70	3	11.0	29	0
4001-5000	23	0	26	49	2	12.4	26	0	44	70	3	11.0	30	0
5001-7000	23	0	27	50	2	12.2	26	0	44	70	3	11.0	30	0
7001-10000	23	0	27	50	2	12.2	27	0	43	70	3	11.0	30	0
10001-20000	23	0	27	50	2	12.2	27	0	43	70	3	11.0	31	0
20001-50000	23	0	27	50	2	12.2	28	0	67	95	4	9.7	55	1
50001-100000	23	0	27	50	2	12.2	31	0	84	115	5	9.0	60	1

0.61-1.20% 第二次：

批量	n_2	n_1+n_2	c_2	LTPD %
1-10	—	—	—	—
11-50	—	—	—	19.0
51-100	9	25	1	16.4
101-200	9	26	1	16.0
201-300	23	44	2	13.3
301-400	37	60	3	12.0
401-500	36	60	3	11.7
501-600	41	65	3	11.5
601-800	41	65	3	11.5
801-1000	40	65	3	11.4
1001-2000	58	85	4	10.3
2001-3000	62	90	4	10.0
3001-4000	76	105	5	9.6
4001-5000	75	105	5	9.5
5001-7000	80	110	5	9.4
7001-10000	80	110	5	9.4
10001-20000	94	125	6	9.2
20001-50000	120	175	8	8.0
50001-100000	140	200	9	7.6

註：All 表示全批檢驗。

表11-21　（續）

製　程　平　均

批量	1.21-1.80% 第一次 n_1	c_1	第二次 n_2	n_1+n_2	c_2	LTPD %	1.81-2.40% 第一次 n_1	c_1	第二次 n_2	n_1+n_2	c_2	LTPD %	2.41-3.00% 第一次 n_1	c_1	第二次 n_2	n_1+n_2	c_2	LTPD %
1-10	All	0	—	—	—	—	All	0	—	—	—	—	All	0	—	—	—	—
11-50	10	0	—	—	—	19.0	10	0	—	—	—	19.0	10	0	—	—	—	19.0
51-100	17	0	17	34	2	15.8	17	0	17	34	2	15.8	17	0	17	34	2	15.8
101-200	20	0	21	41	2	13.7	22	0	33	55	3	12.4	22	0	33	55	3	12.4
201-300	23	0	37	60	3	12.0	23	0	37	60	3	12.0	24	0	51	75	4	11.1
301-400	23	0	37	60	3	12.0	25	0	55	80	4	10.8	42	1	63	105	6	10.4
401-500	24	0	36	60	3	11.7	25	0	55	80	4	10.8	46	1	79	125	7	9.7
501-600	26	0	54	80	4	10.7	46	1	69	115	6	9.7	48	1	97	145	8	9.2
601-800	26	0	54	80	4	10.7	49	1	81	130	7	9.4	50	1	115	165	9	8.9
801-1000	27	0	58	85	4	10.3	49	1	86	135	7	9.2	70	2	120	190	10	8.4
1001-2000	49	1	76	125	6	9.1	50	1	150	200	10	8.0	100	3	180	280	14	7.5
2001-3000	50	1	95	145	7	8.7	80	2	165	245	12	7.6	130	4	260	390	19	6.9
3001-4000	55	1	110	165	8	8.5	105	3	200	305	14	7.0	155	5	330	485	23	6.5
4001-5000	60	1	135	195	9	7.8	110	3	225	335	15	6.7	215	7	390	605	27	6.0
5001-7000	60	1	165	225	10	7.3	110	3	250	360	16	6.6	270	9	505	775	34	5.7
7001-10000	85	2	160	245	11	7.2	115	3	290	405	18	6.5	285	9	680	965	41	5.4
10001-20000	85	2	180	265	12	7.2	140	4	315	455	20	6.3	315	10	805	1,120	47	5.3
20001-50000	85	2	205	290	13	7.0	170	5	420	590	26	6.0	390	13	940	1,330	56	5.2
50001-100000	90	2	245	335	15	6.8	200	6	505	705	30	5.7	445	15	1,105	1,550	65	5.1

註：All 表示全批檢驗。

表11-22　道奇一洛敏單次抽樣計畫，LTPD＝1.0%

批量	製程平均 0-0.010%			0.011-0.10%			0.11-0.20%			0.21-0.30%			0.31-0.40%			0.41-0.50%		
	n	c	AOQL%	n	c	AOQL%	n	c	AOQL%	n	c	AOQL%	n	c	AOQL%	n	c	AOQL%
1-120	All	0	0	All	0	0	All	0	0	All	0	0	All	0	0	All	0	0
121-150	120	0	0.06	120	0	0.06	120	0	0.06	120	0	0.06	120	0	0.06	120	0	0.06
151-200	140	0	0.08	140	0	0.08	140	0	0.08	140	0	0.08	140	0	0.08	140	0	0.08
201-300	165	0	0.10	165	0	0.10	165	0	0.10	165	0	0.10	165	0	0.10	165	0	0.10
301-400	175	0	0.12	175	0	0.12	175	0	0.12	175	0	0.12	175	0	0.12	175	0	0.12
401-500	180	0	0.13	180	0	0.13	180	0	0.13	180	0	0.13	180	0	0.13	180	0	0.13
501-600	190	0	0.13	190	0	0.13	190	0	0.13	190	0	0.13	190	0	0.13	305	1	0.14
601-800	200	0	0.14	200	0	0.14	200	0	0.14	330	1	0.15	330	1	0.15	330	1	0.15
801-1000	205	0	0.14	205	0	0.14	205	0	0.14	335	1	0.17	335	1	0.17	335	1	0.17
1001-2000	220	0	0.15	220	0	0.15	360	1	0.19	490	2	0.21	490	2	0.21	610	3	0.22
2001-3000	220	0	0.15	375	1	0.20	505	2	0.23	630	3	0.24	745	4	0.26	870	5	0.26
3001-4000	225	0	0.15	380	1	0.20	510	2	0.24	645	3	0.25	880	5	0.28	1000	6	0.29
4001-5000	225	0	0.16	380	1	0.20	520	2	0.24	770	4	0.28	895	5	0.29	1120	7	0.31
5001-7000	230	0	0.16	385	1	0.21	655	3	0.27	780	4	0.29	1020	6	0.32	1260	8	0.34
7001-10000	230	0	0.16	520	2	0.25	660	3	0.28	910	5	0.32	1150	7	0.34	1500	10	0.37
10001-20000	390	1	0.21	525	2	0.26	785	4	0.31	1040	6	0.35	1400	9	0.39	1980	14	0.43
20001-50000	390	1	0.21	530	2	0.26	920	5	0.34	1300	8	0.39	1890	13	0.44	2570	19	0.48
50001-100000	390	1	0.21	670	3	0.29	1040	6	0.36	1420	9	0.41	2120	15	0.47	3150	23	0.50

註：All 表示全批檢驗。

表11-23　道奇—洛敏單次抽樣計畫，LTPD＝2.0%

批量	製程平均																	
	0-0.02%			0.03-0.20%			0.21-0.40%			0.41-0.60%			0.61-0.80%			0.81-1.00%		
	AOQL			AOQL			AOQL			AOQL			AOQL			AOQL		
	n	c	%	n	c	%	n	c	%	n	c	%	n	c	%	n	c	%
1-75	All	0	0	All	0	0	All	0	0	All	0	0	All	0	0	All	0	0
76-100	70	0	0.16	70	0	0.16	70	0	0.16	70	0	0.16	70	0	0.16	70	0	0.16
101-200	85	0	0.25	85	0	0.25	85	0	0.25	85	0	0.25	85	0	0.25	85	0	0.25
201-300	95	0	0.26	95	0	0.26	95	0	0.26	95	0	0.26	95	0	0.26	95	0	0.26
301-400	100	0	0.28	100	0	0.28	100	0	0.28	160	1	0.32	160	1	0.32	160	1	0.32
401-500	105	0	0.28	105	0	0.28	105	0	0.28	165	1	0.34	165	1	0.34	165	1	0.34
501-600	105	0	0.29	105	0	0.29	175	1	0.34	175	1	0.34	175	1	0.34	235	2	0.36
601-800	110	0	0.29	110	0	0.29	180	1	0.36	240	2	0.40	240	2	0.40	300	3	0.41
801-1000	115	0	0.28	115	0	0.28	185	1	0.37	245	2	0.42	305	3	0.44	305	3	0.44
1001-2000	115	0	0.30	190	1	0.40	255	2	0.47	325	3	0.50	380	4	0.54	440	5	0.56
2001-3000	115	0	0.31	190	1	0.41	260	2	0.48	380	4	0.58	450	5	0.60	565	7	0.64
3001-4000	115	0	0.31	195	1	0.41	330	3	0.54	450	5	0.63	510	6	0.65	690	9	0.70
4001-5000	195	1	0.41	260	2	0.50	335	3	0.54	455	5	0.63	575	7	0.69	750	10	0.74
5001-7000	195	1	0.42	265	2	0.50	335	3	0.55	515	6	0.69	640	8	0.73	870	12	0.80
7001-10000	195	1	0.42	265	2	0.50	395	4	0.62	520	6	0.69	760	10	0.79	1050	15	0.86
10001-20000	200	1	0.42	265	2	0.51	460	5	0.67	650	8	0.77	885	12	0.86	1230	18	0.94
20001-50000	200	1	0.42	335	3	0.58	520	6	0.73	710	9	0.81	1060	15	0.93	1520	23	1.0
50001-100000	200	1	0.42	335	3	0.58	585	7	0.76	770	10	0.84	1180	17	0.97	1690	26	1.1

註：All 表示全批檢驗。

表11-24 道奇－洛敏單次抽樣計畫，LTPD＝5.0%

批量	製程平均																	
	0-0.05%			0.06-0.50%			0.51-1.00%			1.01-1.50%			1.51-2.00%			2.01-2.50%		
	n	c	AOQL %	n	c	AOQL %	n	c	AOQL %	n	c	AOQL %	n	c	AOQL %	n	c	AOQL %
1-30	All	0	0	All	0	0	All	0	0	All	0	0	All	0	0	All	0	0
31-50	30	0	0.49	30	0	0.49	30	0	0.49	30	0	0.49	30	0	0.49	30	0	0.49
51-100	37	0	0.63	37	0	0.63	37	0	0.63	37	0	0.63	37	0	0.63	37	0	0.63
101-200	40	0	0.74	40	0	0.74	40	0	0.74	40	0	0.74	40	0	0.74	40	0	0.74
201-300	43	0	0.74	43	0	0.74	70	1	0.92	70	1	0.92	95	2	0.99	95	2	0.99
301-400	44	0	0.74	44	0	0.74	70	1	0.99	100	2	1.0	120	3	1.1	145	4	1.1
401-500	45	0	0.75	75	1	0.95	100	2	1.1	100	2	1.1	125	3	1.2	150	4	1.2
501-600	45	0	0.76	75	1	0.98	100	2	1.1	125	3	1.2	150	4	1.3	175	5	1.3
601-800	45	0	0.77	75	1	1.0	100	2	1.2	130	3	1.2	175	5	1.4	200	6	1.4
801-1000	45	0	0.78	75	1	1.0	105	2	1.2	155	4	1.4	180	5	1.4	225	7	1.5
1001-2000	45	0	0.80	75	1	1.0	130	3	1.4	180	5	1.6	230	7	1.7	280	9	1.8
2001-3000	75	1	1.1	105	2	1.3	135	3	1.4	210	6	1.7	280	9	1.9	370	13	2.1
3001-4000	75	1	1.1	105	2	1.3	160	4	1.5	210	6	1.7	305	10	2.0	420	15	2.2
4001-5000	75	1	1.1	105	2	1.3	160	4	1.5	235	7	1.8	330	11	2.0	440	16	2.2
5001-7000	75	1	1.1	105	2	1.3	185	5	1.7	260	8	1.9	350	12	2.2	490	18	2.4
7001-10000	75	1	1.1	105	2	1.3	185	5	1.7	260	8	1.9	380	13	2.2	535	20	2.5
10001-20000	75	1	1.1	135	3	1.4	210	6	1.8	285	9	2.0	425	15	2.3	610	23	2.6
20001-50000	75	1	1.1	135	3	1.4	235	7	1.9	305	10	2.1	470	17	2.4	700	27	2.7
50001-100000	75	1	1.1	160	4	1.6	235	7	1.9	355	12	2.2	515	19	2.5	770	30	2.8

註：All 表示全批檢驗。

表11-25 道奇—洛敏雙次抽樣計畫，LTPD＝1%

製程平均

批量	0-0.10% 第一次 n_1	c_1	第二次 n_2	n_1+n_2	c_2	AOQL %	0.11-0.10% 第一次 n_1	c_1	第二次 n_2	n_1+n_2	c_2	AOQL %	0.11-0.20% 第一次 n_1	c_1	第二次 n_2	n_1+n_2	c_2	AOQL %
1-120	All	0	—	—	—	0	All	0	—	—	—	0	All	0	—	—	—	0
121-150	120	0	—	—	—	0.06	120	0	—	—	—	0.06	120	0	—	—	—	0.06
151-200	140	0	—	—	—	0.08	140	0	—	—	—	0.08	140	0	—	—	—	0.08
201-260	165	0	—	—	—	0.10	165	0	—	—	—	0.10	165	0	—	—	—	0.10
261-300	180	0	75	255	1	0.10	180	0	75	255	1	0.10	180	0	75	255	1	0.10
301-400	200	0	90	290	1	0.12	200	0	90	290	1	0.12	200	0	90	290	1	0.12
401-500	215	0	100	315	1	0.14	215	0	100	315	1	0.14	215	0	100	315	1	0.14
501-600	225	0	115	340	1	0.15	225	0	115	340	1	0.15	225	0	115	340	1	0.15
601-800	235	0	125	360	1	0.16	235	0	125	360	1	0.16	235	0	125	360	1	0.16
801-1000	245	0	135	380	1	0.17	245	0	135	380	1	0.17	245	0	250	495	2	0.19
1001-2000	265	0	155	420	1	0.18	265	0	155	420	1	0.18	265	0	285	550	2	0.21
2001-3000	270	0	160	430	1	0.19	270	0	300	570	2	0.22	270	0	420	690	3	0.25
3001-4000	275	0	160	435	1	0.19	275	0	305	585	2	0.22	275	0	435	710	3	0.25
4001-5000	275	0	165	440	1	0.19	275	0	310	585	2	0.23	275	0	565	840	4	0.28
5001-7000	275	0	170	445	1	0.20	275	0	315	590	2	0.23	275	0	580	855	4	0.29
7001-10000	280	0	320	600	1	0.24	280	0	460	740	3	0.26	280	0	590	870	4	0.30
10001-20000	280	0	325	605	1	0.24	280	0	465	745	3	0.27	450	1	700	1150	6	0.33
20001-50000	280	0	325	605	1	0.25	280	0	605	885	4	0.30	450	1	830	1280	7	0.36
50001-100000	280	0	325	605	1	0.25	280	0	605	885	4	0.30	450	1	960	1410	8	0.38

(continued)

註：All 表示全批檢驗。

表11-25 （續）

製程平均

批量	0.21-0.30% 第一次 n_1	c_1	第二次 n_2	n_1+n_2	c_2	AOQL %	0.31-0.40% 第一次 n_1	c_1	第二次 n_2	n_1+n_2	c_2	AOQL %	0.41-0.50% 第一次 n_1	c_1	第二次 n_2	n_1+n_2	c_2	AOQL %
1-120	All	0	—	—	—	0	All	0	—	—	—	0	All	0	—	—	—	0
121-150	120	0	—	—	—	0.06	120	0	—	—	—	0.06	120	0	—	—	—	0.06
151-200	140	0	—	—	—	0.08	140	0	—	—	—	0.08	140	0	—	—	—	0.08
201-260	165	0	—	—	—	0.10	165	0	—	—	—	0.10	165	0	—	—	—	0.10
261-300	180	0	75	255	1	0.10	180	0	75	255	1	0.10	180	0	75	255	1	0.10
301-400	200	0	90	290	1	0.12	200	0	90	290	1	0.12	200	0	90	290	1	0.12
401-500	215	0	100	315	1	0.14	215	0	100	315	1	0.14	215	0	100	315	1	0.14
501-600	225	0	115	340	1	0.15	225	0	115	340	1	0.15	225	0	115	340	1	0.16
601-800	235	0	230	465	2	0.18	235	0	230	465	2	0.18	235	0	230	465	2	0.18
801-1000	245	0	250	495	2	0.19	245	0	250	495	2	0.19	245	0	250	495	2	0.19
1001-2000	265	0	405	670	3	0.23	265	0	515	780	4	0.24	265	0	515	780	4	0.24
2001-3000	270	0	545	815	4	0.26	430	1	620	1050	6	0.28	430	1	830	1260	8	0.30
3001-4000	435	1	645	1080	6	0.29	435	1	865	1300	8	0.30	580	2	940	1520	10	0.33
4001-5000	440	1	660	1100	6	0.30	440	1	1000	1440	9	0.33	585	2	1075	1660	11	0.35
5001-7000	445	1	785	1230	7	0.33	590	2	990	1580	10	0.36	730	3	1190	1920	13	0.38
7001-10000	450	1	920	1370	8	0.35	600	2	1240	1840	12	0.39	870	4	1540	2410	17	0.41
10001-20000	605	2	1035	1640	10	0.39	745	3	1485	2230	15	0.43	1150	6	1990	3140	23	0.44
20001-50000	605	2	1295	1900	12	0.42	885	4	1845	2730	19	0.47	1280	7	2600	3880	29	0.52
50001-100000	605	2	1545	2150	14	0.44	885	4	2085	2970	21	0.49	1410	8	3280	4690	36	0.55

註：All 表示全批檢驗。

習 題

1. 單次抽樣計畫使用 $n=15$, $c=1$。若批量遠大於樣本大小，以卜瓦松分配計算當貨批之不合格率爲 6% 時，貨批被允收之機率。

2. 同 1.，若批量爲 50，計算允收之機率。

3. 假設 $N=2000$，$n=50$，$c=2$。

   (a)繪製 AOQ 曲線，p 由 0.01 至 0.15，增量 0.01。

   (b)繪製 ATI 曲線。

4. 雙次抽樣之 $N=3000$，$n_1=40$，$c_1=1$，$r_1=4$，$n_2=80$，$c_2=3$，$r_2=4$。計算貨批之不合格率爲 2% 時之 ASN。

5. 貨批之批量 $N=3000$，使用 $n_1=40$，$c_1=1$，$r_1=5$，$n_2=80$，$c_2=5$，$r_2=6$ 之雙次抽樣計畫。若貨批之不合格率爲 3%，計算 ATI。

6. 雙次抽樣計畫使用 $n_1=30$，$c_1=1$，$r_1=4$，$n_2=50$，$c_2=5$，$r_2=6$。若貨批之不合格率爲 6%，以卜瓦松分配逼近，回答下列問題。

   (a)第 1 次抽樣後，貨批被允收之機率。

   (b)在第 2 次抽樣後，貨批被允收之機率。

   (c)必須做第 2 次抽樣之機率。

   (d)貨批被允收之機率。

7. 雙次抽樣計畫使用 $n_1=100$，$c_1=1$，$n_2=200$，$c_2=4$。若貨批之不合格率爲 2%，以卜瓦松分配逼近，回答下列問題。

   (a)第 1 次抽樣後，貨批被允收之機率。

   (b)在第 2 次抽樣後，貨批被允收之機率。

   (c)必須做第 2 次抽樣之機率。

   (d)貨批被允收之機率。

8. 多次抽樣計畫之內容如下表。若貨批之不合格率爲 10%，以卜瓦松分配逼近，計算貨批被允收之機率。

樣本	樣本大小	c_i	r_i
1	5	*	2
2	5	0	2
3	5	0	3
4	5	1	3
5	5	2	3

＊表示不可能在第一次抽樣被允收。

9. 逐件、逐次抽樣計畫須滿足下列條件：

$(p_1, 1-\alpha) = (0.02, 0.90)$, $(p_2, \beta) = (0.08, 0.10)$

(a)建立拒收和允收界限。

(b)當貨批之不合格率為 2% 時，計算允收機率和 ASN。

(c)計算最大之 ASN。

10. 繪出單次抽樣計畫 $n = 200$，$c = 2$ 之 B 型 OC 曲線。

11. 逐件、逐次抽樣計畫需滿足 $p_1 = 0.01$，$\alpha = 0.05$，$p_2 = 0.10$ 和 $\beta = 0.10$。

(a)計算允收和拒收界限。

(b)繪出 OC 曲線。

12. 某多次抽樣計畫之內容為

樣本	n_i	c_i	r_i
1	40	*	2
2	40	*	2
3	40	0	2
4	40	0	3
5	40	1	3
6	40	2	4
7	40	4	5

＊表示不可能被允收。

若貨批之不合格率為 1%，以卜瓦松分配逼近，計算允收機率。

13. 單次抽樣計畫為 $n = 100$，$c = 0$。畫出 AOQ 曲線，AOQL 為多少？

14. 批量為 $N = 1500$ 件之產品採用一般檢驗水準 II 之 MIL-STD-105E 計畫，AQL 為每百件中有 15 個不合格點。

　　(a)建立單次正常、加嚴和減量抽樣計畫。

　　(b)在正常檢驗中, 若貨批之品質水準為每百件中有 30 個不合格點, 計算
　　　貨批之允收機率 (以卜瓦松分配計算)。

　　(c)若貨批之品質水準為每百件中有 30 個不合格點, 計算由正常檢驗轉
　　　換至加嚴檢驗之機率。

15. MIL-STD-105E 之雙次、減量檢驗之樣本大小代字為 J, AQL 為 2.5%。
　　若貨批之不合格率為 5%, 以卜瓦松分配回答下列問題。

　　(a)貨批被允收, 且繼續使用減量檢驗之機率。

　　(b)貨批被允收, 需轉換為正常檢驗之機率。

　　(c)貨批被拒收之機率。

16. 批量為 2000 件之產品使用單次抽樣之 MIL-STD-105E。AQL 為 0.25%,
　　採用一般檢驗水準 II。說明樣本大小和允收條件。

17. 單次之 MIL-STD-105E 使用一般檢驗水準 II, AQL 為 0.25%。若批量為
　　1000, 決定正常和減量檢驗之樣本大小和允收條件。

18. MIL-STD-105E 之單次抽樣使用一般檢驗水準 II, AQL 為 0.4%。若批
　　量為 1500, 決定正常和加嚴檢驗之樣本大小和允收數。

19. 批量為 800 件之零件是以單次之 MIL-STD-105E 做進料檢驗, 檢驗水
　　準為一般檢驗水準 II, AQL 為 2.5%。

　　(a)設立正常、加嚴和減量檢驗之樣本大小和允收數。

　　(b)若貨批之不合格率為 5%, 現使用加嚴檢驗, 計算在檢驗 5 批後, 由加
　　　嚴檢驗轉換至正常檢驗之機率。

　　(c)若貨批之不合格率為 5%, 計算在未來 5 批內, 由正常檢驗轉換至加嚴
　　　檢驗之機率。

20. 批量為 3000 件之貨品採用 $n_1 = 40$, $c_1 = 1$, $r_1 = 5$, $n_2 = 80$, $c_2 = 5$, $r_2 = 6$
　　之雙次抽樣計畫。若貨批之不合格率為 3%, 計算允收之機率。

21. 單次選別抽樣計畫為 $N = 3000$, $n = 89$ 及 $c = 2$, 求 $p = 0.02$ 時之 ATI。

22. 雙次抽樣計畫為 $n_1 = 50$, $c_1 = 0$, $r_1 = 3$, $n_2 = 50$, $c_2 = 3$ 及 $r_2 = 4$。以卜瓦

松分配計算 $p=0.01$ 時之 ASN。

23. 單次選別抽樣計畫為 $N=1000$，$n=100$ 及 $c=2$。繪製 ATI 曲線。

24. 單次抽樣計畫為 $N=1000$、$n=100$、$c=2$。以卜瓦松分配逼近，計算允收機率並繪製 OC 曲線。

25. 若已知資料如下，試選擇適當之 MIL-STD-105E 抽樣計畫，說明樣本大小 n 和允收數 c。

計畫	檢驗水準	抽樣型式	程度	AQL	批量
1	II	單次	正常	0.15	55
2	II	雙次	加嚴	1.0	400
3	I	單次	減量	150	4000
4	III	單次	加嚴	0.4	200
5	II	多次	正常	0.65	10000
6	III	多次	加嚴	0.25	70
7	II	單次	正常	400	1500
8	II	單次	加嚴	6.5	30

26. 若批量 $N=5000$，今使用 MIL-STD-105E 抽樣計畫，檢驗水準為 II，$AQL=0.65\%$。若產品之平均不合格率為 0.5%，試計算在減量檢驗下，貨批被允收的機率。

27. 若使用 MIL-STD-105E 之雙次抽樣檢驗計畫，樣本大小之代字為 M，$AQL=0.4\%$。現採用一般檢驗水準 II，回答下列問題：

(a) 說明正常、減量和加嚴檢驗下之允收條件。

(b) 批量之可能範圍為何值。

(c) 不合格率為 0.5% 之貨批，在加嚴檢驗下，被允收之機率。

28. 假設某產品是以 MIL-STD-105E 檢驗，樣本大小之代字為 J，$AQL=1.0\%$。若在前 10 批中所發現之不合格品數為 3,1,2,3,4,0,1,1,0 和 1。試決定各次抽樣後，該採取何種檢驗方式（正常、減量或加嚴檢驗）。

29. 若某產品採用 MIL-STD-105E 檢驗計畫，樣本大小之代字為 J，$AQL=1.0\%$。在正常檢驗下，前 10 批之不合格品數為 0,0,0,1,0,0,1,0,1 和 0，試問是否符合轉換至減量檢驗？

30. 某印刷電路板買進之批量爲 8000 片，此產品之品質特性中有 8 種被定爲主要缺點，10 種爲 A 類次要缺點，9 種爲 B 類次要缺點。現採用檢驗水準 II，主要缺點之 AQL＝0.4%，A 類次要缺點之 AQL＝1.0%，B 類次要缺點爲 1.5%。試決定 MIL-STD-105E 之雙次抽樣計畫。

31. 假設某產品購進時之批量爲 2000 件，此產品之缺點項目共有 10 類，其中有 2 類爲主要缺點，其他爲 A 類次要缺點。若主要缺點項目之 AQL＝0.4%，A 類次要缺點之 AQL＝1.0%。現採用一般檢驗水準 II。

(a) 試決定 MIL-STD-105E，單次抽樣的正常檢驗計畫和加嚴檢驗計畫。

(b) 假設不合格率分別爲 0.8% 和 2.5%，試計算在抽樣 2 次後，由正常檢驗轉至加嚴檢驗之機率。

(c) 同(b)，計算在加嚴檢驗下，貨批被允收的機率。

32. 假設雙次抽樣 $n_1＝300$，$n_2＝600$，$c_1＝0$，$c_2＝2$，試計算在 $p＝0.01$，0.05，及 0.1 下具有截略檢驗之 ASN。

33. 假設公司以 MIL-STD-105E 進行進料檢驗，產品之批量 $N＝5000$，AQL＝0.65%，其檢驗計畫爲單次抽樣並採一般檢驗水準 II。

(a) 求正常 (Normal) 檢驗下之樣本數 n 及允收數 c。

(b) 假設最近 10 批產品中之不合格品數各爲 0，1，0，3，0，4，5，4，2 及 0。

說明該如何使用正常、加嚴及減量檢驗。此題以符號 N (正常)、T (加嚴) 及 R (減量) 表示。

34. 試設計一雙次檢驗計畫滿足 $p_1＝0.01$，$\alpha＝0.05$，$p_2＝0.1$，$\beta＝0.1$ 且 $n_2＝n_1$。

參考文獻

Montgomery, D. C., *Introduction to Statistical Quality Control*, Wiley, NY (1991).

Wald, A., *Sequential Analysis*, Wiley, NY (1947).

第十二章　計量值抽樣計畫

12.1　計量值抽樣計畫

　　計量值抽樣計畫是應用於產品品質特性為可量測值之情況下。這些抽樣計畫通常是基於產品品質特性之樣本平均值及樣本標準差。計量值檢驗與計數值檢驗相比較，具有下列優點：

1. 在相同之操作特性（相同之保護）下，計量值檢驗所需之樣本數較少。

2. 計量值檢驗之單位檢驗成本較高，但由於計量值抽樣計畫可以用較小之樣本數，獲得與計數值抽樣計畫相同之保護，因此整體而言，計量值抽樣計畫之成本較低。

3. 整體檢驗成本，計量值檢驗較少，計量值檢驗適用於破壞性檢驗。

4. 計量值抽樣計畫可得到較多之資訊。

與計數值抽樣計畫比較，計量值抽樣計畫有下列缺點：

1. 數據需符合常態分配。

2. 每一計量值抽樣計畫只能用於一品質特性，而計數值抽樣計畫可用於評估多種品質特性。

3. 被計量值抽樣計畫拒收之貨批可能不含任何不合格品。

12.2 MIL-STD-414（ANSI/ASQC Z1.9）

MIL-STD-414 是廣爲美國民間企業及軍方所採用之計量值抽樣檢驗計畫。此標準於 1980 年 3 月爲美國國家標準局和美國品管學會認可，編號爲 ANSI/ASQC Z1.9 1980。國際標準化組織將其編爲 ISO 3951 標準。如同 MIL-STD-105E，MIL-STD-414 標準驗收抽樣計畫也是基於可接受品質水準（AQL）之逐批抽樣檢驗計畫。MIL-STD-414 所考慮之 AQL 範圍是從 0.04%至 15%。其檢驗水準分爲五種等級，第 IV 級稱爲正常檢驗水準。檢驗水準 V 比水準 IV，有更陡之 OC 曲線。較低之檢驗水準是用在當要降低檢驗成本，或者是當較高之風險可以（或必須）容忍時。如同MIL-STD-105E，MIL-STD-414 也是採用樣本大小代字，樣本大小是由批量及檢驗水準來決定。但在此兩種標準下，相同之樣本大小代字，所對應之樣本大小，並不相同。

在 MIL-STD-414 中，包含正常、加嚴和減量檢驗的條款。在此標準中之各種抽樣及程序，均假設品質特性符合常態分配。

表 12-1 描述 MIL-STD-414 之整體組織架構。此標準共分爲九種不同程序。製程或貨批之變異程度可分爲已知、未知且由樣本標準差估計、或未知但由全距估計。MIL-STD-414 可處理具單邊規格界限或雙邊規格界限之品質特性。貨批之允收條件可分爲 k 法（或稱程序 1、型式 1）及 M 法（或稱程序 2、型式 2）。k 法適用於單邊規格界限，而 M 法可適用於單邊或雙邊規格界限。k 法不須估計貨批之不合格率，而M法則須由樣本平均值及標準差估計貨批之不合格率。當製程或貨批爲穩定且變異已知時，採用變異已知之抽樣計畫最爲有效率。全距法之優點在於計算簡易，但其缺點是需要較大之樣本數。

MIL-STD-414 分爲四大部分，A 部分是對於抽樣方法之一般描述，包含了對於各種抽樣方法的定義,樣本大小代字及 OC 曲線。B 部分爲製程

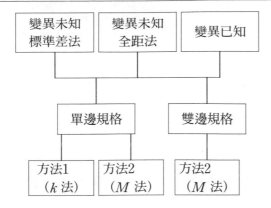

圖12-1　　MIL-STD-414之架構

表12-1　樣本大小代字

批量	檢驗水準				
大小	I	II	III	IV	V
3-8	B	B	B	B	C
9-15	B	B	B	B	D
16-25	B	B	B	C	E
26-40	B	B	B	D	F
41-65	B	B	C	E	G
66-110	B	B	D	F	H
111-180	B	C	E	G	I
181-300	B	D	F	H	J
301-500	C	E	G	I	K
501-800	D	F	H	J	L
801-1300	E	G	I	K	L
1301-3200	F	H	J	K	M
3201-8000	G	I	L	M	N
8001-22000	H	J	M	N	O
22001-110000	I	K	N	O	P
110001-550000	I	K	O	P	Q
550001-	I	K	P	Q	Q

或貨批之變異性爲未知時，以樣本標準差法爲基準之抽樣檢驗計畫的應用
程序。C部分爲變異性爲未知時，以全距方法爲準之應用程序。D部分則

表12-2   AQL 轉換表

當規定的 AQL 值在本範圍內時	採用本列的 AQL 值
0.00 至 0.049	0.04
0.050至 0.069	0.065
0.070至 0.109	0.10
0.110至 0.164	0.15
0.165至 0.279	0.25
0.280至 0.439	0.40
0.440至 0.699	0.65
0.700至 1.090	1.00
1.100至 1.640	1.50
1.650至 2.790	2.50
2.800至 4.390	4.00
4.400至 6.990	6.50
7.000至 10.900	10.00
11.00 至 16.40	15.00

是介紹當製程或貨批變異性爲已知時的抽樣方法。

在 MIL-STD-414 中, 樣本大小代字是根據批量大小和檢驗水準查表 (參見表 12-1) 獲得。此程序與 MIL-STD-105E 相同。但須注意的是, 此兩種標準中, 批量範圍和檢驗水準之分類, 並不一致。在 MIL-STD-414 中, 也提供 AQL 值之轉換表, 如表 12-2 所示。表 12-3 和 12-4 爲 k 和 M 法之主表。表12-5爲正常檢驗轉換至加嚴檢驗之條件。當使用MIL-STD-414 的M法時, 需要估計貨批中之不合格率。此不合格率之估計在使用正常、加嚴、減量檢驗之轉換時亦必須用到。在 MIL-STD-414 中, 提供了三種不同之表以估計不合格率, 分別爲(1)標準差已知, (2)標準差未知以樣本標準差估計及(3)標準差未知以全距法估計。表 12-6 爲以標準差法估計貨批之不合格率, 表中數值爲百分率。

表12-3　正常檢驗和加嚴檢驗之主表（變異性未知、標準差法、型式1）

樣本大小代字	樣本大小	AQL（正常檢驗）												
		.04	.065	.10	.15	.25	.40	.65	1.00	1.50	2.50	4.00	6.50	10.00	15.00
		k	k	k	k	k	k	k	k	k	k	k	k	k
B	3								▼	▼	1.12	.958	.765	.566	.341
C	4							▼	1.45	1.34	1.17	1.01	.814	.617	.393
D	5	↓			▼	▼		1.65	1.53	1.40	1.24	1.07	.874	.675	.455
E	7				▼	2.00	1.88	1.75	1.62	1.50	1.33	1.15	.955	.755	.536
F	10	▼	▼	▼	2.24	2.11	1.98	1.84	1.72	1.58	1.41	1.23	1.03	.828	.611
G	15	2.64	2.53	2.42	2.32	2.20	2.06	1.91	1.79	1.65	1.47	1.30	1.09	.886	.664
H	20	2.69	2.58	2.47	2.36	2.24	2.11	1.96	1.82	1.69	1.51	1.33	1.12	.917	.695
I	25	2.72	2.61	2.50	2.40	2.26	2.14	1.98	1.85	1.72	1.53	1.35	1.14	.936	.712
J	30	2.73	2.61	2.51	2.41	2.28	2.15	2.00	1.86	1.73	1.55	1.36	1.15	.946	.723
K	35	2.77	2.65	2.54	2.45	2.31	2.18	2.03	1.89	1.76	1.57	1.39	1.18	.969	.745
L	40	2.77	2.66	2.55	2.44	2.31	2.18	2.03	1.89	1.76	1.58	1.39	1.18	.971	.746
M	50	2.83	2.71	2.60	2.50	2.35	2.22	2.08	1.93	1.80	1.61	1.42	1.21	1.00	.774
N	75	2.90	2.77	2.66	2.55	2.41	2.27	2.12	1.98	1.84	1.65	1.46	1.24	1.03	.804
O	100	2.92	2.80	2.69	2.58	2.43	2.29	2.14	2.00	1.86	1.67	1.48	1.26	1.05	.819
P	150	2.96	2.84	2.73	2.61	2.47	2.33	2.18	2.03	1.89	1.70	1.51	1.29	1.07	.841
Q	200	2.97	2.85	2.73	2.62	2.47	2.33	2.18	2.04	1.89	1.70	1.51	1.29	1.07	.845
		.065	.10	.15	.25	.40	.65	1.00	1.50	2.50	4.00	6.50	10.00	15.00	
		AQL（加嚴檢驗）													

註：所有 AQL 和表中數值均為不合格率。↓表示採用箭頭下第一個抽樣計畫。如果樣本大小等於或超過批量時，則用100%檢驗。

表12-4　正常檢驗和加嚴檢驗之主表（變異性未知、標準差法、型式2）

樣本大小代字	樣本大小	AQL（正常檢驗）												
		.04	.065	.10	.15	.25	.40	.65	1.00	1.50	2.50	4.00	6.50	10.00	15.00
		M	M	M	M	M	M	M	M	M	M	M	M	M	M
B	3								▼	▼	7.59	18.86	26.94	33.69	40.47
C	4							▼	1.53	5.50	10.92	16.45	22.86	29.45	36.90
D	5				▼	▼		1.33	3.32	5.83	9.80	14.39	20.19	26.56	33.99
E	7				▼	0.422	1.06	2.14	3.55	5.35	8.40	12.20	17.35	23.29	30.50
F	10	▼	▼	▼	0.349	0.716	1.30	2.17	3.26	4.77	7.29	10.54	15.17	20.74	27.57
G	15	0.099	0.186	0.312	0.503	0.818	1.31	2.11	3.05	4.31	6.56	9.46	13.71	18.94	25.61
H	20	0.135	0.228	0.365	0.544	0.846	1.29	2.05	2.95	4.09	6.17	8.92	12.99	18.03	24.53
I	25	0.155	0.250	0.380	0.551	0.877	1.29	2.00	2.86	3.97	5.97	8.63	12.57	17.51	23.97
J	30	0.179	0.280	0.413	0.581	0.879	1.29	1.98	2.83	3.91	5.86	8.47	12.36	17.24	23.58
K	35	0.170	0.264	0.388	0.535	0.847	1.23	1.87	2.68	3.70	5.57	8.10	11.87	16.65	22.91
L	40	0.179	0.275	0.401	0.566	0.873	1.26	1.88	2.71	3.72	5.58	8.09	11.85	16.61	22.86
M	50	0.163	0.250	0.363	0.503	0.789	1.17	1.71	2.49	3.45	5.20	7.61	11.23	15.87	22.00
N	75	0.147	0.228	0.330	0.467	0.720	1.07	1.60	2.29	3.20	4.87	7.15	10.63	15.13	21.11
O	100	0.145	0.220	0.317	0.447	0.689	1.02	1.53	2.20	3.07	4.69	6.91	10.32	14.75	20.66
P	150	0.134	0.203	0.293	0.413	0.638	0.949	1.43	2.05	2.89	4.43	6.57	9.88	14.20	20.02
Q	200	0.135	0.204	0.294	0.414	0.637	0.945	1.42	2.04	2.87	4.40	6.53	9.81	14.12	19.92
		.065	.10	.15	.25	.40	.65	1.00	1.50	2.50	4.00	6.50	10.00	15.00	
		AQL（加嚴檢驗）													

註：所有 AQL 和表中數值均爲不合格率。↓ 表示採用箭頭下第一個抽樣計畫。如果樣本大小等於或超過批量時，則用100%檢驗。

表12-5　加嚴檢驗之 T 值（標準差法）

樣本大小代字	AQL														批數
	0.04	0.065	0.10	0.15	0.25	0.40	0.65	1.0	1.5	2.5	4.0	6.5	10.0	15.0	
B	*	*	*	*	*	*	*	*	*	2	3	4	4	4	5
										4	5	6	7	8	10
										5	6	8	9	11	15
C	*	*	*	*	*	*	*	2	2	3	3	4	4	4	5
								3	4	5	6	7	7	8	10
								5	6	7	8	9	10	11	15
D	*	*	*	*	*	*	2	3	3	3	4	4	4	4	5
							4	4	5	6	6	7	7	8	10
							5	6	7	8	9	10	10	11	15
E	*	*	*	*	2	3	3	3	4	4	4	4	4	4	5
					4	4	5	5	6	6	7	7	8	8	10
					5	6	6	7	7	9	10	11	11	11	15
F	*	*	*	3	3	3	3	4	4	4	4	4	4	4	5
				4	5	5	6	6	6	7	7	8	8	8	10
				6	7	8	8	9	9	10	11	11	11	11	15
G	3	3	3	3	3	4	4	4	4	4	4	4	4	4	5
	4	5	5	5	6	6	6	7	7	7	8	8	8	8	10
	6	6	6	7	7	8	8	9	9	10	11	11	11	11	15
H	3	3	3	3	4	4	4	4	4	4	4	4	4	4	5
	5	5	5	6	6	7	7	7	7	8	8	8	8	8	10
	6	7	7	8	9	9	9	10	10	11	11	11	11	11	15
I	3	3	4	4	4	4	4	4	4	4	4	4	4	4	5
	5	6	6	6	6	7	7	7	7	8	8	8	8	8	10
	7	7	8	8	9	9	10	10	11	11	11	11	11	11	15
J	3	4	4	4	4	4	4	4	4	4	4	4	4	4	5
	6	6	6	6	7	7	7	7	8	8	8	8	8	8	10
	8	8	8	9	10	10	10	11	11	11	11	11	11	11	15
K	4	4	4	4	4	4	4	4	4	4	4	4	4	4	5
	6	6	6	6	7	7	7	7	8	8	8	8	8	8	10
	8	8	9	9	10	10	10	11	11	11	11	11	11	11	15
L	4	4	4	4	4	4	4	4	4	4	4	4	4	4	5
	6	6	6	7	7	7	7	8	8	8	8	8	8	8	10
	8	9	9	9	10	10	10	11	11	11	11	11	11	11	15
M	4	4	4	4	4	4	4	4	4	4	4	4	4	4	5
	6	7	7	7	7	7	7	8	8	8	8	8	8	8	10
	9	9	9	10	10	10	10	11	11	11	11	11	11	11	15
N	4	4	4	4	4	4	4	4	4	4	4	4	4	4	5
	7	7	7	7	7	7	8	8	8	8	8	8	8	8	10
	9	9	10	10	10	10	11	11	11	11	11	11	11	11	15
O	4	4	4	4	4	4	4	4	4	4	4	4	4	4	5
	7	7	7	7	7	8	8	8	8	8	8	8	8	8	10
	10	10	10	10	10	11	11	11	11	11	11	11	11	11	15
P	4	4	4	4	4	4	4	4	4	4	4	4	4	4	5
	7	7	7	7	7	8	8	8	8	8	8	8	8	8	10
	10	10	10	10	10	11	11	11	11	11	11	11	11	12	15
Q	4	4	4	4	4	4	4	4	4	4	4	4	4	4	5
	7	8	8	8	8	8	8	8	8	8	8	8	8	8	10
	10	11	11	11	11	11	11	11	11	11	11	11	11	12	15

註：1. ＊表示此標準並未提供對應於這些代字和 AQL 值之抽樣計畫。

2. 5、10或15批所估計出之製程平均不合格率大於 AQL，而且這些批中不合格率大於 AQL 之批數超過表中之 T 值，則採用加嚴檢驗。

表12-6　利用標準差法從 Q_L 或 Q_U 估計貨批不合格率

Q_L 或 Q_U	樣 本 大 小															
	3	4	5	7	10	15	20	25	30	35	40	50	75	100	150	200
0	50.00	50.00	50.00	50.00	50.00	50.00	50.00	50.00	50.00	50.00	50.00	50.00	50.00	50.00	50.00	50.00
0.1	47.24	46.67	46.44	46.26	46.16	46.10	46.08	46.06	46.05	46.05	46.04	46.04	46.03	46.03	46.02	46.02
0.2	44.46	43.33	42.90	42.54	42.35	42.24	42.19	42.16	42.15	42.13	42.13	42.11	42.10	42.09	42.08	42.08
0.3	41.63	40.00	39.37	38.87	38.60	38.44	38.37	38.33	38.31	38.29	38.28	38.27	38.25	38.24	38.22	38.22
0.31	41.35	39.67	39.02	38.50	38.23	38.06	37.99	37.95	37.93	37.91	37.90	37.89	37.87	37.86	37.84	37.84
0.32	41.06	39.33	38.67	38.14	37.86	37.69	37.62	37.58	37.55	37.54	37.52	37.51	37.49	37.48	37.46	37.46
0.33	40.77	39.00	38.32	37.78	37.49	37.31	37.24	37.20	37.18	37.16	37.15	37.13	37.11	37.10	37.09	37.08
0.34	40.49	38.67	37.97	37.42	37.12	36.94	36.87	36.83	36.80	36.78	36.77	36.75	36.73	36.72	36.71	36.71
0.35	40.20	38.33	37.62	37.06	36.75	36.57	36.49	36.45	36.43	36.41	36.40	36.38	36.36	36.35	36.33	36.3
0.36	39.91	38.00	37.28	36.69	36.38	36.20	36.12	36.08	36.05	36.04	36.02	36.01	35.98	35.97	35.96	35.9
0.37	39.62	37.67	36.93	36.33	36.02	35.83	35.75	35.71	35.68	35.66	35.65	35.63	35.61	35.60	35.59	35.5
0.38	39.33	37.33	36.58	35.98	35.65	35.46	35.38	35.34	35.31	35.29	35.28	35.26	35.24	35.23	35.22	35.2
0.39	39.03	37.00	36.23	35.62	35.29	35.10	35.01	34.97	34.94	34.93	34.91	34.89	34.87	34.86	34.85	34.8
0.40	38.74	36.67	35.88	35.26	34.93	34.73	34.65	34.60	34.58	34.56	34.54	34.53	34.50	34.49	34.48	34.4
0.41	38.45	36.33	35.54	34.90	34.57	34.37	34.28	34.24	34.21	34.19	34.18	34.16	34.13	34.12	34.11	34.1
0.42	38.15	36.00	35.19	34.55	34.21	34.00	33.92	33.87	33.85	33.83	33.81	33.79	33.77	33.76	33.74	33.7
0.43	37.85	35.67	34.85	34.19	33.85	33.64	33.56	33.51	33.48	33.46	33.45	33.43	33.40	33.39	33.38	33.3
0.44	37.56	35.33	34.50	33.84	33.49	33.28	33.20	33.15	33.12	33.10	33.09	33.07	33.04	33.03	33.02	33.0
0.45	37.26	35.00	34.16	33.49	33.23	32.92	32.84	32.79	32.76	32.74	32.73	32.71	32.68	32.67	32.66	32.6
0.46	36.96	34.67	33.82	33.13	32.78	32.57	32.48	32.43	32.40	32.38	32.37	32.35	32.32	32.31	32.30	32.2
0.47	36.66	34.33	33.47	32.78	32.42	32.21	32.12	32.07	32.04	32.02	32.01	31.99	31.96	31.95	31.94	31.9
0.48	36.35	34.00	33.12	32.43	32.07	31.85	31.77	31.72	31.69	31.67	31.65	31.63	31.61	31.60	31.58	31.5
0.49	36.05	33.67	32.78	32.08	31.72	31.50	31.41	31.36	31.33	31.31	31.30	31.28	31.25	31.24	31.23	31.2
0.50	35.75	33.33	32.44	31.74	31.37	31.15	31.06	31.01	30.98	30.96	30.95	30.93	30.90	30.89	30.87	30.8
0.51	35.44	33.00	32.10	31.39	31.02	30.80	30.71	30.66	30.63	30.61	30.60	30.57	30.55	30.54	30.52	30.3
0.52	35.13	32.67	31.76	31.04	30.67	30.45	30.36	30.31	30.28	30.26	30.25	30.23	30.20	30.19	30.17	30.1
0.53	34.82	32.33	31.42	30.70	30.32	30.10	30.01	29.96	29.93	29.91	29.90	29.88	29.85	29.84	29.83	29.8
0.54	34.51	32.00	31.08	30.36	29.98	29.76	29.67	29.62	29.59	29.57	29.53	29.53	29.51	29.49	29.48	29.4
0.55	34.20	31.67	30.74	30.01	29.64	29.41	29.32	29.27	29.24	29.22	29.21	29.19	29.16	29.15	29.14	29.1
0.56	33.88	31.33	30.40	29.67	29.29	29.07	28.98	28.93	28.90	28.88	28.87	28.85	28.82	28.81	28.79	28.7
0.57	33.57	31.00	30.06	29.33	28.95	28.73	28.64	28.59	28.56	28.54	28.53	28.51	28.48	28.47	28.45	28.4
0.58	33.25	30.67	29.73	28.99	28.61	28.39	28.30	28.25	28.22	28.20	28.19	28.17	28.14	28.13	28.12	28.1
0.59	32.93	30.33	29.39	28.66	28.28	28.05	27.96	27.92	27.89	27.87	27.85	27.83	27.81	27.79	27.78	27.7
0.60	32.61	30.00	29.05	28.32	27.94	27.72	27.63	27.58	27.55	27.53	27.52	27.50	27.47	27.46	27.45	27.
0.61	32.28	29.67	28.72	27.96	27.60	27.39	27.30	27.25	27.22	27.20	27.18	27.16	27.14	27.13	27.11	27.
0.62	31.96	29.33	28.39	27.65	27.27	27.05	26.96	26.92	26.89	26.87	26.85	26.83	26.81	26.80	26.78	26.
0.63	31.63	29.00	28.05	27.32	26.94	26.72	26.63	26.59	26.56	26.54	26.52	26.50	26.48	26.47	26.45	26.
0.64	31.30	28.67	27.72	26.99	26.61	26.39	26.31	26.26	26.23	26.21	26.20	26.18	26.15	26.14	26.13	26.
0.65	30.97	28.33	27.39	26.66	26.28	26.07	25.98	25.93	25.90	25.88	25.87	25.85	25.83	25.82	25.80	25.
0.66	30.63	28.00	27.06	26.33	25.96	25.74	25.66	25.61	25.58	25.56	25.55	25.53	25.51	25.49	25.48	25.
0.67	30.30	27.67	26.73	26.00	25.63	25.42	25.33	25.29	25.26	25.24	25.23	25.21	25.19	25.17	25.16	25.
0.68	29.96	27.33	26.40	25.68	25.31	25.20	25.01	24.97	24.94	24.92	24.91	24.89	24.87	24.86	24.84	24.
0.69	29.61	27.00	26.07	25.35	24.99	24.78	24.70	24.65	24.62	24.60	24.59	24.57	24.55	24.54	24.53	24.

表12-6　（續）

Q_L 或 Q_U	樣 本 大 小															
	3	4	5	7	10	15	20	25	30	35	40	50	75	100	150	200
0.70	29.27	26.67	25.74	25.03	24.67	24.46	24.38	24.33	24.31	24.29	24.28	24.26	24.24	24.23	24.21	24.21
0.71	28.92	26.33	25.41	24.71	24.35	24.15	24.06	24.02	23.99	23.98	23.96	23.95	23.92	23.91	23.90	23.90
0.72	28.57	26.00	25.09	24.39	24.03	23.83	23.75	23.71	23.68	23.67	23.65	23.64	23.61	23.60	23.59	23.59
0.73	28.22	25.67	24.76	24.07	23.72	23.52	23.44	23.40	23.37	23.36	23.34	23.33	23.31	23.30	23.29	23.28
0.74	27.86	25.33	24.44	23.75	23.41	23.21	23.13	23.09	23.07	23.05	23.04	23.02	23.00	22.99	22.98	22.98
0.75	27.50	25.00	24.11	23.44	23.10	22.90	22.83	22.79	22.76	22.75	22.73	22.72	22.70	22.69	22.68	22.67
0.76	27.13	24.67	23.79	23.12	22.79	22.60	22.52	22.48	22.46	22.44	22.43	22.42	22.40	22.39	22.38	22.37
0.77	26.77	24.33	23.47	22.81	22.48	22.30	22.22	22.18	22.16	22.14	22.13	22.12	22.10	22.09	22.08	22.08
0.78	26.39	24.00	23.15	22.50	22.18	21.99	21.92	21.89	21.86	21.85	21.84	21.82	21.80	21.79	21.78	21.78
0.79	26.02	23.67	22.83	22.19	21.87	21.70	21.63	21.59	21.57	21.55	21.54	21.53	21.51	21.50	21.49	21.49
0.80	25.64	23.33	22.51	21.88	21.57	21.40	21.33	21.29	21.27	21.26	21.25	21.23	21.22	21.21	21.20	21.20
0.81	25.25	23.00	22.19	21.58	21.27	21.10	21.04	21.00	20.98	20.97	20.96	20.94	20.93	20.92	20.91	20.91
0.82	24.86	22.67	21.87	21.27	20.98	20.81	20.75	20.71	20.69	20.68	20.67	20.65	20.64	20.63	20.62	20.62
0.83	24.47	22.33	21.56	20.97	20.68	20.52	20.46	20.42	20.40	20.39	20.38	20.37	20.35	20.35	20.34	20.34
0.84	24.07	22.00	21.24	20.67	20.39	20.23	20.17	20.14	20.12	20.11	20.10	20.09	20.07	20.06	20.06	20.05
0.85	23.67	21.67	20.93	20.37	20.10	19.94	19.89	19.86	19.84	19.82	19.82	19.80	19.79	19.78	19.78	19.77
0.86	23.26	21.33	20.62	20.07	19.81	19.66	19.60	19.57	19.56	19.54	19.54	19.53	19.51	19.51	19.50	19.50
0.87	22.84	21.00	20.31	19.78	19.52	19.38	19.32	19.30	19.28	19.27	19.26	19.25	19.24	19.23	19.22	19.22
0.88	22.42	20.67	20.00	19.48	19.23	19.10	19.04	19.02	19.00	18.99	18.98	18.98	18.96	18.96	18.95	18.95
0.89	21.99	20.33	19.69	19.19	18.95	18.82	18.77	18.74	18.73	18.72	18.71	18.70	18.69	18.69	18.68	18.68
0.90	21.55	20.00	19.38	18.90	18.67	18.54	18.50	18.47	18.46	18.45	18.44	18.43	18.42	18.42	18.41	18.41
0.91	21.11	19.67	19.07	18.61	18.39	18.27	18.22	18.20	18.19	18.18	18.17	18.17	18.16	18.15	18.15	18.15
0.92	20.66	19.33	18.77	18.33	18.11	18.00	17.96	17.94	17.92	17.92	17.91	17.90	17.89	17.89	17.88	17.88
0.93	20.20	19.00	18.46	18.04	17.84	17.73	17.69	17.67	17.66	17.65	17.65	17.64	17.63	17.63	17.62	17.62
0.94	19.74	18.67	18.16	17.76	17.57	17.46	17.43	17.41	17.40	17.39	17.39	17.38	17.37	17.37	17.36	17.36
0.95	19.25	18.33	17.86	17.48	17.29	17.20	17.17	17.15	17.14	17.13	17.13	17.12	17.12	17.11	17.11	17.11
0.96	18.76	18.00	17.56	17.20	17.03	16.94	16.91	16.89	16.88	16.88	16.87	16.87	16.86	16.86	16.86	16.85
0.97	18.25	17.67	17.25	16.92	16.76	16.68	16.65	16.63	16.63	16.62	16.62	16.61	16.61	16.61	16.60	16.60
0.98	17.74	17.33	16.96	16.65	16.49	16.42	16.39	16.38	16.37	16.37	16.37	16.36	16.36	16.36	16.36	16.36
0.99	17.21	17.00	16.66	16.37	16.23	16.16	16.14	16.13	16.12	16.12	16.12	16.12	16.11	16.11	16.11	16.11
1.00	16.67	16.67	16.36	16.10	15.97	15.91	15.89	15.88	15.88	15.87	15.87	15.87	15.87	15.87	15.87	15.87
1.01	16.11	16.33	16.07	15.83	15.72	15.66	15.64	15.63	15.63	15.63	15.63	15.63	15.62	15.62	15.62	15.62
1.02	15.53	16.00	15.78	15.56	15.46	15.41	15.40	15.39	15.39	15.39	15.39	15.38	15.38	15.38	15.38	15.38
1.03	14.93	15.67	15.48	15.30	15.21	15.17	15.15	15.15	15.15	15.15	15.15	15.15	15.15	15.15	15.15	15.15
1.04	14.31	15.33	15.19	15.03	14.96	14.92	14.91	14.91	14.91	14.91	14.91	14.91	14.91	14.91	14.91	14.91
1.05	13.66	15.00	14.91	14.77	14.71	14.68	14.67	14.67	14.67	14.67	14.68	14.68	14.68	14.68	14.68	14.68
1.06	12.98	14.67	14.62	14.51	14.46	14.44	14.44	14.44	14.44	14.44	14.44	14.45	14.45	14.45	14.45	14.45
1.07	12.27	14.33	14.33	14.26	14.22	14.20	14.20	14.21	14.21	14.21	14.21	14.22	14.22	14.22	14.22	14.23
1.08	11.51	14.00	14.05	14.00	13.97	13.97	13.97	13.98	13.98	13.98	13.99	13.99	13.99	14.00	14.00	14.00
1.09	10.71	13.67	13.76	13.75	13.73	13.74	13.74	13.75	13.75	13.76	13.76	13.77	13.77	13.77	13.78	13.78

表12-6　（續）

Q_L 或 Q_U	樣本大小															
	3	4	5	7	10	15	20	25	30	35	40	50	75	100	150	200
1.10	9.84	13.33	13.48	13.49	13.50	13.51	13.52	13.52	13.53	13.54	13.54	13.54	13.55	13.55	13.56	13.56
1.11	8.89	13.00	13.20	13.25	13.26	13.28	13.29	13.30	13.31	13.31	13.32	13.32	13.33	13.34	13.34	13.34
1.12	7.82	12.67	12.93	13.00	13.03	13.05	13.07	13.08	13.09	13.10	13.10	13.11	13.12	13.12	12.12	13.13
1.13	6.60	12.33	12.65	12.75	12.80	12.83	12.85	12.86	12.87	12.88	12.89	12.89	12.90	12.91	12.91	12.92
1.14	5.08	12.00	12.37	12.51	12.57	12.61	12.63	12.65	12.66	12.67	12.67	12.68	12.69	12.70	12.70	12.70
1.15	0.29	11.67	12.10	12.27	12.34	12.39	12.42	12.44	12.45	12.46	12.46	12.47	12.48	12.49	12.49	12.30
1.16	0.00	11.33	11.83	12.03	12.12	12.18	12.21	12.22	12.24	12.25	12.25	12.26	12.28	12.28	12.29	12.29
1.17	0.00	11.00	11.56	11.79	11.90	11.96	12.00	12.02	12.03	12.04	12.05	12.06	12.07	12.08	12.08	12.09
1.18	0.00	10.67	11.29	11.56	11.68	11.75	11.79	11.81	11.82	11.84	11.84	11.85	11.87	11.88	11.88	11.89
1.19	0.00	10.33	11.02	11.33	11.46	11.54	11.58	11.61	11.62	11.63	11.64	11.65	11.67	11.68	11.69	11.69
1.20	0.00	10.00	10.76	11.10	11.24	11.34	11.38	11.41	11.42	11.43	11.44	11.46	11.47	11.48	11.49	11.49
1.21	0.00	9.67	10.50	10.87	11.03	11.13	11.18	11.21	11.22	11.24	11.25	11.26	11.28	11.29	11.30	11.30
1.22	0.00	9.33	10.23	10.65	10.82	10.93	10.98	11.01	11.03	11.04	11.05	11.07	11.09	11.09	11.10	11.11
1.23	0.00	9.00	9.97	10.42	10.61	10.73	10.78	10.81	10.84	10.85	10.86	10.88	10.90	10.91	10.91	10.92
1.24	0.00	8.67	9.72	10.20	10.41	10.53	10.59	10.62	10.64	10.66	10.67	10.69	10.71	10.72	10.73	10.73
1.25	0.00	8.33	9.46	9.98	10.21	10.34	10.40	10.43	10.46	10.47	10.48	10.50	10.52	10.53	10.54	10.55
1.26	0.00	8.00	9.21	9.77	10.00	10.15	10.21	10.25	10.27	10.29	10.30	10.32	10.34	10.35	10.36	10.37
1.27	0.00	7.67	8.96	9.55	9.81	9.96	10.02	10.06	10.09	10.10	10.12	10.13	10.16	10.17	10.18	10.19
1.28	0.00	7.33	8.71	9.34	9.61	9.77	9.84	9.88	9.90	9.92	9.94	9.95	9.98	9.99	10.00	10.01
1.29	0.00	7.00	8.46	9.13	9.42	9.58	9.65	9.70	9.72	9.74	9.76	9.78	9.80	9.82	9.83	9.83
1.30	0.00	6.67	8.21	8.93	9.22	9.40	9.48	9.52	9.55	9.57	9.58	9.60	9.63	9.64	9.65	9.66
1.31	0.00	6.33	7.97	8.72	9.03	9.22	9.30	9.34	9.37	9.39	9.41	9.43	9.46	9.47	9.48	9.49
1.32	0.00	6.00	7.73	8.52	8.85	9.04	9.12	9.17	9.20	9.22	9.24	9.26	9.29	9.30	9.31	9.32
1.33	0.00	5.67	7.49	8.32	8.66	8.86	8.95	9.00	9.03	9.05	9.07	9.09	9.12	9.13	9.15	9.15
1.34	0.00	5.33	7.25	8.12	8.48	8.69	8.78	8.83	8.86	8.88	8.90	8.92	8.95	8.97	8.98	8.99
1.35	0.00	5.00	7.02	7.92	8.30	8.52	8.61	8.66	8.69	8.72	8.74	8.76	8.79	8.81	8.82	8.83
1.36	0.00	4.67	6.79	7.73	8.12	8.35	8.44	8.50	8.53	8.55	8.57	8.60	8.63	8.65	8.66	8.67
1.37	0.00	4.33	6.56	7.54	7.95	8.18	8.28	8.33	8.37	8.39	8.41	8.44	8.47	8.49	8.50	8.51
1.38	0.00	4.00	6.33	7.35	7.77	8.01	8.12	8.17	8.21	8.24	8.25	8.28	8.31	8.33	8.35	8.35
1.39	0.00	3.67	6.10	7.17	7.60	7.85	7.96	8.01	8.05	8.08	8.10	8.12	8.16	8.18	8.19	8.20
1.40	0.00	3.33	5.88	6.98	7.44	7.69	7.80	7.86	7.90	7.92	7.94	7.97	8.01	8.02	8.04	8.05
1.41	0.00	3.00	5.66	6.80	7.27	7.53	7.64	7.70	7.74	7.77	7.79	7.82	7.86	7.87	7.89	7.90
1.42	0.00	2.67	5.44	6.62	7.10	7.37	7.49	7.55	7.59	7.62	7.64	7.67	7.71	7.73	7.74	7.75
1.43	0.00	2.33	5.23	6.45	6.94	7.22	7.34	7.40	7.44	7.47	7.50	7.52	7.56	7.58	7.60	7.61
1.44	0.00	2.00	5.01	6.27	6.78	7.07	7.19	7.26	7.30	7.33	7.35	7.38	7.42	7.44	7.46	7.47
1.45	0.00	1.67	4.81	6.10	6.63	6.92	7.04	7.11	7.15	7.18	7.21	7.24	7.28	7.30	7.31	7.33
1.46	0.00	1.33	4.60	5.93	6.47	6.77	6.90	6.97	7.01	7.04	7.07	7.10	7.14	7.16	7.18	7.19
1.47	0.00	1.00	4.39	5.77	6.32	6.63	6.75	6.83	6.87	6.90	6.93	6.96	7.00	7.02	7.04	7.05
1.48	0.00	0.67	4.19	5.60	6.17	6.48	6.61	6.69	6.73	6.77	6.79	6.82	6.86	6.88	6.90	6.91
1.49	0.00	0.33	3.99	5.44	6.02	6.34	6.48	6.55	6.60	6.63	6.65	6.69	6.73	6.75	6.77	6.78

表12-6　（續）

Q_t 或 Q_u	樣 本 大 小															
	3	4	5	7	10	15	20	25	30	35	40	50	75	100	150	200
1.50	0.00	0.00	3.80	5.28	5.87	6.20	6.34	6.41	6.46	6.50	6.52	6.55	6.60	6.62	6.64	6.65
1.51	0.00	0.00	3.61	5.13	5.73	6.06	6.20	6.28	6.33	6.36	6.39	6.42	6.47	6.49	6.51	6.52
1.52	0.00	0.00	3.42	4.97	5.59	5.93	6.07	6.15	6.20	6.23	6.26	6.29	6.34	6.36	6.38	6.39
1.53	0.00	0.00	3.23	4.82	5.45	5.80	5.94	5.89	6.07	6.11	6.13	6.17	6.21	6.24	6.26	6.27
1.54	0.00	0.00	3.05	4.67	5.31	5.67	5.81	5.87	5.95	5.98	6.01	6.04	6.09	6.11	6.13	6.15
1.55	0.00	0.00	2.87	4.52	5.18	5.54	5.69	5.77	5.82	5.86	5.88	5.92	5.97	5.99	6.01	6.02
1.56	0.00	0.00	2.69	4.38	5.05	5.41	5.56	5.65	5.70	5.74	5.76	5.80	5.85	5.87	5.89	5.90
1.57	0.00	0.00	2.52	4.24	4.92	5.29	5.44	5.53	5.58	5.62	5.64	5.68	5.73	5.75	5.78	5.79
1.58	0.00	0.00	2.35	4.10	4.79	5.16	5.32	5.41	5.46	5.50	5.53	5.56	5.61	5.64	5.66	5.67
1.59	0.00	0.00	2.19	3.96	4.66	5.04	5.20	5.29	5.34	5.38	5.41	5.45	5.50	5.52	5.54	5.56
1.60	0.00	0.00	2.03	3.83	4.54	4.92	5.09	5.17	5.23	5.27	5.30	5.33	5.38	5.41	5.43	5.44
1.61	0.00	0.00	1.87	3.69	4.41	4.81	4.97	5.06	5.12	5.16	5.18	5.22	5.27	5.30	5.32	5.33
1.62	0.00	0.00	1.72	3.57	4.30	4.69	4.86	4.95	5.01	5.04	5.07	5.11	5.16	5.19	5.21	5.23
1.63	0.00	0.00	1.57	3.44	4.18	4.58	4.75	4.84	4.90	4.94	4.97	5.01	5.06	5.08	5.11	5.12
1.64	0.00	0.00	1.42	3.31	4.06	4.47	4.64	4.73	4.79	4.83	4.86	4.90	4.95	4.98	5.00	5.01
1.65	0.00	0.00	1.28	3.19	3.95	4.36	4.53	4.62	4.68	4.72	4.75	4.79	4.85	4.87	4.90	4.91
1.66	0.00	0.00	1.15	3.07	3.84	4.25	4.43	4.52	4.58	4.62	4.65	4.69	4.74	4.77	4.80	4.81
1.67	0.00	0.00	1.02	2.95	3.73	4.15	4.32	4.42	4.48	4.52	4.55	4.59	4.64	4.67	4.70	4.71
1.68	0.00	0.00	0.89	2.84	3.62	4.05	4.22	4.32	4.38	4.42	4.45	4.49	4.55	4.57	4.60	4.61
1.69	0.00	0.00	0.77	2.73	3.52	3.94	4.12	4.22	4.28	4.32	4.35	4.39	4.45	4.47	4.50	4.51
1.70	0.00	0.00	0.66	2.62	3.41	3.84	4.02	4.12	4.18	4.22	4.25	4.30	4.35	4.38	4.41	4.42
1.71	0.00	0.00	0.55	2.51	3.31	3.75	3.93	4.02	4.09	4.13	4.16	4.20	4.26	4.29	4.31	4.32
1.72	0.00	0.00	0.45	2.41	3.21	3.65	3.83	3.93	3.99	4.04	4.07	4.11	4.17	4.19	4.22	4.23
1.73	0.00	0.00	0.36	2.30	3.11	3.56	3.74	3.84	3.90	3.94	3.98	4.02	4.08	4.10	4.13	4.14
1.74	0.00	0.00	0.27	2.20	3.02	3.46	3.65	3.75	3.81	3.85	3.89	3.93	3.99	4.01	4.04	4.05
1.75	0.00	0.00	0.19	2.11	2.93	3.37	3.56	3.66	3.72	3.77	3.80	3.84	3.90	3.93	3.95	3.97
1.76	0.00	0.00	0.12	2.01	2.83	3.28	3.47	3.57	3.63	3.68	3.71	3.76	3.81	3.84	3.87	3.88
1.77	0.00	0.00	0.06	1.92	2.74	3.20	3.38	3.48	3.55	3.59	3.63	3.67	3.73	3.76	3.78	3.80
1.78	0.00	0.00	0.02	1.83	2.66	3.11	3.30	3.40	3.47	3.51	3.54	3.59	3.64	3.67	3.70	3.71
1.79	0.00	0.00	0.00	1.74	2.57	3.03	3.21	3.32	3.38	3.43	3.46	3.51	3.56	3.59	3.63	3.63
1.80	0.00	0.00	0.00	1.65	2.49	2.94	3.13	3.24	3.30	3.35	3.38	3.43	3.48	3.51	3.54	3.55
1.81	0.00	0.00	0.00	1.57	2.40	2.86	3.05	3.16	3.22	3.27	3.30	3.35	3.40	3.43	3.46	3.47
1.82	0.00	0.00	0.00	1.49	2.32	2.79	2.98	3.08	3.15	3.19	3.22	3.27	3.33	3.36	3.38	3.40
1.83	0.00	0.00	0.00	1.41	2.25	2.71	2.90	3.00	3.07	3.11	3.15	3.19	3.25	3.28	3.31	3.32
1.84	0.00	0.00	0.00	1.34	2.17	2.63	2.82	2.93	2.99	3.04	3.07	3.12	3.18	3.21	3.23	3.25
1.85	0.00	0.00	0.00	1.26	2.09	2.56	2.75	2.85	2.92	2.97	3.00	3.05	3.10	3.13	3.16	3.17
1.86	0.00	0.00	0.00	1.19	2.02	2.48	2.68	2.78	2.85	2.89	2.93	2.97	3.03	3.06	3.09	3.10
1.87	0.00	0.00	0.00	1.12	1.95	2.41	2.61	2.71	2.78	2.82	2.86	2.90	2.96	2.99	3.02	3.03
1.88	0.00	0.00	0.00	1.06	1.88	2.34	2.54	2.64	2.71	2.75	2.79	2.83	2.89	2.92	2.95	2.96
1.89	0.00	0.00	0.00	0.99	1.81	2.28	2.47	2.57	2.64	2.69	2.72	2.77	2.83	2.85	2.88	2.90

表12-6 （續）

Q馴 或 Q赂	樣本大小															
	3	4	5	7	10	15	20	25	30	35	40	50	75	100	150	200
1.90	0.00	0.00	0.00	0.93	1.75	2.21	2.40	2.51	2.57	2.62	2.65	2.70	2.76	2.79	2.82	2.83
1.91	0.00	0.00	0.00	0.87	1.68	2.14	2.34	2.44	2.51	2.56	2.59	2.63	2.69	2.72	2.75	2.77
1.92	0.00	0.00	0.00	0.81	1.62	2.08	2.27	2.38	2.45	2.49	2.52	2.57	2.63	2.66	2.69	2.70
1.93	0.00	0.00	0.00	0.76	1.56	2.02	2.21	2.32	2.38	2.43	2.46	2.51	2.57	2.60	2.62	2.66
1.94	0.00	0.00	0.00	0.70	1.50	1.96	2.15	2.25	2.32	2.37	2.40	2.45	2.51	2.54	2.56	2.58
1.95	0.00	0.00	0.00	0.65	1.44	1.90	2.09	2.19	2.26	2.31	2.34	2.39	2.45	2.48	2.50	2.52
1.96	0.00	0.00	0.00	0.60	1.38	1.84	2.03	2.14	2.20	2.25	2.28	2.33	2.39	2.42	2.44	2.46
1.97	0.00	0.00	0.00	0.56	1.33	1.78	1.97	2.08	2.14	2.19	2.22	2.27	2.33	2.36	2.39	2.40
1.98	0.00	0.00	0.00	0.51	1.27	1.73	1.92	2.02	2.09	2.13	2.17	2.21	2.27	2.30	2.33	2.34
1.99	0.00	0.00	0.00	0.47	1.22	1.67	1.86	1.97	2.03	2.08	2.11	2.16	2.22	2.25	2.27	2.29
2.00	0.00	0.00	0.00	0.43	1.17	1.62	1.81	1.91	1.98	2.03	2.06	2.10	2.16	2.19	2.22	2.23
2.01	0.00	0.00	0.00	0.39	1.12	1.57	1.76	1.86	1.93	1.97	2.01	2.05	2.11	2.14	2.17	2.18
2.02	0.00	0.00	0.00	0.36	1.07	1.52	1.71	1.81	1.87	1.92	1.95	2.00	2.06	2.09	2.11	2.13
2.03	0.00	0.00	0.00	0.32	1.03	1.47	1.66	1.76	1.82	1.87	1.90	1.95	2.01	2.04	2.06	2.08
2.04	0.00	0.00	0.00	0.29	0.98	1.42	1.61	1.71	1.77	1.82	1.85	1.90	1.96	1.99	2.01	2.03
2.05	0.00	0.00	0.00	0.26	0.94	1.37	1.56	1.66	1.73	1.77	1.80	1.85	1.91	1.94	1.96	1.98
2.06	0.00	0.00	0.00	0.23	0.90	1.33	1.51	1.61	1.68	1.72	1.76	1.80	1.86	1.89	1.92	1.93
2.07	0.00	0.00	0.00	0.21	0.86	1.28	1.47	1.57	1.63	1.68	1.71	1.76	1.81	1.84	1.87	1.88
2.08	0.00	0.00	0.00	0.18	0.82	1.24	1.42	1.52	1.59	1.63	1.66	1.71	1.77	1.79	1.82	1.84
2.09	0.00	0.00	0.00	0.16	0.78	1.20	1.38	1.48	1.54	1.59	1.62	1.66	1.72	1.75	1.78	1.79
2.10	0.00	0.00	0.00	0.14	0.74	1.16	1.34	1.44	1.50	1.54	1.58	1.62	1.68	1.71	1.73	1.75
2.11	0.00	0.00	0.00	0.12	0.71	1.12	1.30	1.39	1.46	1.50	1.53	1.58	1.63	1.66	1.69	1.70
2.12	0.00	0.00	0.00	0.10	0.67	1.08	1.26	1.35	1.42	1.46	1.49	1.54	1.59	1.62	1.65	1.66
2.13	0.00	0.00	0.00	0.08	0.64	1.04	1.22	1.31	1.38	1.42	1.45	1.50	1.55	1.58	1.61	1.62
2.14	0.00	0.00	0.00	0.07	0.61	1.00	1.18	1.28	1.34	1.38	1.41	1.46	1.51	1.54	1.57	1.58
2.15	0.00	0.00	0.00	0.06	0.58	0.97	1.14	1.24	1.30	1.34	1.37	1.42	1.47	1.50	1.53	1.54
2.16	0.00	0.00	0.00	0.05	0.55	0.93	1.10	1.20	1.26	1.30	1.34	1.38	1.43	1.46	1.49	1.50
2.17	0.00	0.00	0.00	0.04	0.52	0.90	1.07	1.16	1.22	1.27	1.30	1.34	1.40	1.42	1.45	1.46
2.18	0.00	0.00	0.00	0.03	0.49	0.87	1.03	1.13	1.19	1.23	1.26	1.30	1.36	1.39	1.41	1.42
2.19	0.00	0.00	0.00	0.02	0.46	0.83	1.00	1.09	1.15	1.20	1.23	1.27	1.32	1.35	1.38	1.39
2.20	0.000	0.000	0.000	0.015	0.437	0.803	0.968	1.061	1.120	1.161	1.192	1.233	1.287	1.314	1.340	1.352
2.21	0.000	0.000	0.000	0.010	0.413	0.772	0.936	1.028	1.087	1.128	1.158	1.199	1.253	1.279	1.305	1.318
2.22	0.000	0.000	0.000	0.006	0.389	0.743	0.905	0.996	1.054	1.095	1.125	1.166	1.219	1.245	1.271	1.283
2.23	0.000	0.000	0.000	0.003	0.366	0.715	0.875	0.965	1.023	1.063	1.093	1.134	1.186	1.212	1.238	1.250
2.24	0.000	0.000	0.000	0.002	0.345	0.687	0.845	0.935	0.992	1.032	1.061	1.102	1.154	1.180	1.205	1.218
2.25	0.000	0.000	0.000	0.001	0.324	0.660	0.816	0.905	0.962	1.002	1.031	1.071	1.123	1.148	1.173	1.186
2.26	0.000	0.000	0.000	0.000	0.304	0.634	0.789	0.876	0.933	0.972	1.001	1.041	1.092	1.117	1.142	1.155
2.27	0.000	0.000	0.000	0.000	0.285	0.609	0.762	0.848	0.904	0.943	0.972	1.011	1.062	1.087	1.112	1.124
2.28	0.000	0.000	0.000	0.000	0.267	0.585	0.735	0.821	0.876	0.915	0.943	0.982	1.033	1.058	1.082	1.094
2.29	0.000	0.000	0.000	0.000	0.250	0.561	0.710	0.794	0.849	0.887	0.915	0.954	1.004	1.029	1.053	1.065

表12-6　（續）

Q_t 或 Q_v	樣本大小															
	3	4	5	7	10	15	20	25	30	35	40	50	75	100	150	200
2.30	0.000	0.000	0.000	0.000	0.233	0.538	0.685	0.769	0.823	0.861	0.888	0.927	0.977	1.001	1.025	1.037
2.31	0.000	0.000	0.000	0.000	0.218	0.516	0.661	0.743	0.797	0.834	0.862	0.900	0.949	0.974	0.997	1.009
2.32	0.000	0.000	0.000	0.000	0.203	0.495	0.637	0.719	0.772	0.809	0.836	0.874	0.923	0.947	0.971	0.982
2.33	0.000	0.000	0.000	0.000	0.189	0.474	0.614	0.695	0.748	0.784	0.811	0.848	0.897	0.921	0.944	0.956
2.34	0.000	0.000	0.000	0.000	0.175	0.454	0.592	0.672	0.724	0.760	0.787	0.824	0.872	0.895	0.915	0.930
2.35	0.000	0.000	0.000	0.000	0.163	0.435	0.571	0.650	0.701	0.736	0.763	0.799	0.847	0.870	0.893	0.905
2.36	0.000	0.000	0.000	0.000	0.151	0.416	0.550	0.628	0.678	0.714	0.740	0.776	0.823	0.846	0.869	0.880
2.37	0.000	0.000	0.000	0.000	0.139	0.398	0.530	0.606	0.656	0.691	0.717	0.753	0.799	0.822	0.845	0.856
2.38	0.000	0.000	0.000	0.000	0.128	0.381	0.510	0.586	0.635	0.670	0.695	0.730	0.777	0.799	0.822	0.833
2.39	0.000	0.000	0.000	0.000	0.118	0.364	0.491	0.566	0.614	0.648	0.674	0.709	0.754	0.777	0.799	0.810
2.40	0.000	0.000	0.000	0.000	0.109	0.348	0.473	0.546	0.594	0.628	0.653	0.687	0.732	0.755	0.777	0.787
2.41	0.000	0.000	0.000	0.000	0.100	0.332	0.455	0.527	0.575	0.608	0.633	0.667	0.711	0.733	0.755	0.766
2.42	0.000	0.000	0.000	0.000	0.091	0.317	0.437	0.509	0.555	0.588	0.613	0.646	0.691	0.712	0.734	0.744
2.43	0.000	0.000	0.000	0.000	0.083	0.302	0.421	0.491	0.537	0.569	0.593	0.627	0.670	0.692	0.713	0.724
2.44	0.000	0.000	0.000	0.000	0.076	0.288	0.404	0.474	0.519	0.551	0.575	0.608	0.651	0.672	0.693	0.703
2.45	0.000	0.000	0.000	0.000	0.069	0.275	0.389	0.457	0.501	0.533	0.556	0.589	0.632	0.653	0.673	0.684
2.46	0.000	0.000	0.000	0.000	0.063	0.262	0.373	0.440	0.484	0.516	0.539	0.571	0.613	0.634	0.654	0.664
2.47	0.000	0.000	0.000	0.000	0.057	0.249	0.359	0.425	0.468	0.499	0.521	0.553	0.595	0.615	0.635	0.646
2.48	0.000	0.000	0.000	0.000	0.051	0.237	0.344	0.409	0.452	0.482	0.505	0.536	0.577	0.597	0.617	0.627
2.49	0.000	0.000	0.000	0.000	0.046	0.226	0.331	0.394	0.436	0.466	0.488	0.519	0.560	0.580	0.600	0.609
2.50	0.000	0.000	0.000	0.000	0.041	0.214	0.317	0.380	0.421	0.451	0.473	0.503	0.543	0.563	0.582	0.592
2.51	0.000	0.000	0.000	0.000	0.037	0.204	0.304	0.366	0.407	0.436	0.457	0.487	0.527	0.546	0.565	0.575
2.52	0.000	0.000	0.000	0.000	0.033	0.193	0.292	0.352	0.392	0.421	0.442	0.472	0.511	0.530	0.549	0.558
2.53	0.000	0.000	0.000	0.000	0.029	0.184	0.280	0.339	0.379	0.407	0.428	0.457	0.495	0.514	0.533	0.542
2.54	0.000	0.000	0.000	0.000	0.026	0.174	0.268	0.326	0.365	0.393	0.413	0.442	0.480	0.499	0.517	0.527
2.55	0.000	0.000	0.000	0.000	0.023	0.165	0.257	0.314	0.352	0.379	0.400	0.428	0.465	0.484	0.502	0.511
2.56	0.000	0.000	0.000	0.000	0.020	0.156	0.246	0.302	0.340	0.366	0.386	0.414	0.451	0.469	0.487	0.496
2.57	0.000	0.000	0.000	0.000	0.017	0.148	0.236	0.291	0.327	0.354	0.373	0.401	0.437	0.455	0.473	0.482
2.58	0.000	0.000	0.000	0.000	0.015	0.140	0.226	0.279	0.316	0.341	0.361	0.388	0.424	0.441	0.459	0.468
2.59	0.000	0.000	0.000	0.000	0.013	0.133	0.216	0.269	0.304	0.330	0.349	0.375	0.410	0.428	0.445	0.454
2.60	0.000	0.000	0.000	0.000	0.011	0.125	0.207	0.258	0.293	0.318	0.337	0.363	0.398	0.415	0.432	0.441
2.61	0.000	0.000	0.000	0.000	0.009	0.118	0.198	0.248	0.282	0.307	0.325	0.351	0.385	0.402	0.419	0.428
2.62	0.000	0.000	0.000	0.000	0.008	0.112	0.189	0.238	0.272	0.296	0.314	0.339	0.373	0.390	0.406	0.415
2.63	0.000	0.000	0.000	0.000	0.007	0.105	0.181	0.229	0.262	0.285	0.303	0.328	0.361	0.378	0.394	0.402
2.64	0.000	0.000	0.000	0.000	0.005	0.099	0.172	0.220	0.252	0.275	0.293	0.317	0.350	0.366	0.382	0.390
2.65	0.000	0.000	0.000	0.000	0.005	0.094	0.165	0.211	0.243	0.265	0.282	0.307	0.339	0.355	0.371	0.379
2.66	0.000	0.000	0.000	0.000	0.004	0.088	0.157	0.202	0.233	0.256	0.273	0.296	0.328	0.344	0.359	0.367
2.67	0.000	0.000	0.000	0.000	0.003	0.083	0.150	0.194	0.224	0.246	0.263	0.286	0.317	0.333	0.348	0.356
2.68	0.000	0.000	0.000	0.000	0.002	0.078	0.143	0.186	0.216	0.237	0.254	0.277	0.307	0.322	0.338	0.345
2.69	0.000	0.000	0.000	0.000	0.002	0.073	0.136	0.179	0.208	0.229	0.245	0.267	0.297	0.312	0.327	0.335

表12-6 （續）

Q_L或Q_t	樣本大小															
	3	4	5	7	10	15	20	25	30	35	40	50	75	100	150	200
2.70	0.000	0.000	0.000	0.000	0.001	0.069	0.130	0.171	0.200	0.220	0.236	0.258	0.288	0.302	0.317	0.325
2.71	0.000	0.000	0.000	0.000	0.001	0.064	0.124	0.164	0.192	0.212	0.227	0.249	0.278	0.293	0.307	0.315
2.72	0.000	0.000	0.000	0.000	0.000	0.060	0.118	0.157	0.184	0.204	0.219	0.241	0.269	0.283	0.298	0.305
2.73	0.000	0.000	0.000	0.000	0.000	0.057	0.112	0.151	0.177	0.197	0.211	0.232	0.260	0.274	0.288	0.296
2.74	0.000	0.000	0.000	0.000	0.000	0.053	0.107	0.144	0.170	0.189	0.204	0.224	0.252	0.266	0.279	0.286
2.75	0.000	0.000	0.000	0.000	0.000	0.049	0.102	0.138	0.163	0.182	0.196	0.216	0.243	0.257	0.271	0.277
2.76	0.000	0.000	0.000	0.000	0.000	0.046	0.097	0.132	0.157	0.175	0.189	0.209	0.235	0.249	0.262	0.269
2.77	0.000	0.000	0.000	0.000	0.000	0.043	0.092	0.126	0.151	0.168	0.182	0.201	0.227	0.241	0.254	0.260
2.78	0.000	0.000	0.000	0.000	0.000	0.040	0.087	0.121	0.145	0.162	0.175	0.194	0.220	0.233	0.246	0.252
2.79	0.000	0.000	0.000	0.000	0.000	0.037	0.083	0.115	0.139	0.156	0.169	0.187	0.212	0.225	0.238	0.244
2.80	0.000	0.000	0.000	0.000	0.000	0.035	0.079	0.110	0.133	0.150	0.162	0.181	0.205	0.218	0.230	0.237
2.81	0.000	0.000	0.000	0.000	0.000	0.032	0.075	0.105	0.128	0.144	0.156	0.174	0.198	0.211	0.223	0.229
2.82	0.000	0.000	0.000	0.000	0.000	0.030	0.071	0.101	0.122	0.138	0.150	0.168	0.192	0.204	0.216	0.222
2.83	0.000	0.000	0.000	0.000	0.000	0.028	0.067	0.096	0.117	0.133	0.145	0.162	0.185	0.197	0.209	0.215
2.84	0.000	0.000	0.000	0.000	0.000	0.026	0.064	0.092	0.112	0.128	0.139	0.156	0.179	0.190	0.202	0.208
2.85	0.000	0.000	0.000	0.000	0.000	0.024	0.060	0.088	0.108	0.122	0.134	0.150	0.173	0.184	0.195	0.201
2.86	0.000	0.000	0.000	0.000	0.000	0.022	0.057	0.084	0.103	0.118	0.129	0.145	0.167	0.178	0.189	0.195
2.87	0.000	0.000	0.000	0.000	0.000	0.020	0.054	0.080	0.099	0.113	0.124	0.139	0.161	0.172	0.183	0.188
2.88	0.000	0.000	0.000	0.000	0.000	0.019	0.051	0.076	0.094	0.108	0.119	0.134	0.155	0.166	0.177	0.182
2.89	0.000	0.000	0.000	0.000	0.000	0.017	0.048	0.073	0.090	0.104	0.114	0.129	0.150	0.160	0.171	0.176
2.90	0.000	0.000	0.000	0.000	0.000	0.016	0.046	0.069	0.087	0.100	0.110	0.125	0.145	0.155	0.165	0.171
2.91	0.000	0.000	0.000	0.000	0.000	0.015	0.043	0.066	0.083	0.096	0.106	0.120	0.140	0.150	0.160	0.165
2.92	0.000	0.000	0.000	0.000	0.000	0.013	0.041	0.063	0.079	0.092	0.101	0.115	0.135	0.145	0.155	0.160
2.93	0.000	0.000	0.000	0.000	0.000	0.012	0.038	0.060	0.076	0.088	0.097	0.111	0.130	0.140	0.149	0.154
2.94	0.000	0.000	0.000	0.000	0.000	0.011	0.036	0.057	0.072	0.084	0.093	0.107	0.125	0.135	0.144	0.149
2.95	0.000	0.000	0.000	0.000	0.000	0.010	0.034	0.054	0.069	0.081	0.090	0.103	0.121	0.130	0.140	0.144
2.96	0.000	0.000	0.000	0.000	0.000	0.009	0.032	0.051	0.066	0.077	0.086	0.099	0.117	0.126	0.135	0.140
2.97	0.000	0.000	0.000	0.000	0.000	0.009	0.030	0.049	0.063	0.074	0.083	0.095	0.112	0.121	0.130	0.135
2.98	0.000	0.000	0.000	0.000	0.000	0.008	0.028	0.046	0.060	0.071	0.079	0.091	0.108	0.117	0.126	0.130
2.99	0.000	0.000	0.000	0.000	0.000	0.007	0.027	0.044	0.057	0.068	0.076	0.088	0.104	0.113	0.122	0.126
3.00	0.000	0.000	0.000	0.000	0.000	0.006	0.025	0.042	0.055	0.065	0.073	0.084	0.101	0.109	0.118	0.122
3.01	0.000	0.000	0.000	0.000	0.000	0.006	0.024	0.040	0.052	0.062	0.070	0.081	0.097	0.105	0.114	0.118
3.02	0.000	0.000	0.000	0.000	0.000	0.005	0.022	0.038	0.050	0.059	0.067	0.078	0.093	0.101	0.110	0.114
3.03	0.000	0.000	0.000	0.000	0.000	0.005	0.021	0.036	0.048	0.057	0.066	0.075	0.090	0.098	0.106	0.110
3.04	0.000	0.000	0.000	0.000	0.000	0.004	0.019	0.034	0.045	0.054	0.061	0.072	0.087	0.094	0.102	0.106
3.05	0.000	0.000	0.000	0.000	0.000	0.004	0.018	0.032	0.043	0.052	0.059	0.069	0.083	0.091	0.099	0.103
3.06	0.000	0.000	0.000	0.000	0.000	0.003	0.017	0.030	0.041	0.050	0.056	0.066	0.080	0.088	0.095	0.099
3.07	0.000	0.000	0.000	0.000	0.000	0.003	0.016	0.029	0.039	0.047	0.054	0.064	0.077	0.085	0.092	0.096
3.08	0.000	0.000	0.000	0.000	0.000	0.003	0.015	0.027	0.037	0.045	0.052	0.061	0.074	0.081	0.089	0.092
3.09	0.000	0.000	0.000	0.000	0.000	0.002	0.014	0.026	0.036	0.043	0.049	0.059	0.072	0.079	0.086	0.089

表12-6 （續）

Q_L 或 Q_U	樣 本 大 小															
	3	4	5	7	10	15	20	25	30	35	40	50	75	100	150	200
3.10	0.000	0.000	0.000	0.000	0.000	0.002	0.013	0.024	0.034	0.041	0.047	0.056	0.069	0.076	0.083	0.086
3.11	0.000	0.000	0.000	0.000	0.000	0.002	0.012	0.023	0.032	0.039	0.045	0.054	0.066	0.073	0.080	0.083
3.12	0.000	0.000	0.000	0.000	0.000	0.002	0.011	0.022	0.031	0.038	0.043	0.052	0.064	0.070	0.077	0.080
3.13	0.000	0.000	0.000	0.000	0.000	0.002	0.011	0.021	0.029	0.036	0.041	0.050	0.061	0.068	0.074	0.077
3.14	0.000	0.000	0.000	0.000	0.000	0.001	0.010	0.019	0.028	0.034	0.040	0.048	0.059	0.065	0.071	0.075
3.15	0.000	0.000	0.000	0.000	0.000	0.001	0.009	0.018	0.026	0.033	0.038	0.046	0.057	0.063	0.069	0.072
3.16	0.000	0.000	0.000	0.000	0.000	0.001	0.009	0.017	0.025	0.031	0.036	0.044	0.055	0.060	0.066	0.069
3.17	0.000	0.000	0.000	0.000	0.000	0.001	0.008	0.016	0.024	0.030	0.035	0.042	0.053	0.058	0.064	0.067
3.18	0.000	0.000	0.000	0.000	0.000	0.001	0.007	0.015	0.022	0.028	0.033	0.040	0.050	0.056	0.062	0.065
3.19	0.000	0.000	0.000	0.000	0.000	0.001	0.007	0.015	0.021	0.027	0.032	0.038	0.049	0.054	0.059	0.062
3.20	0.000	0.000	0.000	0.000	0.000	0.001	0.006	0.014	0.020	0.026	0.030	0.037	0.047	0.052	0.057	0.060
3.21	0.000	0.000	0.000	0.000	0.000	0.000	0.006	0.013	0.019	0.024	0.029	0.035	0.045	0.050	0.055	0.058
3.22	0.000	0.000	0.000	0.000	0.000	0.000	0.005	0.012	0.018	0.023	0.027	0.034	0.043	0.048	0.053	0.056
3.23	0.000	0.000	0.000	0.000	0.000	0.000	0.005	0.011	0.017	0.022	0.026	0.032	0.041	0.046	0.051	0.054
3.24	0.000	0.000	0.000	0.000	0.000	0.000	0.005	0.011	0.016	0.021	0.025	0.031	0.040	0.044	0.049	0.052
3.25	0.000	0.000	0.000	0.000	0.000	0.000	0.004	0.010	0.015	0.020	0.024	0.030	0.038	0.043	0.048	0.050
3.26	0.000	0.000	0.000	0.000	0.000	0.000	0.004	0.009	0.015	0.019	0.023	0.028	0.037	0.041	0.046	0.048
3.27	0.000	0.000	0.000	0.000	0.000	0.000	0.004	0.009	0.014	0.019	0.022	0.027	0.035	0.040	0.044	0.046
3.28	0.000	0.000	0.000	0.000	0.000	0.000	0.003	0.008	0.013	0.017	0.021	0.026	0.034	0.038	0.042	0.045
3.29	0.000	0.000	0.000	0.000	0.000	0.000	0.003	0.008	0.012	0.016	0.020	0.025	0.032	0.037	0.041	0.043
3.30	0.000	0.000	0.000	0.000	0.000	0.000	0.003	0.007	0.012	0.015	0.019	0.024	0.031	0.035	0.039	0.042
3.31	0.000	0.000	0.000	0.000	0.000	0.000	0.003	0.007	0.011	0.015	0.018	0.023	0.030	0.034	0.038	0.040
3.32	0.000	0.000	0.000	0.000	0.000	0.000	0.002	0.006	0.010	0.014	0.017	0.022	0.029	0.032	0.036	0.039
3.33	0.000	0.000	0.000	0.000	0.000	0.000	0.002	0.006	0.010	0.013	0.016	0.021	0.027	0.031	0.035	0.037
3.34	0.000	0.000	0.000	0.000	0.000	0.000	0.002	0.006	0.009	0.013	0.015	0.020	0.026	0.030	0.034	0.036
3.35	0.000	0.000	0.000	0.000	0.000	0.000	0.002	0.005	0.009	0.012	0.015	0.019	0.025	0.029	0.032	0.034
3.36	0.000	0.000	0.000	0.000	0.000	0.000	0.002	0.005	0.008	0.011	0.014	0.018	0.024	0.028	0.031	0.033
3.37	0.000	0.000	0.000	0.000	0.000	0.000	0.002	0.005	0.008	0.011	0.013	0.017	0.023	0.026	0.030	0.032
3.38	0.000	0.000	0.000	0.000	0.000	0.000	0.001	0.004	0.007	0.010	0.013	0.016	0.022	0.025	0.029	0.031
3.39	0.000	0.000	0.000	0.000	0.000	0.000	0.001	0.004	0.007	0.010	0.012	0.016	0.021	0.024	0.028	0.029
3.40	0.000	0.000	0.000	0.000	0.000	0.000	0.001	0.004	0.007	0.009	0.011	0.015	0.020	0.023	0.027	0.028
3.41	0.000	0.000	0.000	0.000	0.000	0.000	0.001	0.003	0.006	0.009	0.011	0.014	0.020	0.022	0.026	0.027
3.42	0.000	0.000	0.000	0.000	0.000	0.000	0.001	0.003	0.006	0.008	0.010	0.014	0.019	0.022	0.025	0.026
3.43	0.000	0.000	0.000	0.000	0.000	0.000	0.001	0.003	0.005	0.008	0.010	0.013	0.018	0.021	0.024	0.025
3.44	0.000	0.000	0.000	0.000	0.000	0.000	0.001	0.003	0.005	0.007	0.009	0.012	0.017	0.020	0.023	0.024
3.45	0.000	0.000	0.000	0.000	0.000	0.000	0.001	0.003	0.005	0.007	0.009	0.012	0.016	0.019	0.022	0.023
3.46	0.000	0.000	0.000	0.000	0.000	0.000	0.001	0.002	0.005	0.007	0.008	0.011	0.016	0.018	0.021	0.022
3.47	0.000	0.000	0.000	0.000	0.000	0.000	0.001	0.002	0.004	0.006	0.008	0.011	0.015	0.017	0.020	0.022
3.48	0.000	0.000	0.000	0.000	0.000	0.000	0.001	0.002	0.004	0.006	0.007	0.010	0.014	0.017	0.019	0.021
3.49	0.000	0.000	0.000	0.000	0.000	0.000	0.000	0.002	0.004	0.005	0.007	0.010	0.014	0.016	0.019	0.020

表12-6　　（續）

Q_L 或 Q_U	樣本大小															
	3	4	5	7	10	15	20	25	30	35	40	50	75	100	150	200
3.50	0.000	0.000	0.000	0.000	0.000	0.000	0.000	0.002	0.003	0.005	0.007	0.009	0.013	0.015	0.018	0.019
3.51	0.000	0.000	0.000	0.000	0.000	0.000	0.000	0.002	0.003	0.005	0.006	0.009	0.013	0.015	0.017	0.018
3.52	0.000	0.000	0.000	0.000	0.000	0.000	0.000	0.002	0.003	0.005	0.006	0.008	0.012	0.014	0.017	0.018
3.53	0.000	0.000	0.000	0.000	0.000	0.000	0.000	0.001	0.003	0.004	0.006	0.008	0.012	0.014	0.016	0.017
3.54	0.000	0.000	0.000	0.000	0.000	0.000	0.000	0.001	0.003	0.004	0.005	0.008	0.011	0.013	0.015	0.016
3.55	0.000	0.000	0.000	0.000	0.000	0.000	0.000	0.001	0.003	0.004	0.005	0.007	0.011	0.012	0.015	0.016
3.56	0.000	0.000	0.000	0.000	0.000	0.000	0.000	0.001	0.002	0.004	0.005	0.007	0.010	0.012	0.014	0.015
3.57	0.000	0.000	0.000	0.000	0.000	0.000	0.000	0.001	0.002	0.003	0.005	0.006	0.010	0.011	0.013	0.014
3.58	0.000	0.000	0.000	0.000	0.000	0.000	0.000	0.001	0.002	0.003	0.004	0.006	0.009	0.011	0.013	0.014
3.59	0.000	0.000	0.000	0.000	0.000	0.000	0.000	0.001	0.002	0.003	0.004	0.006	0.009	0.010	0.012	0.013
3.60	0.000	0.000	0.000	0.000	0.000	0.000	0.000	0.001	0.002	0.003	0.004	0.006	0.008	0.010	0.012	0.013
3.61	0.000	0.000	0.000	0.000	0.000	0.000	0.000	0.001	0.002	0.003	0.004	0.005	0.008	0.010	0.011	0.012
3.62	0.000	0.000	0.000	0.000	0.000	0.000	0.000	0.001	0.002	0.003	0.003	0.005	0.008	0.009	0.011	0.012
3.63	0.000	0.000	0.000	0.000	0.000	0.000	0.000	0.001	0.001	0.002	0.003	0.005	0.007	0.009	0.010	0.011
3.64	0.000	0.000	0.000	0.000	0.000	0.000	0.000	0.001	0.001	0.002	0.003	0.004	0.007	0.008	0.010	0.011
3.65	0.000	0.000	0.000	0.000	0.000	0.000	0.000	0.001	0.001	0.002	0.003	0.004	0.007	0.008	0.010	0.010
3.66	0.000	0.000	0.000	0.000	0.000	0.000	0.000	0.000	0.001	0.002	0.003	0.004	0.006	0.008	0.009	0.010
3.67	0.000	0.000	0.000	0.000	0.000	0.000	0.000	0.000	0.001	0.002	0.003	0.004	0.006	0.007	0.009	0.010
3.68	0.000	0.000	0.000	0.000	0.000	0.000	0.000	0.000	0.001	0.002	0.002	0.004	0.006	0.007	0.008	0.009
3.69	0.000	0.000	0.000	0.000	0.000	0.000	0.000	0.000	0.001	0.002	0.002	0.003	0.005	0.007	0.008	0.009
3.70	0.000	0.000	0.000	0.000	0.000	0.000	0.000	0.000	0.001	0.002	0.002	0.003	0.005	0.006	0.008	0.008
3.71	0.000	0.000	0.000	0.000	0.000	0.000	0.000	0.000	0.001	0.001	0.002	0.003	0.005	0.006	0.007	0.008
3.72	0.000	0.000	0.000	0.000	0.000	0.000	0.000	0.000	0.001	0.001	0.002	0.003	0.005	0.006	0.007	0.008
3.73	0.000	0.000	0.000	0.000	0.000	0.000	0.000	0.000	0.001	0.001	0.002	0.003	0.005	0.006	0.007	0.007
3.74	0.000	0.000	0.000	0.000	0.000	0.000	0.000	0.000	0.001	0.001	0.002	0.003	0.004	0.005	0.007	0.007
3.75	0.000	0.000	0.000	0.000	0.000	0.000	0.000	0.000	0.001	0.001	0.002	0.002	0.004	0.005	0.006	0.007
3.76	0.000	0.000	0.000	0.000	0.000	0.000	0.000	0.000	0.001	0.001	0.001	0.002	0.004	0.005	0.006	0.007
3.77	0.000	0.000	0.000	0.000	0.000	0.000	0.000	0.000	0.001	0.001	0.001	0.002	0.004	0.005	0.006	0.006
3.78	0.000	0.000	0.000	0.000	0.000	0.000	0.000	0.000	0.000	0.001	0.001	0.002	0.004	0.004	0.005	0.006
3.79	0.000	0.000	0.000	0.000	0.000	0.000	0.000	0.000	0.000	0.001	0.001	0.002	0.003	0.004	0.005	0.006
3.80	0.000	0.000	0.000	0.000	0.000	0.000	0.000	0.000	0.000	0.001	0.001	0.002	0.003	0.004	0.005	0.006
3.81	0.000	0.000	0.000	0.000	0.000	0.000	0.000	0.000	0.000	0.001	0.001	0.002	0.003	0.004	0.005	0.005
3.82	0.000	0.000	0.000	0.000	0.000	0.000	0.000	0.000	0.000	0.001	0.001	0.002	0.003	0.004	0.005	0.005
3.83	0.000	0.000	0.000	0.000	0.000	0.000	0.000	0.000	0.000	0.001	0.001	0.002	0.003	0.004	0.004	0.005
3.84	0.000	0.000	0.000	0.000	0.000	0.000	0.000	0.000	0.000	0.001	0.001	0.001	0.003	0.003	0.004	0.005
3.85	0.000	0.000	0.000	0.000	0.000	0.000	0.000	0.000	0.000	0.001	0.001	0.001	0.002	0.003	0.004	0.004
3.86	0.000	0.000	0.000	0.000	0.000	0.000	0.000	0.000	0.000	0.000	0.001	0.001	0.002	0.003	0.004	0.004
3.87	0.000	0.000	0.000	0.000	0.000	0.000	0.000	0.000	0.000	0.000	0.001	0.001	0.002	0.003	0.004	0.004
3.88	0.000	0.000	0.000	0.000	0.000	0.000	0.000	0.000	0.000	0.000	0.001	0.001	0.002	0.003	0.004	0.004
3.89	0.000	0.000	0.000	0.000	0.000	0.000	0.000	0.000	0.000	0.000	0.001	0.001	0.002	0.003	0.003	0.004
3.90	0.000	0.000	0.000	0.000	0.000	0.000	0.000	0.000	0.000	0.000	0.001	0.001	0.002	0.003	0.003	0.004

註：表中數值是以百分率表示。

12.3　MIL-STD-414之使用

本節說明變異性未知, 標準差法之使用。型式 1 適用於單邊規格界限, 而型式 2 可用於單邊和雙邊規格界限。

一、單邊規格界限, 型式 1

使用程序:

1. 由批量大小和檢驗水準, 查表 12-1, 決定樣本大小之代字。

2. 根據 AQL 值和樣本大小之代字, 查表 12-3, 決定樣本大小 n 及常數 k。若規定之 AQL 值不在表中, 則依表 12-2 之 AQL 轉換, 以得到適當之 AQL 值。

3. 由批中抽取 n 件樣本, 計算樣本平均值 $\overline{X}$ 和標準差 S。

4. 計算

$$\frac{\overline{X}-L}{S} \text{ (產品具有下規格界限)}$$

或

$$\frac{U-\overline{X}}{S} \text{ (產品具有上規格界限)}$$

5. 若 $(\overline{X}-L)/S$（或 $(U-\overline{X})/S$）大於或等於 k, 則允收貨批; 否則拒收。

二、單邊規格界限, 型式 2

使用程序:

1. 由批量大小和檢驗水準, 查表 12-1, 決定樣本大小之代字。

2. 根據 AQL 值和樣本大小之代字, 查表 12-4, 決定樣本大小 n 及常數 M。若規定之 AQL 值不在表中, 則依表 12-2 之 AQL 轉換, 以得到適當之 AQL 值。

3. 由批中抽取 n 件樣本, 計算樣本平均值 $\overline{X}$ 和標準差 S。

4. 計算 $Q_L = (\overline{X} - L)/S$ 或 $Q_U = (U - \overline{X})/S$

5. 根據 Q_L（或 Q_U），查表 12-6，決定 $\hat{p}_L$（或 $\hat{p}_U$）。

6. 若 $\hat{p}_L \leq M$ 或（$\hat{p}_U \leq M$）則允收貨批；否則拒收。

三、雙邊規格界限，型式 2

當產品具有雙邊規格界限時，形式 2 之 M 方法可用來做為允收與否之條件。M 方法之使用程序可分成兩種情形。第一種情形是指當上、下規格界限有不同之 AQL 值，此時必須滿足下列所有條件才能允收。

1. $\hat{p}_U \leq M_U$

2. $\hat{p}_L \leq M_L$

3. $\hat{p} = \hat{p}_U + \hat{p}_L \leq \max(M_U, M_L)$

   其中 $\hat{p}_U$ 為超出上規格界限 U 之估計不合格率，$\hat{p}_L$ 為超出下規格界限 L 之估計不合格率。$\hat{p}_U, \hat{p}_L$ 為根據 $Q_U = (U - \overline{X})/S$ 和 $Q_L = (\overline{X} - L)/S$ 查表所得之估計值。M_U 為超出上規格界限 U 允許之最大不合格率，M_L 為超出下規格界限 L 允許　最大不合格率。如果上、下規格界限之重要性均相等，則只要一個 AQL 值即可。此時允收之條件為：$\hat{p} = \hat{p}_U + \hat{p}_L \leq M$。

〔例〕 假設某飲料製造商之瓶子係向外購得。飲料瓶之主要品質特性為爆裂強度。在合約中規定強度不得低於 350 psi，選定之 AQL 為 1.5%。供應商以每批 100000 瓶出貨。飲料製造商打算以 MIL-STD-414 抽樣計畫，檢驗飲料瓶之爆裂強度，試說明該如何進行。假設標準差未知，且使用 M 法為允收準則。

〔解〕 假設使用檢驗水準 IV，則由表可查出樣本大小之代字為 O（批量介於 22001 至 110000 間）。由 M 法之主表可查出樣本大小 $n = 100$。另由 AQL = 1.5%，我們可查出 $M = 3.07\%$。飲料製造商需從貨批中隨機抽取 100 件為樣本，並計算平均值及標準差用以估計貨批之不合格率。若不合格率高於 M，則判定拒收，否則允收。

〔例〕 某電子零件之最高允許輸出電壓爲 30 伏特。此零件以 20 件爲一批。假設使用檢驗水準 IV, 正常檢驗, AQL＝2.2%。查表得知樣本代字爲 C, 樣本大小 $n＝4$。今假設使用標準差法及形式 I 之允收條件, 由單邊規格界限之主表查出 $k＝1.17$（表中並無 2.2% 之 AQL, 由 AQL 之轉換表得知可使用 AQL＝2.5%）。今由貨批中抽取 4 個樣本, 分別爲 28, 27, 28, 29, 此批零件是否允收?

〔解〕

步驟	所需資料	數值	註解
1	AQL 之值	2.5%	轉換
2	樣本大小之代字	C	查表
3	樣本大小 n	4	查表
4	量測値	28,27,28,29	
5	量測値之和 $\sum x$	112	
6	量測値之平方和 $\sum x^2$	3138	
7	修正因子 $(\sum x)^2/n$	3136	
8	修正平方和	2	(7)－(6)
9	變異數	0.67	
10	標準差估計値	0.82	
11	樣本平均值	28	112/4
12	規格界限 U	30	
13	$(U-\overline{X})/S$	2.44	
14	常數 k	1.17	查表
15	允收條件: $\dfrac{U-\overline{X}}{S}>k$	2.44>1.17	允收

〔例〕 以上例之數據, 利用形式 2 之 M 法, 說明是否允收。

〔解〕

步驟	所需資料	數值	註解
1-12	同上例	同上例	同上例
13	$(U-\overline{X})/S$	2.44	
14	批不合格率之估計值: $\hat{p}_U$	0	
15	允許之最高不合格率: M	10.92	查表
16	允收條件: $\hat{p}_U \leq M$	0<10.92	允收

〔例〕 假設某產品之規格為：1.7±0.04。由於下規格界限較重要，因此 AQL 採用 0.25%。上規格界限之 AQL 設為 1.0%。此產品每 400 件構成一批。此產品之過去資料顯示其品質很好，且由於檢驗成本相當高，因此採用一般檢驗水準Ⅲ。查表得知樣本大小之代字為 G，樣本大小 $n=15$。今從貨批中隨機抽取 15 件樣本，其數據如下：

1.74	1.72	1.69	1.72	1.70
1.67	1.66	1.71	1.69	1.71
1.69	1.69	1.72	1.68	1.72

試分析是否可允收。

〔解〕

步驟	所需資料	數值	註解
1	樣本大小 n	15	
2	量測值之和 $\sum x$	25.51	
3	量測值之平方和 $\sum x^2$	43.391	
4	修正因子 $(\sum x)^2/n$	43.384	
5	修正平方和 $\sum x^2 - \dfrac{(\sum x)^2}{n}$	0.007	
6	變異數	0.0005	
7	標準差估計值	0.022	
8	樣本平均值	1.701	25.51/15
9	上規格界限 U	1.74	
10	下規格界限 L	1.66	
11	$Q_U = (U - \overline{X})/S$	2.68	
12	$Q_L = (\overline{X} - L)/S$	2.77	
13	$\hat{p}_U$	0.078%	查表
14	$\hat{p}_L$	0.043%	查表
15	批之不合格率估計值	0.121%	0.078＋0.043
16	M_L	0.818%	查表
17	M_U	3.05%	查表
18	允收條件		判定允收
	(a) $\hat{p}_U \leq M_U$	成立	
	(b) $\hat{p}_L \leq M_L$	成立	
	(c) $\hat{p} \leq \max(M_U, M_L)$	成立	

12.3.1　使用計量抽樣法之注意事項

多數之計量值抽樣計畫，假設品質特性數據服從常態分配。由於計量值抽樣計畫是以樣本平均值及標準差，來估計製程或貨批之不合格率。因此，常態分配之假設非常重要。若參數不符合常態分配，則估計出之不合格率，將與參數為常態分配時，所估計出之不合格率相去甚遠。例如，當平均值小於單一上規格界限，且兩者之差異為 3 倍標準差時，估計出之不合格率將不超過 0.135%。另一方面，如果品質特性之分配與常態分配差異很大時，即使平均值與上規格界限之差異為 3 倍標準差，貨批中之不合格率有可能高於 1%。

作者要強調的是，當貨批中之實際不合格率很小時，品質特性之常態假設，對於不合格率之估計影響很大。

當品質特性不符合常態之假設時，仍然可以利用計量值抽樣檢驗法。其先決條件是分配之型態為已知，或者是要有一方法利用樣本平均值及標準差（或其他統計量）來估計不合格率。有關此方面的研究，讀者可參考 Duncan（1974）。

12.3.2　MIL-STD-414 之轉換程序

除非合約中另有規定，否則 MIL-STD-414 開始時均使用正常檢驗。各種轉換之時機及條件說明如下：

正常→減量

滿足下列所有條件：
(1) 在最近正常檢驗之 10 批中（只針對原始送樣批，不含覆驗批），沒有一批被拒收。
(2) (1)中貨批之估計不合格率低於某特定值(查表)，或者連續數批(查表) 之不合格率為零。

⑶ 生產穩定。

減量→正常

下列任一條件發生時，就由減量檢驗恢復成正常檢驗：

⑴ 有一批被拒收時。

⑵ 製程平均值之估計值大於 AQL。

⑶ 生產不規則或停滯時。

⑷ 其他認為需要正常檢驗情形時。

正常→加嚴

由最近 10 批（或 5 批、15 批）所估計出之製程平均不合格率大於 AQL，而且這些批中不合格率大於 AQL 之批數超過某特定值（查表 12-5）時，則由正常改為加嚴檢驗。

加嚴→正常

在加嚴檢驗之過程中，估計之不合格率小於或等於 AQL。

12.3.3 MIL-STD-414 與 ANSI-ASQC Z1.9 之比較

在 1980 年，美國國家標準機構（ANSI）與品質管制學會（ASQC）共同發布一更新之民間版本，稱為 ANSI/ASQC Z1.9。MIL-STD-414 當初是根據 MIL-STD-105A（1950 年版）來設計，以獲得相同之保護。然而當 MIL-STD-105D 於 1963 年被採用時，增加了許多之修正，以致於 MIL-STD-414 與 MIL-STD-105D 間無法獲得對產品相同之保護。

由於 ANSI/ASQC Z1.9 之訂定，使得 MIL-STD-414 中之抽樣計畫，得與 MIL-STD-105D（或 MIL-STD-105E，ANSI/ASQC Z1.4）再次配合。此相容性之再次獲得是由於下列數項修正：

1. 調整批量大小之範圍，以配合 MIL-STD-105D（MIL-STD-

105E)。

2. 調整各批量大小範圍所對應之樣本大小代字，以獲得與MIL-STD-105D（MIL-STD-105E)相同之保護。

3. 刪除 0.04、0.065 及 15 之 AQL 值。

4. 檢驗水準之等級重新標示為 S3、S4（特殊）和 I、II、III（一般檢驗水準)。

5. 轉換規則由稍作修改之 MIL-STD-105D（MIL-STD-105E)的轉換法則代替。

MIL-STD-414 與 ANSI/ASQC Z1.9-1980 版之最大差別在於轉換程序，以下說明其不同點。

正常→減量

當下列條件全部滿足時，可由正常檢驗轉至減量檢驗。

1. 前 10 批為正常檢驗，且無任何一批被拒收。

2. 生產穩定。

3. 有關單位認為必須採用減量檢驗，而且是合約或規格所允許。

減量→正常

滿足 MIL-STD-414 ⑴、⑶或⑷中任一條件。

正常→加嚴

正常檢驗中，連續 5 批中有 2 批被拒收，則改用加嚴檢驗。

加嚴→正常

在加嚴檢驗中，連續 5 批允收，則轉換至正常檢驗。

如同 MIL-STD-414，ANSI/ASQC Z1.9 要求品質特性必須符合常態。由於常態分配之假設，對於分析結果有極大之影響，學者專家建議在使用計量值抽樣計畫前，先進行常態分配之檢定。其中一種可行之方法是先以 $\bar{x}-R$(或 $\bar{x}-S$)管制圖管制計量值數據。等到獲得相當數量之數據後，再以繪製常態機率圖或其他常態分配之統計測試(如 K-S 適合度檢定)，來檢定數據是否服從常態分配。而且當選定之 AQL 值很小時，樣本數目要更多。如果分析之結果顯示數據之分配與常態分配相去甚遠，則最好使用其他計數值抽樣計畫來取代 (計量值數據一般很容易可以轉換成計數值)。

使用管制圖管制各批檢驗結果之另一項優點是可以降低樣本數。此乃是因爲當 30 組 (或更多) 數據顯示製程變異性在管制內時，我們可以假設變異性爲已知從而使用樣本較小之檢驗計畫。

習　題

1. 產品之上規格界限爲 300, 批量爲 40。若使用檢驗水準Ⅳ, AQL＝0.5%。

    (a)求正常、型式 1 之 MIL-STD-414 抽樣計畫。

    (b)若由(a)之樣本大小抽樣, 得 $\overline{X}$＝256, S＝39.115, 此貨批是否可允收。

2. 產品之規格爲(450.3, 451.1), 批量爲 100。若使用檢驗水準Ⅳ, AQL＝1.03%。

    (a)求加嚴檢驗之 MIL-STD-414 抽樣計畫。

    (b)若由(a)之樣本大小抽樣, 得 $\overline{X}$＝450.679, S＝0.182, 此貨批是否可允收。

3. 同 2.(a), 但上規格界限使用 AQL＝1.3%, 下規格界限使用 AQL＝0.23%。

4. 某產品之批量爲 100 件, 其品質特性之 AQL 要求爲 0.1%, 規格下限爲 135。假設使用 MIL-STD-414 抽樣計畫, 檢驗水準選用 Ⅳ。若標準差未知, 說明如何進行型式 1 和型式 2 之抽樣。

參考文獻

Duncan, A. J., *Quality Control and Industrial Statistics*, Irwin, Homewood, IL (1986).

Montgomery, D. C., *Introduction to Statistical Quality Control*, Wiley, NY (1991).

第十三章 其他驗收抽樣計畫

13.1 連鎖抽樣(Chain Sampling)

當檢驗方式為破壞性或非常昂貴時,樣本大小通常很小,且允收數$c=0$。當$c=0$時, OC 曲線為下凸(convex)之曲線 (見圖 13-1), 此意謂著當不合格率大於零時, 允收機率將很快地降低。此種情形對於生產者而言, 相當不利。Dodge (1955 a)提出連鎖抽樣計畫以取代傳統允收數等於 0 之單次抽樣檢驗計畫, 此抽樣計畫以 ChSP-1 表示。連鎖抽樣利用過去數批之累積結果來判斷送驗批是否允收, 其使用程序為

1. 對於每一貨批選取樣本 (大小為n) 檢驗, 並記錄不合格品數。
2. 若無不合格品, 則接受該批產品, 若有兩個以上不合格品則拒收送驗批, 若樣本中只有 1 件不合格品且過去有連續i批無不合格品, 則接受該送驗批。

若以二項分配逼近超幾何分配, 則連鎖抽樣之允收機率為

$$P_a = P(0,n) + P(1,n)[P(0,n)]^i$$

$$= \binom{n}{0} p^0 (1-p)^n + \binom{n}{1} p(1-p)^{n-1} \left[\binom{n}{0} p^0 (1-p)^n \right]^i$$

〔例〕 若連鎖抽樣計畫為 $n=10, c=0, i=3, p=0.1$, 計算允收機率。

〔解〕

$$P(0,n) = C_0^{10} (0.1)^0 (0.9)^{10} = 0.349$$

$$P(1,n) = C_1^{10}(0.1)^1(0.9)^9 = 0.387$$

$$P_a = 0.349 + (0.387)(0.349)^3 = 0.365$$

使用連鎖抽樣計畫需符合下列條件:

1. 送驗批來自於具有相同製造條件, 重複生產製程之連續貨批, 貨批在送驗時最好依照生產之次序。

2. 各貨批需具有相同之品質水準。

3. 雖然目前之送驗批含有1件不合格品, 而過去 i 批無不合格品, 但買方需相信目前送驗批之品質並不比以前差。

4. 需有完整之品質記錄。

5. 買方需對賣方有信心, 相信賣方不會因其具有良好之品質記錄, 偶爾送出不良之貨批, 而獲得允收之機會。

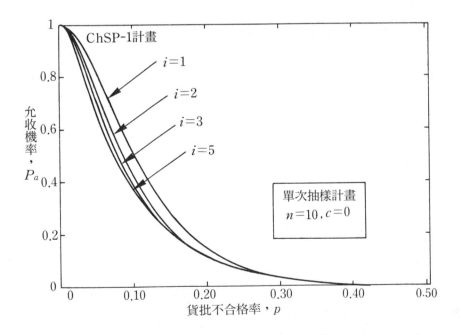

圖13-1　連鎖抽樣計畫之操作特性曲線

13.2 連續抽樣(Continuous Sampling)

　　在逐批抽樣檢驗計畫中，假設產品必須以批之型態送檢。抽樣計畫之目的是對各批判定允收或拒收。但是在許多複雜之製造過程中（如電子產品、電腦之裝配），並不會自然形成批之型態。

　　當生產過程為連續時，可以用兩種方式來形成貨批。第一種型式是在生產過程中的某些特定點，累積產品以形成貨批。此方法的缺點在於可能造成在製品存貨，需要額外空間來儲存，同時也可能造成安全上的顧慮。上述方式並非是管理裝配線之有效方式。第二種方式是任意將生產中之一部分產品區隔成貨批。此方式之缺點在於當貨批被拒收時，若需採取100%全檢，則已送至下製程之物件必須送回重檢。這種情形可能需要拆除已組裝完成之物件，或者對已部分完成之物件造成某種程度之破壞。

　　基於上述原因，學者專家針對連續生產型態，發展了許多抽樣檢驗計畫。連續抽樣計畫包含了交替使用之抽樣檢驗和100%全檢。這些抽樣計畫通常是先使用100%全檢，當在某特定數目之產品中發現都無不合格品時，則轉換至抽樣檢驗。在抽樣檢驗之過程中，如果發現一特定數目之不合格品時，則開始再使用100%全檢。連續抽樣屬於選別檢驗，亦即產品之品質（不合格率）可經由部分篩選而獲得改善。由於連續抽樣計畫多應用在高科技產品之複雜裝配，因此有些學者在敍述連續抽樣計畫時，會以不合格點取代不合格品，亦即產品發現一個不合格點，則視為不合格品。

　　與逐批抽樣相比較，連續抽樣具有下列優點：

1. 不需組成一批再檢驗，不會中斷生產過程。

2. 產品可以在生產完後立刻出貨，這對於貴重、投資高之物品特別重要。

3. 減少儲存時間。

4. 一般而言，連續抽樣之檢驗成本較低。

5. 生產部門可以在發現缺點時立刻收到必要之資訊，這對於決定問題之原因及改善措施相當有幫助。

MIL-STD-1235C (United States Department of Defense 1988) 為美國軍方所採用之標準連續抽樣計畫。MIL-STD-1235C 包含 CSP-1, CSP-2, CSP-F, CSP-V 等四種單層連續抽樣計畫，及 CSP-T 多層計畫。MIL-STD-1235C 係由生產量（一天八小時）決定抽樣頻率。影響抽樣頻率之選擇因素有：

1. 生產率。

2. 每件產品之檢驗時間。

3. 與其他檢驗站之接近程度。

如果檢驗站之怠工時間為重要之考慮因素，則適合使用較高之 f 及較小之 i 值。在 MIL-STD-1235C 中，抽樣計畫是以代字來表示。表 13-1 中提供以生產量為基準，所允許使用之抽樣頻率的代字範圍。

在 MIL-STD-1235C 中，抽樣計畫是以抽樣頻率之代字和 AOQL 來標示。表中同時也註記使用於 MIL-STD-105E 中之 AQL 值。但這些 AQL 值只是用於標示，方便表之使用，對於連續抽樣計畫並沒有太大意義。

表13-1　MIL-STD-1235C 抽樣檢驗計畫之抽樣頻率代字

生產間隔中之單位數	允許之代字
2-8	A - B
9-25	A - C
26-90	A - D
91-500	A - E
501-1200	A - F
1201-3200	A - G
3201-10000	A - H
10001-35000	A - I
35001-150000	A - J
>150000	A - K

13.2.1　CSP-1 抽樣計畫

CSP-1 首先由 Dodge　(1943)所提出，此抽樣計畫一開始先採用 100%全數檢驗，當連續 i 件都為合格品時，則停止 100%檢驗，只檢驗 f 部分之產品(註：$f = 1/20$ 指每 20 件隨機抽檢 1 件)，如果發現不合格品則又回到 100%檢驗，對於不合格品可以重工修正或是以合格品取代。參數 i 又稱為清查個數(clearance number)，CSP-1 計畫可由不同 i 及 f 之組合獲得不同之 AOQL。例如 $i = 59$、$f = 1/3$ 和 $i = 113$、$f = 1/7$，均可獲得 AOQL $= 0.79\%$。CSP-1 之使用流程，可以用圖13-2來表示。表13-2為

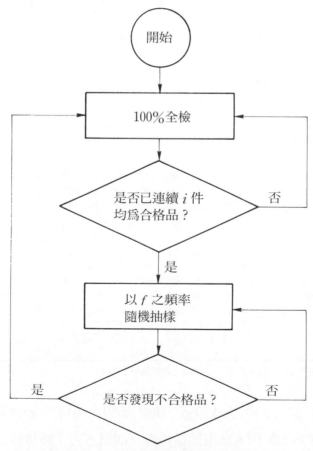

圖13-2　CSP-1抽樣計畫之流程圖

表13-2　CSP-1抽樣計畫之 i 值

抽樣頻率代字	f	\multicolumn{16}{c}{AQL}

抽樣頻率代字	f	0.010	0.015	0.025	0.040	0.065	0.10	0.15	0.25	0.40	0.65	1.0	1.5	2.5	4.0	6.5	10.0
A	1/2	1540	840	600	375	245	194	140	84	53	36	23	15	10	6	5	3
B	1/3	2550	1390	1000	620	405	321	232	140	87	59	38	25	16	10	7	5
C	1/4	3340	1820	1310	810	530	420	303	182	113	76	49	32	21	13	9	6
D	1/5	3960	2160	1550	965	630	498	360	217	135	91	58	38	25	15	11	7
E	1/7	4950	2700	1940	1205	790	623	450	270	168	113	73	47	31	18	13	8
F	1/10	6050	3300	2370	1470	965	762	550	335	207	138	89	57	38	22	16	10
G	1/15	7390	4030	2890	1800	1180	930	672	410	255	170	108	70	46	27	19	12
H	1/25	9110	4970	3570	2215	1450	1147	828	500	315	210	134	86	57	33	23	14
I	1/50	11730	6400	4590	2855	1870	1477	1067	640	400	270	175	110	72	42	29	18
J	1/100	14320	7810	5600	3485	2305	1820	1302	790	500	330	215	135	89	52	36	22
K	1/200	17420	9500	6810	4235	2760	2178	1583	950	590	400	255	165	106	62	43	26
		.018	.033	.046	.074	.113	.143	.198	0.33	0.53	0.79	1.22	1.90	2.90	4.94	7.12	11.46
		\multicolumn{16}{c}{AOQL}

註： AQL 爲簡化本表使用之指標，對本表並無其他意義。

表13-3　CSP-1抽樣計畫之 S 值

抽樣頻率代字	f	0.010	0.015	0.025	0.040	0.065	0.10	0.15	0.25	0.40	0.65	1.0	1.5	2.5	4.0	6.5	10.0
A	1/2	1850	925	721	451	295	273	197	119	75	55	36	22	17	11	10	6
B	1/3	4080	1950	1600	993	649	579	442	268	166	120	78	52	36	24	19	16
C	1/4	6010	2915	2360	1460	1010	926	699	421	262	177	115	79	57	36	28	20
D	1/5	8320	3890	3100	1930	1390	1150	975	589	367	258	165	109	76	45	40	27
E	1/7	11400	5670	4660	2895	1980	1750	1355	813	507	376	244	154	109	63	54	34
F	1/10	16900	7590	6640	4120	2800	2595	1985	1245	624	543	352	221	164	90	82	51
G	1/15	24400	11300	9250	5760	4020	3820	2960	1810	922	856	524	327	241	141	138	75
H	1/25	35500	16900	13900	8640	5950	5740	4560	2760	1390	1350	839	524	390	212	189	105
I	1/50	59800	26900	23000	14300	10300	10100	8440	5070	3170	2445	1590	913	733	368	334	212
J	1/100	96000	39800	36400	23300	16900	16500	14300	8710	6020	3980	2600	1640	1360	642	601	352
K	1/200	148100	63700	58000	36000	29000	28500	25400	15200	9470	8030	4365	2835	2150	1080	1025	636
		.018	.033	.046	.074	.113	.143	.198	0.33	0.53	0.79	1.22	1.90	2.90	4.94	7.12	11.46
		\multicolumn{16}{c}{AOQL}

註： AQL 爲簡化本表使用之指標，對本表並無其他意義。

CSP-1 抽樣計畫之 i 值。在 100% 全檢之過程中, 如果大於或等於某一特定之件數 (以 S 表示) 仍未採用抽樣檢驗, 則買方可中斷檢驗, 通知賣方改善。在賣方改善後, 買方再重新以 100% 全檢繼續 CSP-1 之程序。表 13-3

為 CSP-1 抽樣檢驗計畫之 S 值。

　　參數 i 和 f 必須考慮製造方面之因素，例如 i 和 f 可能會受到檢驗員和製造部門人員之工作負荷影響。在一般作業中，抽檢通常是由品管人員負責，而由製造部門人員執行 100% 全檢工作。一個通用之準則是不要使用小於 1/200 之 f 值，因為在如此小之 f 值下，無法獲得適當之保護。

　　發現缺點後，以 100% 檢驗之平均件數 $u = (1-q^i)/pq^i$，其中 $q = 1-p$。在發現缺點前以抽樣之方式檢驗之平均件數 $v = 1/fp$，受檢產品之平均比例（average fraction of total manufactured units inspected）為

$$\text{AFI} = \frac{u+fv}{u+v}$$

以抽樣檢驗之方式受檢件數之平均比例為

$$P_a = \frac{v}{u+v}$$

若將 P_a 與相對應之 p 值繪圖，則可獲得 OC 曲線。在逐批抽樣計畫中，OC 曲線表示貨批會被允收之百分比，在連續抽樣計畫中，OC 曲線表示產品會通過抽樣檢驗之百分比。對於小至中等大小之 f 值，i 值對於 OC 曲線形狀之影響比 f 值還大。

　　連續抽樣檢驗常用於高科技產品之複雜裝配線上。在此種情形下，檢驗重點為不合格點而非不合格品。在使用連續抽樣檢驗計畫時，可以用不同之 i 值應用於不同類別之不合格點項目上，但一般均採用相同之 f 值。在檢驗過程，有可能主要缺點（次要缺點）項目為全檢，但次要（主要）缺點項目為抽樣檢驗。另外，若主要缺點項目為全檢，次要缺點項目為抽樣檢驗，在檢查主要缺點過程中，若發現一個次要缺點項目時，則仍採用抽樣。換句話說，次要缺點和主要缺點項目為分開獨立判斷，彼此不影響。

　　連續抽樣計畫之隨機抽樣有兩種方法可行。第一種方法是將 $1/f$ 之產品當做是一組，再利用隨機亂數來決定該檢驗哪一件產品。例如 $f = 0.1$ 代表每 10 件產品為一組，由 1 至 10 之亂數表中抽取一數值，決定何件該被檢驗。第二種方法是以 0 至 1 之亂數來決定每一件生產之產品該被檢驗或

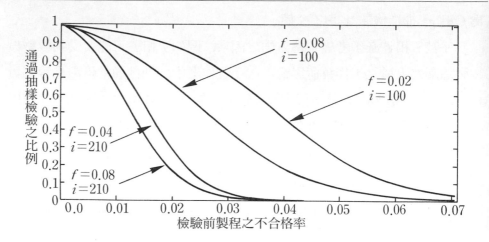

圖13-3　CSP-1抽樣計畫之 OC 曲線

通過。例如 $f=0.1$，若亂數小於 0.1 則表示產品該被檢驗。

13.2.2　CSP-2 抽樣計畫

在 CSP-1 中，在抽樣檢驗時，當發現一不合格品後，必須轉回 100%
全檢，對於次要缺點而言，此並非很適當之作法。在 CSP-2 中，首先使用
100%檢驗，如果在最近 i 件中（i 爲清查數目）未發現不合格品，則轉換
至抽樣頻率爲 f 之抽樣檢驗。在抽樣過程中，如果在相隔 k 件中（k 通常
設爲 i），發現兩件不合格品，則轉換至 100%全檢，否則仍以抽樣方式檢驗。
CSP-2 抽樣計畫中，可以用不同之 i 和 f 的組合，獲得相同之 AOQL，例
如：$i=54$，$f=1/2$ 和 $i=155$，$f=1/7$ 均可獲得 AOQL＝0.79%。表 13-4
和 13-5 爲 CSP-2 之 i 和 S 值。圖 13-4 爲 CSP-2 抽樣計畫之流程圖。

13.2.3　CSP-F 抽樣計畫

CSP-F 之操作程序與 CSP-1 極爲類似，此抽樣程序可降低清查個數，
適合用於短製程之產品上。表 13-6 爲 CSP-F 抽樣計畫之 i 值，CSP-F 所
使用之 S 值與 CSP-1 相同。表 13-6 只列出 AOQL＝0.198%之 i 值，讀者
需注意此表之編排與 CSP-1 不同，其他 AOQL 下之 i 值可參閱 MIL-

STD-1235C 手冊。

表13-4　　CSP-2抽樣計畫之 *i* 值

抽樣頻率代字	*f*	AQL							
		0.40	0.65	1.0	1.5	2.5	4.0	6.5	10.0
A	1/2	80	54	35	23	15	9	7	4
B	1/3	128	86	55	36	24	14	10	7
C	1/4	162	109	70	45	30	18	12	8
D	1/5	190	127	81	52	35	20	14	9
E	1/7	230	155	99	64	42	25	17	11
F	1/10	275	185	118	76	50	29	20	13
G	1/15	330	220	140	90	59	35	24	15
H	1/25	395	265	170	109	71	42	29	18
I,J,K	1/50	490	330	210	134	88	52	36	22
		0.53	0.79	1.22	1.90	2.90	4.94	7.12	11.46
					AOQL				

註：AQL 爲簡化本表使用之指標，對本表並無其他意義。

表13-5　　CSP-2抽樣計畫之 *S* 值

抽樣頻率代字	*f*	AQL							
		0.40	0.65	1.0	1.5	2.5	4.0	6.5	10.0
A	1/2	145	105	68	45	32	20	19	11
B	1/3	322	235	151	100	70	42	33	27
C	1/4	473	352	288	138	106	63	46	34
D	1/5	746	461	296	181	141	76	62	42
E	1/7	902	687	431	274	199	115	91	62
F	1/10	1380	987	608	386	292	154	132	91
G	1/15	1990	1480	946	566	440	243	200	127
H	1/25	3090	2265	1455	905	652	368	334	212
I,J,K	1/50	5400	3980	2540	1625	1165	642	601	352
		0.53	0.79	1.22	1.90	2.90	4.94	7.12	11.46
					AOQL				

註：AQL 爲簡化本表使用之指標，對本表並無其他意義。

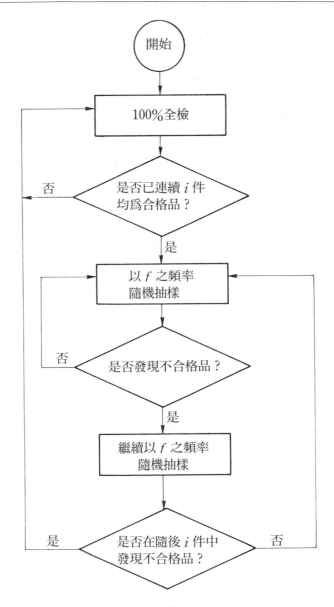

圖13-4　CSP-2抽樣計畫之流程圖

13.2.4　CSP-V 抽樣計畫

CSP-V為一單層之連續抽樣計畫，其使用程序如圖13-5所示。CSP-V可用於降低清查個數，此抽樣計畫是用在沒有降低抽樣頻率之動機時，

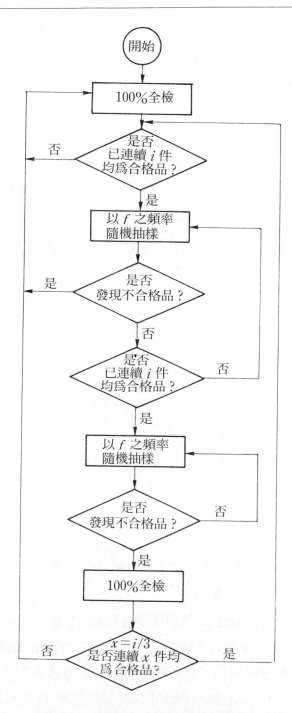

圖13-5　CSP-V 抽樣計畫之流程圖

表13-6　CSP-F 抽樣計畫之 i 值（AOQL $=0.198\%$）

		抽樣頻率代字						
		A	B	C	D	E	F	G	H
N	f	1/2	1/3	1/4	1/5	1/7	1/10	1/15	1/25
1-500		103	138	155	164	174	182	187	192
501-1000		119	173	201	219	239	254	266	275
1001-2000		130	199	242	271	306	335	358	377
2001-3000		133	209	260	295	342	382	415	443
3001-4000		135	215	270	310	364	413	455	492
4001-5000		136	219	276	319	379	434	485	530
5001-6000		137	221	281	326	390	451	508	561
6001-7000		138	223	284	331	398	463	526	586
7001-8000		138	224	287	334	404	473	541	607
8001-9000		139	226	289	337	409	481	553	625
9001-10000		139	226	290	340	413	487	563	640
10001-11000		139	227	291	342	417	493	572	654
11001-12000		139	228	293	343	420	498	579	666
12001-15000		140	229	295	347	426	508	597	694
15001-20000		140	230	298	351	433	520	615	725
20001-30000		140	232	300	355	440	531	635	760
30001以上		140	232	303	360	450	550	672	828

例如檢查廠內產品時，降低抽樣頻率只會增加檢驗人員之怠工時間。表 13-7 和 13-8 爲 CSP-V 之 i 和 S 值。

13.2.5　CSP-T 抽樣計畫

CSP-T 爲一多層（3 層）之連續抽樣計畫，當產品品質相當好時，此抽樣程序可以降低抽樣頻率。

圖 13-6 說明 CSP-T 之使用程序。在 CSP-T 抽樣計畫中，首先使用 100%全檢。如果以全檢方式檢驗之數目等於清查數 i，且無發現任何不合格品，則改用抽樣頻率爲 f 之抽樣檢驗。如果連續 i 件均無不合格品，則將抽樣頻率減爲 $f/2$。在抽樣過程中，如果再連續 i 件無不合格品，則將頻率改爲 $f/4$。在CSP-T之抽樣檢驗中，如果發現任一不合格品，則改採

表13-7 CSP-V 抽樣計畫之 i 值

抽樣頻率代字	f	AQL							
		0.40	0.65	1.0	1.5	2.5	4.0	6.5	10.0
A	1/2	60	39	27	18	12	9	6	3
B	1/3	96	63	42	27	18	12	9	6
C	1/4	120	81	54	36	24	15	12	6
D	1/5	144	96	63	42	27	18	12	9
E	1/7	177	120	78	51	33	21	15	9
F	1/10	213	144	93	60	39	24	18	12
G	1/15	258	174	114	72	48	30	21	12
H	1/25	318	213	138	90	60	36	24	15
I	1/50	405	273	177	114	75	45	30	21
J	1/100	498	333	216	138	90	54	39	24
K	1/200	594	399	258	165	108	63	45	27
		0.53	0.79	1.22	1.90	2.90	4.94	7.12	11.46
		AOQL							

註：AQL 爲簡化本表使用之指標，對本表並無其他意義。

表13-8 CSP-V 抽樣計畫之 S 值

抽樣頻率代字	f	AQL							
		0.40	0.65	1.0	1.5	2.5	4.0	6.5	10.0
A	1/2	98	65	46	28	22	18	13	5
B	1/3	192	127	85	55	38	28	25	19
C	1/4	267	214	141	98	66	53	44	19
D	1/5	390	261	172	119	80	58	44	39
E	1/7	533	409	260	176	121	82	65	39
F	1/10	772	579	377	237	167	102	97	71
G	1/15	1165	857	563	357	249	158	139	71
H	1/25	1754	1327	848	537	427	254	198	120
I	1/50	3251	2467	1604	944	762	415	373	301
J	1/100	5491	4508	2826	1741	1279	746	731	433
K	1/200	8931	7208	4670	2828	2516	1210	1192	659
		0.53	0.79	1.22	1.90	2.90	4.94	7.12	11.46
		AOQL							

註：AQL 爲簡化本表使用之指標，對本表並無其他意義。

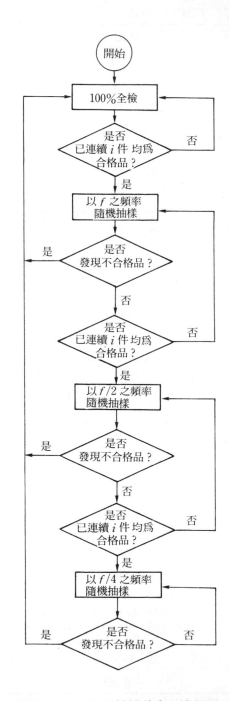

圖13-6　CSP-T 抽樣計畫之流程圖

表13-9 CSP-T 抽樣計畫之 i 值

抽樣頻率代字	f	AQL							
		0.40	0.65	1.0	1.5	2.5	4.0	6.5	10.0
A	1/2	87	58	38	25	16	10	7	5
B	1/3	116	78	51	33	22	13	9	6
C	1/4	139	93	61	39	26	15	11	7
D	1/5	158	106	69	44	29	17	12	8
E	1/7	189	127	82	53	35	21	14	9
F	1/10	224	150	97	63	41	24	17	11
G	1/15	266	179	116	74	49	29	20	13
H	1/25	324	217	141	90	59	35	24	15
I	1/50	409	274	177	114	75	44	30	19
J,K	1/100	499	335	217	139	91	53	37	23
		0.53	0.79	1.22	1.90	2.90	4.94	7.12	11.46
					AOQL				

注: AQL 為簡化本表使用之指標，對本表並無其他意義。

表13-10 CSP-T 抽樣計畫之 S 值

抽樣頻率代字	f	AQL							
		0.40	0.65	1.0	1.5	2.5	4.0	6.5	10.0
A	1/2	159	117	77	52	34	22	13	12
B	1/3	256	197	128	80	59	35	25	18
C	1/4	379	253	167	103	78	43	38	24
D	1/5	444	320	210	130	93	54	43	30
E	1/7	725	460	289	188	137	81	59	34
F	1/10	857	619	398	261	189	104	88	58
G	1/15	1254	900	584	368	376	152	126	84
H	1/25	1885	1396	923	545	421	235	198	122
I	1/50	3283	2477	1604	1013	764	408	374	223
J,K	1/100	5753	4541	2948	1754	1341	708	653	391
		0.53	0.79	1.22	1.90	2.90	4.94	7.12	11.46
					AOQL				

注: AQL 為簡化本表使用之指標，對本表並無其他意義。

100%全檢,而且整個流程再重新開始。

表 13-9 和 13-10 爲 CSP-T 連續抽樣計畫之 i 和 S 值。如果以 100%全檢之件數大於或等於 S,則買方可中斷檢驗,通知賣方改善。

13.3　跳批抽樣計畫(Skip Lot Sampling Plans)

跳批抽樣計畫(Dodge 1955 b)爲連續抽樣計畫之延伸,主要用於送檢批之品質相當好之情況下。連續抽樣計畫係應用於裝配線生產之個別產品,而跳批抽樣檢驗則是用於多批產品之檢驗。Dodge 所提出之跳批抽樣計畫是以 AOQL 爲基礎,稱爲 SkSP-1。跳批抽樣檢驗之一種變化是考慮一參考抽樣計畫,此程序稱爲 SkSP-2。

SkSP-2 跳批抽樣檢驗之運作乃基於一參考抽樣檢驗計畫及下列法則:

1. 以參考抽樣檢驗計畫,檢驗每一批產品,此稱爲正常檢驗。
2. 如果連續 i 批產品都允收,則轉換至跳批抽樣檢驗,在跳批抽樣檢驗中,只檢驗 f 部分之批。
3. 如果在跳批抽樣檢驗中,發現一批產品拒收,則回到步驟(1)之正常檢驗。

SkSP-2 跳批抽樣檢驗計畫之參數爲 i 及 f。其中 i 爲整數,抽樣比例 f,$0 < f < 1$。若 $f = 1$,則跳批抽樣檢驗變成正常之抽樣檢驗計畫。設 P 爲正常參考抽樣檢驗計畫中,一批產品被接受之機率,$P_a(f,i)$ 爲跳批抽樣檢驗計畫之允收機率,其中

$$P_a(f,i) = \frac{fP + (1-f)P^i}{f + (1-f)P^i}$$

在給定之 i 值下,若 $f_2 < f_1$ 則

$$P_a(f_1,i) \le P_a(f_2,i)$$

另外在固定之 f 下,若 $i < j$,則

$$P_a(f,j) \leq P_a(f,i)$$

跳批抽樣檢驗計畫之一重要特性是可降低平均樣本數，平均樣本數為

$$\text{ASN}(SkSP) = \text{ASN}(R)F$$

其中 $\text{ASN}(R)$ 為參考抽樣檢驗計畫之平均樣本數，F 值為送檢批被抽檢之百分比，F 值可寫成

$$F = \frac{f}{(1-f)P^i + f}$$

由於 $0 < F < 1$，因此

$$\text{ASN}(SkSP) < \text{ASN}(R)$$

跳批抽樣檢驗在近年來受到工業界之廣泛使用。當應用跳批抽樣檢驗於進料檢驗時，必須有足夠之歷史資料，證明供應商送驗產品品質相當好。如果供應商產品品質不穩定，則不適合使用跳批抽樣檢驗。跳批抽樣檢驗計畫要獲得較佳之成果，則供應商之製程必須要處於管制狀態內，且要有較高之製程能力指標。

〔例〕　SkSP-1 跳批抽樣計畫中 AOQL 為 1.9%，若要求使用較高之抽樣頻率，試設立一抽樣計畫，並說明其使用程序。

〔解〕　由表 13-2，$f = 1/2$，AOQL $= 1.9\%$，可得 $i = 15$。首先逐批檢驗，若連續 15 批無不合格品，則在隨後之檢驗中，每兩批中隨機抽取一批檢驗(因 $f = 1/2$)。在抽驗過程中，如果貨批有不合格品，則回到逐批檢驗。

3.4　有檢驗誤差之單次抽樣計畫的評估和設計

在設計允收抽樣計畫時，我們假設檢驗程序中並沒有誤差。但在實際檢驗工作中，卻常存在檢驗誤差。雖然這些檢驗誤差並非故意產生，但對

於允收抽樣計畫之成效卻有很大之影響。教育訓練和採用自動化檢驗程序可降低檢驗誤差，但並沒有辦法完全排除檢驗誤差。在本節中，我們考慮檢驗誤差存在時，單次抽樣計畫之評估和設計問題。我們首先評估檢驗誤差對於 AOQ 之影響。若無檢驗誤差，AOQ 定義為

AOQ＝抽樣檢驗後所產生之不合格品數÷批中之件數

$$= \frac{(N-n)pP_a}{N}$$

若考慮檢驗誤差，則抽樣檢驗後之不合格品數可分為下列四類：

1. 該批產品被接受，在非樣本部分中之不合格品數。

2. 該批產品拒收，對非樣本之$(N-n)$件執行100%全檢，$(N-n)$件中被視為合格品之不合格品數。

3. 在受檢樣本中，被視為合格品之不合格品數。

4. 更換不合格品時所引入之不合格品數。

為評估上述四項，我們定義下列變數：

E_1＝將合格品判為不合格品之事件

E_2＝將不合格品視為合格品之事件

A＝產品為不合格品之事件

B＝將某件產品判為不合格品之事件

$P(B) = P(A)P(\overline{E_2}) + P(\overline{A})P(E_1)$

$p = P(A)$　真實之不合格率

$p_e = P(B)$　表面上之不合格率

$e_1 = P(E_1)$　型 I 誤差

$e_2 = P(E_2)$　型 II 誤差

$p_e = p(1-e_2) + (1-p)e_1$

$p_g = (1-p)(1-e_1) + pe_2$　（表面上之合格率）

當檢驗誤差存在時，貨批之允收機率為

$$P_{ae} = \sum_{d=0}^{c} \binom{n}{d} p_e^d (1-p_e)^{n-d}$$

抽樣檢驗後，不合格品數爲下列四項：

1.　非樣本部分之不合格品數。

$$p(N-n)P_{ae}$$

2.　產品拒收，在非樣本$(N-n)$件中被視爲合格品之不合格品數。

$$p(N-n)(1-P_{ae})e_2$$

3.　在受檢樣本 n 中被視爲合格品之不合格品數。

$$(np)e_2$$

4.　由於更換不合格品所引入之不合格品數。

　　（DITR, defectives introduced through replacement）

　　DITR 之計算說明如下。在受檢之樣本中，被視爲不合格品之件數爲 Y，$Y = np_e$。產品之合格率爲 p_g，由負二項分配可知需 Y/p_g 件才能將不合格品更換，然而更換中所導入之不合格品數爲 $pe_2\left(\dfrac{Y}{p_g}\right)$，此稱爲 $DITR_a$。

同理，在產品拒收後，在非樣本部分所導入之不合格品件數爲 $pe_2\left(\dfrac{(N-n)p_e}{p_g}\right)$，此稱爲 $DITR_s$。

　　若產品允收，則只有在樣本中會導入不合格品，其件數爲 $DITR_a(P_{ae})$，若產品拒收，則樣本 n 及非樣本之 $(N-n)$ 中均會導入不合格品，其件數爲：

$$DITR_a(1-P_{ae}) + DITR_s(1-P_{ae})$$

因此整體 DITR 爲：

$$DITR = DITR_a(P_{ae}) + DITR_a(1-P_{ae}) + DITR_s(1-P_{ae})$$
$$= DITR_a + DITR_s(1-P_{ae})$$

若不合格品均予以更換，則 AOQ 爲：

$$AOQ = \frac{npe_2 + p(N-n)(1-p_e)P_{ae} + p(N-n)(1-P_{ae})e_2}{N(1-p_e)}$$

若不合格品不更換，則

$$AOQ = \frac{npe_2 + p(N-n)P_{ae} + p(N-n)(1-P_{ae})e_2}{N - np_e - (1-P_{ae})(N-n)p_e}$$

若定義下列變數，

$$A = p(N-n)P_{ae}$$

$$B = p(N-n)e_2(1-P_{ae})$$

$$C = npe_2$$

$$D = (N-n)p_e pe_2/(1-p_e)$$

$$E = np_e pe_2/(1-p_e)$$

$$F = np_e$$

$$G = p_e(N-n)(1-P_{ae})$$

$$H = (N-n)P_{ae}$$

則單次抽樣，有檢驗誤差時，各種選別策略下之 AOQ 值，匯總於表 13-11。

表13-11　單次抽樣，有檢驗誤差時，各種選別策略下之 AOQ 值

送驗批之處理\\樣本之處理	丟棄送驗批	以100%全檢檢驗送驗批，丟棄不合格品	以100%全檢檢驗送驗批，丟棄不合格品，並以合格品取代
丟棄樣本	p	$\dfrac{A+B}{N-n-G}$	$\dfrac{A+B+D}{N-n}$
將樣本中之不合格品剔除	$\dfrac{A+C}{n-F+H}$	$\dfrac{A+B+C}{N-F-G}$	$\dfrac{A+B+C+D}{N-F}$
將樣本中之不合格品剔除，並以合格品取代	$\dfrac{A+C+E}{n+H}$	$\dfrac{A+B+C+E}{N-G}$	$\dfrac{A+B+C+D+E}{N}$

有檢驗誤差時，ATI 之來源可分成四部分：

1. 樣本 n

2. 產品拒收時之檢驗件數

$$(N-n)(1-P_{ae})$$

3. 更換樣本中之不合格品所需檢驗之件數

Y/p_g，其中 $Y=np_e$

4. 為更換非樣本部分中之不合格品所需檢查之件數

$\dfrac{Z}{p_g}(1-P_{ae})$，其中 $Z=(N-n)p_e$

因此 $\mathrm{ATI}=n+(N-n)(1-P_{ae})+\dfrac{Y}{p_g}+\dfrac{Z}{p_g}(1-P_{ae})$

簡化後得

$$\mathrm{ATI}=\dfrac{n+(N-n)(1-P_{ae})}{1-p_e}$$

若不合格品不更換，則

$$\mathrm{ATI}=n+(N-n)(1-P_{ae})$$

單次、計數值抽樣計畫是根據 AQL 和 LTPD 來設計，當品質水準為 AQL 時，我們希望貨批之允收機率為 $1-\alpha$，當品質水準為 LTPD 時，允收機率設為 β。當檢驗誤差存在時，為了獲得與無檢驗誤差時相同之風險，單次抽樣計畫需滿足 $(\mathrm{AQL}_e,\ 1-\alpha)$，$(\mathrm{LTPD}_e,\ \beta)$，其中

$$\mathrm{AQL}_e=\mathrm{AQL}(1-e_2)+(1-\mathrm{AQL})e_1$$
$$\mathrm{LTPD}_e=\mathrm{LTPD}(1-e_2)+(1-\mathrm{LTPD})e_1$$

檢驗誤差對於 AOQ 和 ATI 之影響說明如下。當 $p=\dfrac{e_1}{e_1+e_2}$ 時，實際之不合格率 p 將等於表面上之不合格率 p_e。一般而言，型 I 檢驗誤差將降低 P_a，型 II 檢驗誤差會增加 P_a。如果同時發生型 I 及型 II 錯誤，在 p 值小於 $\dfrac{e_1}{e_1+e_2}$ 時，$P_{ae}<P_a$。反之，若 $p>\dfrac{e_1}{e_1+e_2}$，則 $P_{ae}>P_a$。型 I 檢驗誤差將增加 ATI，而型 II 誤差則會減少 ATI。型 I 檢驗誤差造成 AOQ 之降低，而型 II 檢驗誤差，將造成 AOQ 之增加。

習 題

1. 連鎖抽樣使用 $n=10$, $i=3$, 若貨批之不合格率為 3%, 以二項分配回答下列問題。

   (a)貨批被允收之機率。

   (b)計算單次抽樣計畫 $n=10$、$c=0$ 之允收機率。

2. 連鎖抽樣使用 $n=4$, $i=3$, 若貨批之不合格率為 2%, 以二項分配計算允收機率。

3. 假設在生產間隔中產量為 1200 件, AOQL 要求為 0.198%, 試建立適當之 CSP-F 抽樣檢驗計畫, 並說明其使用程序。

4. 抽樣頻率設為 1/4, AOQL 要求為 2.90%, 建立適當之 CSP-T 抽樣檢驗計畫, 並說明其使用程序。

5. 同 4., 但使用 CSP-V 抽樣檢驗計畫。

6. 批量為 $N=4000$ 之產品, 採用 $n=150$, $c=5$ 之單次抽樣計畫。

   (a)假設無檢驗誤差, 繪製 AOQ 曲線, p 由 0.01 至 0.15, 增量 0.01。

   (b)若檢驗誤差為 $e_1=0.01$, $e_2=0.15$, 假設在抽樣和 100%全檢中發現之不合格品不予以更換, 繪製 AOQ 曲線, p 由 0.01 至 0.15, 增量 0.01。

7. 試推導當有檢驗誤差 (型 I 及型 II) 且不合格品予以更換之單次、選別型檢驗計畫之 AOQ 公式

$$\text{AOQ}=\frac{npe_2+p(N-n)P_{ae}+p(N-n)(1-P_{ae})e_2}{N-npe-(1-P_{ae})(N-n)p_e}$$

8. 試推導具有檢驗誤差之單次抽樣檢驗計畫之 ATI 公式, 假設不合格品均予以更換。

9. 試推導跳批抽樣檢驗計畫之允收機率 P_a。

$$P_a(f,i)=\frac{fP+(1-f)P^i}{f+(1-f)P^i}$$

其中 P 爲參考計畫之允收機率。

10. 試推導連續抽樣檢驗計畫 CSP-1 中之各項參數。

$$u = \frac{1-q^i}{pq^i}$$

$$v = \frac{1}{fq}$$

$$\text{AFI} = \frac{u+fv}{u+v}, \quad P_a = \frac{v}{u+v}$$

11. 請回答下列問題：

  (a)假設連續抽樣檢驗計畫 CSP-2 之 $f = 1/5$，$i = 60$，一開始爲 100% 檢驗，現第 92 個產品被發現爲不合格品，請問該如何處理？

  (b)假設 CSP-2 之 $f = 1/5$，$i = 60$，一開始爲 100% 檢驗，現第 108 個產品被發現爲不合格品，請問該如何處理？

  (c)假設 CSP-T 之 $f = 1/5$，$i = 60$，今發現前 120 件無不合格品，接下來該如何處理？

參考文獻

Dodge, H. F., "A sampling inspection-plan for continuous production," *Annals of Mathematical Statistics*, 14, 264-269 (1943).

Dodge, H. F., "Chain sampling inspection plans," *Industrial Quality Control*, 11, 4, 10-13 (1955 a).

Dodge, H. F., "Skip-lot sampling plans," *Industrial Quality Control*, 11, 5, 3-5 (1955 b).

United States Department of Defense, *Single and Multiple Level Continuous Sampling Procedures and Tables for Inspection by Attributes, MIL-STD-1235C*, Washington, D.C. (1988).

第十四章　可靠度概論

14.1　可靠度(Reliability)

　　一般所提到之產品品質是指在製造時或製造剛剛完畢後的情形，而可靠度是產品在經歷一段時間內達成預定功能的能力。ANSI/ASQC 標準A3-1978 將可靠度定義爲"the ability of an item to perform a required function under stated conditions for a stated period of time"，亦即可靠度是指產品在規定之環境或條件，能在規定之時間長度下達成規定之功能的能力。因爲相同之系統在相同之條件下操作會在不同之時間失效，因此可靠度一般是以機率(probability)來表示。根據上述定義，可靠度包含下列四個層面：(1)數字(機率值)，(2)預定功能，(3)使用壽命和(4)環境情況(Kapur 和 Lamberson 1977)。數字值是指產品在特定的時間內不會發生故障的機率。第二個因素是產品的預定功能。產品是爲特定用途而設計，並且希望能夠達成這些用途。可靠度定義中的第三個因素是產品的使用壽命，亦即希望產品可以使用到多久。可靠度考慮的第四個層面是產品的使用環境，例如我們可聲明某項產品在室內、乾燥的環境下可正常使用。

　　大多數產品從開始到磨耗會經過三個不同之階段。圖 14-1 是一典型的壽命曲線(life-cycle curve)，此曲線有時稱爲浴缸形曲線(bathtub curve)。它顯示失效率如何隨著時間而變化，此曲線可分成三個很明顯的階段：早夭期、機遇失效期及損耗期。

1. 早夭(early failure)或除錯期(debugging phase)

   這類失效源自生產缺陷或者其他缺失。它們通常在產品壽命的早期就會出現。工廠常對新產品和設備用除錯(debug)和燒入(burn-in)等方法發掘和矯正這類缺失。在此階段中，失效率會隨著問題之發現、矯正而逐漸降低。

2. 機遇失效期(chance failure)

   這類失效會在設備或產品壽命中任何時間發生。在產品使用時的早夭期未發作的潛伏性缺點會造成失效。諸如電氣、磁性、溫度震盪效應等環境應力常可能影響零件，因而造成整個系統失效。機遇是指無法事先預料失效的發生。在此階段中，失效率保持固定，失效之發生是隨機而且彼此獨立。此階段代表產品之有用壽命期(useful life period)。

3. 損耗(wear-out failure)或老化期

   這類失效是所有失效類型中最無法避免的。當耗損干擾了產品預定功能時，就發生耗損性失效。在此階段中，產品之失效率是隨著時間增加。

14.2 可靠度函數(The Reliability Function)

設 t 為一隨機變數，代表失效(故障)時間，則失效機率以時間之函數表示，可寫成

$$P(t \leq t) = F(t) \quad t \geq 0$$

其中 $F(t)$ 為失效分配函數(failure distribution function)，代表系統在時間 t 之前會失效之機率，它又稱為不可靠度函數(unreliability function)。系統在時間 t 仍能達到預定功能之機率為

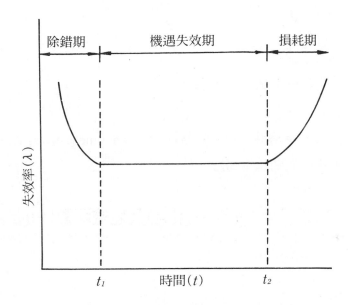

圖14-1　壽命曲線

$$R(t) = 1 - F(t) = P(\mathbf{t} > t)$$

$R(t)$稱爲可靠度函數(reliability function)。若 t 之機率密度函數(density function)爲 $f(t)$，則

$$R(t) = 1 - F(t) = 1 - \int_0^t f(\tau) d\tau = \int_t^\infty f(\tau) d\tau$$

〔例〕　設 t 之機率密度函數 $f(t)$爲指數分配(exponential distribution)，

$$f(t) = \frac{1}{\theta} e^{-t/\theta} \quad t \geq 0, \ \theta > 0$$

θ稱爲平均失效時間(mean time to failure, 簡稱 MTTF)，可靠度函數爲

$$R(t) = \int_t^\infty \frac{1}{\theta} e^{-\tau/\theta} d\tau = e^{-t/\theta} \quad t > 0$$

隨機變數 t 之期望值 $E(\mathbf{t})$稱爲期望壽命(expected life)，

$$E(\mathbf{t}) = \int_0^\infty \tau f(\tau)\, d\tau$$

$$= \int_0^\infty R(t)\, dt$$

以指數分配之 $f(t)$ 而言

$$E(\mathbf{t}) = \theta$$

$E(\mathbf{t})$ 有時稱爲 MTTF 或 MTBF（mean time between failure, 稱爲平均失效間隔時間）。

14.3　失效率（Failure Rate）及危險函數（Hazard Function）

在時間 $[t_1, t_2]$ 內, 系統失效之機率爲

$$\int_{t_1}^{t_2} f(t)\, dt = \int_{-\infty}^{t_2} f(t)\, dt - \int_{-\infty}^{t_1} f(t)\, dt = F(t_2) - F(t_1)$$

若以可靠度 $R(t)$ 來表示, 可寫成

$$\int_{t_1}^{t_2} f(t)\, dt = \int_{t_1}^{\infty} f(t)\, dt - \int_{t_2}^{\infty} f(t)\, dt = R(t_1) - R(t_2)$$

在時間 $[t_1, t_2]$ 內之失效率可寫成

$$\frac{R(t_1) - R(t_2)}{(t_2 - t_1) R(t_1)}$$

亦可定義 $[t, t + \Delta t]$ 內之失效率爲

$$\frac{R(t) - R(t + \Delta t)}{\Delta t \cdot R(t)}$$

若 Δt 趨近於零, 則上式稱爲瞬間失效率（instantaneous failure rate）, 又稱爲危險函數（hazard function）, 一般以 $h(t)$ 表示。$h(t)$ 定義爲

$$h(t) = \lim_{\Delta t \to 0} \frac{R(t) - R(t + \Delta t)}{\Delta t \cdot R(t)} = \frac{1}{R(t)} \left[-\frac{d}{dt} R(t) \right] = \frac{f(t)}{R(t)}$$

幾個常用之機率分配函數的可靠度及危險函數說明如下。

1. 指數分配

指數分配之機率密度函數爲 $f(t) = \dfrac{1}{\theta} e^{-t/\theta}$,

可靠度 $R(t) = e^{-t/\theta}$

危險函數爲 $h(t) = \dfrac{f(t)}{R(t)} = \dfrac{1}{\theta} = \lambda$

指數函數有時可寫成 $f(t) = \lambda e^{-\lambda t}$

2. 常態分配

常態分配之累積分配函數爲 $F(t) = \displaystyle\int_{-\infty}^{t} \dfrac{1}{\sigma\sqrt{2\pi}} \exp\left[-\dfrac{1}{2}\left(\dfrac{\tau-\mu}{\sigma}\right)^2\right] d\tau$

標準常態分配（平均值＝0，標準差＝1）之密度函數爲

$$\phi(z) = \dfrac{1}{\sqrt{2\pi}} \exp\left(-\dfrac{z^2}{2}\right) \quad -\infty < z < \infty$$

標準化累積分配函數爲 $\Phi(z) = \displaystyle\int_{-\infty}^{z} \dfrac{1}{\sqrt{2\pi}} \exp\left(-\dfrac{\tau^2}{2}\right) d\tau$

對於具有平均值 μ，標準差爲 σ 之常態分配隨機變數 t

$$F(t) = P(\mathbf{t} \leq t) = P\left(Z \leq \dfrac{t-\mu}{\sigma}\right) = \Phi\left(\dfrac{t-\mu}{\sigma}\right)$$

〔例〕　某零件之失效時間爲常態分配，其平均值爲 20000，標準差 $\sigma =$
2000，求在時間 19000 時之可靠度及危險函數。

〔解〕

$$可靠度 \ R(t) = P\left(Z > \dfrac{t-\mu}{\sigma}\right)$$

$$\therefore R(19000) = P\left(Z > \dfrac{19000-20000}{2000}\right)$$

$$=P(Z>-0.5)=\Phi(0.5)$$

$$=0.69146$$

危險函數可由下列關係式獲得

$$h(t)=\frac{f(t)}{R(t)}=\frac{\phi\left(Z=\dfrac{t-\mu}{\sigma}\right)\Big/\sigma}{R(t)}$$

$$h(19000)=\frac{\phi(-0.5)}{\sigma R(t)}=\frac{0.3521}{(2000)(0.69146)}=0.000255$$

3. Log Normal 分配

Log Normal 之密度函數 $f(t)=\dfrac{1}{\sigma t\sqrt{2\pi}}\exp\left[-\dfrac{1}{2}\left(\dfrac{\ln t-\mu}{\sigma}\right)^2\right]\quad t\ge 0$

其中 $-\infty<\mu<\infty,\ \sigma>0$

若設 $X=\ln t$，則 X 爲常態分配，平均值爲 μ，標準差爲 σ。亦即

$$E(X)=E(\ln t)=\mu$$

$$V(X)=V(\ln t)=\sigma^2$$

由 $t=e^x$，Log Normal 分配之平均值爲

$$E(t)=E(e^x)=\int_{-\infty}^{\infty}\frac{1}{\sigma\sqrt{2\pi}}\exp\left[x-\frac{1}{2}\left(\frac{x-\mu}{\sigma}\right)^2\right]dx=\exp\left[\mu+\frac{\sigma^2}{2}\right]$$

Log Normal 之變異數爲 $V(t)=(e^{2\mu+\sigma^2})(e^{\sigma^2}-1)$

Log Normal 之累積分配函數爲

$$F(t)=\int_0^t\frac{1}{\tau\sigma\sqrt{2\pi}}\exp\left[-\frac{1}{2}\left(\frac{\ln\tau-\mu}{\sigma}\right)^2\right]d\tau=P\left(Z\le\frac{\ln t-\mu}{\sigma}\right)$$

可靠度 $R(t)=P\left(Z>\dfrac{\ln t-\mu}{\sigma}\right)$

危險函數爲 $h(t)=\dfrac{f(t)}{R(t)}=\dfrac{\phi\left(\dfrac{\ln t-\mu}{\sigma}\right)}{t\sigma R(t)}$

〔例〕　某零件之失效時間爲 Log Normal 分配，$\mu=5,\ \sigma=1$，求在 150 時

間單位時之 $R(t)$ 及 $h(t)$。

〔解〕

$$R(150) = P\left(Z > \frac{\ln 150 - 5}{1}\right) = P(Z > 0.01) = 0.496$$

$$h(150) = \frac{\phi\left(\frac{\ln 150 - 5}{1}\right)}{(150)(1)(0.496)} = \frac{0.399}{(150)(0.496)} = 0.0054$$

4. 韋伯分配

韋伯分配之密度函數爲 $f(t) = \frac{\beta(t-\delta)^{\beta-1}}{(\theta-\delta)^{\beta}} \exp\left[-\left(\frac{t-\delta}{\theta-\delta}\right)^{\beta}\right]$ $t \geq \delta \geq 0$

$\beta =$ 形狀參數

$(\theta-\delta) =$ 尺度參數

$\delta =$ 界限參數（又稱保證時間，guarantee time）

$$R(t) = 1 - F(t) = \exp\left[-\left(\frac{t-\delta}{\theta-\delta}\right)^{\beta}\right], \quad t \geq \delta$$

$$h(t) = \frac{f(t)}{R(t)} = \frac{\beta(t-\beta)^{\beta-1}}{(\theta-\delta)^{\beta}}$$

若 $\beta = 1$，則 $h(t)$ 爲一常數

若 $\beta < 1$，則 $h(t)$ 漸減

若 $\beta > 1$，則 $h(t)$ 漸增

當 $\beta = 1$ 且 $\delta = 0$ 時，韋伯分配等於指數分配。

韋伯分配可以做爲具有變動失效率之產品的失效時間模式。它適合做爲除錯期和損耗期之模式。

〔例〕 若某零件之失效時間爲韋伯分配，$\beta = 4$，$\theta = 2000$，$\delta = 1000$，求在 1500 時間單位時之 $R(t)$ 及 $h(t)$。

〔解〕

$$R(1500) = \exp\left[-\left(\frac{1500-1000}{2000-1000}\right)^4\right] = \exp(-0.0625) = 0.939$$

$$h(1500) = \frac{4(1500-1000)^{4-1}}{(2000-1000)^4} = 0.0005$$

5.   伽傌分配

$$f(t) = \frac{\lambda^\eta}{\Gamma(\eta)} t^{\eta-1} e^{-\lambda t} \quad t \geq 0, \quad \eta > 0, \quad \lambda > 0$$

$\eta =$ 形狀參數

$\lambda =$ 尺度參數

$$F(t) = \int_0^t \frac{\lambda^\eta}{\Gamma(\eta)} \tau^{\eta-1} e^{-\lambda \tau} d\tau$$

若 η 爲整數，則

$$F(t) = \sum_{k=\eta}^{\infty} \frac{(\lambda t)^k \exp[-\lambda t]}{k!}$$

$$R(t) = 1 - F(t) = \sum_{k=0}^{\eta-1} \frac{(\lambda t)^k \exp[-\lambda t]}{k!}$$

$$h(t) = \frac{f(t)}{R(t)} = \frac{\dfrac{\lambda^\eta}{\Gamma(\eta)} t^{\eta-1} e^{-\lambda t}}{\sum_{k=0}^{\eta-1} \dfrac{(\lambda t)^k \exp[-\lambda t]}{k!}}$$

若系統內元件之失效時間爲指數分配，則一系統發生第 n 個失效之時間 t 爲伽傌分配，參數爲 λ 及 n。

註： $\Gamma(\alpha) = \int_0^\infty x^{\alpha-1} e^{-x} dx$

　　$\Gamma(\alpha) = (\alpha-1)!$ （若 α 爲整數時）

　　$\Gamma(\alpha) = (\alpha-1)\Gamma(\alpha-1)$

　　$\Gamma\left(\dfrac{1}{2}\right) = \sqrt{\pi}$

〔例〕 若一零件之失效時間爲伽傌分配，$\eta = 3$，$\lambda = 0.05$，求 $R(24)$ 及

$h(24)$。

〔解〕

$$R(24) = \sum_{k=0}^{2} \frac{(0.05 \times 24)^k \exp(-0.05 \times 24)}{k!} = 0.88$$

$$f(24) = \frac{(0.05)^3 (24)^2 \exp(-0.05 \times 24)}{\Gamma(3)} = 0.011$$

$$h(24) = \frac{f(24)}{R(24)} = \frac{0.011}{0.88} = 0.0125$$

14.4　靜態可靠度模式(Static Reliability Models)

在以靜態模式分析系統之可靠度時，我們假設元件或子系統之可靠度維持在一固定值。利用靜態模式分析系統可靠度是屬於一種預先分析，它是用來評估各種設計方案，並決定子系統和各元件必須具有之可靠度水準。以下數小節將說明如何應用機率理論評估系統之可靠度。

14.4.1　串聯系統(Series Systems)

串聯系統爲最常見之模式，而且也非常容易分析。在串聯系統中，各子系統必須正常運作才能使系統不至於失效。圖 14-2 爲一個純串聯系統之圖示。系統可靠度爲

$$R_s = P[E_1 \cap E_2 \cap \cdots \cap E_n]$$

若假設 E_i 獨立，則

$$R_s = P(E_1)P(E_2)P(E_3) \cdots P(E_n)$$

$$R_s = \prod_{i=1}^{n} R_i$$

在串聯系統中，系統之可靠度隨著元件之增加而降低。在串聯系統中，系統可靠度小於或等於系統中各元件之可靠度，亦即下列關係式成立，

$$R_s \leq \min\{R_i\}$$

若給定系統可靠度 R_s, 則各子系統或元件之可靠度可依下列程序求解。

設 q=子系統失效之機率

若每一子系統失效之機率相等, 則

$$R_s = (1-q)^n$$

$$= 1 + n(-q)^1 + \frac{n(n-1)}{2}(-q)^2 + \cdots + (-q)^n$$

若 q 很小, 高次項可忽略

$$R_s \approx 1 - nq$$

若 q 各不相同, 則

$$R_s \approx 1 - \sum_{i=1}^{n} q_i$$

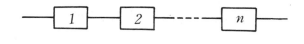

圖14-2　串聯系統

〔例〕　若要求系統可靠度 $R_s = 0.99999$, 系統含 20 個元件, 求各元件之可靠度需爲何值才能符合要求?

〔解〕

$$0.99999 = 1 - 20(q)$$

$$q = 0.0000005$$

$$R = 0.9999995$$

14.4.2　並聯系統(Parallel Systems)

在並聯系統中，只有當所有零件均失效後，系統才會失效，圖 14-3 為並聯系統之圖示。

定義 Q_s＝系統之不可靠度

$$Q_s = P[\overline{E}_1 \cap \overline{E}_2 \cap \cdots \cap \overline{E}_n]$$

若假設獨立性成立，則

$$Q_s = P(\overline{E}_1) P(\overline{E}_2) \cdots P(\overline{E}_n)$$

$$Q_s = \prod_{i=1}^{n} (1 - R_i)$$

系統可靠度為

$$R_s = 1 - \prod_{i=1}^{n} (1 - R_i)$$

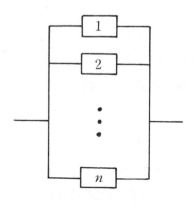

圖14-3　並聯系統

14.4.3　並聯與串聯合併(Parallel and Series Combinations)

若一個系統是由並聯和串聯子系統之簡單組合所構成時，我們可先將各串聯或並聯子系統轉換成對等之串聯或並聯元件，再求系統之可靠度。以下我們將介紹兩種串聯和並聯子系統之簡單組合，分別稱為串聯—並聯系統(series-parallel　system)和並聯—串聯系統(parallel-series　system)。

I.　串聯—並聯系統

圖14-4爲由 A、B、C 和 D 四元件所構成之系統。A 和 B 組合成一並聯子系統，而 C 和 D 構成另一並聯子系統。

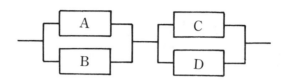

圖14-4　串聯—並聯系統

若 $R_A=0.9$, $R_B=0.8$, $R_C=0.7$, $R_D=0.6$, 則系統可靠度可寫成 $R_S=R_{AB}R_{CD}$

由　　　　$R_{AB}=1-(0.1)(0.2)=0.98$

　　　　　$R_{CD}=1-(0.3)(0.4)=0.88$

則　　　　$R_S\ =(0.98)(0.88)=0.8624$

2.　並聯—串聯系統

圖14-5爲一並聯—串聯系統，A 和 C 以串聯之方式組合，而 B 和 D 構成另一串聯子系統。系統之整體可靠度爲

$$R_S=1-(1-R_{AC})(1-R_{BD})$$

$$R_{AC}=(0.9)(0.7)=0.63$$

$$R_{BD}=(0.8)(0.6)=0.48$$

$$R_S=1-(1-R_{AC})(1-R_{BD})$$

$$=1-(0.37)(0.52)$$

$$=1-0.1924$$

$$=0.8076$$

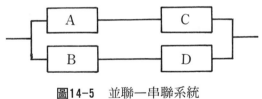

圖14-5　並聯—串聯系統

14.5　動態可靠度模式(Dynamic Reliability Models)

在靜態可靠度模式中，系統內各元件之可靠度為一固定值。在動態模式中，可靠度是依時間而改變。

I. 串聯系統

設 t_i 為一隨機變數，代表元件 i 之失效時間，則具有 n 個元件之系統可靠度 R_s 為

$$R_s(t) = P\{t_1 > t \cap t_2 > t \cap \cdots \cap t_n > t\}$$

若假設各元件之失效為獨立，則

$$R_s(t) = P(t_1 > t) P(t_2 > t) \cdots P(t_n > t)$$

由　　　　$P(t_i > t) = R_i(t)$

$$R_s(t) = \prod_{i=1}^{n} R_i(t)$$

其中 $R_i(t)$ 為第 i 個元件之可靠度。若獨立性之假設成立，則系統失效率函數為

$$h_s(t) = \sum_{i=1}^{n} h_i(t)$$

若 $f(t)$ 為指數函數則

$$h_s(t) = \sum_{i=1}^{n} \lambda_i$$

$$R_S(t) = \prod_{i=1}^{n} e^{-\lambda_i t}$$

$$= \exp\left[-\left(\sum_{i=1}^{n} \lambda_i\right) t\right]$$

$$\text{MTBF}_S = \frac{1}{\sum\limits_{i=1}^{n} \lambda_i}$$

若失效率 λ_i 均相等，則

$$\text{MTBF}_S = \frac{1}{n\lambda}$$

2. 並聯系統

在並聯系統中，系統不可靠度爲

$$Q_S(t) = P[\mathbf{t}_1 < t \cap \mathbf{t}_2 < t \cap \cdots \cap \mathbf{t}_n < t]$$

若獨立之假設成立，則

$$Q_S(t) = P(\mathbf{t}_1 < t) P(\mathbf{t}_2 < t) \cdots P(\mathbf{t}_n < t)$$

$$= \prod_{i=1}^{n} [1 - R_i(t)]$$

$$R_S(t) = 1 - \prod_{i=1}^{n} [1 - R_i(t)]$$

$$= 1 - \prod_{i=1}^{n} [1 - e^{-\lambda_i t}]$$

若並聯系統中之子系統的失效時間爲指數分配，則第 i 個子系統之可靠度函數爲

$$R_i(t) = e^{-\lambda_i t}$$

若系統只含二元件，則

$$R_S(t) = e^{-\lambda_1 t} + e^{-\lambda_2 t} - e^{-(\lambda_1 + \lambda_2)t}$$

$$\text{MTBF} = \frac{1}{\lambda_1} + \frac{1}{\lambda_2} - \frac{1}{\lambda_1 + \lambda_2}$$

若系統含 3 元件

$$R_S(t) = e^{-\lambda_1 t} + e^{-\lambda_2 t} + e^{-\lambda_3 t} - e^{-(\lambda_1 + \lambda_2)t} - e^{-(\lambda_1 + \lambda_3)t}$$
$$- e^{-(\lambda_2 + \lambda_3)t} + e^{-(\lambda_1 + \lambda_2 + \lambda_3)t}$$

$$\text{MTBF} = \frac{1}{\lambda_1} + \frac{1}{\lambda_2} + \frac{1}{\lambda_3} - \frac{1}{\lambda_1 + \lambda_2} - \frac{1}{\lambda_1 + \lambda_3} - \frac{1}{\lambda_2 + \lambda_3}$$
$$+ \frac{1}{\lambda_1 + \lambda_2 + \lambda_3}$$

若 $\lambda_1 = \lambda_2 = \lambda_3 = \cdots = \lambda_n = \lambda$，則

$$\text{MTBF} = \frac{1}{\lambda} \sum_{i=1}^{n} \frac{1}{i}$$
$$= \frac{1}{\lambda}\left(1 + \frac{1}{2} + \frac{1}{3} + \cdots + \frac{1}{n}\right)$$

14.6　可靠度之估計(Reliability Estimation)

可靠度之估計可分成下列數項(Kapur 和 Lamberson 1977)：

1.　數據分析(Data Analysis)

(1)　指數分配適合度之檢定

(2)　異常(過短或過長)失效時間之檢定

(3)　失效率改變之檢定

2.　平均壽命之估計

3.　失效時間之信賴區間

(1)　最短壽命為零

(2)　最短壽命不為零

4.　假設檢定(hypothesis testing)

(1)　最短壽命之檢定

(2)　平均壽命之檢定

(3)　不同設計之比較

14.6.1　數據分析

Ⅰ.　指數分配適合度檢定

本小節介紹以 Bartlett 檢定來驗證指數分配是否適合用來做爲某一組數據之失效模式。Bartlett 檢定之測試統計量定義爲

$$B_r = \frac{2\,r\left[\ln\left(\dfrac{t_r}{r}\right) - \dfrac{1}{r}\left(\displaystyle\sum_{i=1}^{r}\ln t_i\right)\right]}{1 + (r+1)/6\,r}$$

其中 t_i 爲失效時間

r 爲失效之個數

$$t_r = \sum_{i=1}^{r} t_i$$

統計量 B_r 爲自由度 $= r - 1$ 之卡方分配(Chi-Square distribution)，讀者可參考一般可靠度書籍以獲得其值。

〔例〕　某品牌之卡車在模擬器上搖動 450 小時，失效之時間間隔如下表所示。

試以 $\alpha = 0.1$ 檢定失效時間間隔是否符合指數分配。

21.2	0.1	2.1	5.8
26.7	15.3	4.3	7.3
11.3	7.5	14.1	32.1
2.8	6.7	2.3	17.6
12.6	16.9	7.7	4.5

〔解〕

$\sum \ln t_i = 38.8$

$t_r = (21.2 + 26.7 + \cdots + 17.6 + 4.5) = 218.9$

$$B_r = \frac{2(20)\left[\ln\left(\dfrac{218.9}{20}\right) - \dfrac{1}{20}(38.8)\right]}{1 + 21/120} = 15.42$$

若 $\alpha = 0.1$

查表得　$\chi^2_{0.95,19} = 10.12$

　　　　$\chi^2_{0.05,19} = 30.14$

由於 $10.12 < B_{20} < 30.14$

以上數據不違反指數分配。

〔例〕　假設抽取 25 個電熱器開關進行壽命試驗。下表為各零件失效之時間。

試以 $\alpha = 0.1$ 檢定失效時間是否符合指數分配。

100	7120	24110	36860
340	12910	28570	38540
1940	13670	31620	42110
5670	19490	32800	43970
6010	23700	34910	64730

〔解〕

$\displaystyle\sum_{i=1}^{20} \ln t_i = 188.22$

$\displaystyle t_r = \sum_{i=1}^{20} t_i = 469170$

$B_{20} = 22.19$

由於 $\chi^2_{0.95,19} = 10.12$

　　　$\chi^2_{0.05,19} = 30.14$

$10.12 < B_{20} < 30.14$

以上數據呈指數分配之假設不能推翻（可接受）。

2. 異常短失效時間之檢定

設失效時間(time to failure)為 $t_1, t_2, \cdots, t_r$，t_i 為互相獨立之指數分配隨機變數。檢定統計量 F 為

$$F_{2,2r-2} = \frac{(r-1)t_1}{\sum\limits_{i=2}^{r} t_i}$$

上式假設 t_1 為最短失效時間。假如下式成立，則 t_1 為顯著最短失效時間

$$F_{1-\alpha,2,2r-2} > \frac{(r-1)t_1}{\sum\limits_{i=2}^{r} t_i}$$

一般利用下式來判斷

$$F_{\alpha,2r-2,2} < \frac{\sum\limits_{i=2}^{r} t_i}{(r-1)t_1}$$

〔例〕　某種零件之失效時間如下表所示：

200	1790	3479	5310
1582	2028	4235	6809
1637	2260	4260	8320
1650	2280	4635	9728
1790	2700	4919	10700

試檢定"200"是否顯著性地異常短。

〔解〕

$$\sum_{i=2}^{20} t_i = 1582 + 1637 + \cdots + 10700 = 80112$$

$t_1 = 200$

$$F = \frac{80112}{(19)(200)} = 21.08$$

查表 $F_{0.05,38,2} = 19.47$

因　$F = 21.08 > 19.47$

因此判定失效時間"200"異常短。

3. 失效率改變之檢定

〔例〕　假設某種零件之失效時間間隔為

21.2	0.1	15.3	5.8
26.7	2.1	4.3	7.3
11.3	7.5	14.1	32.1
2.8	6.7	16.9	17.6
12.6	2.3	7.7	4.5

現懷疑失效率自第 6 個失效時間後改變，試檢定此是否正確。

〔解〕

$$\frac{\sum_{i=1}^{5} t_i / 10}{\sum_{i=6}^{20} t_i / 30} = \frac{3(74.6)}{144.3} = 1.55$$

查表 $F_{0.975,10,30} = 0.3$

$\qquad F_{0.025,10,30} = 2.51$

$0.3 < F < 2.51$

結論：失效率沒有顯著性地改變。

14.6.2　平均壽命(Mean Life)之估計

在壽命試驗時，如果累積之試驗時間愈長，則估計之產品可靠度和壽命愈準確。但是壽命試驗通常是在原型階段進行，且多爲破壞性試驗。因此，在進行壽命試驗時需考慮產品單位成本和試驗成本。壽命試驗依其進行方式可分成固定個數(failure-terminated)型、固定時間(time-terminated)型和逐次(sequential)型三種(Mitra 1993)。在本小節中我們只介紹固定個數型和固定時間型之平均壽命的估計。下面之討論產品失效時間爲指數分配，且失效率爲固定。

1. 固定個數型

   這類壽命試驗的抽樣計畫是當樣本發生了預定個數的失效時立即終止試驗。批的允收準則是根據試驗終止後估計之平均壽命是否超過某特定值而定。

2. 固定時間型

   這類壽命試驗的抽樣計畫是當樣本達到了預定的試驗時間，就終止試驗。批的允收準則是根據在預定試驗時間內樣本所發生的失效數而定。若觀測之失效數大於某特定值，則拒收；否則允收。

3. 逐次

   第三類壽命試驗計畫是逐次壽命試驗抽樣計畫，旣不用事先規定的失效數，也不用事先規定的時間數，而是用壽命試驗的累積結果來作允收與否的決定。其原理與第十一章所介紹之逐次抽樣計劃類似。逐次壽命試驗計畫的優點在於決定批的允收前所期望的試驗時間和失效數，都比固定個數型和固定時間型的抽樣計畫爲少。

　　試驗時可以對失效產品採用替換或不替換的方式來進行。用替換的方式時，是把另一個產品來代替失效的產品。替換新產品後，仍把試驗時間繼續累積計算。這種情況用在失效率為固定時，同時替換的產品應與被更換之產品具有相同的失效率。不再替換的情況是在失效發生後不再換上新產品。

設　　　$T=$ 測試之累積時間

　　　　$r=$ 失效之個數

　　　　則平均壽命為 $\hat{\theta}=T/r$

由於測試條件之不同，T 之計算有下列幾種可能：

1. 固定失效時間

　規定測試停止時間，測試過程中

　(1)　若失效之物件不更換

$$T=\sum_{i=1}^{r} t_i + (n-r)\, t^*$$

　(2)　測試過程中，失效之物件更換，更換後繼續測試

$$T=n t^*$$

　　t^* 為測試停止時間，稱為截斷時間(truncation time)

2. 固定失效個數

　規定達到 r 個失效時，則停止測試

　(1)　失效物件不更換

$$T=\sum_{i=1}^{r} t_i + (n-r)\, t_r$$

　(2)　失效物件更換

$$T=n t_r$$

　其中 t_r 為第 r 個失效之失效時間

14.6.3 平均壽命之信賴區間 (假設最短壽命爲零)

I. 固定失效個數

設有 n 個物件經過測試, $x_1, x_2, \cdots, x_r$ 爲前 r 個之失效時間, 則平均壽命 θ 之 $(1-\alpha)\%$ 信賴區間爲

$$\frac{2T}{\chi^2_{\alpha/2,2r}} \leq \theta \leq \frac{2T}{\chi^2_{1-\alpha/2,2r}}$$

信賴區間之寬度爲

$$w = 2\ r\left(\frac{1}{\chi^2_{1-\alpha/2,2r}} - \frac{1}{\chi^2_{\alpha/2,2r}}\right)\hat{\theta}$$

〔例〕　某產品測試 8 件, 其失效時間爲:

8712	39400	79000	151208
21915	54613	110200	204312

求平均壽命及其 95% 信賴區間。

〔解〕

公式

$$T = \sum_{i=1}^{r} t_i + (n-r)\ t_r$$

$$\hat{\theta} = \frac{\sum\limits_{i=1}^{8} t_i}{8} = \frac{669360}{8} = 83670$$

$$\chi^2_{0.975,16} = 6.91$$

$$\chi^2_{0.025,16} = 28.85$$

95% 信賴區間

$$\frac{2(669360)}{28.85} \leq \theta \leq \frac{2(669360)}{6.91}$$

$$46403 \leq \theta \leq 193737$$

2. 固定失效時間

設有 n 個物件經過測試, 試驗時間為 t^*。在此試驗時間內發現有 r 件失效, 平均壽命 θ 之 $a\%$ 信賴區間為

$$\frac{2T}{\chi^2_{a/2,2(r+1)}} \leq \theta \leq \frac{2T}{\chi^2_{1-a/2,2r}}$$

上式中 T 為受測物件之累積壽命, 其算法如同前一小節所述。

〔例〕 某產品 6 件, 各測試 100000 單位時間, 發現某一產品特性有 84 次失效, 試求 MTBF 之 90% 信賴區間。

〔解〕

由於測試時間為固定, MTBF 信賴區間之公式為

$$\frac{2T}{\chi^2_{a/2,2(r+1)}} \leq \theta \leq \frac{2T}{\chi^2_{1-a/2,2r}}$$

失效次數 r 為 84 次, 一般表均未列高自由度之 χ^2 值, 因此必須由常態分配求近似值。

$\sqrt{2\chi^2}$ 為

$\mu = \sqrt{2\nu-1}$

$\sigma^2 = 1$

之常態分配

由

$\mu = \sqrt{2(168)-1} = 18.3$

$Z_{0.95} = -1.645 = \dfrac{\sqrt{2\chi^2}-18.3}{1.0}$

求解 χ^2 得

$\chi^2_{0.95,168} = 138.69$

若直接求解

$\chi^2_{a,\nu} \approx (Z_a + \sqrt{2\nu-1})^2/2$

$$\chi^2_{0.05,170} = (1.645 + \sqrt{2(170)-1}\,)^2/2 = 201.14$$

信賴區間

$$\frac{2(600000)}{201.14} \le \text{MTBF} \le \frac{2(600000)}{138.69}$$

$$5966 \le \text{MTBF} \le 8652$$

14.6.4 非零最短壽命模式

1. 非零最短壽命時間之參數估計

具有二參數之指數分配可寫成

$$f(t,\theta,\delta) = \frac{1}{\theta}\exp[-(t-\delta)/\theta] \quad t \ge \delta > 0, \ \theta > 0$$

$$R(t) = \exp[-(t-\delta)/\theta]$$

參數 δ 稱為最短壽命。

若假設採用固定失效個數進行試驗，則各項參數之估計值為

$$\hat{\theta}' = \frac{\sum_{i=2}^{r}(x_i - x_1) + (n-r)(x_r - x_1)}{r-1}$$

其中 r 為失效之個數

$$\hat{\delta} = x_1 - \frac{\hat{\theta}'}{n}$$

可靠度 $R(t) = \exp[-(t-\hat{\delta})/\hat{\theta}'] \quad t \ge \hat{\delta}$

2. 非零最短壽命模式之平均壽命的信賴區間

平均壽命 θ 之 $100(1-\alpha)\%$ 信賴區間為

$$\frac{2(r-1)\,\hat{\theta}'}{\chi^2_{\alpha/2,2r-2}} \le \theta \le \frac{2(r-1)\,\hat{\theta}'}{\chi^2_{1-\alpha/2,2r-2}}$$

最短壽命 δ 之信賴區間爲

$$t_1 - \frac{\widehat{\theta}'}{n} F_{\beta,2,2r-2} \leq \delta \leq t_1$$

其中 t_1 爲第 1 個失效時間。

若假設 θ 之 $100(1-\alpha)\%$ 信賴區間之上、下限爲 U', L', δ 之 $100(1-\beta)\%$ 信賴區間之上、下限爲 U 及 L, 則可靠度信賴區間爲

$$\exp[-(t-L)/L'] \leq R(t) \leq \exp[-(t-U)/U']$$

其信賴水準爲 $\alpha' = \alpha + \beta - \alpha\beta$

〔例〕 某一零件測試 20 個, 發生第 10 個失效時則停止, 其失效時間如下表, 試估計非零壽命時間之參數。

失效時間	$(x_i - x_1)$
1530	0
2685	1155
2764	1234
4652	3122
5634	4104
6873	5343
9641	8111
10225	8695
14264	12734
19873	18343

$$\Sigma = 62841$$

〔解〕

$$\widehat{\theta}' = \frac{62841 + (10)(18343)}{9} = 27363$$

$$\hat{\delta} = 1530 - \frac{27363}{20} = 162$$

$$R(t) = \exp\left[-\frac{(t-162)}{27363}\right] \quad t \geq 162$$

14.6.5 假設檢定

1. 最小壽命 (Min. Life) 的檢定

   假設有 n 個物件經過測試，當有 r 件失效時則停止。此 r 件之失效時間分別為 $x_1, x_2, \cdots, x_r$。

   由公式

   $$\hat{\theta}' = \frac{\sum\limits_{i=2}^{r}(x_i - x_1) + (n-r)(x_r - x_1)}{r-1}$$

   $H_0 : \delta = 0$

   $H_a : \delta \neq 0$

   計算統計量 $F = \dfrac{nx_1}{\hat{\theta}'}$

   其中 x_1 為最短之失效時間，若 $F > F_{\alpha, 2, 2r-2}$ 則拒絕 H_0，亦即最短壽命不為零。

2. 二種不同設計之最短壽命 δ 的假設檢定

   $H_0 : \delta_1 = \delta_2$

   $H_a : \delta_1 \neq \delta_2$

   (1) 計算

   $$d = \frac{n_2(t_{21} - t_{11})}{\sum\limits_{j=1}^{r_2}(t_{2j} - t_{21}) + (n_2 - r_2)(t_2 r_2 - t_{21})}$$

(2) 計算

$$F = \frac{(2\,r_2 - 2)}{2}d$$

(3) 拒絕 H_0

若 $F > F_{\alpha, 2, 2r_2 - 2}$

3. 平均壽命之假設檢定

假設有 n 個物品經過測試，當發現有 r 件失效後則停止測試。若假設檢定為

H_0：$\theta \leq \theta_0$

H_a：$\theta > \theta_0$

則檢定過程為

(1) 計算 $\chi^2 = \dfrac{2r\widehat{\theta}}{\theta_0}$

(2) 若 $\chi^2 > \chi^2_{\alpha, 2r}$ 則拒絕 H_0

若假設檢定為

H_0：$\theta \geq \theta_0$

H_a：$\theta < \theta_0$

則檢定過程為

(1) 計算 $\chi^2 = \dfrac{2r\widehat{\theta}}{\theta_0}$

(2) 若 $\chi^2 < \chi^2_{1 - \alpha, 2r}$ 則拒絕 H_0

〔例〕　假設某零件測試 20 個，發生第 10 個失效時則停止，其失效時間如下表所示。

	t_i
	1530
	2685
	2764
	4652
	5634
	6873
	9641
	10225
	14264
	19873

試以 $\alpha = 5\%$ 檢定

1. $\begin{cases} H_0: & \delta = 0 \\ H_a: & \delta > 0 \end{cases}$
2. $\begin{cases} H_0: & \theta \leq 1000000 \\ H_a: & \theta > 1000000 \end{cases}$

〔解〕

1.

$$\hat{\theta}' = \frac{62841 + 10(18343)}{9} = 27363$$

$$F = \frac{nt_1}{\hat{\theta}'} = \frac{20(1530)}{27363} = 1.12$$

$$F_{0.05, 2, 18} = 3.55$$

所以不能拒絕 H_0

2.

$$\hat{\theta} = 9341$$

$$\chi^2 = \frac{2(10)9341}{10000} = 18.68 > \chi^2_{0.05, 20} = 31.41$$

所以不能拒絕 H_0，亦即 $\theta \leq 10000$。

4. 二種不同設計平均壽命之比較

設 $S_1 = (t_{11}, t_{12}, \cdots, t_{1r_1})$ 代表設計 1 產品前 r 個之失效時間

$S_2 = (t_{21}, t_{22}, \cdots, t_{2r_2})$ 代表設計 2 產品前 r 個之失效時間

n_1，n_2 為從兩種不同設計之產品所取之樣本大小，$r_1 \leq n_1$，$r_2 \leq n_2$。

(註：S_1 及 S_2 所代表之產品可任意指定，但為簡化分析，若 $t_{i1} \leq t_{j1}$，則 S_i 代表第 i 種設計之產品)

假設檢定為

H_0：$\theta_1 = \theta_2$

H_a：$\theta_1 \neq \theta_2$

(1) 計算

$$C = \frac{\sum_{j=1}^{r_2} (t_{2j} - t_{21}) + (n_2 - r_2)(t_{2r_2} - t_{21})}{\sum_{j=1}^{r_1} (t_{1j} - t_{11}) + (n_1 - r_1)(t_{1r_1} - t_{11})}$$

(2) 計算

$$F = \frac{(r_1 - 1)}{(r_2 - 1)} C$$

(3) 若

$$F > F_{\alpha/2, 2r_2 - 2, 2r_1 - 2} \quad \text{或} \quad F < \frac{1}{F_{\alpha/2, 2r_1 - 2, 2r_2 - 2}}$$

則拒絕 H_0

〔例〕　為了比較兩種不同設計之可靠度，每種設計各取 10 個樣本測試，直到發生第 5 個失效為止。其失效時間如下所示：

S_1	S_2
115	120
120	160
158	200
200	220
240	300
833	1000

〔解〕

$H_0: \quad \theta_1 = \theta_2$

$H_a: \quad \theta_1 \neq \theta_2$

$C = \dfrac{1300}{883} = 1.56$

(註：$(120-115)+(158-115)+(200-115)+(240-115)+5(240-115)=883$)

$F = \dfrac{(5-1)1300}{(5-1)833} = 1.56$

$1.56 < F_{0.025,8,8} = 4.43$

不能拒絕H_0，兩種設計有相同的平均壽命θ。

14.7 H-108 標準壽命試驗計畫

H-108 為美國海軍發展之品質管制和可靠度手冊(Mitra 1993)，在此手冊中，壽命試驗假設失效時間為指數分配。此手冊包含固定個數、固定次數和逐次壽命試驗計畫,每一計畫並考慮失效物件更換或不更換之情形。本節以下介紹H-108 中之固定時間和固定次數之壽命試驗計畫。

1. 固定失效次數之壽命試驗計畫

從貨批中抽取 n 件樣本進行試驗，直到出現 r 次失效。若估計之平均壽命 $\hat{\theta}$ 大於或等於某一特定值 C（查表），則允收該批。使用此方法須聲明拒收具有可接受平均壽命 θ_0 之批的生產者風險 α。

〔例〕　某壽命試驗計畫希望在發生 6 次失效後停止。若貨批之平均壽命為 1200 小時，此計畫應有 0.95 之允收機率。現有 20 件樣本經過測試，前 6 件在下列時間失效：490、530、550、600、640 和 700，若失效物件予以更換，請依據H-108 決定此貨批是否該允收。

〔解〕

平均壽命之估計值爲

$\hat{\theta} = [490 + 530 + 550 + 600 + 640 + 700 + (20-6)700]/6 = 2218.33$ 小時

由 $\alpha = 0.05$，$r = 6$，查表 14-1 可得代字爲B-6，C/θ_0 爲0.436。C 值爲

$C = \theta_0(C/\theta_0) = 1200(0.436) = 523.2$

由於平均壽命之估計值大於 C 值，因此貨批可允收。

〔例〕　同上例，但失效物件不更換。決定貨批是否可允收。

〔解〕

平均壽命之估計值爲

$\hat{\theta} = \dfrac{20(700)}{6} = 2333.33$ 小時

由表 14-1 可得 C/θ_0 爲0.436。因此 C 值爲

$C = \theta_0(C/\theta_0) = 1200(0.436) = 523.2$

由於平均壽命超過 C 值，因此貨批可允收。

表14-1　固定失效次數之壽命試驗計畫的主表

拒收數	生產者風險(α)					
	0.01		0.05		0.10	
r	代字	C/θ_0	代字	C/θ_0	代字	C/θ_0
1	A-1	0.010	B-1	0.052	C-1	0.106
2	A-2	0.074	B-2	0.178	C-2	0.266
3	A-3	0.145	B-3	0.272	C-3	0.367
4	A-4	0.206	B-4	0.342	C-4	0.436
5	A-5	0.256	B-5	0.394	C-5	0.487
6	A-6	0.298	B-6	0.436	C-6	0.525
7	A-7	0.333	B-7	0.469	C-7	0.556
8	A-8	0.363	B-8	0.498	C-8	0.582
9	A-9	0.390	B-9	0.522	C-9	0.604
10	A-10	0.413	B-10	0.543	C-10	0.622
15	A-11	0.498	B-11	0.616	C-11	0.687
20	A-12	0.554	B-12	0.663	C-12	0.726
25	A-13	0.594	B-13	0.695	C-13	0.754
30	A-14	0.625	B-14	0.720	C-14	0.774
40	A-15	0.669	B-15	0.755	C-15	0.803
50	A-16	0.701	B-16	0.779	C-16	0.824
75	A-17	0.751	B-17	0.818	C-17	0.855
100	A-18	0.782	B-18	0.841	C-18	0.874

2.　固定失效時間之壽命試驗計畫

　　假設試驗時間爲t^*，θ_0爲可接受之平均壽命，其生產者風險爲α。θ_1爲最短平均壽命，其相對之消費者風險爲β。若在試驗時間內之失效數目大於或等於r（查表），則拒收貨批。

〔例〕　已知$\theta_0=1250$，$\alpha=0.05$，$\theta_1=400$，$\beta=0.1$，失效物件不更換，根據H-108 求一適當之壽命試驗計畫。

〔解〕

　　由已知條件求

表14-2　規定失效時間之壽命試驗計畫的代字

$\alpha=0.01$ $\beta=0.01$		$\alpha=0.05$ $\beta=0.10$		$\alpha=0.10$ $\beta=0.10$		$\alpha=0.25$ $\beta=0.10$		$\alpha=0.50$ $\beta=0.10$	
代字	θ_1/θ_0	代字	θ_1/θ_0	代字	θ_1/θ_0	代字	θ_1/θ_0	代字	θ_1/θ_0
A-1	0.004	B-1	0.022	C-1	0.046	D-1	0.125	E-1	0.301
A-2	0.038	B-2	0.091	C-2	0.137	D-2	0.247	E-2	0.432
A-3	0.082	B-3	0.154	C-3	0.207	D-3	0.325	E-3	0.502
A-4	0.123	B-4	0.205	C-4	0.261	D-4	0.379	E-4	0.550
A-5	0.160	B-5	0.246	C-5	0.304	D-5	0.421	E-5	0.584
A-6	0.193	B-6	0.282	C-6	0.340	D-6	0.455	E-6	0.611
A-7	0.221	B-7	0.312	C-7	0.370	D-7	0.483	E-7	0.633
A-8	0.247	B-8	0.338	C-8	0.396	D-8	0.506	E-8	0.652
A-9	0.270	B-9	0.361	C-9	0.418	D-9	0.526	E-9	0.667
A-10	0.291	B-10	0.382	C-10	0.438	D-10	0.544	E-10	0.681
A-11	0.371	B-11	0.459	C-11	0.512	D-11	0.608	E-11	0.729
A-12	0.428	B-12	0.512	C-12	0.561	D-12	0.650	E-12	0.759
A-13	0.470	B-13	0.550	C-13	0.597	D-13	0.680	E-13	0.781
A-14	0.504	B-14	0.581	C-14	0.624	D-14	0.703	E-14	0.798
A-15	0.554	B-15	0.625	C-15	0.666	D-15	0.737	E-15	0.821
A-16	0.591	B-16	0.658	C-16	0.695	D-16	0.761	E-16	0.838
A-17	0.653	B-17	0.711	C-17	0.743	D-17	0.800	E-17	0.865
A-18	0.692	B-18	0.745	C-18	0.774	D-18	0.824	E-18	0.882

$$\frac{\theta_1}{\theta_0}=\frac{400}{1250}=0.32$$

查表 14-2 以得計畫之代字。由於表中數值並無與0.32完全一致者，因此求較大之上一值為0.338，代字為B-8。此例要求失效物件不更換，因此查表 14-3 以獲得 r 值。使用表 14-3 時需決定樣本大小為 r 值之多少倍。若設樣本大小 $n=4r$，則查表可得 $t^*/\theta_0=$ 0.141，亦即 $t^*=0.141(1250)=176.25$ 小時。

此試驗計畫之過程為抽取32件樣本(4×8)同時試驗。若第8個失效在176.25小時前發生，則拒收貨批，否則允收。

表14-3 固定失效時間壽命試驗計畫之 t^*/θ_0 值，$\alpha=0.05$，
失效物件不更換，代字爲 B

代字	r	樣本大小									
		$2r$	$3r$	$4r$	$5r$	$6r$	$7r$	$8r$	$9r$	$10r$	$20r$
B-1	1	0.026	0.017	0.013	0.010	0.009	0.007	0.006	0.006	0.005	0.003
B-2	2	0.104	0.065	0.048	0.038	0.031	0.026	0.023	0.020	0.018	0.009
B-3	3	0.168	0.103	0.075	0.058	0.048	0.041	0.036	0.031	0.028	0.014
B-4	4	0.217	0.132	0.095	0.074	0.061	0.052	0.045	0.040	0.036	0.017
B-5	5	0.254	0.153	0.110	0.086	0.071	0.060	0.052	0.046	0.041	0.020
B-6	6	0.284	0.170	0.122	0.095	0.078	0.066	0.057	0.051	0.045	0.022
B-7	7	0.309	0.185	0.132	0.103	0.084	0.072	0.062	0.055	0.049	0.024
B-8	8	0.330	0.197	0.141	0.110	0.090	0.076	0.066	0.058	0.052	0.025
B-9	9	0.348	0.207	0.148	0.115	0.094	0.080	0.069	0.061	0.055	0.027
B-10	10	0.363	0.216	0.154	0.120	0.098	0.083	0.072	0.064	0.057	0.028
B-11	15	0.417	0.246	0.175	0.136	0.112	0.094	0.082	0.072	0.065	0.032
B-12	20	0.451	0.266	0.189	0.147	0.120	0.102	0.088	0.078	0.070	0.034
B-13	25	0.475	0.280	0.199	0.154	0.126	0.107	0.093	0.082	0.073	0.036
B-14	30	0.493	0.290	0.206	0.160	0.131	0.111	0.096	0.085	0.076	0.037
B-15	40	0.519	0.305	0.216	0.168	0.137	0.116	0.101	0.089	0.079	0.039
B-16	50	0.536	0.315	0.223	0.173	0.142	0.120	0.104	0.092	0.082	0.040
B-17	75	0.564	0.331	0.235	0.182	0.149	0.126	0.109	0.096	0.086	0.042
B-18	100	0.581	0.340	0.242	0.187	0.153	0.130	0.112	0.099	0.089	0.043

〔例〕　已知 $\theta_0=1500$，$\alpha=0.05$。現規定 $r=5$，$n=30$，失效物件予以更換。
根據H-108 求一試驗計畫。

〔解〕

由於失效物件予以更換，因此查表 14-4 以獲得相關資料。由 $r=5$ 和 $n=6r$，查表可得 $t^*/\theta_0=0.066$。亦即試驗停止時間爲 $t^*=(0.066)(1500)=99$ 小時。此試驗計畫之使用過程爲隨機抽取30件爲樣本，試驗持續99小時。若第5個失效在99小時前出現則拒收。

表14-4　固定失效時間壽命試驗計畫之 t^*/θ_0 值，
　　　　$\alpha = 0.05$，失效物件更換，代字爲 B

代字	r	樣本大小									
		$2r$	$3r$	$4r$	$5r$	$6r$	$7r$	$8r$	$9r$	$10r$	$20r$
B-1	1	0.026	0.017	0.013	0.010	0.009	0.007	0.006	0.006	0.005	0.003
B-2	2	0.089	0.059	0.044	0.036	0.030	0.025	0.022	0.020	0.018	0.009
B-3	3	0.136	0.091	0.068	0.055	0.045	0.039	0.034	0.030	0.027	0.014
B-4	4	0.171	0.114	0.085	0.068	0.057	0.049	0.043	0.038	0.034	0.017
B-5	5	0.197	0.131	0.099	0.079	0.066	0.056	0.049	0.044	0.039	0.020
B-6	6	0.218	0.145	0.109	0.087	0.073	0.062	0.054	0.048	0.044	0.022
B-7	7	0.235	0.156	0.117	0.094	0.078	0.067	0.059	0.052	0.047	0.023
B-8	8	0.249	0.166	0.124	0.100	0.083	0.071	0.062	0.055	0.050	0.025
B-9	9	0.261	0.174	0.130	0.104	0.087	0.075	0.065	0.058	0.052	0.026
B-10	10	0.271	0.181	0.136	0.109	0.090	0.078	0.068	0.060	0.054	0.027
B-11	15	0.308	0.205	0.154	0.123	0.103	0.088	0.077	0.068	0.062	0.031
B-12	20	0.331	0.221	0.166	0.133	0.110	0.095	0.083	0.074	0.066	0.033
B-13	25	0.348	0.232	0.174	0.139	0.116	0.099	0.087	0.077	0.070	0.035
B-14	30	0.360	0.240	0.180	0.144	0.120	0.103	0.090	0.080	0.072	0.036
B-15	40	0.377	0.252	0.189	0.151	0.126	0.108	0.094	0.084	0.075	0.038
B-16	50	0.390	0.260	0.195	0.156	0.130	0.111	0.097	0.087	0.078	0.039
B-17	75	0.409	0.273	0.204	0.164	0.136	0.117	0.102	0.091	0.082	0.041
B-18	100	0.421	0.280	0.210	0.168	0.140	0.120	0.105	0.093	0.084	0.042

14.8　系統效力之測量標準（System Effectiveness Measure）

　　對於顧客而言，產品之可靠度的涵義比可靠度函數更爲廣泛。例如，顧客要在可靠但不易修護和不可靠但很容易修護之產品間做一選擇。從經濟觀點而言，顧客會選擇較不可靠之產品。從顧客之觀點，有許多測量標準來描述產品之可靠度（Kapur和Lamberson 1977）。本節以下說明這些測量標準。

　　描述產品可靠度之第1個測量標準爲服務度（serviceability）。服務度定義爲修護一個系統之容易程度。服務度是系統設計之特性，必須在設計階段規劃。例如汽車引擎容易維護之程度，不僅與設計有關，而且和零件是否容易取得有關。若零件不容易取得，則不僅修理困難，而且成本將會很高。服務度不容易以數值方式量測，它通常是以排序之方式量測。

維護度(maintainability)也可用來描述產品之可靠度。維護度定義為一個失效之系統，在某特定停工(down time)之時間間隔內能回復操作之機率。怠工時間包含失效偵測時間、修理時間、行政管理時間和後勤時間。由於修理時間受到技術和其他因素之影響，因此修理時間為一隨機變數。如同可靠度函數，維護度函數(maintainability function)機率性地描述一個系統維持在失效狀態之長度。與維護度類似之另一測量標準稱為修理度(repairability)。修理度只考慮真正修理之時間，它可定義為一個失效之系統，能夠在特定之修理時間間隔內，回復到可操作狀態之機率。

可用度(availability)定義為一個系統在某特定時間能夠正常運作之機率，可用度只考慮操作時間和停工時間，但不包含閒置時間(idle time)。可用度為系統操作時間對系統操作時間加上停工時間之比例。它包含可靠度和維護度。可操作待命度(operational readiness)定義為一個系統在特定條件下正常操作或能正常操作之機率。可操作待命度之涵義較可用度為廣，可用度並不考慮閒置時間。內部(intrinsic)可用度定義為一個系統在某特定時間和特定條件下，能正常運作之機率。內部可用度只考慮操作時間和真正修理時間。

14.9 結論

可靠度工程是現代化科技管理的重要技術之一。一個可靠度計畫之實施需要一組專職的人員來負責系統層面之可靠度。此組人員有提供分析之協助、建立目標和提供報告以做成決策之責任。除了具有可靠度模式之觀念外，負責可靠度之人員還需具有設計原則、系統介面、人因工程和成本效益分析等方面之知識。另外，數據收集、分析和資料庫系統也是不可缺少之項目。

習 題

1. 某電晶體之失效時間符合指數分配，現抽取 15 件以進行壽命試驗。在試驗中，若發現 4 件失效則停止，而且失效之電晶體不更換。在試驗過程中，前 4 個失效電晶體之時間分別為 400、480、610 和 660（小時），回答下列問題。

   (a)估計平均壽命。

   (b)估計失效率。

   (c)平均壽命之 95% 信賴區間。

2. 某種放大器之失效時間為指數分配，失效率為 8%/1000 小時。求此放大器在 5000 小時時之可靠度。平均失效時間為多少？

3. 某電子零件之失效時間為指數分配，今抽取 12 個零件，測試 1000 小時，失效之零件不更換。在 1000 小時內發現有 3 個零件失效，失效時間為 650，680 和 720。估計此零件之平均失效時間和失效率。計算失效時間之 90% 信賴區間。

4. 說明產品之壽命週期，及適合描述各階段之機率分配。

5. 比較產品壽命試驗之固定失效時間、固定失效次數和逐次計畫。

6. 4 個零件 A、B、C 和 D 以並聯方式組成一次組件。4 個零件之可靠度分別為 0.93、0.88、0.95 和 0.92。計算此次組件之可靠度。

7. 某零件之失效時間為指數分配且失效率為固定。計算此零件使用 4000 小時後之可靠度。

8. 某一控制器有 40 個零件以串聯方式組成，每一零件之可靠度為 0.9994。計算此控制器之可靠度。若另一設計是由 25 個零件組成，計算其可靠度。

9. 承續 8。假設構成控制器之 25 個零件的失效時間為指數分配。若希望此控制器在 3000 小時之可靠度為 0.996，計算每一零件之失效率和每一零件之平均失效時間。

10.考慮下圖由7個零件所組成之系統, 其可靠度分別爲$R_A = 0.96$, $R_B = 0.92$, $R_C = 0.94$, $R_D = 0.89$, $R_E = 0.95$, $R_F = 0.88$, $R_G = 0.9$。計算此系統之可靠度。

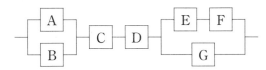

11.承續10。假設每一零件之失效時間爲指數分配, 其失效率爲

$\lambda_A = 0.0005/$小時,　　$\lambda_B = 0.0005/$小時,　　$\lambda_C = 0.0003/$小時,

$\lambda_D = 0.0008/$小時,　　$\lambda_E = 0.0004/$小時,　　$\lambda_F = 0.006/$小時,

$\lambda_G = 0.0064/$小時。

計算此系統在1000小時後之可靠度, 和此系統之平均失效時間。

12.某產品是由10個零件以串聯方式組成。每一零件之失效時間爲指數分配, 其失效率爲0.05/4000小時。計算在使用2000小時後之可靠度和平均失效時間。

13.假設二極體之失效時間爲指數分配, 今從貨批中抽取20件進行壽命試驗, 當發現6件失效後則停止試驗。在測試過程中, 失敗之物件不更換。前6次失效之時間爲530、590、670、700、720和780。估計二極體之平均失效時間和平均壽命之95%信賴區間。

參考文獻

Kapur, K. C., and L. R. Lamberson, *Reliability in Engineering Design,* John Wiley & Sons, NY（1977）.

Mitra, A., *Fundamentals of Quality Control and Improvement,* Macmillian, NY（1993）.

第十五章　田口式品質工程概論

15.1　導論

　　近年來，由日本田口玄一(Genichi　Taguchi)所提出之品質工程(Quality Engineering)的理念和方法，由於在工業界獲得很好之成效，因此受到品管界人士之重視。美國品管界一般將其稱為田口方法(Taguchi Method)。品質工程之目的是在產品和其對應之製程內建立品質。品質工程之理念將品質改善之努力由製造階段向前提昇到設計階段，一般稱其為離線之品質管制方法(off-line quality control)。田口之離線品管方法不僅可以提昇產品品質，同時也是降低成本之有效方法。

　　本章之目的是介紹田口之品質哲理和有關之技術、方法。在品質哲理方面，田口提出品質損失(quality loss)之觀念來衡量產品品質。一些不可控制之雜音(noise)(例如環境因素)造成品質特性偏離目標值並因而造成損失。由於消除這些雜音因子之成本相當高或者在實務上為不可行，因此田口方法之重點是放在降低這些雜音對產品品質的影響性。田口方法是根據穩健性(robustness)之觀念，決定可控制因子的最佳設定，建立產品／製程之設計，以使得產品品質不受到不可控制因素之影響。

15.2　損失函數(Loss Function)

　　在田口之品質哲理中，品質是產品運送到顧客手中後，對社會所造成之損失。品質損失是品質特性未能符合目標值所造成之費用和資源之浪費。有些學者將品質損失推廣到包含製造生產過程中產品所造成之損失，例如生產過程中所造成之污染。田口在品質之定義中加入金錢之觀念，以使得品質成爲品質改善過程中之共通語言，能爲組織內每一成員所了解。田口之品質損失函數是與品質特性偏離目標值 m 之量的平方成正比，圖 15-1 (a)爲田口所提出之損失函數。當品質特性符合目標值時，損失爲零。只要品質特性偏離目標值，則產生損失。過去之品質觀念認爲只要品質特性落在規格界限內，則沒有任何損失產生。圖 15-1 (b)爲傳統品質損失之觀念，當品質特性落在規格界限內時，沒有任何之損失，當品質特性超出規格時，則產生 A 之損失。此種觀念在文獻上稱其爲目標柱(goalpost)之品質哲學。

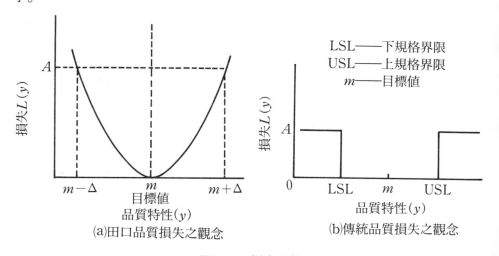

圖15-1 損失函數

傳統品質損失之觀念有許多缺失。以品質特性爲資訊傳輸電纜之電阻值爲例，雖然品質特性都在規格內但整體分布在目標值之上時，將造成雜音之出現，影響有效之傳輸距離。在此種情況下使用，顧客須添購其他設備，以增加資訊之傳送距離，此即造成品質損失。傳統品質之觀念在裝配中允差之堆疊上(tolerance stack up)也會出現問題，例如軸、孔之組合。如果軸外徑都在規格內但偏高，孔內徑也在規格內但偏低，在此情況下，雖然二零件都爲合格品，但軸、孔將無法順利組合。

在有關田口方法之文獻中，學者專家常以 SONY 電視機之品質來說明傳統品質觀念之缺失。圖 15-2 爲 SONY 兩家工廠所生產之電視機的品質分布。此圖所顯示之品質特性爲色彩之平衡度(color balance)，其目標值爲 m。日本和美國兩家工廠採用相同之設計和允差。日本工廠之品質分布爲常態分配，其不合格率約爲 0.3%。美國工廠之品質分布爲均等分配且無不合格品(可能採用出廠檢驗將不合格品剔除)。日本工廠之產品廣爲消費者喜愛，但此現象並無法以不合格率來解釋。但若以田口之品質損失觀念，則可以看出日本工廠產品受消費者喜愛之原因。在田口之觀念中，符合目標值之產品的成效最好，在此視爲 A 級品。愈偏離目標值，則品質愈差，分別爲 B、C 級。由圖 15-2 可明顯地看出日本工廠之 A 級品最多，C 級品最少，而美國廠則具有相同數目之 A、B、C 級產品。因此，以整體品質來看，日本廠之產品品質較高。美國廠之品質管制工作著重於符合

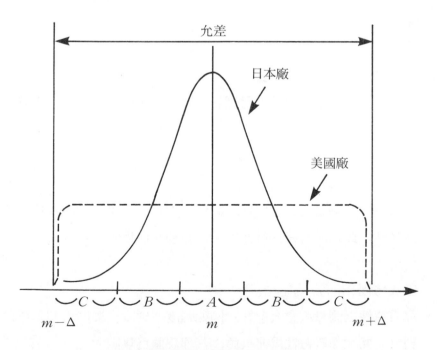

圖15-2　電視機色彩平衡度之分布

規格，而日本廠則是重視符合目標值。

若以製程能力指標 C_p 來評估兩家工廠之品質，其結果爲：

美國廠：產品分配爲 $U(m-\Delta,m+\Delta)$

$$標準差=\left(\frac{(2\Delta)^2}{12}\right)^{1/2}=\sqrt{\frac{1}{3}}\times\Delta$$

$$C_p=\frac{2\Delta}{6\times\frac{1}{\sqrt{3}}\Delta}=0.57735$$

日本廠：產品分配爲 $N(m,(\Delta/3)^2)$

若假設自然允差界限寬度剛好等於允差寬度，則標準差 $=\Delta/3$

$$C_p=\frac{2\Delta}{6\times\frac{\Delta}{3}}=1>0.57735$$

上述結果說明日本廠具有較高之製程能力。

田口之損失函數是依品質特性之種類而定。一般之品質特性可區分成下列數類：

1. 望目特性(Nominal is best)

   品質特性之測量值愈接近目標值愈好，一般而言，尺寸、重量、外徑等都屬此類特性。

2. 望小特性(Lower is better)

   品質特性之測量值愈小愈好，純度、損耗、污染、壓縮程度等都是這類特性。此類品質特性爲非負值，其理想值爲零。

3. 望大特性(Higher is better)

   品質特性之測量值愈大愈好，例如強度、硬度、濃度大都是屬於這類特性。此類品質特性爲非負值，其理想值爲無限大。

望目品質特性之損失函數可以定義如下:

$$L(y)=k(y-m)^2$$

其中

$k=A/\Delta^2$，k稱為比例常數(proportional constant)

y：產品品質特性之測量值

m：目標值(target value)

Δ：顧客的規格允差(customer's tolerance)

A：產品超出顧客規格界限之修理或報廢成本

假如產品允差為非對稱(上、下規格界限與目標值之距離不相等)，則損失函數可以定義如下:

$$L(y)=\begin{cases} k_1(y-m)^2 & \text{若 } y\leq m \\ k_2(y-m)^2 & \text{若 } y>m \end{cases} \quad \text{其中} k_1=\frac{A_1}{\Delta_1^2}, \quad k_2=\frac{A_2}{\Delta_2^2}$$

望小特性之損失函數為 $L(y)=ky^2$，$k=A/\Delta^2$

望大特性之損失函數為 $L(y)=(\Delta^2 A)/y^2$

各種品質特性之期望或平均損失可從樣本數據求得，其公式為

1. 望目特性: $L=\dfrac{A}{\Delta^2}\widehat{V}^2$ 其中 $\widehat{V}^2=\dfrac{1}{n}[(y_1-m)^2+\cdots+(y_n-m)^2]$

2. 望小特性: $L=\dfrac{A}{\Delta^2}\widehat{V}^2$ 其中 $\widehat{V}^2=\dfrac{1}{n}(y_1^2+\cdots+y_n^2)$

3. 望大特性: $L=A\Delta^2\widehat{V}^2$ 其中 $\widehat{V}^2=\dfrac{1}{n}\left(\dfrac{1}{y_1^2}+\cdots+\dfrac{1}{y_n^2}\right)$

一件不良之產品如果能在出廠前發現並加以修護的話，其修護成本將比出廠後對顧客所造成之損失為小。根據產品之損失函數，我們也可以決定製造之允差(manufacturing tolerance)以降低產品品質不符合顧客需求時所造成之損失。圖 15-3 顯示顧客允差 $m\pm\Delta$ 和其相對應之損失 A。損失函數之比例常數為$k=(A/\Delta^2)$。產品之損失函數可寫成

$$L(y)=(A/\Delta^2)(y-m)^2$$

若出廠前之修護成本為 B，則

$$B=(A/\Delta^2)(y-m)^2$$

$$y=m\pm(B/A)^{1/2}\times\Delta$$

$$\delta=(B/A)^{1/2}\times\Delta$$

廠商產品允差可設為 $m\pm\delta$。

一般而言，$B<A$，$\delta<\Delta$，即廠商的製造允差會比顧客允差來得窄，以便符合顧客要求。

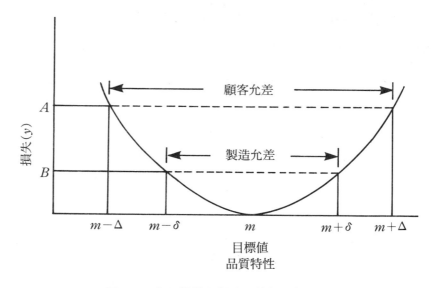

圖15-3　望目特性之製造允差和顧客允差

〔例〕　某產品高度之規格為 1.5±0.02 m。若高度剛好超出規格時，修理成本為$50。

　　(a)今隨機抽取 10 件產品，量測出高度為 1.53，1.49，1.50，1.51，1.48，1.52，1.54，1.47，1.51 和 1.52。求每單位之平均損失。

　　(b)為降低產品品質之變異，製造商採取一種新的製造程序，採用此新的程序之成本為$7.5/件。已知每年之產量為 20000 件。現從新製程之產品中隨機抽取 8 件，高度之量測值為 1.49，1.50，1.49，1.52，1.48，1.50，1.48 和 1.51。根據上述資料，以品質損失之觀點分析採用新製程是否有效益。

(c)若製造商在產品出廠前發現問題，則每件產品只需\$3.0 之重工

成本。根據此資料決定製造商之允差。

〔解〕

(a)高度屬於望目特性，由公式 $L(y)＝k(y-m)^2$ 可求得比例常數

k。

$k＝A/\Delta^2＝50/(0.02)^2＝125000$

此產品之損失函數可寫成

$L(y)＝125000(y-1.5)^2$

每單位之期望損失可由下式求得，

$E[L(y)]＝125000E(y-1.5)^2$

$E(y-1.5)^2＝\left[\sum\limits_{i=1}^{10}(y_i-1.5)^2\right]/10$

$＝[(1.53-1.5)^2＋(1.49-1.5)^2＋\cdots$

$＋(1.52-1.5)^2]/10$

$＝0.0049/10＝0.00049$

因此每單位之期望損失爲 $125000(0.00049)＝\$61.25$

(b)根據新製程之資料，每單位之期望損失爲

$L(y)＝125000(y-1.5)^2$

$＝125000\left[\sum\limits_{i=1}^{8}(y-1.5)^2\right]/8$

$＝125000(0.0001875)＝\$23.44$

原製程之平均損失爲\$61.25，因此新製程每件可節省

$61.25-(23.44＋7.5)＝30.31$

每年之產量爲20000件，因此每年可節省$20000(30.31)＝606200$

(c)假設製造商之允差爲 $1.5\pm\delta$。由損失函數可得下列關係式

$3＝125000(\delta^2)$

因此可得$\delta = (3/125000)^{0.5} = 0.0049$

15.3   雜音——造成變異之原因

田口將不能或不容易控制之因素稱為雜音因子(noise factor)。它們將使品質特性偏離目標值，並造成品質損失。雜音因子分成內部(internal)和外部(external)兩種。內部雜音來自於製造上之變異或是產品隨時間所產生之劣化、磨損。外部雜音則是與產品無直接關係之因素。各種雜音因子簡略說明如下。

1.   外部雜音(external noise)
    指外在環境或操作條件改變了產品特性，如：溫度、淫度、灰塵或操作員之變異。

2.   內部雜音(internal noise)
    (1)   產品劣化(product deterioration)
        指產品隨著使用時間而產生之物料變質或尺寸的改變。
    (2)   製造不良(manufacturing imperfection)
        製造不良乃是因為製造程序中一些不可避免之不確定因素所造成，例如原料、零件之差異。此類因素將造成產品和產品間的變異。

    若以常見之家電用品電冰箱為例，造成電冰箱內部溫度控制的雜音有下列幾種可能：
    外部雜音：電冰箱開／關之次數、電冰箱內食物和其起始溫度、室內溫度的變化、電壓之變化。
    製造變異：電冰箱緊密程度和冷凍劑的使用量。
    產品劣化：冷凍劑外漏和壓縮機零件磨損。

　　表 15-1 列舉三種變異之來源和能採取對策之產品開發的各個階段。由此表可看出在設計階段建立產品品質之重要性。在產品設計階段所採取之對策均能降低三種變異。但是產品開發到達製造階段時，只能降低製造上之變異（透過統計製程管制）。

表15-1　能夠採取降低變異之對策的產品開發階段

產品開發階段	變異來源		
	環境因素	產品劣化	製造變異
產品設計	○	○	○
製程設計	×	×	○
製　　造	×	×	○

15.4　*S/N* 比(Signal to Noise Ratio)

　　在決定一個設計之效用時，我們必須要有一個能夠衡量設計參數對於品質特性之影響的量測值(measure)。一個可接受之成效量測必須包含品質特性之需要部分和不需要部分。田口建議以訊號／雜音比(signal-to-noise ratio, 簡稱 *S/N* ratio)做為評估設計成效之一種量測。訊號是代表需要之元素，它是指品質特性之平均值，愈靠近目標值愈佳。雜音為不需要之部分，它是做為輸出品質特性變異之一種量測，它的值愈小愈佳。*S/N* 比之公式依品質特性而異，一般而言，當 *S/N* 比被最大化時，期望損失為最小。

　　設 n 為每一實驗組合下之重複次數，在不同的品質特性下，*S/N* 比之公式為(Ross 1988)：

1. 望目特性

$$S/N = 10 \times \log \frac{V_m - V_e}{nV_e} \quad \text{(考慮平均數與變異數)}$$

或 $S/N = -10 \log V_e$ （考慮變異數）

其中 $V_e = \dfrac{\sum y_i^2 - (\sum y_i)^2/n}{n-1}, \quad V_m = n\,\bar{y}^2$

2. 望小特性

$$S/N = -10 \log\left(\frac{1}{n}\sum y_i^2\right)$$

3. 望大特性

$$S/N = -10 \log\left(\frac{1}{n}\sum \frac{1}{y_i^2}\right)$$

上述三種 S/N 值主要是用在計量品質特性上，讀者可參考小西省三之著作（1988）以了解其他品質特性之 S/N 值的計算。

15.5 直交表

田口提出以參數設計（parameter design）的方法降低產品品質受到雜音因子影響的靈敏度，亦即在各種不同的雜音因子下，去尋找最佳的控制因子組合，使得產品品質特性的變異性降低。參數設計是利用直交表（orthogonal array）來進行實驗，其內容隨後將更進一步探討。根據問題之特性、因子數目和各因子之水準（level）數目，田口參數設計會使用到不同之直交表，這些直交表均以 L_x 來表示。表 15-2 為 L_8 直交表。此表有八列，代表八種實驗組合，表中七行代表最多可處理七個因子（有些情況下，某些行可能不會被用到）。另外，表中數值"1"或"2"為各因子之水準。由此表可看出 L_8 直交表是用在當各因子具有兩個水準之情況，亦即 L_8 是純 2 水準之直交表。除了純 2 水準之直交表外，尚有純 3 水準和不同水準組合之直交表。如果實際問題不能以標準直交表處理，則可考慮下列方法來修改直交表：併行法（column merging method）、虛擬水準法（dummy level technique）、複合因子法（compound factor method）。

有關上述方法之詳細內容，讀者可參考 Phadke（1989）。

表15-2　L_8直交表

實驗編號	控制因子							數據		
	A	B	C	D	E	F	G			
	行									
	1	2	3	4	5	6	7	y_1	y_2	y_3
1	1	1	1	1	1	1	1	*	*	*
2	1	1	1	2	2	2	2	*	*	*
3	1	2	2	1	1	2	2	*	*	*
4	1	2	2	2	2	1	1	*	*	*
5	2	1	2	1	2	1	2	*	*	*
6	2	1	2	2	1	2	1	*	*	*
7	2	2	1	1	2	2	1	*	*	*
8	2	2	1	2	1	1	2	*	*	*

　　當參數設計只考慮主效果（main effects）而不考慮因子間之交互作用（interaction effects）時，因子可排在表中任意行。但有些時候，經濟性考慮（材料之成本、因子調整之困難度）會決定因子放置之行。例如當某一因子之調整很費時，可考慮排在第 1 行，此乃因為實驗過程中第 1 行之水準只變動一次。

　　在田口參數設計中，控制因子和雜音因子都可以用直交表之方式來規劃（雜音因子可以但並不一定需要以直交表方式布置）。擺放控制因子之直交表稱為內側直交表（inner array），而擺放雜音因子的直交表稱為外側直交表（outer array）。表 15-3 為具有內、外側直交表之參數設計。

　　如果參數設計考慮交互作用時，點線圖（linear graph）和交互作用表（interaction table 或稱 triangular table）可用來協助使用者布置控制因子和交互作用。圖 15-4 為 L_8 直交表之點線圖，不同之直交表會有不同數目之點線圖。在點線圖中，點代表因子，而線代表交互作用。例如圖 15-4 (a)中，如果 A 因子放在第 1 行，B 因子放在第 2 行，則 A 和 B 之交互作用（以 $A \times B$ 表示）須放在第 3 行。如果問題較為複雜時，我們也可以修改點線圖，其方法有斷線法（breaking a line）、移線法（moving a line）

表15-3　具有內、外側直交表之參數設計

							L_4外側直交表(雜音因子)			
							Z	1	2	2	1
							Y	1	2	1	2
							X	1	1	2	2

	L_8內側直交表(控制因子)							數據			
	A	B	C	D	E	F	G				
	行										
實驗編號	1	2	3	4	5	6	7	y_1	y_2	y_3	y_4
1	1	1	1	1	1	1	1	*	*	*	*
2	1	1	1	2	2	2	2	*	*	*	*
3	1	2	2	1	1	2	2	*	*	*	*
4	1	2	2	2	2	1	1	*	*	*	*
5	2	1	2	1	2	1	2	*	*	*	*
6	2	1	2	2	1	2	1	*	*	*	*
7	2	2	1	1	2	2	1	*	*	*	*
8	2	2	1	2	1	1	2	*	*	*	*

和連線法(forming a line)。在修改點線圖時，必須依據交互作用表進行。點線圖可說是交互作用表之圖型顯示。表 15-4 為 L_8 直交表之交互作用表。

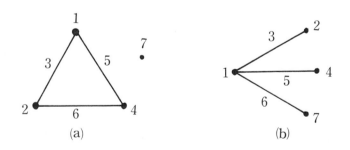

圖15-4　L_8直交表之點線圖

在使用直交表時，使用者須先依問題特性選擇一適當之直交表。對於較單純之問題，使用者可以利用試誤法很快地找到一可行之直交表。由於直交表之大小決定實驗次數和實驗成本,因此通常都先嘗試較小之直交表。

表15-4 L_8直交表之交互作用表

列	1	2	3	4	5	6	7
	(1)	3	2	5	4	7	6
		(2)	1	6	7	4	5
			(3)	7	6	5	4
				(4)	1	2	3
					(5)	3	2
						(6)	1
							(7)

使用直交表之第二項工作是將因子配置到表中各行，點線圖和交互作用表可協助使用者進行配置工作。如果使用者所選擇之直交表不能處理目前之問題，則可考慮修改直交表、點線圖。如仍不行，則考慮使用較大之直交表。有關直交表選擇和配置之系統性方法，讀者可參考 Phadke(1989)。

〔例〕 假設控制因子為 A、B、C、D(二水準)，現考慮交互作用 $A \times B$、$A \times C$、$B \times C$，試以 L_8 直交表配置上述因子。

〔解〕
首先將 A 放在第1行，B 放在第2行，則 $A \times B$ 就只能放在第3行，再將 C 放在第4行上，則 $A \times C$ 可以放在第5行上，而 $B \times C$ 放在第6行，剩下的 D 就只好放在第7行。

5.6 回應表和回應圖

在直交表之因子配置完成後，使用者即可依據直交表所規劃之實驗組合進行實驗，並收集數據。當數據收集完畢後，使用者可繪製回應表(response table)和回應圖(response graph)，用以決定參數之最佳組合和估計其平均值。有些學者建議以統計中之變異數分析(analysis of variance, 簡稱 ANOVA)來檢定各因子之顯著性。變異數分析之內容已超過本書之範圍，讀者可參考其他統計書籍以獲得詳細內容。

考慮表 15-5 所示之實驗。此實驗爲產品設計，亦即決定產品原料之最佳參數組合。此實驗所考慮之品質特性爲產品強度(strength)，A、B、C 代表 3 種不同之原料，各有 2 種選擇 (2 個水準)，各因子和交互作用之配置如表 15-5 所示。此實驗所考慮之雜音因子有室內溫度和溼度兩個，各因子有 2 個水準。雜音因子是以 L_4 直交表配置。控制因子 A、B、C 和交互作用是以 L_8 直交表配置。在此種實驗規劃下，每一實驗組合有 4 個觀測值。

表15-5　實驗數據

							L_4 外側直交表(雜音因子)				
							Z　1	2	2	1	←　＊
							Y　1	2	1	2	←溼度
							X　1	1	2	2	←溫度

	L_8 內側直交表(控制因子)										
	A	B	AB	C	＊	BC	＊			數據	
				行							
實驗編號	1	2	3	4	5	6	7	y_1	y_2	y_3	y_4	S/N 值
---	---	---	---	---	---	---	---	---	---	---	---	---
1	1	1	1	1	1	1	1	13.1	82.1	92.6	16.1	26.042
2	1	1	1	2	2	2	2	53.6	70.1	61.1	28.1	32.828
3	1	2	2	1	1	2	2	52.1	73.1	97.1	40.1	34.937
4	1	2	2	2	2	1	1	64.1	92.6	83.6	74.6	37.678
5	2	1	2	1	2	1	2	59.6	98.6	94.1	49.1	36.420
6	2	1	2	2	1	2	1	74.6	86.6	85.1	82.1	38.243
7	2	2	1	1	2	2	1	43.1	91.1	92.6	41.6	34.707
8	2	2	1	2	1	1	2	55.1	79.1	71.6	77.6	36.725

由於每一實驗組合下包含 4 個數據，因此首先將每一實驗組合下之 4 個觀測值轉換成 S/N 比(望大特性)。在獲得各實驗組合下之 S/N 值後，即可繪製回應表，如表 15-6 所示。回應表是顯示每一因子之每一水準下的平均 S/N 值。以 C 因子之第 1 個水準爲例，由直交表可看出其對應之實驗爲1、3、5和7。將4個實驗組合下之 S/N 值的平均數算出可得 $(26.042 + 34.937 + 36.420 + 34.707)/4 = 33.027$。當獲得各因子之各水準的

平均 S/N 值後，即可繪製回應圖，如圖 15-5 所示。

表15-6　回應表

	A	B	C	$A \times B$	$B \times C$
1	32.871	33.383	33.027	32.576	34.216
2	36.524	36.012	36.369	36.820	35.179
$|\Delta|$	3.653	2.629	3.342	4.244	0.963

　　由回應圖可看出 A 因子和 B 因子具有交互作用。亦即 A（或 B）因子之影響性是由 B（或 A）因子所設定之水準決定。由於 S/N 值愈高愈佳，因此本實驗之最佳組合為 A_2、B_1 和 C_2。在本例中，若交互作用不存在，則最佳組合為 A_2、B_2 和 C_2。在 A_2、B_1 和 C_2 之組合下，平均值為

$$\mu_{A_2B_1C_2} = \overline{T} + (\overline{A_2B_1} - \overline{T}) + (\overline{C_2} - \overline{T})$$
$$= \overline{A_2B_1} + \overline{C_2} - \overline{T}$$

(**註**：$\overline{T}$ 為總平均)

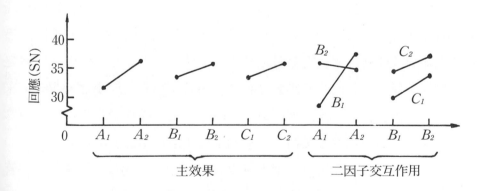

圖15-5　回應圖

15.7　田口方法

　　田口方法包含三個階段，分別為系統設計（system design）、參數設計

(parameter design)和允差設計(tolerance design)。此三階段之作法說明如下。

　　系統設計是指設計工程師依據其實務經驗和科學、工程上之原則，建立產品之原型(prototype)以符合功能要求。在此階段，產品使用之原料和零件、生產程序、使用之工具和生產上之限制等都要加以分析，以獲得可行之設計。

　　參數設計是要找出產品、製程參數之最佳設定以降低產品品質之變異性。參數設計包含決定一些具有影響性之參數，並以實驗設計之方式加以分析。實驗可經由實際作業或電腦模擬之方式進行。允差設計是決定參數設計中之參數或因子的允許變動範圍。當參數設計所獲得之成效不能接受時，我們可縮小因子之變動範圍(允差)，經過嚴格控制以進一步降低品質之變異。另一方面，對於品質變異較無影響性之因子，我們可放寬其變動範圍，此可使製造較為容易，以降低生產成本。

　　田口方法之參數設計分為兩個步驟。步驟一是選擇設計參數以使得產品成效之統計量（S/N 值）能夠最大化。此步驟是利用 S/N 值與設計參數間之非線性關係，來決定參數之最佳設定值。其理念是降低產品成效之變異性，並建立一不受雜音影響之設計。由於使變異性最小之參數設定未必能使平均值符合目標值，因此第 2 步驟是決定能線性影響平均值但不影響變異性之參數，這些參數稱為調整因子(adjustment factors)。

　　田口參數設計之應用可以用下例來說明(Mitra 1993)。假設可折疊管之重要品質特性為其外徑，以 Y 表示。影響外徑之一可控制因子為模具壓力，以 X 表示。圖 15-6 顯示外徑和模具壓力之關係。假設外徑之目標值為 y_0，此可由設定模具壓力為 x_0 時獲得。如果模具壓力與目標值 x_0 有偏差，將造成外徑之大量變異。另一方面，當模具壓力設定為 x_1 時，當實際壓力與目標值 x_1 有偏差時，只會造成外徑微量之變異。降低外徑變異之一可行方法是採用較昂貴之設備以使得模具壓力能控制在 x_0 附近。另一可行方法，也是較為經濟的方法是將模具壓力設在 x_1。此種作法可降低外徑之變異性，但其輸出平均值爲 y_1，並不符合外徑之目標值 y_0。爲了調整輸出值之差異，我們可尋找一因子用來調整外徑，此參數稱爲調整因子。調整因子最好是只線性影響輸出值之平均值，但不影響輸出之變異性。在此例中，輸送臺大小(pallet size)可當做是調整因子。圖 15-7 顯示外徑和輸送臺大小之關係。當輸送臺大小設爲 s_1 時，管徑爲 y_1，爲了使管徑等於 y_0，我們可將輸送臺大小設爲 s_0。

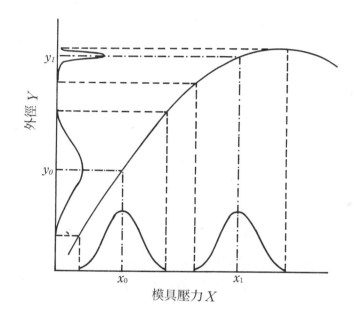

圖15-6　外徑和模具壓力之關係圖

田口參數設計之步驟可歸納成下列數項：

1. 問題之探討

2. 訂定實驗之目的
   (1) 確定欲知之資料，同時決定實施實驗的場所是實驗室或工廠
   (2) 大致決定實驗之規模
   (3) 決定測量的方法

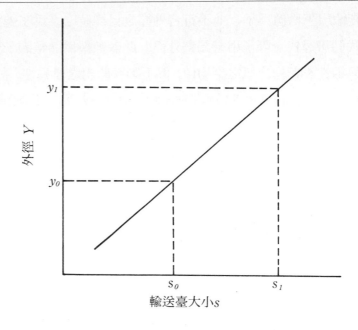

圖15-7　外徑和輸送臺大小之關係

3. 特性要因分析（腦力激盪法）

　(1) 特性確認：望大、望小、或望目特性

　(2) 要因分析：利用特性要因圖找出主要因素

　(3) 控制因子與水準的決定

　(4) 雜音因子與水準的決定

　(5) 決定控制因子之交互作用

4. 實驗設計

　(1) 直交表選擇與因子配置

　　　必要時修改直交表或根據交互作用表修改點線圖

　(2) 實驗方式的決定

5. 試驗結果及分析

收集所得之實驗數據，依各項品質特性型態，分別將實驗數據轉換成 S/N 比之型式，然後建立各項品質特性的 S/N 比回應表及 S/N 比回應圖，再由此分別選取影響性較強的因子及最佳的條件組合。最後，估計各項品質特性在其最佳條件組合下之平均值。

6. 實驗結論
   (1) 以 S/N 比研判各因子之主效果
   (2) 最佳參數組合
   (3) 最佳參數組合回應值之估計

7. 確認實驗(confirmation experiment)
   根據步驟 6 所獲得之最佳參數組合進行確認實驗，並將其結果與步驟 6 之回應值比較。確認實驗之目的是要確認所選定之參數組合的再現性。如果確認實驗之結果與原先之估計值有差異時，可採行之策略有下列數項：
   (1) 增加控制因子，可能有一些顯著之控制因子被忽略了。
   (2) 增加因子水準間之距離。
   (3) 控制因子間具有強烈的交互作用。

15.8　結論

本章介紹田口之品質哲理和有關之技術、方法。田口所提出之品質損失函數是品管界中之一項創見，此函數將金錢、成本之觀念導入品質中，此項作法可使品質成為一個組織內之共同語言。

田口之參數設計是根據穩健性之觀念，決定可控制因子的最佳設定，建立產品／製程之設計，以使得產品品質不受到不可控制因子之影響。參數設計可使業者以最低之成本，獲得最高之產品品質。

習 題

1. 討論田口之品質哲理。

2. 何謂品質損失?

3. 試以一特定之產品或製程說明田口之系統設計、參數設計和允差設計。

4. 某磁帶之厚度規格爲 0.005 ± 0.0004 mm。每卷之長度爲 200m。若磁帶厚度超出規格,則對顧客將造成 \$10/卷之損失。今隨機抽測 10 卷磁帶,其厚度爲 0.0048, 0.0053, 0.0051, 0.0051, 0.0052, 0.0049, 0.0051, 0.0047, 0.0054 和 0.0052。計算每卷磁帶之平均損失。

5. 承續 4。製造商打算以一種新的生產程序來降低磁帶厚度之變異。此新製程之額外成本爲 \$0.03/m。此磁帶每年生產 10000 卷。今由新製程之產品中抽測 8 卷,厚度讀值爲 0.0051, 0.0048, 0.0049, 0.0052, 0.0052, 0.0051, 0.0050, 0.0049。以品質損失之觀點而言,此新製程是否較經濟?

6. 承續 4。在產品出廠前,製造商之重工成本爲每件\$30。計算磁帶厚度之製造允差。

7. 討論影響汽車煞車距離之雜音。

8. 假設 A、B、C、D 爲二水準之因子,現考慮 $A \times C$、$B \times D$、$C \times D$ 等交互作用,請以 L_8 直交表配置上述因子。

參考文獻

Mitra, A., *Fundamentals of Quality Control and Improvement*, Macmillian, NY（1993）.

Phadke, M. S., *Quality Engineering Using Robust Design*, Prentice-Hall, NJ（1989）.

Ross, P. J., *Taguchi Techniques for Quality Engineering*, McGraw-Hill, NY（1988）.

小西省三，《品質評價的 S/N 比》，中國生產力中心，1988。

第十六章　服務業之品質管理

16.1　緒論

　　臺灣隨著工商業發達，社會結構改變，以及國民所得顯著提昇以來，我國經濟已漸進入以服務業爲主的轉型期；服務業未來的發展，將成爲我國經濟成長的關鍵。我國農、工、服務業的產業結構比例大約爲 4%、40%、56%。由此可知服務業逐漸已成爲現今我國最重要的行業。而在先進國家（如美國），服務業更佔有全國 70%以上的產出和就業率。

　　由於服務業的性質與製造業有一些差異，其品質不但多屬無形，而且不易量化，因而服務業品質管制無論在理論或實務各方面都遠落於製造業之後。Parasuraman 等人(1985)認爲服務業者很難控制其產出品質的原因有下列數項：

1. 對服務業者或顧客而言，服務品質比一般製造業的產品品質更難衡量。

2. 顧客認知的服務品質(perceived service quality)是來自於顧客心目中預期的與實際感受到的服務水準兩者間的比較。

3. 服務品質的評估不僅依據服務的結果，尚包括服務傳遞過程的評估。

品管方法未能普遍地施行於服務業的理由有下列數點（戴久永 1991）：

1. 服務業者對品管之方法和理論認識不清，認爲品質管制只適用於工廠，而不適用於服務業。他們認爲服務業是以人爲對象的工作，

無法像製造業之產品品質那麼容易量化，因此不適宜用傳統品管
方法。

2. 服務的品質十分抽象，不易理解。

3. 認同個人表現的價值，而未能體認每個人均應無誤地操作的重要
性。

4. 品管是基於事實的管理，但服務卻存在太多不易掌握的因素，因
而不易掌握事實。

5. 對於「管理的本質在於預防」的概念認識不夠，因而總是把事務
的重點放在事後不良的處理，不懂得事先做好預防的工作。

16.2 服務與服務業的特性

學者對服務之定義甚多，較具代表性之看法有下列數項：

1. 為他人而完成的工作(work performed for someone else)
(Juran 1989)。

2. 服務是指一項活動或一項利益，由一方向他方提供了本質上是無
形的，也不產生任何事務的物權轉變者(Kotler 1987)。

3. 服務是被用為銷售或因配合貨品銷售而連帶提供之各種活動、利
益或滿意(Buell 1984)。

4. 服務是指由人類勞動所生產,依存於人類行為而非物質的實體(淺
井慶三郎 1987)。

5. 服務是直接或間接以某種型態，有代價地供給需要者所要求的事
務（杉本辰夫 1986)。

所謂服務業，應該說是以提供服務給需要者為主要業務的活動企業，
從廣義而言，這種活動企業範圍包括家族以至於國家的所有社會制度。例
如整個政府部門，加上司法機構、就業服務機構、醫院、貸款機構、軍事
國防機構、警察及消防機構、郵政機構、立法管制機構、以及學校等等，

都是屬於服務業之列。另外如民間的非營利事業部門，如藝術團體和博物館、慈善機構、宗教團體及基金會等都可算是服務業，在營利性企業機構之中，也有部分屬於服務業，如航空公司、銀行業、電腦服務業、旅館業、保險公司、法律顧問事務所、管理顧問公司、醫療保健機構、電影公司、水電行、以及房地產公司等等。

　　服務業的類別雖然有很多，但是有如下之共同特徵（翁崇雄 1991）：

1. 無形性（intangibility）

　　服務的銷售，是無形的；換句話說，顧客在購買一項服務之前，看不見、嚐不著、摸不到、聽不見、也嗅不出服務的內容與價值。它無法擺在貨架上，無法刊印在報章雜誌上，也無法展示其樣品，促銷時不易提示具體形狀，故在擬訂行銷策略時，常需仰賴想像力豐富的人員來規劃。此外，消費者經常無法在購買之前即判斷品質的好壞。因此商譽對銷售服務者非常重要。

2. 不可分離性（inseparability）或同時性（simultaneity）

　　服務常與其提供服務的來源無法分割。

3. 異質性（heterogeneity）或變異性（variability）

　　同一項服務，常由於服務供應者與服務時間、地點的不同，而有許多不同的變化。不同人員所提供的服務或相同一個人所提供重複的服務都不可能完全相同，更難以訂定服務的標準。

4. 易消滅性（perishability）

　　服務無法儲存，它無法因應尖峰需求而預先儲存。例如飛機起飛時，即使有空位也無法留至下班次使用。

　　服務業的範圍十分廣泛，因此其分類也因觀點的不同，而有許多不同的分法。最常見的分法是將服務業分成下列三項：以人員爲主(people-based)、以設備爲主(equipment-based)和介於兩者之間的混合式(mixed type)。圖 16-1 爲服務業之分類和各類下之範例。

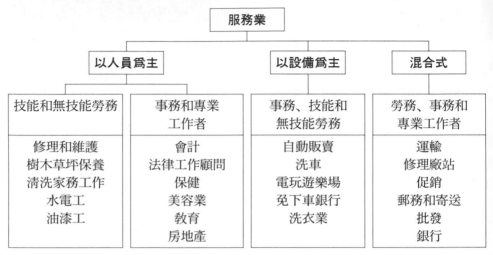

圖16-1　服務業之分類

　　如同製造業的產品品質，學者對於服務品質也有多種之定義。杉本辰夫(1986)將服務品質分成下列 5 類：

1.　內部品質(internal qualities)

　　內部品質是指使用者看不到的品質，例如：航空、鐵路、電話、飯店、百貨公司、遊樂區等的設施，是否發揮功能，全賴其保養程度而定。這種保養性、整備性如果做得不夠充分，則對使用者的服務品質就會低落。

2.　硬體品質(hardware qualities)

　　硬體品質是指使用者看得到的品質，例如：百貨公司或商店爲售與使用者而購進的商品的品質、餐館菜的滋味及品質、飯店的室內裝潢、交通工具的座位舒適程度、圖書館的照明亮度等。

3. 軟體品質(software qualities)

軟體品質是指使用者看得見的軟性品質，不當的廣告，帳單金額算錯，銀行記帳錯誤，電腦的失誤，送錯商品，交通意外事故，電話故障，商品缺貨、污損等都是軟體品質不良的例子。

4. 即時反應(time promptness)

即時反應是指服務時間與迅速性，排隊等候的時間，營業處店員（或餐館女侍）前來接待的時間，申請訴怨或修理的答覆時間，服務員到現場的時間，修理時間等。

5. 心理品質(psychological qualities)

心理品質是指服務提供者有禮貌的應對，親切的招待。

Rosander（1980)認為服務業品質內涵要比製造業的品質為廣，它包括下列要素：

(1) 人員績效的品質(quality of human performance)。

(2) 設備績效的品質(quality of equipment performance)。

(3) 數據的品質(quality of data)。

(4) 決策的品質(quality of decision)。

(5) 結果的品質(quality of outcomes)。

Mitra（1993)將服務之品質特性分為下列四類：

1. 服務人員之行為及態度

與服務人員之態度有關之特性包含禮貌、提供服務之意願、細心程度和自信等。上述特性有些可以經由訓練獲得，而另一些特性則是與個人本質有關。另外，經由應徵人員之篩選或適當之工作指派也可以獲得較佳之服務品質。

2. 時效性

由於多數之服務都不能儲存，因此適時提供服務將會影響顧客之滿意
程度。屬於時效性之品質特性有獲得服務前之等待時間、服務完成所
需之時間等。

3. 服務不合格點(service nonconforming)

服務不合格點是考慮實際成效偏離目標值之情況。例如旅館中每 100
位顧客之抱怨數、電力公司中每 100 位顧客帳單錯誤數目。

4. 設施有關之特性

與服務有關之設施的實體特性也會影響顧客之滿意程度，例如餐廳之
裝潢、旅館之娛樂設備等。

若以量化和衡量之難易程度來比較，上述 4 項品質特性由難至易之排
列為人員之行為因素、服務設施、時效性、服務不合格點。由於多數服務
功能之成功與否是由提供服務者和接受服務者間之互相作用來決定，服務
品質並不容易被量測或評估。更困難的是有些服務是無形的（例如一些資
訊、情報），這些無形服務之品質水準很難決定。

在考慮服務行為時，另一難以控制之因素是服務人員並不像設備或設
施可以預測。由於提供服務者會受到當天所發生的事情所影響，服務品質
很難逐天去預測。此項因素將造成提供服務之人員在每日或每週的表現上
之大量差異。

為了考慮在某一時段內，服務行為之差異，我們必須要有適當之程序
以產生具有代表性之服務品質的統計量。在抽樣時，我們可考慮先將時間
分成不同區段，再從中抽取樣本。另外，有些人可能會特別適合做某一時
段之工作(例如有些人在晚上特別有精神)，此也是在抽樣時必須考慮之因
素。

楊錦洲(1993a)將影響服務品質的特性分成 5 類，這些特性與 Mitra (1993) 所考慮的特性類似，其內容列於表 16-1。

表16-1　影響服務品質的特性

特性				
時間	服務人員	服務方式	服務本身	設施與位置
範例 預訂時間 等候時間 回應時間 服務時間 事後服務時間 交貨時間 延遲時間 保證時間 修正之速度	服務的態度 耐心的聆聽 理解的能力 溝通的能力 詳盡的說明 禮貌與儀容 技術與能力 服務的正確性 對顧客的尊重	回應與接待 符合顧客要求 服務品質的一致性 先到先服務 錯誤次數與比率 修正之品質 負責之態度 服務之價格 後續服務 主動徵詢顧客意見	商品的品質 商品的種類 商品是否齊全 合乎顧客口味 服務之項目 服務項目之完整性 服務之適合性	地點之便利性 停車之便利性 環境的好壞 服務場所之整潔 設施的安全性 設施的便於使用 設施的舒適 設施的維護 設施的故障率

（**資料來源**：楊錦洲1993a）

製造業和服務業具有一些差別，表 16-2 列出兩者之差異。其中之一是製造業的產品多為有形，而服務業則另外包含一些無形之元素。在製造業中，當求過於供時，生產可先接受訂單，隨後再補足。但在服務業中，服務之功能受到時間之限制。當服務無法在一特定時間內提供時，它不能被保留隨後再用。例如淡季中旅館之床位並不能保留到旺季時再被利用。

表16-2　製造業與服務業主要特徵對比

製造業	服務業
多數產生有形及可見產品	大多數產生無形產品
相對的較多資本密集	相對的較多勞力密集
產品較易儲存	產品不易儲存
顧客很少親自參與製造過程	顧客親自參與服務過程
個人化產品不常見	個人化服務十分常見
顧客之滿意程度可以很容易量化	顧客之滿意程度不容易量化
顧客提供產品之正式規格	規格並不須由顧客提供

在服務業中，生產者與消費者之關係也與製造業不同。對於製造業，產品的製造過程是由生產者所控制。雖然生產者會依據顧客之需求來設計產品，但在產品與製程設計完後，顧客並無法影響生產過程中之產品品質。服務業中，提供服務者與顧客兩者都參與服務傳送過程。例如在醫院中，醫生或護士和病人相互作用以提供服務，病人之回應將會影響服務傳送之方式。

產品規格之設定也是區別製造業與服務業的因素之一。在製造業中，顧客對於產品正式規格之設定有直接的影響。影響顧客滿意度之品質特性，會在產品設計階段被考慮。而對於某些服務業，顧客並無法對服務品質提供任何正式之規格。例如公共事業中，電力公司、電信局和瓦斯公司是由政府單位來管理。

區別製造業和服務業之最後一項因素是有關於品質之量測和評估。在製造業中，產品被接受之程度可以很容易地量化，例如以不被接受之比例表示。相反地，在服務業中，服務被接受之程度不易被量化，因為在服務傳送過程中牽涉到提供服務者之行為表現。另外，當顧客對服務不滿意時，我們很難決定是服務的那項特性所造成。而在製造業中，產品不被顧客接受時，通常是因為產品無法符合某項規格。製造者可以很容易的找出問題之原因和對策，透過產品及／或製程之改變以改善品質。

16.3　服務品質的衡量

服務品質是來自於顧客事前期望與事後評價兩者間的比較。Sasser 等人(1978)認為衡量服務品質應包含以下七個構面：

1. 安全(security)
   指顧客對服務系統信賴的程度。

2. 一致性（consistency）

    指服務應是齊一、標準化，不會因服務人員、地點或時間的不同而有
    所差異。

3. 態度（attitude）

    指服務人員的態度親切有禮。

4. 完整性（completeness）

    具有周全之服務設備。

5. 調節性（condition）

    能依據不同顧客的需求而調整服務。

6. 可用性（availability）

    指交通之方便性。

7. 即時性（timing）

    指在顧客期望的時間內完成服務。

　　Takeuchi 和 Quelch（1983）認為衡量服務品質時，應依消費者在消費前、消費時與消費後三階段來加以評估並綜合之。他們對此三階段提出如下的衡量因素。

I. 消費前所考慮的因素

    ・業者的形象
    ・過去的經驗
    ・朋友的看法與口碑

・商店的聲譽

・政府檢驗結果

2. 消費時所考慮的因素

　　・績效衡量標準

　　・對服務人員的評價

　　・服務保證條款

　　・服務與維護政策

　　・支援方案

　　・索價

3. 消費後考慮的因素

　　・使用的便利性

　　・維修、顧客抱怨與產品保證的處理

　　・零件的即時性

　　・服務的有效性

　　・可靠度

　　・相對績效

Berry 等人(1985)將一般顧客在評估服務品質時所考慮之屬性分為
10 項（見圖 16-2）。

1. 接近性(access)

　　指服務業者易於請求、易於聯繫、易於接近且很容易接觸。例如：

　　・容易透過電話得到服務或預約服務的時間

　　・等待服務的時間不會太長

　　・服務時間便利

　　・服務作業的時間短

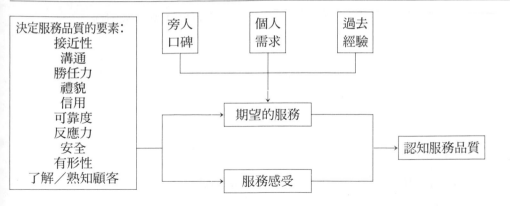

圖16-2　服務品質的決定因素

・服務公司或服務設備設在方便的地點

2.　溝通（communication）

指服務人員能夠耐心的聽顧客的陳述，並以適當的表達方式（依顧客層次使用適當的語言和文字）向顧客說明。例如：

・向顧客解說服務本身的意義和內容

・解說服務費用

・解說服務費用之價值

・保證顧客之問題必將得到處理

3.　勝任性（competence）

勝任性是指服務人員具有提供服務所需之相關技能和知識。包含：

・服務人員的知識和技術

・作業支援人員的知識和技術

・組織的研究能力

4.　禮貌（courtesy）

禮貌是指服務人員態度親切、有禮貌，能夠尊重及體諒顧客。例如：

・體貼顧客的東西和財產（例如不以髒腳踏入顧客家中）

・服務人員整潔的儀表

5. 信用（credibility）

信用指的是信賴感（trustworthiness）、可信度（believability）及誠實性（honesty）。服務人員要牢記顧客的權益，發自內心的關心顧客，為顧客提供滿意的服務。與信用有關的事項為：

・公司名稱

・公司信譽

・服務人員的個人特質

・與顧客交往時積極之程度

6. 可靠度（reliability）

可靠度包含績效（performance）和可依賴度（dependability）的一致性。它指服務業者執行服務時第一次就做對，能夠準時完成，準時交貨，做到了對服務品質保證的承諾以及服務的正確性。例如：

・帳單之正確性

・記錄之正確性

・於指定時間執行服務

7. 反應力（responsiveness）

反應力是指對顧客的要求能夠迅速的回應。此有賴服務人員的事前準備和提供服務的意願。例如：

・立刻寄出交易傳票（transaction slip）

・立刻回答或處理顧客之問題

・提供快速之服務

8. 安全性(security)

安全性是要讓顧客免於危險、危機或懷疑之憂慮。在設施上沒有安全顧慮，財務上沒有風險，在服務的過程中及服務完成後不會讓顧客產生困擾。

9. 了解性(understanding/knowing the customer)

了解性是指充分了解顧客的需求，而且要能夠提供正確的服務。如果對於顧客的要求無法完全做到時，則要對顧客說明，得到顧客的諒解。服務業者平常要多了解顧客的一些特定需求，多關心顧客，對於常往來的顧客要多熟識。

10. 有形性

有形性是指在服務過程中所需要的實體部分，包括:

・實體設施

・員工的外觀

・提供服務的工具與設備

・服務的實體表徵，例如信用卡或銀行存摺

16.4　服務品質之觀念性模式

Sasser 等人(1978)根據服務業的作業特性，提出一個以原物料(material)，設備(facilities)及人員(personnel)三個構面來加以敍述的服務品質模式（如圖16-3）。

1. 服務觀念

管理者應考慮無形因素對顧客決策的影響，並以整套服務(service package)的觀念來經營企業。

2. 服務傳遞系統

在服務傳遞系統中，製造與銷售間的界面是相當重要的，因為服務本身的無形性、不可分割性、變異性與易消滅性，使管理者面臨較多的問題。

3. 服務水準

管理者與消費者之間對於服務觀念與服務水準，在看法上的差異，可透過(1)不斷地從消費者身上獲取回饋，以了解消費者真正的感受與預期；(2)廣告、宣傳媒體的使用，以塑造消費者的感受與預期，使其對公司的訴求更具有認同感。

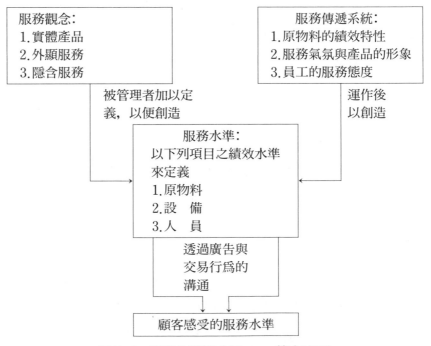

圖16-3 服務品質模式(Sasser 等人1978)

Sasser 等人提出上述三構面衡量服務品質的模式後，又以顧客的觀點，建立一個決定服務水準的模式(如圖 16-4)，這模式是從顧客的需求為出發點，找出顧客引申的欲求（如安全性、一致性、態度、完整性、調節

性、即用性與及時性等)，管理者再根據顧客的這些需求，而決定各屬性的
服務水準。

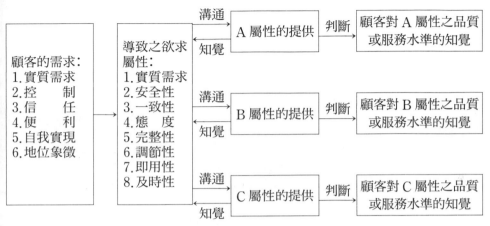

圖16-4　決定服務水準的顧客模式(Sasser 等人1978)

　　Parasuraman 等人(1985)所提出之觀念性模式(見圖 16-5)主要在解
釋何以服務業者的服務品質始終無法滿足顧客需求的原因。他們認爲服務
業者必須消除模式中的五種差距(gap)，以滿足顧客的需求。模式中所提到
之五種差距說明如下。

1.　消費者預期與管理者認知間的差距(consumer expection-management
　　perception gap)
　　此差距之產生係因服務業者並未眞正了解消費者對服務的期望所引
　　起。亦即消費者之需求認知未被充分了解，而造成服務業者所提供的
　　服務屬性無法滿足消費者。

2.　管理者認知與服務品質規格間的差距(management perception-service
　　quality specification gap)
　　由於受到資源或市場條件的限制，即使服務業者知道消費者所需要的
　　服務屬性，亦無法提供高服務品質的管理承諾，因而造成了此種差距。

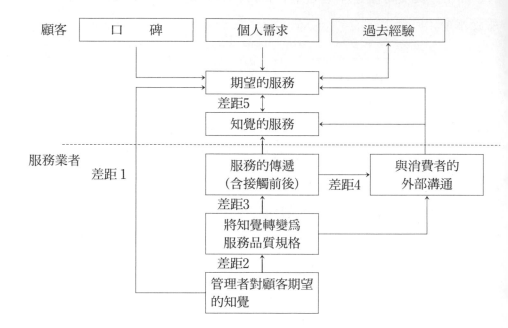

圖16-5　服務品質模式(Parasuraman 等人1985)

3. 服務品質規格與服務傳遞間的差距(service quality specification-service delivery gap)

   此差距是因員工的績效無法標準化並維持在一定的水準上所造成。雖然服務業者所提供之服務能符合顧客服務品質的規格，但因服務品質無法標準化，而影響顧客對服務品質的認知。

4. 服務傳遞與外部溝通間的差距(service delivery-external communication gap)

   服務業者對外所作的廣告或其他溝通工具的運用會影響顧客對服務的期望。過多之承諾或保證可能會使消費者期望過高，當顧客實際接受到的服務無法達到期望水準時，會大大降低顧客對服務品質的認知。

5. 消費者期望服務與認知服務間之差距(expected service-perceived gap)

此差距乃是消費者對服務的期望與實際接受服務後的認知間的差異。顧客對服務水準的期望是受到口碑、顧客本身的需求、個人過去經驗及口頭溝通等的影響。

16.5 服務業的品質保證

服務業的 ISO 9004-2 國際品質標準所提出之服務品質環圈(service quality loop)將服務之提供流程分成三項主要的過程,即行銷(marketing)、設計(design process)和服務的提供(service delivery process)。

在行銷方面,服務業者須對自己所提供之服務項目、內容及價格等對顧客詳加說明。接下來要了解顧客的需求及其期望,確認其所要求的服務內容、品質特性。在設計方面,服務業者要將顧客的需求及對品質要求的特性轉換成具體的服務內容及應具備的品質屬性或品質要素,因此,服務人員要把顧客的相關需求列成服務摘要。服務設計人員或提供服務之人員再依據此服務摘要進行服務設計。

服務設計包含 3 部分:服務規格(service specification)、服務提供之規格(service delivery specification)和服務品質管制之規格(quality control specification)。服務設計之後就是服務的提供過程。在服務之提供過程中,服務人員依據所設計的服務內容及服務要素來進行服務。服務業者可根據顧客的抱怨、意見,了解顧客對所提供之服務的評量結果。另外,業者也可積極、主動的對顧客做問卷調查,以了解顧客的滿意程度。服務機構本身也可以自我評估,以及進行績效考核,不斷的自我檢討改進。

根據品質環圈所述之服務提供流程,我們可列出服務業品質保證的一些概念性作法(楊錦洲 1993b)。

1. 確認顧客的需求及對品質的期望。
2. 設定所提供之服務的標準及水準。
3. 設計服務提供及支援的系統。

4. 服務提供過程的檢查。

5. 顧客滿意度的衡量。

6. 服務業的品質改進。

表 16-3 列舉上述 6 項之內容。

在服務業中，服務人員是影響服務品質的重要因素之一。服務人員的服務態度、方式及禮貌也是顧客衡量服務品質的重要依據。業者如果要做好服務品質，一定要控制好服務人員的各種行為表現。在服務人員之行為的品質管制系統中，主要的考慮項目有下列數項（楊錦洲 1993b）。

1. 確認顧客的需求及期望

了解顧客希望有的服務態度及方式、決定顧客所希望見到的印象中之行為部分。

2. 設定行為的準則

設定服務人員之規範及行為準則，加強服務人員建立人際關係及溝通技巧。

3. 支援系統

為了促使服務人員有良好的行為表現，業者需要有良好的支援系統來配合，例如招募聘用系統、勞工關係和監督管理系統。

4. 員工績效評估

對服務人員進行績效評估，以及衡量員工士氣。

5. 服務態度抱怨之處理與回饋

重視顧客的看法及意見，對於顧客的抱怨要妥善的處理，並探索原因進行改善。

表16-3　服務業的品質保證

項目	內容
確認顧客的需求及對品質的期望	・了解顧客所需之服務內容及品質特性 ・理解出顧客視為重要之品質特性 ・記錄下顧客所要之服務內容及重要品質要素 ・理解出顧客對服務品質的期望 ・提供能提昇顧客印象的配合措施與作法
設定所提供之服務的標準及水準	・確定所需提供之服務及其品質的項目之水準與標準 ・設定服務人員績效評估的標準 ・對提供給顧客之印象方面設定標準與水準
設計服務提供及支援的系統	・服務系統的設計與成立 ・設定服務提供的程序、順序或時間表 ・設定服務提供的規格 ・服務提供的相關設施的設計與設置 ・支援及備份系統的建立 ・服務人員的教育訓練
服務提供過程的檢查	・建立服務過程的檢查系統 ・品檢人員的設置 ・提供之服務項目及品質要求之檢查
顧客滿意度的衡量	・顧客抱怨、意見的收集、分析及處理 ・顧客滿意度調查及衡量 ・調查結果之分析及回饋 ・做為服務人員績效評估之參考及品質改進之依據
服務業的品質改進	・顧客抱怨申訴、處理程序的設計及執行 ・品質問題的分析及改進 ・改善小組的成立及相關組織的設立 ・品質改善手法的教育訓練 ・品質系統內部稽核與改進

(**資料來源**：楊錦洲　1993b)

16.6 評估服務品質之技術

應用在製造業中之品質管制和改善方法,也可以應用在某些服務業中。但由於服務業之特性與製造業有些不同,因此在應用這些品管方法時,需考慮服務之時效性、服務系統之實體特性、服務人員之行為因素等。

描述性統計可以提供服務品質之數據量測,圖形方法(參看本書第三章)可以描述服務品質特性之分布和提供整體性之量測。例如等候醫生門診之時間的分布,可以利用直方圖來描述。等候時間之平均值和標準差都可以提供一些有用之情報。連串圖(run chart)和趨勢圖(trend chart)可以顯示觀測到之品質特性與時間次序之關係,此可用來監視服務之成效。例如若將等候時間以時間次序之方式繪製時,將可顯示出最忙碌的時間區段,提供改善之參考。

在製造業中,產品品質會受到設備、製程和環境因素之影響而產生變異。在服務業中,服務品質也會受到這些因素之影響,但由於服務過程中牽涉到許多人的因素,因此服務品質還會受到其他因素之影響而產生變化。例如相同之工作由不同人執行時,其服務品質也可能不同。另外,同一個人執行不同之服務工作時,其成效也不盡相同。

管制圖之原理也可以應用在監視服務過程,並決定服務品質是否在統計管制狀態內。在各種管制圖中,計量值 $\bar{x}$-R 管制圖可應用在可量測之品質特性上,例如時效性及與服務設施有關之特性。計數值 p 管制圖可用在服務不合格點之特性上,例如帳單有誤之比例,航空公司誤點之比例。不合格點管制圖(c 和 u 管制圖)則適用於服務不合格點、服務設施和服務人員之行為有關之特性上,例如旅館中顧客之抱怨數、每 1000 件訂單中有錯誤之數目。

除了管制圖外,抽樣和抽樣計畫也可用在服務品質之稽核上,例如銀行行員所處理之各項交易、醫院帳單之稽核。以下我們將根據行業別說明傳統品質管制方法在服務業之應用。

一、行政管理作業

　　行政管理牽涉到許多人與人間之接觸和大量之文書作業，這些都可能造成錯誤之產生。一個提高行政作業效率之方法是利用流程分析方法，研究文書作業之流程，刪除不必要或多餘之步驟。有些時候，表格之適當設計可降低文書上之錯誤。表格之設計必須簡單易懂，表單上要求之資訊須是填寫人工作上現有之資料。另外，表格之布置須與處理這些資訊之人員作業順序配合。在製造業中，產品實際生產前須有妥善的產品和製程設計。同樣地，在行政管理作業中，表格設計、需要抄寫之資料、提供服務之作業順序和相關人員，都是要考慮之因素。

　　人員訓練也是影響效率和錯誤數目之另一要素。行政管理作業之穩定性可利用管制圖（參見本書之第四章至第六章）來監視。例如計數值管制圖可以用來管制每 100 件請購單上之錯誤數目、每 10 個資料庫檔案中之輸入錯誤數目。

二、公共事業（Public Utilities）

　　公共事業包含電力、瓦斯和電信局。這些事業或公司之一個重要特性是它們為專賣、獨營或求過於供。消費者並無法直接影響這些服務之價格。電力或瓦斯公司之另一項特性是消費者控制能源之消耗並產生及時之需求。由於消費者期望能有連續、不間斷之服務，因此電力或瓦斯公司須以準確之預測來決定它們之產量。對於電力或瓦斯公司，服務之不合格點及設施之有關品質特性較為重要。而電信局除了此兩項品質特性外，尚須重視時效性和服務態度兩項品質特性。

　　計量值和計數值管制圖可以用來管制許多與公共事業有關之品質特性。表 16-4 列舉一些品質特性和其適用之管制圖法。

三、個人之服務（Personal Services）

　　在個人之服務中，提供服務者對於個別之客戶提供經常性之服務，例如：美容院、旅館、餐廳、旅行社和自助洗衣店。由於每個人之喜好和品

表16-4 與公共事業有關之品質特性及管制方法

品質特性	管制方法
每月之電力消耗量	$\bar{x}$-R 管制圖
裝設電話機之等候時間	
故障後回復到正常服務之時間	
發電廠中每月之人員錯誤數目	c 管制圖
每100位客戶帳單上之錯誤數目	
每月之顧客抱怨數目	
意外事件或故障天數之比例	p 管制圖

味不同，因此在上述服務行業中多採彈性設計之策略來滿足顧客。

個人之服務行業中，與設施有關或造成服務不合格點之品質特性，是造成顧客不滿意之主要因素。例如旅館中水管漏水、餐廳或美容院中之空調不適當等。若顧客不滿意，他將不會再回來並且可能會告知他人，此將造成顧客之流失和商譽之損失。此類之服務業可以利用顧客填寫意見卡獲得回饋，以改善造成顧客不滿意之問題。另一方面，時效性和服務態度則是影響顧客滿意度之主要因素。

計量值和計數值管制圖也可以用來管制個人之服務中的品質特性。例如 $\bar{x}$-R 管制圖可用來管制旅館中登記之時間，餐廳中之等待時間等。c 管制圖可以用在管制每週之顧客抱怨數。另外，缺失管制圖可以應用在顧客意見卡中之各項因素的管制。

四、醫院及健康醫療

在醫院及提供健康醫療之服務業中，時效性、服務態度、服務不合格點及設施，都是影響顧客滿意度之因素。醫院及健康醫療服務業也可利用管制圖來管制相關之服務品質特性。表16-5例舉一些品質特性和適用之管制圖。另外，柏拉圖、特性要因圖等方法也可用來改善醫療作業。

五、運輸業

運輸業包含鐵路局、航空公司、計程車和公共汽車。在此種行業，時效、服務態度、服務不合格點數和設施等服務特性都會影響顧客之滿意程

表16-5　醫院及健康醫療有關之品質特性及其管制方法

等待服務之時間	$\bar{x}$-R 管制圖
等待救護車之時間	
等待允許進入急診室之時間	
每100個樣本中血液或尿液測試	c 管制圖
錯誤之數目	
每100個樣本中，帳單錯誤之數目	
測試、檢驗錯誤之比例	p 管制圖
不正確診斷之個案的比例	
藥物或醫療造成副作用之個案的比例	

度。在運輸服務業中，最重要的莫過於安全，設施之維護、檢查和人員之訓練可避免意外之發生。在運輸業中，與服務態度有關之特性可利用管制圖來管制，例如以 c 管制圖管制每月的顧客抱怨數目。與時效有關之特性也可以利用管制圖來管制，例如 $\bar{x}$-R 管制圖管制到達目的地的延誤時間、取得行李之等待時間、航空公司等待劃位之等待時間等。每個月顧客行李遺失或受損之數目屬於服務不合格點，這些特性可以利用 np 管制圖管制。另外，柏拉圖及特性要因圖也可應用於服務品質改善之研究上。

六、銀行

在銀行服務業中，由於每天所接觸之交易行為相當多，使得品質管制及改善活動顯得更重要。雖然自動化可使銀行業之工作更有效率，但錯誤之機會也隨之增加。服務態度、時效性和服務不合格點是銀行業中必須重視之服務品質特性。傳統品管方法中之抽樣計畫和製程管制方法都可用於管制銀行業中之品質特性。在銀行作業中，計數值抽樣計畫可以用來衡量文件之品質水準，例如個人支票、不連續之支票或表格等。另外，計數值 p 和 c 管制圖對於文書作業之管制也相當有幫助。

七、食品工業

食品工業包含許多品質屬性，消費者可將數個特定之屬性結合，以獲得單一之品質量測，此稱為感官品質(sensory quality)。屬於感官品質的屬性可分為三類：外觀、味道和肌覺(kinesthetics)。外觀包含顏色、大小和產品形狀。味道包含氣味和風味兩種屬性。肌覺包含產品之紋理、組織和黏性。外觀和味道是屬於不可以量測之特性，而紋理和黏性則是屬於可以量測之特性。食品業中某一特定元素之成分是食品工業中另一可量測之特性，例如肉類中脂肪之比例、穀類中異物之比例和牛奶中蛋白質之含量。

傳統管制圖也可以應用在食品之品質特性上，例如 $\bar{x}$-R 管制圖可以管制穀類產品中蛋白質和鐵質之含量，蔬菜或果類中發現之蟲類可以用 c 管制圖管制。

16.7 結論

服務業的快速成長，無疑地將為服務業者帶來許多的市場機會和發展良機。但是，由於經濟自由化、國際化政策的加緊推動，以及人們對服務品質的要求不斷提高，也將為服務業者帶來重大的壓力和挑戰。

服務業者必須不斷提昇其經營效率，改進其服務水準，才能因應競爭，滿足顧客的需要與期望。且服務業者面臨外國業者不斷加入競爭，和顧客期望水準不斷提昇的挑戰，宜虛心研究和參考外國服務業者的成功經驗，即可知己知彼，採取有效的競爭策略，亦可取人之長，補己之短，提昇本身的服務品質和競爭能力。

習　題

1. 討論服務業和製造業之主要差別。

2. 討論服務業之品質特性的分類。對每一類品質特性列出兩個例子。

3. 討論在衡量服務品質時可能遭遇到之困難。

4. 說明服務業之特徵。

5. 定義服務業。

參考文獻

Berry, L. L., V. A. Zeithaml, and A. Parasuraman, "Quality counts in services, too," *Business Horizons,* May-June 1985, pp. 45-46.

Buell, W. P., *Marketing Management: A Strategic Planning Approach,* McGraw-Hill, NY (1984).

Juran, M., "Universal approach to managing for quality: the quality trilogy," *Executive Excellence,* May 1989, pp. 15-17.

Kotler, P., *The Principle of Marketing,* Prentice-Hall, NJ (1987).

Mitra, A., *Fundamentals of Quality Control and Improvement,* Macmillan, NY (1993).

Parasuraman, A., V. A. Zeithaml, and L. L. Berry, "A conceptual model of service quality and its implications for future research," *Journal of Marketing,* 49, 47-48 (1985).

Rosander, A. C., "Service industry QC－Is the challenge being met," *Quality Progress,* September 1980, pp. 35.

Sasser, W. E., R. P. Olsen, and D. D. Wyckoff, *Management of Service Operations,* Allyn and Bacon (1978).

Takeuchi, H., and J. A. Quelch, "Quality is more than making a good product," *Harvard Business Review,* July-August 1983, pp. 142.

翁崇雄，〈服務品質管理策略之研究（上）〉，《品質管制月刊》，1991 年 1 月，頁 26-42。

楊錦洲 a，〈影響服務品質的特性〉，《品質管制月刊》，1993 年 2 月，頁 25-29。

楊錦洲 b,〈服務業的品質保證〉,《品質管制月刊》, 1993 年 7 月, 頁 16-26。

戴久永,《品質管理》, 三民書局, 1991 年。

淺井度三郎, 清水滋(謝森展譯),《服務行銷管理》, 創意力文化事業, 1987
　　年。

杉本辰夫(盧淵源譯),《事業、營業、服務的品質管制》, 中興管理顧問公
　　司, 1986 年。

第十七章 品質管理之其他主題

17.1 品質機能展開

品質機能展開(Quality Function Deployment,簡稱 QFD)是由供應商組織內各功能部門人員參與,依據顧客之需求設計產品或服務之系統。QFD 可定義為將顧客之需求轉換為產品開發過程中之各個階段的技術需求(technical requirements)。QFD 最早是在 1972 年由日本三菱重工的神戶造船廠(Kobe shipyard)所提出。在 QFD 中,整個公司組織內之活動是由顧客心聲所驅動。QFD 代表公司品質活動之重點由製程品質管制轉換至產品開發的品質管制。在西方國家,公司活動是由管理者之心聲或工程師之心聲所決定,日本公司則是重視顧客的需求。日本公司重視在品質開發階段建立品質,而西方國家則是將其重點放在事後問題之解決。

實施 QFD 之第 1 個步驟是組成一個跨部門之小組, QFD 小組須回答下列三個問題:誰是顧客(who),顧客想要什麼(what),顧客之需求如何達成(how)。顧客是指能從產品或服務獲得利益之對象。當決定好顧客後,QFD 小組可依據面談、問卷等程序或由 QFD 小組成員之知識或判斷來決定顧客之需求。如何滿足顧客之需求是較難回答之問題,它包含產品、服務或製程之屬性。

QFD 所使用之主要工具為一簡單之表格,稱為品質表(quality tables)或品質屋(house of quality)。上述之 3 個問題(who, what, how)是構成品質屋之主要內容。圖 17-1 為品質屋之基本圖形。顧客之需

要通常是列在品質屋之左側，包含主要需求、詳細內容和各項目之重要性
評估等。構成"how"部分之技術需求項目是擺在品質屋之上側。品質屋之
中心為一表示顧客需求和技術需求之關連性的關係矩陣（relationship
matrix）。顧客需求和技術需求之關連程度可以用不同之符號表示。品質
屋之屋頂為各項技術需求間之關係程度，關係程度也可以用不同之符號表
示。

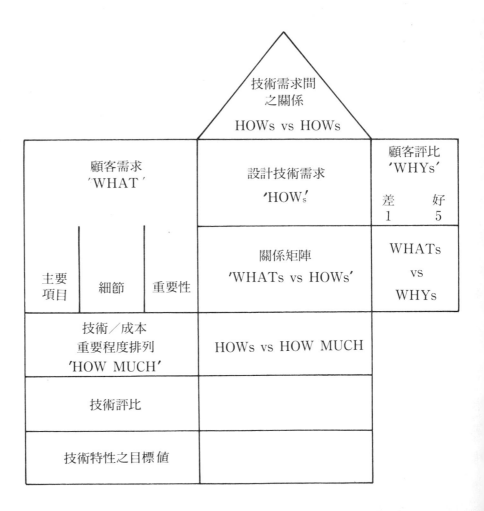

圖17-1　品質屋

品質屋之最底部為各項技術特性之目標值，這些目標值為 QFD 活重

之主要輸出，它們將構成下一層品質屋之〝what〞的部分。圖17-2顯示
顧客心聲利用品質屋展開之流程。

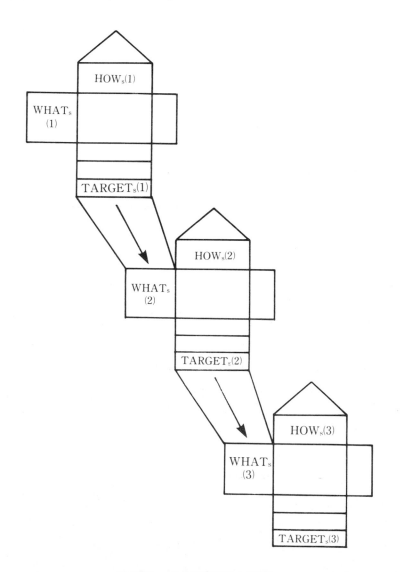

圖17-2　品質屋展開之流程

QFD能對一個公司帶來下列好處：

1. 根據顧客需求所訂定之產品目標不會在後續階段被誤解。

2. 從市場評估經過規劃到實施的轉換過程中，一些特殊的市場策略

或賣點(sale points)不會遺失或變得模糊。

3.　一些重要的生產管制點(control point)不會被忽略。

4.　由於 QFD 可以降低目標、市場策略和管制點被誤解之機會，同時可以降低工程變更之情形，因此可獲得更高之效率。

QFD 系統之觀念是基於下列 4 項主要文件：

1.　整體顧客需求規劃矩陣(overall customer requirement planning matrix)

此矩陣是將顧客之心聲轉換爲代用特性，亦即將市場評估、與競爭者比較和市場規劃所獲得之顧客需求轉換爲完成品之管制特性。

2.　完成品特性之展開矩陣(final product characteristic deployment matrix)

將規劃矩陣之輸出 (亦即完成品之管制特性) 轉換爲主要之零件特性。

3.　製程規劃與品質管制圖(process plan and quality control charts)

訂出主要之產品和製程參數及每一參數之管制點及檢查點(check point)。

4.　作業指示(operating instruction)

指示作業人員所必須執行之工作以使得主要之產品和製程參數能夠達成。

規劃矩陣之目的是將顧客需求轉換爲重要之產品特性，這些產品特性將在產品設計、發展、製造和生產管制等階段繼續展開。規劃矩陣之製作包含下列 8 個階段。美國品管學者 Sullivan (1986)將 QFD 之實施過程分爲 8 個階段，分別敍述如下。

1. 以顧客之用語表達產品之需求

   此步驟是列出顧客之需求項目，包含主要、次要和第三重要的項目。
   這些產品需求之情報來自不同之來源：市場研究數據、銷售部門、雜
   誌和特別的顧客意見調查。此步驟是整個 QFD 過程中最困難的一步
   ，因爲它需要獲得並表達顧客眞正需要的項目。

2. 列出完成品之管制特性

   針對每一項顧客需求，列出與其有關之產品管制特性。這些產品管制
   特性最好以可量測之用語來表示，因爲這些管制特性需要加以管制並
   與目標值比較。

3. 發展顧客需求和完成品控制特性間之關係矩陣（relationship matrix）

   根據關連之程度，以不同之符號表達顧客需求和完成品管制特性間之
   關係。利用不同之符號表示可以很快地指出完成品管制特性是否已完
   全涵蓋顧客的需求或期望。如果顧客需求和管制特性間沒有任何符號，
   或者關係矩陣中大部分爲關係很弱之符號，則代表目前之產品設計將
   無法滿足顧客之需求。關係矩陣也可以指出產品設計上之衝突。

4. 進行市場評估

   此步驟包含由顧客對需求項目做一重要性評比及競爭評估（competi-
   tive evaluation）。重要性評比可使業者了解改進項目之優先次序。
   競爭評估數據可讓業者了解顧客對其產品之看法和滿足顧客需求之競
   爭能力。簡單來說，競爭評估數據可指出業者之產品的弱點和長處。
   這些評估資訊來自調查、媒體上之情報、市場部門之回饋、銷售和服
   務部門所提供之資料。競爭評估數據要包含自己本身之產品和競爭者
   之產品資料。

5. 進行完成品管制特性之競爭評估並將其結果與市場評估結果比較

利用自己廠內進行之測試和評估，進行完成品管制特性之競爭評估。此步驟所用到之數據包含自己廠內之產品和競爭者之產品情報，這些數據最好是以可量測之用語表示。完成品管制特性之競爭評估結果要與市場評估之結果比較，以發掘其中之不一致性。如果出現不一致之情形，則表示該特性之內部評估有問題，或者是該特性無法滿足顧客之需求。

6. 決定產品之賣點

產品賣點是根據下列幾點來決定：

(1) 滿足顧客需求之重要程度

(2) 公司過去之成效

(3) 相關成本

7. 針對每一完成品管制特性決定目標值，這些目標須為可量測之數值。

8. 選擇需要繼續展開之管制特性

根據重要性、賣點、競爭評估和達成目標值之困難度，決定需要繼續展開之管制特性。需要展開之項目有：與達成顧客需求有強烈關係之特性、競爭力較差之特性、賣點較強之特性。

當完成規劃矩陣後，則進行展開矩陣之製作。在展開矩陣中，我們由完成品之管制特性更深入地研究次系統和零件。在展開過程中，顧客需求和完成品之管制特性必須更詳細地列出。在此階段中，我們必須找出影響完成品特性之零件特性，並以一矩陣分析產品特性和零件特性間之關係。在分析過程中所找到之主要零件特性則必須在生產規劃和管制系統中繼續展開。

展開矩陣中之零件展開圖列舉完成零件之特性和主要之零件管制特性。這些主要之零件管制特性將在製程規劃與品質管制圖中展開。

製程規劃和品質管制圖代表由發展階段進入生產階段。製程規劃圖發展主要之零件管制特性和生產這些零件之製程間的關係矩陣。如果某一零件管制特性受到製程之影響，則此管制特性之參數被視為一管制點。此管制點將用來建立品質管制計畫之數據和策略。主要之製程參數則被視為檢查點，並成為作業指示和製程管制策略之基礎。

品質管制計畫圖包含製程流程之圖示和管制方法(何種管制圖)、抽樣頻率、樣本大小及每一管制點之檢查方法（例如使用何種量測儀器和量測方法）。在此計畫圖所使用到之情報也將用來發展作業指示。

作業指示表是定義實際製程需求、檢查點和品質管制計畫中之管制點的作業方法。作業指示表會依製程情況有許多種不同之變化，但最重要的是此表須明確定義所牽涉到之物件、檢查之工具和檢查之方法。

17.2　各種品質獎項

17.2.1　中華民國國家品質獎

近年來，由於經濟情勢與社會環境的改變，我國經濟的發展已面臨轉型時刻，為了使我國產品繼續在國際市場上擁有競爭能力，加強追求品質的決心，增加產品的附加價值及提昇經營品質水準，實為當前刻不容緩的課題。經濟部為了協助企業加速產品品質升級，提昇國際形象，特設立「國家品質獎」，並經由行政院（臺79經第0840號）正式立案。

國家品質獎為國家最高品質榮譽，其設立的目的，是希望建立一個最高品質管理典範，讓企業能夠觀摩學習，同時透過評選程序，清楚地將這套品質管理規範，推展成為企業強化體質，增加競爭實力的參考標準。國家品質獎的頒發、得獎企業的示範與觀摩活動，正是引導企業邁向高品質的標竿，並激發企業追求高品質的風氣。

隨著每年國家品質獎的頒發，國內品質提昇的工作正大步向前邁進。透過國家品質獎挑戰的過程，促使企業全面升級，亦使社會因追求高品質而進步，進而使我們成為現代化、高品質的國家。

行政院為辦理評審及表揚等業務，特延聘有關機關首長及專家學者，成立行政院國家品質獎評審委員會。委員會由經濟部部長擔任主任委員，副主任委員及其餘委員均由經濟部報請行政院院長遴聘。

申請國家品質獎的企業，經由申請資料之整理與評審作業之進行，等於對全公司作一次品質診斷，可發掘企業經營上之優缺點，並可參考評審委員會於評審後所做的意見書，進行改善。同時公司可以申請國家品質獎為號召，全員致力於經營合理化及品質之提昇，對於公司體質之強化、競爭力之提昇有很大的幫助。當然，對於獲獎者本身，除了肯定了該公司的企業經營及產品（服務）品質之外，也同時提高了企業的形象及員工的向心力，連帶也帶來了有形與無形的利益。

國家品質獎分為四類，各獎之名額每年以二名為限，凡得獎者，頒與國家品質獎證書及獎座。國家品質獎之各類獎項為

1.　企業獎

頒予推行全面品質管理具有卓越績效貢獻之企業。

2.　中小企業獎

頒予推行全面品質管理具有卓越績效貢獻之中小企業。

3.　個人研究推廣獎

頒予對全面品質管理之研究或推廣具有卓越績效貢獻之個人。

4. 個人實踐獎

頒予實踐全面品質管理具有卓越成就貢獻之個人。

國家品質獎由國家品質獎評審委員會負責評審及處理有關表揚業務。有關本獎之諮詢、申請的事宜請洽「國家品質獎評審委員會工作小組」。

凡得獎之個人應繼續研究、推廣或實踐全面品質管理，並維持個人優良形象。如個人形象有重大缺失，並經委員會認定屬實者，得撤回其所獲之國家品質獎。凡獲獎之企業應繼續維持並提昇其品質水準。委員會必要時得聘請相關學者、專家，實地考察其經營及產品品質狀況，若發現有重大缺失，得要求其在限期內改善，若未能改善，得撤回其所獲之國家品質獎。

申請國家品質獎的益處有下列數點：

1. 企業透過申請國家品質獎，可塑造公司全面品質文化，使全體員工在共同的目標下，更加團結一致，追求更好的經營品質與產品品質。

2. 經由申請資料的整理與制度的檢討改進，等於對公司作一次徹底的診斷，對於強化企業體質、增加競爭力，均有很大的幫助。

3. 評審委員以客觀、專業的立場，深入了解公司現況，並提出評審意見書，詳述經營的優缺點與建議，可作為企業經營管理改善的依據。

4. 如能獲獎，非但是一項至高無上的榮譽，對於企業形象的提昇，員工向心力的凝聚及公司的營運等，更有莫大的助益。

有關國家品質獎之其他細節，請參考廖本盛(1995)、楊錦洲(1995)。

17.2.2　經濟部部長品質管制獎

經濟部為配合政府加強品質管制之政策，及鼓勵公、民營企業機構全面實施品質管制，以提高產品品質，確保國際信譽，經呈准設置「經濟部部長獎」。

本獎由中華民國品質管制學會設置之「部長品管獎評審委員會」評審之。本獎每年名額不得超過三名，如未符合「評審項目檢查評分表說明」所載之必要條件者，均不予入選。本獎之主辦單位為中華民國品質管制學會。申請之廠商須有優良之品管制度，能確保品質水準，並曾獲品管團體獎滿十八個月者，始得提出申請。凡獲得部長品管獎之公司或工廠，如有重大缺失或社會爭議，經調查屬實時，得註銷之。

17.2.3　中華民國品質管制獎

中華民國品質管制學會為表揚國內實施品質管制成效優異之公司或工廠，特設「品質管制獎」。中華民國品質管制獎分為以下三類：

1. 品質管制團體獎

   本獎分為兩類，企業獎與中小企業(資本額新臺幣 6000 萬元以下)獎。各獎於每年品管學會年會時發給，各類所取名額每年不超過六名，由品管獎評審委員會決定後，報請理監事會核備之。

2. 品質管制個人獎

   本獎於每年品管學會年會時頒發，所取名額每年不超過二人，由品管獎評審委員會決定後，報請理監事會核備之。

3. 品管論文獎

   本獎設立之目的是為獎勵撰著品管有關論文之作者，但論文以未在品管學會以外之其他刊物發表者為限。

上述各類獎項之主辦單位為中華民國品質管制學會，其他相關細節請參見葉若春(1995)。

17.2.4　品質優良案例獎

中華民國生產力運動推行委員會為推廣全面品質管理,提昇品質水準,特訂定本辦法以獎勵國內致力於品質改善成效優異之機構。凡在中華民國境內合法登記之公、民營企業機構，推行品質成效者均具有參加資格。

本獎之主題方向為有關全面品質保證之整體系統運作(TQA、TQC、TQI、TQM、TPM、CWQC、CWQI 等)，例如：

1. 田口式品質工程
2. 品質機能展開(QFD)
3. 同步工程
4. 統計製程管制(SPC)
5. 可靠度工程
6. 流程管理
7. 服務品質管理
8. ISO 9000、JIS 等之推動
9. 品質改善活動
10. 人力資源品質
11. 品質文化
12. 其他

本獎之審查辦法為由委員會邀請國內外品管專家，組成品質優良案例評審委員會審核。評審委員會將視實際狀況需要，派員實地查核。評審程序包含初選，複選，決選。本獎項之主辦單位為財團法人中國生產力中心。

17.2.5　戴明獎

日本科技連(Union of Japanese Scientists and Engineers, JUSE)為感念美國統計專家戴明博士，於 1950 年奠下日本企業界實施現代品管之基礎，遂成立「戴明獎」，並專責委員會管理之。本項基金是由戴

明博士捐助，以當時他在日本講學時所用課本版權費，以及博士的著書 *"Some Theory of Sampling"* 日文版權費，加上其他捐助款，作爲基金而設立此戴明獎制度。目前則每年由財團法人日本科技連代以負擔此基金，以繼續維持本獎的各種經費。

戴明獎分爲戴明獎個人獎(Deming Prize for the Individual Person)、戴明獎實施獎(Deming Application Prizes)以及戴明獎事業所表揚(Quality Control Award for the Factory)等 3 類。

1. 戴明獎個人獎

   頒發給在統計品質管理或對全公司品質管理的研究具有優異實績或對全公司品質管理的普及具有優異實績者。

2. 戴明獎實施獎

   已經實施全公司品質管理而被認爲獲得顯著效果的企業或其事業單位爲頒發的對象，其中特別對於中小企業所頒發者，稱爲戴明獎實施獎中小企業獎，而對其事業部門頒發者，稱爲事業部門獎。

3. 戴明獎事業所表揚

   乃以實施全公司的品質管理爲方針，而經認定有顯著效果的事業單位爲表揚對象。

   戴明獎之設立是希望透過全公司品質管制活動之成功實施，以獲得良好之品質成果。戴明獎之架構著重於實施程序分析、統計方法和品管圈等原理和技術。戴明獎是以 10 個項目（參見表 17-1）評估一個公司之作業，每一項目之比重均相同。戴明獎主要是給予根據統計品質管制技術，成功實施全公司品質管制之公司。戴明獎之主要評審項目是與統計技術之應用有關。一些項目如公司之政策和規劃、結果和未來計畫等也都是以品質保證活動及品質結果爲主要評審重點，特別是產品缺點之降低。

表17-1　戴明獎之評審項目

1.　公司之策略和規劃
2.　組織和其管理
3.　品質管制之教育和宣導
4.　品質資訊之收集、傳送和使用
5.　分析
6.　標準化
7.　管制
8.　品質保證
9.　效果
10.　未來之計畫

17.2.6　美國國家品質獎

美國政府體會品質低落的嚴重性，為鼓勵品質的提昇，歷經多年縝密的規劃，於 1987 年 8 月立法(Public law 100-107)設立美國國家品質獎（Malcolm Baldrige National Quality Award），該獎自設立以來廣受全美業界重視，每年得獎者皆由美國總統親自頒獎，得獎者固然得到莫大的榮譽，參加角逐而未入選者，亦多認為在整個過程中受益良多。美國國家品質獎分為 3 個類別：製造業、服務業及小型企業，每年每一類別之得獎公司不得超過 2 家。美國國家品質獎是由美國國家標準及技術學會負責（National Institute of Standards and Technology，簡稱 NIST），而行政業務則是由美國品質管制學會協助 NIST 辦理。美國國家品質獎每年頒發給在品質管理及產品品質有高度成就之公司，第 1 座美國國家品質獎始於 1988 年。

美國國家品質獎之審查共分為七個構面(如表 17-2 表示)。美國國家品質獎審查的第一個構面是領導統御，主要審查的項目包括：高階主管對於品管活動的參與程度；公司如何將品質的價值觀傳達給每一位員工，如何將品質價值融入各單位的日常業務中；如何將內部的品質推展活動延伸至外部社區，並將公共安全、健康、環保、企業倫理等與品質的政策與活動

表17-2　美國國家品質獎之評審項目

評審項目	分數
1.0　領導統御	95
1.1　高階主管的領導統御	
1.2　品質之管理	
1.3　社會責任和公司員工之管理	
2.0　資訊與分析	75
2.1　品質成效數據及資訊的範圍及管理	
2.2　競爭者之比較	
2.3　公司階層數據之分析及使用	
3.0　品質的策略規劃	60
3.1　品質策略和公司成效之規劃過程	
3.2　品質和成效之計畫	
4.0　人力資源的發展與管理	150
4.1　人力資源之計畫與管理	
4.2　員工的參與	
4.3　品質教育與訓練	
4.4　員工之成效評估與表揚	
4.5　員工福利及滿意度	
5.0　製程品質之管理	140
5.1　高品質的產品及服務之設計及引入	
5.2　程序管理：產品和服務之生產和傳送程序	
5.3　程序管理：業務程序和支援性服務	
5.4　協力廠之品質管理	
5.5　品質評鑑	
6.0　品質和作業之結果	180
6.1　產品及服務的品質	
6.2　公司作業之結果	
6.3　業務流程及支援服務之結果	
6.4　協力廠的品質結果	
7.0　顧客的重視與滿意程度	300
7.1　顧客的期望：現在與未來	
7.2　顧客關係的管理	
7.3　對顧客的承諾	
7.4　顧客滿意的決定	
7.5　顧客的滿意度	
7.6　顧客滿意度的比較	

合而為一。

　　美國國家品質獎審查之第二個構面是品質資訊與分析，其重點在於如何隨時地收集分析品質數據或資訊，以作為規劃品質活動的參考，及支援策略性的品質計畫。

　　第三個構面是有關公司長程及短程品質的策略規劃，主要在審查公司如何建立品質標準，如何訂定品質活動的優先順序，以支援策略性的品質計畫。

　　美國國家品質獎之第四部分是有關人力資源的發展與管理，主要審查內容包括：公司的人力資源規劃如何支援長期及短期的品質目標；公司有那些方案與活動，以鼓勵員工積極參與品質改善，並做出具體的貢獻；公司如何決定及實施品質教育訓練；如何針對品質改善的成果表揚個人及團體的貢獻，績效評估的方法是否有助於品質目標的達成；員工的福利、士氣、健康、安全、工作滿意度等是否包括在品質改善的活動內。當新技術引進或改變作業流程時，公司是否對員工施以再訓練和給予彈性的工作安排等。

　　美國國家品質獎之第五個部分乃是有關產品及服務的品質保證，這部分是實際執行線上及線外品管的有關問題，所審查的多與產品或服務品質有直接關聯，包括將顧客的需求轉換成品質標準的步驟；研發及設計階段確保品質的方法及計畫；作業流程中的品質管制方法，如何去發現流程失控的原因，如何防止它，是否採用適當的方法以不斷地改善作業程序、產品及服務；公司如何衡量產品、服務及相關品管活動的品質；公司是否有適當的文件管理系統以支援品質保證、品質評估及品質改善；如何確保公司內支援單位的服務品質；協力廠是否有配合措施以確保公司的品質要求；公司是否以表揚、激勵、訓練等方案來改善協力廠的品質。

　　第六個構面是有關品質和作業的成果，其重點為公司產品及服務品質的趨勢如何，是否有適當的方案以改進不理想的品質趨勢；公司拿來比較品質的對象是該行業的平均水準、業界領導者的水準，或是世界級的水準；

內部各作業單位及協力廠品質改進的趨勢如何。

美國國家品質獎之最後一個構面的內容爲有關客戶的滿意程度。此部分主要在審查公司如何確認現在及未來顧客的需求；如何建立顧客服務的管理制度以確保與顧客的良好關係；如何建立公司的標準以規範及支援直接面對顧客的人員；是否有適當的品質保證及其他的承諾，以贏取顧客的信心；公司如何處理顧客投訴的方法，如何衡量顧客的滿意度，如何利用這些資訊以改善品質；公司的資料是否顯示顧客滿意度已有改進，同業顧客的滿意度等。

有關美國國家品質獎之詳細評審內容，讀者可參考 *Quality Progress* 中一系列之文章(Sullivan 1992, Omdahl 1992, Marquardt 1992, Leifeld 1992, Heapky 1992, Case 和 Bigelow 1992, Desatnick 1992)。有關美國國家品質獎與國內品質管理重點之差異，請參考陳文賢(1993)。

美國國家品質獎自 1988 年首次頒發，到 1994 年間內容已做多次之修改。基本上，評審項目仍分爲七大項，但各項之標題已做修改。除了人力資源和顧客滿意兩項外，其他五項下之評審項目已減少和簡化。七大項之重要權數也已做大幅度之修改，領導統御和品質策略規劃之權重降低，而品質和作業結果之權重則予以增加。顧客滿意之權重則維持在 30%。另外，美國國家品質獎之結構也逐漸簡化，1988 年版共有六十二項和二百七十八處評審重點，而 1994 年版則只有二十八項和九十一處評審重點。有關美國國家品質獎之發展，讀者可參考 Neves 和 Nakhai（1994a）。

雖然美國國家品質獎是希望透過品質管理來提昇企業之競爭能力，但其作法上卻也受到一些爭議。美國品管大師 Crosby 曾撰文嚴厲批評美國國家品質獎(Crosby 和 Reimann 1991)。Crosby 認爲美國國家品質獎太過於重視程序(procedure)面，而忽略了品質結果。Crosby 之批評有兩項重點：⑴提名制度，⑵品質之定義。Crosby 認爲自行提名(企業自行申請)並不恰當，應該由顧客根據事實決定並提名參加之公司。Crosby 也認爲美國國家品質獎中，品質之定義並不明確。Crosby 認爲在商業環境中，品質是指產品能符合要求，一個能夠達到對顧客之承諾的公司，才能算是一個高品質的公司(Cadillac 汽車公司為 1990 年美國國家品質獎得主之一，但由顧客滿意度之調查結果來看，似乎不夠資格獲得此獎項)。美國國家品質獎之負責人 Reimann 也撰文針對 Crosby 之批評加以說明(Crosby 和 Reimann　1991)，此篇文章收到許多品管從業人員之回響，其中有支持 Crosby 之看法者，但也有部分是支持美國國家品質獎，詳細內容請參考 Stratton（1991）。

　　美國國家品質獎是根據日本戴明獎之模式設立，兩者之間只有一些小差別。美國國家品質獎規定每年每一類別最多只能有 2 個得獎者，而戴明獎則是頒給符合最低標準之公司，對名額並無限制。另外，由各評審類別之比重來看，美國國家品質獎比戴明獎更重視顧客之滿意。

17.2.7　德國國際品質研究院品質獎

　　德國國際品質研究院為促進全球之品質改進，特設立國際品質研究院品質獎(Quality Award of the International Academy for Quality, IAQ)。凡是具有品質技術、品質經營(管理)之論文發表者；在任何產品、服務上具有一項顯著之改進者；在滿足顧客期望，促進人員改進績效，具體數量化之企業成就，有利於生活品質之環境及提昇等方面，有不斷的品質改進計畫者，均可參予徵選，得獎者由該會研究院頒與獎牌及證書。

　　國際品質研究院品質獎類別計分三種，分別說明如下：

1.　技術論文獎
　　頒給前兩年期間，品質技術論文發表提名之最佳者。

2.　經營（管理）論文獎
　　頒給在前兩年，品質經營（管理）論文發表提名之最佳者。

3. 個人成就獎

頒給前兩年期間，個人品質成就提名之最佳者。所謂成就包括任何產品，服務或處理過程等有一項顯著而單純之改進，或是對於滿足顧客期望促進人員改進績效，具體數量化之企業成就，有利於生活品質環境之提昇等方面而有一持續不斷之品質改進計畫。

17.2.8　歐洲品質獎

受到美國國家品質獎成功之激勵，在 1988 年，14 個大型、跨國之歐洲公司組成歐洲品質管理基金會(European Fundation for Quality Management, 簡稱 EFQM)，其目的是要在西歐國家推廣 TQM 之理念。在 1991 年，EFQM 得到歐洲品質組織(European Organization for Quality)和歐洲委員會(European Commission)之支持，成立兩種品質獎項：EQP (European Quality Prize)和 EQA (European Quality Award)。EQP 主要是給予符合標準之公司組織，而 EQA 是給予有最高成就之申請者。第一次給獎始於 1992 年，共發出 4 個 EQP 和 1 個 EQA。

任何對於西歐有顯著貢獻之私人或公共的製造業、服務業，不論其公司規模都可申請，但政府機構和非營利組織則不能申請。

歐洲品質獎之評審項目分為 10 項 (見表 17-3)，其中有 7 項與美國國家品質獎類似，另外 3 項則是歐洲品質獎特有之項目，此 3 個項目為員工之滿意、對社會之影響和公司營運之成果。員工之滿意是指員工對公司之感覺，此項目包含工作環境、管理型態之認知、生涯規劃和工作安全性。在公司對社會之影響項目中，審查重點是公司提昇社區生活品質之作法，公司對社會資源之運用，公司參與社區教育、運動、休閒活動之程度，公司所做之慈善活動等。營運成果項目之審查重點是公司之財務成效、市場競爭能力和滿足股東期望之能力。另外，一些非財務方面之項目也列入審查。例如：訂單之處理時間、新產品設計之前導期和達成損益平衡之時間。

表17-3 歐洲品質獎之評審項目

評審項目	分數之比率
1.領導統御	10%
2.政策和策略	8%
3.員工之管理	9%
4.資源管理	9%
5.程序管理	14%
6.顧客滿意度	20%
7.員工滿意度	9%
8.對社會之影響	6%
9.業務之成果	15%

表17-4 各種品質獎項之比較

	戴明獎(1951)	美國國家品質獎(1987)	歐洲品質獎(1992)
整體作法	品質之管理	管理的品質	公司員工的品質
品質之定義	符合規格	顧客驅動之品質	顧客、員工和社區之認知
目的	透過統計品質管制提昇品質保證	透過全面品質管理提昇競爭能力	透過卓越之全面管理促成單一歐洲市場
範圍	國內（日本）	國內（美國）	區域性（西歐）
適合申請之組織	主要為私人或公共的製造業	製造業、服務業和小型企業	主要為大型之私人或公共的製造業
主要貢獻	全公司品質管制、全面品質管制、持續改善供應商關係等理念之宣傳	顧客滿意、競爭者比較和自我評估模式	社區關係、顧客滿意、員工滿意、財務和非財務方面之成果

（**資料來源**：Nakhai 和 Neves 1994b）

17.2.9 各種品質獎項之比較

Nakhai 和 Neves（1994 b）曾比較戴明獎、美國國家品質獎和歐洲品質獎之差異（見表 17-4）。一些重要之差異說明如下：

1. 戴明獎之理念是希望透過程序之管制，以確保產品和服務之品質。

美國國家品質獎之重點是在透過強化顧客滿意程度以獲得市場競爭能力。歐洲品質獎則是以公司之社會責任做為卓越管理之一重要條件。

2. 三種獎項對於品質之定義並不相同。戴明獎是以生產者之觀點來看品質。美國國家品質獎則明確指出品質是由顧客來定義。歐洲品質獎則認為品質是由顧客、員工和社區來共同定義。

3. 三種獎項設立之目的受到建立和發展該獎項之組織所影響。戴明獎是由日本科技連所設立，其主要目的在改善和宣傳品質保證之技術。美國國家品質獎是由商業部所設立，其主要目的是要加強企業之競爭能力。歐洲品質獎是由一群西歐之跨國公司所建立，其目的是要支持歐洲共同市場之發展和促成一個新的西歐管理實體。

17.3　ISO 9000 系列品質標準

自從 1992 年歐市共同體會員國取消所有的貿易障礙，實施單一市場後，取得 ISO 9000 之認證成為廠商與歐市進行貿易之通行證。此乃因為歐市之統一品質管理標準 EN 29000 系列即完全採自 ISO 9000 系列品質保證制度。台灣企業為求開拓歐洲市場，自然而然對 ISO 9000 系列認證產生了濃厚的興趣，特別是自從臺灣慧智公司於 1991 年首度取得 ISO 9002 認證後，許多公司都加入行列，積極地導入 ISO 9000 系列。在國內，中央標準局、商品檢驗局、中國生產力中心、中華民國品質管制學會、工業技術研究院、臺灣電子檢驗中心及企管顧問公司等政府及民間組織，都積極在推動 ISO 9000 認證之介紹及導入活動。ISO 9000 係屬國際性的品質系統規範，不只在歐洲共同體將被廣泛採用，同時在世界各地亦將施行 ISO 9000。因此，要在國外市場能有所突破的話，ISO 9000 勢必成為潮流。

ISO 9000 系列標準是由位於瑞士日內瓦之國際標準化組織（International Organization for Standardization)下之技術委員會(ISO/ TC 176)於 1987 年 3 月所擬訂。國際標準化組織成立於 1946 年, 其主要目 的是要制定國際通用的標準, 以防止各國制定自己的標準而產生貿易壁壘。 一般人多會認爲 ISO 爲該組織英文全名之縮寫, 而事實上是源自於希臘字 isos, 其意爲相等、相同。

　　ISO 9000 系列品質保證制度自 1987 年 3 月頒布後, 即廣受各主要工 業國家的重視, 並將之納入或轉訂爲其國家標準 (例如美國 ANSI 和 ASQC 將 ISO 9000 系列標準修改稱爲 Q 90 系列標準, 英國稱之爲 BS 5750 標準)。而我國也於 1990 年 3 月, 由中央標準局將 ISO 9000 系 列, 轉訂爲中華民國標準 CNS 12680-12684 系列。

　　ISO 9000 系列標準源自於美國軍方之 MIL-Q-9858 品質計畫需求標 準。二次大戰期間, 美軍極需大量軍品物資以供作戰與後勤支援, 爲確保 軍品品質, 乃於 1959 年以買方立場根據 AF 5923 制定 MIL-Q-9858 軍用 規範, 並於 1963 年修訂爲 MIL-Q-9858 A, 此規範經美國國防部核定, 且 強制使用於美軍及所有軍品採購合約的供應商。在此項品質標準中, 美國 國防部要求承製軍品的供應商在它合約要求的所有領域與過程: 包括設 計、開發、製造、加工、裝配、檢驗、測試、維護、包裝、運輸、儲存以 及現場包裝等各領域充分保證品質。MIL-Q-9858 A 在其後 30 年, 成爲許 多品質標準的依據, 如北約組織之 AQAP 1/4/9, 1979 年英國國家標準 BS5750, 美國波音公司的D1 9000供應商品質系統標準。MIL-Q-9858A 軍用規範屬於第二者認證, 亦即顧客以買方立場向賣方進行評鑑。有關 ISO 9000 系列標準與其他品質標準之差異, 可參考(黃盈裕 1994, 葉啓德 和郭仁洋 1994, 顏立盛 1994a)。

　　ISO 9000 系列標準是由品質系統文件之管理來驅動, 一個組織必須將 品質系統中的要項文書化, 並依據文件上之資料來施行。品質系統之適當 性和一個組織是否遵守此系統, 是經由第三者審查之方式進行。ISO 9000 標準並未衡量系統的效率或產品／服務之好壞。它是屬於品質系統的標準,而非產品／服務的標準。生產者必須自行衡量系統的效率，第三者審查只能判斷一個公司或組織是否依照文件上之程序進行。

品質系統文件包含品質手冊、作業程序(procedure)、工作指示(instruction)和表單。品質手冊為包含品質政策、目標之管理文件。品質手冊說明職權、責任、授權和執行品質政策之人員間的關係。根據品質手冊可對品質系統中之各元素制定適當之作業程序。例如：製程管制之程序、檢驗和測試之程序、搬運、儲存、包裝和運送之程序等，這些都可視為部門間之文件。由程序所產生之文件稱為工作指示，此為部門內為達成任務之逐步說明。品質管制活動之過程和結果是記載於表單、檔案中。

有效之文件和記錄可以帶來下列好處（盛其安 1994）：

1. 記錄過程使人思考及認清事情的順序和步驟。

2. 語意清楚的文件可保存技術資料，以供新進員工參考或做訓練用途。

3. 文件可供嚴謹審查藉以改進生產力。

4. 為評估方案與執行的效率以供內部及外部稽核、文件記錄是必須的。

5. 確保產品品質。

6. 讓所有生產製造程序標準化，並可做為公司內部作業時依循的標準。

7. 當問題發生時，文件成為可以追蹤事由的憑藉。

17.3.1 ISO 9000 系列標準內容

ISO 9000 系列標準是設計用在各種行業上，不管公司規模、生產型態或產品的樣式，例如電子、鋼鐵、化學、製紙等製造業或銀行、保險、運輸等服務業均可適用。ISO 9000 系列標準將產品分成 4 類，分別為硬體、軟體、製程用物料和服務。硬體或軟體為極易了解之項目。製程用物料包括固體、液體、氣體或其混合物，這類產品具有微粒、塊、絲狀或片狀結構，通常以圓桶、袋、罐、輸送線等進行包裝或運送。服務包含一些無形活動用以對一有形產品做計畫銷售、指揮、運送、改善、評估、訓練及操作等。

ISO 9000 系列標準必須視為一個產品能符合顧客需求之品質系統的最低要求。美國國家品質獎、戴明獎或其他品質獎項之評審均比 ISO 9000 系列標準需要更多的規劃、管理、實施，並重視使用一個品質系統後之結果。ISO 9000 系列標準與其它品質獎之比較可參考(Majerczyk 及 DeRosa 1994，呂執中 1994)。一個完整的品質系統還須考慮競爭性和工業／技術方面的元素(Kalinosky 1990)。競爭性的考慮依公司和其品質政策而變。但一般包含持續改善、成效之情報、顧客滿意度、品質成本分析、品質規劃等。工業／技術方面包含與品質活動有關之設施的管理、員工之安全和健康、預防保養、可靠度、診斷工具之管理、產品安全等。

ISO 9000系列標準包含ISO 9000、ISO 9001、ISO 9002、ISO 9003和ISO 9004五部分。各項標準之設計目的和內容請參考表17-5。ISO 9000提供基本定義、概念和解說買方如何使用及選擇系列中之其他標準來規範賣方。ISO 9000 包含影響產品或服務品質使用與商業合約無關(為供給者而定的標準)。此標準列出構成一個完整品質系統之要素，包含市場、設計、採購、生產、量測、材料管理、文件、安全、統計方法使用等品質系統之不同層面。此標準之內容說明品質管理活動的一般通則和品質系統之元素，它可用來衡量一個公司邁向一個完整品質系統的過程。

ISO 9000 系列之國際品質標準，依據產業性質，分成 3 種品質模式，分別為 9001、9002 和 9003。ISO 9001 標準考慮設計／開發、生產、安裝及服務之品質系統的要求。ISO 9002 則是考慮生產與安裝之品質保證模式。而 ISO 9003 為最終檢驗與測試之品質保證模式。ISO 9001 標準適用於規範提供設計並製造產品的公司，例如工程與營造之製造業者。ISO 9002 適用於產品之規定要求均已在規範有所說明之行業，例如化學、食品與製藥等。ISO 9003 適合用來規範僅提供最終產品檢驗與測試的公司，例

表17-5　ISO 9000系列標準之內容

標準名稱	設計目的及內容
標準應用指南	ISO 9000　　品質管理與品質保證標準 9000-1　選用指南 9000-2　ISO 9001，9002，9003之應用指南 9000-3　ISO 9001於軟體發展供應及維護之應用指南 9000-4　可靠性管理之應用
合約品保要求	ISO 9001　品質系統——設計／開發、生產、安裝及服務之品質保證模式 ISO 9002　品質系統——生產、安裝及服務之品質保證模式 ISO 9003　品質系統——最終檢查與試驗之品質保證模式
品質管理應用指南	ISO 9004　　品質管理與品質保證系統要項 9004-1　品質管理及品質制度要項之指導綱要 9004-2　服務業之指導綱要 9004-3　製程原料之指導綱要 9004-4　品質提昇之指導綱要 9004-5　品質保證計畫之指導綱要 9004-6　專案管理品質保證之指導綱要 9004-7　型態管理之指導綱要
品質技術支援	ISO 10011　　品質系統稽核指導綱要 10011-1　稽核 10011-2　品質系統稽核員之資格標準 10011-3　稽核計畫之管理 ISO 10012　　量測設備之品保要求 10012-1　量測設備之度量衡特性驗證系統指導 10012-2　量測過程管制 ISO 10013　　品質手冊製作之指導綱要 ISO 10014　　品質之經濟性

如小型工廠、實驗室或機器設備之經銷商且其業務包含檢驗與測試所供應之產品。

　　ISO 9004 係站在廣泛考量各種活動需求下，所制定之全套品質指導綱要，由於各種行業或各個公司之需求、或製造過程有所不同，並非每一種行業或每一個公司均須採用 ISO 9004 的所有要項。ISO 9004 包含 20 個主題：風險、成本及利益、管理責任、管理系統原則、系統之文件化及稽核、經濟性、行銷之品質、規格與設計之品質、採購品質、生產品質、生產管制、產品查證、量測及測試設備之管制、不合格之管制、矯正措施、搬運與生產後之活動、品質文件及記錄、人事、產品安全與責任、及統計方法之應用等。ISO 9004 提供一個公司建立品質管理系統的指導綱要，ISO 9004 之目的並不是要讓使用者拿來做買賣合約的要求，但可以用來評估一個公司的品質系統。

　　一個組織所進行的品質活動主要有兩個目的(顏立盛1994)，一是提供顧客充分的信心，以使其願意向此一公司購買其所需的產品或服務，這種交易尚未發生前的目的可以靠做好外部品質保證來達成。一旦雙方合約簽訂，此一組織就有責任提供滿足顧客要求的產品或服務，此項要求要靠做好內部品質管理來達成。ISO 9000 系列標準主要就在提供各組織做好內部品質管理及外部品質保證的參考，ISO 9000 系列標準兼顧了合約(外部品質保證)與非合約(內部品質管理)兩種狀況對於品保標準的需求。ISO 9001、ISO 9002、ISO 9003 乃專為合約品保要求而設計，品質管理指導綱要標準 ISO 9004 則可作為企業或組織執行及管理品質系統的指導綱要。大部分國內業者應用 ISO 9000 系列標準時常把工作重點放在外部品質保證標準 ISO 9001、ISO 9002、ISO 9003 上，反而忽略了內部品質管理指導綱要 ISO 9004 的應用。其實真正想要讓品質成為市場競爭的利器，光靠取得認證是不夠的，唯有持續進行公司所有作業的品質改善，才能有效降低營運成本，創造更高的利潤。

17.3.2 ISO 9000 認證之好處

取得 ISO 9000 系列認證的主要理由有(葉政治 1994)：

1. 歐洲共同市場規定 ISO 9000 系列為管制產品的標準，凡是銷售管制性產品到歐洲共同市場的製造商有些需取得 ISO 9000 系列的認證。

2. 大客戶開始要求他們的供應商必須取得 ISO 9000 系列的認證。

3. 實行 ISO 9000 系列標準的規定將可以協助生產單位建立良好的品質改進基礎。

拿到認證之後的主要好處有：

1. 拿到認證，客戶有信心，才有基本的市場競爭力。

2. 免除或降低客戶到場稽核的頻率。

3. 促使供應商、客戶與分包商間產生更良好的合作關係，更使分包商提昇品質管理乃至於產品品質。

根據最近之一項調查（黃一魯和唐丹 1994）顯示，國內企業導入 ISO 9000 之主要動機為提昇公司產品及管理品質和外貿拓展。多數國內廠商認為推行 ISO 9000 系列認證活動可直接提昇全公司的品質意識。此乃因為 ISO 9000 系列著重於品質管理及品質保證體系的建立，而非產品的檢驗，公司在取得認證的過程中，無可避免的要對公司管理體系做一番審查和改進。多數廠商認為他們過去在品質保證方面的缺失可因 ISO 9000 系列認證的導入而凸顯，獲得改進之機會。國內之另一項研究（黃峰蕙和李季華 1995）則顯示 ISO 9000 品保制度對業者的影響在管理、人力資源、制度化及企業形象的助益最大，其次才是品質管制或是銷售力的提昇。而對於生產製造直接相關的產能提昇或是生產成本降低等方面的幫助仍然有限。

17.3.3 ISO 9000 系列標準之認證

ISO 9000 認證獲得之步驟可歸納成下列數項（Batra 等人 1993, Hockman 等人 1994）：

1. 獲得管理階層之承諾。

2. 從事任務編組，並施以必要之教育訓練。

3. 進行內部稽核，以發現缺失。

4. 編寫各種文件，包含品質手冊、程序、指令、表單等。

5. 選擇認證機構。

6. 執行已文件化之品質系統。

7. 進行預評，以了解現場作業與品質系統文件之不符合程度。

8. 進行正式評審作業，對評審結果所發現之缺失，進行改正措施。

9. 提出申請，獲得認證資格。

有關 ISO 9000 認證之其他問題，讀者可參考吳全謙(1991)、李蓉娥(1991)、洪麗華(1991)、鍾智慧(1994)等人之著作。

17.3.4　ISO 9000 系列標準之正確認識

ISO 9000 是一種第三者認證制度，亦即進行認證的單位為一獨立的團體，不是買方也不是賣方。ISO 9000 系列標準認證是屬於國際性的，只要得到某一國家的認證則對其他國家亦可產生共同的認同。

ISO 9000 認證是賣方為了顯示自己具備基本品質保證作業能力，以吸引潛在顧客或增強顧客對公司／組織的信心。ISO 9000 的目的在協助工廠建立品質保證體系，但它是對供應商的品保制度作驗證，而非針對產品本身加以驗證。所以即使廠商完全做好其要求項目之下的品質管理，也未必能直接提高產品的品質，對擴大企業的銷售額未必有幫助。部分國內業者將 ISO 9000 認證當做是公司內部品質活動的唯一目標，或看成是具有最高品質的榮譽，其實 ISO 9000 規範的只是一個公司品質作業的最基本要求。ISO 9000 系列標準並未考慮一個完整品質系統的要項，如新產品、技術的開發、解決問題的活動、品質的改善、經營效率的改善、成本、工時的降低、安全性、工作士氣和人才的培育。

企業獲得 ISO 9000 認證僅是取得與其他企業競爭的基本要求，一旦大部分公司取得認證後，證書就不再是競爭利器，認證只是企業生存的基本條件。認證只是一個開始，要維持市場競爭能力還得運用 ISO 9000 規定以外的品質管理模式以及各種品質技術與工具，持續進行公司各項業務的品質改善活動。

17.3.5　ISO 9000 系列標準之修正

依 ISO 組織之規定, 標準發行後, 每 5 年必須重新檢討修訂。新版 ISO 9000 系列標準於 1994 年 7 月 1 日正式公布, 此次修改的特色有下列幾點 (黃世宗 1995):

1. 標準更容易使用。
2. 澄清內容的疑點。
3. 品質要求昇級, 提供更多客戶信心。
4. 定義更新、更寬的使用行業範圍。

新版 ISO 9000 系列標準的修訂重點包含下列數項 (黃世宗 1995):

1. 納入客戶導向理念, 導向 TQM (見 17.4 節)。
2. 強調計畫和預防的觀念。
3. 兼顧經營者與管理階層參與。
4. 流程延伸更寬廣。
5. ISO 9003 大幅充實。

17.4　全面品質管理(Total Quality Management, TQM)

全面品質管理 (或稱全面品質經營) 源自於全面品質管制(TQC)和全公司品質管制(CWQC), 自從在美國推行後, 即傳遍世界各地, 美國不但將它列為國家品質獎評審重點, 美國國防部更將 TQM 的做法編成指引, 要求所有的美國國防合約商據以執行。TQM 的指導原則在告訴企業經營者從事經營活動時, 必須以顧客為重, 結合企業整體力量不斷解決問題以提昇產品／服務品質, 爭取市場上的優勢地位。

根據美國國防部 DoD 5000.51-G TQM Guide 的定義, TQM 不僅是一種企業經營的理念, 同時也是代表企業組織持續改善的基礎和一組指導原則。它應用數理方法及人力資源以改進本身所提供的產品和服務，以及組織內所有的過程，以符合顧客目前與未來的需求。TQM 包含了經營理念、政策與程序及一套改善工具。在全面品質管理中，「全面」有如下 3 種意義（戴久永 1992）：

1. 每一種與組織的產品或服務相關的部門都要參與，而非僅產品製造部門。

2. 組織內每個職位都涵蓋在內。所有員工無論是任一層級都須以品質為目標。

3. 每位員工都為他本身及團隊工作的品質負責。

「品質」狹義地說是指產品的品質，學者將這種側重產品品質的品管作法稱為小 q。在 TQM 中，品質意謂著組織內每項活動及最終產品的卓越程度，無論使用者是內部或外部顧客，品質是以使用者滿意程度來判斷，這種作法被稱為大 Q 的觀念。表 17-6 比較小 q 和大 Q 間之差異。全面品質是指集中企業內各部門，包含研發、製造、行銷、採購、財務等所有資源以符合顧客的需求和期望為目標。管理是指有效運用各種方法以達成目標。全面品質管理是一個達成組織所有的目標的全面性做法。它整合且運用全公司內所有資源，致力於朝向組織卓越的方向持續改進。TQM 之系統

表17-6　小 q 和大 Q 間之差異

類別	小 q 觀念	大 Q 觀念
產品方面	製造品為主	所有產品及服務
製程方面	與貨品製程有直接關係的製程	製程、支援及業務等過程均包含在內
職能方面	只將製造產品有直接相關的部門納入	將企業所有部門均納入
設施方面	以工廠為主	所有設施
顧客方面	以外部顧客為對象	含企業內及外的顧客
品質成本	只管不良的產品	追求事事完美以消除不良品的成本均包含

（**資料來源**：戴久永　1995）

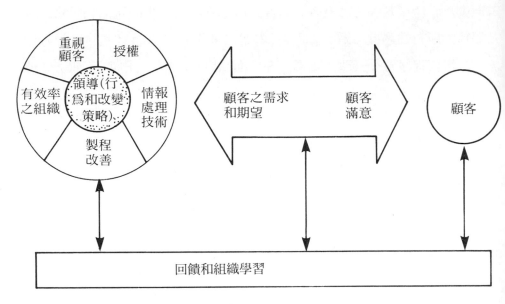

（**資料來源**： Barrow 1993）

圖17-3　TQM 之系統觀點

觀點可以圖 17-3 表示。

TQM 所具備的特質有（Burr 1993，戴久永 1992）：

1. 專注於顧客要求（顧客導向）。

2. 支持性的組織文化。

3. 持續不斷地改進品質。

4. 全員參與、團隊合作。

5. 組織中所有人員接受品質管理訓練。

6. 高階管理領導與承諾。

7. 客觀的衡量標準。

17.4.1 全面品質管理之推行模式

　　TQM 提供一個組織在管理及各項作業持續改進所需要的領導能力、訓練與激勵的經營理念。全面品質管理的推動將是一項持續進行，永無止境的工作。TQM 之推行牽涉到公司內部之改變，包含管理方式及技巧、團隊合作、獎勵制度等。TQM 的推行模式包含下列幾個步驟(戴久永 1992)：

1. 建立經營與文化環境。

2. 界定組織內各部門的任務。

3. 設定績效改進的機會、目標及優先順序。

4. 建立改進專案與行動計畫。

5. 採用改進工具與方法執行專案。

6. 確認效果。

7. 檢討與再循環。

　　全面品質管理強調品質來自優良的產品與製程設計，以及無缺點的製造過程，而設計與製程的不斷改進，有賴全體員工的合作。為了讓員工有能力肩負這些品質責任，改善方法已經成為員工教育及日常作業所必須研讀及運用的要項。全面品質管理的技術（黃一魯 1993）有品管七大手法、環境品質 5S、統計製程管制、改善活動、全面品質管制、ISO 9000 系列、品管圈、方針管理、全面生產保養、品管新七大手法、品質機能展開和田口品質工程等。

　　成功地實施 TQM 將給企業帶來許多好處，例如生產量之提昇、員工激勵和顧客滿意等。一般而言，這些好處可分成利潤之增加和成本之降低兩個項目。一個組織若能比同業競爭者提供更優良品質之產品或服務，則能增加該企業之市場佔有率和利潤。推行 TQM 亦可縮短產品週期時間，增加利潤。產品週期時間是指將顧客需求轉換成產品所需之時間。一個企業之新產品的推出，產品變更或產品之運送都與產品週期時間有關。TQM 之持續改善將可消除或減少企業內部無附加價值之活動，降低產品週期時間。產品或服務若能在最短時間內送達顧客手中，將增加顧客滿意程度和產品之銷售量。成本之降低為推行 TQM 所能帶來之最大好處。TQM 之手法和工具可以有系統地降低原料成本、直接人工成本、管理費用、營運資金和一般支出等。

17.4.2 ISO 9000 系列標準與 TQM

ISO 9000 系列認證的基本精神是審查公司的品管及品保體系, 以決定其是否具有能力為顧客生產高品質的產品, 它是一項基本的要求。ISO 9000 系列認證並不表示可以達成或取代 TQM, 但 ISO 9000 可視為達成 TQM 之途徑(Burr 1990, Corrigan 1994, Kalinosky 1990, Majerczyk 及 DeRosa 1994, Peach 1993, 陳耀茂 1994, 賀立行等人 1994)。ISO 9000 之要求僅為 TQM 理念之一部分。但這些並非 ISO 9000 系列標準之缺點。ISO 9000 系列是設計用來保證一個品質系統的正確性, 並利用稽核的方式確保現場作業遵守此品質系統。

TQM 假設且要求一個有效的品質保證系統已存在。但這並非一個合理的假設。任何組織在推行 TQM 時須先評估其品質系統是否適當, 並利用評估結果做為品質改善活動之基準。ISO 9000 系列標準之認證活動可加強目前的品質系統並可提供一個極佳的量測條件來定期衡量品質系統, 發掘需要加強之部分。

ISO 9000 系列標準和 TQM 間具有互補的關係。一個成功的 TQM 系統將與 ISO 9000 之品質系統類似。一個成功施行 TQM 之公司只要少許之改善即可滿足 ISO 9000 認證之要求。ISO 9004 中提供許多建立品質管理系統之指導原則, 例如 Puri(1993)之研究即是依據 ISO 9004-2 之指導原則建立一服務業之 TQM 模式。但需注意的是 ISO 9004 僅為一指導原則, 並非強制性之標準, 評估品質系統的仍為 ISO 9001、9002 和 9003。

雖然 ISO 9000 系列標準和 TQM 間可以互補和相互支援, 但兩者具有不同之目的、評估和改善之過程和管理目標。為了保證兩者能正確使用並獲得最大效益, 我們須了解兩者之相互關係。Harral 和 Berg （1993）提出以品質機能展開之方法了解 ISO 9000 和 TQM 間之關係、隔閡、不一致處等。利用此方法可記錄品質系統和品質計畫。此方法同時也可連結品質手冊、政策、程序、操作指令等之內容與 TQM、ISO 或顧客需求。

如果一個公司正要推行TQM，則其可考慮將ISO 9000評估納入TQM活動中。若一公司已成功地實行 TQM，並準備追求 ISO 9000 之登錄，則其可將 ISO　9000 之活動做爲品質改善專案。如果一個公司並沒有追求 ISO 9000 認證之動機，仍可將 ISO 9000 系列標準作適當之修改來評估公司之品質系統。如此，將可提昇公司內部之品質意識，了解公司內部之缺點，做爲邁向 TQM 之指標。

由於激烈之市場競爭，今日之全球市場已逐漸以品質導向取代過去之價格導向。消費者關切的是品質是否合適，而非完全取決於產品之價格。能夠在目前競爭環境下生存的通常是能夠以低成本提供高品質產品之企業。一個企業必須以健全之管理，讓全體員工參與持續之品質改善活動，才能提昇產品／服務之品質。 ISO 9000 系列標準與全面品質管理都是要健全一個企業之管理體系，若能妥善運用，將使企業能夠在競爭之環境下生存。

17.5　6-sigma 之品質

6-sigma 之品質爲美國摩托羅拉（Motorola）公司所提出之品質管理理論，它是以顧客爲導向之品質改善計畫。摩托羅拉公司於 1988 年獲得美國國家品質獎。1989 年美國 IBM 公司之高層管理人員訪問摩托羅拉公司學習 6-sigma 之理論。由於成功地推廣 6-sigma 之理念，IBM 公司也於 1990 年獲得美國國家品質獎。

6-sigma 品質改善計畫之目標是藉由降低產品不合格點數來改善顧客之滿意程度。6-sigma 品質改善計畫可由作業和管理兩個階層來定義。在作業階層，6-sigma 計畫使用許多統計量測量值來描述品質水準和製程能力。在管理階層，6-sigma 依賴所有員工利用改善過程來改善產品／服務和製程之品質。

17.5.1 6-sigma 品質之理論基礎

　　假設某產品之品質特性符合常態分配，其規格為100mm±12mm，亦即目標值T＝100, USL＝112, LSL＝88。若製程平均等於目標值($\bar{x}$＝T)，製程標準差 s＝2，則此製程稱為具有6-sigma之品質水準(6-sigma quality level)。在此例中，單邊規格允差寬度(12 mm)相當於製程標準差之6倍，此即為6-sigma品質之名稱的由來(讀者不可將此觀念與3倍標準差管制界限之管制圖混淆)。若製程標準差 s＝3，則稱為具有4-sigma之品質水準，其他情況可依同理類推。若以 C_p 值來表示，則6-sigma品質之製程具有 C_p＝2.0，而4-sigma之品質的 C_p 值等於1.33。表17-7列舉不同品質水準下，每百萬件之不合格點數(由於強調非常高之品質，有些作者會以缺點數表示)。表中數值是考慮超出上、下規格界限之情形，並假設製程平均值等於目標值。這些數值是以套裝軟體 MATLAB 計算所得。由表可看出當製程為6-sigma品質水準時，每百萬件中將只有0.002個不合格點。當 C_p＝1時(相當於3-sigma品質水準)，每百萬件中有2700個不合格點。

　　摩托羅拉公司之內部文件指出在6-sigma品質水準下，每百萬件產品

表17-7　不同品質水準下，每百萬件之不合格點數

品質水準	每百萬件中之不合格點數
1.0	317310.50786
1.5	133614.40253
2.0	45500.26390
2.5	12419.33065
3.0	2699.79606
3.5	465.25816
4.0	63.34248
4.5	6.79535
5.0	0.57330
5.5	0.03798
6.0	0.00197

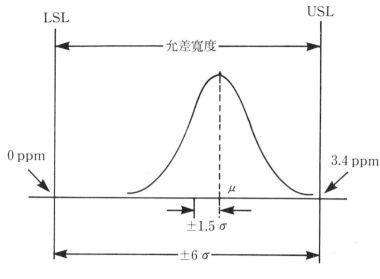

圖17-4　6-sigma 之品質

將具有 3.4 個不合格點。此數值與表 17-7 並不相同，其差異乃在於摩托羅拉公司假設製程之允許偏移量爲 1.5-sigma（其合理性將隨後討論）。雖然偏移量隨製程而異，但經驗指出 1.5-sigma 爲常見之偏移量。如圖 17-4 所示，當允差寬度爲製程標準差之6倍且製程平均值偏離目標值之量爲 1.5-sigma時，超出上下規格界限之不合格點數的估計值爲 $P(Z>4.5)+P(Z<-7.5)=0.0000034$（註：$Z$ 爲標準常態分配之統計量）。表 17-8 列舉不同品質水準在各種平均值偏移量下，每百萬件中之不合格點數。

17.5.2　6-sigma 品質之正確觀念

　　摩托羅拉公司之 6-sigma 品質觀念是藉由持續改善計畫、實驗設計方法和設備之投資，來降低製程變異性，使得產品之不合格數爲最小。

　　摩托羅拉公司之6-sigma品質雖假設製程平均值之最大偏移量爲 1.5σ，但此並非表示可任由平均值偏離，而不去控制它。一般而言，製程平均值之調整比降低製程變異性來得容易。因此，以經濟觀點來看，若能將製程平均值調整到目標值上，則只要 4.5-sigma 至 5-sigma 之品質水準即

表17-8　平均值偏移時，在不同品質水準下之不合格點數

品質	偏移量(以標準差之倍數表示)					
水準	0.00	0.25	0.50	0.75	1.00	1.25
3.0	2700	3557	6442	12313	22782	40070
3.5	465	665	1382	2990	6213	12225
4.0	63.3	99.1	236	578	1350	2980
4.5	6.80	11.7	32.0	88.5	233	577
5.0	0.573	1.09	3.42	10.7	31.7	88.4
5.5	0.038	0.081	0.288	1.02	3.40	10.7
6.0	0.002	0.005	0.019	0.076	0.287	1.02

表17-8　平均值偏移時，在不同品質水準下之不合格點數(續)

品質	偏移量(以標準差之倍數表示)		
水準	1.50	1.75	2.00
3.0	66811	105651	158660
3.5	22750	40059	66807
4.0	6210	12224	22750
4.5	1350	2980	6210
5.0	233	577	1350
5.5	31.7	88.4	233
6.0	3.40	10.7	31.7

可滿足摩托羅拉公司之 6-sigma 品質之不合格點數的要求(每百萬件中有 3.4 個不合格點)。在有些情況下，製程平均值可能被刻意地設定爲偏移目標值(例如預防刀具磨損)。如果是屬於這類情形，則摩托羅拉公司之品質要求(每百萬件中有 3.4 個不合格點)可由下列組合之一來達成。

1.　允許製程平均偏離 0.5σ，降低製程變異性，使得允差寬度爲製程標準差之 5 倍。

2.　允許製程平均偏離 1.0σ，降低製程變異性，使得允差寬度爲製程標準差之 5.5 倍。

3.　允許製程平均偏離 1.5σ，降低製程變異性，使得允差寬度爲製程標準差之 6 倍。

摩托羅拉之 6-sigma 品質觀念允許平均值偏移 1.5σ，此處是相對於

規格中心（亦即名義值）而言，而非相對於管制圖之中心線。

McFadden(1993)和 Tadikamalla(1994)對摩托羅拉 6-sigma 品質觀念所允許之 1.5σ 平均值跳動，覺得不可思議。若假設樣本大小 $n=4$，則 1.5σ 之平均值移動相當於在 $\bar{x}$ 管制圖上出現 $3\sigma_{\bar{x}}$ 之跳動（由 $\sigma_{\bar{x}}=\sigma/\sqrt{n}$ 可知 $1.5\sigma=3\sigma_{\bar{x}}$）。由 3 倍標準差管制圖之原理可知製程產生 $3\sigma_{\bar{x}}$ 之平均值移動後，其被偵測到之機率爲 0.5。因此，上述兩位專家對摩托羅拉公司「爲何」及「如何」允許 1.5σ 之平均值移動有所質疑。很顯然地，6-sigma 品質所允許之 1.5σ 移動，應該是指相對於規格中心值而言。管制圖之中心是由過去數據估計所得，代表製程所能達到之狀態。所以管制圖有可能顯示製程是在管制內，但製程平均值未必符合規格之要求。如果製程平均可以很容易地調整，則應採取適當行動，將製程平均移向規格中心。如果製程平均不易調整，則可容許製程平均有一定之偏移範圍。

在 6-sigma 品質水準下，所估計之不合格點數爲每百萬件中有 3.4 個，此估計值只有在品質數據符合常態分配時才爲正確。當品質數據不符合常態分配時，我們須將原始數據轉換，再根據轉換後之數據估計製程能力指標及相對應之不合格點數或不合格品數。由原始數據估計所得之製程能力指標可能與轉換後所估計之值相去甚遠。

在以製程能力指標估計不合格率時，我們須由抽樣取得數據，計算平均值和標準差後再用以估計製程能力指標。由於平均值和標準差之估計受到抽樣之影響，因此，製程能力指標只能視爲估計品質水準之參考指標。

習　題

1. 解釋何謂 QFD。

2. 說明 QFD 之實施過程。

3. 比較傳統之品質定義與在 TQM 之理念中品質之定義。

4. 說明一個公司在取得 ISO 9000 認證後之好處。

5. 比較戴明獎、美國國家品質獎和歐洲品質獎之差異。

6. 比較 TQC、CWQC 和 TQM 之理念和作法。

7. 參考相關文獻，討論 ISO 9000 系列標準與其他品質標準之差異。

8. 何謂 6-sigma 品質？

9. 參考相關文獻，列舉歷年國內獲得國家品質獎之公司。

參考文獻

Barrow, J. M., "Does total quality management equal organizational learning?", *Quality Progress,* July 1993, pp. 39-43.

Batra, S. P., D. K. Singh, and B. M. Willborg, "Road map to successful ISO 9000 registration," *Industrial Engineering,* October 1993, pp. 54-55.

Burr, J. T., "The future necessity," *Quality Progress,* June 1990, pp. 19-23.

Burr, J. T., "A new name for a not-so-new concept," *Quality Progress,* March 1993, pp. 87-88.

Case, K. E., and J. S. Bigelow, "Inside the Baldrige award guidelines, category 6: quality and operational results," *Quality Progress,* November 1992, pp. 47-52.

Corrigan, J. P., "Is ISO 9000 the path to TQM?" *Quality Progress,* May 1994, pp. 33-36.

Crosby, P. B., and C. Reimann, "Criticism and support for the Baldrige award," *Quality Progress,* May 1991, pp. 41-44.

Desatnick, R. L., "Inside the Baldrige award guidelines, category 7: customer focus and satisification," *Quality Progress,* December 1992, pp. 69-74.

Harral, W. M., and D. L. Berg, "Implementing TQM in the ISO framework," *ASQC 47th Annual Quality Congress Proceedings,* 1993, pp. 153-159.

Heaphy, M. S., "Inside the Baldrige award guidelines, category 5: management of process quality," *Quality Progress,* October 1992, pp. 74-79.

Hockman, K. K., R. Grenville, and S. Jackson, "Road map to ISO 9000 registration," *Quality Progress,* May 1994, pp. 39-42.

Kalinosky, I. S., "The total quality system-going beyond ISO 9000," *Quality Progress,* June 1990, pp. 50-54.

Leifeld, N., "Inside the Baldrige award guidelines, category 4: human resource development and management," *Quality Progress,* September 1992, pp. 51-55.

Majerczyk, R. J., D. A. DeRosa, "ISO 9000 standards: the building block for TQM," *ASQC 48th Annual Quality Congress Proceedings,* 1994, pp. 642-650.

Marquardt, I. A., "Inside the Baldrige award guidelines, category 3: strategic quality planning," *Quality Progress,* August 1992, pp. 93-96.

McFadden, F. R., "Six-sigma quality programs," *Quality Progress,* June 1993, pp. 37-41.

Neves, J. S., and B. Nakhai, "The Deming, Baldrige, and European quality awards," *Quality Progress,* April 1994 a, pp. 33-37.

Neves, J. S., and B. Nakhai, "The evolution of the Baldrige award," *Quality Progress,* June 1994 b, pp. 65-70.

Omdahl, T., "Inside the Baldrige award guidelines, category 2: information and analysis," *Quality Progress,* July 1992, pp. 41-46.

Peach, R. W., "Planning the journey from ISO 9000 to TQM," *ASQC 47th Annual Quality Congress Proceedings,* 1993, pp.

864-872.

Puri, S. C., "Service TQM model via ISO 9004-2," *ASQC 47th Annual Quality Congress Proceedings,* 1993, pp. 371-378.

Stratton, B. (ed.), "More criticism and support for the Baldrige award," *Quality Progress,* August 1991, pp. 87-91.

Sullivan, R. L., "Inside the Baldrige award guidelines, category 1: leadership," *Quality Progress,* June 1992, pp. 25-28.

Sullivan, L. P., "Quality function deployment," *Quality Progress,* June 1986, pp. 39-50.

Tadikamalla, P. R., "The confusion over six-sigma quality," *Quality Progress,* November 1994, pp. 83-85.

呂執中，〈由新版 ISO 9000 s 到國品獎〉，《品質管制月刊》，1994 年 2 月，頁 33-39。

吳全謙，〈如何實施國際品質標準 ISO 9000〉，《品質管制月刊》，1991 年 5 月，頁 52-53。

李蓉娥，〈ISO 9000 品質標準之有關問題〉，《品質管制月刊》，1992 年 7 月，頁 54-55。

洪麗華，〈ISO 9000 品質標準之問題解答〉，《品質管制月刊》，1992 年 7 月，頁 49-51。

盛其安，〈ISO 9000 s 適合於研究發展的單位嗎?〉，《品質管制月刊》，1994 年 2 月，頁 23-26。

陳耀茂，〈談 TQC 與 ISO 9000 系列的互補關係〉，《品質管制月刊》，1994 年 5 月，頁 48-49。

黃一魯，〈成長中的 TQM〉，《品質管制月刊》，1993 年 11 月，頁 15-23.

黃一魯，唐丹，〈ISO 9000 系列在臺灣：經驗的分享〉，《品質管制月刊》，1994 年 6 月，頁 21-32。

黃盈裕，〈淺談各種品保制度、認證制度和 ISO 9000 系列品保制度、認證制度之比較〉,《品質管制月刊》, 1994 年 7 月, 頁 40-44。

黃世宗,〈ISO 新舊標準比較〉,《品質管制月刊》, 1995 年 1 月, 頁 26-28。

賀力行, 李友錚, 沙永傑,〈國內 ISO 9000 系列之推廣與實施〉,《品質管制月刊》, 1994 年 3 月, 頁 30-35。

葉啓德, 郭仁洋,〈MIL-Q-9858 A 與 ISO 9000 之比較與分析〉,《品質管制月刊》, 1994 年 5 月, 頁 60-70。

葉政治,〈CE Mark 和 ISO 9000 面面觀〉,《品質管制月刊》, 1994 年 9 月, 頁 40-45。

葉若春,〈品管獎的類別與評分標準─中華民國品質管制各類品管獎簡介〉, 《品質管制月刊》, 1995 年 5 月, 頁 14-15。

廖本盛,〈如何挑戰國家品質獎〉,《品質管制月刊》, 1995 年 5 月, 頁 12-13。

楊錦洲,〈申請國家品質獎應有的態度〉,《品質管制月刊》, 1995 年 5 月, 頁 16-17。

顏立盛 a,〈D 1 9000 與 ISO 9000 有什麼不同?〉,《品質管制月刊》, 1994 年 3 月, 頁 19-29。

顏立盛 b,〈ISO 9000 系列標準的市場價值與成功策略〉,《品質管制月刊》, 1994 年 8 月, 頁 75-79。

鍾智慧,〈如何選擇一個合適的 ISO 9000 輔導機構〉,《品質管制月刊》, 1995 年 1 月, 頁 26-28。

戴久永,〈全面品質經營〉,《中華民國品質管制學會》, 1992 年。

戴久永,〈關於 TQM〉,《品質管制月刊》, 1995 年 3 月, 頁 7-8。

陳文賢,〈臺灣與美國品質管理的比較〉, 中華民國品質管制學會第 29 屆年會, 1993 年 9 月 19 日, 頁 121-126。

第十八章　電腦化品質管理與品質資訊系統

18.1　電腦化品質管理系統

隨著低價格及高功能之電腦市場走向，利用電腦（特別是個人電腦）來輔助品管工作已成一不可避免之趨勢。一般電腦均具有計算迅速、錯誤少之基本特性，本節將探討電腦在品管工作上之應用，介紹現有品管軟體之功能及選購軟體時所必須注意之事項。

18.1.1　電腦在品質管理上之應用

品質管理中之大部分工作都可以利用電腦來執行，電腦在品管領域中之應用可歸納為下列數項：

1. 品質資料處理

資料之處理是指資料之儲存、摘錄、分析、報告及檢索。品質資料之處理通常是將原始品質數據依照時間、地點、場合、生產線、生產批號、作業員，或管理人員等分類儲存。這些品質數據有時也要和其他部門，如物料管制、採購、會計、及生產管制等資料相聯繫。為了能提供有效品質資訊給決策人員，這些品質數據須經過分析、摘要並製作報表。數據之儲存也為未來之工作，如績效報告、顧客抱怨分析、工程研究等提供資訊。這些活動若用人工處理，不僅耗費人力，且極不經濟。利用電腦並採用資料庫(data base)之方式來處理品質資料，不僅可維持各數據間之關係，同時品質資訊也可供多用途之用。利用電腦從事資料之處理有傳遞迅速、錯誤少、成本低、更改容易等優點。

2. 統計分析

在品質管制上，通常需要分析大量之品質數據以作決策，利用電腦從事統計分析可節省計算時間，並減少人為之錯誤。在未使用電腦前，品管人員通常不願使用精確但計算複雜之統計方法。由於電腦之使用，將使這些精確且先進之統計方法普遍化。

3. 即時性製程管制

在某些生產程序下，可在製程中適當處裝設感應器(sensor)，以使量測產品或製程中之重要變數，經由電腦分析，反應其變異情形，使製程能維持於管制狀態。例如可在刀具上裝設感應器或其他量器，量測刀具磨損情形，並經由電腦分析決定是否需更換刀具。

4. 電腦輔助教學

電腦也可當做是一教學指導者(tutor)，以訓練新進品管人員有關統計、品管等之方法和程序。

5. 品質管制有關資訊之儲存

在電腦內也可儲存有關品管之資訊以供檢索，例如，檢驗程序、檢驗標準、供應商資料、品質成本、檢驗儀器資料、統計機率表等資訊。這些資訊儲存在電腦內，不僅可減少檢索之時間，同時也可減少儲存空間。

6. 自動測試及檢驗

自動化測試及檢驗（例如機器視覺檢驗、三次元量測設備等）可降低
測試及檢驗成本，提高精確度，縮短測試或檢驗時間，同時可避免檢
驗之單調性。在自動化測試及檢驗中，電腦之功能包含測試或檢驗程
序之控制、資料處理，以及決策分析（判定合格、不合格）。

18.1.2　品質管制電腦軟體

1987 年 3 月份之 *Quality Progress* 提供一份包含 415 種有關品管
之電腦軟體目錄，根據此目錄之說明，現有之電腦軟體可分為以下數項：

- 量測、檢驗儀器設備之校正(calibration)
- 檢驗、製程能力分析
- 實驗設計(Design of Experiments)
- 檢驗
- 品質管理
- 量測
- 製程管制
- 品質成本分析
- 可靠度工程
- 抽樣方法
- 統計分析
- 田口方法(Taguchi Methods)
- 教育訓練
- 供應商品質分析

在這許多廠商中要選擇一適用之軟體確實不容易，現今之軟體多採模
組式，使用者可隨需求之成長，添購適當之模組。在選購品管電腦軟體時，
專家建議考慮下列因素：

- 輸出格式是否符合需要
- 是否需要新的顯示設備(monitor)

- 軟體是否提供足夠之錯誤訊息
- 軟體是否有足夠之數值精確度
- 若數據是由人工輸入，軟體是否提供修正、更改之功能
- 軟體是否能更改或擴充
- 輸出是否能存在檔案(file)中
- 圖形輸出是否符合需要
- 圖形輸出是否能更改
- 輸出是否能儲存在檔案中並能被其他軟體讀取
- 軟體是否與現有之作業系統相通(compatible)
- 是否有批次作業能力
- 對於軟體所使用之理論、方法、程序是否有文件記錄
- 對於初學者是否提供個別指導(tutorial)之能力
- 對於系統能夠決定之資訊，使用者是否仍需自己輸入
- 軟體是否容易使用
- 軟體是否提供連線文件(on-line documentation)
- 螢幕上是否能提供協助(on-screen help)
- 軟體商是否提供電話協助(phone support)

除了 *Quality Progress* 外，*Quality* 此本雜誌也都每年定期提供有關品管軟體之資料，讀者可參考此兩本雜誌以獲得進一步之內容。

18.1.3 統計分析及品管電腦程式

雖然已有許多商業化品管軟體問世，但其格式或功能可能不盡符合使用者之需求。若要自行設計，*Journal of Quality Technology* 每期均刊登一些有關統計或品管之電腦程式，可供設計者參考。表 18-1 為一些電腦程式之彙總及簡單說明。

表18-1　統計分析及品管電腦程式

主題	作者	程式名稱	年／卷／期	頁數
管制圖 與 製程能力分析	Larson, K. E.	Plotting $\bar{x}$ and R charts	1969, 1, 2	149-152
	Larson, K. E.	Plotting p and np charts	1969, 1, 3	217-220
	Larson, K. E., and Rahikka, R. E.	Plotting c and u charts	1969, 1, 4	285-288
	Dusek, A. K., and Snyder, D. C.	Plotting cumulative sum charts	1970, 2, 1	54-57
	Wortham, A. W., and Heinrich, G. F.	A computer program for plotting exponentially weighted moving average control charts	1973, 5, 2	84-90
	Vance, L. C.	Average run lengths of cumulative-sum control charts for controlling normal means	1986, 18, 3	189-193
	Crowder, S. V.	A program for the computation of ARL for combined individual measurement and moving-range charts	1987, 19, 2	103-106
	Crowder, S. V.	Average run lengths of exponentially weighted moving-average control charts	1987, 19, 3	161-164
	Rahim, M. A.	Determination of optimal design parameters of joint $\bar{x}$ and R charts	1989, 21, 1	65-70

表18-1 （續）

主題	作者	程式名稱	年／卷／期	頁數
管制圖 與 製程能力分析	Champ, C. W., et al.	A program to evaluate the run length distribution of a Shewhart control chart with supplementary runs rules	1990, 22, 1	68-73
	Saccucci, M. S., et al.	Average run lengths for exponentially weighted moving average control schemes using the Markov chain approach	1990, 22, 2	154-162
	Saniga, E. M.	Joint statistical design of $\bar{x}$ and R control charts	1991, 23, 2	156-162
	Jaraidei, M., and Ziqing, Z.	Determination of optimal design parameters of $\bar{x}$ charts when there is a multiplicity of assignable causes	1991, 23, 3	253-258
	Jin, C., and Davis, R. B.	Calculation of average run lengths for zone control charts with specified zone scores	1991, 23, 4	355-358
	Gan, F. F.	Computing the percentage points of the run length distribution of an exponentially weighted moving average control chart	1991, 23, 4	359-365
	Hamilton, M. D., and Crowder, S. V.	Average run lengths of EWMA control charts for monitoring a process standard deviation	1992, 24, 1	44-50
	Guirguis, G. H., et al.	Computation of Owen's Q function applied to process capability analysis	1992, 24, 4	236-246

表18-1　（續）

主題	作者	程式名稱	年／卷／期	頁數
管制圖 與 製程能力分析	Gan, F. F.	The run length distribution of a cumulative sum control chart	1993, 25, 3	205-215
	Gan, F. F., and Choi, K. P.	Computing average run lengths for exponential CUSUM schemes	1994, 26, 2	134-143
	McWilliams, T. P.	Economic, statistical, and economic-statistical $\bar{x}$ chart designs	1994, 26, 3	227-238
	Luceno, A.	Choosing the EWMA parameter in engineering process control	1995, 27, 2	162-168
	Wardell D. G., et al.	Run length distributions of residual control charts for autocorrelated processes	1994, 26, 4	308-317
	Saniga, E. M., et al.	Economic, statistical, and economic-statistical design of attribute charts	1995, 27, 1	56-73
	Prabhu, S. S., et al.	A design tool to evaluate average time to signal properties of adaptive $\bar{x}$ charts	1995, 27, 1	74-83
抽樣計畫	Snyder, D. C., and Storer, R. F.	Single sampling plans given an AQL, LTPD, producer and consumer risks	1972, 4, 3	168-171
	Chow, B., et al.	A computer program for the solution of double sampling plans	1972, 4, 4	205-209
	Hughes, H., et al.	A computer program for the solution of multiple sampling plans	1973, 5, 1	39-42

表18-1 （續）

主題	作者	程式名稱	年／卷／期	頁數
抽樣計畫	Sheesley, J. H.	A computer program to evaluate Dodge's continuous sampling plans	1975, 7, 1	43-45
	Nelson, P. R.	A computer program for military standard 414: sampling procedures and inspection by variables for percentive defective	1977, 9, 2	82-85
	Schilling, E. G., et al.	GRASP: a general routine for attribute sampling plan evaluation	1978, 10, 3	125-130
	Taylor, W. A.	A program for selecting efficient binomial double sampling plans	1986, 18, 1	67-73
	Hailey, W. A.	Minimum sample size single sampling plans: a computerized approach	1980, 12, 4	230-235
	Olorunniwo, F. O., and Salas, J. R.	An algorithm for determining double attribute sampling plans	1982, 4, 3	166-171
	Guenther, W. C.	Determination of rectifying inspection plans for single sampling by attributes	1984, 16, 1	56-63
	Garrison, D. R., and Hickey, J. J.	Wald sequential sampling for attribute inspection	1984, 16, 3	172-174
	Rutemiller, H. C., and Schafer, R. E.	A computer program for the ASN of curtailed attributes sampling plans	1985, 17, 2	108-113

表18-1　（續）

主題	作者	程式名稱	年／卷／期	頁數
抽樣計畫	Nelson, P. S., et al.	Computing the average outgoing quality after multiple inspections	1987, 19, 1	52-54
	McWilliams, T. P.	Acceptance sampling plans based on the hypergeometric distribution	1990, 22, 4	319-327
	McShane, L. M.	New performance measures for continuous sampling plans applied to finite population runs	1992, 24, 3	153-161
假設檢定 與 參數估計	Hohnston, L. W.	Student's t-test	1970, 2, 4	243-245
	Taub, T. W.	Computation of a two-tailed Fisher's test	1979, 11, 1	44-47
	Olsson, D. M.	A small-sample test for nonnormality	1979, 11, 2	95-99
	Soms, A. P., and Torbeck, L. D.	Randomization tests for K sample binomial data	1982, 14, 4	220-225
	Nelson, B. B.	Testing for normality	1983, 15, 3	141-143
	Heyes, G. B.	A computer program for comparison of multiple Poisson means	1990, 22, 3	239-244
	Nelson, L. S.	Construction and evaluation of closed sequential sign tests	1993, 25, 2	131-139
	Nelson, L. S.	Sample sizes for confidence intervals with specified lengths and tolerances	1994, 26, 1	54-63

表18-1 (續)

主題	作者	程式名稱	年/卷/期	頁數
實驗設計、變異數分析、平均數分析	Postma, B. J., and White, J. S.	Variance components for unbalanced N-level hierarchic designs	1975, 7, 3	144-149
	Grandillo, A. D.	Analysis of variance of an $n \times n$ Latin square, with a subroutine for Duncan's multiple range test	1975, 7, 2	90-97
	Raouf, A., and Sathe, P. T.	A runs test for sample nonrandomness	1975, 7, 4	196-199
	Olsson, D. M.	Randomized complete block designs	1978, 10, 1	40-41
	Olsson, D. M.	Replicated randomized complete block design	1978, 10, 2	84-87
	Sheesley, J. H.	Comparison of K sample means involving variables or attributes data	1980, 12, 1	47-52
	Schilling, E. G., et al.	A FORTRAN computer program for analysis of variance and analysis of means	1980, 12, 2	106-113
	Ziegel, E. R., and McGuire, W. R.	Simultaneous pairwise comparison tests among treatment means	1981, 13, 1	65-75
	Nelson, L. S.	Analysis of two-level factorial experiments	1982, 14, 2	95-98
	Nelson, P. R.	The analysis of means for balanced experimental designs	1983, 15, 1	45-54
	Nelson, L. S.	Variance estimation using staggered, nested design	1983, 15, 4	195-198

表18-1　（續）

主題	作者	程式名稱	年／卷／期	頁數
實驗設計、變異數分析、平均數分析	Pignatiello, J. J.	A computer program for allocating observations in the random effects balanced one way ANOVA	1987, 19, 4	221-228
	Turiel, T. P.	A computer program for generating fractional factorial experiments	1988, 20, 1	63-72
	Crowder, S. V., et al.	An interactive program for the analysis of data from two-level factorial experiments via probability plotting	1988, 20, 2	140-147
	Stephenson, W. R.	Posterior probabilities for identifying active effects in unreplicated experiments	1989, 21, 3	202-212
	Turiel, T. P.	A FORTRAN program to determine sample sizes and generate power curves for completely randomized and randomized complete block design	1989, 21, 4	277-286
	Stephenson, W. R.	A computer program for the quick and easy analysis of unreplicated factorials	1991, 23, 1	63-67
	Vining, G. G.	A computer program for generating variance dispersion graphs	1993, 25, 1	45-58
迴歸分析與相關分析	Johnston, L. W.	Scatter plots	1971, 3, 1	38-41
	Storer, R. F.	The coefficient of correlation	1971, 3, 2	95-97
	Johnson, M. M.	Simple linear regression	1971, 3, 3	138-143

表18-1　（續）

主題	作者	程式名稱	年／卷／期	頁數
迴歸分析 與 相關分析	Burchfield, P.B.	Multiple linear regression	1971, 3, 4	184-189
	Tadikamalla, P. R.	Constructing orthogonal ploynomials when the independent variable is unequally spaced	1974, 6, 2	113-115
	Nelson, P. R.	A computer program for doolittle technique	1974, 6, 3	160-161
	Narula, S. C.	Orthogonal polynomial regression for unequal spacing and frequencies	1978, 10, 4	170-179
	Montgomery, D. C., et al.	Interior analysis of the observations in multiple linear regression	1980, 12, 3	165-173
樣本次數 分布分析 與 機率分配	Larson, K. E.	The summarization of data	1969, 1, 1	68-71
	Anderson, H. E.	Machine-plotted probability charts	1973, 5, 3	135-137
	Craig, R. J.	Normal family distribution functions: FORTRAN and BASIC programs	1984, 16, 4	232-236
	Nelson, P. R.	Computation of some common discrete distributions	1985, 17, 3	160-166
	Jensen, K. L., et al.	Interactive probability plotting	1988, 20, 3	196-210
	Gan, F. F., and Koehler, K. J.	A goodness-of-fit test based on P-P probability plots	1992, 24, 2	96-102

18.1.4　品管軟體應具備之特性

品管軟體至少應具備三項特性：(1)具強有力之統計分析能力，(2)即時性系統，(3)為一決策支援軟體。Bennett(1990)曾依即時性、合理之基本假設、知識庫式系統、人性化之使用界面等軟體特性來探討未來品管軟體之發展方向。這些特性可供品管軟體設計者之參考或當做是選擇品管軟體時之依據。

Ⅰ.　即時性(real time)

即時性所反應的是速度而不是瞬間性(instantaneous)。再快的電腦也需要一些時間進行處理、作決策及控制週邊設備等動作。即時性操作可用兩種觀念來定義：(1)人類理解的延遲時間，(2)輸入資料流之速度，當延遲時間接近百分之一秒時，人類會視為一平滑之動作。

在品管應用方面，執行速度往往因分析品質數據而受限制，若分析品質數據機構（功能）不能即時分析輸入之品質數據，則會造成大量數據溢位、數據遺漏、降低分析能力或產生錯誤資訊等現象，所以當輸入資料流之速度大於分析機構之處理速度時，則此機構將無法應付。

即使製程為批次生產方式，我們仍然希望品質分析能以即時之方式進行，吾人希望能夠儘快了解品質何時出了問題。即時性品質分析之需求決定於吾人對利用品質資訊從事決策分析之期望。若不急需品質報告做決策分析，則只要能夠在預定時間內完成，以紙、筆從事分析亦可稱為即時性之品質分析，但當製程週期愈短時，品質資訊之週轉時間相對地也愈短。

品質資訊之週轉時間(turn around time)愈短時，愈能顯示即時性品質管制軟體之重要性。針對即時性操作而設計之品質管制軟體在架構上與傳統軟體不同，它能在預定順序中執行時效性(time-critical)之計算及能快速地執行多項事情。一個較複雜之即時性軟體必須依賴高功能之硬體配合才能發揮其效用，然而非常幸運地，由於硬體設備之不斷創新及研究，因此可花較低之硬體設備費用來配合即時性品質軟體之需求。

2. 合理的基本假設

設計品管軟體時，應對統計知識有所認知，同時對於將統計知識實際應用於工廠品管時之一些限制或假設亦需有所了解。例如應用製程能力指標決定製程能力時，須知其前提爲製程輸出符合常態分配。若在實際應用上其假設並不符合時，則在解釋品質結果時會造成很大之錯誤。目前只有少數之品管軟體能事先分析製程輸出之分配，但當實際製程之條件與假設不符合時，卻無法提供另一可行之測試方法或管制圖供使用者參考。

未來的品管軟體應測試各統計假設並結合多種測試方法之結果，使用者將被告知假設或前提是否符合，並能提供可行之替代方法供使用者選擇。

3. 知識庫式系統

未來之品管軟體應能像人類專家具有品質分析之能力。人類專家藉著分析品質數據特性，能判定其假設或前提是否符合、檢查相對立之結果、辨認製程是否在管制內、了解何時需更多之品質數據及如何決定信賴度等。總而言之，人類專家知道如何應用統計知識、製程知識來分析品質數據是否存有非隨機性變動。未來之品管軟體雖然無法利用人類直覺來解釋製程，但能利用法則進行推論以辨認異常之製程，同時結合各專家之知識，運用預先建構之方法連接相關法則，具有這些特性之品管軟體可稱爲知識庫式系統。

4. 人性化之使用者界面

未來的品管軟體應具備容易使用、圖形導向畫面等功能，以用來告訴使用者分析之結果。圖形導向畫面包含各種不同之功能框顯示多項資訊，能同時傳達使用者各種複雜之資訊，使用者並不需是統計方面之專家。

爲使即時性之品管軟體有效率地執行，使用者必須能在不疲勞、無挫折感之狀態下操作軟體。而圖形導向畫面之軟體可降低使用者疲勞程度，平滑式之軟體操作可降低使用者之挫折感，未來品管軟體應提供平滑式操作。平滑式操作意謂軟體可以容易的操作。平滑式操作之另一意義為一旦系統執行後，則此軟體可自動執行，然而這並不意味使用者不能在必要時干涉及變更系統有關之變數。

5.　生產線資訊

　　未來之品管軟體的發展方向為整合品管及製程管制兩領域之知識，並透過一些設備（例如：可程式控制器）直接監視製程以防止製程超出管制。未來之品管軟體須具有生產線上有關之資訊(site-specific condition)，能依據品質數據之測試結果修改製程參數，換言之，未來之品管軟體具有人類專家之能力。

　　未來之品管軟體必須即時地分析由自動檢驗設備所收集到之品質數據。依據適當之統計假設，提供各種測試方法，解釋分析之結果。

　　對於專注於產品及製程之品管工作者而言，未來之品管軟體將被當做是一種輔助工具。品管軟體將不需使用者提供資訊以做成決策，相反地，品質問題發生時，品管軟體將提供使用者更多的資訊，而不是向使用者詢問更多之資訊。

18.2　電腦化品質資訊系統

　　品質管理工作在今日高度競爭之環境下，已被視為以低成本生產高品質產品之要素之一。在品質管理工作中需要即時、特定，及詳細之資訊以決定品質之問題來源，並採取矯正行動。

　　在今日競爭激烈之市場上，為適應市場變化及需求，各種有助於管理決策之資訊均十分重要。由於企業組織紛紛採用複雜的產業技術，使得今日製造過程中，各種計畫與管制等業務日趨繁複。Feigenbaum 於 1961 年提倡全面品質管制(Total Quality Control, TQC)，在一企業體中，凡是與產品品質有關之各部門及所屬上下員工皆須對品質負責；以生產流程而言，由市場調查、產品設計、製造乃至銷售與服務等各階段構成一整體系統，均在管制之範圍。全面品質管制的資訊不限於純粹的品質管制部門，而是包含企業中的每個單位。因此，如何讓管理者在複雜、龐大且分散的資料中，以最經濟、有效的途徑，即時地取得品質現況與其他相關資訊，來協助管理決策分析，乃品質資訊系統之目的。尤其近年來由於電腦加入品管行列中，品質資訊系統進入新的層次——電腦化品質資訊系統(Quality Information System, QIS)。

品質資訊系統可定義為收集、儲存、分析和提供品質情報之組織化方法，以協助各階層之決策分析(Juran 和 Gryna 1993)。在過去，品質情報只限於廠內之檢驗數據。由於產品日趨複雜，品質管制計畫已涵蓋公司各部門。品質資訊不再限於廠內而已，它同時包含決策所需之知識(knowledge)。

Suresh 及 Meredith (1985) 介紹一將品質資訊導入製造資訊系統之程序，同時論述品質資訊系統對自動化生產之重要性。Suresh 及 Meredith 認為電腦化 QIS 對自動化生產確有必要，同時在 QIS 中必須包含生產環境中任何有關品質工作之資訊，亦即以全面品質管制之方式進行。

Chang(1988)提出電腦化品質資訊系統所應具備之架構。品質資訊系統之基本功能包含品質數據之收集、分析、資訊之抽取、資料庫之更新、報表製作及提供即時之查詢。Chang 同時將品質資訊系統所涵蓋之範圍分為生產前品質資訊、生產中品質資訊及生產後品質資訊等三大部分。

QIS 與一般資料庫相同之處為其亦儲存數據，然而與資料庫不同的是 QIS 須能提供完善之分析工具以自數據中獲得更多之資訊，提供企業內各階層人士之使用。在使用此資訊時，為了迅速確認、分析問題所在，並決定肇因及求取解答，使用者須具備適當的背景。此包括了解釋統計圖表，確認問題及診斷原因等各方面之專業知識。然而在一企業中由於各有專精，並非每個人皆能了解品管工作中所牽涉到之統計分析方法。

　　品質數據須轉換為資訊情報才能發揮其功能，因此必須有一介面將品質數據轉換為資訊以提供自動化決策分析及有關品質方面之諮詢。在品質資訊系統中，製程品質數據通常須經由各種統計分析，以取得有用之資訊情報來決定品質問題、探討原因及採取適當矯正措施以預防相同問題之再發生。但這些工作均需專業統計及製程有關知識方能勝任。因此如何設計一適當之機構(mechanism)將原始品質數據，轉換為有用之資訊、情報，並提供諮詢以達到決策自動化之目的，乃為目前品質資訊系統之研究重點之一。

　　Alexander(1988)探討專家系統在品質資訊系統上應用的可能性，並評論品管有關之專家系統。專家系統可包含領域內高階專家之意見及技術。由於專家系統可將知識表示符號化及具知識推理之能力，因此可提供解決問題之諮詢。另一方面，專家系統可檢視自己的推理並解說(explaination)其操作，所以亦可提供學習(learning)和教育訓練(training)之能力。專家系統同時可結合領域內各專家之知識及技術於知識庫內，因此非常適用於發展或使用品質資訊系統時，須包含各類專業知識之情況。換言之，專家系統將取代在使用品質資訊系統時，使用者所需具備統計或製程等專業知識之要求。

　　一個專家系統式之品質資訊系統可有下列功能(Alexander 1988)：

1.　轉換數據資料成為資訊。例如在品質缺失上所收集之數據資料可轉換成柏拉圖表，用以顯示最常發生之缺失及對成本有最大影響的缺失。

2.　解釋或引出資訊之「意義」。如資訊系統可解釋控制圖表之各種型態並警示使用者異常之型態圖表。

3.　協助診斷問題發生之原因及決定適合的改正動作。如資訊系統對於問題的範圍係使用專家系統之知識來判斷可能的問題之來源並建議適合的回應。

4. 訓練並提供使用者一學習的環境。因資訊系統可包括不同領域專家所提供之知識（例如：品管／統計之知識；有關製程之知識），而且這些知識都很明白地記錄在此資訊系統內。同時，專家系統技術也允許了新的知識隨時加入此系統內。

圖 18-1 爲一專家系統式品質資訊系統之架構。

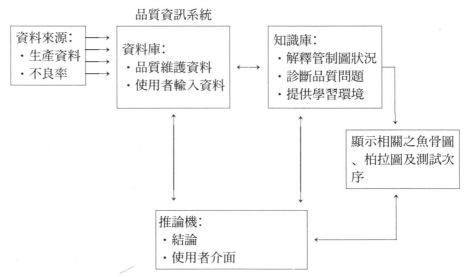

圖18-1 專家系統式品質資訊系統之架構（Alexander 1988）

18.2.1 品質資訊的類別

品質資訊系統之主要目的乃在於提供資訊，用以發展、改進，並維持產品之品質。產品自開發設計、採購進料、製造裝配、成品入庫、儲存裝運及售後服務等過程中，所產生與品質有關之資訊皆可稱爲品質資訊。在一品質資訊中儲存之資訊可區分爲生產前(Pre-production)資訊、生產資訊及生產後(Post-production)資訊。一個完整之品管資訊系統其儲存及使用包含了企業中不同之層次。現今的品質管制理論要求品管工作須普及於企業之任一階層，企業中員工對於品管之投入將對企業有莫大之助益。有關品質的資訊，可歸納爲如下各類（戴久永 1991）：

1. 市場資訊

2. 技術資訊

3. 製造資訊

4. 品保資訊

5. 經營資訊

上述各項資訊說明如下:

Ⅰ. 市場資訊

市場資訊是指消費者對品質的要求程度、未來之變動趨勢、主要競爭者之情報，這些資訊可作爲品質設計的基礎。市場資訊主要來自營業部門日常業務的報告、市場調查、抱怨處理以及售後服務等資料。市場資訊可以概括爲:

(1) 機能、外觀、壽命等。

(2) 市場品質──競爭品的品質、售價、成本、銷售力等。

(3) 品質保證。

(4) 新市場開拓或轉用。

2. 技術資訊

科技的進步日新月異，墨守成規不求革新就是落伍，市場調查是追蹤和預測消費者對品質要求的變遷的必要手段。科技的進步有助於製程創造更適用的產品，所以一定要吸收應用，但最重要的還要知道本身公司的能力和製程能力。一般經營者對其工廠真正的製程能力常有評價過低的傾向，經營者若能真實正確的評價，把握技術資訊，做到知己知彼，必將無往不利。科學技術資訊包含下列數種:

(1) 本公司的技術者或營業員的真實能力。

(2) 來自本公司的研究報告或技術資料。

(3) 學術界的研究報告。

(4) 專門的雜誌 (技術論文、調查報告)。

(5)　專利公報。

(6)　專門書籍。

(7)　說明書和目錄。

3.　有關製造的資訊

本項目所欲得到的資訊如下：

(1)　與購入原料有關的資訊——進料的品質資訊、分析表、試驗成果表的使用。

(2)　與外購零件有關的資訊——訂購品的品質分布、量、成本等。

(3)　與製程能力有關的資訊——製程能力圖的繪製及回饋。

(4)　與設備能力有關的資訊——各種管理卡的使用、排程計畫等。

(5)　與生產量管制有關的資訊——試驗、檢查計測有關的部分。

(6)　與試驗檢查設備有關的資訊——試驗、檢查計測有關的部分。

(7)　與製程變動有關的資訊——管制圖的活用，任何有關變動的資訊。

(8)　與公司內或廠內標準有關的資訊——標準制定、修改、廢止等有關資訊。

(9)　與廠內教育訓練有關的資訊——培養人才、長期經營有關的資料。

4.　品質保證有關的資訊

(1)　與抱怨或申訴的調查和報告有關的資訊。

(2)　與出廠品質的評價、檢查、調查、分銷有關的資訊。

(3)　各種有關品質的業務方面、技術方面、檢驗方面的資訊。

(4)　與不良損失有關的資訊（包括研究調查、預防、失敗成本等的使用）。

(5)　自身品質有關的資訊。

(6)　與檢驗有關的資料。

(7)　重要品質問題的資訊。

(8)　有關品質管制報告方面的資訊。

5.　經營資訊

科學技術日新月異，新產品和新技術不斷地開發，因此公司不得不時常注意本身經營系統的發展以免落伍。經營資訊包括：

(1)　新產品開發有關的資訊——新產品、價格政策等。

(2)　有關型式改變的資訊——新式樣、價格政策等。

(3)　特產品、代用品的有關資訊。

18.2.2　品質資訊系統之功能

品質資訊系統中收集並儲存各種與產品品質有關的資料、數據，資料可加以分析，所產生的資訊則被用來作決策分析。資訊系統中資料將維持並增補新資料，已計畫的及特定的報告將從資料庫中產生，用來輔助企業之運作。資訊系統並能提供即時之諮詢。基本上，品質資訊系統應具備之功能包含：資料收集、儲存、資料分析、資料增補、報表產生及諮詢。圖18-2 為品質資訊系統之基本功能。

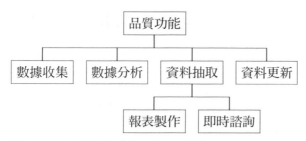

圖18-2　品質資訊系統之基本功能（Chang 1988）

Chang（1988)將品質資訊系統之功能分成生產前階段、生產階段和生產後階段，品質資訊系統在各階段之功能說明如下。

一、QIS 在生產前階段之功能

品管在生產前階段之功能，近年來在品管界受到廣泛的注意。主要由於企業開始意識到顧客滿意之重要性。在此階段，品管功能著重在客戶及競爭對手的行銷研究。爲使企業研擬出最佳的競爭策略，企業本身必須對主要競爭者瞭若指掌。企業所採的地位及其策略將影響到公司之攻擊性或防禦性策略的訂立。收集到的數據資料，加以分析後的資訊及公司之策略都將被儲存在資料庫內，當作是公司決策支援系統之一部分。

生產前品管功能亦對公司客戶之資料加以收集及研究，包括了客戶之背景、地位、需求等情報。一個以顧客爲導向之企業堅信滿足客戶之需求爲其最大目標。經由市場研究，企業可了解使顧客滿意之各項要求。品質機能展開可將顧客之要求轉換成產品之功能、樣式和工程上之要求。根據工程上之要求，設計人員可設計滿足顧客之產品。各階段之工程規格和要求，都可儲存在品質資訊系統中，以供後續工作使用。

爲避免產品用到有缺失之零配件，生產前之品管功能也強調了進料檢驗。在此階段，購入之原物料須加以測試，只有符合規格的才能送上生產線或倉庫。供應商之品質水準可經由進料檢驗之結果獲得。允收或拒收之資料，都儲存在品質資訊系統中。由生產線所獲得之回饋資訊，也將用來更新供應商之品質水準記錄。圖18-3說明品質資訊系統在生產前階段之功能。

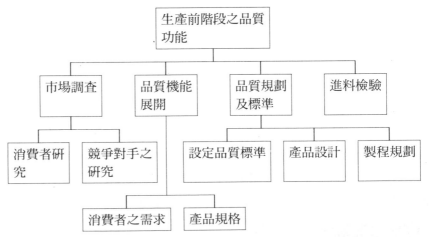

圖18-3　品質資訊系統在生產前階段之功能（Chang 1988）

二、QIS 在生產階段之功能

在過去，生產階段的品管被認爲是品管功能之主流。主要之工作包括零配件、組合（裝配）產品之檢驗及統計製程管制。品質資訊系統在製程中收集資料以便輔助統計製程管制，使其能偵測出製程之異常狀況，診斷異常原因並建議改善行動。

生產前階段係專注在產品之品質設計以符合顧客需求，生產階段之主要目的乃著重於不合格品之降低。圖 18-4 說明 QIS 在生產階段之功能。

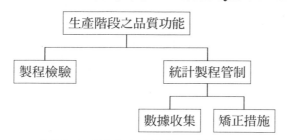

圖18-4　品質資訊系統在生產階段之功能（Chang 1988）

三、QIS 在生產後階段之功能

在生產後階段，品管功能包括倉儲管理、包裝及裝運過程，以確保產品無誤地送抵客戶。在銷售產品之後，顧客之滿意有賴於廠商之支持及售後保證／服務。退回之商品在紀錄、調查後，經由實驗室檢查並尋找缺失產品之導因。客戶所發生之不滿意之原因亦須調查。調查研究結果及客戶之反應都將被儲存在品質資訊系統內。有了品質資訊系統之輔助，企業可符合客戶之要求，降低缺失率，履行更正之動作及生產品質良好之產品。圖 18-5 爲 QIS 在生產後階段之功能。

基於分工上的需要，生產前階段、生產後階段的品管通常多由如行銷營業部門、管理企劃部門、倉儲運輸部門單位來執行；對生產部門而言，接觸最頻繁的品管活動當屬生產階段的品質管制。

18.2.3　品質資訊系統之內容

杜炯烽(1990)提出一套製造系統中品質管制活動的資訊系統架構，同

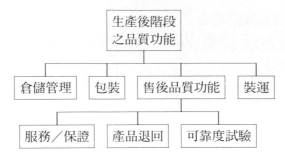

圖18-5 品質資訊系統在生產後階段之功能（Chang 1988）

時並定義品質資訊系統的各個體及其屬性。此項研究也包含有關品質資訊系統發展與實施的建議。依據品管工作範圍之分類，一個典型品質資訊系統之內容（個體和屬性）可分成下列數項（杜烱烽 1990）：

1. 品質工程

   本個體主要是根據公司之品質政策、市場品質需求及本身的製造能力，所制定出的產品品質標準、製造作業標準和檢驗管制標準。有關品質工程之標準具有下列屬性：

   (1) 品質標準：標準品質是根據市場的需求、可接受的價格、公司的品質策略、企業本身的技術能力及管理能力來決定。標準品質用文字記載者稱爲品質標準書。

   (2) 作業標準：作業標準是製造出符合品質的操作標準。要決定作業標準，除了先具有品質標準外，應作製程解析，以掌握品質特性與製程的關係。標準作業用文字記載者稱爲作業標準書，製造現場須確實根據作業標準書操作，才能控制品質要因，製造出合乎品質標準的產品。

   (3) 管制標準：管制標準包括抽樣計畫、檢驗規範及檢驗後結果的判定標準。廠內之進料檢驗、製程檢驗、成品檢驗或出貨檢驗等工作，皆須依此管制標準執行。

2.　儀器管理

本個體的主要目的是有效管理檢驗儀器的供應、保養與校正，以充分支援檢驗活動，並延長儀器的使用壽命、降低儀器的使用成本。儀器管理包含下列屬性：

(1)　儀器供應管理：儀器的供應管理須考慮製造的詳細排程計畫、現有儀器的堪用程度與數量以及各種供應方案的成本比較，才能以最經濟的途徑，有效地支援檢驗活動。

(2)　儀器操作規範：精密儀器需有熟練的操作才能發揮它的功能；爲了避免因爲操作不當，所造成的量測誤差，應將儀器的操作標準化。這類的文字記錄即是儀器操作規範。

(3)　儀器維護規範：唯有平日做好儀器維護、保養與校正的工作，才能使儀器的精密度得以確保，並延長儀器的使用年限；因此，有必要規劃儀器維護、保養與校正的日程及標準。這類的文字記錄即是儀器維護規範。

3.　進料管制

本個體係針對進廠原物料、託外加工與外包半成品的檢驗資訊。除了接收來自料庫的檢驗通知外，亦須將檢驗的結果報告回饋給料庫，其屬性如下：

(1)　進料檢驗報告：除了載明檢驗結果的明細與彙總統計外，亦應包含對檢驗結果的判定及處理。判定合格者准予驗收；判定不合格者，則會同工程單位及採購單位，視實際狀況予以退貨、特採、選別、重工、減價或廢棄處理。

4.　製程管制

本個體係爲在製造現場中的品質管制資訊。此處所指的製造現場包括廠內的工作站、託外加工與外包協力廠商的工作站。因此，管制的對象涵蓋廠內外上線前的原物料及廠內自製的半成品。其具有的屬性如下：

(1) 製程檢驗報告：製程管制人員依據詳細排程計畫的時程及品質工程所制定的管制準則進行檢驗管制工作，並按檢驗結果判定合格與否。這些資訊的文字記載即爲製程檢驗報告。

(2) 製程管制圖：管制圖最主要的用途是偵測製程有無可歸屬原因存在，亦即使用管制圖來判斷製程是否處於管制狀態(state of control)。依品質數據之性質，製程管制圖可分爲計量值管制圖與計數值管制圖。

(3) 品質變異處理：經由管制圖所發現非機遇性的品質變異，須將其確實原因找出，並進一步尋求解決方案。

5. 成品管制

本個體係爲產品製造完成時，檢驗人員對產品所做之組合、外觀與功能的檢驗記錄。成品管制包含下列屬性：

(1) 成品檢驗報告：成品檢驗人員收到廠內製造現場的成品檢驗通知或託外加工、外包成品的入廠檢驗通知後，即根據品質工程所制定的管制標準進行檢驗管制工作，並按檢驗結果判定產品是否合格。合格者進行後續的包裝程序，不合格者退回製造現場重工或報廢。這些資訊的文字記載即爲成品檢驗報告。

(2) 包裝檢驗報告：檢驗人員對包裝完成之成品實施品質覆核，並記錄檢驗結果。合格者送往成品倉庫等待出貨，不合格者退回重工。

6. 出貨管制

本個體係對將出廠的產品，所做最後檢驗管制活動之資訊。出貨管制最主要的目的是防止不合格品、規格不符合品及數量不符合品流入客戶手中，尤其是庫存多時或舊規格的存貨，應多加注意。此外，對於運輸包裝的檢驗資訊，亦應包含在此個體中。本個體包括下列屬性：

(1) 出貨檢驗報告：出貨檢驗人員收到成品倉庫的檢驗通知後，即根據品質工程所制定的管制標準進行檢驗管制工作，並按檢驗結果判定合格與否。合格者則准予出貨，判定不合格者則退回成品倉庫、製造現場予以重工或報廢。這些資訊的文字記載即爲出貨檢驗報告。

7. 品質成本分析

品質成本分析係收集各種品質管制活動的成本資料，並將其彙成品質成本統計報表，供品質管理者與決策者參考。品質成本包括下列屬性：

(1) 預防成本：爲維持品質水準、防止品質失敗發生的成本，包括品質計畫、品質研究、教育訓練、設備儀器改良等成本。

(2) 鑑定成本：係爲評估產品品質狀況而產生的成本。包括檢驗、試驗、品質稽核、設備維護保養與校正等成本。

(3) 內部失敗成本：原物料採購不當或製程中處理不良所導致的損失，如不合格品重工、報廢及購料處理等成本。

(4) 外部失敗成本：產品不良所導致的損失，包括處理顧客抱怨申訴、售後維修服務、產品保證、退貨、及價格折扣等成本。

8. 客戶抱怨處理

本個體主要是收集顧客對於產品功能與服務的抱怨申訴，並採取處理措施及回報重大品質問題。客戶抱怨處理包括下列屬性：

(1) 售後服務卡：收到顧客對產品品質的抱怨申訴時，售後服務人員即前往了解問題，並給予顧客適當的說明與答覆。若確屬產品品質上的缺失，則採取進一步的服務行爲，如維修、更換零件、賠償損失等等。諸如這類的資訊皆記錄於售後服務卡。

(2) 退貨通知單：售後服務人員對於重大的品質缺失，如果認爲需要辦理退貨, 則填寫退貨通知單, 通知品質管理單位, 並採取退貨的處理措施, 如回廠修復、更換新品或賠償貨款等。

9. 品質問題管理

本個體主要係品質問題解決過程中所產生的資訊。它找出品質問題的原因, 並針對問題謀求合理的解決之道。本個體包括下列屬性:

(1) 原因調查分析: 針對品質問題展開調查分析, 找出問題的真正原因, 同時記載於調查記錄上。

(2) 處理對策: 根據原因調查結果, 擬定處理方案, 不管是改良製程、改良生產設備、加強採購外包管理、加強人員訓練等治本方案, 或僅是修復、更換零件、更換新品、賠償貨款及損失等治標方案, 皆須根據方案成本、市場反應及公司品質政策來加以考慮, 選擇最有利的方案。

根據前述之討論, 一個典型品質資訊系統之整體功能可以其輸出入資訊來表示。

1. 標準制定

本功能的輸入資料是市場的品質需求及企業本身的製造品質能力; 輸出是檢驗標準、管制標準及預防成本資料。本項目是根據企業的品質政策來管制。

2. 儀器管理

本功能的輸入是檢驗儀器的操作與維護狀況及日程計畫中的詳細排程計畫; 輸出是儀器操作維護規範、儀器供應計畫及儀器維護成本。本項目是根據檢驗標準來管制。

3. 進料管制

本功能的輸入是進料品質規格及進料檢驗通知；輸出是物料檢驗報告及品質鑑定成本資料。本項目是利用檢驗儀器根據管制標準和儀器操作維護規範來管制。

4. 製程管制

本功能的輸入是詳細排程計畫、半成品規格及重工製程檢驗通知；輸出是製程檢驗報告、品質變異處理報告、製程檢驗報告、內部失敗成本資料及品質鑑定成本資料。本項目是利用檢驗儀器根據管制標準和儀器操作維護規範來加以管制。

5. 成品管制

本功能的輸入是成品品質規格及成品檢驗通知；輸出是成品檢驗報告、包裝檢驗報告及品質鑑定成本資料。本項目是利用檢驗儀器根據管制標準和儀器操作維護規範來管制。

6. 出貨管制

本功能的輸入是出貨品質規格及出貨檢驗通知；輸出是出貨檢驗報告及品質鑑定成本資料。本項目是利用檢驗儀器根據管制標準和儀器操作維護規範來管制。

7. 品質成本分析

本功能的輸入是預防成本資料、鑑定成本資料、內部失敗成本資料及外部失敗成本資料；輸出是品質成本統計報表。

8. 品質問題管理

本功能的輸入是客戶抱怨所回饋重大品質問題；輸出是對重大品質問

題的原因調查分析報告及其處理對策。

9.客戶抱怨處理

本功能的輸入是客戶對產品品質的抱怨；輸出是重大品質問題回報、處理結果及外部失敗成本資料。

18.2.4　品質資訊系統之規劃

品質資訊系統之規劃是一件複雜的工作, 其工作包含分析顧客之需求,建立系統之設計規格，準備一份提案文件說明所需之成本和時間。當提案被管理階層核准後，還要經過系統開發、測試和實施。另外，系統之成效也要加以評估。

一個品質資訊系統必須合乎公司內部和外部顧客之需求。規劃一個品質資訊系統之原則有下列數項(Juran 和 Gryna 1993)：

1. 品質資訊系統必須能接受以任何想像的到之方式所輸入的資訊。
2. 提供足夠之彈性，以應付新增數據之需求。
3. 提供三種數據收集之方式，(1)即時 (連續)，(2)最近資料 (數分鐘至數小時前)，(3)歷史資料。
4. 刪除不再需要之資料的收集。
5. 提供易讀且適時之報告，對於目前之問題提供詳細之資料，以協助發掘問題之原因，對於可能產生之問題，提供早期之警告。
6. 提供匯總之報告，說明問題來源和問題處理之進度。
7. 追蹤收集、處理資訊和製作報告之成本，並將其與資訊本身之價值比較。

圖 18-6 為一品質資訊系統之架構，圖 18-7 描述各功能個體間之關係模式。

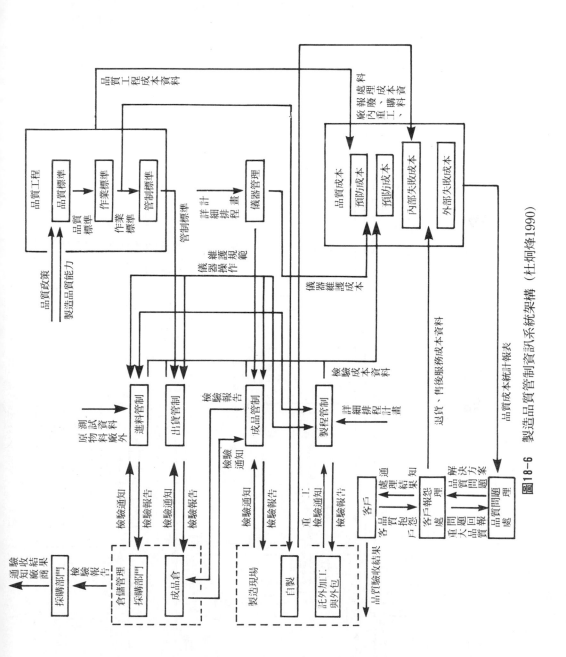

圖18-6　製造品質管制資訊系統架構（杜柳煇1990）

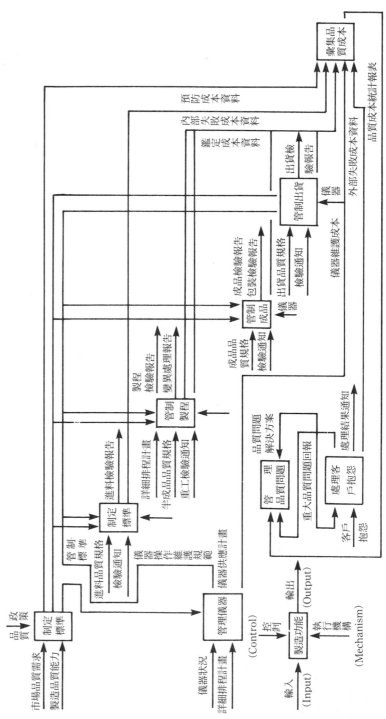

圖18-7 製造品質管制資訊系統功能關係模式 (杜烔烽1990)

18.2.5 結論

　　品質資訊系統在製造過程的品管活動中扮演非常重要的角色，管理者與決策者必須藉由製造品質資訊系統所提供的各種資訊，才能及時因應內外在環境的變遷，以最經濟的方式，做出最有效的品質決策，並採取合宜的處理措施。而在整個製造系統中，每個子系統間的關係都很密切，唯有在整合各子系統的前提下，製造系統的整體效益才能發揮。因此，品質資訊系統必須在整體製造資訊系統的架構下發展，方能與製造資訊系統中的其他子系統相連結，發揮最大效用。

習　題

1. 討論電腦在品質管制上之應用。

2. 以使用者之立場，列出品質管制軟體應具備之功能。

3. 說明一個電腦化品質資訊系統所需之硬體設備。

4. 以全面品質之觀點，說明電腦化品質資訊系統之目的和重要性。

5. 說明一個品質資訊系統應包含之資訊種類。

參考文獻

Alexander, S. M., "The design of a knowledge based quality information system," in 1988 *International Industrial Engineering Conference Proceedings,* pp. 21-23.

Bennett, H. S., "Next generation quality saftware," *Quality,* October 1990, pp. 42-44.

Chang, C.-H., "The structure of quality information system in a computer integrated manufacturing environment," *Computers and Industrial Engineering,* 15(1-4), 338-343, 1988.

Juran, J. M., and F. M. Gryna, *Quality Planning and Analysis,* McGraw-Hill, NY (1993).

Suresh, N. C., and J. R. Meredith, "Quality assurance information systems for factory automation," *International Journal of Production Research,* 23(3), 479-488, 1985.

杜炯烽，〈製造品質管制資訊系統架構之研究〉，《中國工業工程學會年會論文集》，1990 年，頁 185-193。

戴久永，《品質管理》，三民書局，1991 年。

附　　表

附表 1　建立計量值管制圖之因子

樣本大小	平均值管制圖 管制界限因子			標準差管制圖 中心線因子		標準差管制圖 管制界限因子				全距管制圖 中心線因子			全距管制圖 管制界限因子			
n	A	A_2	A_3	c_4	$1/c_4$	B_3	B_4	B_5	B_6	d_2	$1/d_2$	d_3	D_1	D_2	D_3	D_4
2	2.121	1.880	2.659	0.7979	1.2533	0	3.267	0	2.606	1.128	0.8865	0.853	0	3.686	0	3.267
3	1.732	1.023	1.954	0.8862	1.1284	0	2.568	0	2.276	1.693	0.5907	0.888	0	4.358	0	2.575
4	1.500	0.729	1.628	0.9213	1.0854	0	2.266	0	2.088	2.059	0.4857	0.880	0	4.698	0	2.282
5	1.342	0.577	1.427	0.9400	1.0638	0	2.089	0	1.964	2.326	0.4299	0.864	0	4.918	0	2.115
6	1.225	0.483	1.287	0.9515	1.0510	0.030	1.970	0.029	1.874	2.534	0.3946	0.848	0	5.078	0	2.004
7	1.134	0.419	1.182	0.9594	1.0423	0.118	1.882	0.113	1.806	2.704	0.3698	0.833	0.204	5.204	0.076	1.924
8	1.061	0.373	1.099	0.9650	1.0363	0.185	1.815	0.179	1.751	2.847	0.3512	0.820	0.388	5.306	0.136	1.864
9	1.000	0.337	1.032	0.9693	1.0317	0.239	1.761	0.232	1.707	2.970	0.3367	0.808	0.547	5.393	0.184	1.816
10	0.949	0.308	0.975	0.9727	1.0281	0.284	1.716	0.276	1.669	3.078	0.3249	0.797	0.687	5.469	0.223	1.777
11	0.905	0.285	0.927	0.9754	1.0252	0.321	1.679	0.313	1.637	3.173	0.3152	0.787	0.811	5.535	0.256	1.744
12	0.866	0.266	0.886	0.9776	1.0229	0.354	1.646	0.346	1.610	3.258	0.3069	0.778	0.922	5.594	0.283	1.717
13	0.832	0.249	0.850	0.9794	1.0210	0.382	1.618	0.374	1.585	3.336	0.2998	0.770	1.025	5.647	0.307	1.693
14	0.802	0.235	0.817	0.9810	1.0194	0.406	1.594	0.399	1.563	3.407	0.2935	0.763	1.118	5.696	0.328	1.672
15	0.775	0.223	0.789	0.9823	1.0180	0.428	1.572	0.421	1.544	3.472	0.2880	0.756	1.203	5.741	0.347	1.653
16	0.750	0.212	0.763	0.9835	1.0168	0.448	1.552	0.440	1.526	3.532	0.2831	0.750	1.282	5.782	0.363	1.637
17	0.728	0.203	0.739	0.9845	1.0157	0.466	1.534	0.458	1.511	3.588	0.2787	0.744	1.356	5.820	0.378	1.622
18	0.707	0.194	0.718	0.9854	1.0148	0.482	1.518	0.475	1.496	3.640	0.2747	0.739	1.424	5.856	0.391	1.608
19	0.688	0.187	0.698	0.9862	1.0140	0.497	1.503	0.490	1.483	3.689	0.2711	0.734	1.487	5.891	0.403	1.597
20	0.671	0.180	0.680	0.9869	1.0133	0.510	1.490	0.504	1.470	3.735	0.2677	0.729	1.549	5.921	0.415	1.585
21	0.655	0.173	0.663	0.9876	1.0126	0.523	1.477	0.516	1.459	3.778	0.2647	0.724	1.605	5.951	0.425	1.575
22	0.640	0.167	0.647	0.9882	1.0119	0.534	1.466	0.528	1.448	3.819	0.2618	0.720	1.659	5.979	0.434	1.566
23	0.626	0.162	0.633	0.9887	1.0114	0.545	1.455	0.539	1.438	3.858	0.2592	0.716	1.710	6.006	0.443	1.557
24	0.612	0.157	0.619	0.9892	1.0109	0.555	1.445	0.549	1.429	3.895	0.2567	0.712	1.759	6.031	0.451	1.548
25	0.600	0.153	0.606	0.9896	1.0105	0.565	1.435	0.559	1.420	3.931	0.2544	0.708	1.806	6.056	0.459	1.541

若 n >25, 則依下列公式計算各項因子:

$$A = \frac{3}{\sqrt{n}}, \quad A_3 = \frac{3}{c_4\sqrt{n}}, \quad c_4 \cong \frac{4(n-1)}{4n-3}, \quad B_3 = 1 - \frac{3}{c_4\sqrt{2(n-1)}}, \quad B_4 = 1 + \frac{3}{c_4\sqrt{2(n-1)}}, \quad B_5 = c_4 - \frac{3}{\sqrt{2(n-1)}}, \quad B_6 = c_4 + \frac{3}{\sqrt{2(n-1)}}$$

附表 2　累積二項分配

本表計算不同n、x和p組合下之二項分配累積機率，累積機率定義爲

$$P(X \leq x) = \sum_{i=0}^{x} \binom{n}{i} p^i (1-p)^{n-i}$$

例：　當$n=10$，$x=3$，$p=0.15$ 時，查表得

$P(X \leq 3) = 0.95$

$P(X=3) = P(X \leq 3) - P(X \leq 2) = 0.95 - 0.82 = 0.13$

附表 2　累積二項分配

n	x	.05	.10	.15	.20	.25	.30	.35	.40	.45	.50
2	0	.903	.810	.772	.640	.563	.490	.423	.360	.303	.250
	1	.998	.990	.978	.960	.938	.910	.878	.840	.798	.750
3	0	.857	.729	.614	.512	.422	.343	.275	.216	.166	.125
	1	.993	.972	.939	.896	.844	.784	.718	.648	.575	.500
	2	1.000	.999	.997	.992	.984	.973	.957	.936	.909	.875
4	0	.815	.656	.522	.410	.316	.240	.179	.130	.092	.063
	1	.986	.948	.890	.819	.738	.652	.563	.475	.391	.313
	2	1.000	.996	.988	.973	.949	.916	.874	.821	.759	.687
	3		1.000	.999	.998	.996	.992	.985	.974	.959	.938
5	0	.774	.590	.444	.328	.237	.168	.116	.078	.050	.031
	1	.977	.919	.835	.737	.633	.528	.428	.337	.256	.188
	2	.999	.991	.973	.942	.896	.837	.765	.683	.593	.500
	3	1.000	1.000	.998	.993	.984	.969	.946	.913	.869	.813
	4			1.000	1.000	.999	.998	.995	.990	.982	.969
6	0	.735	.531	.377	.262	.178	.118	.075	.047	.028	.016
	1	.967	.886	.776	.655	.534	.420	.319	.233	.164	.109
	2	.998	.984	.953	.901	.831	.744	.647	.544	.442	.344
	3	1.000	.999	.994	.983	.962	.930	.883	.821	.745	.656
	4		1.000	1.000	.998	.995	.989	.978	.959	.931	.891
	5				1.000	1.000	.999	.998	.996	.992	.984
7	0	.698	.478	.321	.210	.133	.082	.049	.028	.015	.008
	1	.956	.850	.717	.577	.445	.329	.234	.159	.102	.063
	2	.996	.974	.926	.852	.756	.647	.532	.420	.316	.227
	3	1.000	.997	.988	.967	.929	.874	.800	.710	.608	.500
	4		1.000	.999	.995	.987	.971	.944	.904	.847	.773
	5			1.000	1.000	.999	.996	.991	.981	.964	.938
	6					1.000	1.000	.999	.998	.996	.992
8	0	.663	.430	.272	.168	.100	.058	.032	.017	.008	.004
	1	.943	.813	.657	.503	.367	.255	.169	.106	.063	.035
	2	.994	.962	.895	.797	.679	.552	.428	.315	.220	.145
	3	1.000	.995	.979	.944	.886	.806	.706	.594	.477	.363
	4		1.000	.997	.990	.973	.942	.894	.826	.740	.637
	5			1.000	.999	.996	.989	.975	.950	.912	.855
	6				1.000	1.000	.999	.996	.991	.982	.965
	7						1.000	1.000	.999	.998	.996
9	0	.630	.387	.232	.134	.075	.040	.021	.010	.005	.002
	1	.929	.775	.599	.436	.300	.196	.121	.071	.039	.020
	2	.992	.947	.859	.738	.601	.463	.337	.232	.150	.090
	3	.999	.992	.966	.914	.834	.730	.609	.483	.361	.254
	4	1.000	.999	.994	.980	.951	.901	.828	.733	.621	.500
	5		1.000	.999	.997	.990	.975	.946	.901	.834	.746
	6			1.000	1.000	.999	.996	.989	.975	.950	.910
	7					1.000	1.000	.999	.996	.991	.980
	8								1.000	1.000	.999	.998
10	0	.599	.349	.197	.107	.056	.028	.013	.006	.003	.001
	1	.914	.736	.544	.376	.244	.149	.086	.046	.023	.011
	2	.988	.930	.820	.678	.526	.383	.262	.167	.100	.055
	3	.999	.987	.950	.879	.776	.650	.514	.382	.266	.172
	4	1.000	.998	.990	.967	.922	.850	.751	.633	.504	.377

附表 2　累積二項分配(續)

n	x	.05	.10	.15	.20	.25	.30	.35	.40	.45	.50
	5		1.000	.999	.994	.980	.953	.905	.834	.738	.623
	6			1.000	.999	.996	.989	.974	.945	.898	.828
	7				1.000	1.000	.998	.995	.988	.973	.945
	8						1.000	.999	.998	.995	.989
	9							1.000	1.000	1.000	.999
11	0	.569	.314	.167	.086	.042	.020	.009	.004	.001	.000
	1	.898	.697	.492	.322	.197	.113	.061	.030	.014	.006
	2	.985	.910	.779	.617	.455	.313	.200	.119	.065	.033
	3	.998	.981	.931	.839	.713	.570	.426	.296	.191	.113
	4	1.000	.997	.984	.950	.885	.790	.668	.533	.397	.274
	5		1.000	.997	.988	.966	.922	.851	.753	.633	.500
	6			1.000	.998	.992	.978	.950	.901	.826	.726
	7				1.000	.999	.996	.988	.971	.939	.887
	8					1.000	.999	.998	.994	.985	.967
	9						1.000	1.000	.999	.998	.994
	10								1.000	1.000	1.000
12	0	.540	.282	.142	.069	.032	.014	.006	.002	.001	.000
	1	.882	.659	.443	.275	.158	.085	.042	.020	.008	.003
	2	.980	.889	.736	.558	.391	.253	.151	.083	.042	.019
	3	.998	.974	.908	.795	.649	.493	.347	.225	.134	.073
	4	1.000	.996	.976	.927	.842	.724	.583	.438	.304	.194
	5		.999	.995	.981	.946	.882	.787	.665	.527	.387
	6		1.000	.999	.996	.986	.961	.915	.842	.739	.613
	7			1.000	.999	.997	.991	.974	.943	.888	.806
	8				1.000	1.000	.998	.994	.985	.964	.927
	9						1.000	.999	.997	.992	.981
	10							1.000	1.000	.999	.997
	11									1.000	1.000
13	0	.513	.254	.121	.055	.024	.010	.004	.001	.000	.000
	1	.865	.621	.398	.234	.127	.064	.030	.013	.005	.002
	2	.975	.866	.692	.502	.333	.202	.113	.058	.027	.011
	3	.997	.966	.882	.747	.584	.421	.278	.169	.093	.046
	4	1.000	.994	.966	.901	.794	.654	.501	.353	.228	.133
	5		.999	.992	.970	.920	.835	.716	.574	.427	.291
	6		1.000	.999	.993	.976	.938	.871	.771	.644	.500
	7			1.000	.999	.994	.982	.954	.902	.821	.709
	8				1.000	.999	.996	.987	.968	.930	.867
	9					1.000	.999	.997	.992	.980	.954
	10						1.000	1.000	.999	.996	.989
	11								1.000	.999	.998
	12									1.000	1.000
14	0	.488	.229	.103	.044	.018	.007	.002	.001	.000	.000
	1	.847	.585	.357	.198	.101	.047	.021	.008	.003	.001
	2	.970	.842	.648	.448	.281	.161	.084	.040	.017	.006
	3	.996	.956	.853	.698	.521	.355	.220	.124	.063	.029
	4	1.000	.991	.953	.870	.742	.584	.423	.279	.167	.090
	5		.999	.988	.956	.888	.781	.641	.486	.337	.212
	6		1.000	.998	.988	.962	.907	.816	.692	.546	.395
	7			1.000	.998	.990	.969	.925	.850	.741	.605

附表 2 累積二項分配(續)

n	x	.05	.10	.15	.20	.25	.30	.35	.40	.45	.50
	8				1.000	.998	.992	.976	.942	.881	.788
	9					1.000	.998	.994	.982	.957	.910
	10						1.000	.996	.996	.989	.971
	11							1.000	.999	.998	.994
	12								1.000	1.000	.999
	13										1.000
15	0	.463	.206	.087	.035	.013	.005	.002	.000	.000	.000
	1	.829	.549	.319	.167	.080	.035	.014	.005	.002	.000
	2	.964	.816	.604	.398	.236	.127	.062	.027	.011	.004
	3	.995	.944	.823	.648	.461	.297	.173	.091	.042	.018
	4	.999	.987	.938	.836	.686	.515	.352	.217	.120	.059
	5	1.000	.998	.983	.939	.852	.722	.564	.403	.261	.151
	6		1.000	.996	.982	.943	.869	.755	.610	.452	.304
	7			.999	.996	.983	.950	.887	.787	.654	.500
	8			1.000	.999	.996	.985	.958	.905	.818	.696
	9				1.000	.999	.996	.988	.966	.923	.849
	10					1.000	.999	.997	.991	.975	.941
	11						1.000	1.000	.998	.994	.982
	12								1.000	.999	.996
	13									1.000	1.000
16	0	.440	.185	.074	.028	.010	.003	.001	.000	.000	.000
	1	.811	.515	.284	.141	.063	.026	.010	.003	.001	.000
	2	.957	.789	.561	.352	.197	.099	.045	.018	.007	.002
	3	.993	.932	.790	.598	.405	.246	.134	.065	.028	.011
	4	.999	.983	.921	.798	.630	.450	.289	.167	.085	.038
	5	1.000	.997	.976	.918	.810	.660	.490	.329	.198	.105
	6		.999	.994	.973	.920	.825	.688	.527	.366	.227
	7		1.000	.999	.993	.973	.926	.841	.716	.563	.402
	8			1.000	.999	.993	.974	.933	.858	.744	.598
	9				1.000	.998	.993	.977	.942	.876	.773
	10					1.000	.998	.994	.981	.951	.895
	11						1.000	.999	.995	.985	.962
	12							1.000	.999	.997	.989
	13								1.000	.999	.998
	14									1.000	1.000
17	0	.418	.167	.063	.023	.008	.002	.001	.000	.000	.000
	1	.792	.482	.252	.118	.050	.019	.007	.002	.001	.000
	2	.950	.762	.520	.310	.164	.077	.033	.012	.004	.001
	3	.991	.917	.756	.549	.353	.202	.103	.046	.018	.006
	4	.999	.978	.901	.758	.574	.389	.235	.126	.060	.025
	5	1.000	.995	.968	.894	.765	.597	.420	.264	.147	.072
	6		.999	.992	.962	.893	.775	.619	.448	.290	.166
	7		1.000	.998	.989	.960	.895	.787	.641	.474	.315
	8			1.000	.997	.988	.960	.901	.801	.663	.500
	9				1.000	.997	.987	.962	.908	.817	.685
	10					.999	.997	.988	.965	.917	.834
	11					1.000	.999	.997	.989	.970	.928
	12						1.000	.999	.997	.991	.975
	13							1.000	1.000	.998	.994
	14									1.000	.999
	15										1.000

附表 2　累積二項分配(續)

n	x	.05	.10	.15	.20	p .25	.30	.35	.40	.45	.50
18	0	.397	.150	.054	.018	.006	.002	.000	.000	.000	.000
	1	.774	.450	.224	.099	.039	.014	.005	.001	.000	.000
	2	.942	.734	.480	.271	.135	.060	.024	.008	.003	.001
	3	.989	.902	.720	.501	.306	.165	.078	.033	.012	.004
	4	.998	.972	.879	.716	.519	.333	.189	.094	.041	.015
	5	1.000	.994	.958	.867	.717	.534	.355	.209	.108	.048
	6		.999	.988	.949	.861	.722	.549	.374	.226	.119
	7		1.000	.997	.984	.943	.859	.728	.563	.391	.240
	8			.999	.996	.981	.940	.861	.737	.578	.407
	9			1.000	.999	.995	.979	.940	.865	.747	.593
	10				1.000	.999	.994	.979	.942	.872	.760
	11					1.000	.999	.994	.980	.946	.881
	12						1.000	.999	.994	.982	.952
	13							1.000	.999	.995	.985
	14								1.000	.999	.996
	15									1.000	.999
	16										1.000
19	0	.377	.135	.046	.014	.004	.001	.000	.000	.000	.000
	1	.755	.420	.198	.083	.031	.010	.003	.001	.000	.000
	2	.933	.705	.441	.237	.111	.046	.017	.005	.002	.000
	3	.987	.885	.684	.455	.263	.133	.059	.023	.008	.002
	4	.998	.965	.856	.673	.465	.282	.150	.070	.028	.010
	5	1.000	.991	.946	.837	.668	.474	.297	.163	.078	.032
	6		.998	.984	.932	.825	.666	.481	.308	.173	.084
	7		1.000	.996	.977	.923	.818	.666	.488	.317	.180
	8			.999	.993	.971	.916	.815	.667	.494	.324
	9			1.000	.998	.991	.967	.913	.814	.671	.500
	10				1.000	.998	.989	.965	.912	.816	.676
	11					1.000	.997	.989	.965	.913	.820
	12						.999	.997	.988	.966	.916
	13						1.000	.999	.997	.989	.968
	14							1.000	.999	.997	.990
	15								1.000	.999	.998
	16									1.000	1.000
20	0	.358	.122	.039	.012	.003	.001	.000	.000	.000	.000
	1	.736	.392	.176	.069	.024	.008	.002	.001	.000	.000
	2	.925	.677	.405	.206	.091	.035	.012	.004	.001	.000
	3	.984	.867	.648	.411	.225	.107	.044	.016	.005	.001
	4	.997	.957	.830	.630	.415	.238	.118	.051	.019	.006
	5	1.000	.989	.933	.804	.617	.416	.245	.126	.055	.021
	6		.998	.978	.913	.786	.608	.417	.250	.130	.058
	7		1.000	.994	.968	.898	.772	.601	.416	.252	.132
	8			.999	.990	.959	.887	.762	.596	.414	.252
	9			1.000	.997	.986	.952	.878	.755	.591	.412
	10				.999	.996	.983	.947	.872	.751	.588
	11				1.000	.999	.995	.980	.943	.869	.748
	12					1.000	.999	.994	.979	.942	.868
	13						1.000	.998	.994	.979	.942
	14							1.000	.998	.994	.979
	15								1.000	.998	.994
	16									1.000	.999
	17										1.000

附表3　累積卜瓦松分配

本表爲卜瓦松分配之累積機率，若平均數爲λ，則累積機率爲

$$P(X \le x) = \sum_{i=0}^{x} \frac{e^{-\lambda}\lambda^i}{i!}$$

例：　　$\lambda=2$, $x=4$, 則

$P(X \le 4) = 0.947$

$P(X=4) = P(X \le 4) - P(X \le 3) = 0.947 - 0.857 = 0.09$

附表 3　累積卜瓦松分配

x	0.01	0.05	0.10	λ 0.20	0.30	0.40	0.50	0.60
0	0.990	0.951	0.905	0.819	0.741	0.670	0.607	0.549
1	1.000	0.999	0.995	0.982	0.963	0.938	0.910	0.878
2		1.000	1.000	0.999	0.996	0.992	0.986	0.977
3				1.000	1.000	0.999	0.998	0.997
4						1.000	1.000	1.000

x	0.70	0.80	0.90	λ 1.00	1.10	1.20	1.30	1.40
0	0.497	0.449	0.407	0.368	0.333	0.301	0.273	0.247
1	0.844	0.809	0.772	0.736	0.699	0.663	0.627	0.592
2	0.966	0.953	0.937	0.920	0.900	0.879	0.857	0.833
3	0.994	0.991	0.987	0.981	0.974	0.966	0.957	0.946
4	0.999	0.999	0.998	0.996	0.995	0.992	0.989	0.986
5	1.000	1.000	1.000	0.999	0.999	0.998	0.998	0.997
6				1.000	1.000	1.000	1.000	0.999
7								1.000

x	1.50	1.60	1.70	λ 1.80	1.90	2.00	2.20	2.40
0	0.223	0.202	0.183	0.165	0.150	0.135	0.111	0.091
1	0.558	0.525	0.493	0.463	0.434	0.406	0.355	0.308
2	0.809	0.783	0.757	0.731	0.704	0.677	0.623	0.570
3	0.934	0.921	0.907	0.891	0.875	0.857	0.819	0.779
4	0.981	0.976	0.970	0.964	0.956	0.947	0.928	0.904
5	0.996	0.994	0.992	0.990	0.987	0.983	0.975	0.964
6	0.999	0.999	0.998	0.997	0.997	0.995	0.993	0.988
7	1.000	1.000	1.000	0.999	0.999	0.999	0.998	0.997
8				1.000	1.000	1.000	1.000	0.999
9								1.000

x	2.6	2.8	3.0	λ 3.5	4.0	4.5	5.0	5.5
0	0.074	0.061	0.050	0.030	0.018	0.011	0.007	0.004
1	0.267	0.231	0.199	0.136	0.092	0.061	0.040	0.027
2	0.518	0.469	0.423	0.321	0.238	0.174	0.125	0.088
3	0.736	0.692	0.647	0.537	0.433	0.342	0.265	0.202
4	0.877	0.848	0.815	0.725	0.629	0.532	0.440	0.358
5	0.951	0.935	0.916	0.858	0.785	0.703	0.616	0.529
6	0.983	0.976	0.966	0.935	0.889	0.831	0.762	0.686
7	0.995	0.992	0.988	0.973	0.949	0.913	0.867	0.809
8	0.999	0.998	0.996	0.990	0.979	0.960	0.932	0.894
9	1.000	0.999	0.999	0.997	0.992	0.983	0.968	0.946
10		1.000	1.000	0.999	0.997	0.993	0.986	0.975
11				1.000	0.999	0.998	0.995	0.989
12					1.000	0.999	0.998	0.996
13						1.000	0.999	0.998
14							1.000	0.999
15								1.000

附表 3　累積卜瓦松分配(續)

x	6.0	6.5	7.0	7.5	8.0	8.5	9.0	9.5
0	0.002	0.002	0.001	0.001				
1	0.017	0.011	0.007	0.005	0.003	0.002	0.001	0.001
2	0.062	0.043	0.030	0.020	0.014	0.009	0.006	0.004
3	0.151	0.112	0.082	0.059	0.042	0.030	0.021	0.015
4	0.285	0.224	0.173	0.132	0.100	0.074	0.055	0.040
5	0.446	0.369	0.301	0.241	0.191	0.150	0.116	0.089
6	0.606	0.527	0.450	0.378	0.313	0.256	0.207	0.165
7	0.744	0.673	0.599	0.525	0.453	0.386	0.324	0.269
8	0.847	0.792	0.729	0.662	0.593	0.523	0.456	0.392
9	0.916	0.877	0.830	0.776	0.717	0.653	0.587	0.522
10	0.957	0.933	0.901	0.862	0.816	0.763	0.706	0.645
11	0.980	0.966	0.947	0.921	0.888	0.849	0.803	0.752
12	0.991	0.984	0.973	0.957	0.936	0.909	0.876	0.836
13	0.996	0.993	0.987	0.978	0.966	0.949	0.926	0.898
14	0.999	0.997	0.994	0.990	0.983	0.973	0.959	0.940
15	0.999	0.999	0.998	0.995	0.992	0.986	0.978	0.967
16	1.000	1.000	0.999	0.998	0.996	0.993	0.989	0.982
17			1.000	0.999	0.998	0.997	0.995	0.991
18				1.000	0.999	0.999	0.998	0.996
19					1.000	0.999	0.999	0.998
20						1.000	1.000	0.999
21								1.000

x	10.0	12.0	14.0	16.0	18.0	20.0	22.0	24.0
0								
1								
2	0.003	0.001						
3	0.010	0.002						
4	0.029	0.008	0.002					
5	0.067	0.020	0.006	0.001				
6	0.130	0.046	0.014	0.004	0.001			
7	0.220	0.090	0.032	0.010	0.003	0.001		
8	0.333	0.155	0.062	0.022	0.007	0.002	0.001	
9	0.458	0.242	0.109	0.043	0.015	0.005	0.002	
10	0.583	0.347	0.176	0.077	0.030	0.011	0.004	0.001
11	0.697	0.462	0.260	0.127	0.055	0.021	0.008	0.003
12	0.792	0.576	0.358	0.193	0.092	0.039	0.015	0.005
13	0.864	0.682	0.464	0.275	0.143	0.066	0.028	0.011
14	0.917	0.772	0.570	0.368	0.208	0.105	0.048	0.020
15	0.951	0.844	0.669	0.467	0.287	0.157	0.077	0.034
16	0.973	0.899	0.756	0.566	0.375	0.221	0.117	0.056
17	0.986	0.937	0.827	0.659	0.469	0.297	0.169	0.087
18	0.993	0.963	0.883	0.742	0.562	0.381	0.232	0.128
19	0.997	0.979	0.923	0.812	0.651	0.470	0.306	0.180
20	0.998	0.988	0.952	0.868	0.731	0.559	0.387	0.243
21	0.999	0.994	0.971	0.911	0.799	0.644	0.472	0.314
22	1.000	0.997	0.983	0.942	0.855	0.721	0.556	0.392
23		0.999	0.991	0.963	0.899	0.787	0.637	0.473
24		0.999	0.995	0.978	0.932	0.843	0.712	0.554
25		1.000	0.997	0.987	0.955	0.888	0.777	0.632
26			0.999	0.993	0.972	0.922	0.832	0.704
27			0.999	0.996	0.983	0.948	0.877	0.768
28			1.000	0.998	0.990	0.966	0.913	0.823
29				0.999	0.994	0.978	0.940	0.868
30				0.999	0.997	0.987	0.959	0.904
31				1.000	0.998	0.992	0.973	0.932
32					0.999	0.995	0.983	0.953
33					1.000	0.997	0.989	0.969
34						0.999	0.994	0.979
35						0.999	0.996	0.987
36						1.000	0.998	0.992

37	0.999	0.995
38	0.999	0.997
39	1.000	0.998
40		0.999
41		0.999
42		1.000

附表4　累積標準常態分配

本表計算下圖陰影面積，亦即標準常態分配曲線下由$-\infty$到z的機率，

$$P(Z \le z) = \Phi(z) = \int_{-\infty}^{z} f(y)\, dy$$

其中$f(z) = \dfrac{1}{\sqrt{2\pi}}\, e^{-\frac{z^2}{2}}$, $-\infty < z < \infty$

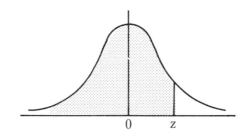

例：　$\Phi(3) = 0.99865$

$\Phi(-3) = 1 - 0.99865 = 0.00135$

$\Phi(2.05) = 0.97982$

$P(0 \le Z \le 1.0) = \Phi(1) - \Phi(0) = 0.84134 - 0.5 = 0.34134$

附表 4　累積標準常態分配

z	0.00	0.01	0.02	0.03	0.04	z
0.0	0.50000	0.50399	0.50798	0.51197	0.51595	0.0
0.1	0.53983	0.54379	0.54776	0.55172	0.55567	0.1
0.2	0.57926	0.58317	0.58706	0.59095	0.59483	0.2
0.3	0.61791	0.62172	0.62551	0.62930	0.63307	0.3
0.4	0.65542	0.65910	0.66276	0.66640	0.67003	0.4
0.5	0.69146	0.69497	0.69847	0.70194	0.70540	0.5
0.6	0.72575	0.72907	0.73237	0.73565	0.73891	0.6
0.7	0.75803	0.76115	0.76424	0.76730	0.77035	0.7
0.8	0.78814	0.79103	0.79389	0.79673	0.79954	0.8
0.9	0.81594	0.81859	0.82121	0.82381	0.82639	0.9
1.0	0.84134	0.84375	0.84613	0.84849	0.85083	1.0
1.1	0.86433	0.86650	0.86864	0.87076	0.87285	1.1
1.2	0.88493	0.88686	0.88877	0.89065	0.89251	1.2
1.3	0.90320	0.90490	0.90658	0.90824	0.90988	1.3
1.4	0.91924	0.92073	0.92219	0.92364	0.92506	1.4
1.5	0.93319	0.93448	0.93574	0.93699	0.93822	1.5
1.6	0.94520	0.94630	0.94738	0.94845	0.94950	1.6
1.7	0.95543	0.95637	0.95728	0.95818	0.95907	1.7
1.8	0.96407	0.96485	0.96562	0.96637	0.96711	1.8
1.9	0.97128	0.97193	0.97257	0.97320	0.97381	1.9
2.0	0.97725	0.97778	0.97831	0.97882	0.97932	2.0
2.1	0.98214	0.98257	0.98300	0.98341	0.98382	2.1
2.2	0.98610	0.98645	0.98679	0.98713	0.98745	2.2
2.3	0.98928	0.98956	0.98983	0.99010	0.99036	2.3
2.4	0.99180	0.99202	0.99224	0.99245	0.99266	2.4
2.5	0.99379	0.99396	0.99413	0.99430	0.99446	2.5
2.6	0.99534	0.99547	0.99560	0.99573	0.99585	2.6
2.7	0.99653	0.99664	0.99674	0.99683	0.99693	2.7
2.8	0.99744	0.99752	0.99760	0.99767	0.99774	2.8
2.9	0.99813	0.99819	0.99825	0.99831	0.99836	2.9
3.0	0.99865	0.99869	0.99874	0.99878	0.99882	3.0
3.1	0.99903	0.99906	0.99910	0.99913	0.99916	3.1
3.2	0.99931	0.99934	0.99936	0.99938	0.99940	3.2
3.3	0.99952	0.99953	0.99955	0.99957	0.99958	3.3
3.4	0.99966	0.99968	0.99969	0.99970	0.99971	3.4
3.5	0.99977	0.99978	0.99978	0.99979	0.99980	3.5
3.6	0.99984	0.99985	0.99985	0.99986	0.99986	3.6
3.7	0.99989	0.99990	0.99990	0.99990	0.99991	3.7
3.8	0.99993	0.99993	0.99993	0.99994	0.99994	3.8
3.9	0.99995	0.99995	0.99996	0.99996	0.99996	3.9

附表 4　累積標準常態分配(續)

z	0.05	0.06	0.07	0.08	0.09	z
0.0	0.51994	0.52392	0.52790	0.53188	0.53586	0.0
0.1	0.55962	0.56356	0.56749	0.57142	0.57534	0.1
0.2	0.59871	0.60257	0.60642	0.61026	0.61409	0.2
0.3	0.63683	0.64058	0.64431	0.64803	0.65173	0.3
0.4	0.67364	0.67724	0.68082	0.68438	0.68793	0.4
0.5	0.70884	0.71226	0.71566	0.71904	0.72240	0.5
0.6	0.74215	0.74537	0.74857	0.75175	0.75490	0.6
0.7	0.77337	0.77637	0.77935	0.78230	0.78523	0.7
0.8	0.80234	0.80510	0.80785	0.81057	0.81327	0.8
0.9	0.82894	0.83147	0.83397	0.83646	0.83891	0.9
1.0	0.85314	0.85543	0.85769	0.85993	0.86214	1.0
1.1	0.87493	0.87697	0.87900	0.88100	0.88297	1.1
1.2	0.89435	0.89616	0.89796	0.89973	0.90147	1.2
1.3	0.91149	0.91308	0.91465	0.91621	0.91773	1.3
1.4	0.92647	0.92785	0.92922	0.93056	0.93189	1.4
1.5	0.93943	0.94062	0.94179	0.94295	0.94408	1.5
1.6	0.95053	0.95154	0.95254	0.95352	0.95448	1.6
1.7	0.95994	0.96080	0.96164	0.96246	0.96327	1.7
1.8	0.96784	0.96856	0.96926	0.96995	0.97062	1.8
1.9	0.97441	0.97500	0.97558	0.97615	0.97670	1.9
2.0	0.97982	0.98030	0.98077	0.98124	0.98169	2.0
2.1	0.98422	0.98461	0.98500	0.98537	0.98574	2.1
2.2	0.98778	0.98809	0.98840	0.98870	0.98899	2.2
2.3	0.99061	0.99086	0.99111	0.99134	0.99158	2.3
2.4	0.99286	0.99305	0.99324	0.99343	0.99361	2.4
2.5	0.99461	0.99477	0.99492	0.99506	0.99520	2.5
2.6	0.99598	0.99609	0.99621	0.99632	0.99643	2.6
2.7	0.99702	0.99711	0.99720	0.99728	0.99736	2.7
2.8	0.99781	0.99788	0.99795	0.99801	0.99807	2.8
2.9	0.99841	0.99846	0.99851	0.99856	0.99861	2.9
3.0	0.99886	0.99889	0.99893	0.99897	0.99900	3.0
3.1	0.99918	0.99921	0.99924	0.99926	0.99929	3.1
3.2	0.99942	0.99944	0.99946	0.99948	0.99950	3.2
3.3	0.99960	0.99961	0.99962	0.99964	0.99965	3.3
3.4	0.99972	0.99973	0.99974	0.99975	0.99976	3.4
3.5	0.99981	0.99981	0.99982	0.99983	0.99983	3.5
3.6	0.99987	0.99987	0.99988	0.99988	0.99989	3.6
3.7	0.99991	0.99992	0.99992	0.99992	0.99992	3.7
3.8	0.99994	0.99994	0.99995	0.99995	0.99995	3.8
3.9	0.99996	0.99996	0.99996	0.99997	0.99997	3.9

附表5　χ^2分配表

本表內容為下圖陰影面積，亦即自由度為 ν 的 χ^2 分配曲線下，大於 $x^2_{\alpha,\nu}$ 的機率，

$$P(X \geq \chi^2_{\alpha,\nu}) = \alpha$$

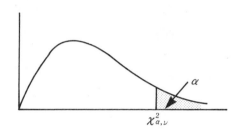

例：　$x^2_{0.05,10} = 18.31$

　　　$x^2_{0.95,10} = 3.94$

附表 5 χ^2 分配表

ν					α				
	0.995	0.990	0.975	0.950	0.500	0.050	0.025	0.010	0.005
1	0.00+	0.00+	0.00+	0.00+	0.45	3.84	5.02	6.63	7.88
2	0.01	0.02	0.05	0.10	1.39	5.99	7.38	9.21	10.60
3	0.07	0.11	0.22	0.35	2.37	7.81	9.35	11.34	12.84
4	0.21	0.30	0.48	0.71	3.36	9.49	11.14	13.28	14.86
5	0.41	0.55	0.83	1.15	4.35	11.07	12.38	15.09	16.75
6	0.68	0.87	1.24	1.64	5.35	12.59	14.45	16.81	18.55
7	0.99	1.24	1.69	2.17	6.35	14.07	16.01	18.48	20.28
8	1.34	1.65	2.18	2.73	7.34	15.51	17.53	20.09	21.96
9	1.73	2.09	2.70	3.33	8.34	16.92	19.02	21.67	23.59
10	2.16	2.56	3.25	3.94	9.34	18.31	20.48	23.21	25.19
11	2.60	3.05	3.82	4.57	10.34	19.68	21.92	24.72	26.76
12	3.07	3.57	4.40	5.23	11.34	21.03	23.34	26.22	28.30
13	3.57	4.11	5.01	5.89	12.34	22.36	24.74	27.69	29.82
14	4.07	4.66	5.63	6.57	13.34	23.68	26.12	29.14	31.32
15	4.60	5.23	6.27	7.26	14.34	25.00	27.49	30.58	32.80
16	5.14	5.81	6.91	7.96	15.34	26.30	28.85	32.00	34.27
17	5.70	6.41	7.56	8.67	16.34	27.59	30.19	33.41	35.72
18	6.26	7.01	8.23	9.39	17.34	28.87	31.53	34.81	37.16
19	6.84	7.63	8.91	10.12	18.34	30.14	32.85	36.19	38.58
20	7.43	8.26	9.59	10.85	19.34	31.41	34.17	37.57	40.00
25	10.52	11.52	13.12	14.61	24.34	37.65	40.65	44.31	46.93
30	13.79	14.95	16.79	18.49	29.34	43.77	46.98	50.89	53.67
40	20.71	22.16	24.43	26.51	39.34	55.76	59.34	63.69	66.77
50	27.99	29.71	32.36	34.76	49.33	67.50	71.42	76.15	79.49
60	35.53	37.48	40.48	43.19	59.33	79.08	83.30	88.38	91.95
70	43.28	45.44	48.76	51.74	69.33	90.53	95.02	100.42	104.22
80	51.17	53.54	57.15	60.39	79.33	101.88	106.63	112.33	116.32
90	59.20	61.75	65.65	69.13	89.33	113.14	118.14	124.12	128.30
100	67.33	70.06	74.22	77.93	99.33	124.34	129.56	135.81	140.17

附表6　　*t*分配表

本表內容爲下圖陰影面積，亦即自由度爲ν的*t*分配曲線下大於$t_{\alpha,\nu}$的機率，此機率可寫成

$$P(X \geq t_{\alpha,\nu}) = \alpha$$

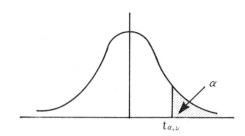

例：　　$t_{0.05,4} = 2.132$

$t_{0.05,200} = 1.645$

附表 6 t 分配表

ν \ α	0.40	0.25	0.10	0.05	0.025	0.01	0.005	0.0025	0.001	0.0005
1	0.325	1.000	3.078	6.314	12.706	31.821	63.657	127.32	318.31	636.62
2	0.289	0.816	1.886	2.920	4.303	6.965	9.925	14.089	23.326	31.598
3	0.277	0.765	1.638	2.353	3.182	4.541	5.841	7.543	10.213	12.924
4	0.271	0.741	1.533	2.132	2.776	3.747	4.604	5.598	7.173	8.610
5	0.267	0.727	1.476	2.015	2.571	3.365	4.032	4.773	5.893	6.869
6	0.265	0.727	1.440	1.943	2.447	3.143	3.707	4.317	5.208	5.959
7	0.263	0.711	1.415	1.895	2.365	2.998	3.499	4.029	4.785	5.408
8	0.262	0.706	1.397	1.860	2.306	2.896	3.355	3.833	4.501	5.041
9	0.261	0.703	1.383	1.833	2.262	2.821	3.250	3.690	4.297	4.781
10	0.260	0.700	1.372	1.812	2.228	2.764	3.169	3.581	4.144	4.587
11	0.260	0.697	1.363	1.796	2.201	2.718	3.106	3.497	4.025	4.437
12	0.259	0.695	1.356	1.782	2.179	2.681	3.055	3.428	3.930	4.318
13	0.259	0.694	1.350	1.771	2.160	2.650	3.012	3.372	3.852	4.221
14	0.258	0.692	1.345	1.761	2.145	2.624	2.977	3.326	3.787	4.140
15	0.258	0.691	1.341	1.753	2.131	2.602	2.947	3.286	3.733	4.073
16	0.258	0.690	1.337	1.746	2.120	2.583	2.921	3.252	3.686	4.015
17	0.257	0.689	1.333	1.740	2.110	2.567	2.898	3.222	3.646	3.965
18	0.257	0.688	1.330	1.734	2.101	2.552	2.878	3.197	3.610	3.922
19	0.257	0.688	1.328	1.729	2.093	2.539	2.861	3.174	3.579	3.883
20	0.257	0.687	1.325	1.725	2.086	2.528	2.845	3.153	3.552	3.850
21	0.257	0.686	1.323	1.721	2.080	2.518	2.831	3.135	3.527	3.819
22	0.256	0.686	1.321	1.717	2.074	2.508	2.819	3.119	3.505	3.792
23	0.256	0.685	1.319	1.714	2.069	2.500	2.807	3.104	3.485	3.767
24	0.256	0.685	1.318	1.711	2.064	2.492	2.797	3.091	3.467	3.745
25	0.256	0.684	1.316	1.708	2.060	2.485	2.787	3.078	3.450	3.725
26	0.256	0.684	1.315	1.706	2.056	2.479	2.779	3.067	3.435	3.707
27	0.256	0.684	1.314	1.703	2.052	2.473	2.771	3.057	3.421	3.690
28	0.256	0.683	1.313	1.701	2.048	2.467	2.763	3.047	3.408	3.674
29	0.256	0.683	1.311	1.699	2.045	2.462	2.756	3.038	3.396	3.659
30	0.256	0.683	1.310	1.697	2.042	2.457	2.750	3.030	3.385	3.646
40	0.255	0.681	1.303	1.684	2.021	2.423	2.704	2.971	3.307	3.551
60	0.254	0.679	1.296	1.671	2.000	2.390	2.660	2.915	3.232	3.460
120	0.254	0.677	1.289	1.658	1.980	2.358	2.617	2.860	3.160	3.373
∞	0.253	0.674	1.282	1.645	1.960	2.326	2.576	2.807	3.090	3.291

附表7　　F分配表

　　本表內容爲下圖陰影之面積, 亦即分子自由度爲ν_1, 分母自由度爲ν_2的

F分配曲線下大於F_{α,ν_1,ν_2}的機率, 此機率可寫成

$$P(X \geq F_{\alpha,\nu_1,\nu_2}) = \alpha$$

註: $F_{\alpha,\nu_1,\nu_2} = 1/F_{1-\alpha,\nu_2,\nu_1}$

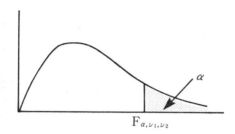

例:　　$F_{0.05,8,15} = 2.64$

　　　　$F_{0.99,10,5} = 1/F_{0.01,5,10} = 1/5.64$

附表 7　F 分配表　$F_{0.25, \nu_1, \nu_2}$

$\nu_2 \backslash \nu_1$	1	2	3	4	5	6	7	8	9	10	12	15	20	24	30	40	60	120	∞
1	5.83	7.50	8.20	8.58	8.82	8.98	9.10	9.19	9.26	9.32	9.41	9.49	9.58	9.63	9.67	9.71	9.76	9.80	9.85
2	2.57	3.00	3.15	3.23	3.28	3.31	3.34	3.35	3.37	3.38	3.39	3.41	3.43	3.43	3.44	3.45	3.46	3.47	3.48
3	2.02	2.28	2.36	2.39	2.41	2.42	2.43	2.44	2.44	2.44	2.45	2.46	2.46	2.46	2.47	2.47	2.47	2.47	2.47
4	1.81	2.00	2.05	2.06	2.07	2.08	2.08	2.08	2.08	2.08	2.08	2.08	2.08	2.08	2.08	2.08	2.08	2.08	2.08
5	1.69	1.85	1.88	1.89	1.89	1.89	1.89	1.89	1.89	1.89	1.89	1.89	1.88	1.88	1.88	1.88	1.87	1.87	1.87
6	1.62	1.76	1.78	1.79	1.79	1.78	1.78	1.78	1.77	1.77	1.77	1.76	1.76	1.75	1.75	1.75	1.74	1.74	1.74
7	1.57	1.70	1.72	1.72	1.71	1.71	1.70	1.70	1.70	1.69	1.68	1.68	1.67	1.67	1.66	1.66	1.65	1.65	1.65
8	1.54	1.66	1.67	1.66	1.66	1.65	1.64	1.64	1.63	1.63	1.62	1.62	1.61	1.60	1.60	1.59	1.59	1.58	1.58
9	1.51	1.62	1.63	1.63	1.62	1.61	1.60	1.60	1.59	1.59	1.58	1.57	1.56	1.56	1.55	1.54	1.54	1.53	1.53
10	1.49	1.60	1.60	1.59	1.59	1.58	1.57	1.56	1.56	1.55	1.54	1.53	1.52	1.52	1.51	1.51	1.50	1.49	1.48
11	1.47	1.58	1.58	1.57	1.56	1.55	1.54	1.53	1.53	1.52	1.51	1.50	1.49	1.49	1.48	1.47	1.47	1.46	1.45
12	1.46	1.56	1.56	1.55	1.54	1.53	1.52	1.51	1.51	1.50	1.49	1.48	1.47	1.46	1.45	1.45	1.44	1.43	1.42
13	1.45	1.55	1.55	1.53	1.52	1.51	1.50	1.49	1.49	1.48	1.47	1.46	1.45	1.44	1.43	1.42	1.42	1.41	1.40
14	1.44	1.53	1.53	1.52	1.51	1.50	1.49	1.48	1.47	1.46	1.45	1.44	1.43	1.42	1.41	1.41	1.40	1.39	1.38
15	1.43	1.52	1.52	1.51	1.49	1.48	1.47	1.46	1.46	1.45	1.44	1.43	1.41	1.41	1.40	1.39	1.38	1.37	1.36
16	1.42	1.51	1.51	1.50	1.48	1.47	1.46	1.45	1.44	1.44	1.43	1.41	1.40	1.39	1.38	1.37	1.36	1.35	1.34
17	1.42	1.51	1.50	1.49	1.47	1.46	1.45	1.44	1.43	1.43	1.41	1.40	1.39	1.38	1.37	1.36	1.35	1.34	1.33
18	1.41	1.50	1.49	1.48	1.46	1.45	1.44	1.43	1.42	1.42	1.40	1.39	1.38	1.37	1.36	1.35	1.34	1.33	1.32
19	1.41	1.49	1.49	1.47	1.46	1.44	1.43	1.42	1.41	1.41	1.40	1.38	1.37	1.36	1.35	1.34	1.33	1.32	1.30
20	1.40	1.49	1.48	1.47	1.45	1.44	1.43	1.42	1.41	1.40	1.39	1.37	1.36	1.35	1.34	1.33	1.32	1.31	1.29
21	1.40	1.48	1.48	1.46	1.44	1.43	1.42	1.41	1.40	1.39	1.38	1.37	1.35	1.34	1.33	1.32	1.31	1.30	1.28
22	1.40	1.48	1.47	1.45	1.44	1.42	1.41	1.40	1.39	1.39	1.37	1.36	1.34	1.33	1.32	1.31	1.30	1.29	1.28
23	1.39	1.47	1.47	1.45	1.43	1.42	1.41	1.40	1.39	1.38	1.37	1.35	1.34	1.33	1.32	1.31	1.30	1.28	1.27
24	1.39	1.47	1.46	1.44	1.43	1.41	1.40	1.39	1.38	1.38	1.36	1.35	1.33	1.32	1.31	1.30	1.29	1.28	1.26
25	1.39	1.47	1.46	1.44	1.42	1.41	1.40	1.39	1.38	1.37	1.36	1.34	1.33	1.32	1.31	1.29	1.28	1.27	1.25
26	1.38	1.46	1.45	1.44	1.42	1.41	1.39	1.38	1.37	1.37	1.35	1.34	1.32	1.31	1.30	1.29	1.28	1.26	1.25
27	1.38	1.46	1.45	1.43	1.42	1.40	1.39	1.38	1.37	1.36	1.35	1.33	1.32	1.31	1.30	1.28	1.27	1.26	1.24
28	1.38	1.46	1.45	1.43	1.41	1.40	1.39	1.38	1.37	1.36	1.34	1.33	1.31	1.30	1.29	1.28	1.27	1.25	1.24
29	1.38	1.45	1.45	1.43	1.41	1.40	1.38	1.37	1.36	1.35	1.34	1.32	1.31	1.30	1.29	1.27	1.26	1.25	1.23
30	1.38	1.45	1.44	1.42	1.41	1.39	1.38	1.37	1.36	1.35	1.34	1.32	1.30	1.29	1.28	1.27	1.26	1.24	1.23
40	1.36	1.44	1.42	1.40	1.39	1.37	1.36	1.35	1.34	1.33	1.31	1.30	1.28	1.26	1.25	1.24	1.22	1.21	1.19
60	1.35	1.42	1.41	1.38	1.37	1.35	1.33	1.32	1.31	1.30	1.29	1.27	1.25	1.24	1.22	1.21	1.19	1.17	1.15
120	1.34	1.40	1.39	1.37	1.35	1.33	1.31	1.30	1.29	1.28	1.26	1.24	1.22	1.21	1.19	1.18	1.16	1.13	1.10
∞	1.32	1.39	1.37	1.35	1.33	1.31	1.29	1.28	1.27	1.25	1.24	1.22	1.19	1.18	1.16	1.14	1.12	1.08	1.00

附表 7　F 分配表　$F_{0.10, \nu_1, \nu_2}$

$\nu_2 \backslash \nu_1$	1	2	3	4	5	6	7	8	9	10	12	15	20	24	30	40	60	120	∞
1	39.86	49.50	53.59	55.83	57.24	58.20	58.91	59.44	59.86	60.19	60.71	61.22	61.74	62.00	62.26	62.53	62.79	63.06	63.33
2	8.53	9.00	9.16	9.24	9.29	9.33	9.35	9.37	9.38	9.39	9.41	9.42	9.44	9.45	9.46	9.47	9.47	9.48	9.49
3	5.54	5.46	5.39	5.34	5.31	5.28	5.27	5.25	5.24	5.23	5.22	5.20	5.18	5.18	5.17	5.16	5.15	5.14	5.13
4	4.54	4.32	4.19	4.11	4.05	4.01	3.98	3.95	3.94	3.92	3.90	3.87	3.84	3.83	3.82	3.80	3.79	3.78	3.76
5	4.06	3.78	3.62	3.52	3.45	3.40	3.37	3.34	3.32	3.30	3.27	3.24	3.21	3.19	3.17	3.16	3.14	3.12	3.10
6	3.78	3.46	3.29	3.18	3.11	3.05	3.01	2.98	2.96	2.94	2.90	2.87	2.84	2.82	2.80	2.78	2.76	2.74	2.72
7	3.59	3.26	3.07	2.96	2.88	2.83	2.78	2.75	2.72	2.70	2.67	2.63	2.59	2.58	2.56	2.54	2.51	2.49	2.47
8	3.46	3.11	2.92	2.81	2.73	2.67	2.62	2.59	2.56	2.54	2.50	2.46	2.42	2.40	2.38	2.36	2.34	2.32	2.29
9	3.36	3.01	2.81	2.69	2.61	2.55	2.51	2.47	2.44	2.42	2.38	2.34	2.30	2.28	2.25	2.23	2.21	2.18	2.16
10	3.29	2.92	2.73	2.61	2.52	2.46	2.41	2.38	2.35	2.32	2.28	2.24	2.20	2.18	2.16	2.13	2.11	2.08	2.06
11	3.23	2.86	2.66	2.54	2.45	2.39	2.34	2.30	2.27	2.25	2.21	2.17	2.12	2.10	2.08	2.05	2.03	2.00	1.97
12	3.18	2.81	2.61	2.48	2.39	2.33	2.28	2.24	2.21	2.19	2.15	2.10	2.06	2.04	2.01	1.99	1.96	1.93	1.90
13	3.14	2.76	2.56	2.43	2.35	2.28	2.23	2.20	2.16	2.14	2.10	2.05	2.01	1.98	1.96	1.93	1.90	1.88	1.85
14	3.10	2.73	2.52	2.39	2.31	2.24	2.19	2.15	2.12	2.10	2.05	2.01	1.96	1.94	1.91	1.89	1.86	1.83	1.80
15	3.07	2.70	2.49	2.36	2.27	2.21	2.16	2.12	2.09	2.06	2.02	1.97	1.92	1.90	1.87	1.85	1.82	1.79	1.76
16	3.05	2.67	2.46	2.33	2.24	2.18	2.13	2.09	2.06	2.03	1.99	1.94	1.89	1.87	1.84	1.81	1.78	1.75	1.72
17	3.03	2.64	2.44	2.31	2.22	2.15	2.10	2.06	2.03	2.00	1.96	1.91	1.86	1.84	1.81	1.78	1.75	1.72	1.69
18	3.01	2.62	2.42	2.29	2.20	2.13	2.08	2.04	2.00	1.98	1.93	1.89	1.84	1.81	1.78	1.75	1.72	1.69	1.66
19	2.99	2.61	2.40	2.27	2.18	2.11	2.06	2.02	1.98	1.96	1.91	1.86	1.81	1.79	1.76	1.73	1.70	1.67	1.63
20	2.97	2.59	2.38	2.25	2.16	2.09	2.04	2.00	1.96	1.94	1.89	1.84	1.79	1.77	1.74	1.71	1.68	1.64	1.61
21	2.96	2.57	2.36	2.23	2.14	2.08	2.02	1.98	1.95	1.92	1.87	1.83	1.78	1.75	1.72	1.69	1.66	1.62	1.59
22	2.95	2.56	2.35	2.22	2.13	2.06	2.01	1.97	1.93	1.90	1.86	1.81	1.76	1.73	1.70	1.67	1.64	1.60	1.57
23	2.94	2.55	2.34	2.21	2.11	2.05	1.99	1.95	1.92	1.89	1.84	1.80	1.74	1.72	1.69	1.66	1.62	1.59	1.55
24	2.93	2.54	2.33	2.19	2.10	2.04	1.98	1.94	1.91	1.88	1.83	1.78	1.73	1.70	1.67	1.64	1.61	1.57	1.53
25	2.92	2.53	2.32	2.18	2.09	2.02	1.97	1.93	1.89	1.87	1.82	1.77	1.72	1.69	1.66	1.63	1.59	1.56	1.52
26	2.91	2.52	2.31	2.17	2.08	2.01	1.96	1.92	1.88	1.86	1.81	1.76	1.71	1.68	1.65	1.61	1.58	1.54	1.50
27	2.90	2.51	2.30	2.17	2.07	2.00	1.95	1.91	1.87	1.85	1.80	1.75	1.70	1.67	1.64	1.60	1.57	1.53	1.49
28	2.89	2.50	2.29	2.16	2.06	2.00	1.94	1.90	1.87	1.84	1.79	1.74	1.69	1.66	1.63	1.59	1.56	1.52	1.48
29	2.89	2.50	2.28	2.15	2.06	1.99	1.93	1.89	1.86	1.83	1.78	1.73	1.68	1.65	1.62	1.58	1.55	1.51	1.47
30	2.88	2.49	2.28	2.14	2.03	1.98	1.93	1.88	1.85	1.82	1.77	1.72	1.67	1.64	1.61	1.57	1.54	1.50	1.46
40	2.84	2.44	2.23	2.09	2.00	1.93	1.87	1.83	1.79	1.76	1.71	1.66	1.61	1.57	1.54	1.51	1.47	1.42	1.38
60	2.79	2.39	2.18	2.04	1.95	1.87	1.82	1.77	1.74	1.71	1.66	1.60	1.54	1.51	1.48	1.44	1.40	1.35	1.29
120	2.75	2.35	2.13	1.99	1.90	1.82	1.77	1.72	1.68	1.65	1.60	1.55	1.48	1.45	1.41	1.37	1.32	1.26	1.19
∞	2.71	2.30	2.08	1.94	1.85	1.77	1.72	1.67	1.63	1.60	1.55	1.49	1.42	1.38	1.34	1.30	1.24	1.17	1.00

附表 7　F 分配表　$F_{0.05, \nu_1 \nu_2}$

$\nu_2 \backslash \nu_1$	1	2	3	4	5	6	7	8	9	10	12	15	20	24	30	40	60	120	∞
1	161.4	199.5	215.7	224.6	230.2	234.0	236.8	238.9	240.5	241.9	243.9	245.9	248.0	249.1	250.1	251.1	252.2	253.3	254.3
2	18.51	19.00	19.16	19.25	19.30	19.33	19.35	19.37	19.38	19.40	19.41	19.43	19.45	19.45	19.46	19.47	19.48	19.49	19.50
3	10.13	9.55	9.28	9.12	9.01	8.94	8.89	8.85	8.81	8.79	8.74	8.70	8.66	8.64	8.62	8.59	8.57	8.55	8.53
4	7.71	6.94	6.59	6.39	6.26	6.16	6.09	6.04	6.00	5.96	5.91	5.86	5.80	5.77	5.75	5.72	5.69	5.66	5.63
5	6.61	5.79	5.41	5.19	5.05	4.95	4.88	4.82	4.77	4.74	4.68	4.62	4.56	4.53	4.50	4.46	4.43	4.40	4.36
6	5.99	5.14	4.76	4.53	4.39	4.28	4.21	4.15	4.10	4.06	4.00	3.94	3.87	3.84	3.81	3.77	3.74	3.70	3.67
7	5.59	4.74	4.35	4.12	3.97	3.87	3.79	3.73	3.68	3.64	3.57	3.51	3.44	3.41	3.38	3.34	3.30	3.27	3.23
8	5.32	4.46	4.07	3.84	3.69	3.58	3.50	3.44	3.39	3.35	3.28	3.22	3.15	3.12	3.08	3.04	3.01	2.97	2.93
9	5.12	4.26	3.86	3.63	3.48	3.37	3.29	3.23	3.18	3.14	3.07	3.01	2.94	2.90	2.86	2.83	2.79	2.75	2.71
10	4.96	4.10	3.71	3.48	3.33	3.22	3.14	3.07	3.02	2.98	2.91	2.85	2.77	2.74	2.70	2.66	2.62	2.58	2.54
11	4.84	3.98	3.59	3.36	3.20	3.09	3.01	2.95	2.90	2.85	2.79	2.72	2.65	2.61	2.57	2.53	2.49	2.45	2.40
12	4.75	3.89	3.49	3.26	3.11	3.00	2.91	2.85	2.80	2.75	2.69	2.62	2.54	2.51	2.47	2.43	2.38	2.34	2.30
13	4.67	3.81	3.41	3.18	3.03	2.92	2.83	2.77	2.71	2.67	2.60	2.53	2.46	2.42	2.38	2.34	2.30	2.25	2.21
14	4.60	3.74	3.34	3.11	2.96	2.85	2.76	2.70	2.65	2.60	2.53	2.46	2.39	2.35	2.31	2.27	2.22	2.18	2.13
15	4.54	3.68	3.29	3.06	2.90	2.79	2.71	2.64	2.59	2.54	2.48	2.40	2.33	2.29	2.25	2.20	2.16	2.11	2.07
16	4.49	3.63	3.24	3.01	2.85	2.74	2.66	2.59	2.54	2.49	2.42	2.35	2.28	2.24	2.19	2.15	2.11	2.06	2.01
17	4.45	3.59	3.20	2.96	2.81	2.70	2.61	2.55	2.49	2.45	2.38	2.31	2.23	2.19	2.15	2.10	2.06	2.01	1.96
18	4.41	3.55	3.16	2.93	2.77	2.66	2.58	2.51	2.46	2.41	2.34	2.27	2.19	2.15	2.11	2.06	2.02	1.97	1.92
19	4.38	3.52	3.13	2.90	2.74	2.63	2.54	2.48	2.42	2.38	2.31	2.23	2.16	2.11	2.07	2.03	1.98	1.93	1.88
20	4.35	3.49	3.10	2.87	2.71	2.60	2.51	2.45	2.39	2.35	2.28	2.20	2.12	2.08	2.04	1.99	1.95	1.90	1.84
21	4.32	3.47	3.07	2.84	2.68	2.57	2.49	2.42	2.37	2.32	2.25	2.18	2.10	2.05	2.01	1.96	1.92	1.87	1.81
22	4.30	3.44	3.05	2.82	2.66	2.55	2.46	2.40	2.34	2.30	2.23	2.15	2.07	2.03	1.98	1.94	1.89	1.84	1.78
23	4.28	3.42	3.03	2.80	2.64	2.53	2.44	2.37	2.32	2.27	2.20	2.13	2.05	2.01	1.96	1.91	1.86	1.81	1.76
24	4.26	3.40	3.01	2.78	2.62	2.51	2.42	2.36	2.30	2.25	2.18	2.11	2.03	1.98	1.94	1.89	1.84	1.79	1.73
25	4.24	3.39	2.99	2.76	2.60	2.49	2.40	2.34	2.28	2.24	2.16	2.09	2.01	1.96	1.92	1.87	1.82	1.77	1.71
26	4.23	3.37	2.98	2.74	2.59	2.47	2.39	2.32	2.27	2.22	2.15	2.07	1.99	1.95	1.90	1.85	1.80	1.75	1.69
27	4.21	3.35	2.96	2.73	2.57	2.46	2.37	2.31	2.25	2.20	2.13	2.06	1.97	1.93	1.88	1.84	1.79	1.73	1.67
28	4.20	3.34	2.95	2.71	2.56	2.45	2.36	2.29	2.24	2.19	2.12	2.04	1.96	1.91	1.87	1.82	1.77	1.71	1.65
29	4.18	3.33	2.93	2.70	2.55	2.43	2.35	2.28	2.22	2.18	2.10	2.03	1.94	1.90	1.85	1.81	1.75	1.70	1.64
30	4.17	3.32	2.92	2.69	2.53	2.42	2.33	2.27	2.21	2.16	2.09	2.01	1.93	1.89	1.84	1.79	1.74	1.68	1.62
40	4.08	3.23	2.84	2.61	2.45	2.34	2.25	2.18	2.12	2.08	2.00	1.92	1.84	1.79	1.74	1.69	1.64	1.58	1.51
60	4.00	3.15	2.76	2.53	2.37	2.25	2.17	2.10	2.04	1.99	1.92	1.84	1.75	1.70	1.65	1.59	1.53	1.47	1.39
120	3.92	3.07	2.68	2.45	2.29	2.17	2.09	2.02	1.96	1.91	1.83	1.75	1.66	1.61	1.55	1.50	1.43	1.35	1.25
∞	3.84	3.00	2.60	2.37	2.21	2.10	2.01	1.94	1.88	1.83	1.75	1.67	1.57	1.52	1.46	1.39	1.32	1.22	1.00

附表 7　F 分配表　$F_{0.025,\nu_1,\nu_2}$

$\nu_2 \backslash \nu_1$	1	2	3	4	5	6	7	8	9	10	12	15	20	24	30	40	60	120	∞
1	647.8	799.5	864.2	899.6	921.8	937.1	948.2	956.7	963.3	968.6	976.7	984.9	993.1	997.2	1001.0	1006.0	1010.0	1014.0	1018.0
2	38.51	39.00	39.17	39.25	39.30	39.33	39.36	39.37	39.39	39.40	39.41	39.43	39.45	39.46	39.46	39.47	39.48	39.49	39.50
3	17.44	16.04	15.44	15.10	14.88	14.73	14.62	14.54	14.47	14.42	14.34	14.25	14.17	14.12	14.08	14.04	13.99	13.95	13.90
4	12.22	10.65	9.98	9.60	9.36	9.20	9.07	8.98	8.90	8.84	8.75	8.66	8.56	8.51	8.46	8.41	8.36	8.31	8.26
5	10.01	8.43	7.76	7.39	7.15	6.98	6.85	6.76	6.68	6.62	6.52	6.43	6.33	6.28	6.23	6.18	6.12	6.07	6.02
6	8.81	7.26	6.60	6.23	5.99	5.82	5.70	5.60	5.52	5.46	5.37	5.27	5.17	5.12	5.07	5.01	4.96	4.90	4.85
7	8.07	6.54	5.89	5.52	5.29	5.12	4.99	4.90	4.82	4.76	4.67	4.57	4.47	4.42	4.36	4.31	4.25	4.20	4.14
8	7.57	6.06	5.42	5.05	4.82	4.65	4.53	4.43	4.36	4.30	4.20	4.10	4.00	3.95	3.89	3.84	3.78	3.73	3.67
9	7.21	5.71	5.08	4.72	4.48	4.32	4.20	4.10	4.03	3.96	3.87	3.77	3.67	3.61	3.56	3.51	3.45	3.39	3.33
10	6.94	5.46	4.83	4.47	4.24	4.07	3.95	3.85	3.78	3.72	3.62	3.52	3.42	3.37	3.31	3.26	3.20	3.14	3.08
11	6.72	5.26	4.63	4.28	4.04	3.88	3.76	3.66	3.59	3.53	3.43	3.33	3.23	3.17	3.12	3.06	3.00	2.94	2.88
12	6.55	5.10	4.47	4.12	3.89	3.73	3.61	3.51	3.44	3.37	3.28	3.18	3.07	3.02	2.96	2.91	2.85	2.79	2.72
13	6.41	4.97	4.35	4.00	3.77	3.60	3.48	3.39	3.31	3.25	3.15	3.05	2.95	2.89	2.84	2.78	2.72	2.66	2.60
14	6.30	4.86	4.24	3.89	3.66	3.50	3.38	3.29	3.21	3.15	3.05	2.95	2.84	2.79	2.73	2.67	2.61	2.55	2.49
15	6.20	4.77	4.15	3.80	3.58	3.41	3.29	3.20	3.12	3.06	2.96	2.86	2.76	2.70	2.64	2.59	2.52	2.46	2.40
16	6.12	4.69	4.08	3.73	3.50	3.34	3.22	3.12	3.05	2.99	2.89	2.79	2.68	2.63	2.57	2.51	2.45	2.38	2.32
17	6.04	4.62	4.01	3.66	3.44	3.28	3.16	3.06	2.98	2.92	2.82	2.72	2.62	2.56	2.50	2.44	2.38	2.32	2.25
18	5.98	4.56	3.95	3.61	3.38	3.22	3.10	3.01	2.93	2.87	2.77	2.67	2.56	2.50	2.44	2.38	2.32	2.26	2.19
19	5.92	4.51	3.90	3.56	3.33	3.17	3.05	2.96	2.88	2.82	2.72	2.62	2.51	2.45	2.39	2.33	2.27	2.20	2.13
20	5.87	4.46	3.86	3.51	3.29	3.13	3.01	2.91	2.84	2.77	2.68	2.57	2.46	2.41	2.35	2.29	2.22	2.16	2.09
21	5.83	4.42	3.82	3.48	3.25	3.09	2.97	2.87	2.80	2.73	2.64	2.53	2.42	2.37	2.31	2.25	2.18	2.11	2.04
22	5.79	4.38	3.78	3.44	3.22	3.05	2.93	2.84	2.76	2.70	2.60	2.50	2.39	2.33	2.27	2.21	2.14	2.08	2.00
23	5.75	4.35	3.75	3.41	3.18	3.02	2.90	2.81	2.73	2.67	2.57	2.47	2.36	2.30	2.24	2.18	2.11	2.04	1.97
24	5.72	4.32	3.72	3.38	3.15	2.99	2.87	2.78	2.70	2.64	2.54	2.44	2.33	2.27	2.21	2.15	2.08	2.01	1.94
25	5.69	4.29	3.69	3.35	3.13	2.97	2.85	2.75	2.68	2.61	2.51	2.41	2.30	2.24	2.18	2.12	2.05	1.98	1.91
26	5.66	4.27	3.67	3.33	3.10	2.94	2.82	2.73	2.65	2.59	2.49	2.39	2.28	2.22	2.16	2.09	2.03	1.95	1.88
27	5.63	4.24	3.65	3.31	3.08	2.92	2.80	2.71	2.63	2.57	2.47	2.36	2.25	2.19	2.13	2.07	2.00	1.93	1.85
28	5.61	4.22	3.63	3.29	3.06	2.90	2.78	2.69	2.61	2.55	2.45	2.34	2.23	2.17	2.11	2.05	1.98	1.91	1.83
29	5.59	4.20	3.61	3.27	3.04	2.88	2.76	2.67	2.59	2.53	2.43	2.32	2.21	2.15	2.09	2.03	1.96	1.89	1.81
30	5.57	4.18	3.59	3.25	3.03	2.87	2.75	2.65	2.57	2.51	2.41	2.31	2.20	2.14	2.07	2.01	1.94	1.87	1.79
40	5.42	4.05	3.46	3.13	2.90	2.74	2.62	2.53	2.45	2.39	2.29	2.18	2.07	2.01	1.94	1.88	1.80	1.72	1.64
60	5.29	3.93	3.34	3.01	2.79	2.63	2.51	2.41	2.33	2.27	2.17	2.06	1.94	1.88	1.82	1.74	1.67	1.58	1.48
120	5.15	3.80	3.23	2.89	2.67	2.52	2.39	2.30	2.22	2.16	2.05	1.94	1.82	1.76	1.69	1.61	1.53	1.43	1.31
∞	5.02	3.69	3.12	2.79	2.57	2.41	2.29	2.19	2.11	2.05	1.94	1.83	1.71	1.64	1.57	1.48	1.39	1.27	1.00

附表 7　F 分配表　$F_{0.01, \nu_1, \nu_2}$

$\nu_2 \backslash \nu_1$	1	2	3	4	5	6	7	8	9	10	12	15	20	24	30	40	60	120	∞
1	4052.0	4999.5	5403.0	5625.0	5764.0	5859.0	5928.0	5982.0	6022.0	6056.0	6106.0	6157.0	6209.0	6235.0	6261.0	6287.0	6313.0	6339.0	6366.0
2	98.50	99.00	99.17	99.25	99.30	99.33	99.36	99.37	99.39	99.40	99.42	99.43	99.45	99.46	99.47	99.47	99.48	99.49	99.50
3	34.12	30.82	29.46	28.71	28.24	27.91	27.67	27.49	27.35	27.23	27.05	26.87	26.69	26.60	26.50	26.41	26.32	26.22	26.13
4	21.20	18.00	16.69	15.98	15.52	15.21	14.98	14.80	14.66	14.55	14.37	14.20	14.02	13.93	13.84	13.75	13.65	13.56	13.46
5	16.26	13.27	12.06	11.39	10.97	10.67	10.46	10.29	10.16	10.05	9.89	9.72	9.55	9.47	9.38	9.29	9.20	9.11	9.02
6	13.75	10.92	9.78	9.15	8.75	8.47	8.26	8.10	7.98	7.87	7.72	7.56	7.40	7.31	7.23	7.14	7.06	6.97	6.88
7	12.25	9.55	8.45	7.85	7.46	7.19	6.99	6.84	6.72	6.62	6.47	6.31	6.16	6.07	5.99	5.91	5.82	5.74	5.65
8	11.26	8.65	7.59	7.01	6.63	6.37	6.18	6.03	5.91	5.81	5.67	5.52	5.36	5.28	5.20	5.12	5.03	4.95	4.86
9	10.56	8.02	6.99	6.42	6.06	5.80	5.61	5.47	5.35	5.26	5.11	4.96	4.81	4.73	4.65	4.57	4.48	4.40	4.31
10	10.04	7.56	6.55	5.99	5.64	5.39	5.20	5.06	4.94	4.85	4.71	4.56	4.41	4.33	4.25	4.17	4.08	4.00	3.91
11	9.65	7.21	6.22	5.67	5.32	5.07	4.89	4.74	4.63	4.54	4.40	4.25	4.10	4.02	3.94	3.86	3.78	3.69	3.60
12	9.33	6.93	5.95	5.41	5.06	4.82	4.64	4.50	4.39	4.30	4.16	4.01	3.86	3.78	3.70	3.62	3.54	3.45	3.36
13	9.07	6.70	5.74	5.21	4.86	4.62	4.44	4.30	4.19	4.10	3.96	3.82	3.66	3.59	3.51	3.43	3.34	3.25	3.17
14	8.86	6.51	5.56	5.04	4.69	4.46	4.28	4.14	4.03	3.94	3.80	3.66	3.51	3.43	3.35	3.27	3.18	3.09	3.00
15	8.68	6.36	5.42	4.89	4.56	4.32	4.14	4.00	3.89	3.80	3.67	3.52	3.37	3.29	3.21	3.13	3.05	2.96	2.87
16	8.53	6.23	5.29	4.77	4.44	4.20	4.03	3.89	3.78	3.69	3.55	3.41	3.26	3.18	3.10	3.02	2.93	2.84	2.75
17	8.40	6.11	5.18	4.67	4.34	4.10	3.93	3.79	3.68	3.59	3.46	3.31	3.16	3.08	3.00	2.92	2.83	2.75	2.65
18	8.29	6.01	5.09	4.58	4.25	4.01	3.84	3.71	3.60	3.51	3.37	3.23	3.08	3.00	2.92	2.84	2.75	2.66	2.57
19	8.18	5.93	5.01	4.50	4.17	3.94	3.77	3.63	3.52	3.43	3.30	3.15	3.00	2.92	2.84	2.76	2.67	2.58	2.49
20	8.10	5.85	4.94	4.43	4.10	3.87	3.70	3.56	3.46	3.37	3.23	3.09	2.94	2.86	2.78	2.69	2.61	2.52	2.42
21	8.02	5.78	4.87	4.37	4.04	3.81	3.64	3.51	3.40	3.31	3.17	3.03	2.88	2.80	2.72	2.64	2.55	2.46	2.36
22	7.95	5.72	4.82	4.31	3.99	3.76	3.59	3.45	3.35	3.26	3.12	2.98	2.83	2.75	2.67	2.58	2.50	2.40	2.31
23	7.88	5.66	4.76	4.26	3.94	3.71	3.54	3.41	3.30	3.21	3.07	2.93	2.78	2.70	2.62	2.54	2.45	2.35	2.26
24	7.82	5.61	4.72	4.22	3.90	3.67	3.50	3.36	3.26	3.17	3.03	2.89	2.74	2.66	2.58	2.49	2.40	2.31	2.21
25	7.77	5.57	4.68	4.18	3.85	3.63	3.46	3.32	3.22	3.13	2.99	2.85	2.70	2.62	2.54	2.45	2.36	2.27	2.17
26	7.72	5.53	4.64	4.14	3.82	3.59	3.42	3.29	3.18	3.09	2.96	2.81	2.66	2.58	2.50	2.42	2.33	2.23	2.13
27	7.68	5.49	4.60	4.11	3.78	3.56	3.39	3.26	3.15	3.06	2.93	2.78	2.63	2.55	2.47	2.38	2.29	2.20	2.10
28	7.64	5.45	4.57	4.07	3.75	3.53	3.36	3.23	3.12	3.03	2.90	2.75	2.60	2.52	2.44	2.35	2.26	2.17	2.06
29	7.60	5.42	4.54	4.04	3.73	3.50	3.33	3.20	3.09	3.00	2.87	2.73	2.57	2.49	2.41	2.33	2.23	2.14	2.03
30	7.56	5.39	4.51	4.02	3.70	3.47	3.30	3.17	3.07	2.98	2.84	2.70	2.55	2.47	2.39	2.30	2.21	2.11	2.01
40	7.31	5.18	4.31	3.83	3.51	3.29	3.12	2.99	2.89	2.80	2.66	2.52	2.37	2.29	2.20	2.11	2.02	1.92	1.80
60	7.08	4.98	4.13	3.65	3.34	3.12	2.95	2.82	2.72	2.63	2.50	2.35	2.20	2.12	2.03	1.94	1.84	1.73	1.60
120	6.85	4.79	3.95	3.48	3.17	2.96	2.79	2.66	2.56	2.47	2.34	2.19	2.03	1.95	1.86	1.76	1.66	1.53	1.38
∞	6.63	4.61	3.78	3.32	3.02	2.80	2.64	2.51	2.41	2.32	2.18	2.04	1.88	1.79	1.70	1.59	1.47	1.32	1.00

附表 8　雙邊常態允差界限

本表內容爲一 K 值，以使得最少有 $100(1-\alpha)\%$ 之品質特性落在 $\overline{X} \pm KS$ 區間內之機率爲 γ。$\overline{X}$ 和 S 爲樣本之平均值和標準差。

例：　$\alpha=0.05$，$\gamma=0.99$，$n=25$，查表得 $K=2.972$。

附表 8　雙邊常態允差界限

n	γ=0.90 100(1-α)%爲下列各值			γ=0.95 100(1-α)%爲下列各值			γ=0.99 100(1-α)%爲下列各值		
	90%	95%	99%	90%	95%	99%	90%	95%	99%
2	15.98	18.80	24.17	32.02	37.67	48.43	160.2	188.5	242.3
3	5.847	6.919	8.974	8.380	9.916	12.86	18.93	22.40	29.06
4	4.166	4.943	6.440	5.369	6.370	8.299	9.398	11.15	14.53
5	3.494	4.152	5.423	4.275	5.079	6.634	6.612	7.855	10.26
6	3.131	3.723	4.870	3.712	4.414	5.775	5.337	6.345	8.301
7	2.902	3.452	4.521	3.369	4.007	5.248	4.613	5.448	7.187
8	2.743	3.264	4.278	3.136	3.732	4.891	4.147	4.936	6.468
9	2.626	3.125	4.098	2.967	3.532	4.631	3.822	4.550	5.966
10	2.535	3.018	3.959	2.829	3.379	4.433	3.582	4.265	5.594
11	2.463	2.933	3.849	2.737	3.259	4.277	3.397	4.045	5.308
12	2.404	2.863	3.758	2.655	3.162	4.150	3.250	3.870	5.079
13	2.355	2.805	3.682	2.587	3.081	4.044	3.130	3.727	4.893
14	2.314	2.756	3.618	2.529	3.012	3.955	3.029	3.608	4.737
15	2.278	2.713	3.562	2.480	2.954	3.878	2.945	3.507	4.605
16	2.246	2.676	3.514	2.437	2.903	3.812	2.872	3.421	4.492
17	2.219	2.643	3.471	2.400	2.858	3.754	2.808	3.345	4.393
18	2.194	2.614	3.433	2.366	2.819	3.702	2.753	3.279	4.307
19	2.172	2.588	3.399	2.337	2.784	3.656	2.703	3.221	4.230
20	2.152	2.564	3.368	2.310	2.752	3.615	2.659	3.168	4.161
21	2.135	2.543	3.340	2.286	2.723	3.577	2.620	3.121	4.100
22	2.118	2.524	3.315	2.264	2.697	3.543	2.584	3.078	4.044
23	2.103	2.506	3.292	2.244	2.673	3.512	2.551	3.040	3.993
24	2.089	2.489	3.270	2.225	2.651	3.483	2.522	3.004	3.947
25	2.077	2.474	3.251	2.208	2.631	3.457	2.494	2.972	3.904
26	2.065	2.460	3.232	2.193	2.612	3.432	2.469	2.941	3.865
27	2.054	2.447	3.215	2.178	2.595	3.409	2.446	2.914	3.828
28	2.044	2.435	3.199	2.164	2.579	3.388	2.424	2.888	3.794
29	2.034	2.424	3.184	2.152	2.554	3.368	2.404	2.864	3.763
30	2.025	2.413	3.170	2.140	2.549	3.350	2.385	2.841	3.733
35	1.988	2.368	3.112	2.090	2.490	3.272	2.306	2.748	3.611
40	1.959	2.334	3.066	2.052	2.445	3.213	2.247	2.677	3.518
50	1.916	2.284	3.001	1.996	2.379	3.126	2.162	2.576	3.385
60	1.887	2.248	2.955	1.958	2.333	3.066	2.103	2.506	3.293
80	1.848	2.202	2.894	1.907	2.272	2.986	2.026	2.414	3.173
100	1.822	2.172	2.854	1.874	2.233	2.934	1.977	2.355	3.096
200	1.764	2.102	2.762	1.798	2.143	2.816	1.865	2.222	2.921
500	1.717	2.046	2.689	1.737	2.070	2.721	1.777	2.117	2.783
1000	1.695	2.019	2.654	1.709	2.036	2.676	1.736	2.068	2.718
∞	1.645	1.960	2.576	1.645	1.960	2.576	1.645	1.960	2.576

附表 9　單邊常態允差界限

本表之內容為一 K 值, 以使得最少有 $100(1-\alpha)\%$ 之品質特性大於 $\overline{X} - KS$ 或小於 $\overline{X} + KS$ 之機率為 γ。

附表 9 單邊常態允差界限

η	$\gamma=0.90$ 100$(1-\alpha)$%爲下列各值			$\gamma=0.95$ 100$(1-\alpha)$%爲下列各值			$\gamma=0.99$ 100$(1-\alpha)$%爲下列各值		
	90%	95%	99%	90%	95%	99%	90%	95%	99%
3	4.258	5.310	7.340	6.158	7.655	10.552			
4	3.187	3.957	5.437	4.163	5.145	7.042			
5	2.742	3.400	4.666	3.407	4.202	5.741			
6	2.494	3.091	4.242	3.006	3.707	5.062	4.408	5.409	7.334
7	2.333	2.894	3.972	2.755	3.399	4.641	3.856	4.730	6.411
8	2.219	2.755	3.783	2.582	3.188	4.353	3.496	4.287	5.811
9	2.133	2.649	3.641	2.454	3.031	4.143	3.242	3.971	5.389
10	2.065	2.568	3.532	2.355	2.911	3.981	3.048	3.739	5.075
11	2.012	2.503	3.444	2.275	2.815	3.852	2.897	3.557	4.828
12	1.966	2.448	3.371	2.210	2.736	3.747	2.773	3.410	4.633
13	1.928	2.403	3.310	2.155	2.670	3.659	2.677	3.290	4.472
14	1.895	2.363	3.257	2.108	2.614	3.585	2.592	3.189	4.336
15	1.866	2.329	3.212	2.068	2.566	3.520	2.521	3.102	4.224
16	1.842	2.299	3.172	2.032	2.523	3.463	2.458	3.028	4.124
17	1.820	2.272	3.136	2.001	2.486	3.415	2.405	2.962	4.038
18	1.800	2.249	3.106	1.974	2.453	3.370	2.357	2.906	3.961
19	1.781	2.228	3.078	1.949	2.423	3.331	2.315	2.855	3.893
20	1.765	2.208	3.052	1.926	2.396	3.295	2.275	2.807	3.832
21	1.750	2.190	3.028	1.905	2.371	3.262	2.241	2.768	3.776
22	1.736	2.174	3.007	1.887	2.350	3.233	2.208	2.729	3.727
23	1.724	2.159	2.987	1.869	2.329	3.206	2.179	2.693	3.680
24	1.712	2.145	2.969	1.853	2.309	3.181	2.154	2.663	3.638
25	1.702	2.132	2.952	1.838	2.292	3.158	2.129	2.632	3.601
30	1.657	2.080	2.884	1.778	2.220	3.064	2.029	2.516	3.446
35	1.623	2.041	2.833	1.732	2.166	2.994	1.957	2.431	3.334
40	1.598	2.010	2.793	1.697	2.126	2.941	1.902	2.365	3.250
45	1.577	1.986	2.762	1.669	2.092	2.897	1.857	2.313	3.181
50	1.560	1.965	2.735	1.646	2.065	2.863	1.821	2.296	3.124

附錄　品質管制之法令規章

在國內，與品質管制有關之法令規章相當多，例如：

1. 國產商品分等級檢驗實施辦法
2. 正字標記管理規則
3. 國際標準品質保證制度實施辦法
4. 國產商品品質管制考核作業程序
5. 國產商品品質管制實施辦法
6. 檢驗不合格商品處理法
7. 國內市場商品檢驗業務處理辦法
8. 商品檢驗法
9. 商品檢驗施行細則
10. 商品檢驗標識使用辦法
11. 商品檢驗規費收費準則
12. 經濟部商品檢驗辦理物品委託試驗辦法
13. 產品安全標誌管理辦法
14. 商品特約檢驗辦法
15. 經濟部商品檢驗局辦理物品委託試驗辦法
16. 經濟部商品檢驗局委託代施檢驗辦法

本附錄只介紹前三項，其餘各項請向有關單位查詢（第二項爲經濟部中央標準局發布，其餘各項爲經濟部商品檢驗局發布）。

經濟部商品檢驗局

局址：臺北市濟南路一段四號

電話：(02)3512141

經濟部中央標準局

局址：臺北市辛亥路二段 185 號三樓（專利、商標、第三組）

臺北市敦化南路二段 333 號十二樓（第一組、第二組）

電話：(02)7380007

國產商品分等檢驗實施辦法

中華民國五十一年三月二十二日經濟部經臺(五一)商字第〇四三二六號令訂定發布
中華民國六十一年七月七日經濟部經(六一)商字第一八六五七號令修正發布名稱及內容
中華民國六十二年二月二日經濟部經(六二)法字第〇三一七三號令修正發布名稱及內容
中華民國六十四年六月二十一日經濟部經(六四)法字第一三八三三號令修正發布
中華民國六十五年八月五日經濟部經(六五)法字第二一四二二號令修正發布
中華民國六十六年十二月二十四日經濟部經(六六)法字第三九一五四號令修正發布
中華民國六十八年三月十九日經濟部經(六八)法字第〇八一五六號令修正
中華民國六十九年十月六日經濟部經(六九)法字第三四五九〇號令修正發布
中華民國七十二年五月七日經濟部經(七二)商字第一七七六六號令修正發布
中華民國七十五年十月二十日經濟部經(七五)商檢字第四六一五二號令修正發布
中華民國七十七年二月一日經濟部經(七七)商檢字第〇三〇六三號令修正發布
中華民國七十八年二月二十七日經濟部經(七八)商檢字第一一〇九號令修正發布
中華民國八十一年五月十五日經濟部經(八一)商檢字第〇八三八九〇號令修正發布
中華民國八十三年三月二十五日經濟部經(八三)商檢〇八二七五七〇號令修正
中華民國八十五年四月二十四日經濟部經(八五)商檢八五四六〇六三號號令修正第十條條文

第　一　條　　本辦法依商品檢驗法第二十七條規定訂定之。

第　二　條　　實施分等檢驗之國產商品品目，由經濟部公告之。

　　　　　　　經依國際標準品質保證制度認可登錄或經核准使用正字標
　　　　　　　記之產品，得視同分等檢驗品目。

第　三　條　　商品分等檢驗等級分為優良甲等、甲等及乙等三種。

　　　　　　　前項檢驗之標準依商品檢驗法第八條之規定執行之。

第　四　條　　凡依照「國產商品品質管制實施辦法」取得品質管制等級之
　　　　　　　廠(場)，其產品為分等檢驗品目者，得向商品檢驗局申請分
　　　　　　　等檢驗登記，按照品質管制等級核定分等檢驗等級，變更時，
　　　　　　　分等檢驗等級亦隨同變更。

　　　　　　　經核准使用正字標記之產品，得比照前項規定申請分等檢驗
　　　　　　　登記，但正字標記撤銷或失效時，分等檢驗隨同撤銷之。

　　　　　　　國內市場之應施檢驗商品經公告為實施產品安全標誌之品
　　　　　　　目者，自公告日起屆滿二年時停止本辦法之適用，公告日在
　　　　　　　本條修正發布日前者，其二年期間自本條修正發布日起算。

第 五 條　經核定為分等檢驗之商品，其報驗由生產廠(場)檢附該批商品依檢驗程序完成之檢驗報告或品質合格證明，向所在地檢驗機構申請辦理，經審核後簽發合格證書，審核時得取樣查核。未經審核簽發合格證書之商品，不得運離報驗時所堆置之處所。

輸出之分等檢驗報驗及港口驗對案件，得抽批審核，抽批驗對。

經核定為優良品管甲等分等廠(場)者，其分等檢驗商品，依法定檢驗程序檢驗合格後得自行副署簽發合格證書，免向檢驗機構報驗及申請驗對。

第一項規定於甲等分等檢驗商品之輸出，得於運抵裝運港埠倉庫後，向港埠檢驗機構申請辦理。

第 六 條　經核定分等檢驗之商品，得享受減低檢驗費優惠，其費率由商品檢驗局報請經濟部核定之。

第 七 條　經核定分等檢驗商品之廠(場)及其從事檢驗人員，應受商品檢驗局之督導。

前項檢驗人員，就其檢驗工作以執行公務論，分別負其責任。

第 八 條　經核定分等檢驗商品之廠(場)及其檢驗主管人員，應就該商品之完整檢驗資料妥善保存二年。

第 九 條　經核定分等檢驗之商品，其生產廠(場)停止產製該商品在三十日以上者，應自停止及恢復產製日起十五日內通知轄區檢驗分局，並副知商品檢驗局。

經核定分等檢驗商品之廠(場)，其廠(場)之名稱、地址或負責人變更時，應向商品檢驗局申請變更登記。

第 十 條　經核定分等檢驗商品之廠(場)有左列情形之一者，停止適用本辦法第五條及第六條之優惠規定一個月至六個月。

一、規避檢驗者。

二、因品質不良致生貿易糾紛，經查證屬實或經輸入國檢驗機構檢驗品質不良者。

三、商品未依修訂標準如限改善品質者。

四、以未經分等檢驗登記之產品、次級品或不合格品矇混作偽者。

五、以他廠之產品矇混者。

六、違反本辦法第八條或第九條規定者。

七、其他與品質有關之虛偽不實情事者。

報驗商品有左列情事之一者，除應評定查核不符外，並即對該工廠報驗商品連續加強抽驗三批，如再有本項各款情事者，則停止適用本辦法第五條及第六條之優惠規定一個月。

一、凡應標示生產日期之商品，其報驗申請書所附紀錄與實際標示不符者。

二、報驗之商品經抽驗或港口驗對不符者。

三、商品於出口或出廠時未依規定加附檢驗合格標識者。

四、經派員抽驗缺貨或無貨者。

五、抽驗時貨品已運離堆置地點者。

第一項經核定分等檢驗商品之廠(場)，於停止優惠期間內，其商品經檢驗有不合格者,亦應列入品管追查之相關項目中評核計分。

第十一條　　停止優惠之分等檢驗商品，其生產廠(場)於期滿原因消滅後，自動恢復適用分等檢驗優惠之規定。

第十二條　　經核定分等檢驗商品由代理商或貿易商申請報驗者,應檢具該商品之原生產廠(場)證明及其品質合格證明或檢驗報告，並應保持原有之標示及包裝。

　　　　　　未依前項規定辦理者，以未經分等檢驗論。

第十三條　　本辦法自發布日施行。

正字標記管理規則

民國四十年七月廿日經濟部令公布同日實施

民國四十五年三月三日經濟部令修正公布

民國四十七年五月十四日經濟部令修正公布

民國五十年十一月廿五日經濟部令修正公布

民國五十一年十月三日經濟部令修正公布

民國五十八年三月五日經濟部經臺(五八)秘規字第〇七四二四號令修正公布

民國六十二年九月十五日經濟部經(六二)技字第二九二〇八號令修正發布

民國六十四年六月三十日經濟部經(六四)法字第一四五〇五號令修正發布

民國六十七年十二月五日經濟部經(六七)法字第三九〇四二號令修正發布

民國六十八年二月十五日經濟部經(六八)法字第〇四六一七號令修正發布

民國七十一年五月十九日經濟部經(七一)法字第一七一一〇號令修正發布

民國七十二年九月廿六日經濟部經(七二)技字第三九五〇七號令修正發布

民國七十五年二月廿六日經濟部經(七五)技字第〇八一五一號令修正發布

民國七十七年八月五日經濟部經(七七)中標字二三一〇〇號令修正發布

民國八十一年二月十九日經濟部經(八一)中標字八一〇八八號令修正發布

民國八十四年一月十一日經濟部經(八四)中標字八三〇九四〇三三號令修正發布

中華民國八十七年八月十九日經濟部經(八七)中標字八七四六一一四五六號令修正發布

中華民國八十九年二月九日經濟部經(八九)標檢字第八八四六三一〇五號令修正發布

第一章　總則

第 一 條　本規則依標準法（以下簡稱本法）第十一條第二項規定訂定之。

第 二 條　標準專責機關對於適用本法第十條有關國家標準項目之產品，得公告為適合申請使用正字標記之產品品目(以下簡稱正字標記品目)；廢止時，亦同。

第 三 條　適用前條正字標記品目之產品，符合下列各款規定者，應准予使用正字標記：

一、工廠品質管理系統（以下簡稱品管）經評鑑取得標準專
責機關指定之品管認可登錄者。

二、產品經檢驗符合國家標準者。

第 四 條　　正字標記之圖式如下：

前項圖式，其圖樣尺度，由標準專責機關公告之。

第 五 條　　使用正字標記時，應將前條規定之圖式，連同證書字號，標
示於經核准使用正字標記之產品（以下簡稱正字標記產品）
及其包裝或容器顯著部位。但產品上無法標示時，仍應在其
包裝、容器上標示；其為散裝者，應於送貨單上標示。
未依前項規定標示者，標準專責機關應通知限期改正，改正
期限不得逾一個月。但經核准者，得展延改正期限。

第 六 條　　標準專責機關得委託政府機關或專業機構、團體（以下簡稱
受託單位），辦理品管評鑑、產品抽樣及檢驗等相關業務。

第 二 章　　申　請

第 七 條　　廠商申請使用正字標記,應以產品適用第二條規定之品目者
為對象，並依其生產製造工廠別提出申請。
每一產品限申請一件正字標記。但該產品具有分類者，應就
分類申請，每一分類限申請一件。
同一工廠生產製造之不同產品，應分別提出申請；同一公司
不同工廠生產製造之同一產品，應依工廠別分別提出申請。

第 八 條　　廠商申請使用正字標記，應備具下列文件及費用，向標準專

責機關申請之：

一、申請書。

二、　公司執照或營利事業登記證影印本及工廠登記證影印本；如為在外國之廠商，其相關證明文件。

三、申請費。

除前項文件及費用外，曾經取得標準專責機關或受託單位核發仍在有效期限內之品管認可登錄證明書或申請前六個月內之產品檢驗合格報告書者，應同時檢附其影印本。

第一項申請書格式，由標準專責機關定之。

依第一項規定申請使用正字標記所提之各類文件，其為外文者，應同時檢附中文譯本。

第　九　條　標準專責機關依前條規定受理使用正字標記之申請後，應逕行或安排受託單位前往申請之工廠，實施品管評鑑及產品抽樣；並對抽得之樣品，依國家標準規定實施檢驗或在工廠監督試驗。但提出前條第二項之品管認可登錄證明書或產品檢驗合格報告書，並符合第七條規定者，得分別免除本次品管評鑑或產品檢驗。

前項評鑑及檢驗，應分別作成報告書，送達申請人。

第一項品管評鑑及產品檢驗，申請人應繳付相關費用。

第　十　條　標準專責機關應對前條報告書及相關文件審查之，經審查符合第三條規定者，應核發正字標記證書，並得依申請加發證書英文譯本；不符合該項規定者，應附具理由通知申請人。

前項證書及其英文譯本，申請人應繳付費用。

第三章　管理

第十一條　標準專責機關對於正字標記產品之生產製造廠商，得不定期實施工廠品管追查，每年至少應實施一次；其結果應作成報

　　　　　　告書，送達該廠商。

　　　　　　經前項追查不符合第三條第一款規定者，應通知限期改正；改正期限不得逾一個月，期滿應再實施追查。

　　　　　　在前項改正期間所生產製造之產品，不得使用正字標記。

　　　　　　第一項品管追查，廠商應繳付相關費用。

第十二條　標準專責機關對於正字標記產品,得不定期在公開市場採購樣品，或向其生產製造廠商抽樣，實施產品檢驗，每年至少應實施一次；其結果應作成報告書，送達該廠商。

　　　　　　廠商對於前項檢驗結果有異議者,得於檢驗報告書送達之次日起一個月內檢具相關事證，向標準專責機關申請複核。

　　　　　　標準專責機關為前項之複核時，得就備樣，或重新抽樣實施檢驗。

　　　　　　未申請複核或雖申請複核,但複核仍不符合第三條第二款規定者，應通知限期改正，改正期限不得逾一個月。期滿後一個月內，應依第一項規定再實施產品檢驗，並不得再申請複核。

　　　　　　在前項改正期間所生產製造之產品，不得使用正字標記。

　　　　　　第一項產品檢驗，廠商應繳付相關費用。

第十三條　標準專責機關依前二條規定對正字標記廠商實施品管追查或產品檢驗時，得派員至其工廠、事務所或其他相關場所，實施現場檢查、監督試驗或要求提供相關資料。

　　　　　　廠商對於前項檢查、試驗或要求，不得拒絕、迴避或妨礙。違反前項規定者，應通知限期改正。

第十四條　標準專責機關依前條第一項規定實施品管追查或產品檢驗時，如發現正字標記產品之生產製造工廠有下列情形之一者，視為停止生產製造正字標記產品：

一、　其工廠無最近一年內之正字標記產品產製或品管紀錄者。

二、最近三個月內經連續二次向工廠指定之市場採購，及向其工廠抽取正字標記產品樣品，無法獲得實施檢驗所需之數量或其製造日期係在前次抽樣日期之前者。

第十五條　正字標記產品之生產製造工廠，停止生產製造正字標記產品時，應於停止之次日起三個月內，將其停止原因及期限，向標準專責機關報備。

前項停止生產製造期限，不得逾一年。但有正當理由經標準專責機關核准者，得展延六個月。

前項停止生產製造期間，不得使用正字標記。但依第一項規定報備者，其停止生產製造前所生產製造之正字標記產品，得於停止之次日起一年內，繼續使用正字標記。

第二項之停止期限屆滿前，經向標準專責機關報備恢復生產製造後，始得繼續使用正字標記。

第十六條　正字標記產品所適用之國家標準經修訂或廢止後適用其他國家標準者，標準專責機關應通知其生產製造之廠商，於六個月內，依照修訂或新適用之國家標準改正之。但備具改正計畫書報經標準專責機關核准者，得展延六個月。

前項國家標準修訂或廢止前所生產製造之正字標記產品，得於標準專責機關通知改正之次日起一年內，繼續使用正字標記。

廠商於第一項之改正期限內完成改正者，經向標準專責機關報備後，得繼續使用正字標記。

第十七條　正字標記證書所載事項變更者，應備具原核准證書及有關證明文件，向標準專責機關申請換發證書。但廠址遷移者，須重新申請。

申請換發證書應繳付費用；其為英文譯本者，亦同。

未依第一項規定申請換發證書者，應通知限期改正，改正期限不得逾一個月。

第十八條　正字標記證書遺失、毀損或滅失者，得申請補發。申請補發證書，應繳付費用。

第十九條　有下列情事之一者，標準專責機關應廢止其正字標記，並追繳證書：

一、未依第五條規定標示，經通知限期改正仍未改正者。

二、拒不繳納正字標記規費者。

三、違反第十一條第二項、第十二條第四項、第十六條第一項或第十七條第三項規定，經通知限期改正仍未改正者。

四、違反第十一條第三項、第十二條第五項或第十五條第三項有關正字標記於改正期間或停止生產製造期間不得繼續使用之規定者。

五、違反第十三條第二項有關不得拒絕、迴避或妨礙之規定，經通知限期改正，仍未改正者。

六、未依第十五條第一項規定報備，經發現有第十四條停止生產製造正字標記產品之事實，或已報備但未於第十五條第二項規定之期限內恢復生產製造者。

七、未依第十五條第四項或第十六條第三項規定向標準專責機關報備，而使用正字標記者。

八、品管認可登錄經廢止者。

第二十條　以詐偽方法取得使用正字標記者，標準專責機關應撤銷之，並追繳證書。

第二十一條　正字標記產品之生產製造廠商有下列情事之一者，標準專責機關應註銷其正字標記，並追繳證書：

一、自行申請註銷正字標記者。

二、使用之正字標記產品所適用之國家標準經公布廢止者。

三、 使用之正字標記品目經公告廢止者。

四 、 其公司登記、 營利事業登記或工廠登記經主管機關撤
銷、 廢止或註銷者。

五、解散或歇業者。

正字標記經註銷後，不得繼續使用。但註銷前所生產之正字
標記產品， 得於註銷之次日起六個月內繼續使用之。

第二十二條　正字標記經撤銷或廢止之次日起二個月內，應塗銷處分前生
產製造之正字標記產品，及其包裝、容器、送貨單上之正字
標記圖式。

經撤銷或廢止處分確定之次日起六個月內，不得以原處分使
用正字標記之產品， 再行申請使用正字標記。

第 四 章　附 則

第二十三條　標準專責機關對於正字標記產品， 應公告廠商及其工廠名
稱、正字標記品目等，並刊載於全國性標準化刊物或其他政
府公報； 經廢止、撤銷或註銷處分確定者， 亦同。

第二十四條　依照本規則所收取之規費， 應依預算程序辦理。

第二十五條　本規則自發布日施行。但在外國之廠商依本規則申請使用正
字標記之實施日期另定之。

國際標準品質保證制度實施辦法

中華民國七十九年十一月三十日經濟部 (79) 經商檢字第 58651 號令訂定發布全文 21 條

中華民國八十年十月三十日經濟部 (80) 經商檢字第 058647 號令修正發布

中華民國八十一年十二月九日經濟部 (81) 經商檢字第 091779 號令修正發布第 13 條條文

中華民國八十四年一月十八日經濟部 (84) 經商檢字第 84800120 號令修正發布全文 23 條

中華民國八十五年二月七日經濟部 (85) 經商檢字第 84390436 號令修正發布第 23 條條文；並增訂第 2-1 條
　　　條文

中華民國八十七年一月十四日經濟部 (87) 經商檢字第 86462260 號令修正發布第 14、20 條條文

中華民國九十年二月二十一日經濟部經(90)標檢字第09004602790號令修正

第 一 條　　為推行國際標準組織 （The International Organization for Standardization 簡稱ISO） 所制訂之 ISO 九○○○ 系列品質管理與品質保證標準 （即中國國家標準 CNS 一二六八○系列），以促使我國品保制度國際化，提升我國品質保證水準，確保產品品質，並期達成國際間之相互認證，特訂定本辦法。

第 二 條　　本辦法以製造業及服務業廠商為認可登錄之對象。

申請認可登錄之製造業及服務業之產業別，由經濟部標準檢驗局(以下簡稱標準檢驗局)另訂之。

第 三 條　　廠商申請及取得認可登錄之各項收費標準如下：

一、申請費：每件新臺幣一萬元。

二、評鑑、複評、追查作業費：每人每日新臺幣七千元。

三、證明書費（含新發、換發、補發）：每件新臺幣二千元。

四、年費：每件每年新臺幣一萬五千元。但製造業同一件認可登錄案件，其認可登錄產品分屬不同廠址生產者，每增加一個廠址加收新臺幣一萬五千元。

五、國外廠商另依國外出差旅費規則之標準計收交通費、住宿費、膳食費、什支費。

前項費用，廠商應於規定期限內繳納；申請廠商未按規定繳納費用者，不受理其申請；認可登錄廠商未按規定繳納費用，經通知限期繳納，逾期未繳者，廢止認可登錄。

依照本辦法所收取之費用，應依預算程序辦理。

第 四 條　廠商申請認可登錄案件由標準檢驗局依西元二○○○年版 ISO 九○○一標準（CNS 一二六八一）予以評鑑。

申請認可登錄之廠商，應填具申請書並檢附有關資料，向標準檢驗局提出申請。但國外廠商應委任中華民國境內有住所或營業所之代理人辦理。

第 五 條　廠商申請認可登錄經評鑑結果符合標準者,標準檢驗局按其申請之類別及產品或服務項目,准其認可登錄及使用認可登錄標誌，並發給認可登錄證明書。

前項認可登錄標誌之式樣及使用說明，由標準檢驗局另訂之。

第 六 條　取得認可登錄之廠商，其認可登錄證明書所載事項如有變更，應檢附有關文件，向標準檢驗局申請換發新證明書。

標準檢驗局對前項申請內容，必要時，得依第四條之規定實施評鑑。評鑑結果符合標準者，准予換證。未符合標準者，依第七條及第十五條第一項規定辦理。

認可登錄證明書如有遺失或滅失時得申請補發。

經標準檢驗局撤銷或廢止認可登錄之廠商,其認可登錄證明書,自核定撤銷或廢止日起十五日內應由原認可登錄廠商向標準檢驗局繳銷之。逾期不繳銷者,標準檢驗局應公告註銷之。

未依本辦法規定取得認可登錄證明書而逕行冒用或偽造者,移送司法機關辦理。

第 七 條　經評鑑未認可之廠商,得於核定之日起二個月內申請複評一次。

第　八　條　　經評鑑認可登錄之廠商，即納入追查範圍，由標準檢驗局不定期追查。

第　九　條　　追查作業依第四條第一項規定之標準項目考評。

第　十　條　　追查每年最少一次。但情況特殊者得酌予增加。

第十一條　　經追查發現品質系統規定項目不符合認可登錄標準時，廠商應於一個月之內完成改善，屆期再追查一次，如仍未改善，廢止其認可登錄。

第十二條　　取得認可登錄之廠商，其經認可登錄之產品屬經濟部公告為實施分等檢驗品目，並備置優良甲等或一般基本檢驗設備者，得依國產商品分等檢驗實施辦法之規定，比照優良甲等或甲等分等檢驗等級，簡化報驗發證程序。

第十三條　　前條認可登錄之產品簡化報驗發證程序時，亦得享受減低檢驗費之優惠，其檢驗費率由標準檢驗局分別擬訂後報請經濟部核定之。

第十四條　　取得簡化報驗發證程序之廠商，同時亦納入產品抽驗範圍，由標準檢驗局於廠商出廠前之產品中，抽取樣品予以檢驗。

產品抽驗依下列標準之一檢驗：

一、國家標準。

二、暫行規範。

三、專案規格。

四、報備之國外標準。

五、報備之廠商設計製造標準。

前項產品抽驗之檢驗標準，應由廠商於標準檢驗局取樣後立即提出；其未提出者，標準檢驗局得指定檢驗標準予以檢驗。

第十五條　　經評鑑或複評未認可之廠商，自核定日起二個月後得重新申請認可登錄。

　　　　　　　　經核定撤銷認可登錄之廠商,自核定撤銷日起四個月後得重
　　　　　　　　新申請認可登錄。

第十六條　　　取得認可登錄之廠商,經查有虛偽不實情事者,標準檢驗局
　　　　　　　　得視情節輕重處以停止分等檢驗優惠,增加追查次數或撤銷
　　　　　　　　其認可登錄。
　　　　　　　　取得簡化報驗發證程序之廠商,追查結果不符合認可登錄標
　　　　　　　　準者,停止分等檢驗優惠二個月。產品抽驗結果,衛生項目
　　　　　　　　不合格者,該廠商停止分等檢驗優惠一個月;安全項目不合
　　　　　　　　格者,該項貨品分類號列之商品停止分等檢驗優惠一個月。

第十七條　　　取得認可登錄之廠商停工或停業在三十日以上時,應向當地
　　　　　　　　檢驗機構（或代施檢驗機構）申報, 並副知標準檢驗局。
　　　　　　　　停工或停業期間不得超過六個月,期滿未能復工或復業者,
　　　　　　　　得於期滿前申請延長一次。
　　　　　　　　停工或停業廠商未依前兩項申報者,當地檢驗機構（或代施
　　　　　　　　檢驗機構）應即以書面催告限於十五日內申報,逾期未申報
　　　　　　　　亦未復工或復業者,廢止其認可登錄。

第十八條　　　取得認可登錄之製造業廠商遷移廠址者,應重新申請認可登
　　　　　　　　錄。

第十九條　　　本辦法廠商評鑑及追查作業,由標準檢驗局或其指定機構訓
　　　　　　　　練合格之評審員擔任之。

第二十條　　　廠商登錄申請書、認可登錄標準、評鑑程序、追查程序、產
　　　　　　　　品抽驗程序、基本檢驗設備及有關表格格式由標準檢驗局另
　　　　　　　　訂之。

第二十一條　　有下列情形之一者,於民國九十年十二月三十一日前,仍得
　　　　　　　　依本辦法修正前最後版本之評鑑標準辦理評鑑或追查:
　　　　　　　　一、 本辦法修正施行前已取得標準檢驗局ISO 九○○一或
　　　　　　　　ISO 九○○二認可登錄之廠商。

二、於民國九十年六月三十日前提出申請認可登錄之廠商。

前項第二款之情形，於民國九十年十二月三十一日前未完成

評鑑者，標準檢驗局得退回其申請。

第二十二條　本辦法自中華民國八十年一月一日施行。

本辦法修正條文自發布日施行。

度量衡法

中華民國十八年二月十六日國民政府制定公布全文二十一條
中華民國十九年一月一日施行
中華民國四十三年三月二十二日總統修正公布全文十八條
中華民國四十四年四月六日總統令修正公布第十二條條文
中華民國七十三年四月十八日總統華總（一）義字第一九一一號令修正公布全文二十三條

第一條　　　爲建立度量衡標準，確保正確實施，特制定本法。

第二條　　　度量衡標準之劃一及其實施，由經濟部中央標準局（以下簡稱標準局）掌理之。

　　　　　　經濟部得暫委託各省（市）政府設度量衡檢定機構；各省（市）並得酌設分支機構，處理地方度量衡檢定、檢查事務。其組織規程由經濟部定之。

第三條　　　中華民國度量衡標準之單位，以國際權度公會所制定者爲準。

　　　　　　度量衡標準之單位，分爲基本單位、補助單位、導出單位及併用單位。

第四條　　　度量衡標準之基本單位如下：

　　　一、　長度以公尺爲單位。

　　　二、　重（質）量以公斤爲單位。

　　　三、　時間以秒爲單位。

　　　四、　溫度以克耳文爲單位。

　　　五、　電流以安培爲單位。

　　　六、　光強度以燭光爲單位。

　　　七、　物質量以莫耳爲單位。

　　　　　　前項各基本單位之定義及代號，由經濟部認定並公告之。

第五條　　　度量衡標準之補助單位如下：

　　　一、　平面角以弳爲單位。

　　　二、　立體角以立弳爲單位。

前項各補助單位之定義及代號，由經濟部認定並公告之。

第六條　度量衡標準之導出單位，其名稱、定義及代號，由經濟部認定並公告之。併用單位之採用，由經濟部定之。

第七條　度量衡標準之單位所用之倍數及分數，以十及其正負乘方表示之。中華民國習慣使用及國際通用之倍數、分數、名稱及代號，並得使用。

第八條　中華民國度量衡原器，由標準局保管之。

經濟部依原器製造副原器，依副原器製造標準器，分別指定機構保管之，供檢定或校正之用。

前項副原器及標準器，均應適時追溯檢校。

第九條　本法所稱度量衡器，指計測物理量之各種器具或裝置，而以數值及度量衡單位表示者。

度量衡器之種類、公差及其使用之限制，由經濟部定之。

第十條　度量衡器應依本法規定標示單位。但報經經濟部核准者，不在此限。

第十一條　經營度量衡器之製造、修理、販賣、證明、輸入或輸出，應經標準局許可。

前限許可執照之有效期間為五年，自發照之日起算。期滿得申請延展五年。

第一項度量衡器營業許可及管理規則，申請費及許可執照費費額，由經濟部定之。

第十二條　教育、學術、研究、試驗機構或公、民營生產事業輸入度量衡器自用者，應向標準局專案申請許可。

第十三條　有左列情形之一者，不得經營度量衡器之製造、修理、販賣、說明、輸入或輸出：

一、　經依第二十條第一款規定撤銷許可，未逾一年者。

二、　犯刑法偽造度量衡罪，經判刑確定，尚未執行、執行未畢或執行完畢未逾三年者。

第十四條　應經檢定之度量衡器，由標準局或經濟部委託之機構檢定之；經檢定合格印證。前項度量衡器，於檢定前得作型式認證。應經檢定之度量衡之範圍，型式認證及檢定辦法暨認證費、檢定費額，由經濟部定之。

第十五條　供販賣之度量衡器及供交易使用之度量衡器，應接受檢查。其檢查辦法，由經濟部定之。

第十六條　違反第十條、第十一條第一項或依第十一條第三項所定規則之規定者，處四千元以上二萬元以下罰鍰。

第十七條　販賣未經檢定合格之度量衡器或意圖販賣而公開陳列或提供使用者，處三千元以上一萬五千元以下罰鍰。交易使用未經檢定合格之度量衡器者，處一千元以上五千元以下罰鍰。

第十八條　拒絕第十五條規定之檢查者，處一千元以上五千元以下罰鍰。

第十九條　製造、修理、販賣、證明、輸入或輸出之度量衡器，其使用單位未經核准者，沒入並銷燬之。

第二十條　經營度量衡器之製造、修理、販賣、證明、輸入或輸出，而有下列情形之一者，標準局得撤銷其許可。

　　一、　經依第十六條至第十八條規定科處罰鍰，於一年內再次違反者。

　　二、　犯刑法偽造度量衡罪，經判刑確定者。

第二十一條　依本法所處之罰鍰，經通知而逾期不繳納者，移送法院強制執行。

第二十二條　本法施行細則，由經濟部定之。

第二十三條　本法自公布日施行。

習題解答

第二章

2.1　$0.31 \leq \sigma_1^2 / \sigma_2^2 \leq 0.505$

2.2　平均數$=3/4$，變異數$=153/304$

2.3　0.923

2.4　不合格率爲0.073

2.5　0.01752

2.6　0.00621

2.7　0.6736

2.8　0.9544

2.9　檢定統計量$F=1.25$

2.10　檢定統計量$F=1.33$，變異程度並無顯著差異

2.11　H_0: $p_A - p_B = 1\%$, H_a: $p_A - p_B > 1\%$

2.12　左尾檢定，檢定統計量$z=-1.59$

2.13　檢定統計量$t=74.68$

2.14　0.91 ± 0.056

2.15　0.04 ± 0.1857

2.16　2959 ± 32.7，小樣本使用t分配

2.17　檢定統計量$t=-1.46$，兩部儀器並無顯著性差異

2.19　檢定統計量之值爲37.2，拒絕虛無假設

2.20　檢定統計量之值爲$z=0.94$，不合格率並未超過10%

2.21　$992.16 \leq \mu \leq 1007.84$

2.22　適當

第五章

5.16 (a) UCL＝23.62，LCL＝2.10，CL＝12.86

(b)第12和第16組超出管制界限

(c) UCL＝23.32，LCL＝1.98，CL＝12.65

(d) α＝0.0011＋0.0009＝0.002

5.17 (a)p＝0.01，β＝0.0361；p＝0.2，β＝0.9895；p＝0.7，β＝0.0401

(b)0.2855

(c)0.1464

(d)0.4992

(e)0.6456

5.18 UCL＝24，LCL＝2

5.26 UCL＝40.93，CL＝25.72，LCL＝10.51

5.32 當c值等於0.5、1、10、20時，β 值分別爲0.393、0.632、0.951、0.157

5.33 當p值等於0.08、0.10、0.2、0.4時，β 值分別爲0.961、0.925、0.333、0.002

5.34 第12組樣本超出試用管制界限，修正管制界限爲 UCL＝17.396，LCL＝0，CL＝8.684

5.35 第 9 組樣本超出試用管制界限，修正之管制界限爲 CL＝7.208，UCL＝15.262，LCL＝0

5.36 第 9 組樣本之標準化值爲3.123

5.37 第 7 組樣本之單位不合格點數爲10，UCL＝9.274，LCL＝0.092

5.38 UCL＝2.016，LCL＝0.784

5.39 UCL 設爲 6 ，當c＞7（或$c \geq 6$）時判定製程爲管制外

5.40 (a)0.07 (b)0.741 (c)略 (d)管制內 ARL 爲14.3(15)，管制外 ARL 爲3.86(4)

5.41　$n = 990$

5.42　(a)4.24　(b)0.9987

5.43　(a)$n = 100$　(b)0.004　(c)0.47

5.44　UCL＝21.128,　LCL＝10.872

5.45　(a)0.04　(b)0.1156

5.46　(a)UCL＝16.139,　CL＝8,　LCL＝0　(b)0.004

第六章

6.19　個別值管制圖 UCL＝88.94,　CL＝86.97,　LCL＝85.00
　　　移動全距管制圖 UCL＝2.42,　CL＝0.74,　LCL＝0

6.21　(a)由 $\hat{\sigma} = \overline{R}/d_2 = 4$, 可知 $\overline{x}$ 管制圖為 3 倍標準差管制圖, $\alpha = 0.0027$
　　　(b)0.5
　　　(c) UCL＝65.15,　LCL＝54.85

6.22　(a)0.02088　(b)0.3109

6.23　(a) $UCL_{\overline{x}} = 91.68$,　$LCL_{\overline{x}} = 88.32$,　$UCL_R = 7.696$,　$LCL_R = 0.304$
　　　(b)1.479
　　　(c) $UCL_s = 2.67$,　$LCL_s = 0.167$

6.24　(a) $UCL_{\overline{x}} = 122.25$,　$LCL_{\overline{x}} = 117.75$,　$UCL_R = 7.05$,　$LCL_R = 0$
　　　(b)0.38%

6.25　(a)1.22%　(b)127　(c)0.27%

6.29　$UCL_{\overline{x}} = 472.8$,　$LCL_{\overline{x}} = 389.2$,　$UCL_R = 105.4$,　標準差＝24.2

6.30　(a) $UCL_{\overline{x}} = 2018.7$,　$CL_{\overline{x}} = 1946.5$,　$LCL_{\overline{x}} = 1874.3$
　　　　$UCL_s = 105.5$,　$CL_s = 50.5$,　$LCL_s = 0$
　　　(b)53.7
　　　(c)0.9641

6.31　(a)若 $n = 3$, 移動 1.5σ 相當於移動 $1.5(\sqrt{3})\sigma_{\overline{x}}$, 超出管制界限之機率

為0.344

(b)0.638

(c)0.893

6.33　(a) $UCL_{\bar{x}}=25.755$，$LCL_{\bar{x}}=25.745$

　　　　$UCL_S=0.009$，$LCL_S=0.001$，$CL_S=0.005$

　　　(b)0.4325

6.37　(b)5.00　(c)重工15.87%，報廢0.135%

6.38　(a)0.62%　(b)11.3，10.7　(c)10.6

6.39　(a)0.0078　(b)0.6194

6.40　(a)0.0078　(b)0.774　(c)0.575

6.41　(a)若製程平均值調整在1250mm，則能符合規格

　　　(b) $UCL_{\bar{x}}=1250.02$，$LCL_{\bar{x}}=1249.98$

　　　　$UCL_R=0.074$，$LCL_R=0$

　　　(c)0.9999

　　　(d)0.046

第七章

7.1　第 5 組樣本$M_5=10.00$，$UCL=12.68$，$LCL=7.32$

　　　第 6 組樣本$M_9=9.44$，$UCL=12.12$，$LCL=7.88$

7.2　$z_5=10.29$，$UCL=11.89$，$LCL=8.11$

　　　$z_{12}=10.72$，$UCL=12.00$，$LCL=8.00$

7.6　(a) $UCL=25.293$，$LCL=25.027$（第 3 組樣本）

　　　(b)第18點超出管制界限，$M_{18}=25.02$，$UCL=25.254$，$LCL=25.066$

7.7　(a) $z_7=25.084$，$UCL=25.225$，$LCL=25.075$

　　　(b)第17，18點超出下管制界限，第20點超出上管制界限

第八章

8.4　(b)192.55, 207.45　(c)約3.6小時

第九章

9.5　$C_p=0.647$, $C_{pk}=0.399$

9.10　當平均值為15時, $C_p=2$、CPL=2.5、CPU=1.5、$C_{pk}=1.5$、
$C_{pm}=1.11$

9.11　當平均值為14時, $C_p=1$、CPL=2.0、CPU=0、$C_{pk}=0$、$C_{pm}=$
0.32

9.12　重複性標準差=0.0375, 再生性標準差=0.0369, 量測系統標準差=
0.0526

9.14　(177.7, 322.3)

9.15　(a)1.359　(b)2.172, 1.694　(c)0.2718

9.16　$\overline{R}=77.3$, $\overline{\overline{x}}=264.06$, $C_p=0.64$

第十一章

11.1　0.772

11.2　0.789

11.3　(a)$p=0.05$, $P_a=0.544$, AOQ=0.0265
$p=0.10$, $P_a=0.125$, AOQ=0.0122
(b)$p=0.05$, ATI=939.20
$p=0.10$, ATI=1756.25

11.4　54.56

11.5　386.93

11.6　(a)0.463　(b)0.2411　(c)0.428　(d)0.7041

11.7　(a)0.406　(b)0.541　(c)0.0827　(d)0.4887

11.8　0.586

11.9　(a)$h_1=1.516$,　$h_2=1.516$,　$s=0.044$

　　　(b)0.9,　51.4

　　　(c)55.1

11.11　(a)$h_1=0.9389$,　$h_2=1.2054$,　$s=0.04$

　　　(b)$p=0.04$,　$P_a=0.562$

11.12　0.582

11.13　AOQL$=0.0037$,　$p=0.01$

11.14　(a)正常：　$n=80$,　$c=21$,　$r=22$

　　　　　加嚴：　$n=80$,　$c=18$,　$r=19$

　　　　　減量：　$n=32$,　$c=10$,　$r=13$

　　　(b)0.314

　　　(c)0.9636

11.15　(a)0.864　(b)0.107　(c)0.029

11.16　$n=200$,　$c=1$

11.17　正常：　$n=50$,　$c=0$；減量：　$n=20$,　$c=0$

11.18　正常：　$n=125$,　$c=1$；加嚴：　$n=200$,　$c=1$

11.19　(a)正常：　$n=80$,　$c=5$,　$r=6$；加嚴：　$n=80$,　$c=3$,　$r=4$；

　　　　　減量：　$n=32$,　$c=2$,　$r=5$

　　　(b)0.0152

　　　(c)0.294

11.20　0.8889

11.21　872

11.22　69

11.23　$p=0$,　ATI$=100$；　$p=0.01$,　ATI$=172$；　$p=0.1$,　ATI$=997$

11.24　$p=0.01$,　$P_a=0.92$；　$p=0.1$,　$P_a=0.003$

第十二章

12.1　(a)$n=5$，$k=1.65$

　　　(b)拒收

12.2　(a) $n=10$，$M=2.17\%$

　　　(b)$\bar{p}=1.038\%$，$\bar{p}<M=2.17\%$，允收

12.3　$M_L=0.349\%$，$M_U=3.26\%$，$\bar{p}_L=0.82\%$，$\bar{p}_U=0.218\%$，拒收

第十四章

14.1　(a)2352.5小時　(b)0.000425/小時　(c)(1073.59，8633.03)

14.2　可靠度0.6703，平均失效時間12500小時

14.3　平均失效時間為3683.33小時，失效率為0.00027/小時。信賴區間為
　　　(1424.89，13475.61)

14.12　每一零件之失效率為12.5×10^{-6}/小時，每一零件之可靠度為0.975，
　　　產品可靠度為0.779，平均失效時間為80000小時

索　引

貨幣銀行學　　楊雅惠／編著

　　本書介紹貨幣銀行學,用完整的架構、精簡而有條理的說明,闡釋貨幣銀行學的要義。內容涵蓋貨幣概論、金融體系、銀行業與金融發展、貨幣供給、貨幣需求、利率理論、總體貨幣理論、央行貨幣政策,與國際金融等篇。

　　每章均採用架構圖與有層次的標題來引導讀者建立整體的概念。此外並配合各章節理論之介紹,引用臺灣最新的金融資訊來佐證,期讓理論與實際互相結合,故相當適合初學者入門,再學者複習,實務者活用。

財務管理　　戴欽泉／著

　　在全球化經營的趨勢下,企業必須對國際財務狀況有所瞭解,方能在瞬息萬變的艱鉅環境中生存。 本書最大特色在於對臺灣及美國的財務制度、經營環境作清晰的介紹與比較,並在闡述理論後,均設有例題說明其應用,以協助大專院校學生及企業界人士瞭解相關課題。

　　本書融合了財務管理、會計學、投資學、統計學、企業管理觀點,以更宏觀的角度分析全局,幫助財務經理以全盤化的思考分析,選擇最適當的財務決策,以達成財務(企業)管理的目標——股東財富極大化。

國際貿易理論與政策　　歐陽勛、黃仁德／著

　　本書乃為因應研習複雜、抽象之國際貿易理論與政策而編寫。對於各種貿易理論的源流與演變,均予以有系統的介紹、導引與比較,採用大量的圖解,作深入淺出的剖析,由靜態均衡到動態成長,由實證的貿易理論到規範的貿易政策,均有詳盡的介紹。讀者若詳加研讀,不僅對國際貿易理論與政策能有深入的瞭解,並可對國際經濟問題的分析收綜合察辨的功效。

成本與管理會計　　王怡心／著

　　本書整合成本與管理會計的重要觀念,內文解析詳細,討論從傳統產品成本的計算方法到一些創新的主題,包括作業基礎成本法(ABC)、平衡計分卡(BSC)等。

　　在重要觀念說明部分,本書搭配淺顯易懂的實務應用,讓讀者更瞭解理論的應用。每章有配合章節主題的習題演練,並於書末提供作業簡答,期望讀者能認識正確的成本與管理會計觀念,更有助於實務應用。

經濟學　賴錦璋／著

　　本書作者用輕鬆幽默的筆調、平易近人的語言講解經濟學，並利用大量生活狀況實例，帶出經濟學的觀念，將經濟融入生活，讓讀者從生活體悟經濟。內容涵蓋個體及總體經濟學的重要議題，並將較困難章節標示，讀者可視自身需求選擇閱讀。此外，本書介紹臺灣各階段經濟發展的狀況，更透過歷年實際的統計數據輔助說明，提昇讀者運用數據資料分析經濟情勢與判斷趨勢的能力。

總體經濟學　楊雅惠／編著

　　總體經濟學是用來分析總體經濟的知識與工具，而如何利用其基本架構，來剖析經濟脈動、研判經濟本質，乃是一大課題。一般總體經濟學書籍，皆會將各理論清楚介紹，但是缺乏實務分析或是案例，本書即著眼於此，除了使用完整的邏輯架構鋪陳之外，另外特別在每章內文中巧妙導入臺灣之經濟實務資訊，如民生痛苦指數、國民所得統計等相關實際數據。在閱讀理論部分後，讀者可以馬上利用實際數據與實務接軌，這部分將成為讀者在日後進行經濟分析之學習基石。

管理學　榮泰生／著

　　近年來企業環境急遽變化，企業唯有透過有效的管理，發揮規劃、組織、領導與控制功能，才能夠生存及成長。本書即以這些功能為主軸，說明相關課題。此外本書亦融合了美國著名教科書的精華、最新的研究發現，及作者多年擔任管理顧問的經驗。在撰寫上力求平易近人，使讀者能快速掌握重要觀念，並兼具理論與實務，使讀者能夠活學活用。除可作為大專院校「企業管理學」、「管理學」的教科書外，本書對實務工作者，也是充實管理理論基礎、知識及技術的最佳工具。

策略管理學　榮泰生／著

　　本書的撰寫架構是由外（外部環境）而內（組織內部環境），由小（功能層次）而大（公司層次），使讀者能夠循序漸進掌握策略管理的整體觀念。同時參考了最新版美國暢銷「策略管理」教科書的精華、當代有關研究論文，以及相關個案，向讀者完整的提供最新思維、觀念及實務。另外，充分體會到資訊科技及通訊科技在策略管理上所扮演的重要角色，因此在相關課題上均介紹最新科技的應用，如數位企業的價值鏈、空間競爭下的波特五力模型等。